电子与嵌入式系统
设计丛书

野火

野火FPGA系列

FPGA Verilog
开发实战指南

基于Intel Cyclone IV
（基础篇）

刘火良 杨森 张硕 编著

机械工业出版社
China Machine Press

图书在版编目（CIP）数据

FPGA Verilog 开发实战指南：基于 Intel Cyclone IV. 基础篇 / 刘火良，杨森，张硕编著 . -- 北京：机械工业出版社，2021.1（2021.11 重印）
（电子与嵌入式系统设计丛书）
ISBN 978-7-111-67416-0

I. ①F⋯ II. ①刘⋯ ②杨⋯ ③张⋯ III. ①可编程序逻辑阵列 – 系统设计 – 指南
IV. ① TP332.1-62

中国版本图书馆 CIP 数据核字（2021）第 007430 号

FPGA Verilog 开发实战指南
基于 Intel Cyclone IV（基础篇）

出版发行：机械工业出版社（北京市西城区百万庄大街 22 号　邮政编码：100037）
责任编辑：赵亮宇　　　　　　　　　　　　责任校对：李秋荣
印　　刷：中国电影出版社印刷厂　　　　　版　　次：2021 年 11 月第 1 版第 2 次印刷
开　　本：186mm×240mm　1/16　　　　　印　　张：53.75
书　　号：ISBN 978-7-111-67416-0　　　　定　　价：199.00 元

客服电话：（010）88361066　88379833　68326294　　　投稿热线：（010）88379604
华章网站：www.hzbook.com　　　　　　　　　　　　　读者信箱：hzjsj@hzbook.com

前　言

一、编写目的

随着社会的发展和科技的进步，普通电子技术和微电子领域的景象也日新月异，FPGA（Field Programmable Gate Array，现场可编程门阵列）越来越被人们所熟知，生产生活中人们对 FPGA 的需求不断增加。近年来，FPGA 在人工智能、机器学习的浪潮中又火了一把。得益于 IC（集成电路）技术和生产工艺的进步，更大规模集成度的 FPGA 得以实现，一枚小小的 FPGA 在融合了可编程逻辑单元、ARM 硬核、MPU 等异构多核处理单元后，功能越来越强大。

基于此，很多人纷纷加入学习 FPGA 的行列。当前许多高校在电子领域相关专业都会开设 EDA 相关课程，这无疑为大家学习 FPGA 拓宽了道路，但是又有多少同学真正学会了该工具的使用方法呢？

我们不禁要问：导致这一状况的原因是什么？首先，学校的课程安排在时间上是有限制的，学生没有足够的时间去思考、练习，这样就很难巩固知识、提高水平；其次，课本中大多是关于理论知识的讲解，很难培养学生的学习兴趣，没有兴趣爱好作为动力和支撑，在学习 FPGA 的道路上很难坚持下去；再次，学校的教学内容和最新的工程应用存在差距，学生所学的代码往往也不是按照最新的工程应用标准规范来编写的，而是沿袭了旧的甚至是错误的方法。笔者见过很多 FPGA 工程和代码，但在这些工程和代码中，有的要么是使用传统原理图的设计方法，要么是直接嫁接、搬移各种思想，要么是两者的任意结合，这无疑是一件十分悲哀的事情。

上述诸多因素导致了一种严重的情况，那就是学生学习课程后，不会使用 FPGA 这个强大的工具来解决诸多实际问题。虽然很多高校极力推进教学模式的改革，但想要改变这种局面，还是有很长的路要走。

面对这一现状，不少圈内人却早已发现了商机，林林总总的 FPGA 培训班和各种视频、教程层出不穷。培训班的出现的确解决了一部分高校教育和社会工程应用脱节的问题，但也耗费了学生大量的时间和金钱。

特别是近年来，随着 FPGA 的崛起，市面上关于 FPGA 的资料越来越多，但这些资料大多存在着各种各样的问题，比如内容不系统、重点不突出、方法不详细，没有详细介绍编写代码的思想方法，或者作者并没有站在学习者的角度上来编写，使学习者无法真正地掌握各种方法。我们见过不少学了很久 FPGA 的同学依然停留在只会移植、修改别人代码的入门阶段，甚至连一个串口回环都无法独立完成，这并不是我们想要的结果。

所以我们要做的就是尽最大努力，站在初学者的角度上，从最基础的内容开始逐步深入地讲解 FPGA，并希望把 FPGA 最核心的东西——设计方法和思想传递给学习者，使学习者可以独立编写优秀、规范的 Verilog 代码。

二、本书内容体系

本书共 32 章，包含硬件说明篇、软件安装篇、基础入门篇和学习强化篇，按照先易后难、由浅入深的顺序进行讲解。从最基础的软件安装和软件操作开始，手把手教学。考虑到大多数学习者为 FPGA 初学者，所以书中对操作中的每个步骤都尽可能详细地进行了描述，并附上大量的截图以供学习者参考，具体内容介绍如下。

硬件说明篇：包括第 1～2 章。第 1 章主要介绍 FPGA 的相关知识，包括 FPGA 简介、FPGA 的技术优势及应用方向等内容；第 2 章主要对本书各实验中所用的开发板"征途 Pro"的硬件资源做了系统性介绍，并以"征途 Pro"开发板主控芯片为例，对 FPGA 的内部结构和资源做了简介。

软件安装篇：包括第 3～6 章，主要是对 FPGA 开发软件 Quartus II、ModelSim、Notepad++、Visio 的安装，以及 Quartus 软件与 ModelSim、Notepad++ 的关联方法做了详细介绍。

基础入门篇：包括第 7～20 章，在这一部分我们才真正开始学习 FPGA。第 7 章对 FPGA 编程语言 Verilog HDL 做了系统性的讲解；第 8 章通过"点亮 LED 灯"的实验工程，详细说明了 FPGA 的完整的、正确的设计流程；第 9 章和第 12 章使用若干实例对 FPGA 中的常用组合逻辑、时序逻辑做了介绍；在第 10、11、13 章中，我们介绍了层次化设计的设计思想，说明了避免 Latch 产生的具体方法，并对阻塞赋值和非阻塞赋值的概念做了详细讲解；在第 14～19 章中，我们由浅入深地引入了若干个开发例程，帮助读者掌握计数器、分频器、状态机等的使用，并实现了开发板部分外设的驱动控制；在第 20 章中，我们介绍了 FPGA 快速开发的法宝——IP 核，并通过实例对常用的 PLL、FIFO、RAM、ROM 这 4 种 IP 核的调用及参数配置做了解释说明。

学习强化篇：包括第 21～32 章，在这一部分我们引入了诸多工程实例供读者学习。第 22 章介绍了如何使用 SignalTap II 嵌入式逻辑分析仪对实验工程进行在线调试；第 23 章介绍等精度频率计的设计思想和实现方法；学习完第 24 章和第 25 章，读者在掌握 DDS 信号发生器和电压表设计思想和方法的同时，对 AD/DA 的相关知识也会有全面的了解；第 26～28 章通过诸多实例对 VGA、HDMI、TFT-LCD 的相关知识做了系统性的讲解；第 29

章和第 30 章讲解并实现了基于 Sobel 算法的边缘检测；此部分最重要的是第 21、31 和 32 章，在这 3 章中，我们从多个实例入手，对 RS-232、SPI 以及 I²C 通信协议做了非常系统的讲解。

希望初学者能够按照本书的编写顺序，循序渐进地进行 FPGA 的学习，切莫好高骛远、眼高手低。学完本书后，希望你能掌握正确、规范的设计方法，为之后的 FPGA 进阶提升和实际应用打下坚实的基础。

三、编写风格

本书沿袭了野火 STM32 系列丛书的编写风格，在此基础上致力于 FPGA 设计方法的教学，希望能够用最简洁、最清晰的语言把晦涩难懂的 FPGA 知识讲解得清晰、透彻，能够让初学者真正掌握 FPGA 设计方法的精髓。

本书适合 FPGA 初学者和没有掌握 FPGA 设计方法的学习者阅读。书中对 FPGA 芯片内部构成和原理以及高级应用不做详细的讲解，若读者想了解相关知识，可查阅有关书籍。

本书着重讲解常用工程实例以及相关外设的驱动与应用，力争全面分析每个工程的设计思想与实现方法。一个实例工程或外设对应一个或多个章节，每章的主要内容大致分为三部分：

第一部分为理论学习，这一部分会将本章涉及的相关理论知识做一个系统性的全方位解读，力求简洁明了、通俗易懂。

第二部分为实战演练，这一部分会结合理论学习部分的内容，带领读者设计并实现一个实验工程，通过模块框图设计、波形图绘制、代码编写、仿真验证、上板验证等一系列 FPGA 设计流程，从无到有地实现切实可行的实验工程，使读者掌握实验工程的设计思想与具体实现方法，加深读者对理论知识的理解与掌握。

第三部分为章末总结，这一部分主要是对本章所学的内容做一个全面的总结，加深读者对相关知识的认识和理解，帮助读者尽快掌握相关设计思想与方法。

四、开发平台

本书所选择的硬件开发平台为野火 Altera-EP4CE10-FPGA 开发板 - 征途 Pro 开发平台，简称"征途 Pro"。初学者在进行学习时，如果配套使用该硬件平台进行实际操作，可避免工程移植时出现各种问题，减少学习时间，提高学习效率，达到事半功倍的效果。

征途 Pro FPGA 开发平台延续野火一如既往的设计风格，资源丰富，充分展现了 FPGA 的强悍性能。征途 Pro 具有以下优势：

采用 Intel（Altera）公司 Cyclone IV 系列芯片作为主芯片，型号为 EP4CE10F17C8N，内部逻辑资源丰富且具有高性价比；板卡上的有源晶振为主芯片提供质高稳定的时钟信号，频率为 50MHz；板载容量为 16Mbit 的 Flash 芯片作为外部存储芯片，负责 FPGA 程序的存储，保证 FPGA 掉电后程序不丢失，同时可用于学习 SPI 通信协议；板载容量为 256Mbit 的 SDRAM 存储芯片，可用于实现图像、音频以及大容量数据缓存；支持用 SD 卡进行数据存储。

征途 Pro 开发板上还具备 EEPROM 存储芯片（64Kbit）、RS-232 接口、RS-485 接口，可满足 I²C 通信协议、UART 串口通信协议的学习要求；具有温度传感器 DS18B20、温湿度传感器 DHT11、环境光传感器 AP3216C、红外接收器 4 种传感器，全方位满足用户对温度、湿度、光照、红外等模拟信号的采集需求，掌握传感器的驱动控制；摄像头接口支持 OV5640、OV7725 摄像头，可实现多分辨率图像数据采集；VGA 接口、HDMI 接口、RGB TFT-LCD 接口支持多种分辨率图像的显示；高性能音频编解码芯片 WM8978 可实现音频信号的采集和再现。

板载 PHY 芯片 LAN8720，使用 RMII 通信接口，支持百兆传输，可实现基于以太网的数据环回，图像、音频传输；PCF8563 芯片，结合六位八段数码管可实现 RTC 实时时钟显示；具有 4 个独立机械按键、2 个电容触摸按键，可作为触发信号输入；有 4 个 LED 灯、1 个无源蜂鸣器，可作为状态指示装置；诸多扩展 I/O 口，方便外载板卡或传感器的使用；在供电方面，板卡使用可以稳定输入 12V 直流电的电源适配器，并加入过流保护。

此处只是对"征途 Pro"FPGA 开发板的简单介绍，详细说明可参见第 2 章。

五、配套资料获取

由于篇幅限制，本书在出版时做了适当删减。为方便各位读者学习，此处提供了完整资料与配套工程的下载链接。获取资料的方式如下：

配套资料 GitHub 地址：https://github.com/Embedfire-altera

配套资料 Gitee 地址：https://gitee.com/Embedfire-altera

在线文档查阅地址：http://doc.embedfire.com/fpga/altera/ep4ce10_mini

http://doc.embedfire.com/fpga/altera/ep4ce10_pro

六、野火技术论坛

读者如果在学习过程中遇到问题，可以到论坛 www.firebbs.cn 发帖交流，开源共享，共同进步。

鉴于笔者水平有限，书中难免存在错漏之处，读者若发现不足之处，望及时反馈至邮箱 firege@embedfire.com，以便我们进行优化。祝你学习愉快！FPGA 的世界，野火与你同行！

注意：本书所涉及的软件仅供教学使用，不得用于商业用途。个人或公司因将其商业用途所导致的责任，后果自负。

目　　录

硬件说明篇

硬件说明篇只包含两章，笔者会通过这两章对 FPGA 芯片和教程配套的 FPGA 开发平台做系统的讲解。

不少读者都知道，哲学上针对个人存在着一个灵魂三问："我是谁？我从哪里来？我要到哪里去？"。在本书的第 1 章中，我们针对 FPGA 也提出了"灵魂三问"："FPGA 是什么？FPGA 的优势是什么？ FPGA 能用来干什么？"。围绕这三个问题，笔者在第 1 章对 FPGA 做了系统性介绍。完成第 1 章的学习后，相信你会对 FPGA 有一个全新的认识，同时，你可能会提出关于 FPGA 的第四问——FPGA 怎么使用？恭喜你，你已经对 FPGA 产生了兴趣，在本书中你就可以找到这一问题的答案。

要学习 FPGA，开发平台必不可少。2.1 节我们对教程配套的硬件开发平台"征途 Pro"做了系统的介绍，将书中内容与板卡结合使用，事半功倍；2.2 节对国内外 FPGA 产业的现状做了简单介绍；2.3～2.6 节对主控芯片的相关内容做了详细介绍。

第 1 章
初识 FPGA

1.1 FPGA 是什么

1.1.1 名词解释

FPGA 是一种以数字电路为主的集成芯片，于 1985 年由 Xilinx 创始人之一 Ross Freeman 发明，属于可编程逻辑器件（Programmable Logic Device，PLD）的一种。这个时间比著名的摩尔定律出现的时间晚 20 年左右，但是 FPGA 一经发明，后续的发展速度之快，超出大多数人的想象。图 1-1 中给出了 FPGA 芯片的实物图。

图 1-1　FPGA 芯片实物图

1.1.2 FPGA 发展历程

在 PLD 未发明之前，工程师使用包含若干个逻辑门的离散逻辑芯片进行电路系统的搭建，复杂的逻辑功能实现起来较为困难。

为了解决这一问题，20 世纪 70 年代，可编程逻辑阵列（Programmable Logic Array，PLA）问世，PLA 中包含了一些固定数量的与门、非门，分别组成了"与平面"和"或平面"，即"与连接矩阵"和"或连接矩阵",以及仅可编程一次的连接矩阵(因为此处编程是基于熔丝工艺的),因此可以实现一些相对复杂的与、或多项表达式的逻辑功能,PLA 内部结构如图 1-2 所示。

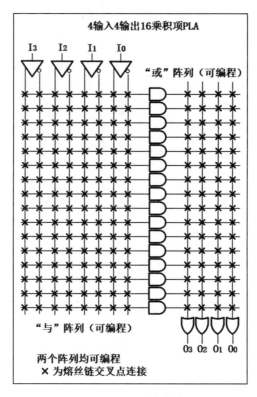

图 1-2　PLA 内部结构

与 PLA 同时问世的还有可编程只读存储器(Programmable Read-Only Memory,PROM),其内部结构如图 1-3 所示。与 PLA 相同,PROM 内部包含"与连接矩阵"和"或连接矩阵",但是与门的连接矩阵是硬件固定的,只有或门的连接矩阵可编程。

若只有与门的连接矩阵可编程,而或门的连接矩阵是硬件固定的,那么这种芯片叫作可编程阵列逻辑器件(Programmable Array Logic,PAL),根据输出电路工作模式的不同,PAL 可分为三态输出、寄存器输出、互补输出,但 PAL 仍使用熔丝工艺,只可编程一次。PAL 的结构图如图 1-4 所示。

在 PAL 的基础上,又发展出了通用阵列逻辑器件(Generic Array Logic,GAL),相比于 PAL,GAL 有两点改进:一是采用了电可擦除的 CMOS 工艺,可多次编译,增强了器件的可重配置性和灵活性;二是采用了可编程的输出逻辑宏单元(Output Logic Macro Cell,OLMC),通过编程 OLMC 可将 GAL 的输出设置成不同状态,仅用一个型号的 GAL 就可以实现所有 PAL 器件输出电路的工作模式,增强了器件的通用性。GAL 的结构图如图 1-5 所示。

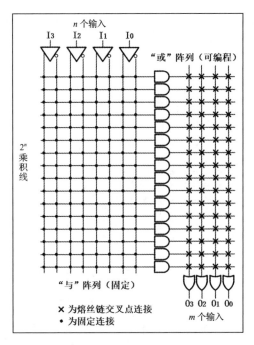

图 1-3　PROM 内部结构

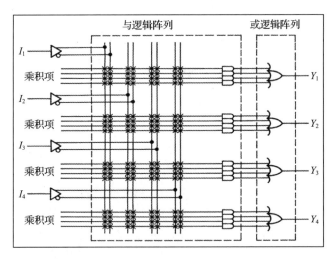

图 1-4　PAL 结构图

早期的 PLD 主要由上述四种类型的芯片组成，即 PROM、PLA、PAL 和 GAL。它们的共同特点是可以实现速度特性较好的逻辑功能，但由于其结构过于简单，所以只能实现规模较小的数字电路。

随着科技的发展、社会的进步，人们对芯片的集成度要求越来越高。早期的 PLD 产品不能满足人们的需求，复杂可编程逻辑器件（Complex Programmable Logic Device，CPLD）

诞生。可以把 CPLD 看作 PLA 器件结构的延续，一个 CPLD 器件也可以看作若干个 PLA 和一个可编程连接矩阵的集合。CPLD 的内部结构图如图 1-6 所示。

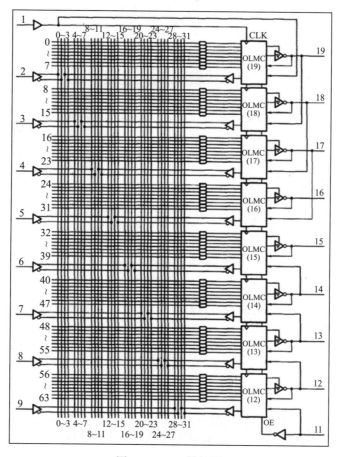

图 1-5　GAL 结构图

FPGA 比 CPLD 早几年问世，与 CPLD 并称为高密度可编程逻辑器件，但它们有着本质的区别。FPGA 芯片的内部架构并没有沿用类似 PLA 的结构，而是采用了逻辑单元阵列（Logic Cell Array，LCA）这样一个概念，改变了以往 PLD 器件大量使用与门、非门的思想，主要使用查找表和寄存器。

除此之外，FPGA 和 CPLD 在资源类型、速度等方面也存在差异，如图 1-7 所示。

FPGA 的类型从内部实现机理来讲，可以分为基于 SRAM 技术、基于反熔丝技术、基于 EEPROM/Flash 技术。就电路结构来讲，FPGA 可编程是指三个方面的可编程：可编程逻辑块、可编程 I/O、可编程布线资源。可编程逻辑块是 FPGA 可编程的核心，我们上面提到的三种技术也是针对可编程逻辑块的技术。这三方面的可编程资源在后面的章节中会穿插讲解，在这里就不专门叙述了。FPGA 的结构图如图 1-8 所示。

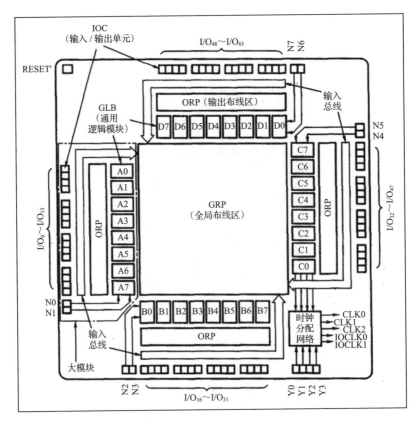

图 1-6　CPLD 结构图

器件种类 特性	FPGA	CPLD
内部结构	查找表（Look Up Table）	乘积项（Product Term）
程序存储	内部为 SRAM 结构，外挂 EEPROM 或 Flash 存储程序	内部为 EEPROM 或 Flash
资源类型	触发器资源丰富	组合逻辑资源丰富
集成度	高	低
使用场合	完成比较复杂的算法	完成控制逻辑
速度	快	慢
其他资源	RAM、PLL、DSP 等	—
保密性	一般不能保密 （可以使用加密核）	可加密

图 1-7　FPGA 与 CPLD 的性能比较

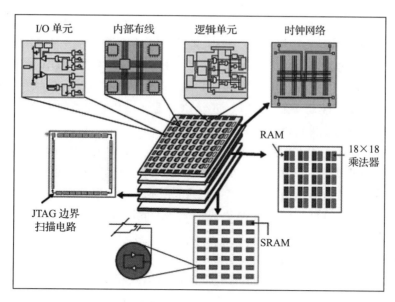

图 1-8 FPGA 结构图

1.2 FPGA 的技术优势

在 1.1 节中，我们着重讲述了 FPGA 的发展历程，了解了 FPGA 的前世今生，本节我们着重介绍 FPGA 的技术优势。

许多读者都知道 FPGA 功能强大，但它强大在哪儿？以单片机举例说明，我们都知道，单片机功能强大，几乎无所不能，而 FPGA 与之相比只强不弱。因为只要单片机能实现的功能，FPGA 就一定能实现，当然这需要加一个大前提——在 FPGA 资源足够多的情况下。但是 FPGA 能实现的功能，单片机却不一定能够轻松实现，这是不争的事实，如果你不相信，那只能说明你还不了解 FPGA。

说到这里，读者不禁要问，既然 FPGA 这么厉害，为什么单片机的使用范围更广？那是因为在商业中，价格往往是影响产品的重要因素之一。单片机的价格要远远低于 FPGA，而且根据性能和资源的不同，FPGA 的价格也存在很大差异，单枚 FPGA 芯片的价格从几十元到几十万元不等。与之相比，单片机的价格要便宜很多，同样的功能我们如果可以用价格低廉的单片机实现，就不会选择相对昂贵的 FPGA 了，除非单片机满足不了功能需求。所以公司自己进行开发时，为了节约成本，可能会选择更加便宜的单片机，而不会选择相对昂贵的 FPGA，因为单片机、ARM 这种微处理器的需求量很大，所以价格上更有优势。

但无论是单片机、ARM 还是 FPGA，它们都只是一种帮助我们实现功能的工具，具体如何选择，需要根据具体问题具体分析。总之，没有万能的工具，只有符合生产需求的工具。我们不应对某种工具存在偏见，要综合考虑。同样，当你了解得更多的时候，你会发现这些工具都需要掌握。

相信你在翻看本书目录时，不禁会产生一些疑问：本书涉及的诸多实验不就是单片机、ARM 那些吗，也没发现 FPGA 有多强大。其实本书只是带你掌握 FPGA 的基本设计方法，更准确地说，这是一本 FPGA 的入门教程，FPGA 有很多特殊的应用领域，而这些领域就不像是点亮一个小灯、驱动一个数码管、进行 LCD 显示、传输串口数据这么简单了，关于 FPGA 的具体应用方向，我们会在下一节详细列举。

FPGA 的应用场景远没有单片机和 ARM 这么多，主要针对单片机和 ARM 无法解决的问题。比如要求灵活高效、高吞吐量、低批量延时、快速并行运算、可重构、可重复编程、可实现定制性能和定制功耗的情况，这些工作只能由 FPGA 承担。

而相对于出于专门目的而设计的集成电路（Application Specific Integrated Circuit, ASIC），FPGA 具有 3 点优势：

❑ **灵活性**：通过对 FPGA 编程，FPGA 可以执行 ASIC 能够执行的任何逻辑功能。FPGA 的独特优势在于其灵活性，即随时可以改变芯片功能，在技术还未成熟的阶段，这种特性能够降低产品的成本与风险，在 5G 技术普及初期，这种特性尤为重要。

❑ **上市时间缩短**：对 FPGA 编程后即可直接使用，FPGA 方案无须经历三个月至一年的芯片流片周期，为企业争取了产品上市时间。

❑ **有一定成本优势**：FPGA 与 ASIC 的主要区别在于 ASIC 方案有固定成本而 FPGA 方案几乎没有，在使用量小的时候，采用 FPGA 方案无须一次性支付几百万美元的流片成本，同时也不用承担流片失败的风险，此时 FPGA 方案的成本低于 ASIC 的，随着使用量增加，FPGA 方案在成本上的优势逐渐减少，超过某一使用量后，由于大量流片产生了规模经济，因此 ASIC 方案在成本上更有优势，如图 1-9 所示。

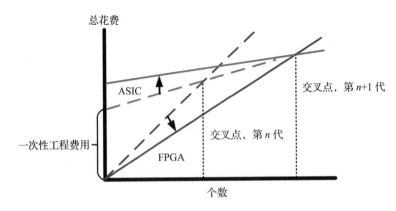

图 1-9　FPGA 方案和 ASIC 方案的成本比较

因此，FPGA 通常在数字信号处理、视频处理、图像处理、5G 通信领域、医疗领域、工业控制、云服务、加速计算、人工智能、数据中心、自动驾驶、芯片验证等领域发挥着不可替代的作用，如图 1-10 所示。只有掌握了通用的 FPGA 设计方法，才能在 FPGA 独领风骚的领域中大展宏图。

1.3　FPGA 的应用方向

学习一项技术，最开始就会有许多问题：这项技术可以用来做什么，能够发挥多大的作用，我们为什么要学，等等。在正式开始学习 FPGA 之前，读者可以通过本节内容了解 FPGA 的应用方向（见图 1-10）。

图 1-10　FPGA 应用方向

FPGA 介于软件和硬件之间，用它做接口、做通信，它就偏向硬件；用它做算法、做控制，它就偏向软件。随着人工智能、机器视觉的崛起，FPGA 更加偏向软件算法的异构，有和 GPU 一争高下的潜力。FPGA 与 GPU 性能对比图如图 1-11 所示。

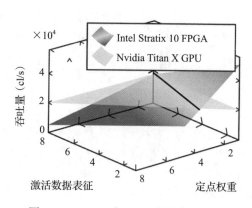

图 1-11　FPGA 与 GPU 的性能对比图

❑ **FPGA 软件方向**：以软件开发为主，开发 FPGA 在数据分析、人工智能、机器视觉等领域的加速应用能力，主要采用 OpenCL 和 HLS 技术实现软硬件协同开发。

❑ **FPGA 硬件方向**：以逻辑设计为主，针对 FPGA 特定领域的应用设计、集成电路设计以及芯片验证能力。

FPGA 最初的应用领域是通信领域，但是随着信息产业和微电子技术的发展，FPGA 技术已经成为信息产业最热门的技术之一，应用范围扩大，遍及航空航天、汽车、医疗、广播、测试测量、消费电子、工业控制等热门领域，而且随着工艺的发展和技术的进步，从各个角度开始渗透到生活当中。下面我们简单列举目前 FPGA 应用得比较广泛的几个领域，只有清楚了这些应用领域，才能谋求更大的发展空间。

❑ **通信方向**：通信领域是 FPGA 应用的传统领域，发展至今依然是 FPGA 的应用和研究热点。这里我们将通信领域分成有线通信领域和无线通信领域。FPGA 和其他 ASIC 芯片最大的不同在于它的可编程特性。FPGA 在通信领域几乎是万能的，FPGA 能做什么，很大程度上取决于用户的设计能力。

- 有线通信领域：从广域网、城域网到移动回程接入网和基于 xPON 的接入网，FPGA 都可提供全套的解决方案来进行产品的快速开发。如目前的 MSTP 产品，从 PDH 到 SDH，从 EoP 到 EoS，所有的功能都可用 FPGA 实现；如 PTN 产品的 OAM、QoS、PTP、以太网协议转换等；如 OTN 产品，从 ODU 到 OTU，以及 SAR、Interlaken、Fabric 等；再如目前接入的主流技术 XPON 产品，都可以用 FPGA 实现功能。

- 无线通信领域：由于 FPGA 自身嵌入了处理器（SOPC），这使 FPGA 的应用更加广泛，具体应用领域如实现语音合成、纠错编码、基带调制解调，以及系统控制等功能；实现定时恢复、自动增益和频率控制、符号检测、脉冲整形以及匹配滤波器等。但由于无线领域需要进行大量的复杂数学运算，因此对 FPGA 的要求非常高。FPGA 在无线领域的应用示例如图 1-12 所示。

图 1-12　FPGA 在无线领域的应用示例

❑ **视频图像处理方向**：视频图像处理自始至终都是多媒体领域的热门技术，特别是在人们不断追逐更高清、更真实的图像时，视频图像的处理数据量越来越大。用 FPGA 做图像处理最关键的一点优势就是：FPGA 能进行实时流水线运算，能达到最高的实时性。因此在一些对实时性要求非常高的应用领域，做图像处理基本只能用 FPGA。例如在一些分选设备中，图像处理基本上用的都是 FPGA，因为在其中，相机从看到物料图像到给出执行指令之间的延时大概只有几毫秒，这就要求图像处理速度极快且延时固定，只有 FPGA 的实时流水线运算才能满足这一要求。如今嵌入式视觉的概念很宽，包括图像处理（ISP）、视频处理、视频分析等，这些功能都能在 FPGA 上实现。具体来说，在 ISP 方面，包括降噪、宽动态、去雾、3A 等；在视频处理方面，包括缩放、去隔行、全景拼接、鱼眼矫正等；在视频分析方面，包括边缘、形状、纹理提取、物体检测、分类、背景建模等。产品示例包括全景相机、4K 智能相机、高清微投、大屏显示等。FPGA 在视频图像处理方向的应用示例如图 1-13 所示。

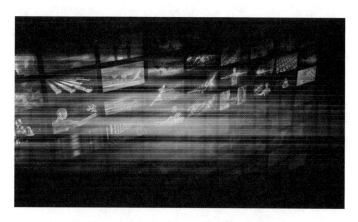

图 1-13　FPGA 在视频图像处理方向的应用

❑ **数字信号处理方向**：无线通信、软件无线电、高清影像编辑和处理等领域，对信号处理所需要的计算量提出了极高的要求。传统的解决方案一般是采用多片 DSP 并联构成多处理器系统来满足需求，但是多处理器系统带来的主要问题是设计复杂度和系统功耗都大幅度提升，系统稳定性受到影响。FPGA 支持并行计算，而且密度和性能都在不断提高，已经可以在很多领域替代传统的多 DSP 解决方案。例如，实现高清视频编码算法 H.264。采用 TI 公司 1GHz 主频的 DSP 芯片需要 4 颗芯片，而采用 Altera 的 StrtixII EP2S130 芯片，只需要一颗芯片就可以完成相同的任务。FPGA 的实现流程和 ASIC 芯片的前端设计相似，有利于导入芯片的后端设计。FPGA 在数字信号处理方向的应用如图 1-14 所示。

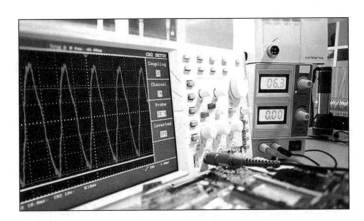

图 1-14　FPGA 在数字信号处理方向的应用

❏ **高速接口方向**：FPGA 可以处理高速信号，如果 AD 采样率高，数据速率高，就需要使用 FPGA 对数据进行处理，比如对数据进行抽取滤波，降低数据速率，使信号容易处理、传输、存储。在实际的产品设计中，很多情况下需要与 PC 进行数据通信，比如，将采集到的数据送给 PC 处理，或者将处理后的结果传给 PC 进行显示等。PC 与外部系统通信的接口比较丰富，如 ISA、PCI、PCI Express、PS/2、USB 等。传统的设计中往往需要专用的接口芯片，比如 PCI 接口芯片。如果需要的接口比较多，就需要较多的外围芯片，这些芯片的体积和功耗都比较大。采用 FPGA 的方案后，接口逻辑都可以在 FPGA 内部实现，大大简化了外围电路的设计。在现代电子产品设计中，存储器得到了广泛的应用，例如 SDRAM、SRAM、Flash 等。这些存储器都有各自的特点和用途，合理地选择存储器类型可以实现产品的最佳性价比。由于可以自主设计 FPGA 的功能，因此可以实现各种存储接口的控制器。FPGA 在高速接口方向的应用如图 1-15 所示。

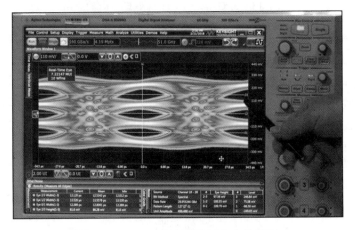

图 1-15　FPGA 在高速接口方向的应用

❑ **人工智能领域机器学习方向**：近年来，FPGA 在人工智能机器学习中的应用越来越广泛，主要集中在前端和边缘侧。具体来讲，在 ADAS/ 自动驾驶上可以实现车辆、行人、车道、交通标志以及可行驶区域检测，可以做传感器融合；在智能安防上，可以实现车辆、车型、车牌、交通违规、车流量、人流量、人脸等检测；在无人机上，可以实现自动避障、自动跟随等功能；在医疗影像设备上，可以进行医疗图像的分析，帮助医生诊断病人；在机器人上，可以实现增强学习，让机器人学习新的技能。FPGA 在机器学习方向的应用如图 1-16 所示。

图 1-16　FPGA 在机器学习方向的应用

❑ **IC 原型验证**：FPGA 在数字 IC 领域中是必不可少的，已经被用于验证相对成熟的 RTL，因为相比用仿真器或者加速器等来进行仿真，FPGA 的运行速度更接近真实芯片，可以配合软件开发者进行底层软件的开发。在纯硬件方面，由于 FPGA 供应商会尽快转向最先进的制造工艺节点，因此 FPGA 原型设计变得更加简单和强大。

FPGA 验证在代码设计、功能验证完成以后进行，目的是保证设计的功能可以在 FPGA 上实现，也就是做硬件仿真。这样能进一步保证在 FPGA 上验证的结果和流片的结果相同，当然最后还涉及后端设计和工艺。如果 IC 比较大，就需要裁减原来 IC 的功能再进行 FPGA 验证。我们的最终目的是保证芯片设计符合要求，顺利流片。可以看到在芯片制造出来之前，很多精力会花费在 RTL 代码验证工作上，另外，软件的相关开发工作也会在得到芯片前开始，这两方面都需要借助 FPGA 原型来模拟芯片的行为，帮助硬件和软件开发者共同提升工作效率。FPGA 在 IC 设计与验证方向的应用如图 1-17 所示。

图 1-17   FPGA 在 IC 芯片设计与验证方向的应用

总之，还有很多 FPGA 可以大显身手的领域，这里不再列举，随着学习的深入，你会越来越了解 FPGA 的用处。本书主要以学习 FPGA 工具通用的设计方法为主，其内容可能会涉及上面提到的一些大方向中的基础内容，但是不会针对某一个具体的方向或应用领域深入展开，而是可以作为一块敲门砖，学好本书的内容，会让你掌握正确、高效的 FPGA 开发方法，只有掌握了真正的学习方法，才能在开发具体应用时独立深入下去。

第2章
硬件开发平台详解

2.1 开发板简介

本书配套的硬件平台为野火 EP4CE10F17C8 征途 Pro FPGA 开发板，书中所有的工程都是围绕该开发板进行设计、讲解的，在学习的时候如果配套该硬件平台，会达到事半功倍的效果。征途 Pro 开发板的硬件资源图如图 2-1 所示。

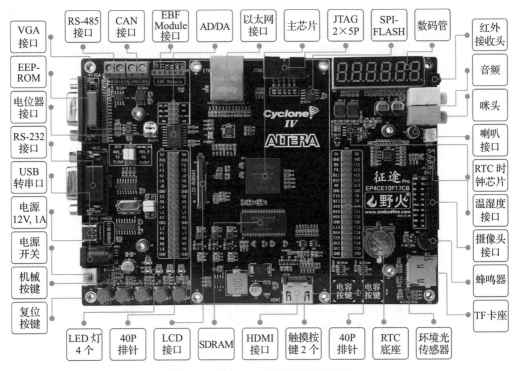

图 2-1　征途 Pro 开发板硬件资源图

从图 2-1 中可以看到征途 Pro 开发板的硬件资源是极为丰富的，下面分别为大家介绍主要硬件资源。

❑ **RS-485 接口**

板载 RS-485 总线接口，搭载的收发器为 MAX3485 芯片。通过 485A 和 485B 两个端口与外部 RS-485 设备进行通信，通信时需要将 A 口与 A 口连接，B 口与 B 口连接。

❑ **CAN 接口**

板载 CAN 通信总线接口，搭载的收发器为 TJA1042 芯片。通过 CANH 和 CANL 两个端口与外部 CAN 设备通信，通信时需要将 H 口与 H 口连接，L 口与 L 口连接。

❑ **EBF Module 接口**

自定义的外设接口，可以连接野火部分配套的外设，比如 OLED 屏（I^2C）。

❑ **AD/DA（模数 / 数模转换）**

板载模数 / 数模转换的 AD/DA 模块，搭载的芯片型号为 PCF8591T。该芯片使用 I^2C 总线与 FPGA 进行通信，使用该芯片可实现模拟信号与数字信号之间的转换。

❑ **以太网接口**

板载网线接口（RJ45），搭载的 PHY 芯片型号为 LAN8720A，使用 RMII 协议通信。可以利用该芯片通过网线实现网络通信功能，通信速率可达 100Mbps。

❑ **主芯片**

该芯片为开发板的主芯片，即 FPGA 芯片，其型号为 EP4CE10F17C8。该芯片拥有 10KB 的逻辑单元，179 个可配置的 I/O 口，414Kbit 的嵌入式 RAM 资源（每 9Kbit 容量为一个块，每块为一个嵌入式存储单元，即有 46 个嵌入式存储单元），2 个独立 PLL 锁相环，10 个全局时钟网络，是一款性价比较高的芯片。

❑ **下载接口（JTAG）**

FPGA 下载器通过该接口与开发板连接，用于程序的下载、固化以及调试。

❑ **SPI-FLASH**

Flash 存储器，芯片型号为 W25Q16，存储容量为 16Mbit。使用 SPI 协议实现 FPGA 芯片与 Flash 存储器的通信。Flash 具有断电数据不丢失的特性，其作为 FPGA 芯片的上电配置器件，只要我们将程序存储在 Flash 中，FPGA 上电后就能直接运行 Flash 中的程序，保证 FPGA 断电后程序不丢失。

❑ **数码管**

征途 Pro 开发板上配置了六位八段数码管，同时搭载了 2 块 74HC595 芯片，74HC595 具有串行输入、并行输出的功能。使用该芯片的 4 位控制信号即可输出 14 位的数码管控制信号，这样可以大大节省 I/O 口资源。

❑ **红外接收头**

板载红外接收头，使用的接收头型号为 HS0038B。同时我们还配套了一个红外遥控器用于实现遥控功能。

❑ **音频**

一个音频输入接口（连接播放器），一个音频输出接口（连接耳机），搭载 WM8978 音频芯片。该音频芯片使用 I²S 总线传输音频数据，FPGA 通过 I²C 总线对该芯片的寄存器进行配置。

❏ **咪头**

板载咪头（MIC/ 麦克风），该接口连接到了 WM8978 音频芯片的录音输入端口，可用于接收录音数据。

❏ **喇叭接口（XH2.0P）**

可通过喇叭接口与喇叭进行连接，连接后可播放 WM8978 音频芯片输出的音频数据。

❏ **RTC 时钟芯片**

实时时钟芯片，芯片型号为 PCF8563T，该芯片具有报警、时钟输出、定时等功能。FPGA 芯片通过 I²C 总线与实时时钟芯片进行通信。

❏ **温湿度接口**

该接口可用于连接 DHT11（温湿度传感器）以及 DS18B20（温度传感器）。FPGA 芯片通过单总线与这两个器件进行通信。

❏ **摄像头接口**

板载摄像头接口，支持野火 OV7725/OV5640 摄像头的连接使用。

❏ **蜂鸣器**

板载蜂鸣器，这里我们使用的是无源蜂鸣器。该蜂鸣器在设计时可作为信息提示的发声器件。

❏ **TF 卡座**

板载 TF 卡座，该卡座用于插入 Micro SD 卡。插入 SD 卡后，FPGA 可实现与 SD 卡的通信，例如可读取 SD 卡内的图片、音乐等。

❏ **环境光传感器**

板载环境光传感器，芯片型号为 AP3216C。FPGA 通过 I²C 总线与该芯片进行通信，利用该芯片可检测环境光强。

❏ **RTC 底座**

板载 RTC 底座，该底座的型号为 CR1220，用于放置供 RTC 使用的纽扣电池。

❏ **40P 排针**

征途 Pro 开发板上配置了 2 个 40Pin 的排针接口，这些接口是开发板引出的扩展 I/O 口，共引出 80 个扩展 I/O 口。

❏ **触摸按键**

征途 Pro 开发板上配置了两个电容式触摸按键。通过该按键可学习电容式按键的工作原理，同时在设计中电容按键还可以作为控制信号来控制系统的运行。

❏ **HDMI 接口**

板载的 HDMI 接口（高清多媒体接口），该接口可与 HDMI 显示器相连接。开发板通过该接口发送需要显示的信息到 HDMI 显示器，从而达到高清显示。

❏ SDRAM

板载 SDRAM 芯片，SDRAM 是一个同步动态随机存储器。这里我们使用的 SDRAM 芯片型号为 W9825G6KH-6，容量为 256Mbit。在设计中其往往用于数据缓存，如 VGA 显示中的待显示图片缓存，录音时的音频数据缓存，摄像头 HDMI 显示中的图像缓存等。

❏ LCD 接口

板载 LCD 接口，该接口可用于接入野火的 RGB565 LCD 显示屏，可用于显示格式为 RGB565 的图像，同时支持 5 点触控。FPGA 芯片使用 I^{2}C 总线对其进行触控驱动。

❏ 4 个 LED 显示灯

板载 4 个 LED 显示灯（蓝灯），这 4 个 LED 灯可以作为程序的状态指示灯。可以设计通过 LED 灯来判断程序是否正确执行，起到辅助调试作用。

❏ 复位按键

一个机械式的复位按键，用于主芯片的复位控制。

❏ 4 个机械按键

征途 Pro 开发板上配置了丰富的按键资源，不仅有两个触摸按键和一个复位按键，还有 4 个机械按键。有了丰富的控制按键资源，更便于控制程序。

❏ 电源开关

在接入电源后，该开关可用于控制开发板的上电与断电。

❏ 电源（直流电源输入接口）

直流电源输入接口，可接入 6V~12V 的直流电源给开发板供电。

❏ USB 转串口

征途 Pro 开发板上配置了一个 USB 转串口的接口，可能有人会问为什么要配置这个接口，不是有串口接口了吗？那是因为现在的计算机上的串口接口正渐渐被摒弃，而笔记本上几乎就没有了这个接口。所以我们配置这个 USB 转串口的接口就可以让大家很方便地进行串口通信的调试。我们使用一根平时用的 Tape C 数据线，一端连接开发板，一端连接计算机即可进行调试。注意，在使用 USB 串口通信时，必须将 J2 和 J3 的引脚用跳帽连接在一起，让 TXD 和 RX 相连，RXD 和 TX 相连。

❏ RS-232 接口（母头）

板载 RS-232 接口（母头），公头一端连接外部串口设备（如计算机）。通过串口线实现 FPGA 与外部串口设备的通信。使用时必须将 J6 的 TX 和 T1INT 以及 RX 和 R1OUT 用跳帽连接。

❏ 电位器接口

板载电位器，通过旋转电位器，可以改变输入板载 AD/DA 芯片 PCF8591T 的 A_IN0 端口的模拟电压。

❏ EEPROM

板载 EEPROM 芯片，容量为 64Kbit（8Kbyte）。FPFA 通过 I^{2}C 总线与该芯片进行通信，

可读可写，掉电后数据不丢失，可用于存储一些重要数据，如系统配置参数。

　　❑ VGA 接口

　　板载 VGA 接口，该接口可与 VGA 显示器直接相连。相连后 FPGA 可通过 VGA 接口传输信息给 VGA 显示器进行显示。

2.2　国内外 FPGA 产业现状

　　首先我们来介绍一下全球主要生产 FPGA 芯片的几大厂商，最被人们熟知的就是 Xilinx 和 Altera 两家巨头，紧随其后的就是 Lattice 公司。

　　Xilinx 公司（见图 2-2）作为全球 FPGA 市场份额最大的公司，其发展动态往往也代表着整个 FPGA 行业的动态。Xilinx 每年都会在赛灵思开发者大会（XDF）上发布和提供一些新技术，很多 FPGA 领域的最新概念和应用往往也都是由 Xilinx 公司率先提出并实践的，其高端系列的 FPGA 几乎达到了垄断的地位，是目前当之无愧的 FPGA 业界老大，也是 IC 领域知名的设计公司。

　　Altera 公司（见图 2-3）于 2015 年被 Intel 斥资 167 亿美元收购，占全球 FPGA 市场份额第二，但是自从被 Intel 收购以后，似乎 Altera 这个品牌名就不再提起了，但 Altera 不会被遗忘。Intel 将通过 FPGA 打造新的生态圈，在中高端 FPGA 领域也占有很重要的地位。

图 2-2　Xilinx 公司 Logo　　　　　图 2-3　Altera 公司 Logo

　　Lattice 公司（见图 2-4）以其低功耗产品著称，占全球 FPGA 市场份额第三，苹果 7 手机内部搭载的 FPGA 芯片就是 Lattice 公司的产品。Lattice 公司是目前唯一一家在中国有研发部的外国 FPGA 厂商，也为国产 FPGA 厂商培养了很多业内优秀的管理人员和技术人员，当年国内企业欲收购 Lattice，但被美国以违反国家安全的名义否决了收购计划，要实现国产 FPGA 商业化，还要走更长的路。

图 2-4　Lattice 公司 Logo

国外三巨头占据了全球 90% 的市场，FPGA 市场呈现双寡头垄断格局，Xilinx 和 Intel（Altera）分别占据全球市场的 56% 和 31%。在中国 FPGA 市场中，占比也高达 52% 和 28%，而目前国内厂商高端产品在硬件性能指标上均与上面三家 FPGA 巨头的高端产品有较大差距，国产 FPGA 厂商暂时落后。国产 FPGA 厂商目前在中国市场占比约 4%，未来随着国产厂商技术上的不断突破，国产 FPGA 在市场占有率方面有很大提升空间。国内 FPGA 厂商主要有 8 家：紫光同创、国微电子、成都华微电子、安路科技、智多晶、高云半导体、上海复旦微电子和京微齐力（见图 2-5）。目前这 8 家厂商营收规模均较小，国产 FPGA 目前还处于起步期，专利数和国外企业有较大差距。从产品角度来看，国产 FPGA 在硬件性能指标上也落后于 Xilinx 及 Intel（Altera）。

图 2-5　国内主要 FPGA 厂商

对于国产 FPGA 厂商来说，目前不少优秀国际人才的加盟给国产企业注入了新的活力。市场也给国产 FPGA 提供了千载难逢的机遇，国家政策在给予支持，国内整体集成电路发展水平也在提升，因此现在正是国产 FPGA 厂商发展的良好机遇。

2.3　选择 Cyclone IV 的理由

了解了 FPGA 的国内外发展现状，读者肯定心存疑虑，为什么我们在选择 FPGA 芯片时，既没有选择使用市场份额占有量最大的 Xilinx 公司的芯片，也没有选择更具特色的 Lattice 公司的产品，而是选择了 Intel（Altera）公司的 FPGA 芯片呢？主要原因有以下几点：

1）Intel（Altera）FPGA 芯片相对于 Xilinx 同量级的芯片价格更便宜，性价比更高。

2）Intel（Altera）早年大学计划做得很好，入门资料相对较多。

3）Intel（Altera）的开发工具综合速度较快，软件也容易操作。

综上所述，我们选择 Intel（Altera）公司的 FPGA 芯片开始 FPGA 的入门学习。

与 Intel（Altera）公司相比，Xilinx 公司在中高端领域芯片的开发和相关资料更加完善。也就是说，对于入门学习来讲，推荐使用 Intel（Altera）公司的 FPGA 芯片；如果进阶提高，推荐使用 Xilinx 公司的 FPGA 芯片；在实际的项目开发中，需要综合考虑成本、性能、开发周期等诸多因素。

Intel（Altera）公司在 FPGA 行业深耕多年，已经建立了完备的 FPGA 芯片产业体系，针对应用场景的不同，设计并生产了诸多系列的 FPGA 芯片，分为 MAX 系列、Cyclone 系列、Arria 系列、Stratix 系列和 Agilex 系列。下面结合官方提供的说明进行简单介绍。详情查询 Intel 官方网站：https://www.intel.cn/content/www/cn/zh/products/programmable/fpga.htm。

MAX 系列：Intel MAX 10 FPGA 在低成本、体积小的瞬时接通可编程逻辑设备中提供了先进的处理功能，能够革新非易失集成。它们提供支持模数转换器（ADC）的瞬时接通双配置和特性齐全的 FPGA 功能，针对各种成本敏感性的大容量应用进行了优化，包括工业、汽车和通信等。除了 MAX 10 以外，该系列的其他产品都是 CPLD。图 2-6 中展示了 MAX 系列产品。

图 2-6　MAX 系列

Cyclone 系列：Cyclone FPGA 系列旨在满足用户的低功耗、低成本设计需求，支持用户加快产品上市速度。每一代 Cyclone FPGA 都可帮助用户迎接技术挑战，以提高集成度，提升性能，降低功耗，缩短产品上市时间，同时满足用户的低成本要求。该系列芯片的定位为中低端，市场和教学中的应用最广泛。图 2-7 中展示了 Cyclone 系列产品。

图 2-7　Cyclone 系列

Arria 系列：Intel Arria 设备家族可提供中端市场中的最佳性能和能效，拥有丰富的内存、逻辑和数字信号处理（DSP）模块特性集，以及高达 25.78 Gbps 收发器的卓越信号完整性，支持用户集成更多功能并最大限度地提高系统带宽。此外，Arria V 和 Intel Arria 设备家族的 SoC 产品可提供基于 ARM 的硬核处理器系统（HPS），从而进一步提高集成度和节省更多成本。该系列是性价比很高的一款产品，如图 2-8 所示。

图 2-8　Arria 系列

Stratix 系列：Intel Stratix FPGA 和 SoC 系列结合了高密度、高性能和丰富的特性，可实现更多功能并最大限度地提高系统带宽，从而支持客户更快地向市场推出一流的高性能产品，并且降低风险。该系列属于高端高性能的 FPGA，如图 2-9 所示。

图 2-9　Stratix 系列

Agilex 系列：Intel Agilex FPGA 家族采用异构 3D 系统级封装（SiP）技术，集成了 Intel 首款基于 10nm 制程技术的 FPGA 架构和第二代 Intel Hyperflex FPGA 架构，可将性能提升多达 40%，将数据中心、网络和边缘计算应用的功耗降低多达 40%。Intel Agilex SoC FPGA 还集成了四核 Arm Cortex-A53 处理器，可提供高水平系统集成。该系列（见图 2-10）属于超高性能的 SoC 芯片，在高端应用场景中大放异彩。

图 2-10　Agile 系列

　　根据上面的介绍，考虑到价格、资源、性能以及学习资料的多样性，最适合用于入门学习的就是 Cyclone 系列的芯片了，而且 Cyclone IV 系列的芯片能够满足入门学习时所有的设计需求，价格比较便宜，有了一定基础之后，可以考虑入手高性能系列的 FPGA 芯片。

2.4 Cyclone 系列 FPGA 芯片的命名方法

　　许多 IC 芯片表面都会有一行或多行由字母、数字组成的字符串，这就是芯片的"身份证"，用以表示芯片的相关信息，使用者可通过这一字符串了解芯片的生产厂家、产品系列、性能、容量等相关参数，FPGA 也不例外。FPGA 生产厂商众多，不同厂商对自家产品都会有自己独特的命名方式。前面说过，我们使用的是 Intel（Altera）公司 Cyclone 系列的 FPGA 芯片，那自然要了解它的命名规则。

　　Cyclone 系列 FPGA 芯片的命名规则如图 2-11 所示，名称信息的组成为：器件系列 + 器件类型（是否含有高速串行收发器）+ LE 逻辑单元数量 + 封装类型 + 高速串行收发器的数量（没有则不写）+ 引脚数目 + 器件正常使用的温度范围 + 器件的速度等级 + 后缀。

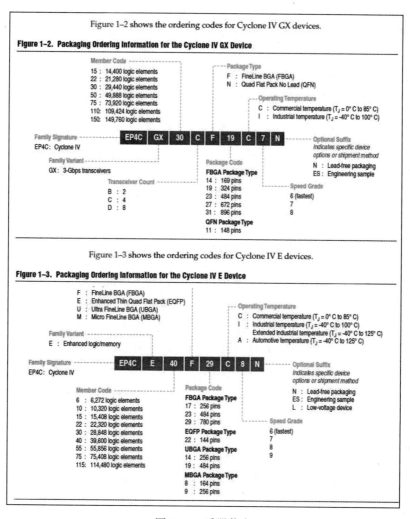

图 2-11　手册信息

下面以本开发板所使用的芯片 EP4CE10F17C8N 为例进行简单介绍：

- ❑ EP4C：Altera 器件 Cyclone IV 系列。
- ❑ E/GX：E 表示普通逻辑资源丰富的器件，GX 表示带有高速串行收发器的器件。
- ❑ 10：LE 逻辑单元的数量，单位为 k，10 表示约有 10k 的逻辑单元。
- ❑ C：表示高速串行收发器的数量，该芯片没有高速串行收发器，所以不写。
- ❑ F：表示 PCB 封装类型，F 表示 FBGA 封装，E 表示 EQFP 封装，Q 表示 PQFP 封装，U 表示 UBGA 封装，M 表示 MBGA 封装。
- ❑ 17：引脚数量，17 代表有 256 个引脚。
- ❑ C：工作温度，C 表示可以工作在 0℃～85℃（民用级），I 表示可以工作在 –40℃～100℃（工业级），A 表示可以工作在 –40℃～125℃（军用级）。
- ❑ 8：器件的速度等级，6 表示最大约 500MHz，7 表示最大约 430MHz，8 表示最大约 400MHz，可以看出在 Altera 的器件中，数字越小表示速度越快，而在 Xilinx 的器件中，数字越大表示速度越快。一般来讲，提高一个速度等级将带来 12%～15% 的性能提升，但是器件的成本却增加了 20%～30%。如果利用设计结构来将性能提升 12%～15%（通过增加额外的流水线），那么就可以降低速度等级，从而节约 20%～30% 的成本。
- ❑ N：后缀，N 表示无铅，ES 代表工程样片。

2.5 FPGA 内部硬件结构简介

FPGA 之所以能实现现场可编程，是因为 FPGA 内部有很多可供用户任意配置的资源，其中包括可编程逻辑阵列、可编程 I/O、互连线、IP 核等。学过数字电路的读者都知道，使用与、或、非门的任意组合几乎可以实现所有数字电路，但是 FPGA 内部最基本的主要单元并不是这些与、或、非门，而是无数个查找表（Look Up Tabe，LUT）和寄存器。

初看 FPGA 内部结构，初学者可能会迷惑，但了解 FPGA 的内部结构是有重要意义的。这能让我们了解在 FPGA 设计过程中，我们所编写的代码和硬件之间的映射关系是怎样的，从而更加深入地了解 FPGA 和单片机、ARM 的区别。透彻了解了 FPGA 内部结构，才能对 FPGA 的设计了如指掌，这有助于进一步的系统优化，实现低功耗、省资源、高稳定性的系统设计。

下面以本开发板使用的 FPGA 芯片进行介绍，其主要资源如图 2-12 所示（下面的演示可以等学习完第 3 章后再尝试操作）。

Available devices:							
Name	Core Voltage	LEs	User I/Os	Memory Bits	Embedded multiplier 9-bit elements	PLL	Global Clocks
EP4CE6F17C8	1.2V	6272	180	276480	30	2	10
EP4CE10F17C8	1.2V	10320	180	423936	46	2	10
EP4CE15F17C8	1.2V	15408	166	516096	112	4	20
EP4CE22F17C8	1.2V	22320	154	608256	132	4	20

图 2-12 芯片主要资源

　　首先，我们来认识一下 FPGA 内部的诸多资源。单击图 2-13 所示图标打开"Chip Planner"来查看这款 FPGA 芯片的版图模型。

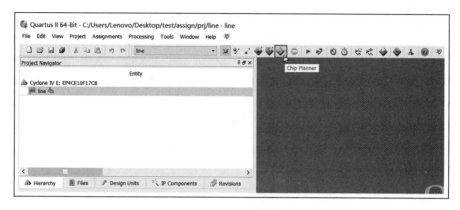

图 2-13　打开版图模型

　　打开后的 Chip Planner 视图如图 2-14 和图 2-15 所示，图 2-14 展示的是未进行布局布线的视图，片内资源未被使用，所以呈现浅色。图 2-15 展示的是已经进行过布局布线操作后的视图，片内使用资源已映射到了版图模型（只有全编译后才能看到映射效果），其中深色表示该资源已经被使用，颜色越深，表示资源利用率越高；黑色区域为一些固定功能资源或无资源区域，用户不可对其进行任意配置。

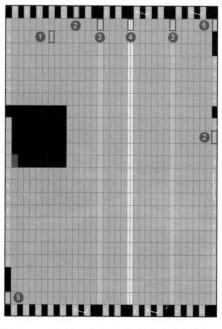

图 2-14　未进行布局布线操作的版图模型

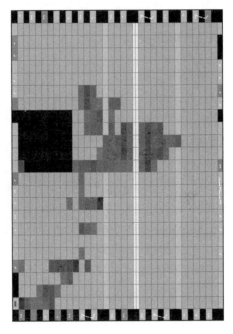

图 2-15　进行布局布线操作后的版图模型

（1）LAB（Logic Array Block，逻辑阵列块）

每个 LAB 由 16 个 LE（Logic Element）组成，图 2-16 所示是两个已经映射资源的 LAB，资源利用率不同的 LAB 会有颜色差异（左边 LAB 使用资源量少，颜色较浅；右边 LAB 使用资源量多，颜色较深）。

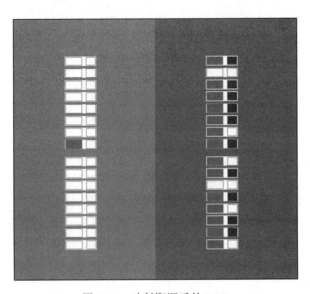

图 2-16　映射资源后的 LAB

　　放大后的 LE 如图 2-17 所示，每个 LE 主要由查找表（深色）和寄存器（浅色）组成。整个芯片中共有 10 320 个 LE，约为 10k，对应芯片型号"EP4CE10F17C8N"中的 10。

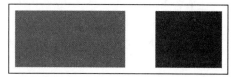

　　双击其中一个 LE 可以观察到其内部的大致结构（内部结构只有被使用才能够双击打开查看）。由图 2-18 可以看出，其结构主要分为两部分：左侧为一个 4 输入的查找表，右侧为可编程寄存器，此外

图 2-17　放大后的 LE 图

还包括数据选择器、进位链等。查找表和多路选择器完成组合逻辑功能，寄存器完成时序逻辑功能（黑色粗实线部分是已经使用的资源，灰色细实线部分是未被使用的资源）。

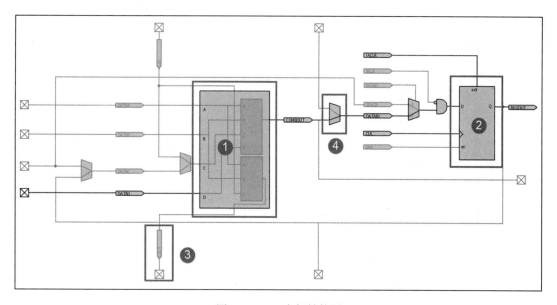

图 2-18　LE 内部结构图

　　这里的 4 输入查找表类似于一个容量为 16 bit 的 ROM（$2^4=16$）（工艺上是珍贵的 SRAM 资源），4 表示地址输入位宽为 4 bit，查找表的存储内容作为输出结果与不同输入信号一一对应，在 FPGA 配置时载入。

　　标注①处为查找表：目前主流 FPGA 都采用了基于 SRAM 工艺的查找表结构。查找表本质上就是一个 RAM。当用户通过原理图或 HDL 语言描述设计出逻辑电路后，FPGA 开发软件会自动计算逻辑电路的所有可能结果，将其列成真值表的形式，并把真值表（即输入对应的输出逻辑）事先写入 RAM，这样每输入一个信号进行逻辑运算就等于输入一个地址进行查表，找出地址对应的内容，然后输出即可。目前 FPGA 中多使用 4 输入的查找表，所以每一个查找表可以看成一个有 4 位地址线的 RAM。

　　标注②处为寄存器：可以配置成多种工作方式，比如触发器或锁存器、同步复位或异步复位、复位高有效或低有效。

标注③处为进位链：超前进位加法器，方便加法器实现，加快复杂加法的运算。

标注④处为数据选择器：数据选择器一般在 FPGA 配置后固定下来。

（2）用户可编程 I/O（User I/O，也称 IOE）

可编程 I/O 资源分布在整个芯片的四周。本芯片共有 256 个引脚，除去一些固定功能的引脚，可供用户任意配置的引脚资源只有 180 个，图 2-19 所示是其中一个可编程 I/O 单元，里面又包含 3 个最小单元（每个可编程 I/O 单元中的最小单元个数不固定，有的包含 2 个，也有的包含 4 个）。

图 2-20 所示为可编程 I/O 最小单元内部结构图，包括双向 I/O 缓冲器、OE 寄存器、对齐寄存器、同步寄存器、DDR 输出寄存器、三态门、延时模块等。

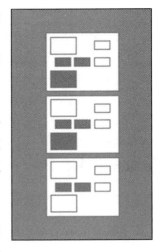

图 2-19　I/O 资源图

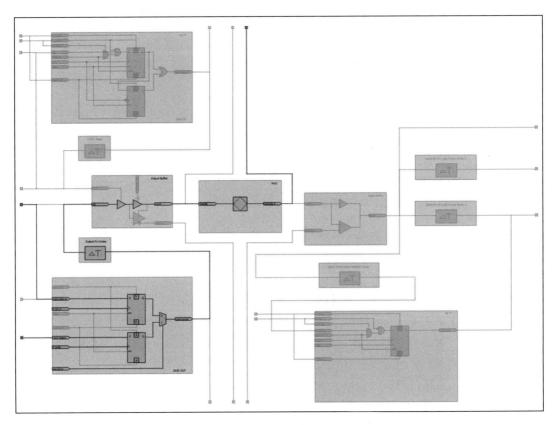

图 2-20　可编程 I/O 最小单元内部结构图

为了便于管理和适应多种电器标准，FPGA 的 IOE 部分被划分为若干个组（Bank），每个 Bank 的接口标准由其接口电压 VCCIO 决定，一个 Bank 只能有一种 VCCIO，但不同 Bank 的 VCCIO 可以不同。只有相同电气标准和物理特性的端口才能连接在一起，VCCIO 电压相同是接口标准的基本条件。图 2-21 所示为 EP4CE10F17C8N 芯片"Pin Planner"的整体视图，用于引脚的绑定，图中芯片被划分为 8 个部分，每个部分称为一个 Bank。

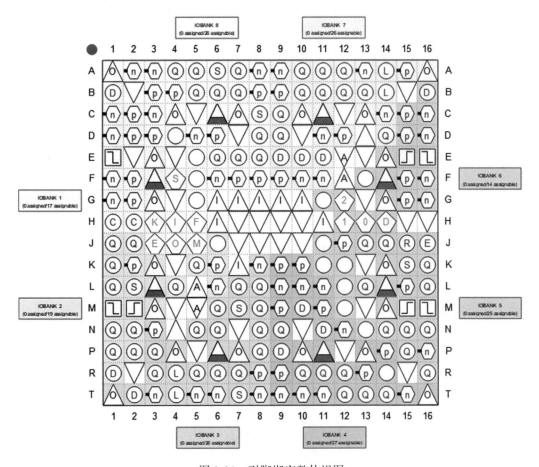

图 2-21　引脚绑定整体视图

（3）互连线（Interconnect）资源

布线资源连通 FPGA 内部的所有单元，而连线的长度和工艺决定着信号在连线上的驱动能力和传输速度。

FPGA 芯片内部有着丰富的布线资源，根据工艺、长度、宽度和分布位置的不同划分为 4 类：第 1 类是全局布线资源，用于芯片内部全局时钟和全局复位 / 置位的布线；第 2 类是长线资源，用于完成芯片 Bank 间的高速信号和第二全局时钟信号的布线；第 3 类是短线资源，用于实现基本逻辑单元之间的逻辑互连；第 4 类是分布式的布线资源，用于专有时钟、复位等控制信号线。图 2-22 中的箭头为由 LAB 中的 LE 的寄存器与 IOE 中的互连线。

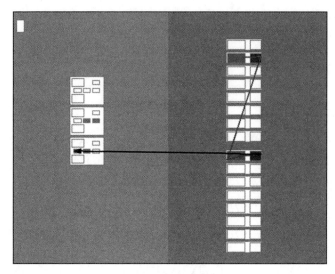

图 2-22　互连线资源

（4）嵌入式存储单元（Memory Bit，也称为 Block RAM 或 BRAM，见图 2-23）

该部分资源主要用于生成 RAM、ROM、FIFO 以及移位寄存器等常用的存储模块，常用于大数据存储或跨时钟域处理。BRAM 由一定数量固定大小的存储块构成，使用 BRAM 资源不占用额外的逻辑资源，不过使用时消耗的 BRAM 资源只能是其块大小的整数倍，就算只存储了 1 bit，也要占用一个完整的 BRAM。

图 2-23　嵌入式存储单元

图 2-24 所示为一个 M9K 的内部结构图。M9K 由输入输出寄存器和一个 RAM 块构成，该芯片共有 423 936bit 存储单元，并以每 9Kbit 容量为一个块，共有 46 个。相对于 LUT

构成的分布式 RAM（Distribute RAM，DRAM），这种专用存储单元速度更快，容量更大，可以避免 LUT 资源的浪费，只有在 BRAM 资源不够时才不得不使用分布式 RAM。

（5）嵌入式乘法单元（Embedded MultiPlier 9-bit Element，也简称 DSP 块）

该单元主要用于各种复杂的数学运算，乘法、除法以及常用的功能函数，如有限冲激响应滤波器（FIR）、无限冲击响应滤波器（IIR）、快速傅里叶变换（FFT）、离散余弦变换（DCT）等。因为 FPGA 中的 LUT 和寄存器资源有限，使用嵌入式乘法单元可大大节省逻辑资源。本芯片共有 46 个 DSP 块，成列式分布在芯片的中间位置，图 2-25 所示为一对 DSP 块资源。

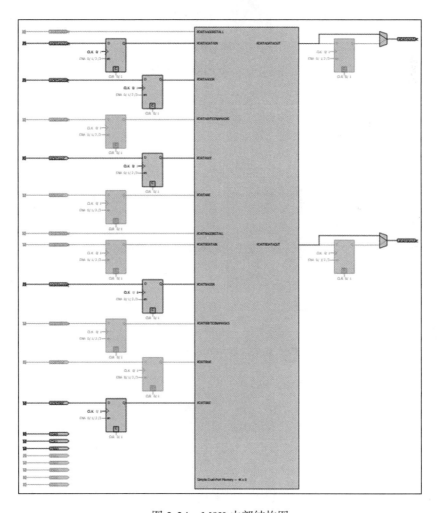

图 2-24　M9K 内部结构图

图 2-26 所示为嵌入式乘法器单元 DSP 块的内部结构，包含输入输出寄存器和一个乘数块。

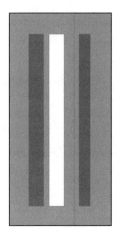

图 2-25 一对 DSP 块资源

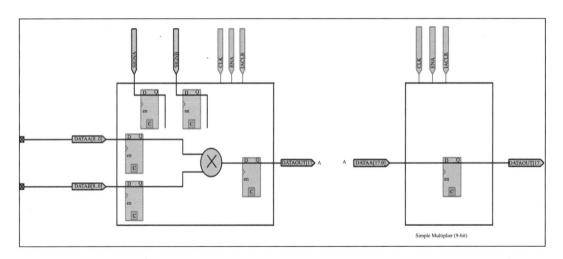

图 2-26 嵌入式乘法器单元 DSP 块的内部结构图

（6）锁相环（Phase Lock Loop，PLL）

锁相环的表示形式如图 2-27 所示。本芯片一共有两个锁相环，芯片右上角、左下角各一个。PLL 的参考时钟由晶振通过专用时钟引脚传入，用于时钟的倍频、分频以及相位、占空比的调整。PLL 输出的时钟信号会连接到全局时钟网络上，以保证时钟的质量，减小时钟偏斜（skew）和抖动（jitter）。

图 2-28 所示为锁相环内部的结构图，每个锁相环可以分出五个同源时钟信号，图中只输出了两路。

不同系列的 FPGA 芯片其内部资源量会稍有差异，但都会包含以上几类主要的内部资源，上面提到的诸多资源在后面的学习中都会用到，届时再进行详细说明。

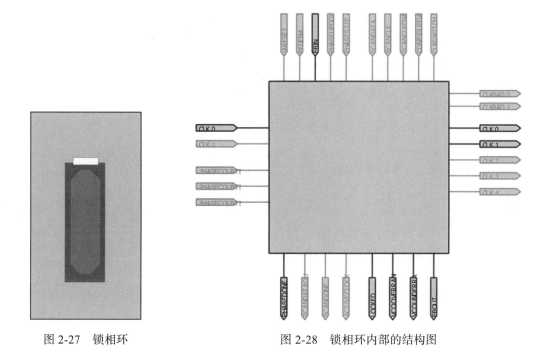

图 2-27　锁相环　　　　　　　　　图 2-28　锁相环内部的结构图

2.6　FPGA 内部硬件结构与代码的关系

注意：本节主要讲解 FPGA 内部硬件结构与代码的关系，为了能够深入理解本节相关
　　　知识，读者可在完成"基础入门篇"的学习后再阅读本节。

代码和硬件之间的映射是一个很奇妙的过程，也展现出人类的智慧。单片机内部的
硬件结构都是固定的，无法改变，我们通过代码操作着内部寄存器的读写，进而执行各种
复杂的任务。FPGA 的硬件结构并不像单片机一样是固定不变的，而是由更加原始的基本
逻辑单元构成的，我们需要用 HDL 语言来描述要实现的功能，而并不需要关心硬件的结
构是如何构建的。我们通过使用 FPGA 厂商的综合器来将 HDL 所描述的功能代码映射到
FPGA 基本逻辑单元上，而这个映射的过程是综合器自动完成的，我们并没有直接用语言
去操作这些基本逻辑单元，这样也就可以理解为什么 HDL 叫硬件描述语言，而不是硬件语
言了。

我们使用 Verilog 语言来描述功能，用 Altera CycloneIV 系列的 EP4CE10F17C8 芯片来
验证下面的例子，观察我们编写的 Verilog 代码综合后到底映射到了哪些硬件结构上。我们
通过查看 RTL Viewer、Technology Map Viewer（Post Mapping）、Chip Planner 来得出验证
分析结果。

❑ RTL Viewer：寄存器级的视图，包括原理图视图，也包括层次结构列表，列出整个设计网表的实例、基本单元、引脚和网络。主要体现的是逻辑连接关系和模块间的结构关系，和具体的 FPGA 器件无关。

❑ Technology Map Viewer（Post Mapping）：将 RTL 所表达的结构进行优化，增加或减少一些模块，包括一个原理视图以及一个层次列表，列出整个设计网表的实例、基本单元、引脚和网络。更接近于最后底层硬件映射的结果，以便于映射到具体的 FPGA 器件上。

❑ Chip Planner：可以看作版图模型，用于查看编译后布局布线的详细信息，显示器件的所有资源，例如，互连和布线连线、逻辑阵列块（LAB）、RAM 块、DSP 块、I/O、行、列以及块与互连和其他布线连线之间的接口、真实地表达所使用的资源，以及在芯片中的相对位置信息。还可以实现对逻辑单元、I/O 单元或 PLL 基元的属性和参数进行编译后编辑，而无须执行完整的重新编译。

2.6.1　I/O 的映射

给一个输入信号，然后不进行任何逻辑运算直接输出，示例代码参见代码清单 2-1。

代码清单 2-1　I/O 的映射示例代码（line.v）

```
 1 module  line
 2 (
 3    input   wire      in,
 4
 5    output  wire      out
 6 );
 7
 8 assign out = in;
 9
10 endmodule
```

代码编写完后点击"Start Analysis & Synthesis"图标进行分析和综合，如图 2-29 所示。

（1）查看 RTL Viewer

双击"Netlist Viewers"下的"RTL Viewer"，查看 RTL 视图，如图 2-30 所示。

因为代码就是对 RTL 级层次的描述，所以 RTL 视图只有一根连线，这和我们设计代码的思想是完全一致的，如图 2-31 所示。

（2）查看 Technology Map Viewer(Post Mapping)

双击"Netlist Viewers"下的"Technology Map Viewer(Post.Mapping)"，如图 2-32 所示。

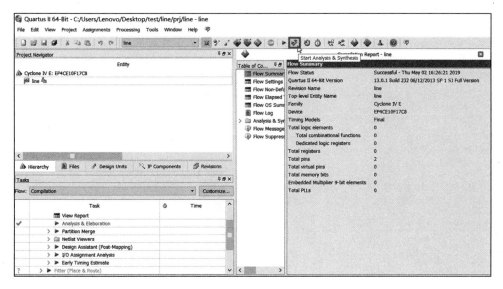

图 2-29　分析与综合

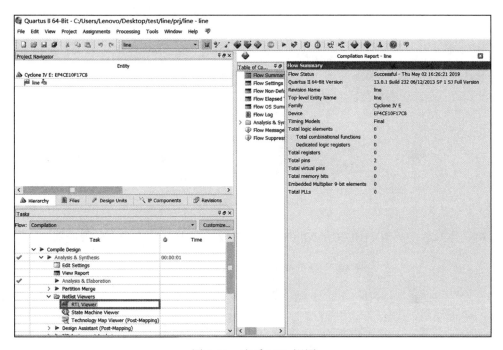

图 2-30　查看 RTL 视图

图 2-31　RTL 视图

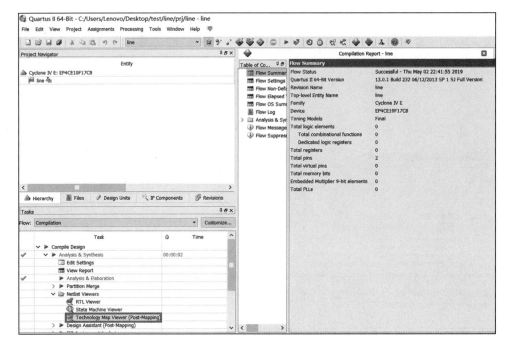

图 2-32　查看 Technology Map 视图

可以看到和 RTL 视图不同的是，输入端口和输出端口分别加上了 buffer，这是我们代码中没有的，是综合器优化后自动加上的，如图 2-33 所示。

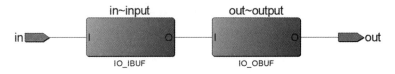

图 2-33　综合器优化

双击图 2-33 中的 IO_IBUF 和 IO_OBUF 可以看到图 2-34 中三角形的缓冲器。

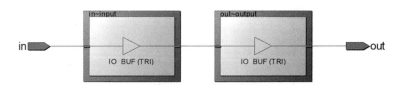

图 2-34　显示三角形缓冲器

（3）查看 Chip Planner

点击"Start Compilation"图标进行全编译，此过程中会进行布局布线，如图 2-35 所示。

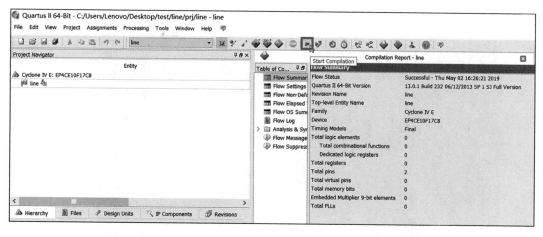

图 2-35　全编译

点击"Chip Planner"图标打开版图模型，在"Flow Summary"报告中也可以看到全编译后的详细信息，其中只使用了两个引脚资源，如图 2-36 所示。

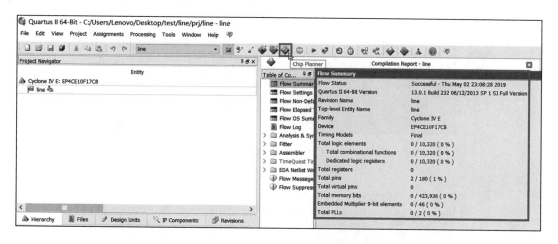

图 2-36　查看芯片版图模型

Chip Planner 打开后的界面如图 2-37 所示，我们要找到代码最后映射到版图模型中的具体位置，可以在右上角的"Find what"处搜索定位，如果没有找到"Find what"，那么按住键盘上的"Ctrl + F"快捷键就会自动出现。

在"Find what"中搜索 RTL 代码中的信号名"in"，然后点击"List"按钮，如图 2-38 所示。

继续点击"Go Next"按钮，如图 2-39 所示。

方框区域中深色的小矩形块 ■ 就是输入信号"in"映射到版图模型中的位置，如图 2-40 所示。

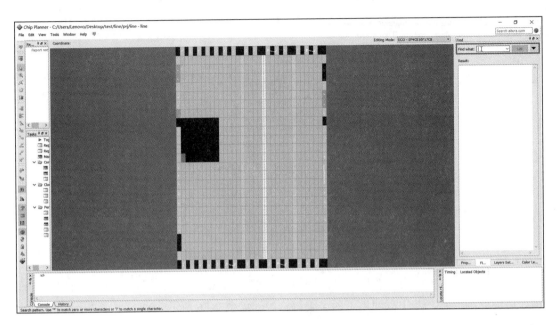

图 2-37　芯片版图模型

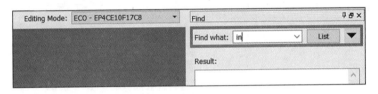

图 2-38　搜索端口（一）

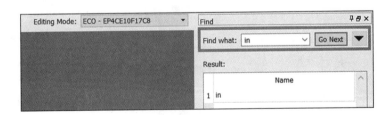

图 2-39　搜索端口（二）

　　在选中"in"所映射的模块的前提下点击图中左侧"Generate Fan-Out Connections"图标可以将从该位置扇出的连线显示出来，一直点击此扇出线就会一直追踪下去，如图 2-41 所示。

　　我们看到连线从"in"处开始，到"out"结束，并将"in"和"out"连到一起，这也就说明了代码中的"in"和"out"之间确实是用一根导线连接的。图 2-42 中的①相当于外部引脚输入的信号经过内部连线，从引脚②输出到外部。分别双击①和②打开模块内部观察其映射的结构。

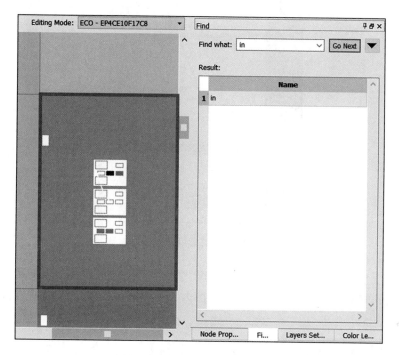

图 2-40　输入信号对应版图模型

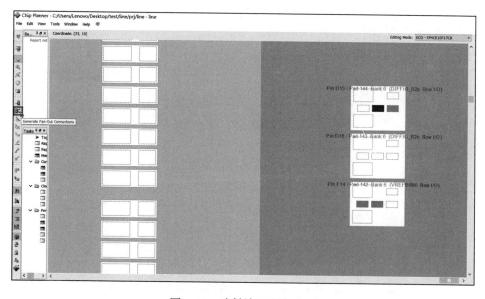

图 2-41　映射端口连线（一）

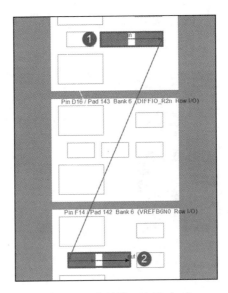

图 2-42　映射端口连线（二）

　　我们看到了一个完整的 IOE 内部结构，其中粗实线部分显示的是真实使用到的结构，灰色的是未使用到的结构。图 2-43 是 IOE 输入的内部结构，图 2-44 是 IOE 输出的内部结构。

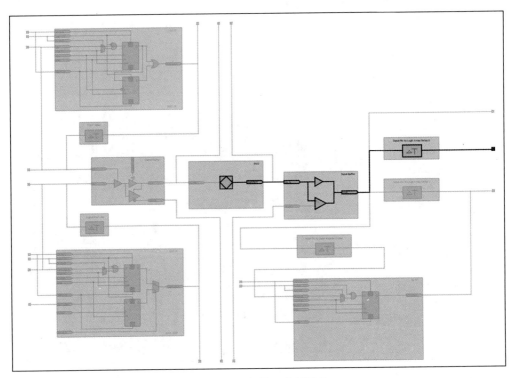

图 2-43　IOE 输入内部结构

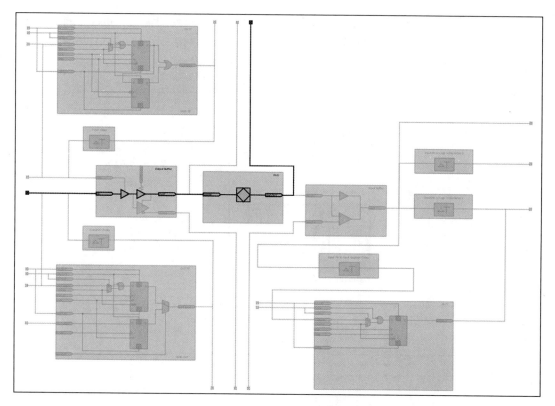

图 2-44　IOE 输出内部结构

我们根据信号的流向进行标号，如图 2-45 和图 2-46 所示。①和⑦是 PAD，为硅片的引脚，封装在芯片内部，用户看不到，PAD 的输入输出往往和外部的引脚有一段连线。②和⑥分别是输入缓冲器和输出缓冲器，我们在 Technology Map Viewer(Post-Mapping) 视图中就已经看到过，这里的功能和之前的是一样的，只是具体的实现结构不同。③是一个输入延时模块，用来调节输入信号的相位延时（在静态时序分析中会详细讲解其使用方法），右击该模块可以设置延时的时间，这是综合布局布线工具自动添加的（当输入信号绑定到时钟引脚上时就不会自动连接到输入延时模块上），并不是我们在 RTL 代码中设计的。④⑤⑧是和外部引脚以及其他层连接的接触点，可以理解为 PCB 中的过孔，⑧用于连接到和外部信号输入的引脚上，④和⑤在内部通过导线连接到一起。

上面的操作我们并没有进行引脚的绑定约束，是开发工具自动给分配了到一个任意位置的引脚，如果约束了具体的引脚，那么其在 Chip Planner 中映射的位置还会变化，但结构基本相同。

综合器在帮我们自动完成综合和布局布线的过程中会根据我们的 HDL 代码与实际的功能来做一些适当的优化，这些优化是为了让整个映射后的硬件更加适配具体的 FPGA 器件，所以有些时候我们用 HDL 描述的功能并不是我们所认为的会使用基本逻辑单元，而是进行了优化后的结果，这些优化包括面积的优化、速度的优化、功耗的优化、布局布线的优化、时序的优化等。FPGA 开发工具同样也给用户预留了一些可供用户优化的选项设置，但这都要在用户能够熟练掌握开发工具和内部结构的前提下才能够实现。

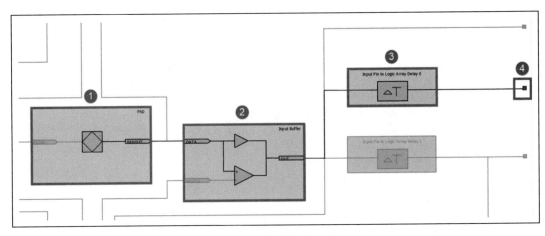

图 2-45　信号流向（一）

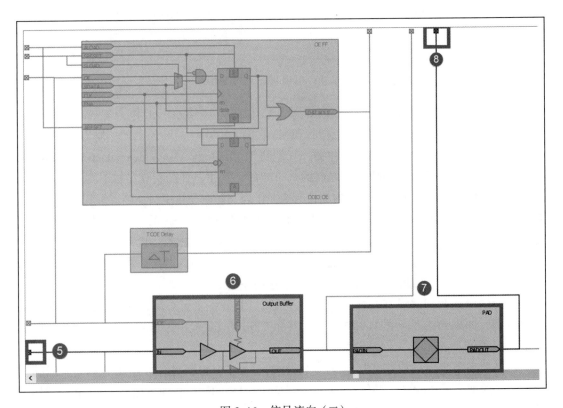

图 2-46　信号流向（二）

2.6.2 组合逻辑映射

大家可能会有这样的疑问，我们编写的 Verilog 代码最终会在 FPGA 上以怎样的映射关系来实现功能呢？我们以一个最简单的组合逻辑与门为例来向大家说明，参见代码清单 2-2。

代码清单 2-2　组合逻辑映射示例代码（and_logic.v）

```
1 module   and_logic(
2   input    wire  in1 ,
3   input    wire  in2 ,
4
5   output  wire   out
6 );
7
8 //out: 输出 in1 与 in2 相与的结果
9 assign   out = in1 & in2;
10
11
12 endmodule
```

编写完代码后依然需要点击"Start Analysis & Synthesis"图标进行分析和综合。然后双击"Netlist Viewers"下的"RTL Viewer"查看 RTL 视图，可以看到两个输入信号经过一个与门后输出，如图 2-47 所示，和我们代码设计的结果是完全一致的。

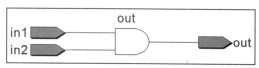

图 2-47　RTL 视图

点击"Start Compilation"全编译图标进行布局布线，然后打开 Chip Planner 视图，界面如图 2-48 所示，可以看到在版图模型中有一块区域的颜色变深，说明该区域的资源被占用，由 2.5 节的内容我们知道这是一个逻辑阵列块，将该区域放大，放大后如图 2-49 所示，可以看到颜色变深的区域中有 16 个小块，这 16 个小块就是 LE，其中只有一个 LE 的颜色改变了，说明该处的资源被使用了，双击这个 LE 即可观察其内部的结构。

打开 LE 后，其内部的结构如图 2-50 所示，其中黑色实线显示的是真实使用到的结构，灰色的是未使用到的结构，可以看到有两个输入和一个输出，与 RTL 代码的描述是对应的，粗实线方框处就是查找表（LUT）。

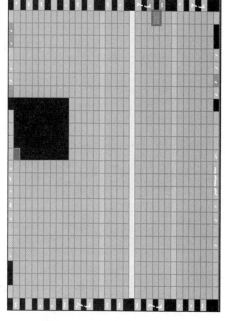

图 2-48　芯片版图模型

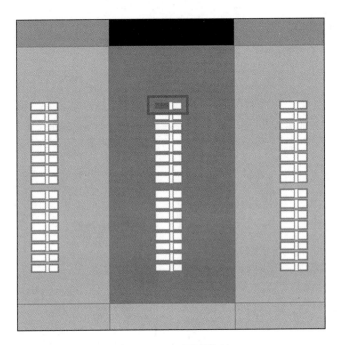

图 2-49　LE 版图模型

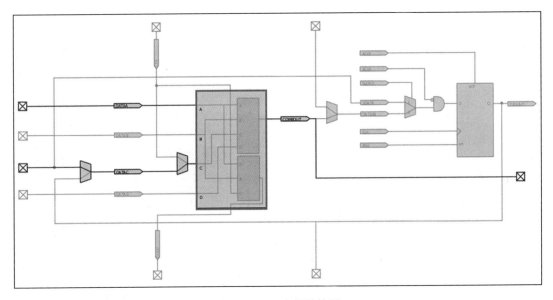

图 2-50　LE 内部结构图

大家可能还是不理解 LUT 是如何实现与逻辑的。我们先来看一下与逻辑的真值表，如表 2-1 所示。

表 2-1　与逻辑真值表

输　入		输　出
in1	in2	out
0	0	0
0	1	0
1	0	0
1	1	1

根据真值表可以看出输入有 2 个，2 个输入对应的输出共有 4 种情况，LUT 需要做的工作就是根据输入的变化对应输出正确的值。我们可以在 LUT 中预先存储所有输出的 4 种情况，然后判断输入，对应输出就可以了。LUT 的内部结构在 Chip Planner 中并没有表达出来，但是我们可以推断出来，如图 2-51 所示为与门所对应的 LUT 内部结构图，其中 LUT 中存储的是 4 种输出情况，输入信号 in1 和 in2 通过多路器选择存储在 LUT 中的值输出。图 2-51 中展示的是当 in1 和 in2 输入的值都为 1 时，存储在 LUT 中的"1"从标注的加粗路径中输出到 out，LUT 中存储的值会在综合工具综合时进行映射。这里不难看出 LUT 所充当的角色其实就是 RAM，所以我们也可以用 LUT 来构成小规模的 RAM 用于存储数据。LUT 所构成的 RAM 就是我们常说的 Distribute RAM，简称 DRAM。

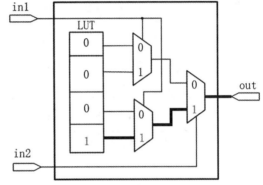

图 2-51　LUT 内部结构图

2.6.3　时序逻辑映射

了解了组合逻辑和 FPGA 之间的映射关系，那么时序逻辑和 FPGA 之间又是一种怎样的映射关系呢？先来看一下同步复位 D 触发器的 RTL 代码，具体参见代码清单 2-3。

代码清单 2-3　同步复位 D 触发器示例代码（**flip_flop.v**）

```
1 module  flip_flop(
2   input   wire  sys_clk ,
3   input   wire  sys_rst_n ,
4   input   wire  key_in ,
5
6   output  reg led_out
7 );
8
9 //led_out:LED 灯输出的结果为 key_in 按键的输入值
10 always@(posedge sys_clk)
11   if(sys_rst_n == 1'b0)
12     led_out <= 1'b0;
```

```
13    else
14      led_out <= key_in;
15
16 endmodule
```

编写完代码后依然需要点击"Start Analysis & Synthesis"图标进行分析和综合，然后双击"Netlist Viewers"下的"RTL Viewer"查看 RTL 视图。如图 2-52 所示，可以看到一个 D 触发器的结构，也可以称为寄存器，还附加了一个选择器，用于同步复位的控制，和代码设计的结果是完全一致的。

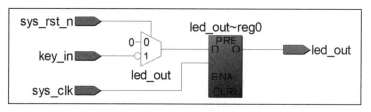

图 2-52　RTL 视图

点击"Start Compilation"全编译图标进行布局布线，完成后可以看到"Flow Summary"资源使用量，如图 2-53 所示，使用了 LE 中的一个组合逻辑资源和一个时序逻辑资源。

然后打开 Chip Planner 视图，如图 2-54 所示，可以看到在版图模型中有一个区域的颜色变深，说明该区域的资源被占用，我们将该区域放大。

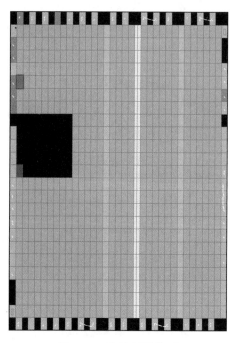

Flow Summary	
Flow Status	Successful - Fri May 22 09:51:09 2020
Quartus II 64-Bit Version	13.0.1 Build 232 06/12/2013 SP 1 SJ Full Version
Revision Name	flip_flop
Top-level Entity Name	flip_flop
Family	Cyclone IV E
Device	EP4CE10F17C8
Timing Models	Final
Total logic elements	1 / 10,320 (< 1 %)
Total combinational functions	1 / 10,320 (< 1 %)
Dedicated logic registers	1 / 10,320 (< 1 %)
Total registers	1
Total pins	4 / 180 (2 %)
Total virtual pins	0
Total memory bits	0 / 423,936 (0 %)
Embedded Multiplier 9-bit elements	0 / 46 (0 %)
Total PLLs	0 / 2 (0 %)

图 2-53　资源使用量　　　　　　　　　图 2-54　芯片版图模型

　　放大后如图 2-55 所示，可以看到变深的区域中有 16 个小块，这 16 个小块就是 LE，其中只有一个 LE 的颜色发生了变化，这次不仅有蓝色，还有红色，说明该处的资源被使用了，双击这个 LE 即可观察其内部的结构。

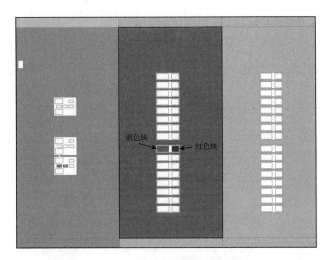

图 2-55　LE 版图模型局部放大图

　　打开 LE 后内部的结构如图 2-56 所示，其中黑色细实线部分显示的是真实使用到的结构，灰色的是未使用到的结构，我们可以看到①、②、③为三个输入，其中③为时钟的输入端，然后有一个输出，和 RTL 代码的描述是对应的。因为我们设计的是时序逻辑，所以这次我们可以发现比组合逻辑多出来的结构主要是粗实线方框所表示的寄存器。

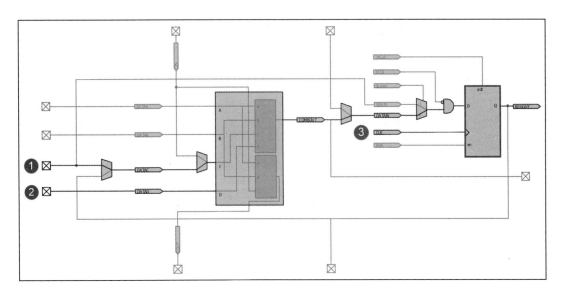

图 2-56　LE 内部结构图

在该视图中点击下面复位信号的名称后，会看到在 LE 的内部结构图中用粗实线标注路径，如图 2-57 中粗实线部分所示，可以知道①为复位信号的输入端，②为 key_in 信号的输入端。

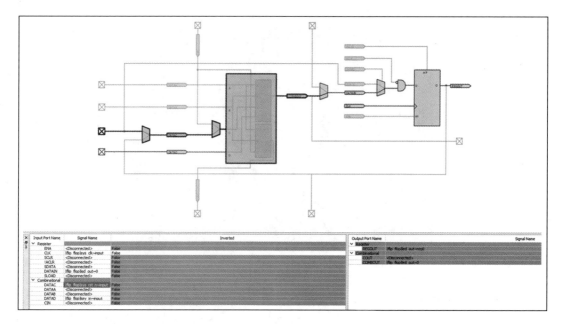

图 2-57　LE 内部结构图输入输出端

我们再来看一下异步复位 D 触发器的 RTL 代码，如代码清单 2-4 所示。

代码清单 2-4　异步复位 D 触发器示例代码（`flip_flop.v`）

```verilog
 1 module  flip_flop(
 2   input   wire  sys_clk ,
 3   input   wire  sys_rst_n ,
 4   input   wire  key_in  ,
 5
 6   output  reg led_out
 7 );
 8
 9 //led_out:LED 灯输出的结果为 key_in 按键的输入值
10 always@(posedge sys_clk or negedge sys_rst_n)
11   if(sys_rst_n == 1'b0)
12     led_out <= 1'b0;
13   else
14     led_out <= key_in;
15
16 endmodule
```

编写完代码后依然需要点击"Start Analysis & Synthesis"图标进行分析和综合。然后双击"Netlist Viewers"下的"RTL Viewer"查看 RTL 视图。如图 2-58 所示，可以看到一个 D 触发器的结构，和代码设计的结果是完全一致的。

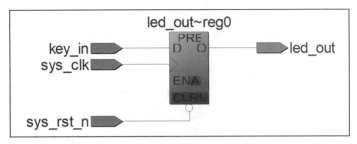

图 2-58　RTL 视图

点击"Start Compilation"全编译图标进行布局布线，完成后可以看到"Flow Summary"资源使用量报告，如图 2-59 所示，只使用了 LE 中的一个时序逻辑资源。

打开 Chip Planner 视图，如图 2-60 所示，可以看到在版图模型中同样的位置也有一个区域的颜色变深，说明该区域的资源被占用，将该区域放大。

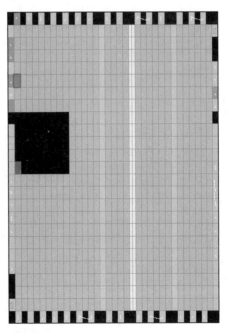

图 2-59　资源使用量　　　　　　　　　　　　图 2-60　芯片版图模型

放大后如图 2-61 所示，可以看到变深的区域中有 16 个 LE，其中只有一个 LE 的颜色发生了变化，也有蓝色和红色，说明该处的资源被使用了，双击这个 LE 即可观察其内部的结构。

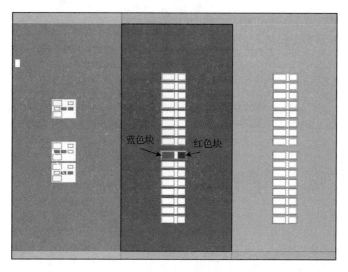

图 2-61　LE 版图模型放大图

打开 LE 后，其内部结构如图 2-62 所示，其中黑色实线部分显示的是真正用到的结构，灰色的是未使用到的结构，我们可以看到①、②、③为三个输入，其中③为时钟的输入端，②仍为 key_in 的输入端，而复位信号①的位置则发生了变化，直接连到了寄存器上。

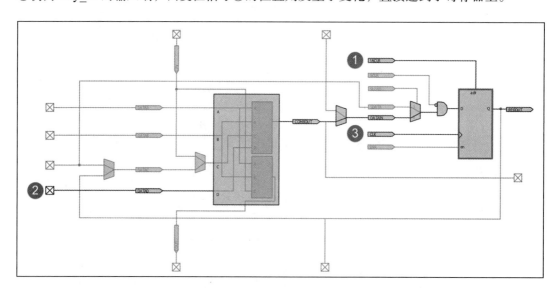

图 2-62　LE 内部结构图

看到这里我们不禁会有两个疑问：

❑ 异步复位 D 触发器 LE 内部结构图明明显示使用了查找表，为什么在"Flow Summary"资源使用量报告中却显示没有使用该部分资源？

❑ 为什么同步复位 D 触发器比异步复位 D 触发器多使用了一部分资源呢？

首先看第一个问题，虽然异步复位 D 触发器 LE 内部结构图明明显示使用了 LUT，但是几乎没有任何逻辑需要使用 LUT，相当于通过查找表将 key_in 信号连接到寄存器的输入端，所以在"Flow Summary"资源使用量报告中显示没有使用该部分资源。

再来看第二个问题，如图 2-63 所示，我们将寄存器部分的视图放大，可以发现该寄存器本身就包含一个异步清零信号"aclr"，且该清零信号还标识为"!ACLR"，也就是低电平有效，这下我们终于明白为什么代码中使用异步低复位了，因为这部分资源本来就有，不需要额外创造，而如果我们使用同步高复位，就会增加额外的逻辑，需要使用 LUT 资源，所以同步复位 D 触发器比异步复位 D 触发器多使用了一个 LUT。如果使用很多同步复位 D 触发器，就会占用很多不必要的 LUT 资源，从而造成资源的浪费，大家在编写代码时要注意这一点。

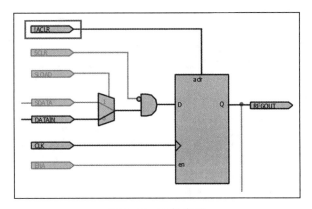

图 2-63　D 触发器

在 FPGA 的开发中，理想情况下 FPGA 之间的数据要通过寄存器输入、输出，这样才能使延时最小，从而更容易满足建立时间方面的要求。我们由 FPGA 内部硬件结构得知，IOB 内是有寄存器的，且 IOB 内的寄存器比 FPGA 内部的寄存器更靠近外部的输出引脚，这样就能够得到更小的延时，从而使时序更好。在没有进行指定的情况下寄存器的映射都是随机的，那么问题来了，如何才能指定寄存器映射到 IOB 中呢？我们依然用异步复位 D 触发器的例子来演示。

如图 2-64 所示，回到工程界面点击"Assignment Editor"图标来约束寄存器映射的位置。

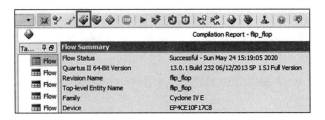

图 2-64　约束寄存器映射位置

如图 2-65 所示，在打开的"Assignment Editor"界面中点击"To"下面的"<<new>>"添加要约束的项。

图 2-65　添加约束项

点击如图 2-66 所示的望远镜图标，打开"Node Finder"。

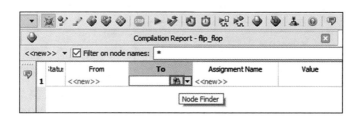

图 2-66　打开"Node Finder"

在打开的"Node Finder"对话框中找到信号的输入 key_in，如图 2-67 所示，根据序号顺序，在"Named :"选项框中输入"*"，点击"List"按钮，在"Nodes Found :"列表中就会列出名为 key_in 的信号，双击③处的 key_in 信号或点击▶按钮，key_in 信号就被添加到"Selected Nodes:"中了。如果我们想取消⑤处选择的信号，则在"Selected Nodes:"选中该信号后点击◀按钮即可。设置完毕后点击"OK"按钮退出。

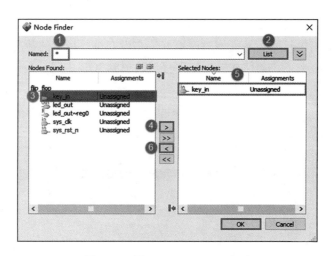

图 2-67　设置 Node Finder 选项

如图 2-68 所示，设置"Assignment Name"，在下拉列表中找到"Fast Input Register (Accepts wildcards/groups)"，这是设置将寄存器映射在输入 IOB 中的约束。如果设置将寄存器映射在输出 IOB 中，则选择"Fast Output Enable Register(Accepts wildcards/groups)"。

图 2-68　将寄存器映射在输出 IOB 中

如图 2-69 所示，设置"Value"的值为"On"。

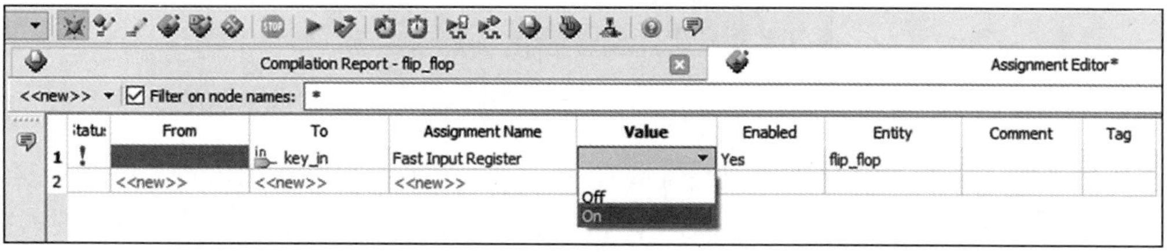

图 2-69　设置"Value"

全部设置完成后的结果如图 2-70 所示。

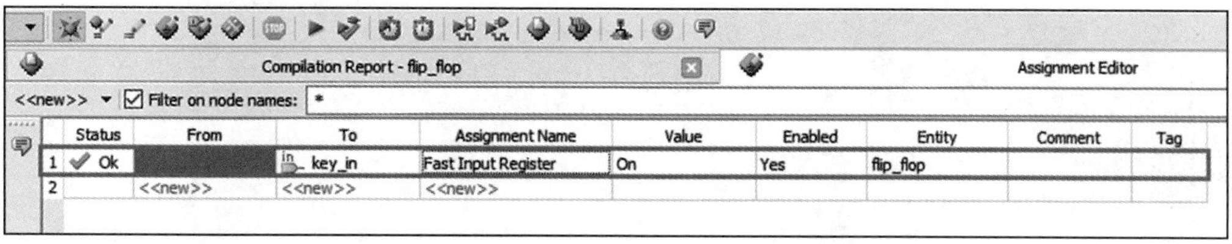

图 2-70　完成设置

点击"Start Compilation"全编译图标进行布局布线，否则无法重新映射资源。此时会弹出如图 2-71 所示的对话框，提示是否要保存更改，选择"Yes"后会执行布局布线操作。

当布局布线重新完成映射后，我们再来看 Chip Planner 视图，如图 2-72 所示，我们发现整个视图没有明显的变化，难道是映射失败了？

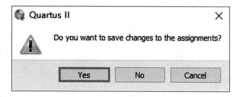

图 2-71　保存更改项

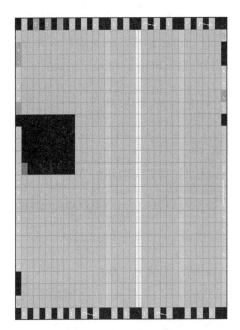

图 2-72　芯片版图模型

　　如图 2-73 所示，既然不能用肉眼直接看到，那我们可以在 Chip Planner 界面右上角的"Find what:"处搜索定位信号在版图模型中的位置，如果没有找到"Find what"搜索框，按"Ctrl + F"快捷键就会自动出现。

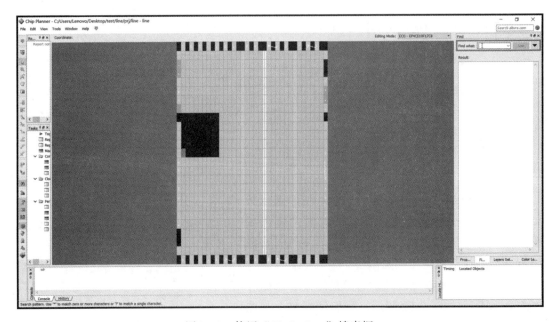

图 2-73　使用"Find what:"搜索框

在图 2-74 所示的"Find what:"中搜索 RTL 代码中的信号名"key_in"，然后点击"List"按钮。

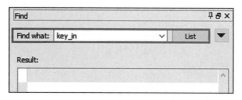

图 2-74　搜索"key_in"

点击图 2-75 所示的"key_in"，可以看到在版图模型的对应位置高亮显示，这个位置就是 FPGA 的 IOB 区域。

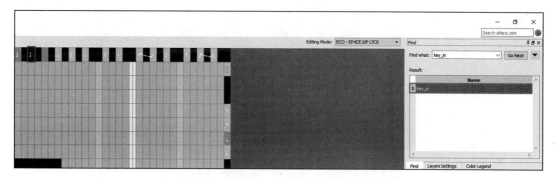

图 2-75　定位信号位置

如图 2-76 所示，将映射的 IOB 区域放大，其中①为 key_in 的输入端，②则是寄存器所映射的新位置。

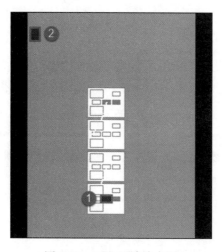

图 2-76　IOB 区域放大图

　　双击图 2-76 中②处的寄存器，观察其内部结构，如图 2-77 所示，发现 IOB 中的寄存器已经高亮显示了，说明映射成功，达到了我们的要求。

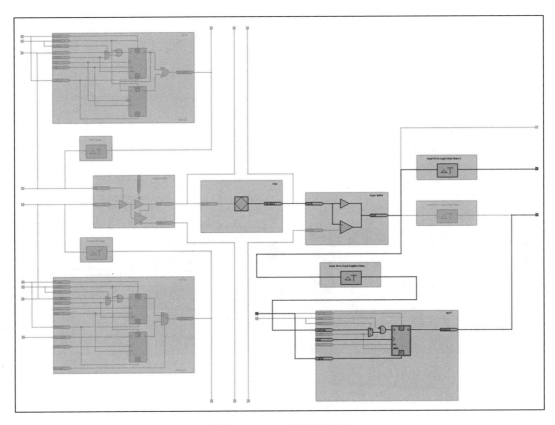

图 2-77　IOB 内部结构图

2.6.4　指定 PLL 的映射位置

　　既然可以指定寄存器放在 IOB 内，那同样也可以指定 PLL 的位置。首先要确保有多个 PLL。如图 2-78 所示，我们所使用的 EP4CE10F17C8 芯片刚好有两个。

Name	Core Voltage	LEs	User I/Os	Memory Bits	Embedded multiplier 9-bit elements	PLL	Global Clocks
EP4CE6F17C8	1.2V	6272	180	276480	30	2	10
EP4CE10F17C8	1.2V	10320	180	423936	46	2	10
EP4CE15F17C8	1.2V	15408	166	516096	112	4	20
EP4CE22F17C8	1.2V	22320	154	608256	132	4	20

图 2-78　器件资源

　　为了演示这个例子，我们使用 pll 工程，RTL 代码具体参见代码清单 2-5。

代码清单 2-5　pll 示例代码（pll.v）

```
1 module  pll
2 (
3     input   wire    sys_clk      , // 系统时钟（50MHz）
4
5     output  wire    clk_mul_2    , // 系统时钟经过 2 倍频后的时钟
6     output  wire    clk_div_2    , // 系统时钟经过 2 分频后的时钟
7     output  wire    clk_phase_90 , // 系统时钟经过相移 90° 后的时钟
8     output  wire    clk_ducle_20 , // 系统时钟变为占空比为 20% 的时钟
9     output  wire    locked         // 检测锁相环是否已经锁定
10                                    // 只有该信号为高时，输出的时钟才是稳定的
11 );
12
13 //**********************************************************************//
14 //************************* Instantiation *************************//
15 //**********************************************************************//
16
17 //----------------------pll_ip_inst----------------------
18 pll_ip  pll_ip_inst
19 (
20     .inclk0    (sys_clk       ),      //input    inclk0
21
22     .c0        (clk_mul_2     ),      //output   c0
23     .c1        (clk_div_2     ),      //output   c1
24     .c2        (clk_phase_90  ),      //output   c2
25     .c3        (clk_ducle_20  ),      //output   c3
26     .locked    (locked        )       //output   locked
27 );
28
29 endmodule
```

代码编写完后依然需要点击"Start Analysis & Synthesis"图标进行分析和综合。然后双击"Netlist Viewers"下的"RTL Viewer"查看 RTL 视图，如图 2-79 所示。

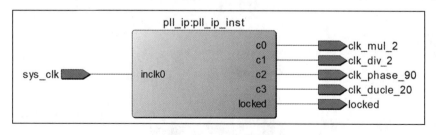

图 2-79　RTL 视图

点击"Start Compilation"全编译图标进行布局布线，然后打开 Chip Planner 视图，界面如图 2-80 所示，可以看到在版图模型中左下角有一块颜色变深的区域，与之形成鲜明对比的是右上角颜色没有变深的位置，这就是我们 FPGA 芯片中两个 PLL 的位置，颜色变深的区域说明资源被占用。

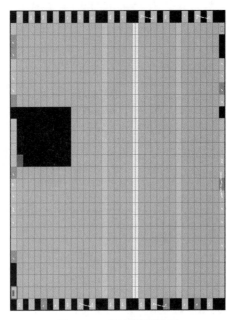

图 2-80　芯片版图模型

　　放大并点击该 PLL，如图 2-81 所示，可以在右侧看到该 PLL 的结构图中显示的部分高亮信号，下面的"Location"则显示了该 PLL 的名字为"PLL_1"。

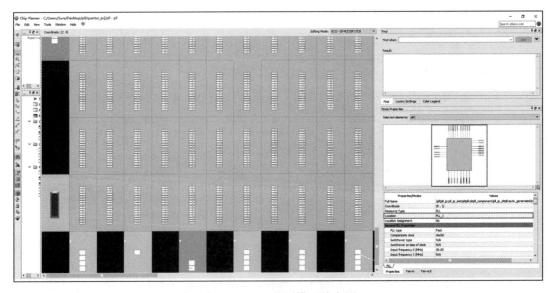

图 2-81　PLL 版图模型放大图

　　如图 2-82 所示，选中该 PLL 后点击左侧的图标，显示扇入 / 扇出线路径，可以看到 PLL 在芯片内的连接关系。

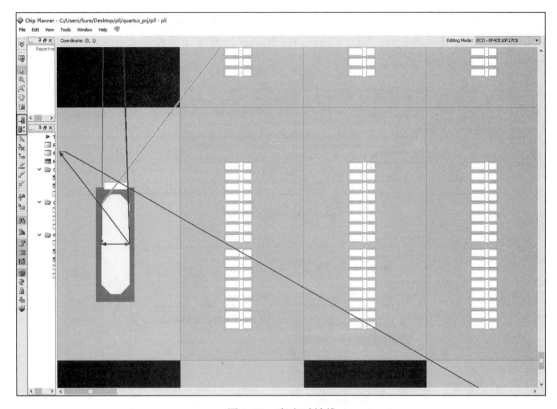

图 2-82　扇出时钟线

如图 2-83 所示，我们回到工程界面点击"Assignment Editor"图标来约束 PLL 的位置。

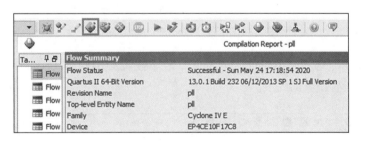

图 2-83　约束 PLL 位置

如图 2-84 所示，在打开的"Assignment Editor"界面中点击"To"下面的"<<new>>"添加要约束的项。

在打开的"Node Finder"对话框中找到信号的输入 key_in，如图 2-85 所示，根据序号顺序，在"Named :"选项框中输入"*pll*"，点击②处的"List"按钮，在"Node Found :"列表中就会列出名为 altpll:altpll_component 的信号，双击③处的 altpll:altpll_component 信

号或点击 按钮，altpll:altpll_component 信号就被添加到"Selected Nodes:"中了。如果我们想取消⑤处选择的信号，则在"Selected Nodes:"选中该信号后点击 按钮即可。设置完毕后点击"OK"按钮退出。

图 2-84　添加约束项

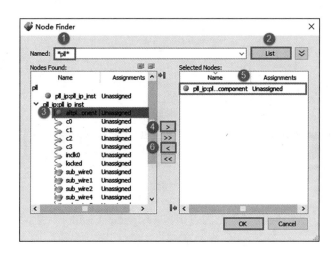

图 2-85　设置"Node Finder"对话框

如图 2-86 所示，设置"Assignment Name"，在下拉列表中找到"Location(Accepts wildcards/groups)"，这是设置位置的约束。

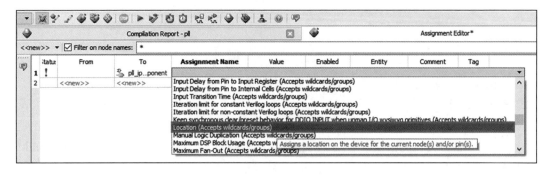

图 2-86　设置位置约束

如图 2-87 所示，点击"Value"下的"..."按钮。

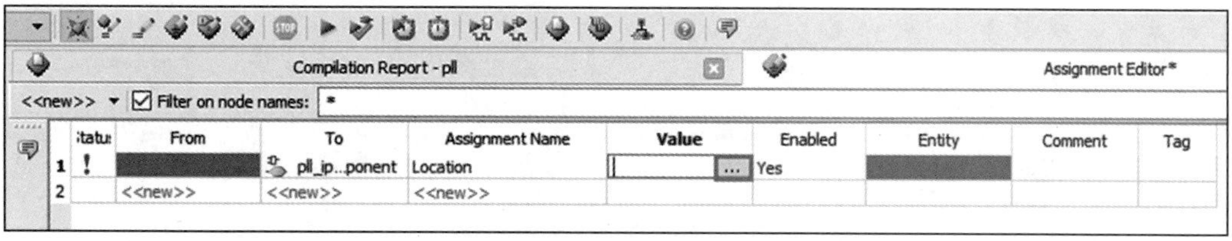

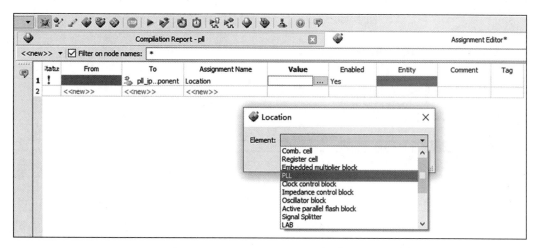

图 2-87　点击"..."按钮开始设置 Value

如图 2-88 所示，在弹出的"Location"对话框中的"Element:"中选择"PLL"。可以看到在这里还可以设置其他元素的位置。

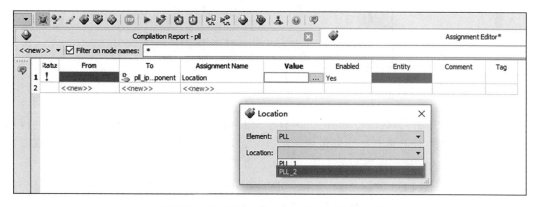

图 2-88　在"Element:"中选择"PLL"

如图 2-89 所示，在"Location:"中选择"PLL_2"。

图 2-89　在"Location:"中选择"PLL_2"

　　如图 2-90 所示，"Location"对话框设置完毕后点击"OK"按钮。

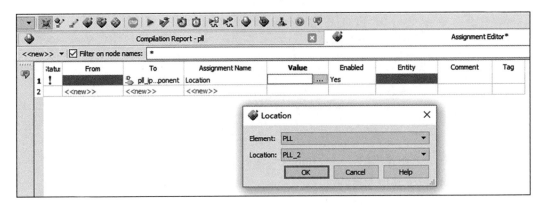

图 2-90　完成"Location"对话框的设置

　　全部设置完成后的结果如图 2-91 所示。

图 2-91　完成设置

　　点击"Start Compilation"全编译图标进行布局布线，否则无法重新映射资源。此时会弹出如图 2-92 所示的对话框，提示是否要保存更改，点击"Yes"按钮后会执行布局布线操作。

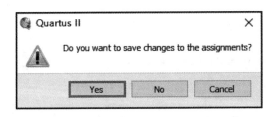

图 2-92　保存更改项

　　当布局布线重新完成映射后我们再来看一看 Chip Planner 视图，如图 2-93 所示，可以发现在版图模型的右上角有一块颜色变深的区域，与左下角颜色没有变深的位置形成鲜明对比，颜色变深的区域说明资源被占用。

　　放大并点击该 PLL，如图 2-94 所示，可以在右侧看到该 PLL 的结构图中显示的部分高亮信号，下面的"Location"则显示了该 PLL 的名字为"PLL_2"，说明映射成功。

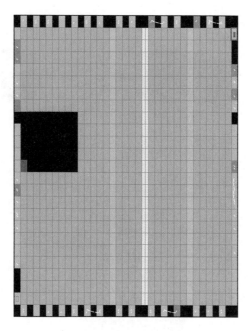

图 2-93　芯片版图模型

　　如图 2-95 所示，选中该 PLL 后点击左侧的图标显示扇入 / 扇出线路径，可以看到 PLL 在芯片内的连接关系。

　　修改 PLL 映射位置的意义何在？当某些情况下时序不好时，就可以通过修改 PLL 的映射位置来调整时序，以实现时序的收敛。

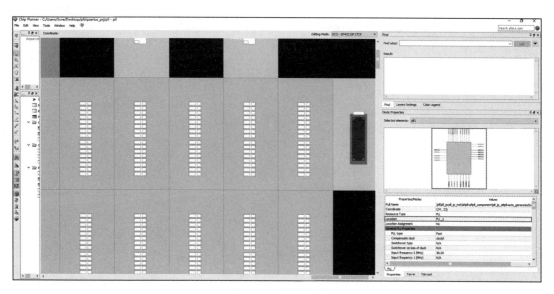

图 2-94　映射成功

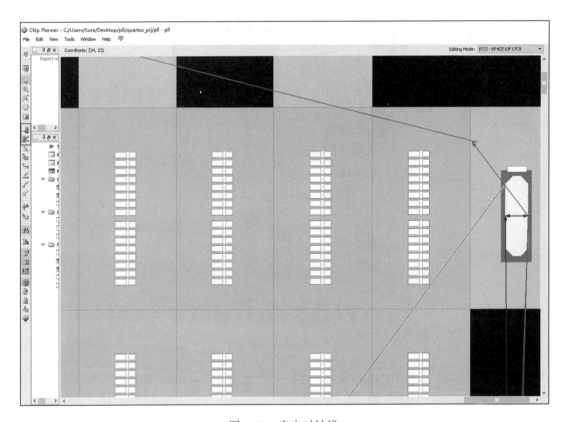

图 2-95　扇出时钟线

软件安装篇

"工欲善其事，必先利其器。"想要学习 FPGA，得心应手的开发工具必不可少。若将 FPGA 比作未经书写的白纸，开发工具就是描绘宏伟蓝图的画笔。本书使用的 FPGA 开发工具主要有 4 个，分别是主开发软件 Quartus II_13.0、仿真软件 Modelsim_10.5se、代码编辑软件 Notepad++_6.1.5、专业绘图软件 Visio_2013_pro。

软件虽多，但各有妙用，它们可以提高 FPGA 的开发效率，帮助我们养成良好的工程开发习惯，使 FPGA 的开发更加得心应手。本篇会详细介绍各个软件的安装方法，使用方法在后面的章节也会介绍。

虽然开发软件较多，但普通配置的计算机足以支持开发软件正常运行，当然，如果你有足够的学习经费，也可以选择配置更高的计算机，高配计算机可以缩短综合、布局布线的运行时间。

安装软件的过程中有以下几点注意事项：

❑ 安装路径可以自定义，但路径中不能包含中文、空格或特殊字符，否则可能会导致安装失败或软件不能正常使用。

❑ 安装过程中遇到问题时，先上网查找解决方法，莫乱阵脚；如果无法自行解决，可以联系我们的技术支持，我们会尽力帮你解决问题。

❑ 软件安装过程耗时较长，请耐心等待，切莫强行终止，这会影响软件的正常安装。

❑ 以上所有软件只适用于 Windows 操作系统（推荐 Windows 7、Windows 10）。

❑ 在安装软件的过程中，关闭杀毒软件，断开网络连接，否则可能出现各种问题，导致安装失败。

最后补充一点，安装软件是学习 FPGA 的开始，希望初学者能够熟练掌握开发软件的安装方法。

第 3 章
Quartus 软件和 USB-Blaster 驱动安装

3.1 Quartus II_13.0 软件的安装

在"硬件说明篇"我们已经介绍过，本书使用的配套开发板是 Altera 厂商的 FPGA 芯片，所以要使用 Altera 提供的配套开发软件 Quartus II，我们使用的是 13.0 版本 Quartus II_13.0。

很多读者可能会有疑问，我们为什么选择 13.0 版本，而不是使用当前最新版本。首先，Quartus II_13.0 版本是众多初学者习惯使用的版本，操作界面比较传统，众多教程都针对这一版本，初学者更容易接受；其次，即便遇到相关问题需要查阅资料，也会看到类似的版本界面；再次，Quartus II_13.0 在众多版本中综合、布局布线速度较快，节约工程编译时间。

若需要使用其他版本的 Quartus 开发软件，也可自行下载，Quartus 开发软件官网下载地址为 http://fpgasoftware.intel.com/。

接下来我们以 Quartus II_13.0 版本为例，手把手教你实现 Quartus II 开发软件的安装。

1）选取软件安装位置。选择有充足容量的磁盘，新建并重命名文件夹，作为软件安装位置。需要注意的是，重命名后的文件夹名称不能包含中文、空格、特殊字符，可使用下划线。例如，本书中将磁盘 D 中的" QuartusII_13.0"文件夹作为软件安装位置，如图 3-1 所示。

software (D:)		
名称 ^	修改日期	类型
ModelSim_10.5se	2019/10/13 19:04	文件夹
Notepad++_7.6.6	2020/1/9 15:25	文件夹
QuartusII_13.0	2019/9/29 8:33	文件夹
Visio_2013pro	2020/1/9 15:25	文件夹

图 3-1　选取软件安装位置

2）找到 Quartus 软件应用程序。应用程序存放位置为 QuartusII_13.0\QuartusSetup-

13.0.1.232.exe，如图 3-2 所示。

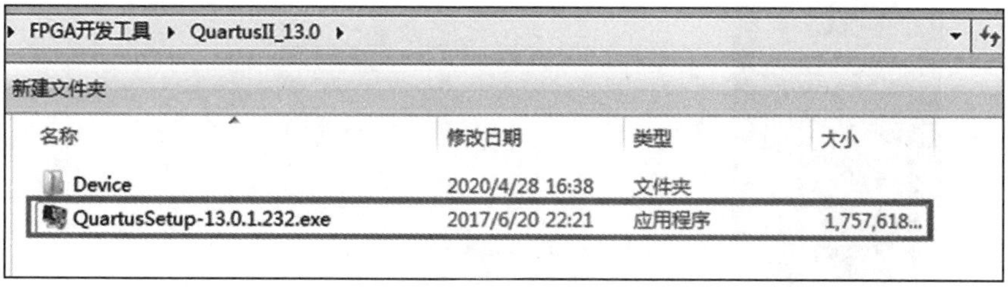

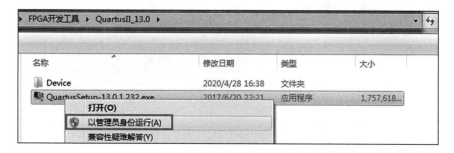

图 3-2　应用程序存放位置

3）以管理员身份运行 Quartus 应用程序，如图 3-3 所示。

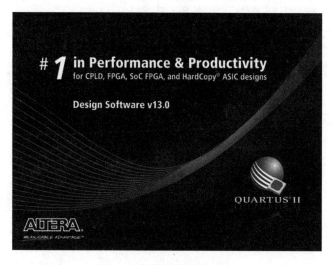

图 3-3　以管理员身份运行应用程序

4）开始 Quartus 应用软件的安装，如图 3-4～图 3-6 所示。

图 3-4　软件安装界面（一）

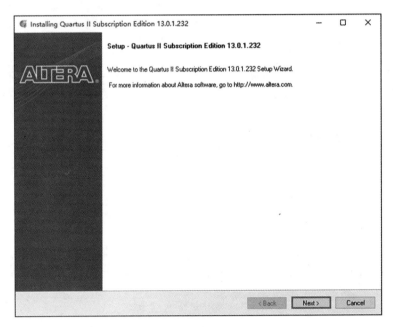

图 3-5　软件安装界面（二）

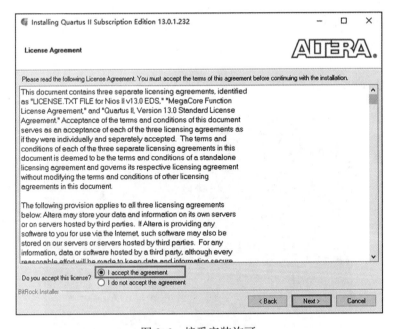

图 3-6　接受安装许可

5）如图 3-7 和图 3-8 所示，选择开发软件安装位置 " D:\QuartusII_13.0"，然后点击
"Next" 按钮。

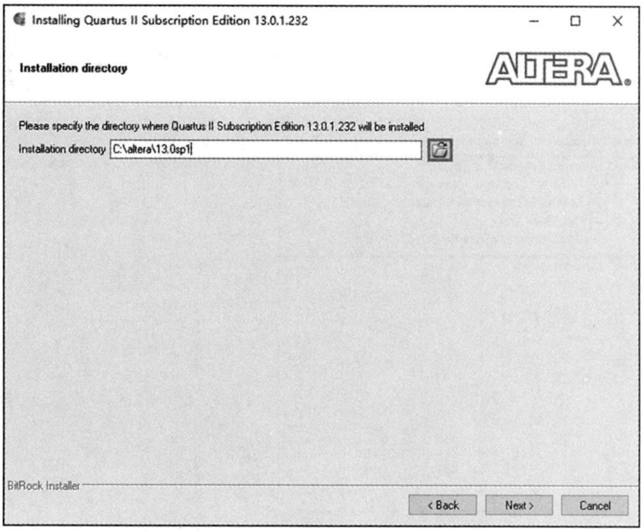

图 3-7　选择软件安装位置（一）

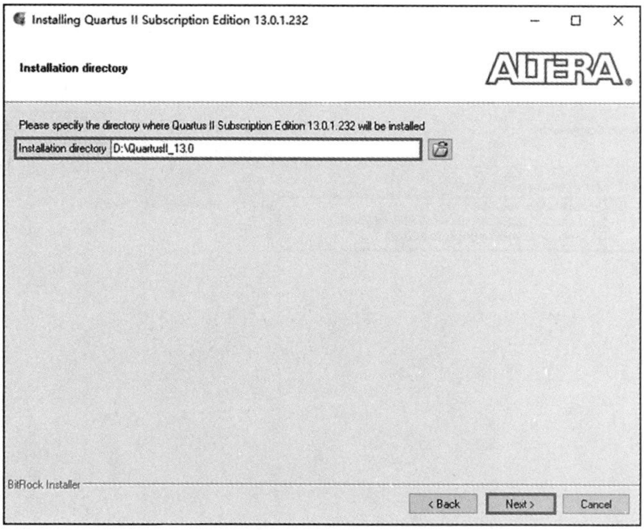

图 3-8　选择软件安装位置（二）

6）选择要安装的组件并安装，默认全选。

注意，使用开发软件离不开器件库，安装器件库有两种方式：一种是与开发软件一并安装，但器件库必须与安装软件存放在同一文件夹，安装软件时，组件的选择包括器件库，如图 3-9 所示；另一种是独立安装，开发软件安装完毕后再进行器件库的安装，独立安装器件库，组件的选择不包括器件库，如图 3-10 所示。为了方便文件管理，本书中我们选择独立安装器件库。

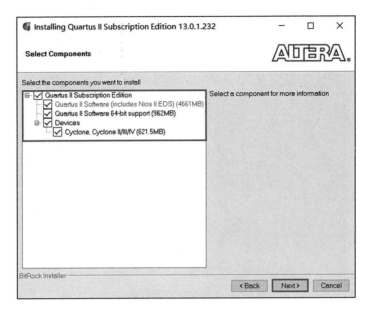

图 3-9　选择安装组件（器件库一并安装）

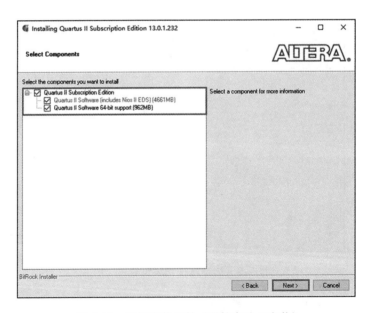

图 3-10　选择安装组件（器件库独立安装）

7）显示安装整体信息，准备安装软件。如图 3-11 所示，安装信息包括 Quartus II 软件安装路径、软件安装所需磁盘空间大小以及磁盘可用空间大小，磁盘空间足够，直接点击"Next"按钮。

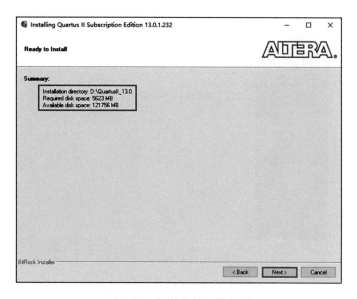

图 3-11　软件安装整体信息

8）如图 3-12 所示，等待软件安装。安装过程所需时间主要由计算机性能和器件库大小决定，安装完成后点击"Next"按钮。

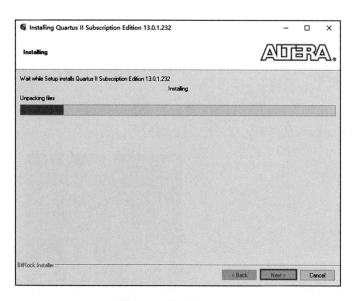

图 3-12　等待软件安装

9）如图 3-13 所示，软件安装完成。该界面中包含三个选项，分别表示是否创建桌面快捷方式、是否立即打开软件、是否提供反馈。选中第一个选项，创建桌面快捷方式，点击"Finish"按钮，完成软件安装。

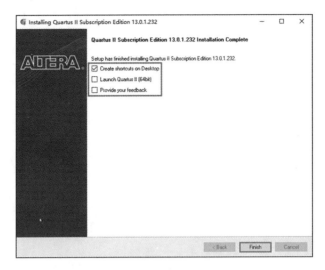

图 3-13　创建桌面快捷方式

10）如图 3-14 所示，软件安装完成，创建桌面快捷方式。安装完成的 Quartus 软件可试用 30 天，若想长期使用，请支持正版。

3.2　添加器件库

本书中将器件库和开发软件独立安装，安装完毕以后，开始安装器件库。由于本书配套开发板的 FPGA 芯片属于 CycloneIV 系列，所以只需要添加该系列器件库即可。如果需要使用其他器件库，可到官网下载。

1）如图 3-15 所示，Quartus II 软件安装完成后会同时安装一个名为" Quartus II 13.0sp1 Device Install..."的选项，双击打开该文件。

图 3-14　完成软件安装　　图 3-15　打开" Quartus II 13.0sp1 Device Install..."文件

2）文件打开后，如图 3-16 所示，点击"Next"按钮，进入下一步。

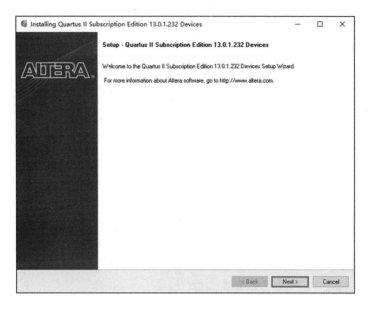

图 3-16　点击"Next"按钮

3）选择器件库待存放路径，如图 3-17 和图 3-18 所示，点击"Next"按钮，进入下一步。

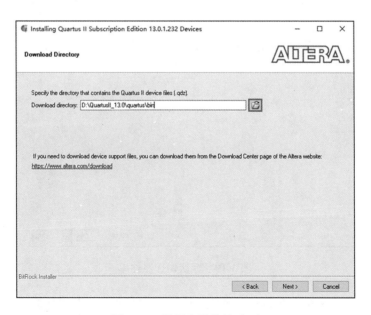

图 3-17　设置存放路径（一）

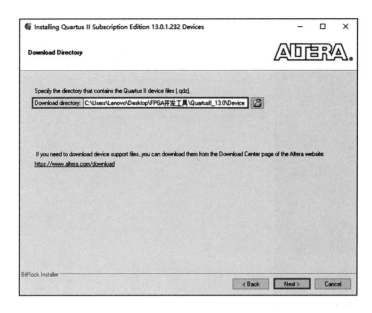

图 3-18　设置存放路径（二）

4）如图 3-19 所示，器件库默认选中，然后点击"Next"按钮。

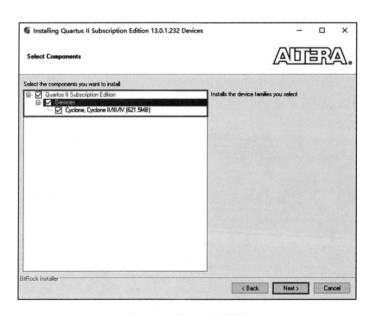

图 3-19　默认勾选器件库

5）图 3-20 显示了器件库的安装路径、所需磁盘空间大小和可用磁盘空间大小，因为此处磁盘空间足够，所以直接点击"Next"按钮。

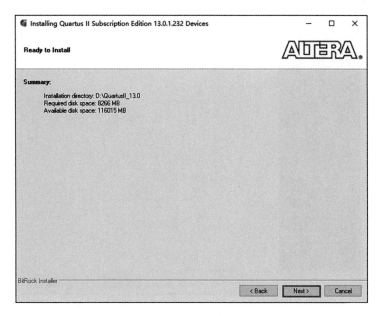

图 3-20　器件库安装信息

6）如图 3-21 所示，等待器件库安装完成。

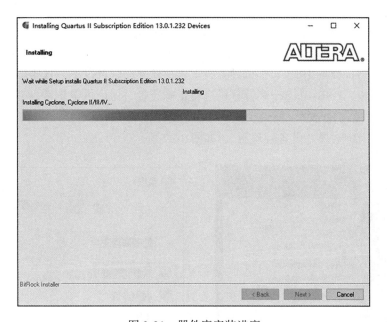

图 3-21　器件库安装进度

7）如图 3-22 所示，器件库安装完成，直接点击"Finish"按钮完成安装并退出。

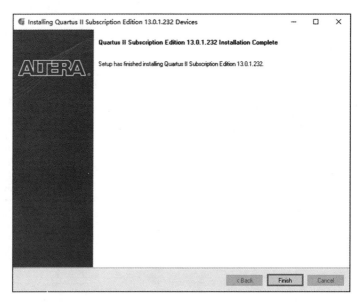

图 3-22　点击"Finish"按钮完成器件库的安装

3.3　USB-Blaster 驱动器的安装

对 FPGA 开发板进行程序下载、固化以及工程调试时，USB-Blaster 下载器必不可少。USB-Blaster 是下载器的驱动，这个驱动在安装 Quartus II 时已经与开发软件一同安装，你只需要将 USB-Blaster 的 USB 口插到计算机上再更新驱动就可以了，具体操作如下。

1）将开发板、USB-Blaster 和计算机进行正确连接，保证供电正常，打开开发板电源。右击"此电脑"图标，选择"属性（R）"命令，如图 3-23 所示。

2）在选项卡中选择"设备管理器"，如图 3-24 所示。

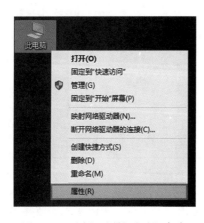

图 3-23　选择"属性（R）"命令

图 3-24　选择"设备管理器"

3）此时在"其他设备"中发现未识别的名为"USB-Blaster"的外设，此外设的驱动还未被添加，设备图标显示感叹号，如图 3-25 所示。

4）如图 3-26 所示，右击"USB-Blaster"，选择"更新驱动程序（P）"命令。

图 3-25　发现外设驱动尚未被添加　　　图 3-26　更新驱动程序

5）如图 3-27 所示，选择"浏览我的计算机以查找驱动程序软件（R）"选项。

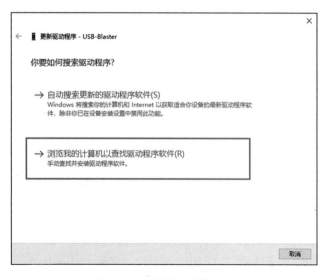

图 3-27　查找驱动程序软件

6）如图 3-28 和图 3-29 所示，点击"浏览（R）..."按钮选择驱动路径"QuartusII13.0\
quartus\drivers\usb-blaster"，然后点击"下一步（N）"按钮。

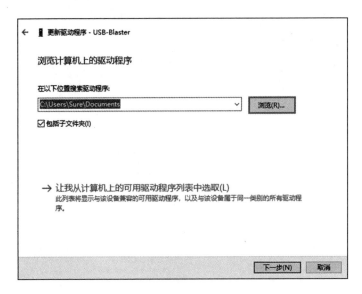

图 3-28　点击"浏览（R）"按钮

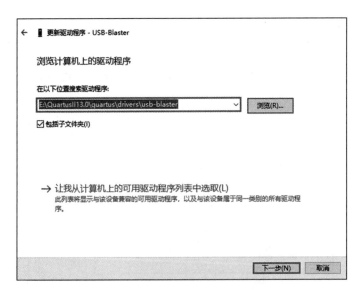

图 3-29　选择驱动程序所在路径

7）弹出如图 3-30 所示界面，点击"安装（I）"按钮即可。

8）驱动安装完成，弹出如图 3-31 所示的界面，表示 USB-Blaster 的驱动安装完成，点击"关闭（C）"按钮退出。

图 3-30　点击"安装（I）"按钮开始安装

9）完成 USB-Blaster 驱动安装后，在"通用串行总线控制器"下显示出" Altera USB-Blaster"，表示驱动成功安装，如图 3-32 所示。

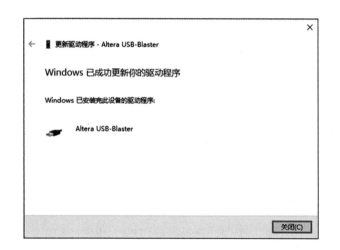

图 3-31　关闭提示对话框　　　　　　　图 3-32　驱动程序安装成功

第 4 章

ModelSim 软件安装

很多初学者会问为什么做 FPGA 开发还要专门安装一个仿真软件，因为 Quartus II 这类开发工具在最初的设计中，对于仿真这一块做得并不是很好，所以往往需要更为专业的仿真软件来做这项工作。虽然 Mentor 公司也专为 Altera 公司提供了嵌入 Quartus II 工具内部的 ModelSim-Altera，但我们学习开发时如果用到 Xilinx 或者 Lattice 的开发工具，就不能使用只为 Altera 公司设计的 ModelSim-Altera 了。独立的 ModelSim 可以和任意一家 FPGA 公司的开发工具进行关联使用，也可以直接单独使用，灵活性更高。

接下来，我们以 ModelSim SE 10.5 版本为例，介绍 ModelSim 软件的安装。

1）选取软件安装位置。选择有充足容量的磁盘，新建并重命名文件夹，作为软件安装位置。需要注意的是，重命名后的文件夹名称中不能包含中文、空格、特殊字符，可使用下划线。例如，这里将磁盘 D 中的"ModelSim_10.5se"作为 ModelSim 仿真软件安装位置，如图 4-1 所示。

software (D:)		
名称 ^	修改日期	类型
ModelSim_10.5se	2019/10/13 19:04	文件夹
Notepad++_7.6.6	2020/1/9 15:25	文件夹
QuartusII_13.0	2019/9/29 8:33	文件夹
Visio_2013pro	2020/1/9 15:25	文件夹

图 4-1　选择 ModelSim 仿真软件安装位置

2）如图 4-2 和图 4-3 所示，找到仿真软件应用程序"modelsim-win64-10.5-se.exe"，右击该程序并选择"以管理员身份运行（A）"。

图 4-2　找到仿真软件应用程序

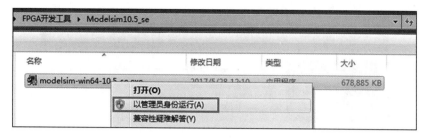

图 4-3　以管理员身份运行程序

3）如图 4-4 和图 4-5 所示，开始安装 ModelSim 仿真软件。点击图 4-6 中的"下一步"按钮，进入软件安装位置的选择界面。

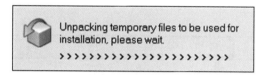

图 4-4　开始安装

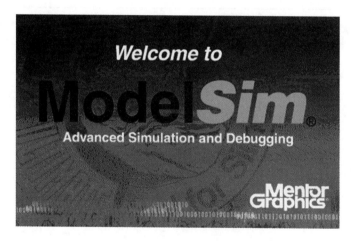

图 4-5　ModelSim 启动界面

4）如图 4-7 和图 4-8 所示，可以通过点击"浏览"左侧的 按钮选择软件安装路径，选择之前新建好的文件夹"D:\ModelSim_10.5se"，然后点击"下一步"按钮。

5）如图 4-9 所示，同意许可协议，否则无法继续安装此软件。

6）如图 4-10 所示，正在进行仿真软件的安装。在软件安装过程中，会安装一些必要的插件，在弹出的对话框中选择"是"，如图 4-11～图 4-13 所示。

图 4-6　点击"下一步"按钮

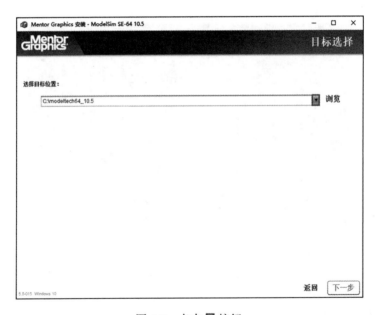

图 4-7　点击 ▣ 按钮

7）在如图 4-14 所示的界面中等待一段时间，软件安装完毕后提示是否立刻重启，这里选择"否"，如图 4-15 所示。

8）如图 4-16 所示，软件已经完成安装，点击"完成"按钮后自动退出。

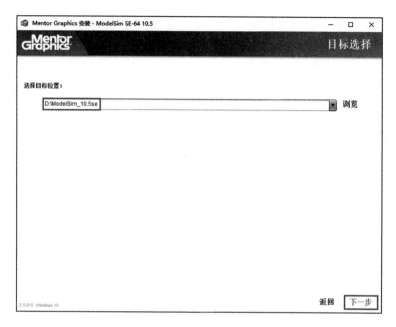

图 4-8　选择安装路径

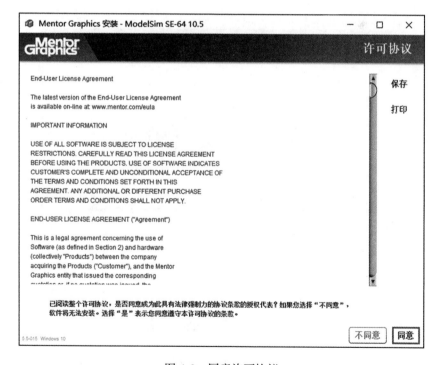

图 4-9　同意许可协议

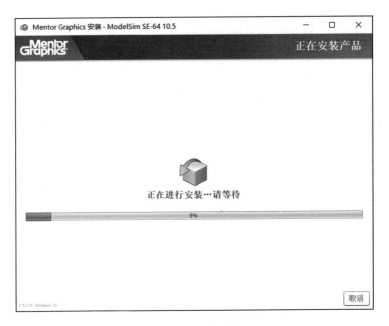

图 4-10　等待安装

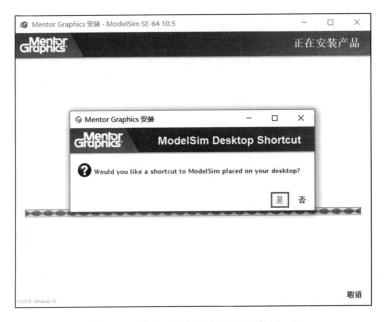

图 4-11　单击"是"按钮安装插件（一）

9）安装完成后，创建桌面图标，如图 4-17 所示，此时还不能使用软件，需要购买正版 license 进行激活。

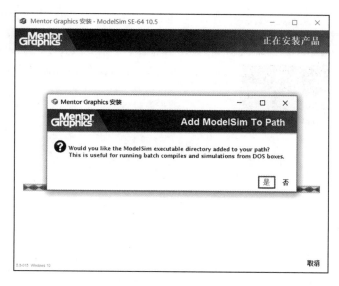

图 4-12　单击"是"按钮安装插件（二）

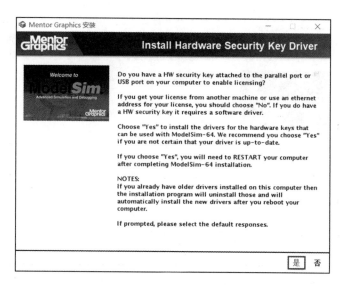

图 4-13　单击"是"按钮安装插件（三）

图 4-14　等待安装插件

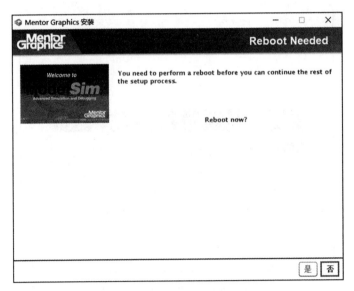

图 4-15　单击"否"按钮不立刻重启

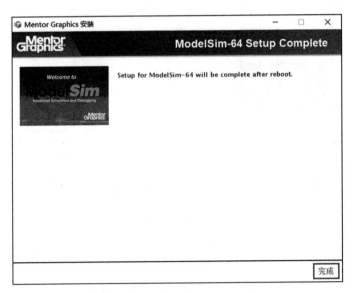

图 4-16　安装完成

图 4-17　创建桌面图标

第 5 章
Visio 和 Notepad++ 软件安装

5.1 Visio 软件的安装

安装 Visio 软件是为了完成工程结构框图和模块内部波形图的绘制。在众多波形图绘制软件中选择 Visio，是因为它同时具备绘制结构框图和波形图的能力。通过该软件可以更好地表达我们的核心设计方法，请初学者务必安装。

接下来是安装 Visio 绘图软件。

1）选取软件安装位置。选择有充足容量的磁盘，新建并重命名文件夹，作为软件安装位置。需要注意的是，重命名后的文件夹名称不能包含中文、空格、特殊字符，可使用下划线。此处将磁盘 D 的"Visio_2013pro"作为 ModelSim 仿真软件安装位置，如图 5-1 所示。

software (D:)		
名称 ^	修改日期	类型
ModelSim_10.5se	2019/10/13 19:04	文件夹
Notepad++_7.6.6	2020/1/9 15:25	文件夹
QuartusII_13.0	2019/9/29 8:33	文件夹
Visio_2013pro	2020/1/9 15:25	文件夹

图 5-1　设置仿真软件安装位置

2）如图 5-2 所示，找 到"SW_DVD5_Visio_Pro_2013_64Bit_ChnSimp_MLF_X18-61013"文件夹并打开。双击运行"SW_DVD5_Visio_Pro_2013_64Bit_ChnSimp_MLF_X18-61013"下的"setup.exe"应用程序，如图 5-3 所示。

> FPGA开发工具 > Visio_2013pro			
名称 ^	修改日期	类型	大小
office_visio激活工具	2019/3/4 8:52	文件夹	
SW_DVD5_Visio_Pro_2013_64Bit_ChnSimp_MLF_X18-61013	2018/12/30 9:47	文件夹	
Visio波形工具箱	2019/2/25 16:40	文件夹	

图 5-2　打开仿真文件

名称	修改日期	类型	大小
admin	2018/12/30 9:47	文件夹	
catalog	2018/12/30 9:47	文件夹	
office.zh-cn	2018/12/30 9:47	文件夹	
office32.zh-cn	2018/12/30 9:47	文件夹	
osm.zh-cn	2018/12/30 9:47	文件夹	
proofing.zh-cn	2018/12/30 9:47	文件夹	
updates	2018/12/30 9:47	文件夹	
visio.zh-cn	2018/12/30 9:47	文件夹	
vispro.ww	2018/12/30 9:47	文件夹	
autorun.inf	2011/12/14 5:04	安装信息	1 KB
readme.htm	2012/8/20 9:54	HTM 文件	1 KB
setup.dll	2012/10/2 8:23	应用程序扩展	1,036 KB
setup.exe	2012/10/2 8:25	应用程序	210 KB

> FPGA开发工具 > Visio_2013pro > SW_DVD5_Visio_Pro_2013_64Bit_ChnSimp_MLF_X18-61013

图 5-3　运行"setup exe"文件

3）在如图 5-4 所示的界面略作等待，界面跳转到如图 5-5 所示的窗口，勾选"我接受此协议的条款（A）"复选框，点击"继续（C）"按钮，否则无法继续安装此软件。

图 5-4　等待界面

4）如图 5-6 所示，我们选择"自定义（U）"，这样可以自己选择需要安装的软件内容和安装位置。

5）如图 5-7 所示，在"安装选项（N）"的选项卡中，可以选择需要安装的软件功能，用户可以根据实际需求自行决定。如图 5-8 和图 5-9 所示，在"文件位置（F）"选项卡中选择软件安装的位置，点击"浏览（B）..."按钮选择安装路径。如图 5-10 所示，在"用户信息（S）"选项卡中选择默认设置，然后点击"立即安装（I）"按钮。

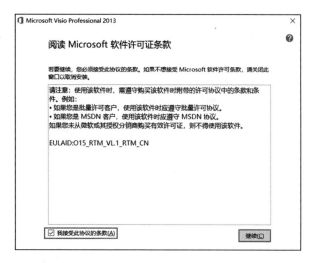

图 5-5　接受协议

图 5-6　自定义要安装的内容和位置

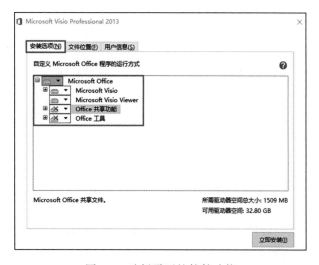

图 5-7　选择需要的软件功能

图 5-8　点击"浏览"按钮

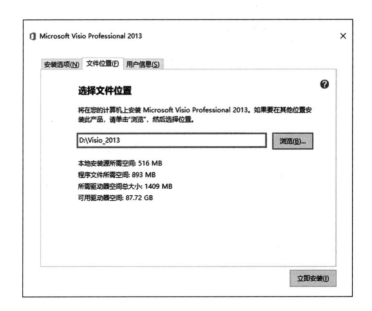

图 5-9　选择安装位置

6）如图 5-11 所示，软件正在安装。如图 5-12 所示，弹出联机界面，表示软件安装完毕，这里我们直接点击"关闭（C）"按钮。

7）如图 5-13 所示，软件安装完成后会在桌面上创建 Visio 图标，此时软件打开后会提示未激活，有很多功能被限制使用。

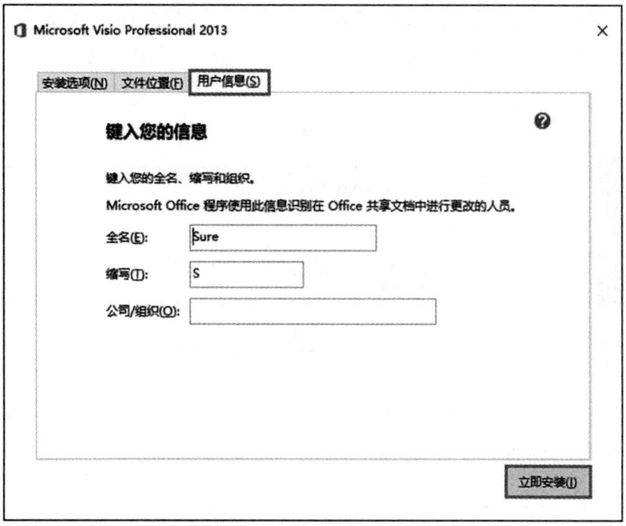

图 5-10　设置用户信息

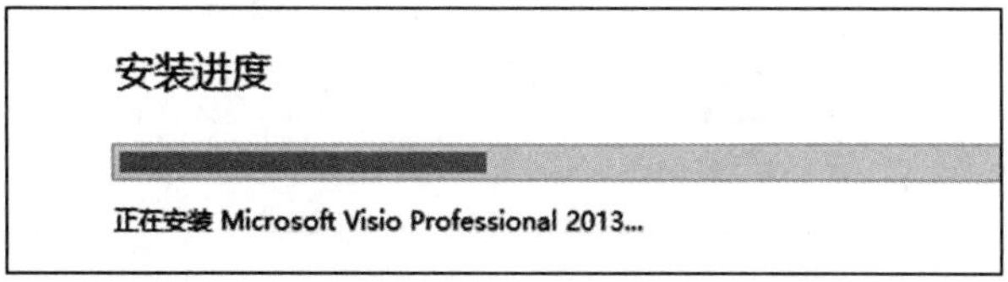

图 5-11　显示安装进度

图 5-12　安装完毕

8）软件安装完毕，我们还需要将 Visio 波形工具箱中和 FPGA 设计相关的 3 个组件放到指定位置以便使用，如图 5-14 所示，找到"FPGA 开发工具 \Visio_2013pro"下的"Visio 波形工具箱"文件夹并打开。

FPGA开发工具 › Visio_2013pro		
名称 ^	修改日期	类型
SW_DVD5_Visio_Pro_2013_64Bit_ChnSimp_MLF_X18-61013	2020/5/7 10:37	文件夹
Visio波形工具箱	2020/5/7 10:37	文件夹

图 5-13　创建桌面图标　　　　　　　　　图 5-14　Visio 波形工具箱

9）如图 5-15 所示，复制"Visio 波形工具箱"文件夹下 FPGA 设计相关的 3 个组件，然后点击左侧的"文档"标签。

图 5-15　复制波形工具箱

10）如图 5-16 所示，在打开的界面中点击进入"我的形状"文件夹，并将 3 个组件复制到图 5-17 所示的位置即可。

文档		
名称 ^	修改日期	类型
ABCPhoto	2019/6/27 22:48	文件夹
Camtasia Studio	2020/3/13 21:39	文件夹
Downloads	2020/5/6 23:57	文件夹
MATLAB	2019/11/12 8:45	文件夹
MiWiFi_Upload	2018/3/10 13:11	文件夹
My eBooks	2020/4/7 15:29	文件夹
Nuhertz	2018/1/5 21:24	文件夹
Oray	2018/9/13 22:49	文件夹
Polyspace_Workspace	2019/6/27 11:28	文件夹
R-TT	2018/1/7 20:13	文件夹
Snagit	2020/5/5 20:56	文件夹
Sunlogin Files	2018/1/15 23:38	文件夹
Tencent OD Files	2020/2/27 21:11	文件夹
XilinxDocs	2018/4/13 16:55	文件夹
我的形状	2020/5/7 20:33	文件夹

图 5-16　进入"我的形状"文件夹

文档 › 我的形状			
名称	修改日期	类型	大小
FPGA_DESIGN.vss	2018/1/11 14:30	Microsoft Visio ...	244 KB
逻辑组件.vss	2015/9/1 12:41	Microsoft Visio ...	156 KB
状态机组件.vss	2018/3/1 10:43	Microsoft Visio ...	28 KB

图 5-17　粘贴波形工具箱

5.2　Notepad++ 软件的安装

Notepad++ 是一款小而精悍的代码编辑器，安装包大小只有 5MB，安装后的文件夹也只有 10MB 左右。小小的软件功能却十分强大，在做笔记的时候对代码格式和高亮部分的还原性非常好，同时还拥有众多支持模板、语法检查等功能的插件，所以本书中的代码都是使用 Notepad++ 编辑的。其实代码编辑器的种类是很多的，如 UE、VIM、GVIM、VSCode、Sublime 等，它们也各有特色，当然还有开发工具自带的编辑器，具体使用哪个可以根据自己的喜好来选定。软件安装方法如下：

1）如图 5-18 所示，在专门放置软件的磁盘（我们选择的是 D 盘）中新建一个文件夹，命名为"Notepad++_7.6.6"，用于放置安装的 Notepad++ 软件。

software (D:)		
名称	修改日期	类型
ModelSim_10.5se	2019/10/13 19:04	文件夹
Notepad++_7.6.6	2020/1/9 15:25	文件夹
QuartusII_13.0	2019/9/29 8:33	文件夹
Visio_2013pro	2020/1/9 15:25	文件夹

图 5-18　设置 Notepad++ 软件存储位置

2）找到"FPGA 开发工具 \Notepad++_7.6.6"下的"npp.7.6.6.Installer.exe"应用程序，如图 5-19 所示。

Notepad++_7.6.6			
名称	修改日期	类型	大小
npp.7.6.6.Installer.exe	2019/5/4 12:27	应用程序	3,487 KB

图 5-19　找到应用程序

3）如图 5-20 所示，右击 npp.7.6.6.Installer.exe 并选择"以管理员身份运行（A）"命令。

4）如图 5-21 所示，在弹出的对话框中选择"中文（简体）"。

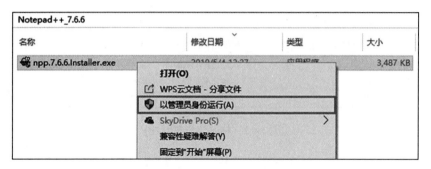

图 5-20　以管理员身份运行程序

图 5-21　设置语言

5）在弹出的如图 5-22 所示界面中直接点击"下一步（N）"按钮。

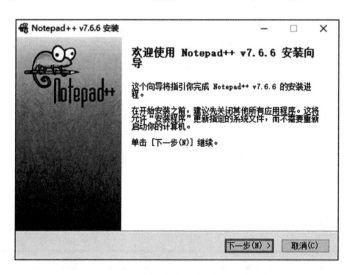

图 5-22　点击"下一步（N）"按钮

6）当出现图 5-23 所示界面时，单击"我接受（I）"按钮，否则无法继续安装此软件。

7）如图 5-24 所示，选择软件安装位置，点击"浏览（B）"按钮选择安装路径。

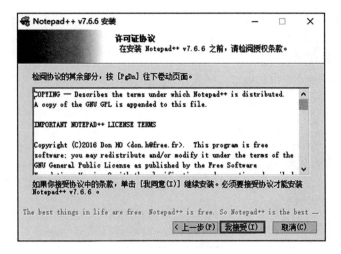

图 5-23　接受许可证协议

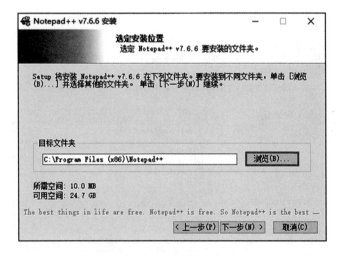

图 5-24　单击"浏览（B）"按钮

8）如图 5-25 所示，选择之前创建好的文件夹" D:\Notepad++_7.6.6"，然后点击"下一步（N）"按钮。

9）如图 5-26 所示，可以根据自己的需要选择插件，这里保持默认设置即可，然后点击"下一步（N）"按钮。

10）如图 5-27 所示，我们只勾选" Create Shortcut on Desktop"复选框创建桌面快捷方式选项，然后点击"安装（I）"按钮。

11）如图 5-28 所示，进入"正在安装"界面，此安装时间很短，稍等片刻即可。

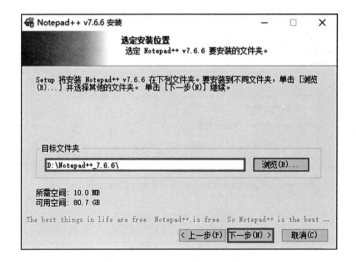

图 5-25　设置安装路径

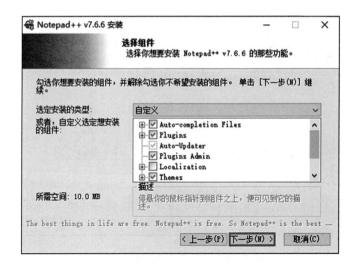

图 5-26　设置所需插件

12）安装完毕后可直接打开软件，如图 5-29 所示，勾选"运行 Notepad++v7.6.6(R)"复选框，然后点击"完成（F）"按钮。

13）第一次打开的 Notepad++ 界面如图 5-30 所示，此软件不需要激活，可以直接使用。

14）安装完成后所创建的图标如图 5-31 所示。

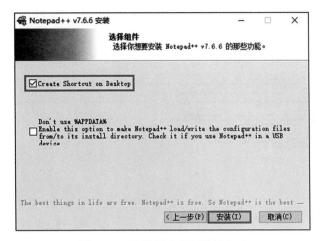

图 5-27　选择创建桌面快捷方式

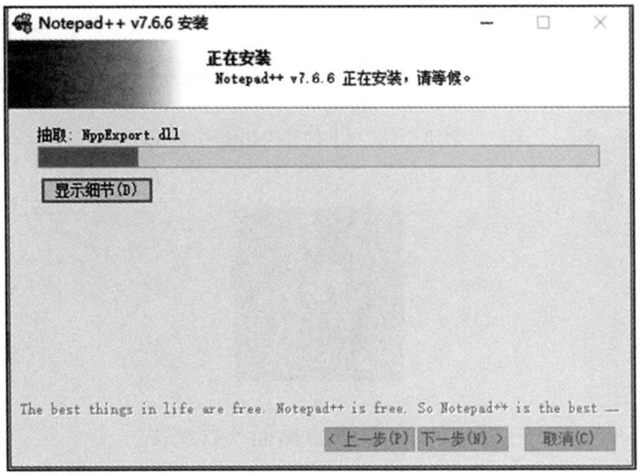

图 5-28　显示安装进度

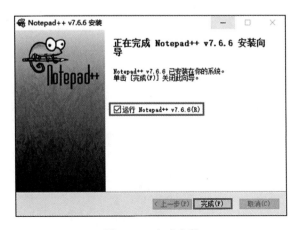

图 5-29　完成安装

图 5-30　打开 Notepad++

图 5-31　创建的桌面快捷方式

第 6 章
实现 Quartus 和 ModelSim、
Notepad++ 软件关联

6.1 Quartus II_13.0 和 ModelSim_10.5se 软件的关联

　　Altera 自身在仿真领域做得并不是很好，所以 Quartus 软件兼容 Mentor 公司的 ModelSim 仿真软件，并且可以在 Quartus II 内部进行路径设置，然后将其关联到一起，做好仿真设置后就可以直接在 Quartus II 中打开 ModelSim，这个功能是非常人性化的。具体设置方法如下：

　　1）如图 6-1 所示，选择菜单栏"Tools"下的"Options..."命令。

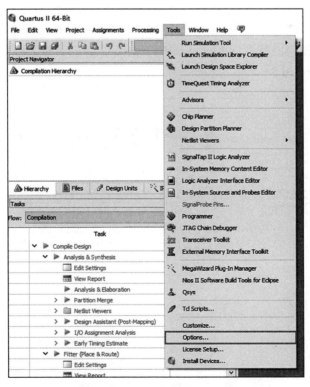

图 6-1　选择"Tools"下的"Options..."命令

2）如图 6-2 所示，在弹出的对话框中选择"General"选项卡下的"EDA Tool Options"
选项。

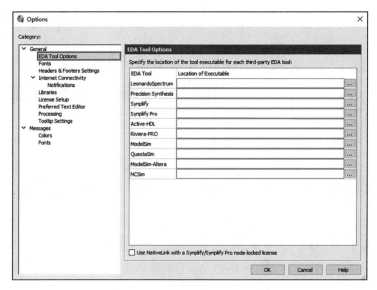

图 6-2　选择"EDA Tool Options"选项

3）如图 6-3 所示，在"ModelSim"栏中通过路径浏览按钮选择 ModelSim 的安装路
径，此处我们将路径定位到"D:\Modelsim10.5\win64"下，点击"OK"按钮完成 Quartus
II_13.0 与 ModelSim_10.5se 的软件关联。

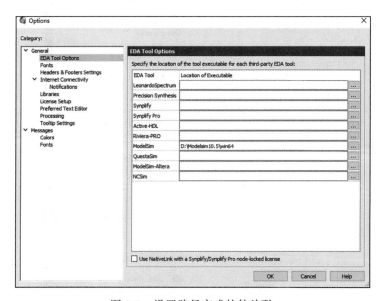

图 6-3　设置路径完成软件关联

6.2　Quartus II_13.0 和 Notepad++ 软件的关联

Quartus II 对各种代码编辑器的兼容性很好，可以支持多种第三方代码编辑器，符合编程人员的使用习惯。我们以 Notepad++ 为例，介绍一下编译器关联的方法，具体设置如下：

1）如图 6-4 所示，选择菜单栏"Tools"下的"Options..."命令。

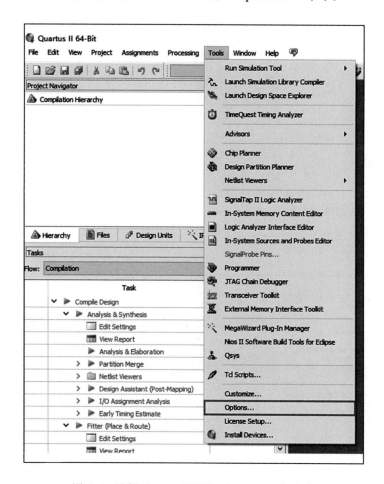

图 6-4　选择"Tools"下的"Options..."命令

2）如图 6-5 所示，在弹出的对话框中选择"General"选项卡下的"Preferred Text Editor"选项，默认使用的编辑器是"Quartus II Test Editor"。

3）如图 6-6 所示，在"Text editor:"栏中选择"Notepad++"选项。

4）如图 6-7 所示，在"Command-line"栏中通过路径浏览按钮选择 Notepad++ 的路径，将路径定位到"notepad++. exe"启动文件，点击"OK"按钮完成 Quartus II_13.0 与

Notepad++ 的关联。

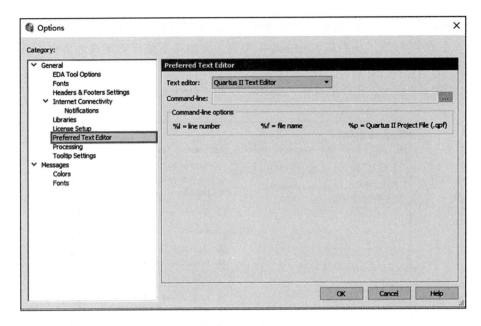

图 6-5　选择编辑器

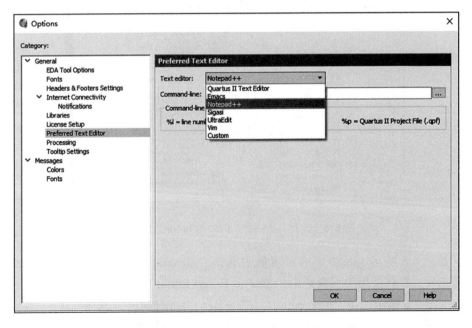

图 6-6　设置"Text editor:"为"Notepad++"

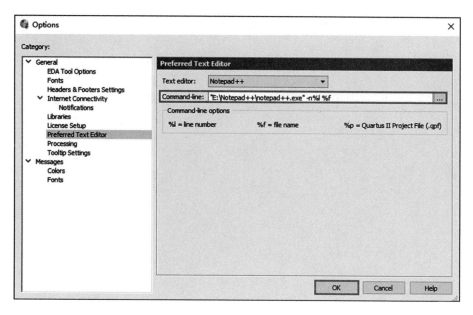

图 6-7　设置路径完成 Quartus II_13.0 与 Notepad++ 的关联

基础入门篇

在"硬件说明篇"我们完成了对"征途 Pro"开发板硬件资源的系统说明；在"软件安装篇"带领读者完成了开发软件的安装与关联。实验平台与开发环境已经完备，接下来我们将带领读者踏上 FPGA 的"征途"。

学习任何知识与技能，都需要遵循由易到难、由浅入深的学习规律，这样既能打下坚实的基础，也不会打击学习积极性。学习 FPGA 也要遵循这个规律，所以我们将关于 FPGA 的学习按照先易后难的顺序分为三个部分："基础入门篇""学习强化篇"以及《FPGA Verilog 开发实战指南：基于 Intel Cydone IV（进阶篇）》。

在本篇中，我们对 FPGA 的基础知识做了系统讲解，其中包括对 Verilog 语法的学习，组合逻辑、时序逻辑、层次化、状态机、Latch、阻塞赋值与非阻塞赋值的相关知识的介绍，计数器、分频器的具体实现方法，按键、LED 灯、蜂鸣器、数码管等部分简单外设的使用等，并且详细讲解了 IP 核的配置与使用方法。

基础入门篇讲解的知识是学习 FPGA 的基础知识，读者务必真正地理解、掌握这些知识，打下坚实的基础，这对后面的学习至关重要。

第 7 章
初识 Verilog HDL

本章将会带领大家了解一下硬件描述语言 Verilog HDL，并介绍一些基础语法。我们将对 Verilog HDL 语法的讲解放在基础入门篇的开始，为方便大家查阅，如果对本章讲解的语法存在尚未理解的部分，可以先行跳过，在后面的章节中我们会通过具体的工程实例对本章提到的语法应用进行更为透彻的讲解。

7.1 为什么选择用 Verilog HDL 开发 FPGA

7.1.1 Verilog HDL 和 VHDL 的比较

硬件描述语言（Hardware Description Lagnuage，HDL）通过描述硬件的实现方法来产生与之对应的真实的硬件电路，最终实现所设计的预期功能，其设计方式与软件不同，因此也就意味着其描述的各个功能之间可以像硬件一样实现真正的并行执行。将这种语言称为硬件描述语言而非硬件语言的原因是：这种语言是用来描述我们设计的硬件所要实现的功能，而不是直接对硬件进行设计。在硬件描述语言描述完设计的功能后，还需要通过"综合"这一过程才能最终生成所设计的硬件电路。

目前常用的硬件描述语言主要有两种，一种是 Verilog HDL（以下简称 Verilog），另一种是 VHDL，它们之间有什么不同呢？下面我们简单对比一下。

VHDL 与 Verilog 相比，有以下优势：语法比 Verilog 严谨，通过 EDA 工具自动检查语法，易排除许多设计中被疏忽之处，有很好的行为级描述能力和一定的系统级描述能力，而用 Verilog 建模时，行为与系统级抽象及相关描述能力不及 VHDL。

VHDL 与 Verilog 相比，也有以下不足之处：VHDL 代码较冗长，在进行相同的逻辑功能描述时，Verilog 的代码比 VHDL 少许多，VHDL 对数据类型匹配要求过于严格，初学时会感到不是很方便，编程耗时也较多；Verilog 支持自动类型转换，初学者容易入门。VHDL 对版图级、管子级这些较为底层的描述级别几乎不支持，无法直接用于集成电路底层建模。

综上所述，建议大家在初学时选择语法更简单、更容易接受的 Verilog 作为 FPGA 的开发语言，这样能够使我们更快速地上手 FPGA 的开发，把节省下来的学习复杂语法的时间用来专攻 FPGA 设计方法。但是无论对于哪种语言，都希望大家能够做到的精通、熟练，这样才能应对更多的问题。

7.1.2 Verilog HDL 和 C 语言的比较

如果学习者有过学习 C 语言的经历，在学习 Verilog 时就会发现，Verilog 的很多语法都和 C 语言极其相似，甚至有些语法是通用的，这也是 Verilog 语言容易上手的一个很重要的原因。Verilog 语言本身就是从 C 语言继承并发展而来的，但是它主要用于描述硬件，和 C 语言这种软件语言的思想完全不同。C 语言所描述的代码功能在执行时都是一行一行顺序执行的，而 Verilog 语言在设计完成后执行时则是并行执行的；C 语言所描述的代码功能并不会真实地映射成最后的硬件，只是对内存进行操作和对数据进行搬移，而用 Verilog 语言所描述的代码功能则会真正生成所对应的硬件电路。C 语言和 Verilog 语言之间的关系就是软件和硬件之间的关系，大家不要将二者混为一谈，可以通过 C 语言的语法基础来辅助学习 Verilog 语法，但是切不可生搬硬套，特别是在代码风格和对代码的理解上要区别对待。

7.2 Verilog HDL 语言的基础语法

Verilog 的语法有很多，我们不能面面俱到，这里只简单介绍一些常用的语法，因为有很多语法是几乎用不到的，所以我们要避免因讲太多语法而使初学者陷入语法的泥潭，进而丧失对 FPGA 的学习兴趣。一些高级的、不常用的语法大家不需要记，用到时我们会在具体实例中特别介绍，读者也可以查阅前面推荐的参考书，或直接看 IEEE 官方提供的《IEEE Standard Verilog Hardware Description Language》手册。

所有 Verilog 代码都以模块（module）的方式存在，一个简单的逻辑可以由一个 module 组成，复杂的逻辑可以包含多个 module，每个 module 都有独立的功能，并可通过输入、输出端口被其他 module 调用（实例化）。通过 module 的方式可以将一些比较独立的、可以复用的功能进行模块化，这样可以缩短开发时间，代码阅读起来也比较直观。

Verilog 语法有很多，而且分为可综合（综合后可以生成对应的硬件电路）的语法和不可综合（综合后不可以生成对应的硬件电路）的语法，可综合的语法是非常少的，大多数是不可综合的，但是可以在仿真中用于验证逻辑的正确性，十分方便，这些我们都会在后面的应用中进行详细介绍。

7.2.1 标识符

标识符用于定义常数、变量、信号、端口、子模块或参数名称。Verilog 语言是区分大小写的，这一点与 VHDL 不同，因此书写时要格外注意。

在 Verilog 语言中，所有关键字（又叫作保留字）都为小写。完整的 Verilog 关键字在编辑器中会以高亮的形式突出显示。Verilog 的内部信号名（又称标识符）使用大写和小写都可以。标识符可以是字母、数字、$（美元符号）和下划线的任意组合，只要第一个字符是字母或者下划线即可。

7.2.2　逻辑值

在二进制计数中，单比特逻辑值只有"0"和"1"两种状态，而在 Verilog 语言中，为了对电路进行精确地建模，又增加了两种逻辑状态，即"X"和"Z"。

当"X"用作信号状态时表示未知，用作条件判断（casex 或 casez）时表示不关心；"Z"表示高阻状态，也就是没有任何驱动，通常用来对三态总线进行建模。在综合工具中，或者说在实际实现的电路中，并没有什么 X 值，只存在 0、1 和 Z 这 3 种状态。在实际电路中还可能出现亚稳态，它既不是 0，也不是 1，而是一种不稳定的状态。

Verilog 语言中的所有数据都是由以上描述的 4 种基本逻辑值 0、1、X 和 Z 构成的，同时，X 和 Z 是不区分大小写的，例如 0z1x 和 0Z1X 表示的是同一个数据。

7.2.3　常量

常量是 Verilog 中不变的数值，Verilog 中的常量有 3 种类型：整数型、实数型和字符串型。

用户可以使用简单的十进制表示一个整数型常量，例如：

❑ 直接写"16"来表示位宽为 32bit 的十进制数 16。

❑ −15 表示十进制的 −15，用二进制补码表示至少需要 5bit，即 1_0001，最高一位为符号位；如果用 6bit 表示，则为 11_0001，同样地，最高一位为符号位。

整数型常量也可以采用基数表示法表示，这种写法清晰明了，所以更推荐使用这种表示方法，例如：

❑ 8'hab 表示 8bit 的十六进制数，换算成二进制是 1010_1011。

❑ 8'd171 表示 8bit 的十进制数，换算成二进制是 1010_1011。

❑ 8'o253 表示 8bit 的八进制数，换算成二进制是 1010_1011。

❑ 8'b1010_1011 表示 8bit 的二进制数 1010_1011。

虽然上面的表示方式不同，但表示的是相同的值，数值经过运算后的结果也都相同。

基数表示法的基本格式如下：

［换算为二进制后位宽的总长度］［'］［数值进制符号］［与数值进制符号对应的数值］

其中，[位宽的总长度] 可有可无，[数值进制符号] 中如果是 [h] 则表示十六进制，如果是 [o] 则表示八进制，如果是 [b] 则表示二进制，如果是 [d] 则表示十进制。当 [换算为二进制后位宽的总长度] 比 [与数值进制符号对应的数值] 的实际位数多时，则自动在 [与数值进制符号对应的数值] 的左边补足 0，如果位数少，则自动截断 [与数值进制符号对应的数值] 左边超出的位数。

如果将数字写成 "'haa"，那么这个十六进制数的 [换算为二进制后位宽的总长度] 就取决于 [与数值进制符号对应的数值] 的长度。

在基数表示法中，如果遇到 x，则在十六进制数中表示 4 个 x，在八进制中表示 3 个 x。另外，数字中的下划线没有任何意义，但是可以很好地增强可读性，推荐每 4bit 后加一个下划线，例如 8'b11011011 和 8'b1101_1011 表示的是一样的值，但是后面的看上去更容易识别。

Verilog 语言中的实数型变量可以采用十进制，也可以采用科学记数法，例如 13_2.18e2 表示 13218。

字符串是指双引号中的字符序列，是 8 位 ASCII 码值的序列，例如 "Hello World"，该字符串包含 11 个 ASCII 符号（两个单词共 10 个符号，单词之间的空格为一个符号，共 11 个 ASCII 符号），一个 ASCII 符号需要用一个字节存储，所以共需要 11 个字节存储。

7.2.4　变量

Verilog 语言中主要的两种变量类型如下：

❑ 线网型：表示电路间的物理连接。

❑ 寄存器型：Verilog 中一个抽象的数据存储单元。

线网型和寄存器类型又包含很多变量，线网型最常用的变量就是 wire，而寄存器型最常用的变量是 reg。wire 可以看成直接的连接，在可综合的逻辑中会被映射成一根真实的物理连线；reg 具有对某一个时间点状态进行保持的功能，如果在可综合的时序逻辑中表达，会被映射成一个真实的物理寄存器，而在 Verilog 仿真器中，寄存器类型的变量通常要占据一个仿真内存空间。

因此在设计逻辑的时候要明确定义每个信号是 wire 属性还是 reg 属性。凡是在 always 或 initial 语句中被赋值的变量（赋值号左边的变量），不论表达的是组合逻辑还是时序逻辑，都一定是 reg 型变量；凡是在 assign 语句中被赋值的变量，一定是 wire 型变量。

7.2.5　参数

参数是一种常量，通常出现在 module 内部，常用于定义状态机的状态、数据位宽和计数器计数个数等，例如：

```
parameter IDLE = 3'b001;
parameter CNT_1S_WIDTH = 4'd15;
Parameter CNT_MAX = 25'd24_999_999;
```

可以在编译时修改参数的值，因此它又常用于一些参数可调的模块中，使用户在实例化模块时，可以根据需要配置参数，例如：

```
counter
#(
    .CNT_MAX    (25'd24    )    // 实例化时参数可修改
```

```
)
counter_inst
(
    .sys_clk      (sys_clk   ),     //input     sys_clk
    .sys_rst_n    (sys_rst_n ),     //input     sys_rst_n

    .led_out      (led_out   )      //output     led_out
);
```

parameter 是出现在模块内部的局部定义，只作用于声明的那个文件，可以被灵活改变，这是 parameter 的一个重要特征。

7.2.6 赋值语句

赋值语句的赋值方式有两种，分别为 "<="（非阻塞赋值）和 "="（阻塞赋值）。

1. 非阻塞型过程赋值（Nonblocking Assignment）

以赋值操作符 "<=" 来标识的赋值操作称为 "非阻塞型过程赋值"。该赋值语句的特点如下：

- ❑ 在 begin...end 串行语句块中，一条非阻塞过程语句的执行不会阻塞下一语句的执行，也就是说在本条非阻塞型过程赋值语句对应的赋值操作执行完之前，下一条语句也可以开始执行。
- ❑ 仿真过程在遇到非阻塞型过程赋值语句后首先计算其右端赋值表达式的值，然后等到仿真时间结束时再将该计算结果赋值变量。也就是说，这种情况下的赋值操作是在同一仿真时刻上的其他普通操作结束后才得以执行。

2. 阻塞型过程赋值（Blocking Assignment）

以赋值操作符 "=" 来标识的赋值操作称为 "阻塞型过程赋值"。该赋值语句的特点如下：

- ❑ 在 begin...end 串行语句块中的各条阻塞型过程赋值语句将以它们在顺序块后的排列次序依次执行。
- ❑ 阻塞型过程赋值语句的执行过程是：首先计算右端赋值表达式的值，然后立即将计算结果赋值给 "=" 左端的被赋值变量。

阻塞型过程赋值语句的这两个特点表明：仿真进程在遇到阻塞型过程赋值语句时将计算表达式的值，并立即将其结果赋给等式左边的被赋值变量；在串行语句块中，下一条语句的执行会被本条阻塞型过程赋值语句所阻塞，只有在当前这条阻塞型过程赋值语句所对应的赋值操作执行完后，下一条语句才开始执行。

后面的章节中我们会通过编写代码和仿真来详细地介绍其中的不同。

7.2.7 注释

Verilog 中双反斜线 " //" 可以实现对一行的注释，除此之外，" /*......*/" 也是一种注释，进行注释时，" /*……*/ "之间的语句都将被注释掉，所以 " /*……*/ "不仅可以实现对一行的注释，还可以实现对多行的注释。注释对整个代码的功能没有任何影响，只是设计者为了增强代码的可读性而增加的内容。

7.2.8　关系运算符

关系运算符种类：

- ❑ a < b：a 小于 b。
- ❑ a > b：a 大于 b。
- ❑ a <= b：a 小于或者等于 b。
- ❑ a >= b：a 大于或者等于 b。

在进行关系运算时，如果声明的关系是假的（false），则返回值是 0；如果声明的关系是真的（true），则返回值是 1；如果某个操作数的值不定，则关系是模糊的，返回值是 x。所有的关系运算符都有相同的优先级别，但关系运算符的优先级要比算数运算符的低。例如：

```
// 表达的意义相同
a < size - 1
a < (size - 1)
// 表达的意义不同
size - (1 < a)
size - 1 < a
```

当表达式 size-(1<a) 进行运算时，关系表达式先被运算，然后返回值 0 或 1 被 size 减去；而表达式 size-1<a 进行运算时，size 先被减去 1，然后再同 a 相比。

7.2.9　归约运算符、按位运算符和逻辑运算符

1. 归约运算符和按位运算符

" & "操作符有两种用途，既可以作为一元运算符（仅有一个参与运算的量），也可以作为二元运算符（有两个参与运算的量）。

当 " & "作为一元运算符时表示归约与。&m 是将 m 中所有位相与，最后的结果为 1bit。例如：

```
&4'b1111 = 1&1&1&1 = 1'b1
&4'b1101 = 1&1&0&1 = 1'b0
```

当 " & "作为二元运算符时表示按位与。m&n 是将 m 的每个位与 n 的相应位相与，在运算时要保证 m 和 n 的位数相等，最后的结果和 m（n）的位数相同。例如：

```
4'b1010&4'b0101 = 4'b0000
4'b1101&4'b1111 = 4'b1101
```

同理，" ~& "" ^ "" ~^ "" | "" ~| "也是如此。

2. 逻辑运算符

我们在写 Verilog 代码时，常常当 if 的条件有多个同时满足时，就使用逻辑与操作符"&&"。m&&n 表示判断 m 和 n 是否都为真，最后的结果只有 1bit，如果都为真则输出 1'b1，如果不都为真则输出 1'b0。要注意和"&"的功能加以区分。

同理，"||"、"=="（逻辑相等）、"!="（逻辑不等）也是如此。

7.2.10　移位运算符

移位运算符是二元运算符，左移符号为"<<"，右移符号为">>"，将运算符左边的操作数左移或右移指定的位数，用 0 来补充空闲位。如果右边操作数的值为 x 或 z，则移位结果为未知数 x。在应用移位运算符时一定要注意将空闲位用 0 来填充，也就是说，对于一个二进制数，不管原数值是多少，只要一直移位，最终全部会变为 0。例如，执行 4'b1000 >> 3 后的结果为 4'b0001，执行 4'b1000 >> 4 的结果为 4'b0000。

在使用移位运算符时，左移一位可以看成乘以 2，右移一位可以看成除以 2。所以移位运算符用在计算中，代替乘法和除法。尤其是除法，使用移位的方式可以节省资源，但前提是要拓展数据位宽，否则就会出现移位后全为 0 的情况。

7.2.11　条件运算符

如果在条件语句中只执行单个的赋值语句，用条件表达式会更方便。条件运算符为"? :"，它是一个三元运算符，即有三个参与运算的量。

由条件运算符组成的条件表达式的一般形式如下：

表达式 1 ？ 表达式 2 ： 表达式 3

执行过程是：当表达式 1 为真，则表达式 2 作为条件表达式的值，否则以表达式 3 作为条件表达式的值。例如，当 a = 6，b = 7 时，条件表达式 (a > b) ? a : b 的结果为 7。

注意：

1）使用条件表达式时，"?"和"："是成对出现的，不可以只使用一个。

2）条件运算符从右向左结合，例如：

```
a > b ? a : c > d ? c : d;
// 等价于
a > b ? a : (c > d ? c : d);
```

虽然后面要讲到的 if-else 也可以实现这种功能，但是 if-else 只能在 always 块中使用，不能在 assign 中使用，如果想在 assign 中使用，就需要用到条件运算符。

7.2.12　优先级

运算符总的优先级关系为：归约运算符 > 算术运算符 > 移位运算符 > 关系运算符 > "=="

和 " != " > 按位运算符 > " && " 和 " || " > 条件运算符，简单地说，就是一元运算符 > 二元运算符 > 三元运算符。

如果在编写代码时对这些关系容易混淆，那么最好的方式就是使用 " () " 增加优先级。

7.2.13 位拼接运算符

位拼接运算符由一对花括号加逗号组成，即 " { , } "，拼接的不同数据之间用 " , " 隔开。位拼接运算符的作用主要有两种：一种是将位宽较短的数据拼接成一个位宽长的数据；另一种是通过位拼接实现移位的效果。

1. 实现增长位宽的作用

如果需要将 8bit 的 a、3bit 的 b、5bit 的 c 按顺序拼接成一个 16bit 的 d，则表示方法如下：

```
wire [15:0] d;
d = {a, b, c};
```

2. 实现移位的作用

din 是 1bit 的串行数据，假如刚开始传来的数据是 1，后面的数据都是 0，则第一个时钟时 4bit dout 的值为 4'b1000，第二个时钟时 dout 的高三位被放到最后，新来的 0 放到 dout 的最高位，变为 4'b0100，从而实现了数据的右移：

```
always@(posedge sys_clk or negedge sys_rst_n)
    if(sys_rst_n == 1'b0)
        dout <= 4'b0;
    else
        dout <= {din, dout[3:1]};    //右移
```

实现左移采用的也是类似的原理，din 是 1bit 的串行数据，假如刚开始传来的数据是 1，后面的数据都是 0，则第一个时钟时 4bit dout 的值为 4'b0001，第二个时钟时 dout 的低三位放到最前面，新来的 0 放到 dout 的最低位，变为 4'b0010，从而实现了数据的左移：

```
always@(posedge sys_clk or negedge sys_rst_n)
    if(sys_rst_n == 1'b0)
        dout <= 4'b0;
    else
        dout <= {dout[2:0], din};    //左移
```

7.2.14 if-else 与 case

Verilog HDL 语言中存在两种分支语言：

❑ if-else 条件分支语句

❑ case 分支控制语句

很多初学者会问编写代码的时候，到底是用 if 语句好还是用 case 语句好。同样的逻

辑，可能我们用 if-else 语句可以实现，用 case 语句也可以实现。但是在很多场合，我们会发现 case 语句和 if-else 语句总是同时出现，互相嵌套，密切配合。

1. if-else 条件分支语句

if-else 条件分支语句的作用是根据指定的判断条件是否满足来确定下一步要执行的操作。使用时可以采用如下三种形式。

形式 1

```
if(< 条件表达式 >)
    语句或语句块;
```

在 if-else 条件语句的这种使用形式中没有出现 else 项，这种情况下条件分支语句的执行过程是：如果指定的 < 条件表达式 > 成立（也就是这个条件表达式的逻辑值为" 1"），则执行条件分支语句内给出的语句或语句块，然后退出条件分支语句的执行；如果 < 条件表达式 > 不成立（也就是条件表达式的逻辑值为"0""x""z"），则不执行条件分支语句内给出的语句或语句块，而是直接退出条件语句的执行。这种写法在 always 块中表达组合逻辑时会产生 latch，所以不推荐这种写法。

形式 2

```
if(< 条件表达式 1>)
    语句或语句块 1;
else    if(< 条件表达式 2>)
    语句或语句块 2;
    ……
else
    语句或语句块 3;
```

在执行这种形式的 if-else 条件分支语句时，将按照各分支项的排列顺序对各个条件表达式是否成立做出判断，当某一项的条件表达式成立时，就执行这一项所指定的语句或语句块；如果所有条件表达式都不成立，则执行最后的 else 项。这种形式的 if-else 条件分支语句实现了一种多路分支选择控制。这种写法是我们在使用根据波形写代码的方法中最常用的一种写法。

形式 3

```
if(< 条件表达式 1>)         // 外层 if 语句
    if(< 条件表达式 2>)     // 内层 if 语句 1
        语句或语句块 1;
    else                   // 内层 else 语句 2
        语句或语句块 2;
else                       // 外层 else 语句 1
    语句或语句块 3;
```

Verilog HDL 允许嵌套使用 if-else 条件分支语句，但是不要嵌套太多层，也不推荐这种写法，因为嵌套会有优先级的问题，最后导致逻辑混乱，if 和 else 的结合混乱，代码也不清晰，如果写代码时遇到这种情况，往往是可以将其合并的，最终写成形式 2。

2. case 分支控制语句

case 分支控制语句是另一种用来实现多路分支控制的分支语句。与使用 if-else 条件分支语句相比，采用 case 分支语句来实现多路控制将更为方便、直观。case 分支语句通常用于对微处理器指令译码功能的描述以及对有限状态机的描述。case 分支语句有" case"" casez"" casex"三种形式。

```
case(< 控制表达式 >)
    < 分支语句 1> : 语句块 1;
    < 分支语句 2> : 语句块 2;
    < 分支语句 3> : 语句块 3;
    ......
    < 分支语句 n> : 语句块 n;
    default    : 语句块 n+1;
endcase
```

<控制表达式 > 代表着对程序流向进行控制的控制信号，各个 < 分支表达式 > 则控制表达式的某些具体状态取值，在实际使用中，这些分支项表达式通常是一些常量表达式③各个"语句"则指定了在各个分支下所要执行的操作，它们也可以由单条语句构成，处于最后的、以关键词 default 开头的那个分支项称为"default"分支项，它是可以省略的。

case 语句的执行过程：

1）当"控制表达式"的取值等于"分支语句 1"时，执行第 1 个分支项所包含的语句块 1。

2）当"控制表达式"的取值等于"分支语句 2"时，执行第 2 个分支项所包含的语句块 2。

3）当"控制表达式"的取值等于"分支语句 n"时，执行第 N 个分支项所包含的语句块 n；

4）在执行了某一分支项内的语句后，跳出 case 语句结构，终止 case 语句的执行。case语句中各个"分支语句"的取值必须是互不相同的，否则会出现矛盾现象。

7.2.15 inout 双向端口

在定义端口列表时，我们知道输入用 input，输出用 output，其实还有一种双向端口，我们定义时使用 inout，在后面的实例中会用到，例如 I^2C 和 SDRAM 的数据线都采用了双向端口。定义为 inout 的端口表示该端口是双向口，既可以作为数据的输入端口，也可以作为数据的输出端口，在 Verilog 中的使用方式如代码清单 7-1 所示。

代码清单 7-1 inout 在 Verilog 中的用法

```
1 module  test
2 (
3
4    input   wire   sel      , /* 输入输出控制信号, sel 为 1 时双向数据总线向外输出数据,
5                              sel 为 0 时, 双向数据总线为高阻态, 可以向内输入数据 */
```

```
 6
 7      input   wire    data_out , /* 由内部模块传来要发送给双向数据总线
 8                                      向外输出的数据 */
 9      inout   wire    data_bus , // 双向数据总线
10      output  wire    data_in    /* 接收双向数据总线从外部输入的数据后
11                                      输出到其他内部模块 */
12
13 );
14
15 //data_in: 接收双向数据总线从外部输入的数据
16 assign  data_in =  data_bus;
17
18 /*data_bus:sel 为 1 时，双向数据总线向外输出数据
19    sel 为 0 时，双向数据总线为高阻态，可以向内输入数据 */
20 assign  data_bus   =   (sel == 1'b1) ? data_out : 1'bz;
21
22 endmodule
```

7.2.16   Verilog 语言中的系统任务和系统函数

Verilog 语言中预先定义了一些任务和函数，用于完成一些特殊的功能，它们称为系统任务和系统函数，这些函数大多数都只能在 Testbench 仿真中使用，使我们更方便地进行验证。

`timescale 1ns/1ns    // `timescale 表示时间尺度预编译指令，1ns/1ns 表示时间单位 / 时间精度

时间单位和时间精度由值 1、10 和 100 以及单位 s、ms、μs、ns、ps 和 fs 组成。

❏ 时间单位：定义仿真过程所有与时间相关量的单位。

❏ 仿真中使用"# 数字"表示延时相应时间单位的时间，例如 #10 表示延时 10 个单位的时间，即 10ns。

❏ 时间精度：决定时间相关量的精度及仿真显示的最小刻度。

`timescale 1ns/10ps   精度 0.01，#10.11 表示延时 10110ps。

下面这种写法就是错误的，因为时间单位不能比时间精度小。

`timescale 100ps/1ns

主要函数如下，这些函数在支持 Verilog 语法的编辑器中都会显示为高亮关键字：

```
$display        // 打印信息，自动换行
$write          // 打印信息
$strobe         // 打印信息，自动换行，最后执行
$monitor        // 监测变量
$stop           // 暂停仿真
$finish         // 结束仿真
$time           // 时间函数
$random         // 随机函数
$readmemb       // 读二进制文件
$readmemh       // 读十六进制文件
```

下面我们单独介绍它们的功能，并在 ModelSim 的 Transcript 界面中打印这些信息。

1. $display 用于输出信息

使用格式：

```
$display("%b+%b=%d",a, b, c);// 格式 "%b+%b=%d" 为格式控制，未指定时默认为十进制
%h 或 %H // 以十六进制的形式输出
%d 或 %D // 以十进制的形式输出
%o 或 %O // 以八进制的形式输出
%b 或 %B // 以二进制的形式输出
```

示例代码如代码清单 7-2 所示。

代码清单 7-2　$display 函数

```
1  //a, b, c 输出列表，需要输出信息的变量
2  // 每次打印信息后自动换行
3  `timescale 1ns/1ns
4
5  module tb_test();
6
7  reg [3:0] a;
8  reg [3:0] b;
9  reg [3:0] c;
10
11 initial begin
12     $display("Hello");
13     $display("EmbedFire");
14     a = 4'd5;
15     b = 4'd6;
16     c = a + b;
17     #100;
18     $display("%b+%b=%d", a, b, c);
19 end
20
21 endmodule
```

打印的信息如图 7-1 所示。

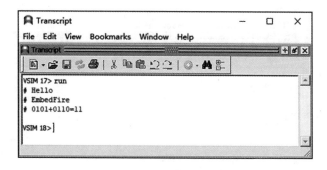

图 7-1　$display 函数打印信息图

2. $write 用于输出信息。

使用格式：

```
$write("%b+%b=%d\n",a, b, c); //"%b+%b=%d\n" 为格式控制，未指定时默认为十进制
%h 或 %H // 以十六进制的形式输出
%d 或 %D // 以十进制的形式输出
%o 或 %O // 以八进制的形式输出
%b 或 %B // 以二进制的形式输出
\n        // 换行
```

示例代码如代码清单 7-3 所示。

代码清单 7-3　$write 函数

```
 1 //a，b，c 为输出列表，需要输出信息的变量
 2 `timescale 1ns/1ns
 3 module tb_test();
 4
 5 reg [3:0]   a;
 6 reg [3:0]   b;
 7 reg [3:0]   c;
 8
 9 initial begin
10    $write("Hello ");
11    $write("EmbedFire\n");
12    a = 4'd5;
13    b = 4'd6;
14    c = a + b;
15    #100;
16    $write("%b+%b=%d\n", a, b, c);
17 end
18
19 endmodule
```

打印的信息如图 7-2 所示。

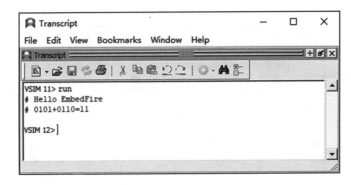

图 7-2　$write 函数打印信息图

3. $strobe 用于输出信息

$strobe 的使用格式：

```
$strobe("%b+%b=%d", a, b, c); // "%b+%b=%d" 为格式控制，未指定时默认为十进制
%h 或 %H // 以十六进制的形式输出
%d 或 %D // 以十进制的形式输出
%o 或 %O // 以八进制的形式输出
%b 或 %B // 以二进制的形式输出
```

示例代码如代码清单 7-4 所示。

代码清单 7-4　$strobe 函数

```
 1 //a，b，c 输出列表，需要输出信息的变量
 2 // 打印信息后自动换行，触发操作完成后执行
 3 `timescale 1ns/1ns
 4 module tb_test ();
 5
 6 reg   [3:0] a;
 7 reg   [3:0] b;
 8 reg   [3:0] c;
 9
10 initial begin
11   $strobe("strobe:%b+%b=%d", a, b, c);
12   a = 4'd5;
13   $display("display:%b+%b=%d", a, b, c);
14   b = 4'd6;
15   c = a + b;
16 end
17
18 endmodule
```

打印的信息如图 7-3 所示。

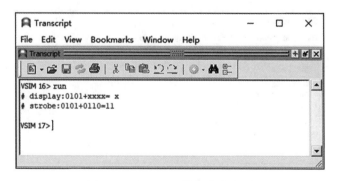

图 7-3　$strobe 函数打印信息图

4. $monitor 用于持续监测变量

使用格式：

```
$monitor("%b+%b=%d", a, b, c);  //"%b+%b=%d"为格式控制，未指定时默认为十进制
%h 或 %H  // 以十六进制的形式输出
%d 或 %D  // 以十进制的形式输出
%o 或 %O  // 以八进制的形式输出
%b 或 %B  // 以二进制的形式输出
```

示例代码如代码清单 7-5 所示。

代码清单 7-5　$monitor 函数

```
 1 //a, b, c 输出列表，需要输出信息的变量
 2 // 被测变量变化触发打印操作，自动换行
 3 `timescale 1ns/1ns
 4 module tb_test ();
 5
 6 reg  [3:0] a;
 7 reg  [3:0] b;
 8 reg  [3:0] c;
 9
10 initial begin
11    a = 4'd5;
12    #100;
13    b = 4'd6;
14    #100;
15    c = a + b;
16 end
17
18 initial $monitor("%b+%b=%d", a, b, c);
19
20 endmodule
```

打印的信息如图 7-4 所示。

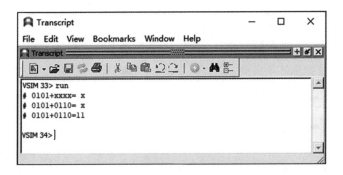

图 7-4　$monitor 函数打印信息图

5. $stop 用于暂停仿真，$finish 用于结束仿真

示例代码如代码清单 7-6 所示。

代码清单 7-6 $stop 和 $finish 函数

```
1 `timescale 1ns/1ns
2
3 module tb_test();
4
5 initial begin
6     $display("Hello");
7     $display("EmbedFire");
8     #100;
9     $display("Stop Simulation");
10    $stop;    // 暂停仿真
11    $display("Continue Simulation");
12    #100;
13    $display("Finish Simulation");
14    $finish; // 结束仿真
15 end
16
17 endmodule
```

打印的信息如图 7-5 所示。

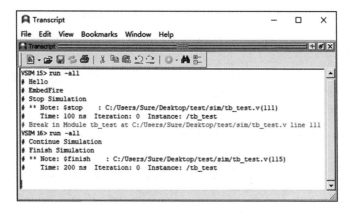

图 7-5 $stop 和 $finish 函数打印信息图

6. $time 为时间函数，返回 64 位当前仿真时间；$random 用于产生随机函数，返回随机数示例代码如代码清单 7-7 所示。

代码清单 7-7 $time 和 $random 函数

```
1 `timescale 1ns/1ns
2 module tb_test ();
3
4 reg [3:0]   a;
5
6 always #10 a = $random;
7
```

```
 8 initial $monitor("a=%d @time %d",a,$time);
 9
10 endmodule
```

打印的信息如图 7-6 所示。

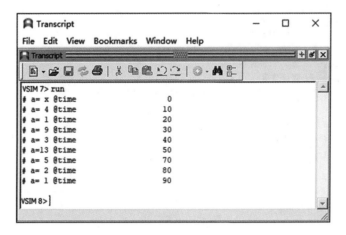

图 7-6 $time 和 $random 函数打印信息图

7. $readmemb 用于读二进制文件函数，$readmemh 用于读十六进制文件函数

使用格式：

```
$readmemb("< 数据文件名 >", < 存储器名 >);
$readmemh("< 数据文件名 >", < 存储器名 >);
```

其中，$readmemb 函数的示例代码如代码清单 7-8 所示。

代码清单 7-8 $readmemb 函数

```
 1 `timescale 1ns/1ns
 2 module tb_test ();
 3
 4 integer i;
 5
 6 reg [7:0] a [20:0];
 7
 8 initial begin
 9     $readmemb("EmbedFire.txt", a);
10     for(i=0; i<=20; i=i+1) begin
11         #10;
12         $write("%s", a[i]);
13     end
14 end
15
16 endmodule
```

读取的 txt 文件如下：

```
01010111 // W
01100101 // e
01101100 // l
01100011 // c
01101111 // o
01101101 // m
01100101 // e
00100000 // 空格
01110100 // t
01101111 // o
00100000 // 空格
01000101 // E
01101101 // m
01100010 // b
01100101 // e
01100100 // d
01000110 // F
01101001 // i
01110010 // r
01100101 // e
00100001 // !
```

打印的信息如图 7-7 所示。

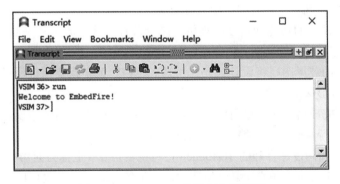

图 7-7　$readmemb 函数打印信息图

7.3　章末总结

大家看完本章介绍的语法后可能会感觉知识点太多了，不能全部记住，这都没有关系，只要能有一个大概印象就足够了，后面每一章中我们都会对遇到的新语法做详细的介绍，让大家在工程实例中学习语法，加深印象。

第 8 章
点亮 LED 灯

在前面的章节我们已经将 FPGA 开发软件安装完毕，本章我们将通过建立一个完整的工程来验证软件安装是否正确，是否可以实现软件的基本操作。同时，我们以点亮一个 LED 灯的工程为例，为大家讲解一下完整的 FPGA 开发流程。

8.1 正确的设计流程

正确的设计流程是开发项目的关键，主要分为以下几个步骤：

1）首先我们要进行设计前的规划，即对项目要有一个全局的考虑，分析项目的具体需求，根据需求来设计系统的结构，划分系统的层次，确定各个子模块的结构关系和信号之间的相互关系，然后确定模块的端口信号有哪些。

2）根据每个模块的功能和自己的理解，结合芯片、接口的时序手册，使用 Visio 画出该模块能正常工作的时序波形图。

3）根据所画的波形图严格设计代码，所谓"严格"就是指要保证所设计的代码的仿真结果要和所画的波形保持一致。

4）代码编写完成后对代码进行编译，目的是检查代码中的语法错误。若代码存在语法错误，则对代码进行修改，再次编译，直至通过编译。

5）根据 RTL 代码设计合理的 Testbench 进行逻辑仿真（也称为前仿真、功能仿真）。

6）使用仿真工具进行仿真（可以使用软件自带的仿真工具，也可以使用其他第三方仿真工具，本书中我们使用 ModelSim），并将仿真出来的波形和用 Visio 画出的时序波形图进行对比，如果对比有差别，则修改代码直至相同。

7）绑定引脚后进行分析综合、布局布线，然后下载到硬件板卡中，此时如果硬件板卡能够正常工作，则说明前期的设计和编写的代码都正确；如果硬件板卡不能正常工作，则查找并解决问题，反复迭代直至正确实现功能，并重复后面的流程，最终保证硬件板卡能够正常工作。

8.2 工程文件夹的管理

在设计项目之前我们先做好准备工作，先给设计的工程建立清晰明了的文件体系，把不同的设计文件放到不同的文件夹中，养成这样一个好的习惯是为了日后更方便地管理每一个项目。不同的设计文件是有类别差异的，如果不进行文件分类，而是将所有文件存放在一起，非常不利于后期文件的查找、管理和移植。

下面我们以点亮第一个 LED 灯的项目为例进行演示。首先要记住一点，所有的工程路径中一定不能出现中文，否则会出现找不到文件路径的情况，因为我们使用的开发工具大多对中文的支持性较差，所以推荐用"英文字母 + 数字或下划线"组合的方式来命名，且工程和文件夹的名字要有一定的意义，能够让阅读者看到名字就知道大概该工程或文件的功能。这里我们将第一个项目的总文件夹命名为 led，如图 8-1 所示。

图 8-1　总文件夹命名

然后在 led 总文件夹下建立 4 个子文件夹，分别用来存储不同的文件集，如图 8-2 所示。

图 8-2　子文件命名

这 4 个文件夹的具体用途如下：

❑ doc：该文件夹中主要存放一些文档资料，如数据手册、使用 Visio 画的波形图、自己写的文档等。

❑ quartus_prj：该文件夹主要存放工程文件，使用 Quartus II 新建的工程就保存到这里，如果使用 Xilinx 的 ISE 开发工具，就可以命名为 ise_prj，这样能很清晰地知道是用什么开发软件进行开发的。

❑ rtl：该文件夹主要存放可综合的代码，也就是最后可以生成硬件电路的代码，因为这部分代码主要是寄存器描述的寄存器传输级的代码，所以将文件夹命名为 rtl（register transport level），因为这些文件也是我们的设计文件，所以也可以命名为 design。

❑ sim：该文件夹存放对可综合代码的仿真文件，即不可综合的代码，所以也可以将文件夹命名为 testbench 或者 tb。

后期的一些项目有可能还会用到 MATLAB、IP 核，届时可以再新建单独管理 MATLAB 文件和 IP 核文件的文件夹，对文件数量可以根据自己的需求进行分类管理。

8.3　一个完整的设计过程

本节不详细讲解语法、代码编写和思想结构，主要目的是测试软件安装激活后能否正常使用以及软件的基本操作步骤，通过第一个实例介绍后面所有设计实例的规范流程和方法（软件基本操作后面不再单独讲解，直接按照标准的开发流程重点讲解设计思想）。

8.3.1　功能简介

拿到一个项目后首先进行项目分析，分析实现的功能是什么、如何进行系统的结构和层次划分，每一部分用什么方法实现，由于我们是进行学习，不是开发产品，所以不考虑芯片选型的问题。

这里我们要通过按键控制一个 LED 灯的亮灭，按键未被按下时 LED 灯处于熄灭状态，按键被按下时 LED 灯处于点亮状态，实现一个最简单的有输入、输出的小工程项目。

8.3.2　硬件资源

明确工程要实现的功能后，就要了解工程设计中用到的硬件资源。在"点亮 LED 灯"的实验工程中，我们需要用到开发板上的按键和 LED 灯，要使用按键 KEY1 点亮 LED 灯 D6，如图 8-3 所示。

图 8-3　硬件资源

由图 8-4 和图 8-5 可知，征途 Pro 开发板的按键未按下时为高电平，按下后为低电平；LED 灯则为低电平点亮。

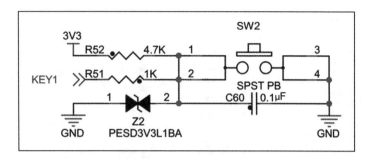

图 8-4　按键部分原理图

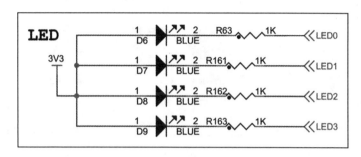

图 8-5　LED 灯原理图

8.3.3　新建一个 Visio 文件及其配置

接下来就是在 doc 文件夹中新建一个名为 led 的 Visio 图，用于绘制设计过程中的结构框图和时序波形图，如图 8-6 所示。

图 8-6　新建 Visio 图

双击打开新建的 Visio 文件，不用选择绘图类型，直接点击"取消"按钮，如图 8-7 所示。

如图 8-8 所示，我们添加和 FPGA 设计相关的工具组件，先依次点击图 8-8 中①、②、③处的按钮，再依次点击④中的三个工具组件，即可将 FPGA 相关的三个工具组件添加进来。

如图 8-9 所示，我们可以看到显示了已经添加的组件。

点击图 8-10 所示的">"按钮将其展开。

展开后如图 8-11 所示，三个设计好的专门用于 FPGA 设计的插件已经添加完毕（也可以修改该插件，或者重新设计符合自己习惯的插件）。

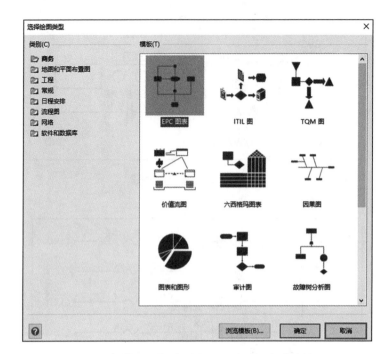

图 8-7　保持"选择绘图类型"对话框中默认设置

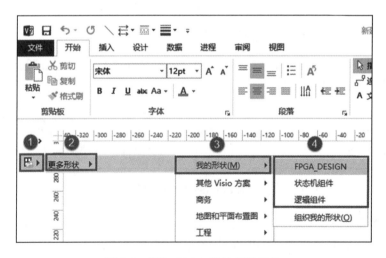

图 8-8　添加 FPGA 设计相关组件

　　为了画图时更好地对齐，我们选中"视图"下的"网格"选项，如图 8-12 所示。

　　做好上面的基本设置后就可以进行 FPGA 框图和时序波形图的设计了，更多细节上的操作可以在网上查询获取，这里不再一一讲解。

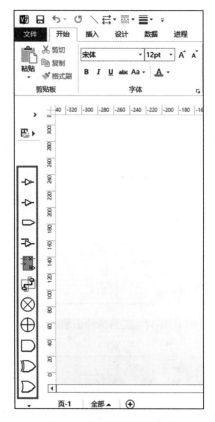

图 8-9　显示已添加的组件

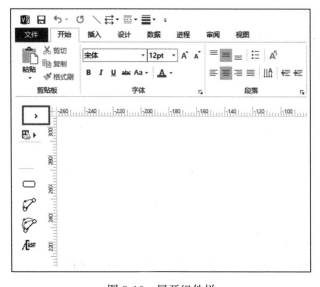

图 8-10　展开组件栏

图 8-11 工具插件添加成功

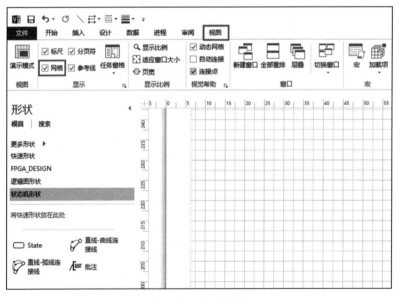

图 8-12 显示网格

8.3.4 模块和端口信号划分

接下来我们要对该项目的系统结构和层次进行设计，即要实现该功能需要设计哪些独立的模块，以及分析每一个模块的输入输出信号应该有哪些，这部分的设计往往是系统架构设计，非常重要。在实际运用中我们会设计一些功能较为复杂的项目，往往具有多种功能，为了简化设计，我们要把复杂的功能进行拆分，划分成相对独立的小功能，这些小功能的实现由一个个独立的模块来完成，每个小模块的功能和运转都是独立的，这样就可以让多个人同时进行设计和验证，提高了开发效率，当每个人所分配的模块都设计好了以后，再将每个人设计的模块根据各自的功能和关系连接到一起，实现整体功能。但是如何进行模块的划分和整体的布局以及信号的端口设计，都是需要我们在日后的学习中不断积累的，通过做项目、多了解各种方案才能够使我们在对整体的设计结构和层次上有一个很好的把握。

此处设计的工程比较简单，只有一个独立的功能，只需要一个模块就可以实现。我们将模块命名为 led，然后再分析模块的输入输出信号应该有哪些。将一个 1bit 的输入信号连接到按键上，命名为 key_in，一个 1bit 输出信号连接到 LED 灯上，命名为 led_out。

根据上面的分析设计出的 Visio 框图如图 8-13 所示，在此设计中我们并不关心输入和输出之间通过什么方式来实现这种关系（可能是通过线连接、寄存器连接或者更复杂的逻辑连接实现），而只关心最后的输出是不是实现了我们期望的结果。

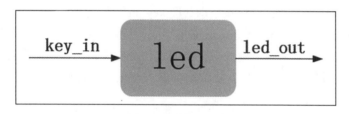

图 8-13 框图设计

为了使端口信号和功能更加清晰，我们将其整理为如表 8-1 所示的表格。

表 8-1 端口信号描述

信 号	位 宽	类 型	功能描述
key_in	1bit	Input	按键的输入
led_out	1bit	Output	输出控制 LED 灯

8.3.5 波形设计

设计完框图结构和端口信号后就需要设计框图结构下的模块功能，也就是输入和输出之间的关系。输入和输出满足信号与系统的关系，这种关系是一种时序的、逻辑的关系，即既有时间上的关系又有逻辑上的关系，而不再是结构上的关系。对于这种关系，我们用波形图来表达最为清晰、直观。因为 FPGA 本身就是并行执行的，当信号较多时，仅靠人脑的记忆和联想，众多信号的并行时序关系的效果可能并不是非常好，所以我们要通过绘制波形图的方法来将这种关系表达出来。波形画出来后，一切时序和逻辑关系就清晰了，无论是代码实现，还是日后再次用来分析代码，有波形图作为辅助参照，一切变得如此简单。但是如何根据数据手册、设计要求来绘制波形图，也是设计中的重点，需要多练习并加以总结，才能够熟练掌握并运用自如。

为了使绘制的波形图更加直观，在绘制波形图前我们先统一约定信号的表示方式：输入信号用绿色标注，输出信号用红色标注，中间变量信号用黄色标注（本章不涉及中间变量，后面的章节会有体现），本书中所有波形设计均是按照这个规范作图的。当然，如果学习者有自己的喜好，也可以自定义配置，只要能够有所区分即可。绘制波形图时，首先要设计完善的测试激励以模拟最接近真实情况的输入信号，然后根据输入信号的波形画出相应的输出信号的波形。在画波形的过程中，你会了解到各信号之间的关系。先画波形的好处是能够在写代码之前对一些细节问题做到预先了解，以便在编写和调试代码时做到胸有成竹，在大型复杂的项目中，这样做的优点更为明显。我们还有一个写代码的诀窍，就是根据波形图快速编写出代码，如果波形图正确，编写代码时会又快又准确，如果你的基本功扎实，画图认真准确，那么可以说根据波形图编写的代码直接就是正确的，几乎不用调试，大大提升项目开发效率。

本章实例的具体功能为：按键按下时（即 key_in 为低电平），控制 LED 灯的引脚为低电平，板卡硬件电路设计的 LED 灯为低电平点亮，所以此时 LED 灯为点亮状态。对于组合逻辑，我们常用真值表来列出输入与输出的这种对应关系，这样最为直接、明确，列出的真值表如表 8-2 所示，然后再根据真值表的输入与输出的对应关系画波形图。其波形如图 8-14 所示，与真值表的关系一一对应。

表 8-2 输入输出信号真值表

输入（input）	输出（output）
key_in	led_out
0	0
1	1

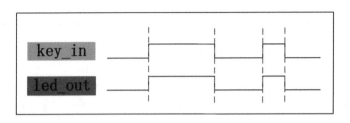

图 8-14 用 Visio 绘制波形图

如果最后通过仿真得到的结果和 Visio 波形的输入输出的逻辑关系一致（因为是最简单的组合逻辑，所以还不考虑时序之间的关系），那么我们设计的代码一定是正确的。

8.3.6　新建工程

首先点击图标打开 Quartus II_13.0 软件，如图 8-15 所示。

图 8-15　打开 Quartus II_13.0 软件

紧接着弹出如图 8-16 所示界面。

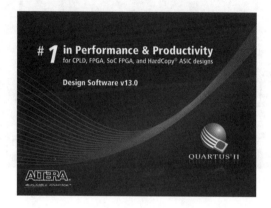

图 8-16　Quartus II_13.0 启动界面

软件完全打开后如图 8-17 所示。

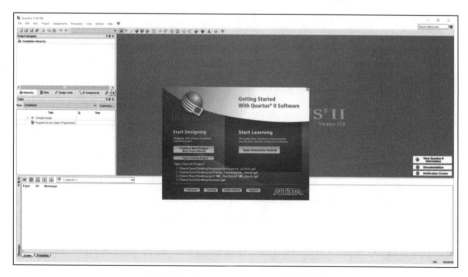

图 8-17　Quartus II_13.0 打开效果

软件完全打开后会显示一个快捷向导，如图 8-18 所示。其中，①是创建一个新的工程，②是打开已经存在的工程，③是最近打开过的工程列表，用户可以根据自己的需求进行选择，也可以不选择，不选择时可以直接点击界面右上角的⊠按钮退出。这里我们选择直接退出。

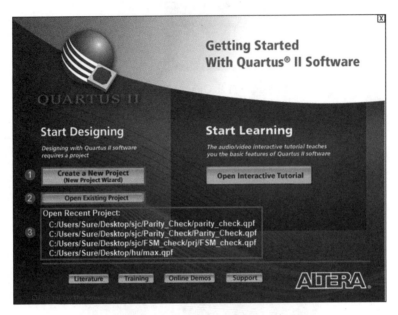

图 8-18　软件快捷向导

使用新工程向导创建工程，可以选择图 8-19 中①处的"New..."命令，也可以选择②处的"New Project Wizard..."命令直接打开新工程向导界面。这里我们选择"New..."命令。

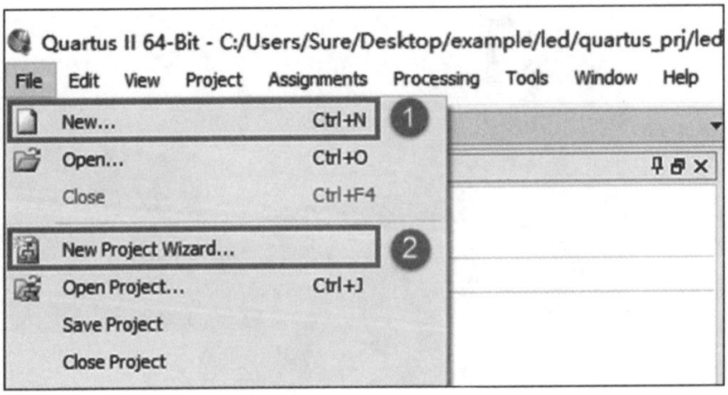

图 8-19　用"New..."命令新建工程

在弹出的对话框中选择"New Quartus II Project"选项后点击"OK"按钮，如图 8-20 所示。

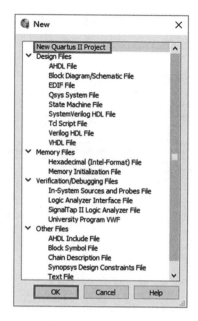

图 8-20　选择"New Quartus II Project"选项

打开新工程向导首页，即"New Project Wizard"对话框，直接点击"Next"按钮，如图 8-21 所示。

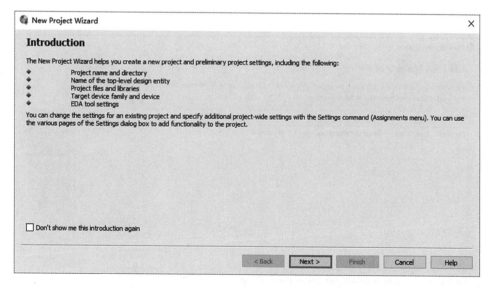

图 8-21　打开"New Project Wizard"对话框

如图 8-22 所示，①处是这个新建的工程的位置，选择到 led 文件夹下的 quartus_prj 文件夹；②处是这个工程的名字，也命名为 led；③处是整个工程设计顶层的文件名，让这个名字保持和②中的命名一致即可。然后点击"Next"按钮。

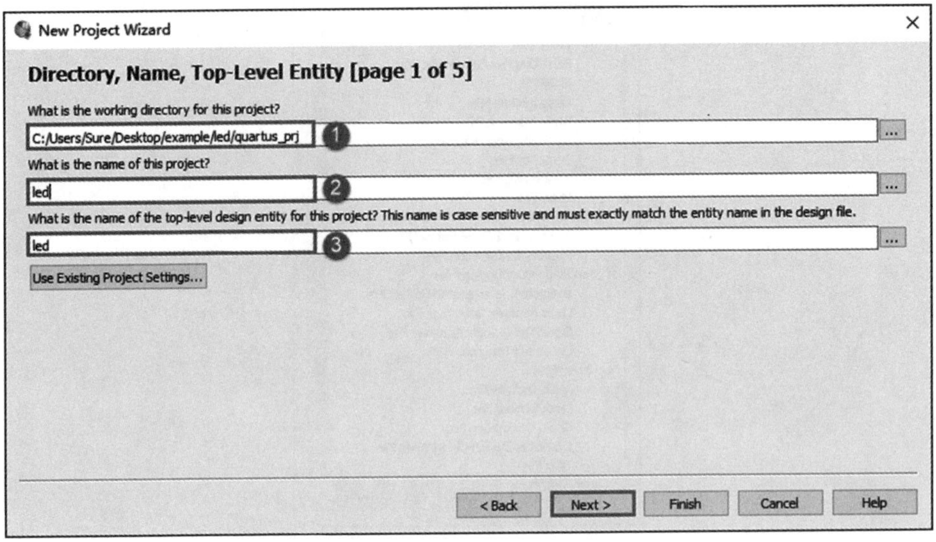

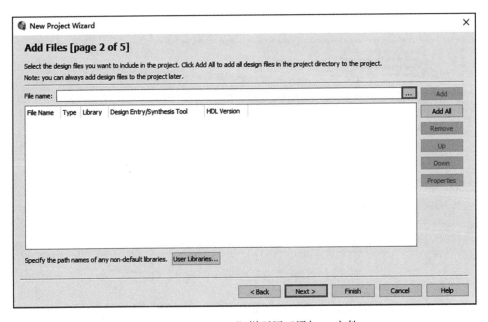

图 8-22　设置"New Project Wizard"对话框

　　在"File name"栏中选择添加已经写好的 .v 文件，如果有多个文件，可以一次性全部添加进工程。因为我们还没有写好的 .v 文件，所以此处不进行添加，直接点击"Next"按钮，如图 8-23 所示。

图 8-23　"File name"栏可用于添加 .v 文件

如图 8-24 所示，其中：

① 处用于选择使用哪个系列的芯片，此处使用的是 Cyclone IV 系类的芯片；

② 处用于选择该芯片的封装类型，此处选择 FBGA 封装；

③ 处用于设置引脚数量，此处选择 256；

④ 处用于设置速度等级，此处选择 8。

这 4 个选项设置好以后，就得到了⑤处所示的筛选结果，可以看到我们使用的芯片的具体型号为 EP4CE10F17C8。全部选择好之后，点击"Next"按钮。

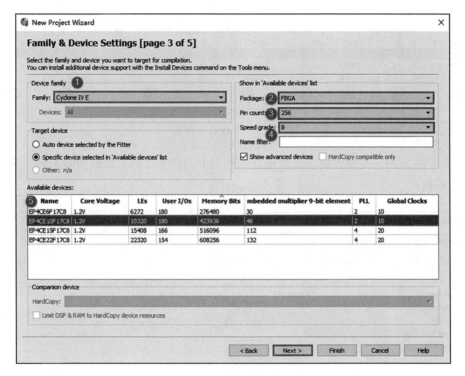

图 8-24　筛选芯片

如图 8-25 所示，其中：

① 处是器件的名称；

② 处是内核电压，我们所使用的芯片的内核电压是 1.2V；

③ 处是 Logic Elements（每个逻辑单元主要由一个四输出的查找表和一个寄存器构成，还包括其他的必要电路）的数量，逻辑单元数越多说明资源越多，能够实现更多的逻辑设计，芯片的价格也就越贵，设计逻辑代码时主要使用这部分资源；

④ 处是用户可配置的 I/O，共有 180 个，虽然该芯片有 256 个引脚，但是有一些引脚是不可以随意配置的，如电源引脚、固定功能的引脚，除去具有固定功能的引脚，留给用户可任意配置的引脚只有 180 个，设计中使用比较多的内存时就可以使用这部分专用资源；

⑤ 处是存储器的容量，共 423 936bit，主要是指 Block RAM（块 RAM），423 936bit 即 46 个 M9K（每一块中包含 8192 个存储位，加上校验位共 9216 位，故称 M9K）；

⑥ 处是嵌入式乘法器数目，共有 46 个，在进行数学运算时可以调用该部分资源，以节省逻辑资源的开销；

⑦ 处是锁相环的数量，共有 2 个，主要用于调制分频、倍频和时钟相位；

⑧ 处是全局时钟引脚，共有 10 个，全局时钟引脚是连接到全局时钟树上的，能够保证连接到全局时钟树上的时钟信号到达每个寄存器的时间都是相同的。

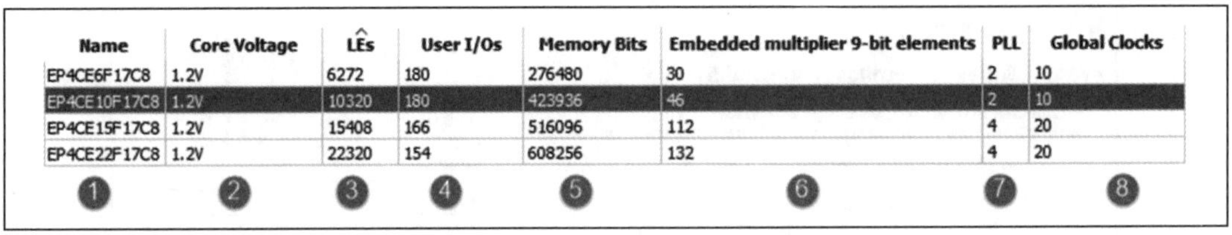

Name	Core Voltage	LÊs	User I/Os	Memory Bits	Embedded multiplier 9-bit elements	PLL	Global Clocks
EP4CE6F17C8	1.2V	6272	180	276480	30	2	10
EP4CE10F17C8	1.2V	10320	180	423936	46	2	10
EP4CE15F17C8	1.2V	15408	166	516096	112	4	20
EP4CE22F17C8	1.2V	22320	154	608256	132	4	20
❶	❷	❸	❹	❺	❻	❼	❽

图 8-25　查看器件信息

如图 8-26 所示，在此界面中可以选择一些三方的开发工具，我们暂时不选，直接点击 "Next" 按钮。

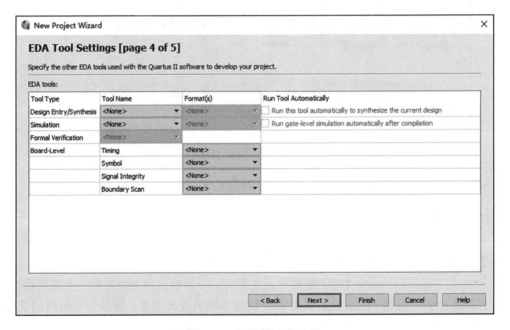

图 8-26　设置第三方工具

最后生成整个新工程向导的总结，可以验证是否和最初的选择一致，如果没有问题，则点击 "Finish" 按钮，如图 8-27 所示。

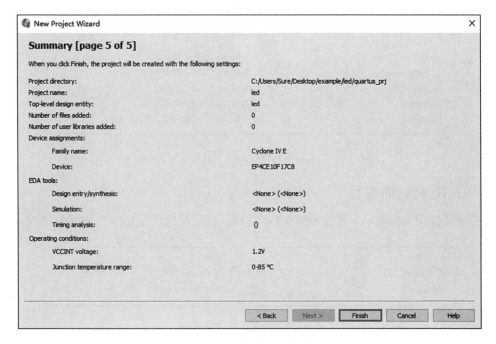

图 8-27　新建工程总结

新建工程完毕后，界面左上角会显示器件名和顶层设计文件名，如图 8-28 所示。

图 8-28　新建工程完毕

此时再打开 quartus_prj 文件夹，可以发现里面生成了一些文件夹和文件，led.qpf 就是这个工程的工程文件，led.qsf 就是工程的配置文件，如图 8-29 所示。

图 8-29　工程文件

8.3.7　RTL 代码的编写

在 rtl 文件夹下新建一个名为 led 的文本文件，然后重命名为 led.v，如图 8-30 所示。

图 8-30　新建代码文本文件

使用 Notepad++ 打开该文件，准备编写 RTL 代码，如图 8-31 所示。

图 8-31　打开代码文件

开始编写 RTL 代码，用 RTL 代码编写出的模块叫作 RTL 模块（后文中也称为"功能模块"或"可综合模块"）。命名为 RTL 代码，是因为用 Verilog HDL 在寄存器传输级逻辑（Resistances Transistors Logic）中来描述硬件电路，RTL 代码能够综合出真实的电路以实现我们设计的功能，区别于不可综合的仿真代码（本章的重点是熟悉整个开发流程和软件工具的使用，不详细讲解代码）。我们前面讲过，根据波形写代码，这种方法在组合逻辑中表达得不够明显，而且刚开始的例子都很简单，后面我们会专门讲解如何根据波形图来实现代码，并在视频中着重讲述这种方法。

此处直接编写 LED 模块参考代码，具体参见代码清单 8-1。

代码清单 8-1　led 模块代码（led.v）

```
1 module  led
2 (
```

```
 3    input   wire   key_in  ,    // 输入按键
 4
 5    output  wire   led_out      // 输出控制 LED 灯
 6 );
 7
 8 //*********************************************************//
 9 //*************************** Main Code ********************//
10 //*********************************************************//
11 //led_out: LED 灯输出的结果为 key_in 按键的输入值
12 assign  led_out = key_in;
13
14 endmodule
```

代码编写好后，需要将 led.v 文件添加到工程中。点击 "Files" 标签切换到文件模式，在该模式下可以看到所有属于该工程下的文件，如图 8-32 所示。

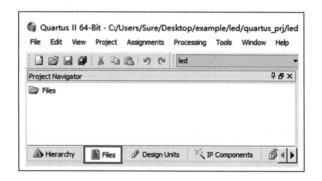

图 8-32　切换到文件模式

右击 "Files"，并选择 "Add/Remove Files in Project..." 命令，如图 8-33 所示。

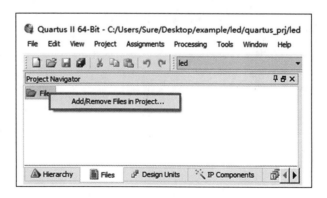

图 8-33　选择 Add/Remove Files in Project... 命令

如图 8-34 所示，在 "File name:" 栏选择已经写好的 .v 文件，此处找到 "led\rtl" 路径下的 "led.v"。

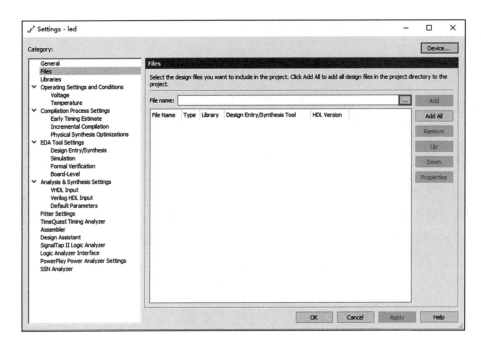

图 8-34　添加 .v 文件

选择"led.v"文件后界面如图 8-35 所示，点击"Add"按钮将其添加到工程中。

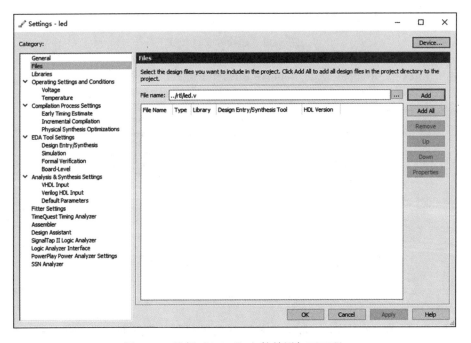

图 8-35　选择"led.v"文件并添加至工程

点击"OK"按钮完成添加,如图 8-36 所示。

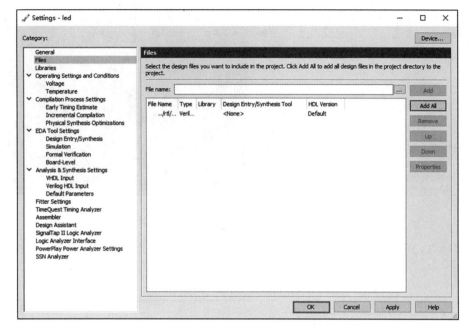

图 8-36 点击"OK"按钮完成添加

添加成功后如图 8-37 所示。

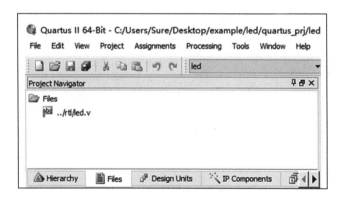

图 8-37 添加文件成功

8.3.8 代码的分析和综合

点击如图 8-38 所示的 ▣ 图标进行代码的分析和综合,进行该步骤的目的,首先是检查语法是否有错,其次是让综合器将代码解释为电路的形式。

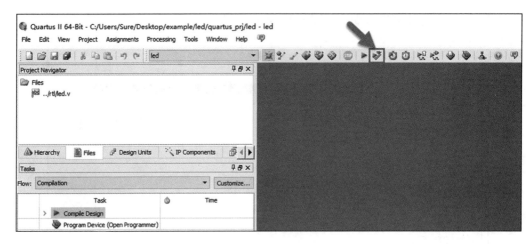

图 8-38　进行代码的分析和综合

如图 8-39 所示，只有方框内的信息显示为"✔"，说明分析与综合完成，并没有语法错误产生。

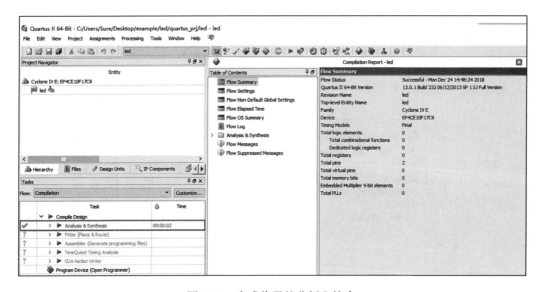

图 8-39　完成代码的分析和综合

8.3.9　查看 RTL 视图

双击"Netlist Viewers"下的"RTL Viewer"选项，如图 8-40 所示。

打开后的界面如图 8-41 所示，这就是我们设计的硬件电路结构，可见输入是 key_in，然后通过一根线连接到输出 led_out，和我们的设计所表达的意思相同。

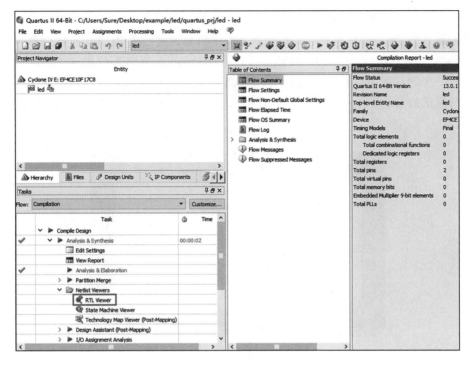

图 8-40　查看 RTL 视图

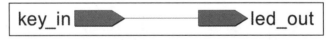

图 8-41　RTL 视图

8.3.10　Testbench 的原理

　　Testbench 是测试脚本，测试谁？当然是测试我们用硬件描述语言（HDL）设计的电路，测试设计电路的整体功能、部分性能是否与预期的目标相符。有些初学者没有养成编写 Testbench 的习惯，总以为这是烦琐的、无用的，或者他们习惯用在线逻辑分析仪器来调试，其实不然，当你在编写大型工程代码的时候，综合一次所用的时间少则十几分钟，多则几个小时，这种无用时间的消耗是我们所不允许的，在线逻辑分析仪虽然好用，但是每修改一次代码，结果就要综合一次，并不能节省时间，但使用 Testbench 做仿真的速度很快，修改后即可马上看到结果，从而节省了大量的开发时间，所以大家学习 FPGA 时务必养成编写 Testbench 的好习惯。

　　编写 Testbench 进行测试的过程如下：

　　1）产生模拟激励（输入波形）。

　　2）将产生的激励加入被测试模块并观察其输出响应。

　　3）将输出响应与期望进行比较，从而判断设计的正确性。

接下来就是仿真激励 Testbench 的编写，首先给大家介绍一下 Testbench 的原理。

我们通常给 Testbench 命名，是在被测试的模块名前加一个 tb_（也可以在被测试的模块名后面加 _tb），这样容易识别出具体验证的是哪个模块。如图 8-42 所示，周围灰色的区域就表示一个测试系统，我们要写的 Testbench 就是用代码实现该区域的功能，这个功能只针对待测试的 led 模块，如果换成其他模块，需要单独设计专门针对其他待测试系统的 Testbench。

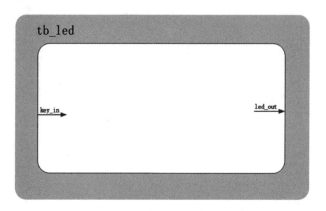

图 8-42　测试系统

第二步是将待测试的 led 模块放到 tb_led 模块框架中，如图 8-43 所示。

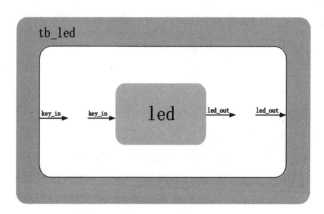

图 8-43　将 led 模块放入 tb_led 框架

第三步是将两个模块进行连线，如图 8-44 所示。

tb_led 模块和 led 模块的关系就是上面这样，但是我们需要如何设计 tb_led 模块呢？我们希望 tb_led 模块能够产生 key_in 信号，然后这个信号通过 led 模块从 led_out 输出，观察 led_out 输出的信号是不是和最初设计的波形一致，如果严格一致，则说明设计正确，代码综合布局布线后下载到板上，能够正常工作的可能性越高。为什么说是"越高"而不是

100% 能够正常工作呢？这是因为有时在高速系统中逻辑仿真是对的，但是下载到板上依然不可以正常工作，其原因是逻辑并没有问题，真正的问题是在高速系统中往往需要进行时序约束，否则会由于系统工作太快导致时序违例，同样不能正常工作。

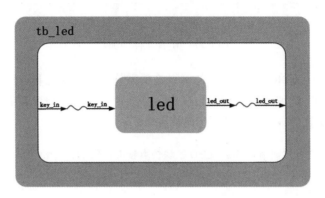

图 8-44　将两个模块连线

可能大家还听说过后仿真（也称为时序仿真），我们为什么没做这个呢？这样做能保证下板后功能是 100% 正确的呢？答案依然是不能，虽然这样做的正确率相比于只做了逻辑仿真提高了，但是下板后还是可能存在问题，而且后仿真的速度特别慢，所以我们就不做这一步了。如果做了逻辑仿真后下板后仍有问题，那么可以使用在线逻辑分析仪实时抓取信号，确定是不是时序的问题，如果是时序的问题，则还要对系统进行静态时序分析（SAT），针对具体违例的时序加以约束。那后仿真是不是没有用了呢？当然也不是，前面我们讲过 FPGA 可以用在数字 IC 领域中，在数字 IC 的设计和验证中，往往要加入各种仿真延时文件，进行后仿真，但是本书不涉及数字 IC 的内容，因为数字 IC 虽然和 FPGA 相关，但又是一个全新的世界，如果想了解数字 IC 设计和验证或者想从事数字 IC 相关行业的工作，可以在学习本书后再继续深入学习。

8.3.11　Testbench 代码的编写

先在 sim 文件夹下新建一个名为 tb_led 的文本文件，然后重命名为 tb_led.v，如图 8-45 所示。

图 8-45　新建仿真文件

使用 Notepad++ 打开该文件，准备 Testbench 代码的编写，如图 8-46 所示。

图 8-46　仿真文件的编写

开始 Testbench 代码的编写（本章的重点是熟悉整个开发流程和软件工具的使用，不进行代码的详细讲解），此编写技巧和方法我们也会在后面的章节和视频中详细讲解。此处直接编写 LED 模块仿真代码，具体参见代码清单 8-2。

代码清单 8-2　LED 模块仿真参考代码（tb_led.v）

```verilog
1  `timescale  1ns/1ns
2  module  tb_led();
3
4  //*******************************************************************//
5  //****************** Parameter and Internal Signal ******************//
6  //*******************************************************************//
7  //wire  define
8  wire    led_out ;
9
10 //reg    define
11 reg     key_in ;
12
13 //*******************************************************************//
14 //*************************** Main Code ****************************//
15 //*******************************************************************//
16 // 初始化输入信号
17 initial key_in <= 1'b0;
18
19 //key_in:产生输入随机数，模拟按键的输入情况
20 always #10 key_in <= {$random} % 2; /* 取模求余数，产生非负随机数 0、1,
21                                        每隔 10ns 产生一次随机数 */
22
23 //*******************************************************************//
24 //*********************** Instantiate *****************************//
25 //*******************************************************************//
26 //------------- led_inst -------------
27 led led_inst
28 (
29    .key_in (key_in ),  //input      key_in
30
31    .led_out(led_out)  //output     led_out
32 );
33
34 endmodule
```

代码编写好后，需要将 tb_led.v 文件添加到工程中。点击"File"标签切换到文件模式，在该模式下可以看到所有属于该工程下的文件，如图 8-47 所示。

右击"File"，并选择"Add/Remove Files in Project..."命令，如图 8-48 所示。

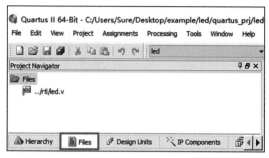

图 8-47　切换文件模式

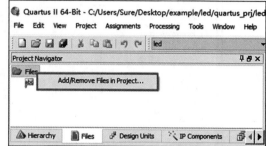

图 8-48　选择"Add/Remove Files in Project..."命令

如图 8-49 所示，在"File name:"栏选择已经写好的 .v 文件，找到"led\sim"路径下的"tb_led.v"文件。

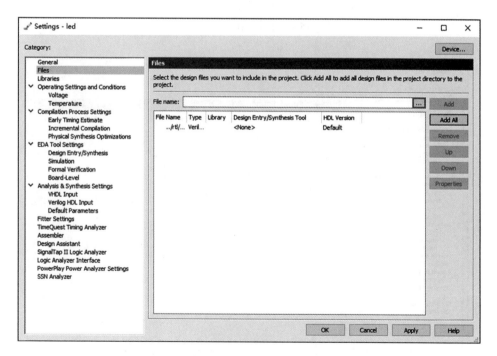

图 8-49　选择 .v 文件

打开"tb_led.v"文件后如图 8-50 所示，点击"Add"按钮将其添加到工程中。点击"OK"按钮完成添加，如图 8-51 所示。

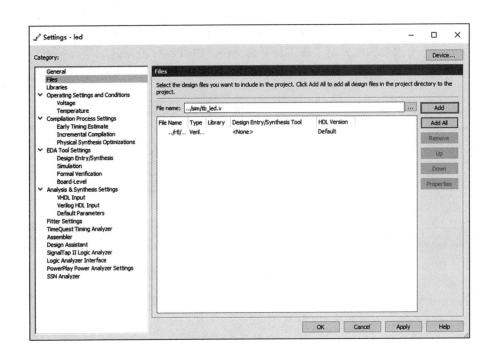

图 8-50　打开"tb_led.v"文件

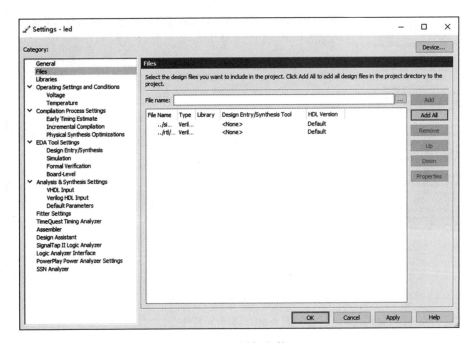

图 8-51　添加文件

添加完成后如图 8-52 所示。

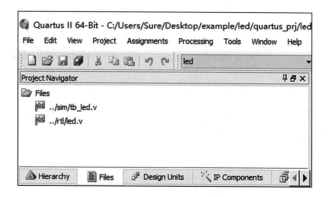

图 8-52　添加文件成功

8.3.12　仿真设置

首先选择"Assignments"下的"Settings..."命令，如图 8-53 所示。

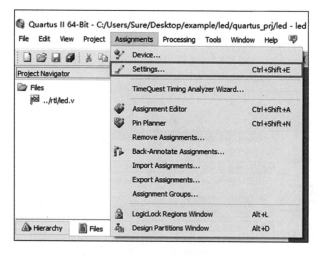

图 8-53　选择"Settings..."命令

然后选择"EDA Tool Settings"下的"Simulation"选项，如图 8-54 所示。

如图 8-55 所示：①框中"Tool name:"栏选择"ModelSim"，"ModelSim"就是独立的 ModelSim，而"ModelSim-Altera"是安装 Quartus II 时自带的 ModelSim；②框中"Format for output netlist:"栏是选择输出网表的语言格式，该网表主要用于后仿真，但因为在逻辑设计中往往不做后仿真，所以这里保持默认值即可；③框中"Time scale:"栏是选择输出网表的时间单位，所以也保持默认值即可；④框中的"Output direction:"表示选择输出网表的位置，这里保持默认值即可。设置完成后即可在工程目录下产生一个名为 simulation 的文件夹，里面还有一个名为 modelsim 的子文件夹，这里不仅存放输出的网表文件，还存放了后面当 ModelSim 运行仿真后所产生的相关文件。

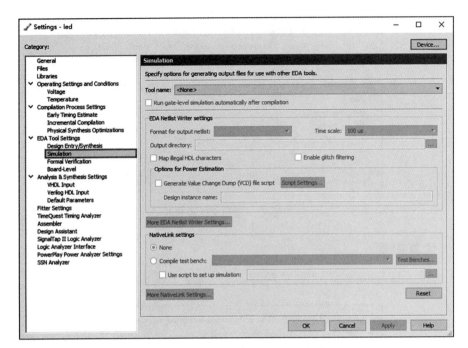

图 8-54　选择"Simulation"选项

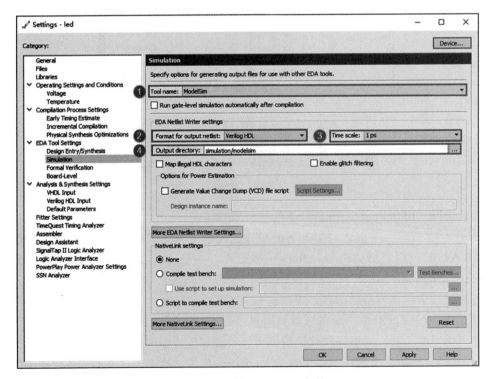

图 8-55　设置 Simulation 参数

8.3.13　设置 NativeLink

基于 NativeLink 的设计就是在 Quartus II 中设置好一些参数后，直接打开 ModelSim 软件可以立刻看到仿真的结果，可谓一键操作式的仿真，十分方便。

先选择"NativeLink settings"中的"Compile test bench:"选项（如果设计了多个 Testbench 可以在该栏进行选择），然后点击后面的"Test Benches..."按钮，如图 8-56 所示。

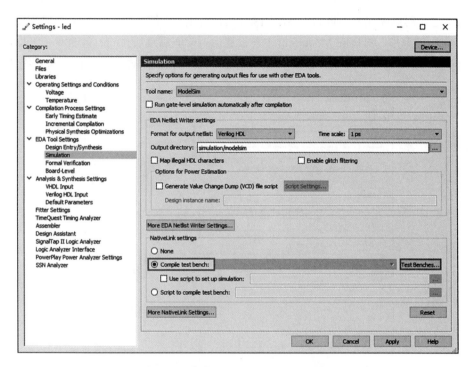

图 8-56　点击"Test Benches..."按钮

直接点击"New..."按钮，如图 8-57 所示。

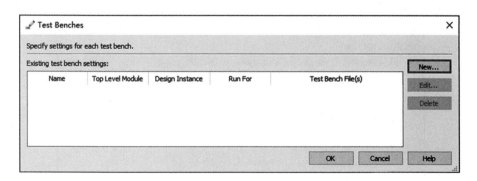

图 8-57　点击"New..."按钮

如图 8-58 所示：①框处"Test bench name:"就是前面"Compile test bench:"框中的名字，也就是图 8-57 中新建的这个 Test Benches 的名字（一般情况下框①和框②的名字保持一致即可）；②框处"Top level module in test bench:"是 Testbench 顶层的名字，这里只有一个层次，那就是图 8-59 中所示的名字 tb_led；③框处是"End simulation at:"，用于设置打开 ModelSim 时波形运行多久后停止，如果这里不设置，就需要在仿真代码中仿真完毕处添加"$stop"代码暂停仿真，或者在弹出的 ModelSim 界面中按暂停按钮，否则 ModelSim 会一直运行。我们设置的是 1μs，这个时间刚刚好，即打开 ModelSim 后运行 1μs 后波形停止运行，如果需要观察信号运行 1μs 后的波形，可以在 ModelSim 中再设置运行时间后继续运行；④框处"File name:"选择 sim 文件夹下的 tb_led.v 文件。都设置好后点击"Add"按钮将"tb_led.v"文件添加进来。

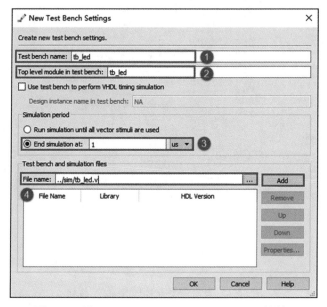

图 8-58　设置"New Test Bench Settings"对话框

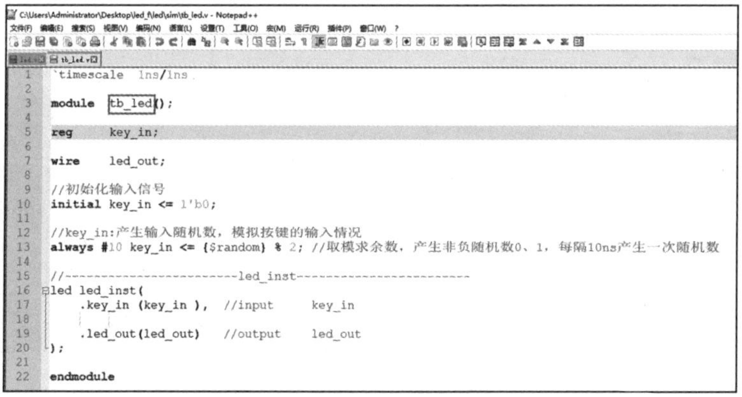

图 8-59　Testbench 顶层名

设置好后点击"OK"按钮，如图 8-60 所示。

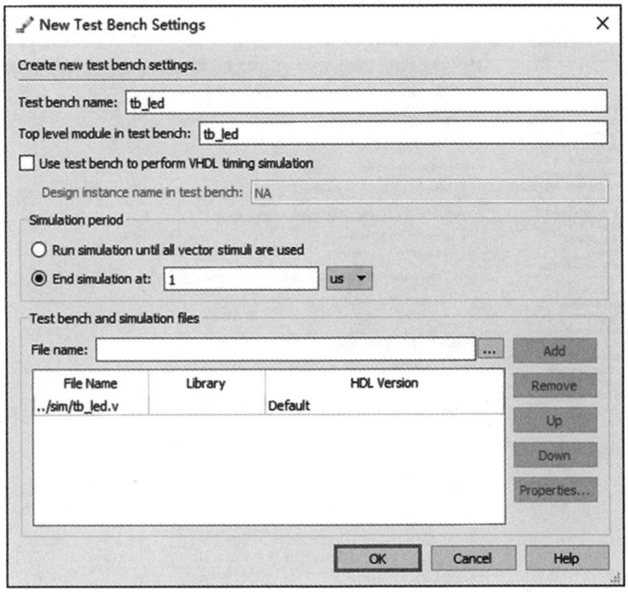

图 8-60　点击"OK"按钮

继续点击"OK"按钮，如图 8-61 所示。

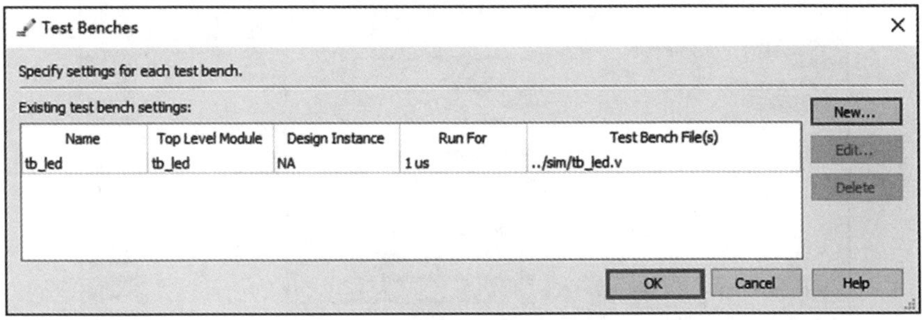

图 8-61　继续点击"OK"按钮

最后点击"OK"按钮，完成 NativeLink 的设置，如图 8-62 所示。

8.3.14　打开 ModelSim 观察波形

因为第一个 led 工程实例相对简单，用到的也是 ModelSim 中的一些基本操作，所以本节只会对 ModelSim 软件的部分功能的使用进行讲解。但随着工程实例复杂度的提高，我们将会用到 ModelSim 中更高级的功能，那时再做详细讲解。

点击"Tools"→"Run Simulation Tool"→"RTL Simulation"打开 ModelSim 进行

功能仿真（因为主要是验证逻辑的正确性，所以也称逻辑仿真），如图 8-63 所示。

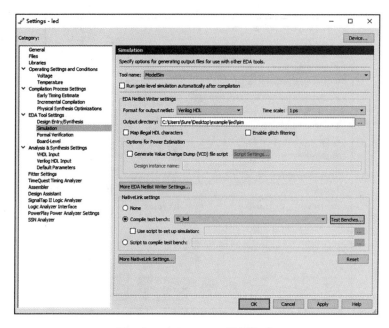

图 8-62　NativeLink 设置完成

图 8-63　打开 ModelSim

如果能够成功打开如下界面，则说明 ModelSim 破解和关联 Quartus II 都正确，如图 8-64 所示。

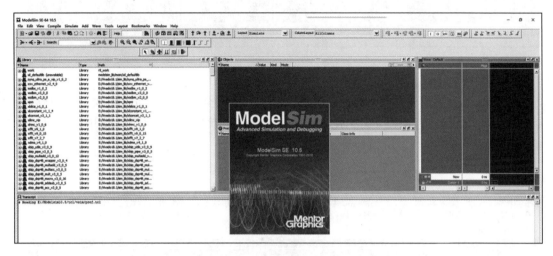

图 8-64 成功打开 ModelSim

完全打开后的界面如图 8-65 所示，会发现在 Wave 窗口有波形显示出来。

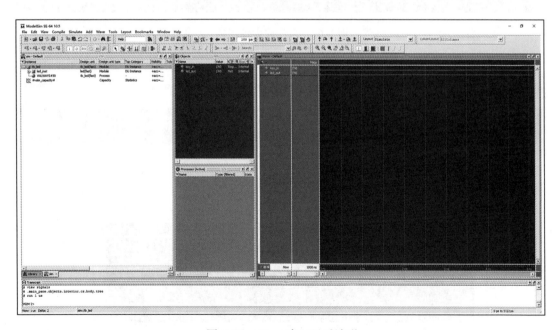

图 8-65 Wave 窗口显示波形

点击箭头处，把显示波形的界面单独打开，如图 8-66 所示。

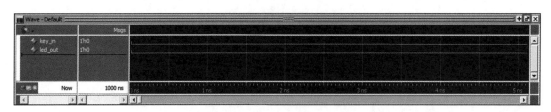

图 8-66   单独打开波形界面

点击图 8-67 中的放大镜图标，显示如图 8-68 所示的全部仿真时间的波形，波形最后结束的位置对应的时间如图 8-69 所示，在 1000ns 处，也就是 1μs，和图 8-58 中设置的结果是一致的。

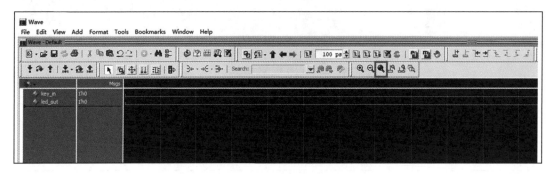

图 8-67   点击放大镜图标

图 8-68   全部仿真时间模型

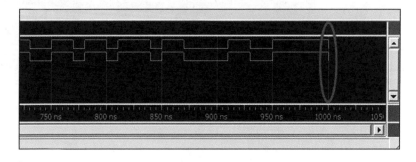

图 8-69   波形结束位置对应的时间

如图 8-70 所示，点击框中第一个按钮即添加参考线（图 8-71 中方框框出的线即参考线），点击第二个按钮可去掉参考线。当在波形界面中点击时，参考线也会指定到该位置，如果有两条参考线，会在两条参考线之间显示时间差，如图 8-72 所示。

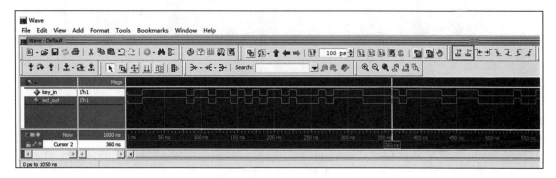

图 8-70　添加参考线

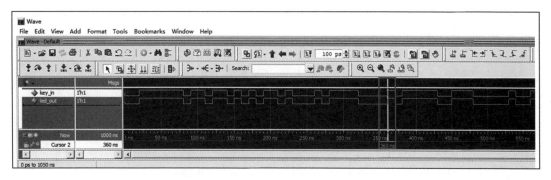

图 8-71　已添加的参考线

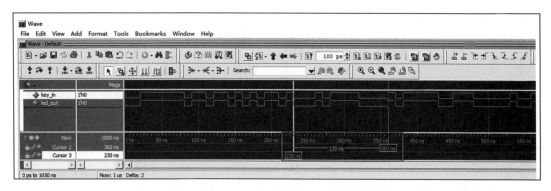

图 8-72　显示两条参考线间的时间差

点击图 8-73 左下角处的█图标即可固定参考线，被固定的参考线显示为红色（添加和删减参考线也可以通过█图标旁边的"＋""−"号实现）。

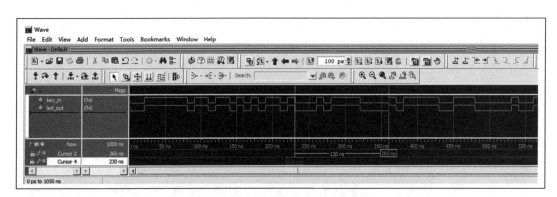

图 8-73　固定参考线

为了更好地观察分析 ModelSim 仿真出的波形，会用到如图 8-74 所示的几个按钮：其中①框中的按钮用于复位波形，点击后会出现如图 8-75 所示的对话框，我们直接点击"OK"按钮即可清空界面中的全部波形。

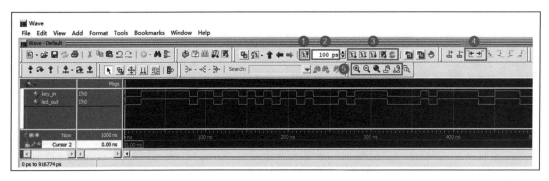

图 8-74　常用按钮

② 框处用于设置运行一次仿真的时间，根据实际观察波形的需要填写相应的时间。但仿真的时间越久，所需要等待的时间也会越长，所生成的仿真文件越大。

③ 框中的第一个图标是运行左边设置的时间值，图 8-74 中显示的是 100ps，那么点击一次就运行 100ps，运行完 100ps 后就会自动停止，也可以手动输入其他的时间单位和时间值，③框中的第二个和第三个图标，点击一次后波形会一直运行下去，直到点击第四个和第五个图标时才会停止。

④ 框中的图标分别是波形的下降沿定位和上升沿定位，当选中要观察的信号时，再点击这两个按钮时，参考线就可以立刻定位到该信号的下降沿或上升沿，再次点击即跳到下一个下降沿或上升沿。

图 8-75　波形复位对话框

⑤ 框中的第一个和第二个图标分别是波形放大和缩小（波形的放大缩小也可以按住键盘上的 " Ctrl" 键，同时滚动鼠标滚轮来实现），第三个图标是全局波形显示，第四个图标的作用是将参考线位置处的波形进行放大，第五个图标的作用是将参考线处的波形移动到波形显示窗口的最开头处。

从图 8-76 可以看出在参考线处 key_in 的值为十六进制表示的 1'h0，根据需要我们还可以设置为其他格式。如图 8-77 所示，右击信号名 " key_in"，选择 " Radix" 命令后会看到各种不同进制格式的显示方式，可以根据需要任意选择。

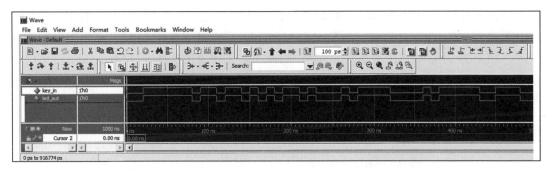

图 8-76　查 key_in 的值

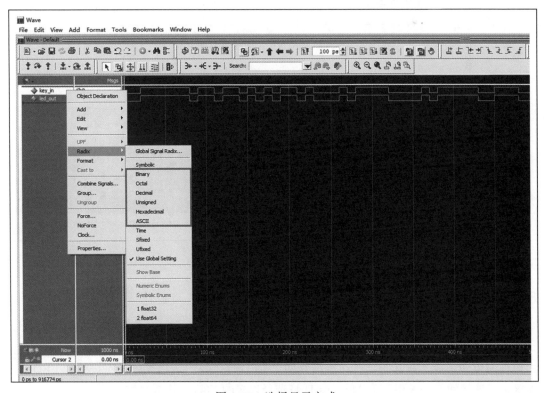

图 8-77　选择显示方式

8.3.15　仿真波形分析

我们使用 ModelSim 仿真出波形后可以直接观察波形和预期效果的正确性，因为这个项目工程比较简单，只有两个信号，也没有内部信号，不容易出错，所以可以直接分析得出。但是试想一下，如果有上百个信号，但最后的输出结果还是出现了错误，那你凭着自己的理解和观察就很难进行判断了，所以我们一开始就要养成良好的学习习惯，将 ModelSim 仿真出来的波形图和之前根据自己理解用 Visio 画出的波形图进行对比，既可以发现之前对整体设计的理解偏差，又能够方便地改错。

通过对比图 8-78 和图 8-79 发现两个图的输入输出之间的关系是一模一样的（这里的一样不是指 Visio 波形中的 key_in 信号和 ModelSim 波形中的 key_in 信号都是先高后低的关系，而是指 Visio 波形中的 key_in 信号和 led_out 之间的关系对应与 ModelSim 波形中的 key_in 信号和 led_out 之间的关系是否一致），都是输入信号 key_in 与输出信号 led_out 相同，说明代码的设计结果符合预期，可以进行下一步操作了。

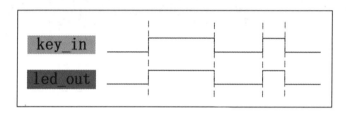

图 8-78　用 Visio 画的波形图

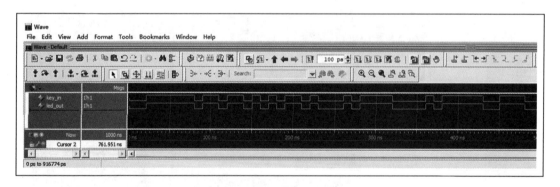

图 8-79　ModelSim 仿真信号

8.3.16　引脚约束

仿真结束后即验证了代码设计的正确性，可以上板验证了，但是在上板之前还需要进行引脚约束，就是根据硬件原理图确定按键和 LED 灯分别与 FPGA 芯片的哪个引脚对应。由原理图可知，板上共有四个普通按键和四个 LED 灯，我们选择其中一对按键和 LED 灯，按键选择连接的 FPGA 引脚为 M2，LED 灯选择连接的 FPGA 引脚为 L7。

点击如图 8-80 所示按钮，打开引脚绑定界面。

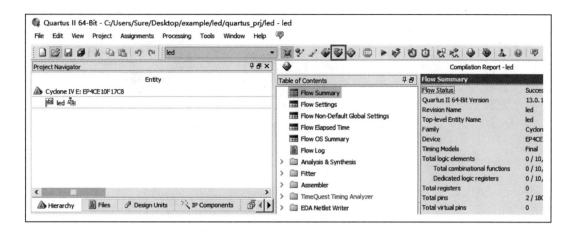

图 8-80　打开引脚绑定界面

打开后的界面如图 8-81 所示。

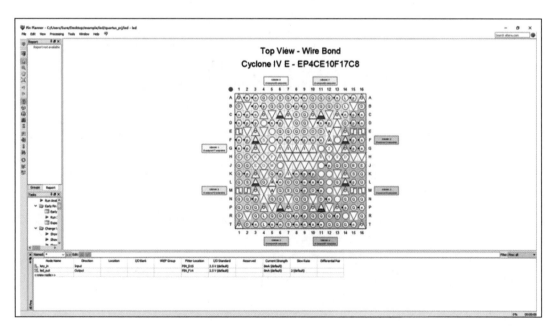

图 8-81　引脚分配图

在数目比较少的情况下，有两种绑定引脚的方法（引脚数目特别多的时候用其他方法，后面会单独介绍），一种是在的 "Location" 列 "key_in" 行输入 "M2"，在 "led_out" 行输入 "L7" 然后按 Enter 键确定，如图 8-82 所示。

另一种方法是直接将图 8-83 所示的信号的名称拖动到图 8-84 所示的需要绑定的引脚上即可。

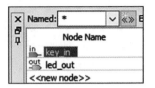

图 8-82   通过"Location"列绑定引脚   图 8-83   选中信号名称

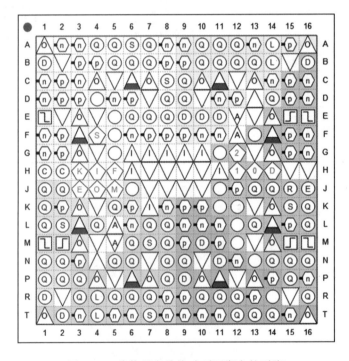

图 8-84   将信号名称拖动到要绑定的引脚

绑定完后的引脚状态如图 8-85 所示，其中：

❑ Node Name：RTL 代码中定义的端口名称。

❑ Direction：引脚的输入输出方向。

❑ Location：引脚绑定的位置。

❑ I/O Bank：用于支持对应不同的电平标准，即 VCCIO。每个 Bank 只能有一种电压标准，一般情况下选择默认值即可。一种颜色下的 I/O 端口代表一组 Bank。当引脚的 Location 约束完成以后，I/O Bank 会自动进行填充。

❑ VREF Group：Bank 内部的细分区域，非修改属性，会自动填充。

❑ I/O Standard：对引脚内部的 I/O 进行不同的电平约束。FPGA I/O 的电压由 I/O Bank 上的 VCC 引入，一个 Bank 上如果引入了 3.3V 的 TTL 电平，那么此时整个 Bank 上输出 3.3V 的 TTL 电平。设置好以后，可以结合 Current Strength 一起计算功率。如果没有特殊要求，保持默认设置即可。

❑ Reserved：用于对引脚内部 I/O 端的输入输出区域的逻辑进行约束，无特殊要求时可以为空。

❑ Current Strength：驱动电流强度，一般选择默认值。如果需要驱动大功率的电路，可以在 FPGA 外围加驱动电路。

❑ Slew Rate：电压转换速率，表示单位时间内电压升高的幅值，与信号跳变时间有关，一般选择默认值。

❑ Differential Pair：差分引脚。

❑ Filter：通过过滤选项显示指定种类的引脚。

所有引脚配置完成后，就可以关闭当前界面了。

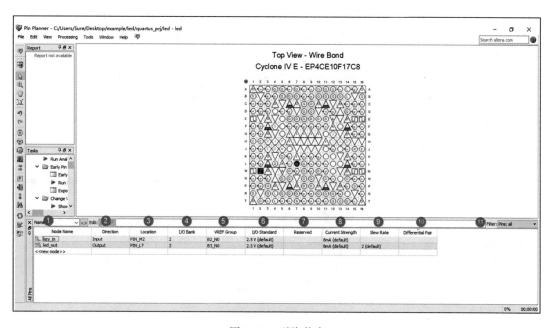

图 8-85　引脚状态

8.3.17　全编译

全编译（Start Compilation）与分析综合（Start Analysis & Synthesis）是有区别的，分析与综合是全编译的一部分，全编译是在分析与综合的基础再进行布局布线操作。要注意在上板验证之前一定要进行全编译，否则无法将 RTL 代码设计的电路映射到 FPGA 芯片中。点击如图 8-86 所示的按钮进行全编译。

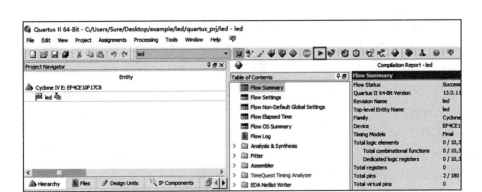

图 8-86　点击 ▶ 按钮进行布局布线

如图 8-87 所示：

① 框是综合后的资源使用率报告。

② 框是综合后提示的错误警告数，这里没有错误，只有警告和严重警告，共有 7 个。

③ 框是编译时每一步的详细过程，包括执行每一个部分所使用的具体时间，从上到下顺序执行，第一个是之前进行过的分析与综合，第二个是布局和布线，第三个是生成程序文件，第四个是静态时序分析，第五个是写入网表，这五个步骤编译后都是自动完成的，不需要进行干涉，如果自动完成的不能满足后期需求，则需要进行手动设置以实现优化。

④ 框中从左向右依次是"错误""严重警告""警告"按钮，只要不出现错误，就暂时不用管，当警告或者严重警告影响功能时再去分析。

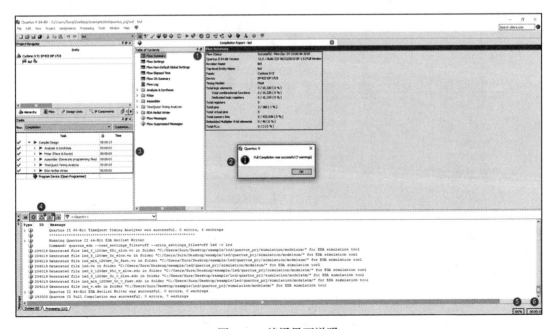

图 8-87　编译界面说明

⑤ 框是编译的总进度。

⑥ 框是在编译过程中实时显示的时间，该时间随着工程量的增大而增大，硬件编译一次的时间是非常慢的，不像软件那样瞬间就完成了，这也是需要进行仿真的原因之一。

我们故意设置一个错误：将第 8 行 key_in 后面的分号去掉，如图 8-88 所示，再进行综合。

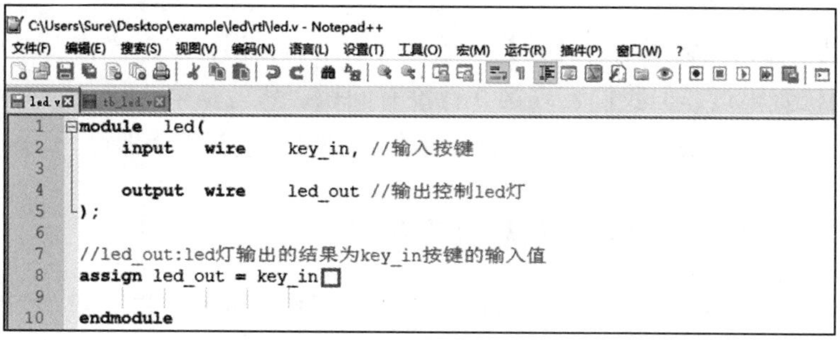

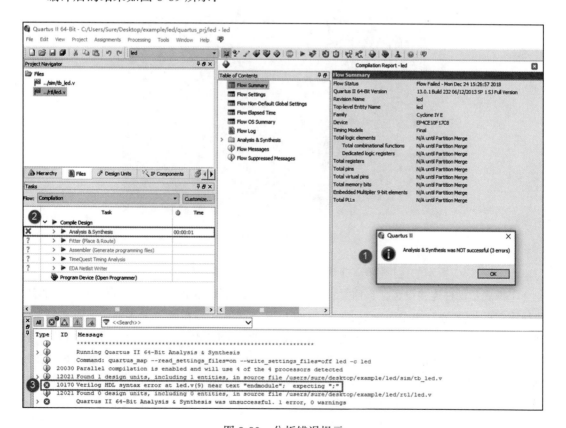

图 8-88　设置一个错误

编译后的结果如图 8-89 所示：

图 8-89　分析错误提示

① 框中提示有三个错误，但事实上我们只修改了一处，提示的错误数与实际存在的错误数并不一定一致，所以当提示有很多错误时不要担心，很可能你修改了一处后错误就会减少很多，经验再多的工程师写代码时也难免会出现语法错误，初学者犯语法错误的更是常见的事情，凡是这种由语法导致的错误都是最容易修改的。

② 框处前面会有一个"×"，因为有语法错误，所以分析和综合失败。

③ 框处是具体的错误提示，此处提示第 9 行附近有错误，双击该错误提示语句就会立刻定位到错误位置附近，但我们发现第 9 行没有问题，那就是第 9 行之前有问题，我们在第 8 行发现 key_in 后面缺少一个分号，所以添加上分号再重新编译即可。

8.3.18 通过 JTAG 将网表下载到开发板

如图 8-90 所示，开发板连接 12V 直流电源，USB-Blaster 下载器 JTAG 端连接开发板 JTAG 接口，另一端连接计算机的 USB 接口。线路连接正确后，打开开关为板卡上电。

图 8-90　程序下载连线图

点击图 8-91 所示的 圖 图标，打开下载界面，如图 8-92 所示：

①框表示硬件连接设置，当前显示的是"No Hardware"，即没有连接到硬件，我们需要选择连接的硬件是 USB-Blaster，点击"Hardware Setup..."，在弹出的界面（见图 8-93）中的"Currently selected hardware:"中选择"USB-Blaster[USB-0]"，然后点击"Close"按钮，此时会发现①框处发生变化，如图 8-94 所示，"Hardware Setup..."处已经变成了"USB-Blaster[USB-0]"；②框用于选择下载的方式，我们选择"JTAG"下载模式；③框为下载进度表，下载成功后会在框内显示绿色并出现"100%(Successful)"；④框是下载的文件，这里是"led.sof"文件。

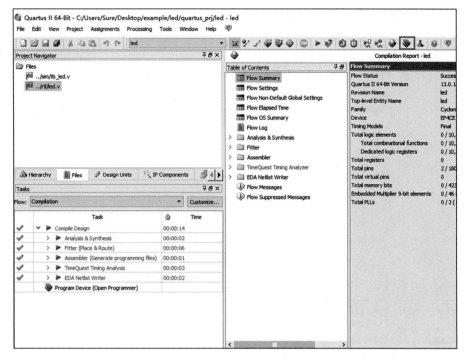

图 8-91　打开下载界面

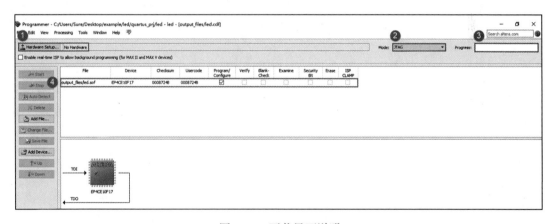

图 8-92　下载界面说明

如图 8-95 所示，若没有".sof"文件，点击"Add File..."按钮，选择"led\quartus_prj\output_files"路径下的"led.sof"后点击"Open"按钮，如图 8-96 所示。

当设置完所有下载项后，即可点击图 8-97 所示的"Start"按钮，然后等待下载完成，这一过程所用时间很短，下载完成后发现"Progress:"处显示为绿色，并出现如图 8-98 所示的"100%(Successful)"提示，说明下载成功。

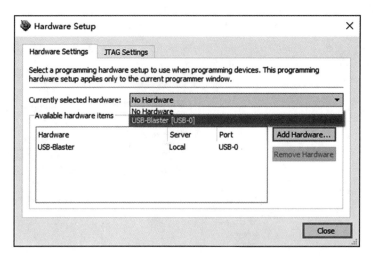

图 8-93　选择连接的硬件

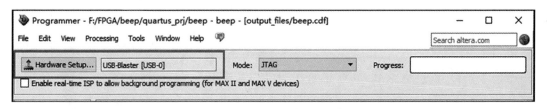

图 8-94　成功选择"USB-Blaster[USB-0]"

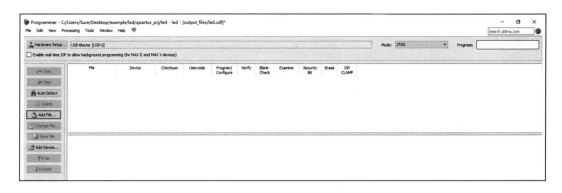

图 8-95　点击"Add File..."按钮

下载完成后即可按下引脚绑定的按键，会发现同时被绑定的 LED 灯随着按键的按下会被点亮，而按键松开时又熄灭，实现了我们最初预想的设计，如图 8-99 所示。

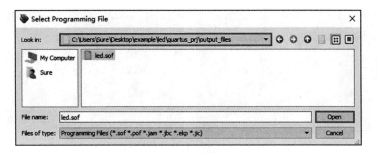

图 8-96　添加 "led.sof" 文件

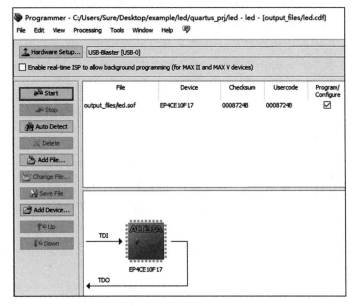

图 8-97　点击 "Start" 按钮开始下载文件

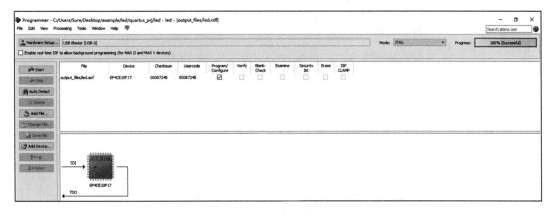

图 8-98　文件下载成功

图 8-99　上板效果图

注意：尽量不要带电插拔 JTAG 口，否则容易烧坏 FPGA 的 JTAG 口。如果用万用表测到 JTAG 口 TDI、TDO、TMS、TCK 中的任意一个与地短路了，那你的 FPGA 可能已经被烧坏了。并不是每次进行热插拔都一定会烧坏 JTAG 端口，但是至少会有烧坏的可能性，为了能让开发板陪伴我们完成对本书的学习，所以要谨慎行事！

8.3.19　未使用引脚的默认设置

我们使用的开发板有很多功能，在实现一个个例子的时候不可能同时用到所有的 FPGA 引脚，而在 Quartus 软件中默认未使用引脚的状态为弱上拉输入，所以未用到的引脚上也是有电压的，只是驱动能力很弱，这往往会导致一些不安全的隐患，所以我们需要将未使用引脚的状态设置为三态输入。具体操作如下：

如图 8-100 所示，右击"Cyclone IV E: EP4CE10F17C8"，选择"Device..."命令打开 Device 对话框。

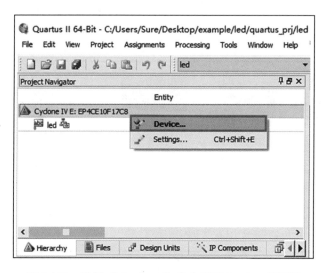

图 8-100　选择"Device..."命令打开 Device 对话框

在打开的对话框（见图 8-101）中点击"Device and Pin Options..."按钮。

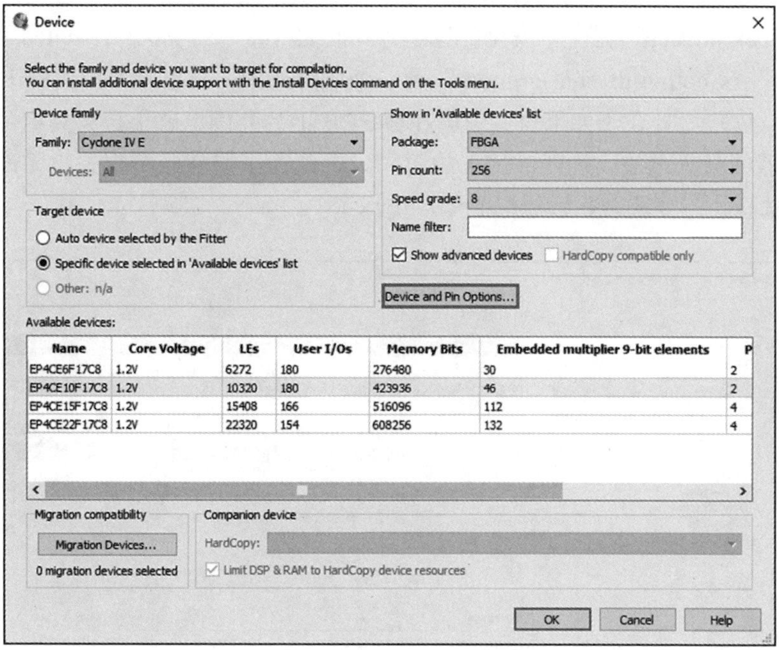

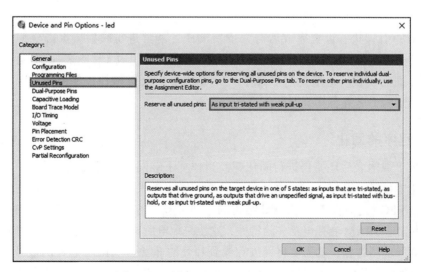

图 8-101　点击"Device and Pin Options..."按钮

在打开的对话框（见图 8-102）中选择" Unused Pins"选项，在" Reserve all unused pins:"框中发现默认的设置是" As input tri-stated weak pull-up"，即弱上拉输入，意思是所有没有被定义的引脚都可以作为输入引脚，并附加弱上拉电阻。

图 8-102　设置"Unused Pins"选项

在 "Reserve all unused pins:" 框中选择 "As input tri-stated"，即三态输入，然后点击 "OK" 按钮完成设置，如图 8-103 和图 8-104 所示。在本例中，默认选项 "As input tri-stated with week pull-up" 是一个安全的选项，除此之外，"As input tri-stated" 等也是安全选项，但是 "As output driving ground" 是一个危险选项，意思是未用到的 FPGA 引脚会被下拉到地。危险之处在于如果这些引脚在被 PCB 上的外围电路上拉到高电位，则可能会产生一个强烈的灌入电流，烧毁 FPGA 的引脚。因此为了避免经济损失，无论如何，请你注意这里的选择，不要莫名其妙地把 FPGA 烧坏了。

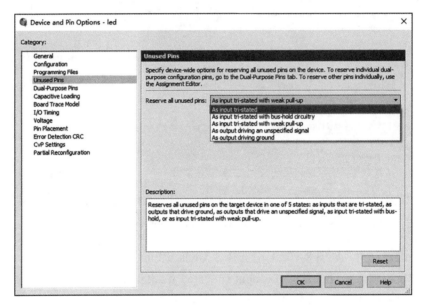

图 8-103　选择 "As input tri-stated" 选项

未使用的引脚状态设置完成后需要重新编译才能够进行映射。点击全编译按钮会弹出一个对话框，当下载界面被修改（见图 8-105）或者关闭时（见图 8-106）会提示是否保存原下载界面的设置，这里我们不保存，所以点击 "No" 按钮，如果需要保存，则点击 "Yes" 按钮后重命名并备注好即可。

8.3.20　程序的固化

为什么下载网表后还要再进行固化呢？当你把下载网表的上板断电后再重新上电，发现之前的功能已经不存在了，也就是说下载后的网表消失了。为什么会这样呢？其实我们使用的这款 FPGA 芯片是基于 SRAM 结构的，即下载后的网表存储在 FPGA 内部的 SRAM 中，我们也知道 SRAM 有掉电易失的特性，这也是掉电后功能就消失的原因。所以要想使网表重新上电后仍然存在，就需要将网表存储到片外的 flash 中，flash 芯片的型号为 WinBond 25Q16，存储容量为 16Mbit（2MB），采用 SPI 协议和 FPGA 进行通信，可作为 FPGA 的配置芯片（完全兼容 EPCS16 芯片），以保证 FPGA 在重新上电后仍能继续工作。具体操作如下：

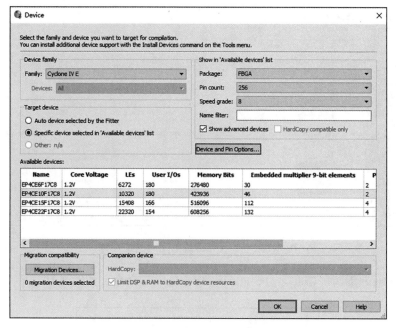

图 8-104　设置成功

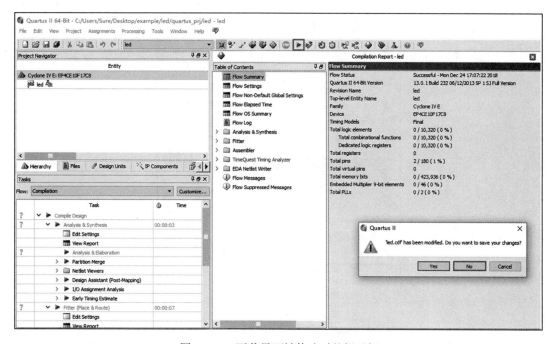

图 8-105　下载界面被修改时的提示框

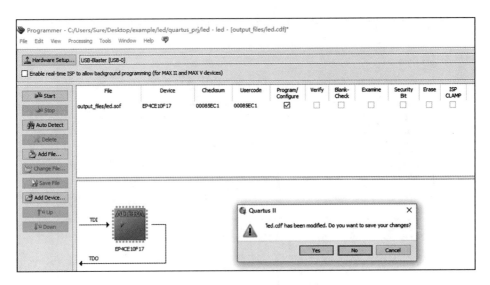

图 8-106   下载界面被关闭时的提示框

选择"File"下的"Convert Programming Files..."命令，如图 8-107 所示。

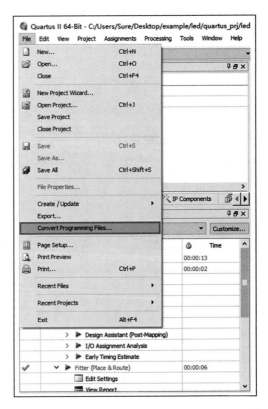

图 8-107   选择"File→Convert Programming Files..."命令

打开后的界面如图 8-108 所示。

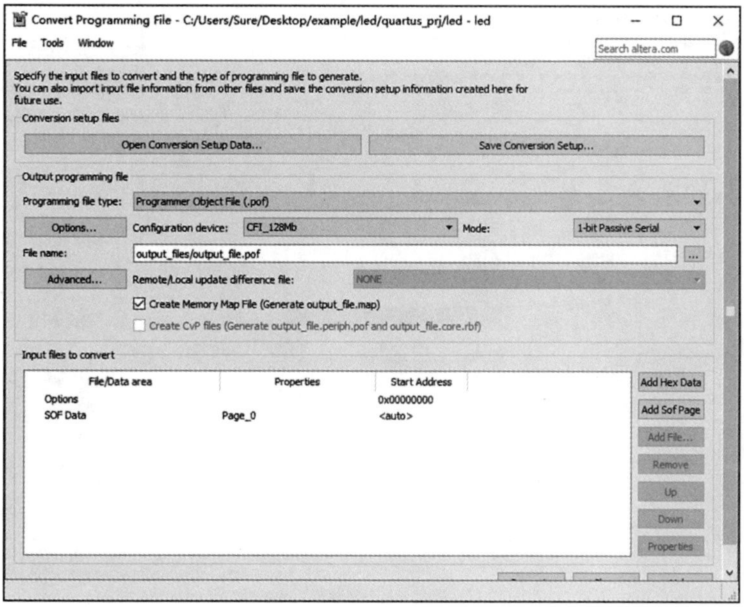

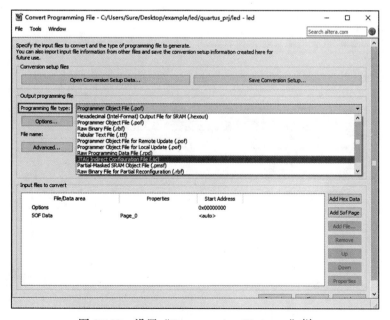

图 8-108　打开的界面

"Programming file type:"栏用于选择输出文件的类型，我们选择"JTAG Indirect Configuration File(.jic)"，如图 8-109 所示。

图 8-109　设置"Programming file type:"栏

"Configuration device:"栏是 flash 的型号，我们选择"EPCS16"，如图 8-110 所示。

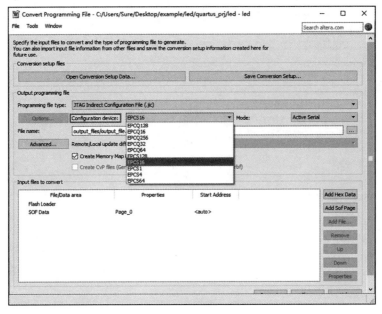

图 8-110   设置"Configuration device:"栏

如图 8-111 所示，"File name:"栏用于选择输出 .jic 文件的位置，此处选择"led\quartus_prj\output_files"，并将文件重命名为"led.jic"。

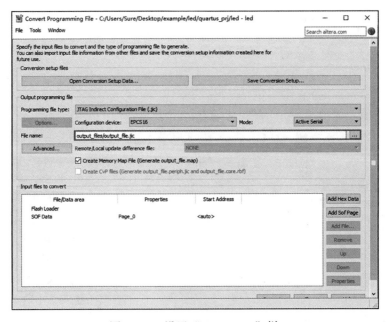

图 8-111   设置"File name:"栏

如图 8-112 所示，点击"Input files to convert"框中的"Flash Loader"后，会发现"Add Device..."从不能被选择的状态变为可以被选择，点击"Add Device..."按钮。

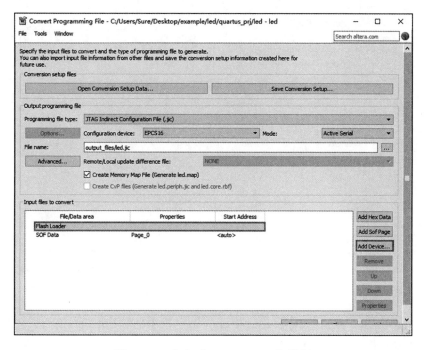

图 8-112 点击"Add Device..."按钮

如图 8-113 所示，选择我们使用的 FPGA 芯片所属的型号，在"Device family"框中勾选"Cyclone IV E"复选框，在"Device name"框中勾选"EP4CE10"复选框，然后点击"OK"按钮。添加后如图 8-114 所示。

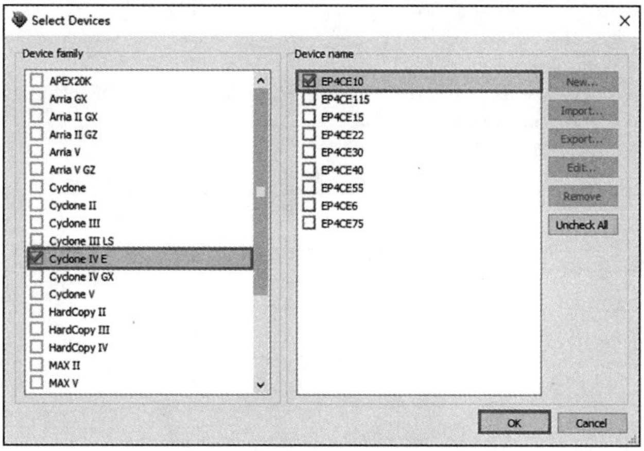

图 8-113 选择 FPGA 芯片型号

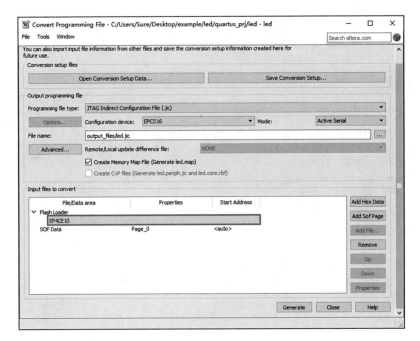

图 8-114　添加 FPGA 芯片型号成功

如图 8-115 所示，点击"Input files to convert"框中的"Sof Data"后，会发现"Add File..."可以被选择，点击"Add File..."按钮。

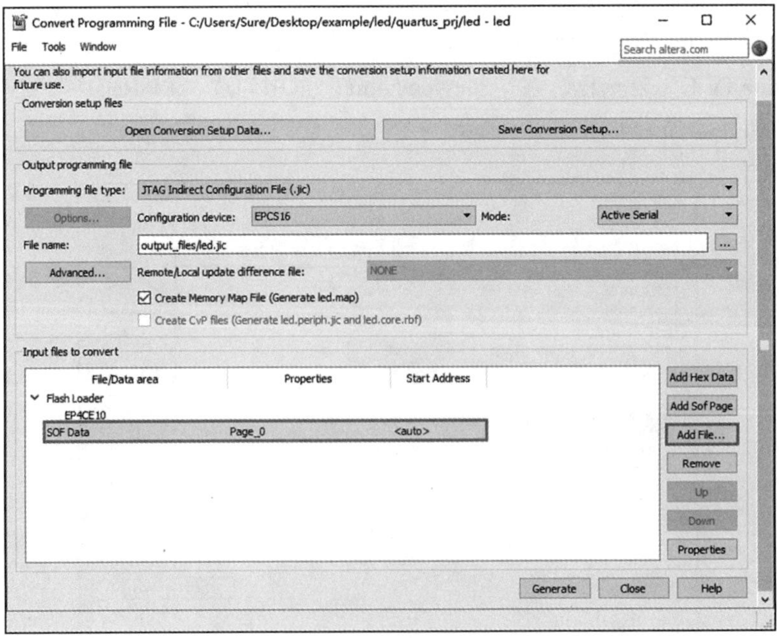

图 8-115　点击"Add File..."按钮

　　因为"led.jic"文件的生成需要"led.sof"文件的参与，所以选择路径"led\quaruts_prj\output_files"下的"led.sof"文件后点击"Open"按钮，如图 8-116 所示。

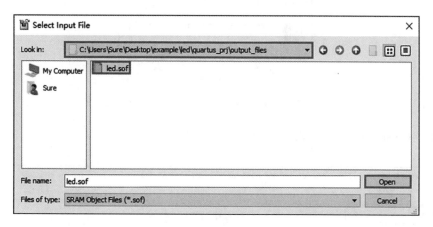

图 8-116　添加"led.sof"文件

　　选择"led.sof"文件后如图 8-117 所示，然后点击"Generate"按钮生成"led.jic"文件。

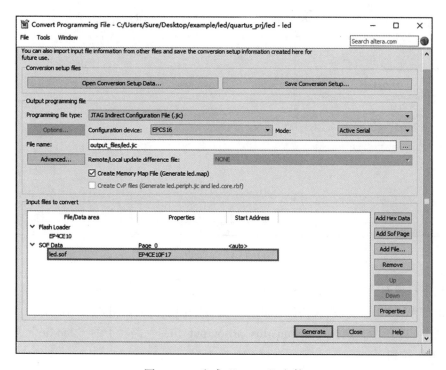

图 8-117　生成"led.jic"文件

如图 8-118 所示，"led.jic"文件生成成功，点击"OK"按钮。

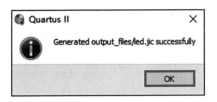

图 8-118　"led.jic"文件生成成功

点击"Close"按钮关闭该窗口，如图 8-119 所示。

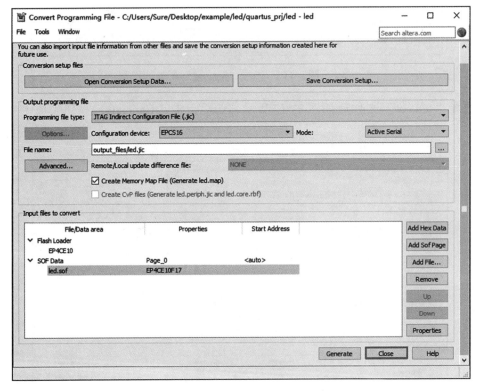

图 8-119　关闭窗口

回到下载界面，右击"led.sof"，选择"Delete"命令将其删除，如图 8-120 所示。

点击"Add File..."按钮，将"led.jic"文件添加进来，如图 8-121 所示。

如图 8-122 所示，选择"led\quartus_prj\output_files"路径下的"led.jic"文件，然后点击"OK"按钮。

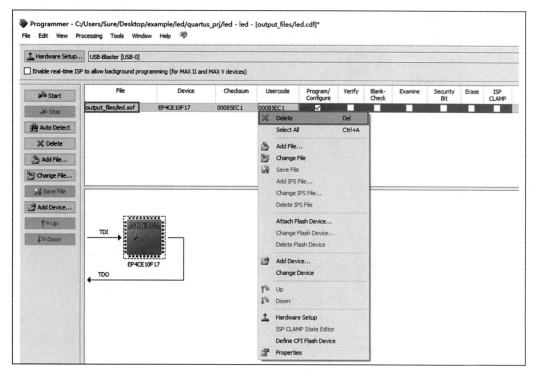

图 8-120　删除"led.sof"

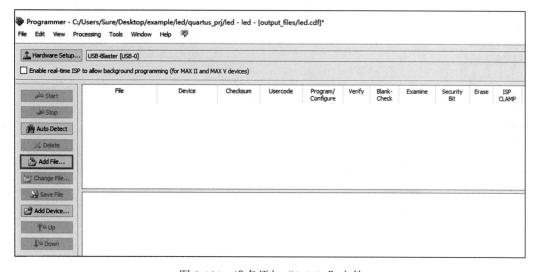

图 8-121　准备添加"led.jic"文件

如图 8-123 所示，先勾选"Program/Configure"下的方框，然后点击"Start"按钮进行程序的固化。

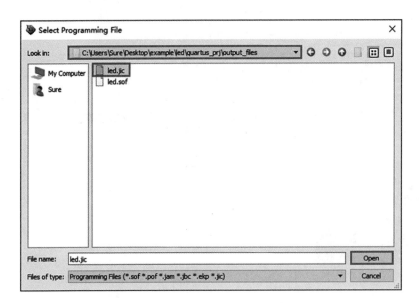

图 8-122　添加"led.jic"文件

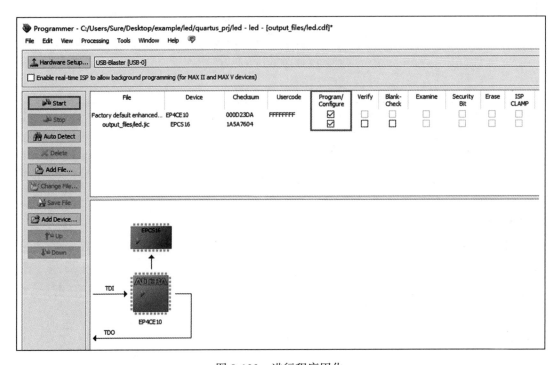

图 8-123　进行程序固化

　　如图 8-124 所示，下载的进度较之前明显慢很多，所以我们在平时调试的时候可以不固化程序，等所有的工作都完成后，再把完成的程序固化到开发板中即可。

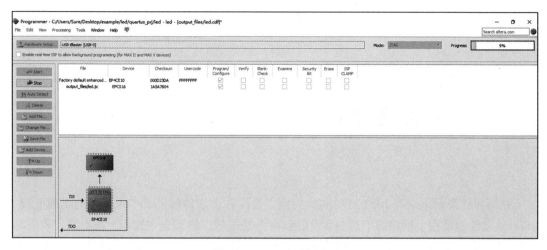

图 8-124　显示固化进展

8.4　章末总结

本章通过 LED 灯的例子让大家了解了一个完整的 FPGA 开发流程，其中有几个步骤是非常关键的，涉及 FPGA 的开发方法，例如模块和端口信号划分、波形设计、RTL 代码的编写、Testbench 代码的编写、仿真波形分析。我们会在后面的章节和实例中重点对以上提到的关键步骤做详细分析，只要大家根据书中步骤进行练习，一定可以掌握这种方法。

第 9 章
简单组合逻辑

在第 8 章我们以点亮 LED 灯的实验为例，为读者详细讲解了 FPGA 开发的正确流程、Quartus 软件的使用、程序的下载与固化，读者务必理解、掌握这些知识。在本章，我们将用 Verilog 语言描述一个几种简单组合逻辑电路，使读者能够掌握新的语法知识和基本的框图、波形、代码设计方法，最后通过仿真来验证设计的正确性。

9.1 理论学习

9.1.1 多路选择器

在多路数据传送过程中，能够根据需要将其中任意一路选出来的电路叫作数据选择器，也称多路选择器或多路开关。在选择变量的控制下，从多路数据输入中将某一路数据送至输出端。对于一个具有 2^n 个输入和 1 个输出的多路选择器，有 n 个选择变量。多路选择器也是 FPGA 内部的一个基本资源，主要用于内部信号的选通。简单的多路选择器还可以通过级联生成更大的多路选择器。

9.1.2 译码器

译码是编码的逆过程，在编码时，每一种二进制代码都有特定的含义，即都表示了一个确定的信号或者对象。把代码状态的特定含义翻译出来的过程叫作译码，实现译码操作的电路称为译码器（decoder）。或者说，译码器是可以将输入二进制代码的状态翻译成输出信号，以表示其原来含义的电路。

译码器是一类多输入多输出组合逻辑电路器件，可以分为变量译码和显示译码两类。变量译码器一般是一种较少输入变为较多输出的器件，常见的有 n 线 -2^n 线译码和 8421BCD 码译码两类；显示译码器用来将二进制数转换成对应的七段码，一般可分为驱动 LED 和驱动 LCD 两类。

本节我们主要讲解变量译码，最常见的变量译码器为 3-8 译码器，主要用于端口的扩展。假如我们有 8 个 LED 灯需要单独控制，理论上需要用 8 个 I/O 口，普通的单片机也够用，但是如果我们控制的不是 8 个 LED 灯，而是一个点阵屏，那可想而知，我们要使用的

I/O 口数量不是一般控制器能满足的，即便是 I/O 资源丰富的 FPGA 在面对巨大的点阵屏时也可能面临引脚资源不够用的尴尬情况。此种情况下，使用 3-8 译码器就可以很好地解决这个问题。我们可以通过控制器控制 3 个 I/O 输出的 8 种情况来分别控制 8 个输出状态，相当于用 3 个 I/O 口就可以独立控制 8 个 LED 灯，即一个 3-8 译码器就能够节约出 5 个 I/O 口，是相当划算的。现在的 3-8 译码器大都做成了独立 ASIC 芯片，价格也往往非常便宜。

9.1.3　半加器

数字电路中加法器是经常用到的一种基本器件，主要用于两个数或者多个数的加和，加法器又分为半加器（half adder）和全加器（full adder）。半加器电路是指对两个输入数据位相加，输出一个结果位和进位，没有进位输入的加法器电路，是实现两个一位二进制数的加法运算的电路。全加器是半加器的升级版，除了加数和被加数加和外，还要加上上一级传进来的进位信号。

9.2　实战演练——多路选择器

9.2.1　实验目标

设计并实现二选一多路选择器，主要功能是通过选通控制信号 S 确定选通 A 路或 B 路作为信号输出。当选通控制信号 S 为 1 时，信号输出为 A 路信号；当选通控制信号 S 为 0 时，信号输出为 B 路信号。

9.2.2　硬件资源

我们使用开发板上的按键和 LED 灯进行二选一多路选择器的验证，选取 KEY1、KEY2、KEY3 分别作为信号 A、信号 B 和选通信号 S 的信号输入；以 LED 灯 D6 作为信号输出 O，如图 9-1 所示。

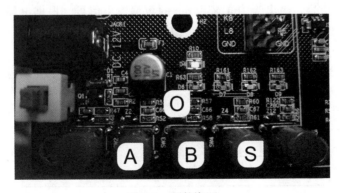

图 9-1　硬件资源

征途 Pro 开发板的按键未按下时为高电平、按下后为低电平，LED 灯则为低电平点亮，如图 9-2 和图 9-3 所示。

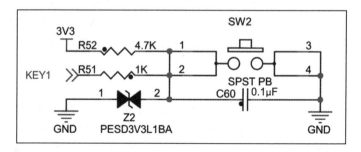

图 9-2　按键部分原理图

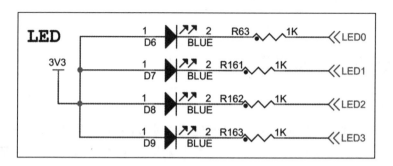

图 9-3　LED 灯原理图

9.2.3　程序设计

1. 模块框图

该工程只需实现一个二选一多路选择器的功能，所以设计成一个模块即可。将模块命名为 mux2_1，模块的输入有三个 1bit 信号：两个名为 in1 和 in2 的数据输入信号和一个名为 sel 的选通控制信号。输出为 1bit 名为 out 的数据输出信号。根据上面的分析设计出的 Visio 框图如图 9-4 所示。

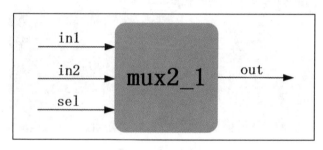

图 9-4　模块框图

端口列表与功能描述如表 9-1 所示。

表 9-1　输入输出信号描述

信　号	位　宽	类　型	功能描述
in1	1bit	Input	输入信号 1
in2	1bit	Input	输入信号 2
sel	1bit	Input	选通信号
out	8bit	Output	输出信号

2. 波形图绘制

框图结构设计完毕后就可以实现该模块的具体功能了，也就是要找到输入和输出之间的具体映射关系。输入和输出满足信号与系统中输入与响应的关系。其中输入信号的名字用绿色表示，输出信号的名字用红色表示，任意模拟输入波形，画出输出信号的波形。

经分析得知：当 sel 为低电平时，out 的输出波形和 in2 相同；当 sel 为高电平时，out 的输出波形和 in1 相同。根据分析出的输入输出关系，我们列出如表 9-2 所示的真值表，然后再根据真值表的输入与输出的对应关系画出波形图。其波形图如图 9-5 所示，图中深色的线代表有效信号。

表 9-2　真值表

输入（input）			输出（output）
in1	in2	sel	out
0	1	0	1
1	0	0	0
0	1	1	0
1	0	1	1

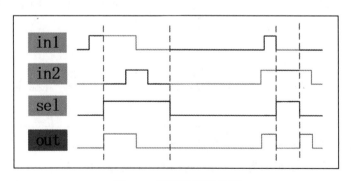

图 9-5　信号波形关系图

3. 代码编写

实现二选一多路选择器功能的 Verilog 代码形式有很多种，我们这里主要列举三种实现方法，这三种方法对应的核心语法各不相同，后面我们还会经常用到。

（1）用 if-else 语句实现多路选择器

用 if-else 语句实现多路选择器的参考代码具体参见代码清单 9-1。

代码清单 9-1　if-else 语句实现多路选择器（mux2 _1.v）

```
1 module   mux2_1                    // 模块的开头以 "module" 开始，然后是模块名 "mux2_1"
2 (
3     input    wire    in1,    // 输入端 1，信号名后就是端口列表 "();"（端口列表里
4                              // 面列举了该模块对外输入、输出信号的方式、类型、
5                              // 位宽、名字），该写法采用了 Verilog-2001 标准，这
6                              // 样更直观且实例化时也更方便，之前的 Verilog-1995
7                              // 标准是将模块对外输入、输出信号的方式、类型、位
8                              // 宽都放到外面
9
10    input    wire    in2,    // 输入端 2，当数据只有 1bit 宽时，位宽表示可以省略，
11                             // 且输入只能是 wire 型变量
12
13    input    wire    sel,    // 选择端，每行信号以 "," 结束，最后一个后面不加 ","
14
15    output   reg     out     // 结果输出，输出可以是 wire 型变量，也可以是 reg 型变
16                             // 量，如果输出在 always 块中被赋值（即在 "<=" 的左边）
17                             // 就要用 reg 型变量，如果输出在 assign 语句中被赋值
18                             // （即在 "=" 的左边），就要用 wire 型变量，
19 );                          // 端口列表括号后有个 ";"，不要忘记
20
21                             // out：组合逻辑输出 sel 选择的结果
22 always@(*)                  // "*" 为通配符，表示只要 if 括号中的条件或赋值号右边的变量发生变化，
23                             // 则立即执行下面的代码，"(*)" 在此 always 中等价于 "(sel, in1,in2)"
                               //   的写法
24
25    if(sel == 1'b1)          // 当 "if...else..." 中只有一个变量时不需要加 "begin...end"，
26                             // 显得整个代码更加简洁
27
28        out = in1;           // always 块中如果表达的是组合逻辑关系时，使用 "=" 进行赋值，
29                             // 每句赋值以 ";" 结束
30    else
31        out = in2;
32
33                             // 模块的结尾以 "endmodule" 结束
34                             // 每个模块只能有一组 "module" 和 "endmodule"，所有的代码要
                               //   在它们中间编写
35 endmodule
```

根据上面 RTL 代码综合出的 RTL 视图如图 9-6 所示。

有的读者可能会有疑问：为什么 always 块中被赋值的一定要为 reg 型变量，它并没有生成寄存器，而是实现了组合逻辑的功能。因为在 Verilog 语言中，寄存器的特点是需要在仿真运行器件中保存其值，也就是说这个变量在仿真时需要占据内存空间，而上面的 always 块只对 sel、in1、in2 三个变量的输入敏感，如果没有这三个变量的变化事件，则 out 变量将需要保存其值，因此它们必须被定义为 reg 型变量，但是在综合之后，并不对应

硬件锁存器或者触发器（后面会讲到什么时候会出现综合成硬件锁存器或触发器的情况）。

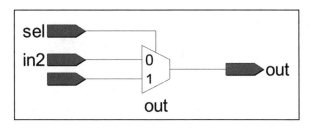

图 9-6　用 if-else 实现方法生成的 RTL 视图

（2）用 case 语句实现多路选择器

用 case 语句实现多路选择器的参考代码具体参见代码清单 9-2。

代码清单 9-2　用 case 语句实现多路选择器

```
1 module  mux2_1
2 (
3     input   wire    in1,    // 输入端 1
4     input   wire    in2,    // 输入端 2
5     input   wire    sel,    // 选择端
6
7     output  reg     out     // 结果输出
8 );
9
10                            // out：组合逻辑输出选择结果
11 always@(*)
12     case(sel)
13         1'b1  : out = in1;
14         1'b0  : out = in2;
15 // 如果 sel 不能列举出所有的情况，则一定要加 default
16 // 此处 sel 只有两种情况，并且完全列举了，所以 default 可以省略
17         default : out = in1;
18     endcase
19
20 endmodule
```

根据上面 RTL 代码综合出的 RTL 视图如图 9-7 所示。

（3）用三目运算符实现多路选择器

用三目运算符实现多路选择器的参考代码具体参见代码清单 9-3。

代码清单 9-3　三目运算符实现多路选择器（mux2_1.v）

```
1 module  mux2_1
2 (
3     input   wire    in1,    // 输入端 1
4     input   wire    in2,    // 输入端 2
5     input   wire    sel,    // 选择端
6
```

```
 7     output  wire   out      // 结果输出
 8 );
 9
10 //out:组合逻辑输出选择结果
11 // 此处使用的是条件运算符（三元运算符），当括号里面的条件成立时，
12 // 执行 "?" 后面的结果；当括号里面的条件不成立时，执行 ":" 后面的结果
13 assign out = (sel == 1'b1) ? in1 : in2;
14
15 endmodule
```

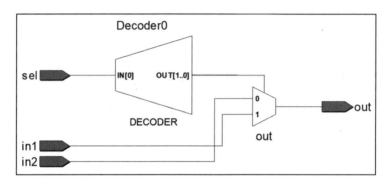

图 9-7　用 case 实现方法生成的 RTL 视图

　　根据上面 RTL 代码综合出的 RTL 视图与图 9-6 相同，这并不是最基本的门电路，而是一个多路器的符号，但根据前面的介绍，数字电路不都是由最基本的门电路构成的吗，这个为什么不是呀？因为描述的角度不同，我们是从寄存器传输级这个层次来描述的，最基本的单元可能就是这些寄存器、多路器、译码器、比较器、加法器等，这些基本的单元再往底层划分还是可以由其他的门电路构成的，所以在描述这些电路功能时，我们也可以用最基本的门电路来描述，那我们最后看到的 RTL 视图就是由门电路构成的了，其缺点就是效率太低。既然我们可以从更高的层次描述实现的功能来提高效率，为什么还要用低层次的描述方式呢？所以基于门级的描述我们很少用，其他资料中有很多都是将这两者混在一起介绍的，这也是让初学者感到迷惑的地方。那还有没有更高层次的描述方法？当然有，比寄存器传输级还高的描述方法有算法级和系统级，将会用到更高级的语言，如 System Verilog 和 System C，也可以使用 C 和 C++ 通过高层次综合（High-level Synthesis，HLS）的方式来实现。

　　通过以上三种不同的代码编写方式，我们首先可以了解到一个最基本模块的书写格式和方法，还知道 Veriolg 语言和 C 语言的相似之处就是实现相同的功能，其代码方式是多种多样的，所以大家在代码的实现上有很多选择，看到不同的写法也不必奇怪，我们关注的是最后的功能，在不考虑资源使用的情况下，只要功能能够达到要求，对代码的灵活性可以随意控制。通过对比，我们发现用以上三种方式实现的二选一多路选择器对应综合出的 RTL 视图虽然有所差别，但综合工具在布局布线和最后映射 FPGA 资源时会自动优化，使最终的功能和占用的逻辑资源都是相同的。

4. 仿真验证

（1）仿真文件编写

多路选择器仿真文件的参考代码如代码清单 9-4 所示。

代码清单 9-4　mux2_1 模块仿真（tb_mux2_1.v）

```
1  `timescale  1ns/1ns // 时间尺度、精度单位定义，决定 "#（不可被综合，但在可
2                       // 综合代码中也可以写，只是会在仿真时表达效果，而综合
3                       // 时会自动被综合器优化掉）"后面的数字表示的时间尺度和
4                       // 精度，具体含义为"时间尺度 / 时间精度"。为了以后
5                       // 编写方便，我们将该句放在所有 ".v"文件的开头，后面的代
6                       // 码示例将不再显示该句
7
8  module  tb_mux2_1();// testbench 的格式和待测试 RTL 模块的格式相同，
9                       // 也是以"module"开始，以"endmodule"结束，所有的代码都要
10                      // 在它们中间编写。不同的是在 testbench 中端口列表为空，
11                      // 因为 testbench 不对外进行信号的输入输出，只是自己产生
12                      // 激励信号，提供给内部实例化待测 RTL 模块使用，所以端口列表
13                      // 中没有内容，只是列出 "()"，当然可以将 "()"省略，不要忘记括号
14                      // 后有个 ";"
15
16 // 在 initial 块和 always 块中被赋值的变量一定要为 reg 型
17 // 在 testbench 中待测试 RTL 模块的输入永远是 reg 型变量
18 reg      in1;
19 reg      in2;
20 reg      sel;
21
22 // 输出信号，我们直接观察，也不用在任何地方进行赋值，
23 // 所以是 wire 型变量（在 testbench 中待测试 RTL 模块的输出永远是 wire 型变量）
24 wire     out;
25
26 // initial 语句是可以被综合的，一般只在 testbench 中表达，而不在 RTL 代码中表达
27 // initial 块中的语句上电后只执行一次，主要用于初始化仿真中要输入的信号
28 // 初始化值在没有特殊要求的情况下给 0 或 1 都可以。如果不赋初值，仿真时信号
29 // 会显示为不定态（ModelSim 中的波形显示为红色）
30 initial
31     begin     // 在仿真中 begin...end 块中的内容都是顺序执行的，
32                // 在没有延时的情况下几乎没有差别，看上去是同时执行的，
33                // 有延时时才能表达得比较明了；
34                // 而在 rtl 代码中，begin...end 的作用相当于括号，
35                // 在同一个 always 块中给多个变量赋值时要加上
36         in1 <= 1'b0;
37         in2 <= 1'b0;
38         sel <= 1'b0;
39     end
40
41 // in1: 产生输入随机数，模拟输入端 1 的输入情况
42 always #10 in1 <= {$random} % 2; // 取模求余数，产生随机数 1'b0、1'b1
43                                   // 每隔 10ns 产生一次随机数
44
45 // in2: 产生输入随机数，模拟输入端 2 的输入情况
46 always #10 in2 <= {$random} % 2;
```

```
47
48  // sel：产生输入随机数，模拟选择端的输入情况
49  always #10 sel <= {$random} % 2;
50
51  // 下面的语句是为了在 ModelSim 仿真中直接打印出信息，以便于观察信号的状态变化
52  // 也可以不使用下面的语句而直接观察仿真出的波形
53  // ----------------------------------------------------------
54  initial begin
55      $timeformat(-9, 0, "ns", 6); // 设置显示的时间格式，此处表示的是（打印时间单
56                                    // 位为 ns，小数点后打印的小数位为 0 位，时间值
57                                    // 后打印的字符串为 "ns"，打印的最小数量字符为 6 个）
58
59      // 只要监测的变量（时间、in1, in2, sel, out）发生变化，就会打印出相应的信息
60      $monitor("@time %t:in1=%b in2=%b sel=%b out=%b",$time,in1,in2,sel,out);
61  end
62  //----------------------------------------------------------
63
64  // 待测试 RTL 模块的实例化，相当于将待测试模块放到测试模块中，并将输入输出对应连接上
65  // 测试模块中产生激励信号给待测试模块的输入，以观察待测试模块的输出信号是否正确
66  //-----------------------mux2_1_inst----------------------
67  mux2_1   mux2_1_inst // 第一个是被实例化模块的名字，第二个是我们自己定义的在另一个
68                       // 模块中实例化后的名字。同一个模块可以在另一个模块中或不同的
69                       // 另外模块中被多次实例化，第一个名字相同，第二个名字不同
70  (
71  // 前面的 "in1" 表示被实例化模块中的信号，后面的 "in1" 表示实例化该模块以及要和这个
72  // 模块的该信号相连接的信号（名字可以不同，但为了便于连接和观察，一般让名字相同）
73  // "." 可以理解为将这两个信号连接在一起
74      .in1(in1),  // input in1
75      .in2(in2),  // input in2
76      .sel(sel),  // inputsel
77
78      .out(out)   // output    out
79  );
80
81  endmodule
```

注意：上面用到了 2 个 initial 块和 4 个 always 块，上电后这 6 个模块同时执行，也就是所谓的 "并行" 执行，在 RTL 代码中也是这样。

（2）仿真波形分析

在验证 RTL 逻辑时，我们不用关心内部结构是如何实现的，只需要明确被验证的 "黑盒子" 模块需要什么激励才能够比较完全地验证功能正确性，根据此需求来提供相应的输入激励，观察输出是否为我们最初设计的结果即可。这个模块的输入信号只有两个，因为是组合逻辑，所以输入信号的时序关系也很简单，只需要给不同的输入输出赋值就可以了。在 Testbench 中使用随机数函数生成随机变化的 0、1 给输入端口，先通过 ModelSim 仿真出的波形验证 RTL 逻辑是否正确，再通过观察 "Transcript" 中打印的信息进行验证。

根据 Quartus II 中的设置，ModelSim 打开后，仿真波形自动运行的时间为 1μs，这里

我们不需要观察这么长时间。先清空波形，然后重新设置仿真时间为 500ns，运行后即可验证结果的正确性（在某些情况下，当仿真波形运行 1μs 后，仍无法观察到所需要验证的结果，此时可以重新设置仿真时间，该时间也不宜设置得太长，否则会导致运行的时间过长，且运行后占用较大的计算机内存空间。总之，要以适度为主，或者用修改参数的方法同比例缩小必要仿真时间）。

通过图 9-8 所示的波形可以发现：当 sel 为高电平时，out 输出为 in1 的值；当 sel 为低电平时，out 输出为 in2 的值。这完全符合我们代码中的逻辑设计。

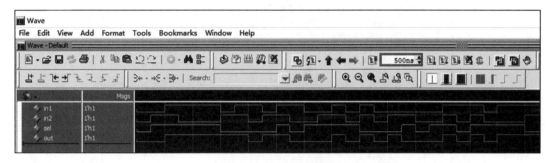

图 9-8　仿真波形图

下面通过观察"Transcript"界面打印的结果（见图 9-9）进行验证（如果在打开的界面中找不到 Wave 或 Transcript 窗口，可以点击"Tool"下面的列表进行添加，如图 9-10 所示）。

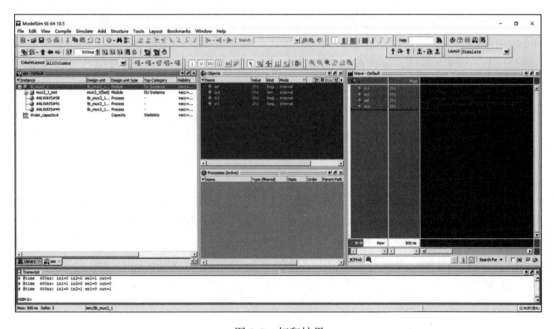

图 9-9　打印结果

图 9-10　添加打印结果

通过观察"Transcript"界面（见图 9-11）中打印的结果，发现小框组成的结果即为 out 输出的结果，这个打印信息和真值表的样式几乎一模一样，在组合逻辑中，因为不考虑延时的问题，所以一行有效数据对应的就是独立的一行，清晰直观，将打印信息与前面绘制的真值表进行比对，能够更加快速地验证结果的正确性。

5. 上板验证

仿真验证通过后，绑定引脚，对工程进行重新编译。将开发板连接 12V 直流电源和 USB-Blaster 下载器的 JTAG 端口，线路连接正确后，打开开关为板卡上电，随后为开发板下载程序。

程序下载完毕后，开始进行结果验证。如图 9-12 和图 9-13 所示，当按键 KEY3 未被按下时，sel 输出为高电平，输出信号为 in1。按键 KEY1 未按下，in1 输出高电平，LED 灯未被点亮；按键 KEY1 按下，in1 输出低电平，LED 灯点亮。如图 9-14 所示，当按键 KEY3 按下时，sel 输出为低电平，输出信号为 in2；当按键 KEY2 按下时，in2 输出低电平，LED 灯点亮。

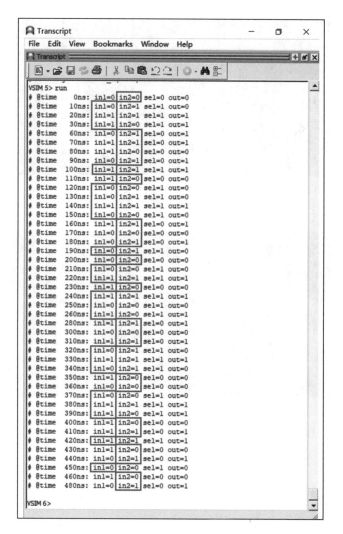

图 9-11　Transcript 界面图

图 9-12　结果验证（一）

图 9-13　结果验证（二）

图 9-14　结果验证（三）

9.3　实战演练——译码器

9.3.1　实验目标

设计并仿真验证 3-8 译码器。

> **注意**：3-8 译码器的上板验证需要用到 8 个 LED 灯或者数码管，因为板卡 LED 灯数目不够且数码管部分还未讲解，此处对 3-8 译码器只进行仿真验证，不再上板测试，读者可在学习完数码管相关知识后自行验证。

9.3.2　程序设计

1. 模块框图

根据功能分析，该工程只需实现一个 3-8 译码器，所以设计成一个模块即可。模块名为 decoder3_8，模块的输入为 3 个 1bit 信号，输出为 1 个 8bit 信号，实现通过输入 3 个信号组成的二进制的 8 种情况来控制对应输出 8bit 的 8 种不同状态。根据上面的分析设计出的 Visio 框图如图 9-15 所示。

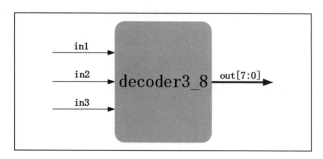

图 9-15　模块框图

端口列表与功能描述如表 9-3 所示。

表 9-3　输入输出信号描述

信　号	位　宽	类　型	功能描述
in1	1bit	Input	输入信号 1
in2	1bit	Input	输入信号 2
in3	1bit	Input	输入信号 3
out	8bit	Output	译码后的输出信号

2. 波形图绘制

和之前一样，框图结构设计完毕后就可以通过波形图的方式来描述输入和输出之间具体的映射关系。经分析得，输入为 3 个 1bit 信号，其任意二进制组合有 8 种情况，每种组合与 out 输出 8bit 的 8 种状态一一对应，实现由 3 种输入控制对应的 8 种输出的译码效果。我们根据上面的分析列出如表 9-4 所示的真值表，然后再根据真值表的输入与输出的对应关系画波形图。其波形如图 9-16 所示，与真值表的关系一一对应。

表 9-4　3-8 译码器真值表

输入（input）			输出（output）
in1	in2	in3	out
0	0	0	0000_0001
0	0	1	0000_0010
0	1	0	0000_0100
0	1	1	0000_1000
1	0	0	0001_0000
1	0	1	0010_0000
1	1	0	0100_0000
1	1	1	1000_0000

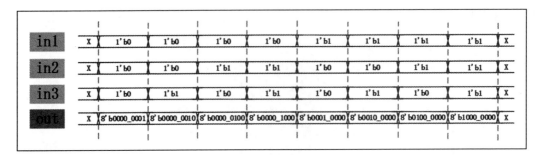

图 9-16　信号波形关系图

3. 代码编写

实现 3-8 译码器功能的 Verilog 代码形式也有很多种，我们这里主要列举两种最容易理解的方法，通过这两种方法的用法对比，学习者能对 if-else 和 case 这两种语法有一个比较深刻的理解。

（1）用 if-else 语句实现译码器

用 if-else 语句实现译码器的参考代码具体参见代码清单 9-5。

代码清单 9-5　if-else 语句实现译码器（decoder 3_8.v）

```
 1 module   decoder3_8
 2 (
 3     input    wire        in1 ,    // 输入信号 in1
 4     input    wire        in2 ,    // 输入信号 in2
 5     input    wire        in3 ,    // 输入信号 in3
 6
 7     output reg   [7:0] out        // 输出信号 out
 8 );
 9
10 // out:根据 3 个输入信号选择输出对应的 8bit out 信号
11 always@(*)
12         // 使用"{}"位拼接符将 3 个 1bit 数据按照顺序拼成一个 3bit 数据
13     if({in1, in2, in3} == 3'b000)
14        out = 8'b0000_0001;
15     else    if({in1, in2, in3} == 3'b001)
16        out = 8'b0000_0010;
17     else    if({in1, in2, in3} == 3'b010)
18        out = 8'b0000_0100;
19     else    if({in1, in2, in3} == 3'b011)
20        out = 8'b0000_1000;
21     else    if({in1, in2, in3} == 3'b100)
22        out = 8'b0001_0000;
23     else    if({in1, in2, in3} == 3'b101)
24        out = 8'b0010_0000;
25     else    if({in1, in2, in3} == 3'b110)
26        out = 8'b0100_0000;
27     else    if({in1, in2, in3} == 3'b111)
```

```
28          out = 8'b1000_0000;
29      else
30 // 最后一个 else 对应的 if 中的条件只有一种情况, 还可能产生上面另外的 7 种情况,
31 // 如果不加这个 else 综合器, 则会把不符合该 if 条件的另外 7 种情况都考虑进去,
32 // 会产生大量的冗余逻辑并产生 latch (锁存器), 所以在组合逻辑中最后一个 if
33 // 后一定要加上 else, 并任意指定一种确定的输出情况
34          out = 8'b0000_0001;
35
36 endmodule
```

根据上面 RTL 代码综合出的 RTL 视图如图 9-17 所示。

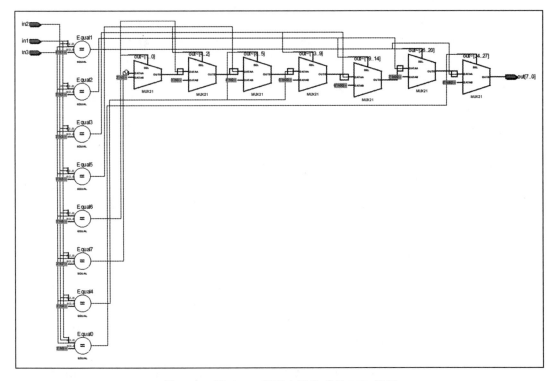

图 9-17 用 if-else 实现方法生成的 RTL 视图

（2）用 case 语句实现译码器

用 case 语句实现译码器的参考代码具体参见代码清单 9-6。

代码清单 9-6 case 语句实现译码器（decoder 3_8.v）

```
1 module  decoder3_8
2 (
3    input   wire      in1 ,  // 输入信号 in1
4    input   wire      in2 ,  // 输入信号 in2
5    input   wire      in3 ,  // 输入信号 in3
6
```

```
 7     output  reg [7:0]   out      // 输出信号 out
 8   );
 9
10 // out：根据输入的 3bit in 信号选择输出对应的 8bit out 信号
11   always@(*)
12     case({in1, in2, in3})
13        3'b000 : out = 8'b0000_0001;    // 输入与输出的 8 种译码对应关系
14        3'b001 : out = 8'b0000_0010;
15        3'b010 : out = 8'b0000_0100;
16        3'b011 : out = 8'b0000_1000;
17        3'b100 : out = 8'b0001_0000;
18        3'b101 : out = 8'b0010_0000;
19        3'b110 : out = 8'b0100_0000;
20        3'b111 : out = 8'b1000_0000;
21 // 因为 case 中列举了 in 所有可能输入的 8 种情况，且每种情况都有对应确定的输出，
22 // 所以此处 default 可以省略，但是为了避免因条件未完全列举而产生 latch，
23 // 我们默认要加上 default，并任意指定一种确定的输出情况
24        default: out = 8'b0000_0001;
25     endcase
26
27 endmodule
```

根据上面 RTL 代码综合出的 RTL 视图如图 9-18 所示。

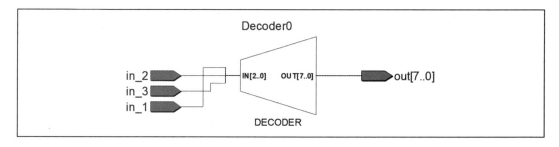

图 9-18　用 case 实现方法生成的 RTL 视图

有了第 8 章中多路选择器的例子后，我们再使用 if-else 和 case 时，想必大家已经不再陌生，对如何编写一个模块的基本结构也有了大概的了解。通过以上两种不同的代码编写方式，我们进行一个总结：经过验证对比发现两种方法最后实现的功能虽然是一样的，然而所得到的 RTL 视图差别较大，但最后的逻辑资源使用却是相同的（时序逻辑中不一定相同），说明综合器进行了适当的优化。if-else 的这种写法是存在优先级的，即第一个 if 中的条件的优先级最高，后面的 if 中的条件的优先级依次递减，幸好该 if 中的条件只有一个，也只会产生一种情况，并不会产生优先级的冲突，所以这里优先级的高低关系并不会对最后的功能产生任何影响。而 case 在任何时候都不存在优先级的问题，而是通过判断 case 中的条件来选择对应的输出。

通过 RTL 视图我们也能够发现 if 括号里面的条件会生成名为"EQUAL"的比较器单

元，而 case 则会生成名为"DECODER"的译码器单元，这些单元并不是 FPGA 硬件底层中的最小单元，而只是一种用于 RTL 视图中易于表达的抽象后的图形，使之更易于我们观察，理解其代码所实现功能的大致硬件结构，也符合"HDL（硬件描述语言）"所表述的含义。

4. 仿真验证

（1）仿真文件编写

译码器仿真参考代码如代码清单 9-7 所示。

代码清单 9-7　decoder 3_8 模块仿真代码（tb_decoder3_8.v）

```
 1 `timescale   1ns/1ns
 2 module  tb_decoder3_8();
 3
 4 // reg    define
 5 reg             in1;
 6 reg             in2;
 7 reg             in3;
 8
 9 // wire   define
10 wire    [7:0]   out;
11
12 // 初始化输入信号
13 initial  begin
14     in1 <= 1'b0;
15     in2 <= 1'b0;
16     in3 <= 1'b0;
17 end
18
19 // in1: 产生输入随机数，模拟输入端 1 的输入情况
20 always #10 in1 <= {$random} % 2;
21
22 // in2: 产生输入随机数，模拟输入端 2 的输入情况
23 always #10 in2 <= {$random} % 2;
24
25 // in3: 产生输入随机数，模拟输入端 3 的输入情况
26 always #10 in3 <= {$random} % 2;
27
28 // ----------------------------------------------------------
29 initial begin
30     $timeformat(-9, 0, "ns", 6);
31     $monitor("@time %t:in1=%b in2=%b in3=%b out=%b", $time, in1, in2, in3, out);
32 end
33 // ----------------------------------------------------------
34
35 // -------------decoder3_8_inst----------------
36 decoder3_8   decoder3_8_ins
37 (
38     .in1(in1),  //input     in1
39     .in2(in2),  //input     in2
40     .in3(in3),  //input     in3
```

```
41
42     .out(out)    //output [7:0] out
43 );
44
45 endmodule
```

（2）仿真波形分析

RTL 代码设计完成后，我们按照流程编写 Testbench，然后启动 ModelSim 进行仿真测试验证。同样，我们也让波形运行了 500ns，通过图 9-19 所示的波形可以观察到，3 个输入的 in 均为任意随机数，所以由 in 组成的 3bit 数据也为随机数，而每个随机数都对一个 out 输出 8bit 的值，仔细核对输入 in 和输出 out 之间的对应关系，发现波形中 3 个输入信号 in 与输出信号 out 之间的对应关系和编写的代码中的译码关系是完全一致的，完全符合代码中的逻辑设计。

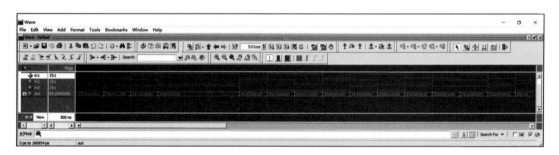

图 9-19　仿真波形图

观察"Transcript"界面（见图 9-20）中打印的结果，将其与前面绘制的真值表进行比对，发现结果是一致的，从而进一步验证了 RTL 代码设计的正确性。

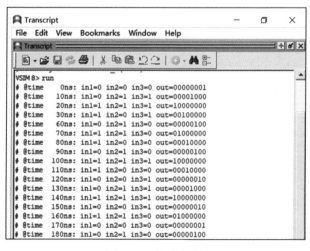

图 9-20　打印结果

```
# @time   190ns: in1=0 in2=1 in3=1 out=00001000
# @time   200ns: in1=0 in2=0 in3=0 out=00000001
# @time   210ns: in1=0 in2=0 in3=1 out=00000010
# @time   220ns: in1=1 in2=1 in3=1 out=10000000
# @time   230ns: in1=1 in2=0 in3=0 out=00010000
# @time   240ns: in1=1 in2=1 in3=1 out=10000000
# @time   250ns: in1=0 in2=1 in3=1 out=00000010
# @time   260ns: in1=1 in2=1 in3=1 out=00100000
# @time   280ns: in1=1 in2=1 in3=0 out=01000000
# @time   300ns: in1=0 in2=1 in3=0 out=00000001
# @time   310ns: in1=1 in2=1 in3=0 out=01000000
# @time   320ns: in1=1 in2=1 in3=1 out=00001000
# @time   330ns: in1=1 in2=1 in3=1 out=10000000
# @time   340ns: in1=0 in2=1 in3=1 out=00001000
# @time   350ns: in1=1 in2=0 in3=0 out=00010000
# @time   360ns: in1=1 in2=0 in3=0 out=00000001
# @time   370ns: in1=1 in2=0 in3=1 out=00000010
# @time   380ns: in1=1 in2=1 in3=1 out=10000000
# @time   390ns: in1=1 in2=0 in3=1 out=00100000
# @time   400ns: in1=1 in2=0 in3=0 out=00010000
# @time   410ns: in1=1 in2=1 in3=0 out=01000000
# @time   420ns: in1=1 in2=1 in3=1 out=10000000
# @time   430ns: in1=1 in2=0 in3=0 out=00010000
# @time   440ns: in1=0 in2=1 in3=1 out=00000100
# @time   450ns: in1=0 in2=0 in3=1 out=00000010
# @time   460ns: in1=1 in2=0 in3=0 out=00010000
# @time   480ns: in1=0 in2=1 in3=0 out=00000100
VSIM 9>
```

图 9-20 （续）

9.4　实战演练——半加器

9.4.1　实验目标

设计并实现一个半加器，使用开发板上的按键 KEY1、KEY2 作为被加数输入，选择开发板上的 LED 灯 D6 表示相加和的输出，LED 灯 D7 表示进位输出。

9.4.2　硬件资源

我们使用开发板上的按键和 LED 灯进行半加器的验证，选取 KEY1、KEY2 分别作为被加数 in1、被加数 in2 的信号输入，以 LED 灯 D6 作为和的输出 sum，以 LED 灯 D7 作为进位的输出 cout，如图 9-21 所示。

图 9-21　硬件资源

由图 9-2 可知，征途 Pro 开发板的按键未按下时为高电平，按下后为低电平，LED 灯为低电平点亮。

9.4.3　程序设计

1. 模块框图

根据功能分析，该工程只需实现一个半加器的功能，所以设计成一个模块即可。将模块命名为 half_adder，半加器有两个 1bit 的加数，分别命名为 in1 和 in2，输出也有两个信号。为什么会是两个呢？不要忘记两个数加和后，除了求得的"和"以外，会有"进位"的情况，这里我们把进位信号单独拉出来，所以输出就有两个信号，分别为 1bit 的 sum 和 cout 信号，该模块的功能是实现输入任意两个 1bit 加数的组合都能求得正确的和与进位值。根据上面的分析设计出的 Visio 框图如图 9-22 所示。

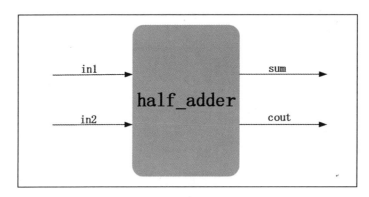

图 9-22　模块框图

端口列表与功能总结如表 9-5 所示。

表 9-5　输入输出信号描述

信　号	位　宽	类　型	功能描述
in1	1bit	Input	加数 1
in2	1bit	Input	加数 2
sum	1bit	Output	两个加数的求和结果
cout	1bit	Output	两个加数求和后的进位信号

2. 波形图绘制

经分析得，in1 和 in2 均为 1bit 输入信号，其任意组合有 4 种，就能够全覆盖验证所有的输入情况。这里我们任意画了 4 种输入情况，每种输入情况的组合根据相加的结果会对应输出 4 种求得的和与进位关系，根据这种关系可以轻松地列出如表 9-6 所示的真值表，然后再根据真值表的输入与输出的对应关系画出波形图。其波形如图 9-23 所示，与真值表的关系一一对应。

表 9-6 半加器真值表

输入（input）		输出（output）	
in1	in2	sum	cout
0	0	0	0
0	1	1	0
1	0	1	0
1	1	0	1

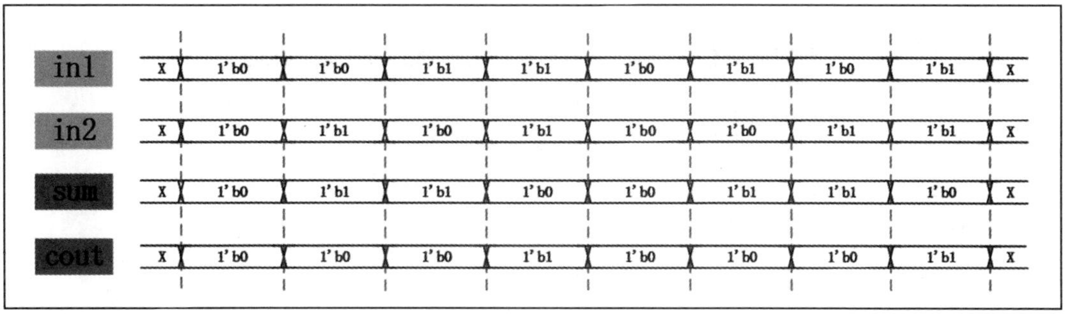

图 9-23 信号波形关系图

3. 代码编写

半加器参考代码如代码清单 9-8 所示。

代码清单 9-8 半加器参考代码（half_adder.v）

```
1 module  half_adder
2 (
3     input    wire    in1 ,    // 加数 1
4     input    wire    in2 ,    // 加数 2
5
6     output   wire    sum ,    // 两个数的加和
7     output   wire    cout     // 两个数加和后的进位
8 );
9
10 //sum:两个数加和的输出
11 //cout:两个数进位的输出
12 assign {cout, sum} = in1 + in2;
13
14 endmodule
```

根据上面 RTL 代码综合出的 RTL 视图如图 9-24 所示，可以看到加法器被抽象为一个 "ADDER" 的基本单元。

4. 仿真验证

（1）仿真文件编写

半加器仿真参考代码如代码清单 9-9 所示。

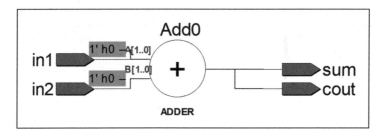

图 9-24　RTL 视图

代码清单 9-9　半加器仿真参考代码（tb_half_adder.v）

```
 1 `timescale  1ns/1ns
 2 module  tb_half_adder();
 3
 4 //reg   define
 5 reg    in1;
 6 reg    in2;
 7
 8 //wire  define
 9 wire   sum;
10 wire   cout;
11
12 // 初始化输入信号
13 initial begin
14     in1 <= 1'b0;
15     in2 <= 1'b0;
16 end
17
18 //in1: 产生输入随机数，模拟加数 1 的输入情况
19 // 取模求余数，产生随机数 1'b0、1'b1，每隔 10ns 产生一次随机数
20 always #10 in1 <= {$random} % 2;
21
22 //in2: 产生输入随机数，模拟加数 2 的输入情况
23 always #10 in2 <= {$random} % 2;
24
25 //-----------------------------------------------------------
26 initial begin
27   $timeformat(-9, 0, "ns", 6);
28   $monitor("@time %t:in1=%b in2=%b sum=%b cout=%b",$time,in1,in2,sum,cout);
29 end
30 //-----------------------------------------------------------
31
32 //-------------------half_adder_inst-----------------
33 half_adder  half_adder_inst
34 (
35     .in1    (in1    ), //input    in1
```

```
36    .in2    (in2   ),   //input   in2
37
38    .sum    (sum   ),   //output  sum
39    .cout   (cout  )    //output  cout
40 );
41
42 endmodule
```

（2）仿真波形分析

Testbench 编写完成后，启动 ModelSim 进行功能仿真验证。同样，我们也让波形运行了 500ns，通过图 9-25 所示的波形可以观察到，in1 和 in2 输入的值均为 1bit 随机数，而与之对应的 sum 和 cout 都是在输入变化的同一时刻立即变化，仔细核对每一组输入和输出之间的对应关系，发现波形中的"+"计算结果都是正确的，完全符合代码中的逻辑设计。

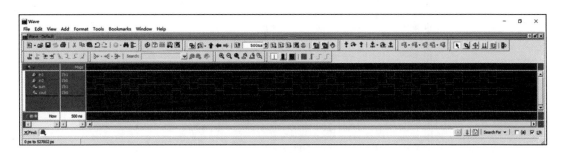

图 9-25　仿真波形图

我们通过观察"Transcript"界面中打印的结果见图 9-26 发现与前面绘制真值表的结果一一对应，从而进一步验证了 RTL 代码设计的正确性。

5. 上板验证

仿真验证通过后，绑定引脚，对工程进行重新编译。将开发板连接 12V 直流电源和 USB-Blaster 下载器 JTAG 端口，线路正确连接后，打开开关为板卡上电，随后为开发板下载程序。

程序下载完毕后，开始进行结果验证。如图 9-27 所示，当按键 KEY1、KEY2 同时按下，in1 和 in2 输出均为低电平，得到和 sum 为 0，进位 cout 为 0，D6、D7 均被点亮。

如图 9-28 和图 9-29 所示，只按下按键 KEY1 或 KEY2，in1 或 in2 输出低电平，得到和 sum 为 1，进位 cout 为 0，D7 被点亮。

如图 9-30 所示，两按键均未按下，in1 和 in2 输出均为高电平，得到和 sum 为 0，进位 cout 为 1，D6 被点亮。

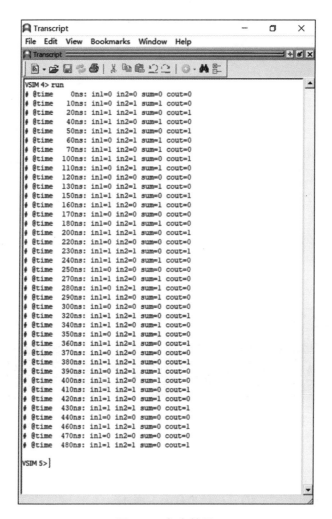

图 9-26　打印结果

图 9-27　上板验证——同时按下 KEY1 和 KEY2

图 9-28　上板验证——只按下 KEY1

图 9-29　上板验证——只按下 KEY2

图 9-30　上板验证 KEY1、KEY2 均未按下

9.5　章末总结

本章通过三个简单逻辑电路工程介绍了如何编写一个最简单的 RTL 逻辑功能模块以及对应的仿真代码，并进行了仿真验证，并对比了 if-else 语句和 case 语句所表达的逻辑的异同，希望大家在以后的应用中能够合理、熟练地使用这两种语法，其中还介绍了很多语法的实际应用和需要注意的事项，希望读者能够掌握。

新语法总结

重点掌握

1）always 块描述组合逻辑的用法。

2）assign 语句的用法。

3）initial 的用法（不可综合，常用于 Testbech 中初始化信号，但也可以在可综合的模块中用于初始化寄存器）。

4）if-else 的用法。

5）case 的用法。

6）条件运算符（三元运算符）的用法。

7）begin...end（对多条语句赋值时使用，因为我们设计 RTL 代码的原则是一个 always 块中最好只有一个变量，所以 begin...end 在 RTL 代码中几乎很少使用，而在 Tetbench 中使用得更多）。

8）# 延时（不可综合，但允许在可综合的模块中使用，其延时单位仍由可综合模块中的 `timescale 决定，但是综合时其延时时间被综合器忽略）。

9）`timescale（配合 "#" 允许在可综合模块中使用）。

10）=（赋值号的一种，阻塞赋值，在可综合的模块中表达组合逻辑的语句时使用）。

11）==（常用的比较运算符）。

12）//（注释一行代码时使用）。

13）{ , } 位拼接运算符（两个数之间中间用 "," 隔开，也可以有多个 "," 进行更多位的拼接）。

14）+（最常用的数学运算符）。

一般掌握

1）$timeformat 在 Testbench 中的用法（不可综合）。

2）$monitor 在 Testbench 中的用法（不可综合）。

3）$time 在 Testbench 中的用法（不可综合）。

知识点总结

1）功能模块的书写结构、格式（端口列表推荐使用 Verilog-2001 标准）。

2）仿真模块的书写结构、格式（端口列表中没有任何信号）。

3）如何进行实例化调用（信号名的对应关系和连线）。

4）在 ModelSim 中通过观察波形和查看 "Transcript" 界面中打印的信息对设计的代码进行功能验证（如果有语法或者仿真错误，也会在大艰该界面中提示）。

第 10 章
层次化设计

我们在基础篇中涉及的例程功能都比较简单，其模块划分相对较少，有些工程只需一个模块即可实现功能，所以在层次化设计上的体现并不是很明显，但是我们要尽早让大家知道这种思想方法，以便在长期的学习过程中能够慢慢体会。本章我们就通过全加器的例子来讲解层次化设计的思想。

10.1 理论学习

数字电路中，根据模块层次的不同，有两种基本的结构设计方法：自底向上（Bottom-Up）的设计方法和自顶向下（Top-Down）的设计方法。这两种方法有助于我们对整个项目的系统和结构有一个宏观的把控，这也是为什么我们会分析基础章节中每个简单实例的模块是如何设计的，虽然简单的系统不需要划分结构，但是要养成好的习惯，这会在大型多模块设计中发挥重要作用。

自底向上的设计是一种传统的设计方法，对设计进行逐次划分的过程是从存在的基本单元出发的，设计树最末枝上的单元要么是已经构造出的单元，要么是其他项目开发好的单元或者可外购得到的单元。在自底向上的设计方法中，我们首先对现有的功能模块进行分析，然后使用这些模块来搭建规模大一些的功能模块，如此循环直至顶层模块。图 10-1 显示了这种方法的设计过程。

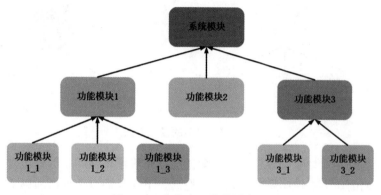

图 10-1　自底向上的设计方法

自顶向下的设计是从系统级开始，把系统分为基本单元，然后再把每个单元划分为下一层次的基本单元，一直这样做，直到可以直接用 EDA 元件库中的原件实现为止。在自顶向下的设计方法中，我们首先定义顶层功能模块，然后分析需要哪些构成顶层模块的必要子模块，再进一步对各个子模块进行分解，直到到达无法进一步分解的底层功能模块。图 10-2 显示了这种方法的设计过程。

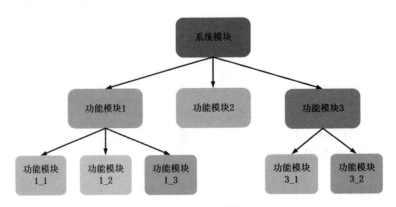

图 10-2   自顶向下的设计方法

在典型的设计中，这两种方法是混合使用的。设计人员首先根据电路的体系结构定义顶层模块，逻辑设计者确定如何根据功能将整个设计划分为子模块，与此同时，电路设计者对底层功能模块电路进行优化设计，并进一步使用这些底层模块来搭建其高层模块。两者的工作按相反的方向独立进行，直至在某一中间点会合。这时，电路设计者已经创建了一个底层功能模块库（具有独立完整的功能模块、IP 核或逻辑门），而逻辑设计者也通过使用自顶向下的方法将整个设计分解为由库单元构成的结构描述。图 10-3 显示了这种方法的设计过程。

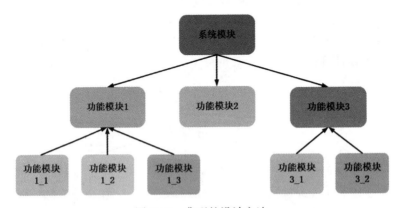

图 10-3   典型的设计方法

上面介绍的是相对抽象的理论总结，理论往往是晦涩难懂的，但是作为一种概括性的总结还是很有用的。为了说明层次化设计的概念，下面我们以全加器的例子为载体，讲解一个简单的层次化设计在设计模块的思路和代码的编写上有何不同。

10.2　实战演练

10.2.1　实验目标

使用 9.4 节实现的半加器，结合层次化设计思想，设计并实现一个全加器。

10.2.2　硬件资源

与半加器相同，我们使用开发板上的按键和 LED 灯进行全加器的验证，选取 KEY1、KEY2、KEY3 分别作为被加数 in1、in2 和进位信号 cin 的信号输入，以 LED 灯 D6 作为和的输出 sum，以 LED 灯 D7 作为进位的输出 cout，如图 10-4 所示。

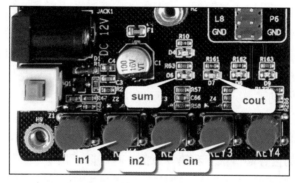

图 10-4　硬件资源

10.2.3　程序设计

1. 模块框图

我们先将设计的顶层模块命名为 full_adder，全加器和半加器唯一的不同就是输入除了有两个加数之外还有一个加数，第三个加数是上一级加法器的进位信号，这样就相当于对三个 1bit 的加数相加求和。所以在整体结构框图的设计上，我们依然可以采用半加器那样的设计，然后再在输入端加上一个 1bit 名为 cin 的信号即可，如图 10-5 所示。

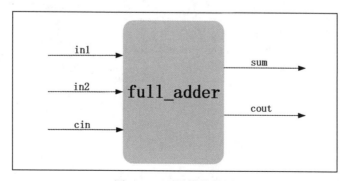

图 10-5　顶层模块框图

在之前的设计中，分析到这里就结束了，可以进行该模块的代码编写，实现三个 1bit 数的加和的功能了，但是这里我们并不用这种简单的方法，而是采用层次化的结构方法将顶层模块进一步划分。之前我们没有采用层次化的设计方法，是因为实现的功能相对简单，一个模块就能够很好地实现完整的功能，而且顶层模块也不容易再往下划分为更加独立的小模块，所以也就不必再关心模块的内部是怎样实现的，直接根据功能写代码即可。然而本章中的这个模块却有所不同，我们在学习数字电路的时候知道全加器并不是最基本的结构，它可以由两个半加器构成，也就是说我们可以将之前设计的半加器进行一定的组合，再加上适当的门电路来构成一个全加器。用半加器推导全加器的方法有很多种，这里我们用一种方法推导一下：全加器有三个 1bit 的加数，我们可以先实现两个数的加和，再加上第三个数并不会影响最后的结果。我们知道两个数的加和就是半加器所实现的功能，所以先进行的两个数的加和运算需要用一个半加器来实现，然后输出求和信号和进位信号，求和信号再和第三个加数加和需要再使用一个半加器，然后输出进位信号和最后的总和信号，但是进位信号有两个，这两个进位信号都是有用的，但又不会同时存在，一个有效即有效，所以将两个半加器的进位信号用一个或门运算后作为最后的输出进位信号（也可以用逻辑表达式的方式推导）。本例中我们将半加器作为一个基本单元，它既是顶层模块下的一个子模块，也是一个独立的模块。

根据上面的分析设计出的 Visio 框图如图 10-6 所示。首先，可以看到外部的信号端口和图 10-5 中是一样的，但其内部结构更加丰富，内部有两个半加器 half_adder0 和 half_adder1，每个半加器的信号端口依然和第 9 章的一样，除了两个半加器外，还有一个或门电路。其次，我们需要关注的就是连线，即外部的输入输出信号线是如何与内部模块进行连接的，内部模块之间的信号线又是如何互相连接的，这里的连接关系是我们根据数字电路推导出的，有些信号线的名称虽然相同，但是却不在同一个层，为了和后面编写的代码对应，也为了便于理解，这里将同一信号线的名字和颜色（浅色的为顶层模块的信号线，深色的为底层模块的信号线）清晰地进行了划分。

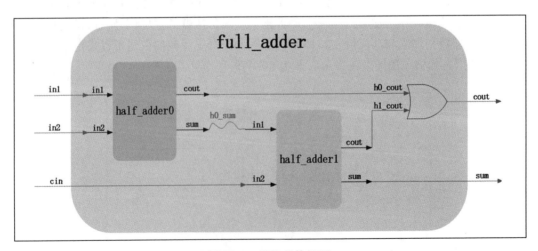

图 10-6　模块整体框图

首先，in1 和 in2 信号从外部模块的端口输入进来，然后连接到内部 half_adder0 的输入端口上，之后进入 half_adder0 模块中进行运算（信号的颜色变化也代表层的变化），外部模块的输入信号名称也可以和 half_adder0 的输入端口名称不同，但是为了清晰地表达它们是一条线，我们采用了相同的名字，在编写代码的时候也遵循同样的原则。然后，经过半加器 half_adder0 的运算后，由 in1 和 in2 得出 cout 和 sum 信号，此时将 half_adder0 的 sum 信号和 half_adder1 的 in1 信号连接，连接线还单独命名为 h0_sum，用于将 sum 信号的数据传到顶层（否则两个独立模块是没有任何交集的），外部的进位信号 cin 和 half_adder1 的 in2 连接，经过 half_adder1 的加和运算后产生 cout 和 sum 信号（进入模块内部运算的过程和 C 语言中的函数调用类似）。因为 half_adder0 的 cout 和 half_adder1 的 cout 还要再经过一个或门电路，如果两个名字相同，在顶层就会产生冲突，所以为了将 half_adder0 的 cout 和 half_adder1 的 cout 区别开，我们将 half_adder0 的 cout 和 h0_cout 连接，将 half_adder1 的 cout 和 h1_cout 连接后再经过或门进行运算，运算后的结果为系统的 cout 并输出，而 half_adder1 输出的 sum 就是系统的输出了。整个信号运算的加和过程就是这样进行的，以上过程其实就是代码的编写过程，后面可以结合代码再回过头来和框图进行对照分析。

在此提及一点，之前讲过数字电路中的每一个模块都相当于一个实体的"芯片"，而框图中的 half_adder0 和 half_adder1 相当于两个不同的半加器芯片，再加上一个或门芯片就可以实现一个具有全加器功能的系统。我们做好的这个全加器也是一个模块，如有需要，也可以把这个模块当成一个"芯片"用在其他系统中。所以设计时我们可以把每个模块都做好，特别是具有通用性功能的模块，等用到的时候我们不必关心其内部结构是怎样的，只需知道其功能和端口信号，直接使用即可。怎么样是不是很方便？再如你设计实现了一个复杂的功能模块，而且通用性也很强，就可以做成加密 IP 核（知识产权核）卖给需要的用户。所以在综合器的内部，官方也提供了很多通用的免费 IP 核，使我们不用再对一些通用的模块进行单独设计，后面会有单独的章节对此进行详细介绍。

端口列表与功能描述如表 10-1 所示。

表 10-1　输入输出信号描述

信　号	位　宽	类　型	功能描述
in1	1bit	Input	加数 1
in2	1bit	Input	加数 2
cin	1bit	Input	前一级的进位信号
cout	1bit	Output	三个加数求和后的进位信号
sum	1bit	Output	三个加数的求和结果

2. 波形图绘制

上面的分析已经很详细了，大家应该也知道这里该如何绘制波形图了。在绘制波形图前，我们还是先列出真值表（见表 10-2），然后再根据真值表的输入与输出的对应关系画出波形图。首先，输入有三个加数，我们只要表达出三种加数的任意八种组合就能够进行完全列举了，然后根据三个输入的相加关系画出对应的进位信号 cout 和求和信号 sum，其波形如图 10-7 所示，与真值表一一对应。

表 10-2　真值表

输入（input）			输出（output）	
in1	in2	cin	sum	cout
0	0	0	0	0
0	0	1	1	0
0	1	0	1	0
0	1	1	0	1
1	0	0	1	0
1	0	1	0	1
1	1	0	0	1
1	1	1	1	1

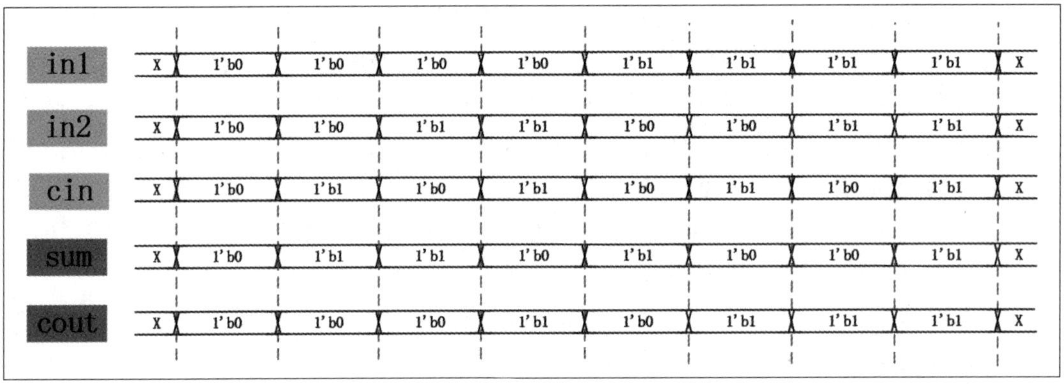

图 10-7　信号关系波形图

3. 代码编写

全加器顶层模块参考代码如代码清单 10-1 所示。

代码清单 10-1　全加器顶层模块参考代码（full_adder.v）

```
1 module  full_adder
2 (
3     input    wire    in1 ,    // 加数 1
4     input    wire    in2 ,    // 加数 2
5     input    wire    cin ,    // 上一级的进位
6
7     output   wire    sum ,    // 两个数的加和
8     output   wire    cout     // 加和后的进位
```

```
 9 );
10
11 // wire   define
12 // 在顶层中作为 half_adder_inst0 的 sum 信号和 half_adder_inst1 的 in1 信号的中间连线
13 wire    h0_sum ;
14
15 // 在顶层中作为 half_adder_inst0 的 cout 信号和或门的中间连线
16 wire    h0_cout;
17
18 // 在顶层中作为 half_adder_inst1 的 cout 信号和或门的中间连线
19 wire    h1_cout;
20
21 // ----------------------half_adder_inst0----------------------
22 half_adder   half_adder_inst0// 前面的 half_adder 是实例化（调用）的模块的名字，相当于
23                             // 告诉顶层我要使用来自 half_adder 这个模块的功能
24                             // 后面的 half_adder_inst0 是在顶层中重新设置的在本模块中的名字，
25                             // 若在顶层中将一个模块调用多次，则需要使用实例化名称进行区分
26 (
27     .in1    (in1    ),  // input in1 前面的 in1 相当于 half_adder 模块中的信号
28                         //（in1）顶层中的信号，然后最前面加上 “.”，可以形象地
29                         // 理解为把这两个信号线连接到一起（rtl 中的实例化过程和
30                         // Testbench 中的实例化过程是一样的，可以对比理解学习）
31
32     .in2    (in2    ),  // input in2
33
34     .sum    (h0_sum ),  // ouptut    sum
35     .cout   (h0_cout)   // output    cout
36 );
37
38 //----------------------half_adder_inst1----------------------
39 half_adder   half_adder_inst1// 同一个模块可以被实例化多次（所以相同功能只设计
40                             // 一个通用模块即可），但是在顶层的名字一定要区别开，
41                             // 这样才能表达出实例化了两个相同功能的模块
42 (
43     .in1    (h0_sum ),  // input in1
44     .in2    (cin    ),  // input in2
45
46     .sum    (sum    ),  // ouptut sum
47     .cout   (h1_cout)   // output cout
48 );
49
50 // cout: 总的进位信号
51 assign cout = h0_cout | h1_cout;
52
53 endmodule
```

顶层代码编写完成后还不能直接综合，否则会有如图 10-8 所示的报错提示，提示用户找不到 half_adder 这个模块，也就是说虽然实例化了 half_adder 模块，但是还没有把它添

加到工程中，所以识别不了。因此，我们还要将半加器的 .v 文件复制到全加器的 rtl 文件夹中，如图 10-9 所示，然后再将该文件添加到工程中。把文件添加到工程中的过程和添加 Testbench 文件的方式是一样的，找准文件夹的位置，按照相同的步骤添加即可。

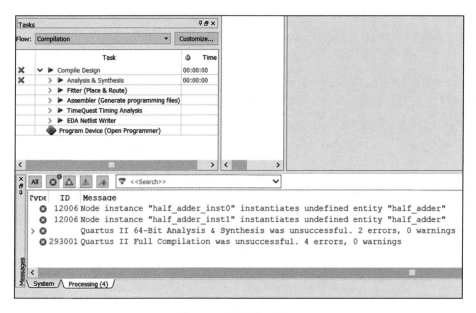

图 10-8　报错提示界面

图 10-9　rtl 文件夹

　　添加完 half_adder 后再进行综合就不会再产生报错信息了，然后我们选择 Hierarchy 标签，可以看到顶层文件名下会有两个模块 half_adder:half_adder_inst0 和 half_adder:half_adder_inst1，如图 10-10 所示，这种层次化关系一目了然。

　　接下来我们看一下 RTL 代码综合出的 RTL 视图。如图 10-11 所示，可以看到和我们最初分析设计的结构一模一样。

　　可以双击任意一个模块，如图 10-12 所示，其内部结构就是第 9 章中设计的半加器。

　　至此，我想你应该渐渐明白这种层次化设计的思想到底是怎么一回事了，而且可以发现这种基于层次化的设计方案结构清晰明了，还能够实现模块的复用，甚至可以实现协同分工，十分方便高效，在大型项目中采用这种方法可以极大地加快开发进程。

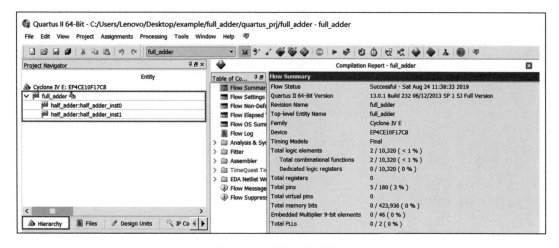

图 10-10　顶层下的子模块

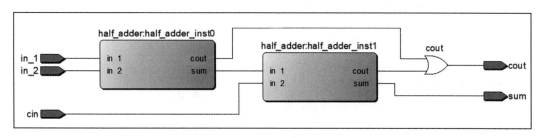

图 10-11　综合得到的 RTL 视图

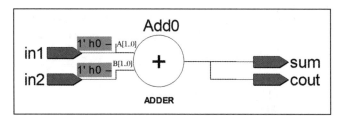

图 10-12　模块的内部结构

在以后的设计中，很多情况下具有特定功能的模块需要再次被使用，为了方便调用，我们往往把这种具有独立功能的模块做成通用的模块，日积月累，当积累得越来越多的时候，开发也就变得更容易了。

4．仿真验证

（1）仿真文件编写

全加器顶层模块仿真参考代码如代码清单 10-2 所示。

代码清单 10-2　全加器顶层模块仿真参考代码（tb_full_adder.v）

```verilog
 1  `timescale  1ns/1ns
 2  module  tb_full_adder();
 3
 4  reg     in1;
 5  reg     in2;
 6  reg     cin;
 7
 8  wire    sum ;
 9  wire    cout;
10
11  // 初始化输入信号
12  initial begin
13      in1 <= 1'b0;
14      in2 <= 1'b0;
15      cin <= 1'b0;
16  end
17
18  // in1: 产生输入随机数，模拟加数 1 的输入情况
19  // 取模求余数，产生随机数 1'b0、1'b1，每隔 10ns 产生一次随机数
20  always #10 in1 <= {$random} % 2;
21
22  // in2: 产生输入随机数，模拟加数 2 的输入情况
23  always #10 in2 <= {$random} % 2;
24
25  // cin: 产生输入随机数，模拟前级进位的输入情况
26  always #10 cin <= {$random} % 2;
27
28  //-----------------------------------------------------------
29  initial begin
30      $timeformat(-9, 0, "ns", 6);
31      $monitor("@time %t:in1=%b in2=%b cin=%b sum=%b cout=%b",
32                              $time,in1,in2,cin,sum,cout);
33  end
34  //-----------------------------------------------------------
35
36  //---------------full_adder_inst------------------
37  full_adder  full_adder_inst(
38      .in1   (in1   ),  //input     in1
39      .in2   (in2   ),  //input     in2
40      .cin   (cin   ),  //input     cin
41
42      .sum   (sum   ),  //output    sum
43      .cout  (cout  )   //output    cout
44  );
45
46  endmodule
```

第 9 章已经验证过半加器了，是好用的，所以此处直接对顶层模块进行验证。对顶层的验证和之前对某一个模块的验证过程没有任何区别。如果之前我们没有对顶层的子模块

进行验证，而是在这里直接验证顶层模块，就会存在一个问题——子模块有可能是错误的，这样在分析系统错误原因时，情况往往会变得复杂，所以一定要先对子模块进行单独验证，以免当整个设计太大时直接验证最顶层模块而导致错误很难找，养成好的习惯，会让你进行设计时越来越轻松，越来越顺利。

（2）仿真波形分析

Testbench 编写完毕后，我们启动 ModelSim 进行功能验证。同样地，让波形跑 500ns 即可验证结果，通过图 10-13 所示的波形，我们可以观察到 3 个 1bit 加数通过随机数函数组成的任意组合以及对应的 sum 和 cout，逐个对应查看，可以发现波形中所有的输入与输出之间的对应关系和编写的代码中的逻辑关系是完全一致的。

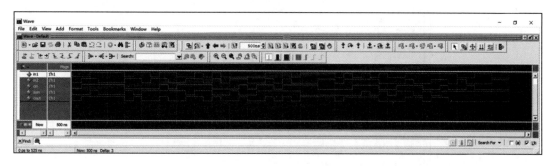

图 10-13　仿真波形图

我们又观察 Transcript 界面（见图 10-14）中打印的结果并比对真值表进一步验证，发现输入与输出的关系都符合全加器运算结果。

5. 上板验证

仿真验证通过后，绑定引脚，对工程进行重新编译。将开发板连接 12V 直流电源和 USB-Blaster 下载器 JTAG 端口，线路连接正确后，打开开关为板卡上电，随后为开发板下载程序。

程序下载完毕后，开始进行结果验证。如图 10-15 所示，当按键 KEY1、KEY2 同时按下，in1、in2 输入均为低电平，进位 cin 输入为高电平，得到 sum 为 1，进位 cout 为 0，D7 被点亮。

如图 10-16 所示，只按下按键 KEY3，in1、in2 输入高电平，进位 cin 输入低电平，得到 sum 为 0，进位 cout 为 1，D6 被点亮。

如图 10-17 所示，同时按下三个按键，in1、in2 和 cin 输出均为低电平，得到 sum 为 0，进位 cout 为 0，D6、D7 被点亮。

限于篇幅，此处我们仅上板验证了三种情况，读者可参照真值表和波形图对剩余几种情况进行验证。

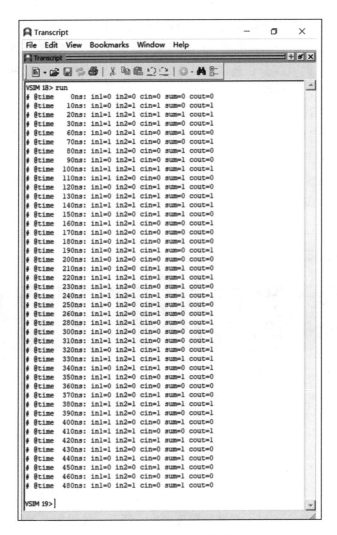

图 10-14　Transcript 界面图

图 10-15　上板验证——KEY1、KEY2 同时按下

图 10-16　上板验证——只按下 KEY3

图 10-17　上板验证——KEY1、KEY2、KEY3 同时按下

10.3　章末总结

本章通过全加器的例子介绍了如何利用层次化的设计方法来设计一个项目，全加器的项目例子虽然简单，但是已经足够有代表性，在基础部分，我们对层次化设计的要求并不高，因为设计的例子都很简单，大多用一个或几个模块就可以实现整个设计，但是在强化和高级部分，会有数十个以上的模块，那时你就能体会到层次化设计的好处了，同时也会掌握更多经验，希望大家能够通过不断的学习熟练掌握这种方法。

知识点总结

理解层次化的设计方法，学会通过实例化 RTL 代码调用底层的 .v 文件。

第 11 章
避免 Latch 的产生

本章主要讲解 Latch 是什么，它的产生条件、危害以及如何避免等相关知识，目的是让大家在设计相关的电路时能够更加规范，从而避免出现不可预测的问题。

11.1 Latch 是什么

Latch 其实就是锁存器，是一种在异步电路系统中对输入信号电平敏感的单元，用来存储信息。在数据未锁存时，锁存器输出端的信号随输入信号变化，就像信号通过一个缓冲器，一旦锁存信号有效，则数据被锁存，输入信号不起作用。因此，锁存器也被称为透明锁存器，指的是不锁存时输出对于输入是透明的。

11.2 Latch 的危害

在这里讲关于 Latch 的问题，是因为只有组合逻辑才会产生这种问题，在同步电路中应尽量避免产生 Latch，但这并不表示 Latch 没有用或者说是错误的，Latch 在异步电路中是非常有用的，只不过此处我们设计的是同步电路，所以要尽量避免。

在同步电路中 Latch 会产生不好的效果：对毛刺敏感；不能异步复位，上电后处于不定态；让静态时序分析变得十分复杂；在 FPGA 的资源中，大部分器件没有锁存器，所以需要使用寄存器来组成锁存器，但这样会占用更多逻辑资源；在 ASIC 设计中，锁存器也会带来额外的延时和 DFT，并不利于提高系统的工作频率。所以，要避免产生 Latch。在这里我们把会产生组合逻辑的几种情况列举出来，希望以后能够避免出现类似问题。

11.3 几种产生 Latch 的情况

关于 Latch，最好能够理解其原理，如果对原理理解得不透彻，也可以先记住规范的写法，避免产生不可控的因素，从而综合出更好的电路。下面 3 种不规范的写法会产生 Latch，要尽量避免。

1）组合逻辑中 if 语句没有 else。

2）组合逻辑中 case 的条件不能完全列举且不写 default。

3）组合逻辑中输出变量赋值给自己。

情况一：组合逻辑中 if 语句没有 else，如代码清单 11-1 所示。

代码清单 11-1　Latch 产生参考代码（latch.one.v）

```verilog
 1 module   latch_one
 2 (
 3     input    wire      in1 ,    // 输入信号 in1
 4     input    wire      in2 ,    // 输入信号 in2
 5     input    wire      in3 ,    // 输入信号 in3
 6
 7     output   reg [7:0] out      // 输出信号 out
 8 );
 9
10 //out: 根据 3 个输入信号选择输出对应的 8bit out 信号
11 always@(*)
12     if({in1, in2, in3} == 3'b000)
13         out = 8'b0000_0001;
14     else   if({in1, in2, in3} == 3'b001)
15         out = 8'b0000_0010;
16     else   if({in1, in2, in3} == 3'b010)
17         out = 8'b0000_0100;
18     else   if({in1, in2, in3} == 3'b011)
19         out = 8'b0000_1000;
20     else   if({in1, in2, in3} == 3'b100)
21         out = 8'b0001_0000;
22     else   if({in1, in2, in3} == 3'b101)
23         out = 8'b0010_0000;
24     else   if({in1, in2, in3} == 3'b110)
25         out = 8'b0100_0000;
26     else   if({in1, in2, in3} == 3'b111)
27         out = 8'b1000_0000;
28 //  else      把最后一个 else 注释掉
29 //      out = 8'b0000_0001;
30
31 endmodule
```

根据上述 RTL 代码综合出的 RTL 视图如图 11-1 所示，可以看到其结构相当复杂，方框中的结构即为 Latch 锁存器，其放大图如图 11-2 所示。

在综合后的界面的 Messages 窗口中提示输出有 Latch 产生，如图 11-3 所示，此时就应该关注一下此 Latch 是否真的是我们有意产生的。

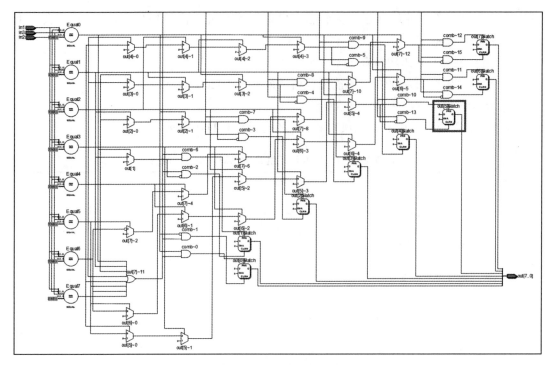

图 11-1　RTL 视图（一）

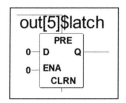

图 11-2　Latch 锁存器

情况二：组合逻辑中 case 的条件不能完全列举且不写 default，如代码清单 11-2 所示。

代码清单 11-2　Latch 产生参考代码（latch-two.v）

```
1 module  latch_two
2 (
3    input   wire      in1 ,   // 输入信号 in1
4    input   wire      in2 ,   // 输入信号 in2
5    input   wire      in3 ,   // 输入信号 in2
6
7    output  reg [7:0]  out    // 输出信号 out
8 );
9
10 //out: 根据 3 个输入信号选择输出对应的 8bit out 信号
```

```
11 always@(*)
12    case({in1, in2, in3})
13        3'b000 : out = 8'b0000_0001;
14        3'b001 : out = 8'b0000_0010;
15        3'b010 : out = 8'b0000_0100;
16        3'b011 : out = 8'b0000_1000;
17        3'b100 : out = 8'b0001_0000;
18        3'b101 : out = 8'b0010_0000;
19        3'b110 : out = 8'b0100_0000;
20 // 把最后一种情况和 default 都注释掉，使 case 的条件不能够完全列举
21        //3'b111 : out = 8'b1000_0000;
22        //default: out = 8'b0000_0001;
23    endcase
24
25 endmodule
```

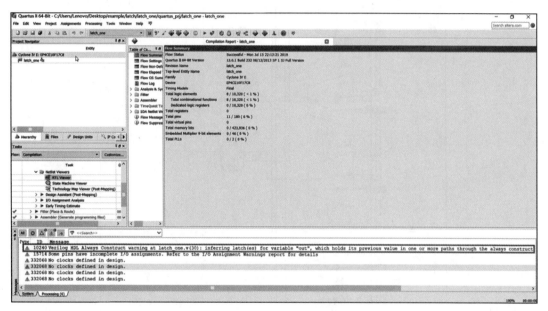

图 11-3　Messages 窗口提示

　　根据上述 RTL 代码综合出的 RTL 视图如图 11-4 所示，可以看到也产生了 Latch。

　　情况三：组合逻辑中输出变量赋值给自己，这种情况下有两种可能，第一种可能如代码清单 11-3 所示。

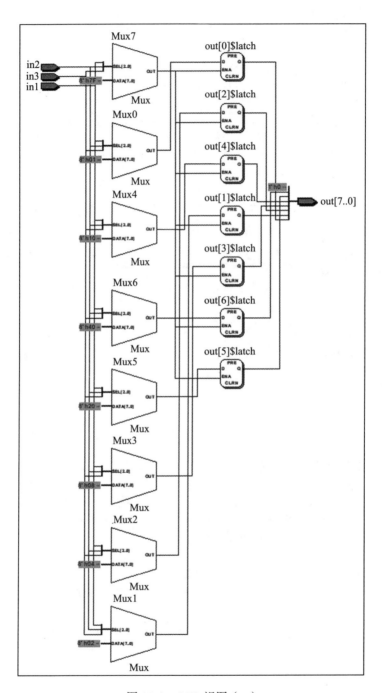

图 11-4　RTL 视图（一）

代码清单 11-3　Latch 产生参考代码（latch_three.v）

```
1  module   latch_three
2  (
3      input    wire       in1 ,    // 输入信号 in1
4      input    wire       in2 ,    // 输入信号 in2
5      input    wire       in3 ,    // 输入信号 in3
6
7      output   reg [7:0]   out       // 输出信号 out
8  );
9
10 //out: 根据 3 个输入信号选择输出对应的 8bit out 信号
11     always@(*)
12         if({in1, in2, in3} == 3'b000)
13             out = 8'b0000_0001;
14         else    if({in1, in2, in3} == 3'b001)
15             out = 8'b0000_0010;
16         elseif({in1, in2, in3} == 3'b010)
17             out = 8'b0000_0100;
18         elseif({in1, in2, in3} == 3'b011)
19             out = 8'b0000_1000;
20         elseif({in1, in2, in3} == 3'b100)
21             out = 8'b0001_0000;
22         elseif({in1, in2, in3} == 3'b101)
23             out = 8'b0010_0000;
24         elseif({in1, in2, in3} == 3'b110)
25             out = 8'b0100_0000;
26         elseif({in1, in2, in3} == 3'b111)
27             out = 8'b1000_0000;
28         else
29             out = out;// 输出变量赋值给自己
30
31 endmodule
```

根据上述 RTL 代码综合出的 RTL 视图如图 11-5 所示，可以看到产生了 Latch。

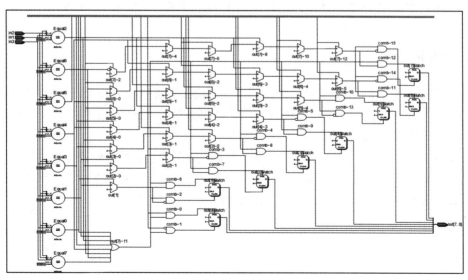

图 11-5　RTL 视图（二）

第二种可能如代码清单 11-4 所示。

代码清单 11-4　Latch 产生参考代码（latch_three.v）

```
 1 module   latch_three
 2 (
 3     input    wire       in1 ,    // 输入信号 in1
 4     input    wire       in2 ,    // 输入信号 in2
 5     input    wire       in3 ,    // 输入信号 in2
 6
 7     output   reg [7:0]  out      // 输出信号 out
 8 );
 9
10 //out: 根据 3 个输入信号选择输出对应的 8bit out 信号
11 always@(*)
12     case({in1, in2, in3})
13         3'b000 : out = 8'b0000_0001;
14         3'b001 : out = 8'b0000_0010;
15         3'b010 : out = 8'b0000_0100;
16         3'b011 : out = 8'b0000_1000;
17         3'b100 : out = 8'b0001_0000;
18         3'b101 : out = 8'b0010_0000;
19         3'b110 : out = 8'b0100_0000;
20         3'b111 : out = out;        // 输出变量赋值给自己
21         default: out = 8'b0000_0001;
22     endcase
23
24 endmodule
```

根据上述 RTL 代码综合出的 RTL 视图如图 11-6 所示，可以看到也产生了 Latch。

11.4　章末总结

本章重点讲解了 Latch 是什么、产生的原因以及如何避免 Latch 产生，要记住：在组合逻辑中要避免让输出信号处于不定状态，一定要让输出无论在任何条件下都有一个已知的状态，这样可以避免 Latch 的产生。

Latch 作为一种基本电路单元，会影响到电路的时序性能，应尽量避免使用。设计人员编写的代码不规范时，会出现 Latch。随着综合器越来越优化，可以更精准地识别出该代码是否为设计者真正想要的 Latch，并给出必要的提示。

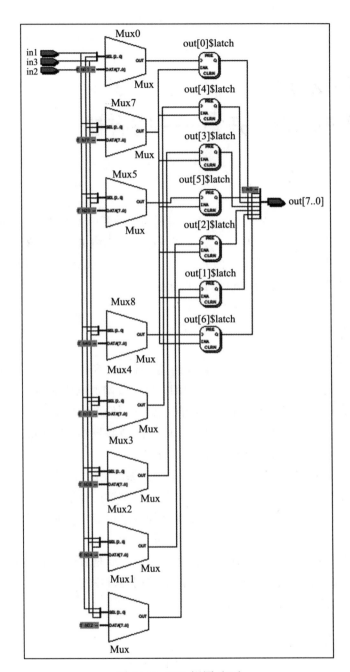

图 11-6　RTL 视图（三）

第 12 章

时序逻辑的开始——寄存器

前面几章我们重点介绍了用 Verilog 语言实现的几种简单组合逻辑，目的是让大家熟悉语法，学会设计的思想、方法和步骤。从本章开始，我们将进入时序逻辑的设计。要进行时序逻辑的设计，寄存器是必不可少的元素，让我们一起来认识一下什么是寄存器，它能做什么，有什么特性，如何用 Verilog 语言来描述。

12.1 理论学习

组合逻辑最大的缺点就是存在竞争冒险问题（详细内容可参考数字电路相关书籍，这里不再进行详细解释），这种问题是非常危险的，常常会增加电路的不稳定性和工作时的不确定性，使用时序逻辑可以极大地避免这种问题，从而使系统更加稳定。时序逻辑最基本的单元就是寄存器，寄存器具有存储功能，一般是由 D 触发器（D Flip Flop，DFF）构成，由时钟脉冲控制，每个 D 触发器能够存储一位二进制码。

D 触发器的功能为：在一个脉冲信号（一般为晶振产生的时钟脉冲）上升沿或下降沿的作用下，将信号从输入端 D 送到输出端 Q，如果时钟脉冲的边沿信号未出现，那么即使输入信号改变，输出信号仍然保持原值，且寄存器拥有复位清零功能，其复位又分为同步复位和异步复位。

区分一个设计是组合逻辑电路还是时序逻辑电路主要是看数据工作是不是在时钟沿下进行的，在 FPGA 的设计中，复杂的电路设计都要用到时序逻辑电路，往往都是以时序逻辑电路为主，组合逻辑为辅的混合逻辑电路。

12.2 实战演练

12.2.1 实验目标

在前面的章节中，我们设计并编写了使用按键控制 LED 灯的工程，在本章我们同样使用这个例子，虽然实验效果相同，但本章是使用 D 触发器来进行控制的，和使用组合逻辑电路控制的方法有所不同。

当按键未按下时 LED 灯处于熄灭状态；当按键按下时 LED 灯被点亮。

12.2.2　硬件资源

与"点亮 LED 灯"的实验工程相同，我们需要用到开发板上的按键和 LED 灯，我们要使用按键 KEY1 点亮 LED 灯 D6，如图 12-1 所示。

图 12-1　硬件资源

由图 12-2 和图 12-3 所示的原理图可知，征途 Pro 开发板的按键未按下时为高电平，按下后为低电平，LED 灯为低电平点亮。

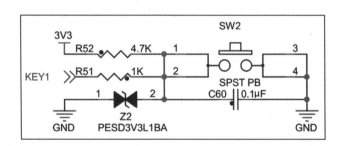

图 12-2　按键部分原理图

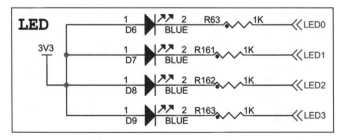

图 12-3　LED 灯原理图

12.2.3 程序设计

1. 模块框图

我们先给模块取一个名字 flip_flop，接下来是分析端口信号：D 触发器能够正常工作一定有时钟，每当时钟的"沿（上升沿或下降沿）"来到时，我们采集到稳定有效的数据；其次还需要的就是复位信号，用于让触发器回到初始状态把数据清零；因为是用按键控制 LED 灯的亮灭，所以在输入端我们还需要一个按键控制信号；输出就只有一个控制 LED 灯的信号，这里我们的输入输出信号都是 1bit 的。根据上面的分析设计出的 Visio 框图如图 12-4 所示。

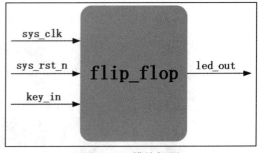

图 12-4 模块框图

端口列表与功能总结如表 12-1 所示。

表 12-1 输入输出信号描述

信　号	位　宽	类　型	功能描述
sys_clk	1bit	Input	工作时钟，频率为 50MHz
sys_rst_n	1bit	Input	复位信号，低电平有效
key_in	1bit	Input	按键信号输入
led_out	1bit	Output	输出控制 LED 灯

2. 波形图绘制

D 触发器根据复位的不同分为两种，一种是同步复位的 D 触发器，另一种是异步复位的 D 触发器，下面将详细介绍这两种 D 触发器的异同以及波形的设计。从本章开始，我们后面设计的工程项目都主要以时序逻辑为主，其中波形的设计尤为关键，希望大家能够认真体会其中的精妙之处。

（1）同步复位的 D 触发器

同步复位的 D 触发器中的"同步"是指和工作时钟同步，也就是说，当时钟的上升沿（也可以是下降沿，一般习惯上为上升沿触发）来到时检测到按键的复位操作才有效，否则无效。如图 12-5 所示，最右边的三根虚线（见图 12-5 中③）表达的就是这种效果，sys_rst_n 被拉低后 led_out 没有立刻变为 0，而是当 syc_clk 的上升沿到来时 led_out 才复位成功，在复位释放的时候也是基于相同原因。

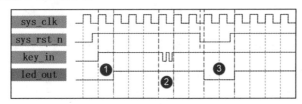

图 12-5 同步复位的 D 触发器波形图

（2）异步复位的 D 触发器

异步复位的 D 触发器中的"异步"是和工作时钟不同步的意思，也就是说，寄存器的复位不关心时钟的上升沿来不来，只要检测到按键被按下，就立刻执行复位操作。如图 12-6 所示，最右边的加粗的虚线（见图 12-6 中③）表达了这种效果，sys_rst_n 被拉低后 led_out 立刻变为 0，而不是等待 syc_clk 的上升沿到来时 led_out 才复位，而在复位释放时 led_out 不会立刻变为 key_in 的值，因为还要等待时钟上升沿到来到时才能检测到 key_in 的值，此时才将 key_in 的值赋值给 led_out。

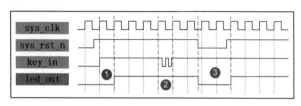

图 12-6　异步复位的 D 触发器波形图

同步复位的 D 触发器和异步复位的 D 触发器的不同点上面已经进行了详细的讲解，需要注意的是复位有效的条件是"立刻"执行，还是等待"沿"，然后再执行。但是它们也有很多相同点，相比于组合逻辑电路来讲，对于电路中产生的毛刺有着极好的屏蔽作用，如图 12-6 中间位置的一组虚线（见图 12-6 中②）所示，是我们模拟的在干扰情况下产生的毛刺现象，因为时序电路只有在沿到来时才检测信号是否有效，所以在两个上升沿之间的毛刺都会被自然过滤掉，可以大大减少毛刺产生的干扰，提高了电路中数据的可靠性。

时序电路还有一个特点，就是"延一拍"。图 12-5 中①和图 12-6 中①处的虚线所表达的就是这个现象。key_in 在复位后的第一个时钟的上升沿来到时拉高，我们可以发现此时 led_out 并没有在同一时刻也跟着拉高，而在之前的组合逻辑中，输出是在输入变化的同一时刻立刻变化的，这是什么原因呢？

因为我们所画的波形图都是基于前仿真的，没有加入门延时的信息，所以很多时候数据的变化都是和时钟直接对齐的。当表达时序逻辑时，如果时钟和数据是对齐的，则默认当前时钟沿采集到的数据为在该时钟上升沿前一时刻的值。而仿真工具在进行 RTL 代码的仿真时也遵循这个规则，我们也可以理解为仿真寄存器是按照建立时间 Tsu（指触发器的时钟信号上升沿到来以前，数据稳定不变的最小时间）最大（一个时钟周期），保持时间 Th（指触发器的时钟信号上升沿到来以后，数据稳定不变的最小时间）最小（为 0）的理想环境下进行的；而在仿真组合逻辑时，因为没有时钟，也就没有建立时间和保持时间的概念，所以数据只要有变化就立刻有效。这里我们在画波形图时一定要记住这个"延一拍"的效果，否则绘制的波形图就会和最后的仿真结果不符，也可能导致最后的逻辑混乱。

3. 代码编写

（1）同步复位的 D 触发器

同步复位的 D 触发器的代码参见代码清单 12-1。

代码清单 12-1　同步复位 D 触发器参考代码（flip-flop.v）

```verilog
1 module  flip_flop
2 (
3     input    wire    sys_clk  ,   // 系统时钟（50MHz），后面我们设计的都是时序电路，
4                                    // 所以一定要有时钟，时序电路中几乎所有的信
5                                    // 号都是伴随着时钟的沿（上升沿或下降沿，习
6                                    // 惯上用上升沿）工作的
7
8     input    wire    sys_rst_n,   // 全局复位，复位信号的主要作用是在系统出现
9                                    // 问题时能够回到初始状态，或一些信号初始
10                                   // 化时需要进行复位
11
12    input    wire    key_in,      // 输入按键
13
14    output   reg     led_out      // 输出控制 LED 灯
15 );
16
17 //led_out: LED 灯输出的结果为 key_in 按键的输入值
18 always@(posedge sys_clk)         // 当 always 块中的敏感列表为检测到 sys_clk 上升沿时
19                                   // 执行下面的语句
20
21    if(sys_rst_n == 1'b0)         //sys_rst_n 为低电平时复位，但是这个复位有个大前
22                                   // 提，那就是当 sys_clk 的上升沿到来时，如果检测到
23                                   //sys_rst_n 为低电平，则复位有效
24
25        led_out <= 1'b0;          // 复位时一定要给寄存器变量赋一个初值，一般情
26                                   // 况下赋值为 0（特殊情况除外），在描述时序电路时
27                                   // 赋值符号一定要使用 "<="
28    else
29        led_out <= key_in;
30
31 endmodule
```

根据上面 RTL 代码综合出的 RTL 视图如图 12-7 所示，由一个选择器和一个寄存器构成。

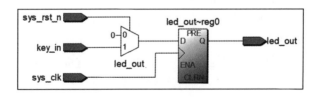

图 12-7　同步复位的 D 触发器 RTL 视图

（2）异步复位的 D 触发器

异步复位的 D 触发器的代码参见代码清单 12-2。

代码清单 12-2　异步复位的 D 触发器参考代码（flip-flop.v）

```
1 module   flip_flop
2 (
3    input   wire    sys_clk    ,    // 系统时钟（50MHz）
4    input   wire    sys_rst_n  ,    // 全局复位
5    input   wire    key_in     ,    // 输入按键
6
7    output  reg     led_out         // 输出控制 LED 灯
8 );
9
10                                    //led_out: LED 灯输出的结果为 key_in 按键的输入值
11                                    // 当 always 块中的敏感列表为检测到 sys_clk 上升
                                      // 沿或 sys_rst_n 下降沿时执行下面的语句
12 always@(posedge sys_clk or negedge sys_rst_n)
13     if(sys_rst_n == 1'b0)          //sys_rst_n 为低电平时复位，且在检测到
                                      //sys_rst_n 的下
14                                    // 降沿时刻复位，不需要等待 sys_clk 的上升沿来到后
                                      // 再复位
15         led_out <= 1'b0;
16     else
17         led_out <= key_in;
18
19 endmodule
```

根据上述 RTL 代码综合出的 RTL 视图如图 12-8 所示，只有一个寄存器构成。

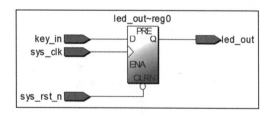

图 12-8　异步复位的 D 触发器 RTL 视图（一）

如果复位时的值不是 0 而改为 1，相当于复位时将 D 触发器置为 1，则使用 D 触发器上的置位端口，其综合的 RTL 视图如图 12-9 所示。

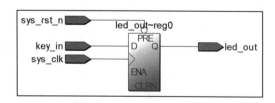

图 12-9　异步复位的 D 触发器 RTL 视图（二）

通过上述同步复位和异步复位综合出的 D 触发器的 RTL 视图对比，我们可以发现，采

用同步复位会多出一个选择器的结构，这里我们可能不禁会有疑问，为什么多了一个选择器？我们设计的 RTL 逻辑中并没有想表达这个选择器，这对于我们最初想要表达的设计来说显然是多余的，所以在使用 Intel（Altera）芯片时最好使用异步复位（如果是 Xilinx 的芯片，则推荐使用同步复位，Xilinx 的 UltraFas 方法学则推荐使用局部复位或最好不使用复位），这样就可以节约更多逻辑资源，更利于时序的收敛。这样的差异是 FPGA 内部结构决定的，后面我们会从 FPGA 的内部结构中详细解释。

4. 仿真验证

（1）仿真文件编写

仿真文件的参考代码如代码清单 12-3 所示。

代码清单 12-3　flip_flop 模块仿真参考代码（tb_flip_flop.v）

```
 1  `timescale  1ns/1ns
 2  module  tb_flip_flop();
 3
 4  //reg    define
 5  reg     sys_clk     ;
 6  reg     sys_rst_n   ;
 7  reg     key_in      ;
 8
 9  //wire   deifne
10  wire    led_out     ;
11
12  // 初始化系统时钟、全局复位和输入信号
13  initial begin
14      sys_clk    = 1'b1;          // 时钟信号的初始化为 1，且使用 "=" 赋值，
15                                  // 其他信号的赋值都使用 "<="
16      sys_rst_n <= 1'b0;          // 因为是低电平复位，所以复位信号的初始化为 0
17      key_in    <= 1'b0;          // 输入信号按键的初始化为 0 和 1 均可
18      #20
19      sys_rst_n <= 1'b1;          // 初始化 20ns 后，复位释放，因为是低电平复位，
20                                  // 所示释放时把信号拉高后系统才开始工作
21      #210
22      sys_rst_n <= 1'b0;          // 为了观察同步复位和异步复位的区别，在复位释放后
23                                  // 电路工作 210ns 后再让复位有效。之所以选择延时 210ns
24                                  // 而不是 200ns 或 220ns，是因为能够使复位信号在时钟下
25                                  // 降沿时复位，这样能够清晰地看出同步复位和异步复位的差别
26      #40
27      sys_rst_n <= 1'b1;          // 复位 40ns 后再次让复位释放掉
28  end
29
30  //sys_clk: 模拟系统时钟，每 10ns 电平翻转一次，周期为 20ns，频率为 50MHz
31  always #10 sys_clk = ~sys_clk; // 使用 always 产生时钟信号，让时钟每隔 10ns 翻转一
32                                  // 次，即一个时钟周期为 20ns，换算为频率为 50MHz
33
34  //key_in: 产生输入随机数，模拟按键的输入情况
35  always #20 key_in <= {$random} % 2;   // 取模求余数，产生非负随机数 0、1，每隔 20ns
```

```
36                            // 产生一次随机数（之所以每20ns 产生一次随机
37                            // 数而不是之前的每10ns 产生一次随机数，是为
38                            // 了在时序逻辑中保证 key_in 信号的变化的
39                            // 时间小于等于时钟的周期，这样就不会产生类
40                            // 似毛刺的变化信号，虽然产生的毛刺在时序电
41                            // 路中也能被滤除，但是不便于我们观察波形）
42
43  //--------------------------------------------------------------
44  initial begin
45      $timeformat(-9, 0, "ns", 6);
46      $monitor("@time %t: key_in=%b led_out=%b", $time, key_in, led_out);
47  end
48  //--------------------------------------------------------------
49
50  //----------------flip_flop_inst-------------------
51  flip_flop     flip_flop_inst
52  (
53      .sys_clk     (sys_clk     ),  //input sys_clk
54      .sys_rst_n   (sys_rst_n   ),  //input sys_rst_n
55      .key_in      (key_in      ),  //input key_in
56
57      .led_out     (led_out     )   //output     led_out
58  );
59
60  endmodule
```

begin...end 是一个串行块，在 Testbench 中使用时，其内部的语句是顺序执行的，在本例中的第 13～28 行代码中我们多次进行延时，其时间是在之前基础上叠加的，而不是从 0 时刻开始计算时间。

（2）仿真波形分析

我们在观察时序逻辑时不能再像观察组合逻辑那样，因为输入和输出会有延一拍的效果，如果输入数据在前一个时钟的上升沿变化，则输出数据不会立刻变化，而是在下一个时钟的上升沿才变化。对这样的现象，我们简单化运用——当时钟和信号在同一时刻变化时，以时钟的上升沿前一时刻采集的输入信号为依据来产生输出信号，这样就可以很好地观察时序逻辑产生的波形了。

（3）同步复位的 D 触发器

同步复位仿真波形如图 12-10 所示，我们让仿真程序运行 500ns 即可得到较好的观察效果。首先复位为高电平的那一刻是和时钟的上升沿对齐的，根据上面的原则，其实此处的上升沿采集到的复位信号为该上升沿前一时刻的值，也就是低电平，所以寄存器处于复位状态，使 led_out 依然保持为低电平，而在下一个时钟的上升沿前一时刻时复位信号已经为高电平，复位被释放，且 key_in 为高电平，所以此时 led_out 也为高电平，这种分析最后的现象完全契合了延一拍的效果（直观上看到的波形是对齐的，其实我们要取的值是时钟上升沿前一时刻的值），中间又加入了一段时间的复位，可以看到同步复位的效果。与最初

设计的波形图对比，发现二者是完全一致的。

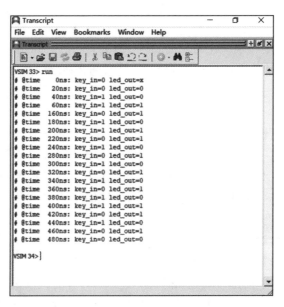

图 12-10　同步复位仿真波形图

我们观察 Transcript 界面（见图 12-11）中打印的结果，也发现 key_in 和 led_out 的值是延一拍的对应关系，有些时候这种延时一拍的关系会导致对打印数据的观测不直观，特别是我们中间还加了复位的控制，容易让人以为是出现了错误，使之更难于观察，这也是本节没有列出真值表的原因。在时序逻辑电路中，真值表并不能很清晰地表达时序的对应关系，反而是用波形图表达的更加清晰，而在以后的设计中，我们并不是不再用 Transcript 界面打印信息，而是不再这样完全把信号进行简单的列举显示。我们会打印一些关键时刻点的信息或者设计一些特殊的打印信息，以方便观察特殊时刻点信号。

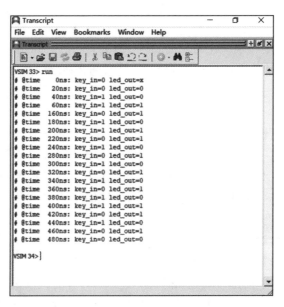

图 12-11　Transcript 界面

（4）异步复位的 D 触发器

我们使用和同步复位 D 触发器一样的根据时序电路分析波形的方法，如图 12-12 所示，经过仔细的验证，发现符合异步复位 D 触发器的逻辑设计。此处不再打印异步复位 D 触发器的信息。

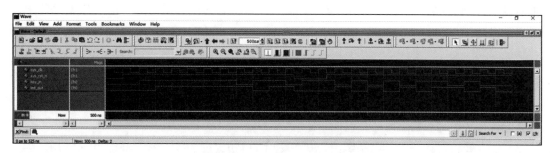

图 12-12 异步复位仿真波形图

5. 上板验证

仿真验证通过后，绑定引脚，对工程进行重新编译。将开发板连接 12V 直流电源和 USB-Blaster 下载器 JTAG 端口，线路正确连接后，打开开关为板卡上电，随后为开发板下载程序。

程序下载完成后按下 KEY1 按键，会发现同时被绑定的 LED 随着按键按下会被点亮，而按键松开时又熄灭，实现了我们最初预想的设计，如图 12-13 所示。

图 12-13 上板效果图

12.3 章末总结

本章讲解了 FPGA 中的时序逻辑，这也是我们正式学习、认识 FPGA 的一个新开始，因为用 FPGA 设计的大型电路几乎都是以时序逻辑为主的，我们也会在今后看到 FPGA 大显身手的时刻。

本章中我们还对比了同步复位 D 触发器和异步复位 D 触发器在波形、代码编写、逻辑资源上的不同，并给出了推荐的用法，希望大家能够在以后的设计中加以规范，熟练使用。在代码的设计上要深刻体会组合逻辑和时序逻辑的差别，特别是在用 always 块描述时，要理解电平触发和沿触发的区别，注意敏感列表的不同。

用 always 块实现时序逻辑时，无论是单比特信号还是多比特信号都具有这种延一拍的效果。我们在后面设计时要养成一些"条件反射"，即做到根据波形写代码时，看到波形中有延一拍的现象时就要想到用 always 块的时序逻辑来实现；看到 always 块表达时序逻辑时就要想到波形中会有延一拍的效果，我们经常听到的把数据"打一拍"其实就是这个意思。

新语法总结

重点掌握

1）always 语句块描述时序逻辑的用法。

2）<=，赋值号的一种，阻塞赋值，在可综合的模块中表达时序逻辑的语句时使用。

知识点总结

1）了解什么是 D 触发器（寄存器）。

2）了解同步复位的 D 触发器和异步复位的 D 触发器的区别。

3）理解组合逻辑电路和时序逻辑电路在波形设计和代码实现上的区别。

4）掌握如何画时序逻辑电路的波形。

5）理解时序电路中延一拍的现象。

6）学会分析时序电路仿真出的波形。

7）理解 begin...end 在 Testbench 中的用法及意义。

第 13 章
阻塞赋值与非阻塞赋值

阻塞赋值符号"="和非阻塞赋值符号"<="其实我们早就见过,而且在前面的实例中使用过,大家可能存在疑问——如何确定是使用阻塞赋值还是用非阻塞赋值?阻塞赋值和非阻塞赋值的概念一直是让初学者较为头疼的问题,甚至一些很有经验的逻辑设计工程师也不能完全正确地理解何时使用非阻塞赋值,何时使用阻塞赋值才能设计出符合要求的电路,不明白在电路结构的设计(即可综合风格的 Verilog 模块的设计)中,究竟为什么还要用非阻塞赋值,以及符合 IEEE 标准的 Verilog 仿真器究竟如何来处理非阻塞赋值的仿真。

本章的目的是把阻塞赋和非阻塞赋值的含义和用法解释清楚,并通过实例给出正确的用法,让你设计出符合意愿的代码及功能。

13.1 理论学习

阻塞赋值的赋值号用"="表示。称这种赋值方式为阻塞赋值,是因为对应的电路结构往往与触发沿没有关系,只与输入电平的变化有关系。可以将阻塞赋值的操作看作只有一个步骤的操作,即计算赋值号右边的语句并更新赋值号左边的语句,此时不允许有来自任何其他 Verilog 语句的干扰,直到现行的赋值完成,即把当前赋值号右边的值赋给左边后,才允许下一条赋值语句执行。串行块(begin...end)中的各条阻塞型过程赋值语句将以它们在顺序块后的排列次序依次执行。阻塞型过程赋值语句的执行过程是:首先计算赋值号右边的值,然后立即将计算结果赋值给左边,赋值语句结束,变量值立即发生改变。阻塞是指在同一个 always 块中,其后面的赋值语句从概念上是在前一句赋值语句结束后再开始下面的赋值。

非阻塞赋值的赋值号用"<="表示。称这种赋值方式为非阻塞赋值是因为对应的电路结构往往与触发沿有关系,只有在触发沿的时才能进行非阻塞赋值。非阻塞操作开始时计算非阻塞赋值符的赋值号右边的语句,赋值操作结束时才更新赋值号左边的语句,可以认为需要两个步骤(赋值开始时刻和结束时刻)来完成非阻塞赋值。在计算非阻塞语句赋值号右边的语句和更新赋值号左边的语句期间,其他的 Verilog 语句(包括其他 Verilog 非阻塞赋值语句)都能同时计算赋值号右边的语句和更新赋值号左边的语句,允许其他 Verilog

语句同时进行操作。在赋值开始时刻，计算赋值号右边的语句；在赋值结束时刻，更新赋值号左边的语句。注意，非阻塞操作只能用于对寄存器类型变量赋值，因此只能用于 initial 和 always 块中，不允许用于连续赋值，即（assign）中。

13.2 阻塞赋值

阻塞赋值参考代码具体参见代码清单 13-1。

代码清单 13-1 阻塞赋值参考代码（blocking.v）

```
 1 module  blocking
 2 (
 3    input   wire          sys_clk      ,    // 系统时钟（50MHz）
 4    input   wire          sys_rst_n    ,    // 全局复位
 5    input   wire   [1:0]  in           ,    // 输入信号
 6
 7    output  reg    [1:0]  out               // 输出信号
 8 );
 9
10 reg [1:0]   in_reg;
11
12                                       //in_reg: 给输入信号延一拍
13                                       //out: 输出控制一个 LED 灯
14 always@(posedge sys_clk or negedge sys_rst_n)
15    if(sys_rst_n == 1'b0)
16       begin
17           in_reg = 2'b0;
18           out    = 2'b0;
19       end
20    else
21       begin
22           in_reg = in;
23           out    = in_reg;
24       end
25
26 endmodule
```

根据上面 RTL 代码综合出的 RTL 视图如图 13-1 所示，可以看到综合出的结果只有一组寄存器。

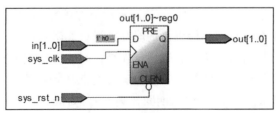

图 13-1 阻塞赋值的 RTL 视图

为了进一步验证，我们通过 Testbench 进行仿真，验证一下结果。阻塞赋值仿真参考代码具体参见代码清单 13-2。

代码清单 13-2　阻塞赋值仿真参考代码（tb_blocking.v）

```
1 module tb_blocking();
2
3 //reg define
4 reg         sys_clk;
5 reg         sys_rst_n;
6 reg    [1:0]  in;
7
8 //wire define
9 wire   [1:0]  out;
10
11 // 初始化系统时钟、全局复位和输入信号
12 initial
13    begin
14        sys_clk    = 1'b1;
15        sys_rst_n <= 1'b0;
16        in        <= 2'b0;
17        #20;
18        sys_rst_n <= 1'b1;
19    end
20
21 //sys_clk：模拟系统时钟，每10ns电平翻转一次，周期为20ns，频率为50MHz
22 always #10 sys_clk = ~sys_clk;
23
24 //in：产生输入随机数，模拟按键的输入情况
25 // 取模求余数，产生非负随机数 0、1、2、3，每隔 20ns 产生一次随机数
26 always #20 in <= {$random} % 4;
27
28 //------------------------blocking_inst------------------------
29 blocking      blocking_inst
30 (
31    .sys_clk    (sys_clk    ),  //input          sys_clk
32    .sys_rst_n  (sys_rst_n  ),  //input          sys_rst_n
33    .in         (in         ),  //input     [1:0]  in
34
35    .out        (out        )   //output    [1:0]  out
36 );
37
38 endmodule
```

打开 ModelSim 执行仿真，仿真波形如图 13-2 所示，我们让仿真运行了 500ns 即可得到较好的观察效果。根据第 12 章中的介绍，我们知道一个寄存器就是"延一拍"，所以该仿真波形和前面的 RTL 视图刚好对应，输入信号 in 和中间变量 in_reg、输出信号 out 的关系就是延迟一拍的关系，但是为什么只是延迟一拍呢？首先，中间变量 in_reg 一定要等待复位被释放后且第一个时钟上升沿来到时才会被赋值为输入信号 in 的值，所以会比输入信

号 in 延迟一拍，而中间变量 in_reg 和输出信号 out 却没有延迟一拍的关系了，而是在同一时刻同时变化，因为我们使用的是阻塞赋值，也就是说只要赋值号右边的表达式的值有变化，赋值号左边的表达式的值也将立刻变化，所以我们最终看到的结果是中间变量 in_reg 和输出信号 out 是同时变化的。

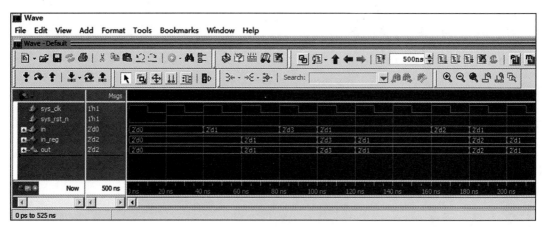

图 13-2　阻塞赋值仿真波形图

13.3　非阻塞赋值

非阻塞赋值参考代码具体参见代码清单 13-3。

代码清单 13-3　非阻塞赋值参考代码（non_blocking.v）

```
 1 module   non_blocking
 2 (
 3    input    wire              sys_clk  e  ,// 系统时钟（50MHz）
 4    input    wire              sys_rst_n   ,// 全局复位
 5    input    wire     [1:0]    in          ,// 输入按键
 6
 7    output   reg      [1:0]    out             // 输出控制 LED 灯
 8 );
 9
10 reg [1:0]   in_reg;
11
12 //in_reg: 给输入信号延一拍
13 //out: 输出控制一个 LED 灯
14 always@(posedge sys_clk or negedge sys_rst_n)
15     if(sys_rst_n == 1'b0)
16     begin
17         in_reg <= 2'b0;
18         out    <= 2'b0;
19     end
20     else    begin
```

```
21          in_reg <= in;
22          out    <= in_reg;
23      end
24
25 endmodule
```

根据上面 RTL 代码综合出的 RTL 视图如图 13-3 所示，可以看到有两组寄存器，这和使用阻塞赋值所综合的 RTL 视图有所不同。

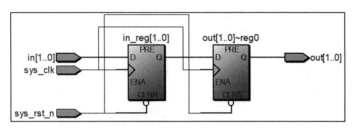

图 13-3　非阻塞赋值 RTL 视图

为了进一步验证，我们通过 Testbench 进行仿真验证一下结果，并和阻塞赋值的波形进行对比。非阻塞赋值仿真参考代码具体参见代码清单 13-4。

代码清单 13-4　非阻塞赋值仿真参考代码（tb_non_blocking.v）

```
 1 module tb_non_blocking();
 2
 3 //reg    define
 4 reg          sys_clk;
 5 reg          sys_rst_n;
 6 reg    [1:0]  in;
 7
 8 //wire   define
 9 wire   [1:0]  out;
10
11 // 初始化系统时钟、全局复位和输入信号
12 initial
13    begin
14        sys_clk   = 1'b1;
15        sys_rst_n <= 1'b0;
16        in        <= 2'b0;
17        #20;
18        sys_rst_n <= 1'b1;
19    end
20
21 //sys_clk：模拟系统时钟，每10ns 电平翻转一次，周期为20ns，频率为50MHz
22 always #10 sys_clk = ~sys_clk;
23
24 //in：产生输入随机数，模拟按键的输入情况
25 // 取模求余数，产生非负随机数 0、1、2、3，每隔 20ns 产生一次随机数
26 always #20 in <= {$random} % 4;
```

```
27
28 //-----------------------blocking_inst-----------------------
29 blocking     blocking_inst
30 (
31     .sys_clk    (sys_clk    ),  //input              sys_clk
32     .sys_rst_n  (sys_rst_n  ),  //input              sys_rst_n
33     .in         (in         ),  //input     [1:0]    in
34
35     .out        (out        )   //output    [1:0]    out
36 );
37
38 endmodule
```

打开 ModelSim 执行仿真，仿真波形如图 13-4 所示，我们让仿真运行了 500ns 即可得到较好的观察效果。同样，该仿真波形和其 RTL 视图也是刚好对应的，我们发现输入信号 in 和中间变量 in_reg 是延迟一拍的关系，而中间变量 in_reg 和输出信号 out 也是延迟一拍的关系，也就是输入信号 in 和输出信号 out 一共是延迟两拍的关系，为什么会这样呢？首先，中间变量 in_reg 一定要等待复位被释放后且第一个时钟上升沿来到时才会被赋值为输入信号 in 的值，所以会比输入信号 in 延迟一拍，这和阻塞赋值过程是相同的，但是接下来就不一样了，因为我们使用的是非阻塞赋值，也就是说只要赋值号右边的表达式的值有变化，赋值号左边的表达式的值也不会立刻变化，需要等待下一次时钟沿到来时一起变化，所以我们最终看到的结果是输出信号 out 相对于输入信号是延迟了两拍的关系。

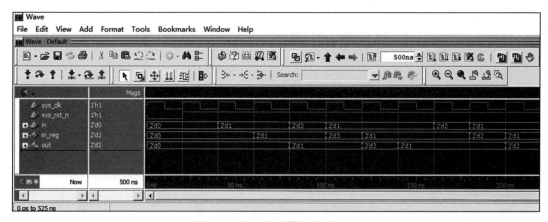

图 13-4   非阻塞赋值仿真波形图

那么究竟谁对谁错呢？显而易见，当我们想对一个信号延迟两拍时，如果使用了阻塞赋值，那得到的结果明显不是我们想要的，如果乱用阻塞与非阻塞赋值，其结果就不是我们可以预判的了，会出现各种问题，要想完全掌控我们所写的代码，就要尽可能规范地设计代码。所以在描述逻辑电路时使用阻塞赋值，在描述时序逻辑电路时要使用非阻塞赋值，这也是官方的推荐写法。

13.4　章末总结

本章主要讲解了阻塞赋值（=）与非阻塞赋值（<=）使电路产生的差异，重新理解阻塞赋值与非阻塞赋值的原理和意义，能够使我们正确设计出符合需求的电路。

- ❑ 阻塞赋值（=）：该语句结束时就完成赋值操作，前面的语句没有完成前，后面的语句是不能执行的。在一个过程块内，多个阻塞赋值语句是顺序执行的。
- ❑ 非阻塞赋值（<=）：一条非阻塞赋值语句的执行不会阻塞下一条语句的执行，也就是说在本条非阻塞赋值语句执行完毕前，下一条语句也可以开始执行。非阻塞赋值语句在过程块结束时才完成赋值操作。一个过程块内的多个非阻塞赋值语句是并行执行的。

最后我们总结在编写 RTL 代码时推荐的一些规范，详细如下：

1）在编写时序逻辑的代码时采用非阻塞赋值的方式。

计算赋值符号右边的信号时，所有变量值均是触发沿到来前的值，更新的赋值符号左边的信号作为触发沿后的值，并且保持到下一个触发沿到来时等待更新。这样，就可以不要求同一个块中非阻塞赋值语句出现的顺序，全部在赋值号右边的信号计算后同时更新赋值号左边的信号的值。非阻塞赋值可以简单的认为是赋予下一状态的值。

2）使用 always 块来编写组合逻辑的代码时要用阻塞赋值的方式。

使用 always 块建立组合逻辑电路模型时，不要忘记 always 块中的敏感列表一定要使用电平触发的方式，然后在 always 块中使用阻塞赋值语句就可以实现组合逻辑，这样做既简单、快捷又方便，这样的风格是值得推荐的。

3）在同一个 always 块中不要既要用非阻塞赋值又用阻塞赋值。因为在同一个 always 块中对同一个变量既进行阻塞赋值又进行非阻塞赋值，会产生综合不可预测的结果，不是可综合的 Verilog 风格。

4）虽然锁存器电路建模是我们不推荐的，但是如果必须使用时，要采用非阻塞赋值的方式。使用非阻塞赋值实现时序逻辑，实现锁存器是最为安全的。

5）一个 always 块只对一个变量进行赋值，这是因为 always 块是并行的，执行的顺序是随机的，综合时会报多驱动的错误，所以严禁在多个 always 块中对同一个变量赋值；当然也不推荐一个 always 对多个变量进行赋值，虽然这种方式是允许的，但如果变量过多，会导致代码混乱，且为后期的维护和修改带来不便（本章中之所以将变量赋值写在一起，首先是因为变量不多，其次是为了进行对比，得出本章的实验效果），不是本书推荐的设计方法。

第 14 章
计 数 器

在前文中我们讲解了时序逻辑电路中最基本的单元——寄存器，本章我们就用寄存器来实现计数器。有了计数器，我们能做的事情就太多了，可以毫不夸张地说，一切和时间有关的设计都会用到计数器。

14.1 理论学习

计数是一种最基本的运算，计数器就是实现这种运算的逻辑电路。在数字系统中，计数器主要是对脉冲的个数进行计数，以实现测量、计数和控制的功能，同时兼有分频功能。计数器在数字系统中应用广泛，如在电子计算机的控制器中对指令地址进行计数，以便顺序取出下一条指令，又如在运算器中作乘法、除法运算时记下加法、减法次数，再如在数字仪器中对脉冲的计数，等等。

在 FPGA 设计中，计数器也是最常用的一种时序逻辑电路，根据计数器的计数值我们可以精确计算出 FPGA 内部各种信号之间的时间关系，每个信号何时拉高、何时拉低，拉高多久、拉低多久都可以由计数器实现精确控制。而让计数器计数的是由外部晶振产生的时钟，所以可以比较精准地控制需要计数的时间。计数器一般都是从 0 开始计数，计数到我们需要的值或者计数满溢后清零，并可以不断循环。3 位数的十进制计数器最大可以计数到 999，4 位数的最大可以计数到 9999；3 位数的二进制计数器最大可以计数到 111（即十进制数 7），4 位数的最大可以计数到 1111（即十进制数 15）。

14.2 实战演练

14.2.1 实验目标

本例我们让计数器计数 1s 时间间隔，来实现 LED 灯每隔 1s 闪烁一次的效果。

14.2.2 硬件资源

如图 14-1 所示，使用开发板板载 LED 灯来展示计数器。

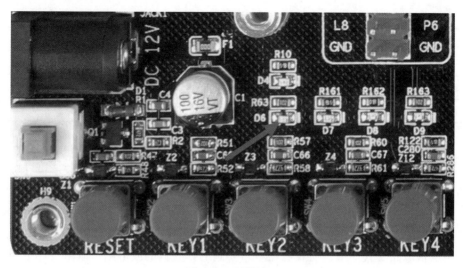

图 14-1　硬件资源

由图 14-2 所示的原理图可知，征途 Pro 开发板 LED 灯为低电平点亮。

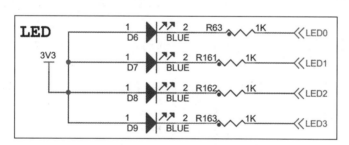

图 14-2　LED 灯原理图

14.2.3　程序设计

1. 模块框图

因为本设计功能单一，主要是通过设计一个 1s 计数器来实现 LED 灯闪烁的效果，所以将模块命名为 counter。计数器肯定需要时钟和复位信号，因为计数器的计数就是靠时钟的脉冲来提供的，所以没有其他额外的输入信号了，而对于输出，我们则使用一个 LED 灯来观察计数器计数后的效果，所以需要又一个输出信号，名为 led_out。根据上面的分析设计出的 Visio 框图如图 14-3 所示。

端口列表与功能总结如表 14-1 所示。

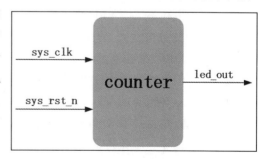

图 14-3　模块框图

表 14-1　输入输出信号描述

信　号	位　宽	类　型	功能描述
sys_clk	1bit	Input	工作时钟，频率为 50MHz
sys_rst_n	1bit	Input	复位信号，低电平有效
led_out	1bit	Output	输出控制 LED 灯

2. 波形图绘制

下面我们开始进行"真正"的波形设计。为什么说这是"真正"的波形设计呢？难道之前的波形设计都是假的吗？当然不是，因为波形设计在时序电路设计中最有价值，也最好用，组合逻辑的设计虽然我们也画波形了，但主要是为了让大家尽早接触这种方法，并不涉及画波形的精髓之处，对于组合逻辑的设计，我们用真值表也可以设计出代码，第 12 章的时序逻辑电路又太简单，而我们在本章要画的计数器的波形则是以后设计中经常会用到的，也是非常重要的。

本章的重点就是如何控制好计数器。对于计数器来说，只要控制好什么时候开始计数，什么时候清零，你就可以完全掌控计数器了。首先考虑什么时候开始计数的问题（也可以先考虑什么时候清零），这个系统除了时钟和复位就没有外界的其他输入了，所以只要复位一撤销，时钟沿来到就可以立刻进行计数，所以我们不需要太关心计数开始的条件，也可以默认为没有条件。

然后是考虑计数器什么时候清零，有人可能会问，计数器不是会计数满自动清零吗？是的，但计数到多少后清零是需要我们考虑的。这就引入了一个新的问题——计数 1s 的时间需要计数器计多少个数？有很多学习者对这一点掌握得不熟练，经常容易计算错，那就会导致计数的个数不准，从而导致系统出现各种问题。我们用系统时钟（频率 50MHz）计数，换算成时间为 $1/(50 \times 10^3 \times 10^3)$Hz = 0.000_000_02s，也就是说 50MHz 频率的时钟一个周期的时间为 0.000_000_02s，那么计数 1s 需要多少个 0.000_000_02s 呢？经计算，需要 (1/0.000_000_02s) = 50_000_000 个，所以我们的计数器需要在 50MHz 的时钟下计 50_000_000 个数才可以。但是我们是从 0 开始计数的，所以在 50MHz 的时钟频率下计数 1s 的时间，最终的计数值为 49_999_999。但是不要忘记，我们要实现的是在 1s 的时间内闪烁，就是说在 1s 内，LED 灯点亮 0.5s，熄灭 0.5s，这样的观赏效果最佳。我们真的需要让计数器的计数值达到 49_999_999 这么多吗？首先这个想法当然是可以的，但是计数到 49_999_999 需要 26 位宽的寄存器，这显然需要使用很多寄存器，会占用很多资源，虽然资源足够，但更精简的设计可以让整个系统的性能达到最优，所以我们希望减少一些寄存器的使用，这样位宽就可以变小一些，从而节约一些寄存器资源。因为 LED 灯实现 1s 内闪烁的效果，也就是 LED 灯的电平为高和低电平交替进行，即每 0.5s 将控制 LED 灯的引脚取反就可以了。那么我们就可以让计数器减少一半的计数时间（个数），也就是计数 0.5s 的时间，计数器计数的值为 0~24_999_999，需要 25 位宽的寄存器。

（1）方法 1：实现不带标志信号的计数器

经过简单的分析，我们可以开始绘制波形了，首先把输入信号 sys_clk 和 sys_rst_n 画好，然后添加一个用于计数 0.5s 时间的 cnt 计数器，当 sys_rst_n 信号有效时，cnt 计数器清零；当 sys_rst_n 信号撤销后，时钟的上升沿时刻 cnt 计数器开始自加 1。当 cnt 计数器计数到 N（这里 $N = 24\_999\_999$）时清零，只要 sys_rst_n 不复位，该计数器将一直循环计数下去。输出信号 led_out 就是直接控制 LED 灯闪烁的信号，每当计数器计数到 N 时 led_out 信号取反，从而控制外部 LED 灯实现闪烁的效果。不带标志信号的计数器波形图如图 14-4 所示。

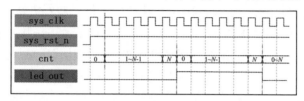

图 14-4　不带标志信号的计数器波形图

（2）方法 2：实现带标志信号的计数器

我们还可以再添加一个用于指示 cnt 计数器计数到 N 的脉冲信号 cnt_flag，当计数器计数到 N 时 led_out 信号先不取反，而是让 cnt_flag 脉冲信号产生一个时钟周期的高脉冲，led_out 信号每当检测到 cnt_flag 脉冲信号为高时取反，也能够控制外部 LED 灯实现闪烁的效果。

为了更严谨，这里还有一个细节需要注意，如图 14-5 和图 14-6 所示，这两组波形图不仔细看是一样的，但认真观察就会发现不同：图 14-5 中的 cnt_flag 脉冲标志信号是在 N 有效时拉高，而图 14-6 中的 cnt_flag 脉冲标志信号是在 $N-1$ 有效时拉高。为什么还要区分这一点细节呢？在本例中当然不需要区分，因为 LED 灯闪烁的时间对于观察不会有太大影响，但如果做一个数字时钟的话，那情况就不一样了，需要一点不差，越准确越好。图 14-5 中的第一个 cnt_flag 脉冲标志信号是等待计数器计数到 N 这个值时才拉高，时间上是刚刚好的，led_out 信号拉高的条件则是以 cnt_flag 为条件变化的，当时钟采集到 cnt_flag 脉冲标志信号为高电平时，其实 cnt 计数的个数已经为 $N+1$ 了，也就是说此刻已经多计数了，所以我们要采用图 14-6 所示的方式来拉高 cnt_flag 脉冲标志信号，也就是让 cnt_flag 脉冲标志信号在计数器计数到 $N-1$ 时就拉高，这样再利用 cnt_flag 脉冲标志信号产生其他的信号时间就是严格准确的。

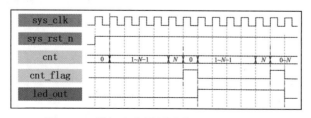

图 14-5　带标志信号的计数器波形图（一）

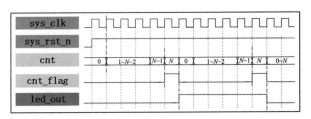

图 14-6　带标志信号的计数器波形图（二）

可能有人会问，为什么一定要使用这个脉冲标志信号呢？方法 1 实现的计数器不好吗？当然不是，其实在这里我们是想引出一个非常有用的信号——脉冲标志信号（flag），这种信号在后面用得很多，它可以减少代码中 if 内的条件，让代码更加清晰简洁，而且当需要在多处使用脉冲标志信号时，要比全部写出的方式更节约逻辑资源。脉冲标志信号在指示某些状态时是非常有用的，在实现相对复杂的逻辑功能时注意使用脉冲标志信号，后面我们还会介绍另一个有用的信号——使能信号。

3. 代码编写

方法 1：实现不带标志信号的计数器，参考代码具体参见代码清单 14-1。

代码清单 14-1　不带标志信号的计数器参考代码（counter.v）

```
1 module   counter
2 #(
3     parameter   CNT_MAX = 25'd24_999_999/* 这是我们第一次使用参数的方式定义常量。
4   使用参数的方式定义常量有很多好处：例如，我们在 RTL 代码中实例化该模块时，如果需要两个
5   不同计数值的计数器，不必设计两个模块，而是直接修改参数的值即可；再比如，在编
6   写 Testbench 进行仿真时，我们也需要实例化该模块，但是需要仿真至少 0.5s 的时间才
7   能够看出 led_out 效果，这会让仿真时间很长，也会导致产生的仿真文件很大，所以我们
8   可以通过直接修改参数的方式来缩短仿真的时间而看到相同的效果，且不会影响到 RTL 代码模
9   块中的实际值，因为 parameter 定义的是局部参数，所以只在本模块中有效。为了更好地区
10  分，参数名我们习惯上都要大写 */
11 )
12 (
13    input   wire   sys_clk    ,   // 系统时钟（50MHz）
14    input   wire   sys_rst_n  ,   // 全局复位
15
16    output  reg    led_out        // 输出控制 LED 灯
17 );
18
19 reg [24:0]  cnt;                  // 经计算，需要 25 位宽的寄存器才够 500ms
20
21 //cnt: 计数器计数，当计数到 CNT_MAX 的值时清零
22 always@(posedge sys_clk or negedge sys_rst_n)
23    if(sys_rst_n == 1'b0)
24        cnt <= 25'b0;
25    else   if(cnt == CNT_MAX)
26        cnt <= 25'b0;
27    else
28        cnt <= cnt + 1'b1;
```

```
29
30 //led_out: 输出控制一个 LED 灯，每当计数满标志信号有效时取反
31 always@(posedge sys_clk or negedge sys_rst_n)
32     if(sys_rst_n == 1'b0)
33         led_out <= 1'b0;
34     else    if(cnt == CNT_MAX)
35         led_out <= ~led_out;
36
37 endmodule
```

根据上面 RTL 代码综合出的 RTL 视图如图 14-7 所示，可以看到其结构已经比之前的设计复杂很多了。首先，最左边的 ADDER 是一个加法器，加法器的一个输入端是寄存器反馈回来的值，另一个输入端是加数 1，用于计数器自加 1，加和后的值传给下一级 MUX21 选择器，这个选择器的选择端 SEL 是比较器 EQUAL 用于比较计数器是否计数到 24_999_999 这个值的，如果计数器计数到了 24_999_999，就将选择器的选择端 SEL 置为 1，使选择器 MUX21 选通 DATAB 端，此时 25 位的寄存器清零；如果计数器还没有计数到 24_999_999 这个值，就将选择器的选择端 SEL 置为 0，使选择器 MUX21 选通 DATAA，让计数器继续计数。当 EQUAL 比较器的输出为 1 时（表示计数器已经计数到了 24_999_999 这个值），会将该信号作用于最后一级寄存器的使能端，使能最后一级寄存器输出信号至外部引脚，最后一级寄存器的输出端反馈回其输入端并取反，等待下一次 EQUAL 比较器的输出为 1 时再变化。

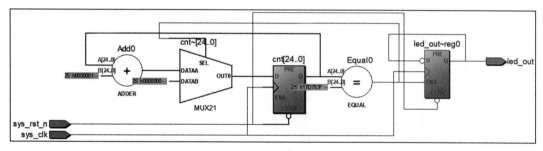

图 14-7   不带标志信号的计数器 RTL 视图

方法 2：实现带标志信号的计数器，参考代码具体参见代码清单 14-2。

代码清单 14-2   带标志信号的计数器参考代码（counter.v）

```
1 module  counter
2 #(
3     parameter   CNT_MAX = 25'd24_999_999
4 )
5 (
6     input   wire    sys_clk     ,   // 系统时钟（50MHz）
7     input   wire    sys_rst_n   ,   // 全局复位
8
9     output  reg     led_out         // 输出控制 LED 灯
10 );
11
```

```
12 //reg    define
13 reg [24:0]  cnt       ;       //经计算，需要 25 位宽的寄存器才够 500ms
14 reg          cnt_flag;
15
16 //cnt: 计数器计数，当计数到 CNT_MAX 的值时清零
17 always@(posedge sys_clk or negedge sys_rst_n)
18     if(sys_rst_n == 1'b0)
19         cnt <= 25'b0;
20     else   if(cnt == CNT_MAX)
21         cnt <= 25'b0;
22     else
23         cnt <= cnt + 1'b1;
24
25 //cnt_flag: 计数到最大值产生的标志信号，每当计数满标志信号有效时取反
26 always@(posedge sys_clk or negedge sys_rst_n)
27     if(sys_rst_n == 1'b0)
28         cnt_flag <= 1'b0;
29     else   if(cnt == CNT_MAX - 25'b1)
30         cnt_flag <= 1'b1;
31     else
32         cnt_flag <= 1'b0;
33
34 //led_out: 输出控制一个 LED 灯
35 always@(posedge sys_clk or negedge sys_rst_n)
36     if(sys_rst_n == 1'b0)
37         led_out <= 1'b0;
38     else   if(cnt_flag == 1'b1)
39         led_out <= ~led_out;
40
41 endmodule
```

根据上面 RTL 代码综合出的 RTL 视图如图 14-8 所示，前面的分析都是一样的，不同是 EQUAL 比较器输出后不是直接接到最后一级寄存器上，而是在中间又加了一个脉冲信号寄存器，用于产生计数器计数到 24_999_999 这个值时的脉冲信号该脉冲信号同时会作用于最后一级寄存器的使能端，使能最后一级寄存器输出信号至外部引脚，最后一级寄存器的输出端反馈回其输入端并取反，等待下一次 EQUAL 比较器的输出为 1 时再变化。

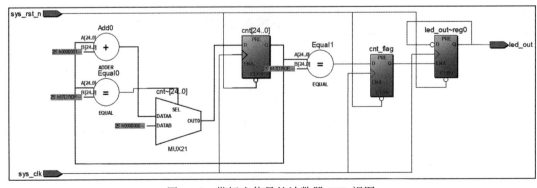

图 14-8　带标志信号的计数器 RTL 视图

通过对比可以发现第一种实现方式用了 2 个 always 块,其 RTL 视图分别对应两组寄存器,而第二种实现方式用了 3 个 always 块,其 RTL 视图分别对应 3 组寄存器,这是我们分析时需要特别注意的。

4.仿真验证

(1)仿真文件编写

计数器仿真参考代码具体参见代码清单 14-3。

代码清单 14-3　计数器仿真参考代码（tb_counter.v）

```
 1 `timescale  1ns/1ns
 2 module  tb_counter();
 3
 4 //reg    define
 5 reg     sys_clk;
 6 reg     sys_rst_n;
 7
 8 //wire   define
 9 wire    led_out;
10
11 // 初始化输入信号
12 initial begin
13     sys_clk    = 1'b1;
14     sys_rst_n <= 1'b0;
15     #20
16     sys_rst_n <= 1'b1;
17 end
18
19 //sys_clk: 每 10ns 电平翻转一次, 产生一个 50MHz 的时钟信号
20 always #10 sys_clk = ~sys_clk;
21
22 //---------------------flip_flop_inst---------------------
23 counter
24 #(
25     .CNT_MAX     (25'd24 )       // 实例化带参数的模块时要注意格式, 当我们想要修改常数在
26                                  // 当前模块的值时, 直接在实例化参数名后面的括号内修改即可
27 )
28 counter_inst(
29     .sys_clk     (sys_clk   ), //input sys_clk
30     .sys_rst_n   (sys_rst_n ), //input sys_rst_n
31
32     .led_out     (led_out   ) //output      led_out
33 );
34
35 endmodule
```

(2)仿真波形分析

方法 1:实现不带标志信号的计数器

打开 ModelSim 执行仿真,仿真波形如图 14-9 所示,我们让仿真运行了 10μs,已经可

以发现 led_out 信号产生了等间隔的脉冲高低变化。如图 14-10 所示，我们把 led_out 信号变化的地方放大观察，可以看到 cnt 计数器计数到 24 就清零了，和我们在 Testbench 中修改的参数结果一致，同时 led_out 信号的电平发生了翻转，从而验证了我们的设计是正确的。

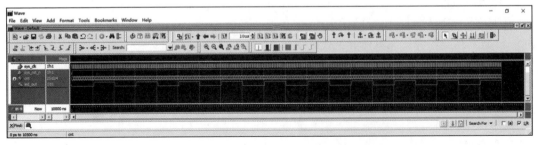

图 14-9　不带标志信号的计数器的仿真波形图

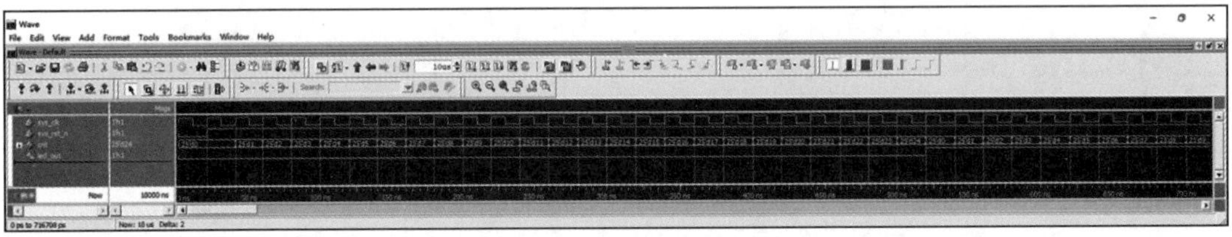

图 14-10　Led_out 信号变化情况

我们观察 Transcript 界面（见图 14-11）中打印的结果，也可以发现 led_out 信号是在相同的时间间隔下高低电平交替变化的。

图 14-11　方法 1 打印结果

方法 2：实现带标志信号的计数器

如图 14-12 所示，我们同样让仿真运行了 10μs，也发现 led_out 信号产生了等间隔的脉冲高低变化。不同的是我们多加了一个 cnt_flag 脉冲标志信号，从图 14-12 中也的确可以发现一个个小的脉冲。如图 14-13 所示，我们也把 led_out 信号变化的地方放大观察，可以看到 cnt 计数器也是计数到 24 就清零了，和我们在 Testbench 中修改的参数结果一致，在 cnt 计数器计数到 23 的同时，cnt_flag 脉冲信号拉高一个时钟的高电平，led_out 信号检测到 cnt_flag 脉冲信号为高电平，发生了翻转，这也验证了我们的设计是正确的。

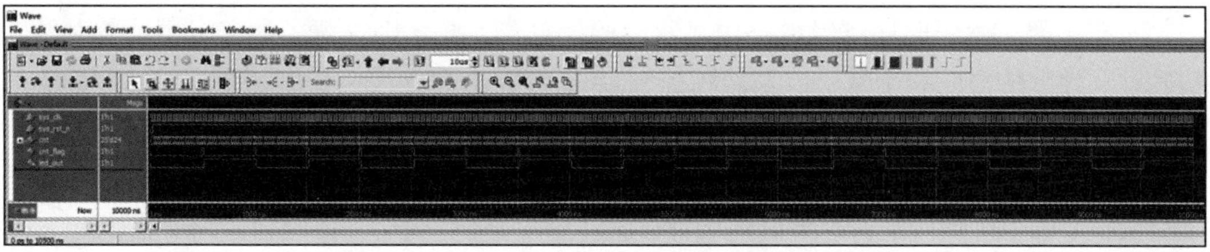

图 14-12 带标志信号的计数器的仿真波形图

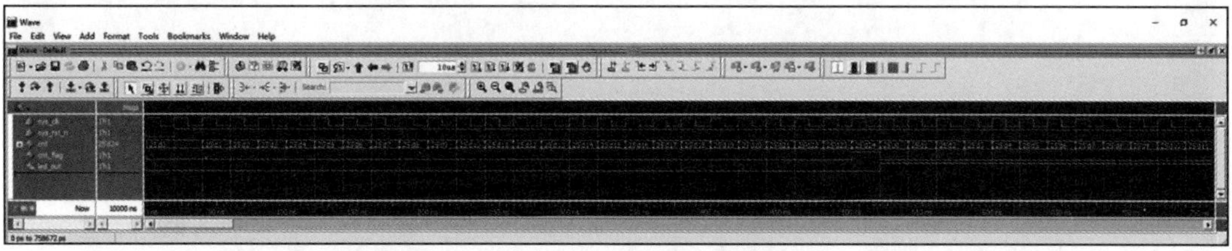

图 14-13 led_out 信号变化情况

观察 Transcript 界面（见图 14-14）中打印的结果，可以发现与图 14-11 相同。

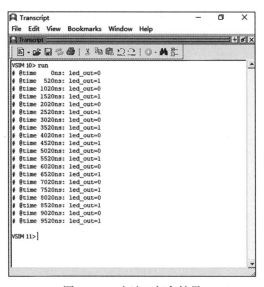

图 14-14 方法 2 打印结果

5. 上板验证

仿真验证通过后，绑定引脚，对工程进行重新编译。将开发板连接 12V 直流电源和 USB-Blaster 下载器 JTAG 端口，线路正确连接后，打开开关为板卡上电，随后为开发板下载程序。程序下载完毕后，会看到板卡 LED 灯 D6 不断闪烁，时间间隔为 1s。

14.3 章末总结

本章主要讲解了时序逻辑电路中最常用的计数器，并详细讲解了如何根据计数时钟来精确计算计数的时间和个数，以及两种控制 LED 灯输出的方式，引出了重要的脉冲标志信号及其用法，还分析了稍微复杂的时序逻辑电路的 RTL 视图。通过本章的实验，我们应该继续加大根据分析绘制波形图的技能的训练力度，这也仅仅是一个开始，希望大家能够通过后面章节的训练彻底掌握这种好的设计方法。

新语法总结

重点掌握
paramter 的用法（出现在模块内部的局部定义）。

知识点总结

1）能够通过自己的分析绘制出时序逻辑电路的波形。
2）学会根据计数器的计数时钟来精确计算想要计数的时间和个数，熟练地控制计数器。
3）能够了解 flag 脉冲标志信号的意义，脉冲信号如何精确地产生，以及应用场景。
4）学会分析简单时序逻辑的 RTL 视图，理解设计的 RTL 代码。

第 15 章
分　频　器

　　时钟对于 FPGA 是非常重要的，但板载晶振提供的时钟信号频率是固定的，不一定满足工程需求，所以使用分频或倍频产生需要的时钟是很有必要的。本章我们将开始学习分频器。

15.1　理论学习

　　数字电路中时钟占有很重要的地位，时间的计算都要以时钟作为基本的单元。一般来说，我们使用的开发板上只有一个晶振，即只有一种频率的时钟，但在数字系统设计中，经常需要对基准时钟进行不同倍数的分频，进而得到各模块所需的时钟频率：若想得到比固定的时钟频率更慢的时钟，可以将该固定时钟进行分频；若想得到比固定时钟频率更快的时钟，可以在固定时钟频率的基础上进行倍频。无论分频还是倍频，我们都有两种方式可以选择，一种是器件厂商提供的锁相环（PLL，后面章节会讲解），另一种是自己动手来用 Verilog 代码描述。

　　我们用 Verilog 代码描述的往往是分频电路，即分频器。分频器是数字系统设计中最常见的基本电路之一。所谓"分频"，就是把输入信号的频率降低整数倍，作为输出信号进行输出。分频的原理是把输入的信号作为计数脉冲，由于计数器的输出端口是按一定规律输出脉冲的，所以对不同的端口输出的信号脉冲就可以看作对输入信号的分频。分频频率由计数器所决定。如果是十进制的计数器，那就是十分频，如果是二进制的计数器就是 2 分频，还有 4 分频、8 分频、16 分频等，以此类推。

　　分频器和计数器非常类似，有时候甚至可以说就是相同的。回想第 14 章中关于计数器的内容，观察仿真波形，对比时钟信号 sys_clk 和 led_out 信号的关系，你会发现 led_out 信号实际上就是对时钟信号 sys_clk 进行了分频。

15.2　实战演练一

15.2.1　实验目标

　　分频器分为偶数分频器和奇数分频器，我们在第 14 章计数器的例子中实现的其实就是偶数分频器，这里我们也先以偶数分频器开始介绍。本例中我们将实现对系统时钟进行 6 分频的偶数分频电路的设计。

15.2.2　硬件资源

如图 15-1 所示，使用板卡引出 I/O 口 F15 进行时钟输出。

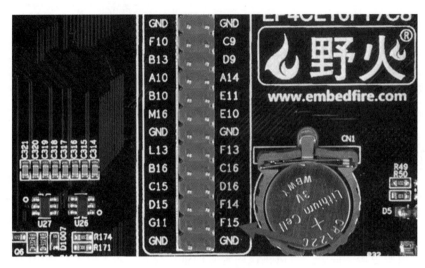

图 15-1　硬件资源

15.2.3　程序设计

1. 模块框图

因为我们设计的是 6 分频电路，所以模块命名为 divider_six，然后是端口信号的设计，首先必不可少的是时钟信号 sys_clk 和复位信号 sys_rst_n，分频器和计数器一样，一般都只作用于 FPGA 内部的信号，这里我们没有其他外部输入信号，其输出也往往提供给 FPGA 内部信号使用，这里我们将分频模块设计为一个独立的模块。根据上面的分析设计出的 Visio 框图如图 15-2 所示。

端口列表与功能总结如表 15-1 所示。

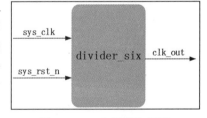

图 15-2　6 分频模块框图

表 15-1　6 分频模块输入 / 输出信号描述

信号	位宽	类型	功能描述	信号	位宽	类型	功能描述
sys_clk	1bit	Input	工作时钟，频率为 50MHz	clk_out	1bit	Output	对系统时钟 6 分频后的信号
sys_rst_n	1bit	Input	复位信号，低电平有效				

2. 波形图绘制

（1）方法 1：仅实现分频功能

首先绘制 sys_clk 时钟信号和 sys_rst_n 复位信号的波形。既然需要分频，那肯定需要一个计数器，所以我们定义一个名为 cnt 的计数器，根据第 14 章的分析得知，对于计数器，我们要精确地控制它何时计数、何时清零。这里对计数何时开始没有特殊要求，即只要时钟正常工作且复位被释放，我们就可以立刻进行计数。那计数器计数到多少清零呢？我们需要对输入的系统时钟进行 6 分频，那需要计数器计数 0～5 这 6 个数吗？当然不需要，和第 14 章中的思考过程是一样的，我们只需要让计数器从 0 计数到 2，即计 3 个数就可以了，然后每当计数器计数到 2 时就让 clk_out 输出信号取反即可，如图 15-3 所示，产生的 clk_out 输出信号就是对 sys_clk 时钟信号的 6 分频。

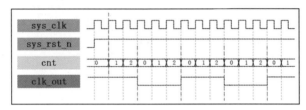

图 15-3　6 分频波形图

（2）方法 2：实现实用的降频方法

方法 1 中的 clk_out 输出信号是我们想要的分频后的信号，然后很多读者就直接把这个信号当作新的低频时钟来使用，并实现了自己想要的功能。你可能觉得能够实现功能就可以了，但这样往往容易忽略一些隐患，如果你对 FPGA 的了解多一些，就会理解这其实是不严谨的做法，这种做法所衍生的潜在问题在低速系统中不易察觉，但在高速系统中很容易出现问题。因为通过这种方式分频得到的新的低频时钟虽然表面上是通过对系统时钟进行了分频产生的，但实际上和真正的时钟信号还是有很大区别的。因为在 FPGA 中，凡是时钟信号都要连接到全局时钟网络上。全局时钟网络也称为全局时钟树，是 FPGA 厂商专为时钟路径而专门设计的，它能够使时钟信号到达每个寄存器的时间都尽可能相同，以保证更低的时钟偏斜（skew）和抖动（jitter）。我们用这种分频的方式产生的 clk_out 信号并没有连接到全局时钟网络上，但 sys_clk 则是由外部晶振直接通过引脚连接到了 FPGA 的专用时钟引脚上，自然就会连接到全局时钟网络上，所以在高速系统中，在 sys_clk 时钟下的信号要比在 clk_out 时钟下的信号更容易保持稳定。既然发现了问题，那我们该怎么办呢？这时可不要忘记从第 14 章中刚学到的 flag 标志信号，这里就可以用上了。我们可以产生一个用于标记 6 分频的 clk_flag 标志信号，这样每两个 clk_flag 脉冲之间的频率就是对 sys_clk 时钟信号的 6 分频，但是计数器计数的个数需要增加，如图 15-4 所示，需要 0～5 共 6 个数，否则不能实现 6 分频的功能。和方法 1 对比可以发现，这相当于把 clk_out 的上升沿信号变成了 clk_flag 的脉冲电平信号（和第 14 章方法 2 中的 cnt_flag 原理相同），为后级模块实现相同的降频效果。虽然这样会多使用一些寄存器资源，不过不用担心，我们的系统是完全可以承担的，而得到的好处却远远大于资源的损耗，能让系统更加稳定。

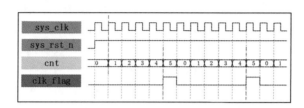

图 15-4　6 分频降频方法波形图

对于这种在后级模块中需要使用低频时钟的情况，就可以不用 clk_out 这种信号作为时钟了，而是继续使用 sys_clk 作为时钟，当 clk_flag 信号为高电平时有效，会执行语句。

后级模块使用 clk_out 作为时钟信号工作的情况如下：

```
always@(posedge clk_out or negedge sys_rst_n)
    if(sys_rst_n == 1'b0)
        A <= 4'b0;
    else
        A <= A + 1'b1;
```

后级模块使用 sys_clk 继续作为工作时钟的情况如下：

```
always@(posedge sys_clk or negedge sys_rst_n)
    if(sys_rst_n == 1'b0)
        A <= 4'b0;
    else  if(clk_flag == 1'b1)
        A <= A + 1'b1;
```

上面两个例子实现的最终效果都是相同的，而方法 2 中的信号 A 是在 sys_clk 系统时钟的控制下产生的，和所有在 sys_clk 系统时钟下产生的信号都保持几乎相同的时钟关系，方法更优，推荐使用方法 2。

3. 代码编写

方法 1：仅实现分频功能，参考代码具体参见代码清单 15-1。

代码清单 15-1　6 分频（分频）参考代码（divider_six.v）

```
1 module  divider_six
2 (
3    input   wire   sys_clk    ,   // 系统时钟（50MHz）
4    input   wire   sys_rst_n  ,   // 全局复位
5
6    output  reg    clk_out        // 对系统时钟 6 分频后的信号
7
8 );
```

```
9
10 reg [1:0] cnt;                              // 用于计数的寄存器
11
12 //cnt: 计数器从 0 到 2 循环计数
13 always@(posedge sys_clk or negedge sys_rst_n)
14     if(sys_rst_n == 1'b0)
15         cnt <= 2'b0;
16     else    if(cnt == 2'd2)
17         cnt <= 2'b0;
18     else
19         cnt <= cnt + 1'b1;
20
21 //clk_out: 6 分频 50% 占空比输出
22 always@(posedge sys_clk or negedge sys_rst_n)
23     if(sys_rst_n == 1'b0)
24         clk_out <= 1'b0;
25     else    if(cnt == 2'd2)
26         clk_out <= ~clk_out;
27
28 endmodule
```

根据上面 RTL 代码综合出的 RTL 视图如图 15-5 所示，我们发现和第 14 章中方法 1 实现的不带标志信号的计数器所综合出的 RTL 视图是相同的，这也印证了它们之间的关系。

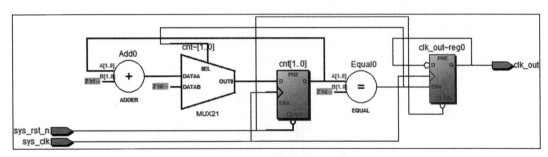

图 15-5　仅实现分频功能的 6 分频 RTL 视图

方法 2：实现实用的降频方法，参考代码具体参见代码清单 15-2。

代码清单 15-2　6 分频（降频）参考代码（divider_six.v）

```
1 module   divider_six
2 (
3     input    wire    sys_clk    ,      // 系统时钟（50MHz）
4     input    wire    sys_rst_n  ,      // 全局复位
5
6     output   reg     clk_flag           // 指示系统时钟 6 分频后的脉冲标志信号
7
8 );
```

```
 9
10 reg [2:0] cnt;                           // 用于计数的寄存器
11
12 //cnt: 计数器从 0 到 5 循环计数
13 always@(posedge sys_clk or negedge sys_rst_n)
14     if(sys_rst_n == 1'b0)
15         cnt <= 3'b0;
16     else    if(cnt == 3'd5)
17         cnt <= 3'b0;
18     else
19         cnt <= cnt + 1'b1;
20
21 //clk_flag: 脉冲信号指示 6 分频
22 always@(posedge sys_clk or negedge sys_rst_n)
23     if(sys_rst_n == 1'b0)
24         clk_flag <= 1'b0;
25     else    if(cnt == 3'd4)
26         clk_flag <= 1'b1;
27     else
28         clk_flag <= 1'b0;
29
30 endmodule
```

根据上面 RTL 代码综合出的 RTL 视图如图 15-6 所示，该 RTL 视图的结构分析和第 14 章方法 2 的带标志信号的计数器的 RTL 视图分析相同，只是结构上少了最后一级寄存器，这里不再详细介绍。

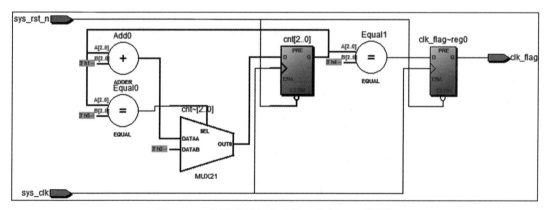

图 15-6 采用降频方法时的 6 分频 RTL 视图

4. 仿真验证

（1）仿真文件编写

仿真方法 2 的 RTL 代码时，把 Testbench 中的 clk_out 全改为 clk_flag 即可，仿真参考代码具体参见代码清单 15-3。

代码清单 15-3　6 分频仿真参考代码（tb_divider_six.v）

```
 1  `timescale   1ns/1ns
 2  module  tb_divider_six();
 3
 4  reg      sys_clk;
 5  reg      sys_rst_n;
 6
 7  wire     clk_out;
 8
 9  //初始化系统时钟、全局复位
10  initial begin
11      sys_clk    = 1'b1;
12      sys_rst_n <= 1'b0;
13      #20
14      sys_rst_n <= 1'b1;
15   end
16
17  //sys_clk：模拟系统时钟，每10ns电平翻转一次，周期为20ns，频率为50MHz
18  always  #10 sys_clk = ~sys_clk;
19
20  //--------------------divider_sixht_inst--------------------
21  divider_six divider_six_inst
22  (
23      .sys_clk    (sys_clk    ),  //input      sys_clk
24      .sys_rst_n  (sys_rst_n  ),  //input      sys_rst_n
25
26      .clk_out    (clk_out    )   //output     clk_out
27
28  );
29
30  endmodule
```

（2）仿真波形分析

方法 1：仅实现分频功能。

打开 ModelSim 执行仿真，仿真波形如图 15-7 所示。我们让仿真运行了 500ns，可以发现 clk_out 信号产生了几个周期的完整波形，在 clk_out 相邻的两个上升沿的位置分别放置参考线并添加频率显示，可以看到显示的频率为 8.333MHz，而我们的系统时钟 sys_clk 是 50MHz 的，大约为 6 分频的关系，从而验证了我们的设计是正确的。

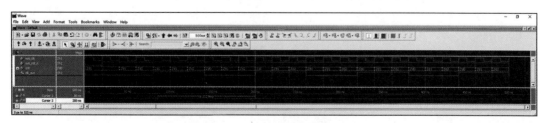

图 15-7　仅实现分频功能的波形图

方法 2：实现实用的降频方法。

打开 ModelSim 执行仿真，仿真波形如图 15-8 所示。我们也让仿真运行 500ns，可以发现每当计数器计数到 5 时，clk_flag 脉冲标志信号产生一个时钟周期的脉冲，我们在 clk_flag 相邻两个上升沿的位置（也是下一级模块可以采集到 clk_flag 为高电平的位置）分别放置参考线并添加频率显示，可以看到显示的频率为 8.333MHz，也是对 sys_clk 系统时钟的 6 分频，和绘制的波形图一致。

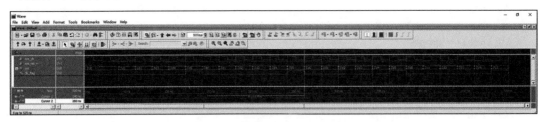

图 15-8　采用降频方法的波形图

5. 上板验证

仿真验证通过后，绑定引脚，对工程进行重新编译。将开发板连接 12V 直流电源和 USB-Blaster 下载器 JTAG 端口，线路正确连接后，打开开关为板卡上电，随后为开发板下载程序。

程序下载完毕后，如图 15-9 所示，使用示波器对输出 I/O 口 F15 进行频率测量，分频时钟信号频率为 8.333MHz，刚好为输入 50MHz 时钟信号的 6 分频，达到预期效果。

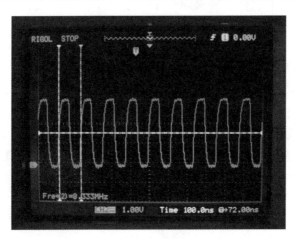

图 15-9　结果验证

15.3　实战演练二

15.3.1　实验目标

有偶数分频就有奇数分频，仅就实现分频功能来讲，其中的差别还是很大的，奇数分频相对于偶数分频要复杂一些，并不是简单地用计数器计数就可以实现的。本节要实现将一个系统时钟进行 5 分频的奇数分频的功能，可以用于将高频的时钟降低为低频的时钟使用。

15.3.2 硬件资源

如图 15-10 所示，使用板卡引出 I/O 口 F15 进行时钟输出。

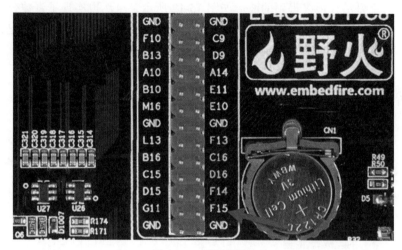

图 15-10 硬件资源

15.3.3 程序设计

1. 模块框图

这里我们设计一个 5 分频的奇数分频器，模块命名为 divider_five。奇数分频和偶数分频在模块的设计和分析上其实是一样的，只是在其内部逻辑的实现上有所不同，所以模块的输入仍然有时钟信号和复位信号，输出为对输入时钟分频后的结果 clk_out。根据上面的分析设计出的 Visio 框图如图 15-11 所示。

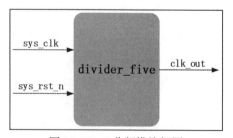

图 15-11 5 分频模块框图

端口列表与功能总结如表 15-2 所示。

表 15-2 无分频模块输入 / 输出信号描述

信 号	位宽	类 型	功能描述	信 号	位宽	类 型	功能描述
sys_clk	1bit	Input	工作时钟，为频率为 50MHz	clk_out	1bit	Output	对系统时钟 5 分频后的信号
sys_rst_n	1bit	Input	复位信号，低电平有效				

2. 波形图绘制

（1）仅实现分频功能

对于奇数分频，仅实现分频功能的实现方式不像偶数分频那样直接计数就可以，而是需要我们先思考一下。在波形图的设计上首先画出时钟和复位两个输入信号，然后可以简单画出 5 分频的大致波形，如果我们依然采用偶数分频的方法，可以发现计数器计数变化的位置总是对应系统时钟 sys_clk 的上升沿，所以分频后 clk_out 信号变化的位置也是对应系统时钟 sys_clk 的上升沿，最终得到的波形如图 15-12 所示，虽然也实现了奇数分频，但占空比却不是 50%。同理，如图 15-13 所示，使用下降沿的效果也是一样的，也就是说，如果我们像之前一样只用上升沿或下降沿计数，显然是无法实现奇数分频效果的，那该怎么办呢？

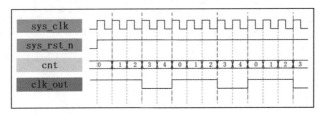

图 15-12　波形图（一）

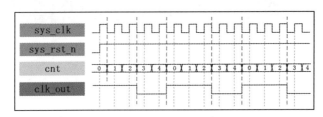

图 15-13　波形图（二）

我们先画出 5 分频的效果波形图再来分析，看看有什么规律。如图 15-14 所示，发现要实现 5 分频，需要在系统时钟 sys_clk 的上升沿和下降沿都工作，之前的例子中从没有遇到在一个模块中既使用上升沿又下降沿的情况。我们尝试把图 15-12～图 15-14 的 clk_out 输出信号的波形放到一起来寻找规律，变成图 15-15 所示的波形，clk1 波形的变化都是在系统时钟 sys_clk 上升沿时进行，clk2 波形的变化都是在系统时钟 sys_clk 下降沿时进行，clk_out 输出信号是我们想要的 5 分频的，加粗的虚线是 5 分频的变化位置，clk1 和 clk2 可以很容易地根据 cnt 计数器的计数来产生，那 clk_out 输出信号该如何产生呢？仔细观察，我们发现 clk1 和 clk2 相与的结果就是 clk_out 的波形，真是太好了！可能有的读者并不能立刻想到这种方法，但是如果对这些知识掌握得比较熟练或者善于观察，还是很容易发现规律的。奇数分频的波形设计我们就算完成了，这里 clk1 和 clk2 都是低电平为 2 个时钟周期，高电平为 3 个时钟周期，可以尝试一下如果低电平是 3 个时钟周期，高电平是 2 个时钟周期，我们的波形该怎么画。

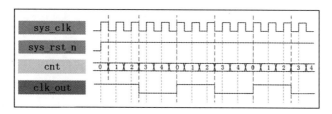

图 15-14　5 分频波形图

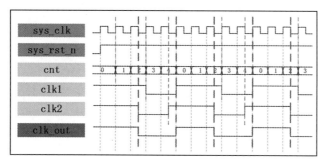

图 15-15　5 分频产生波形图

（2）实现实用的降频方法

奇数分频同样也会遇到和偶数分频相同的问题——不能直接将奇数分频的信号作为下一级的时钟，所以也要使用 clk_flag 的方式实现。虽然奇数分频仅实现分频功能的实现方式和偶数分频仅实现分频功能的差异很大，但使用的降频方法是相同的，如图 15-16 所示，在波形上除了 cnt 计数器计数的个数不同外，其他的都是一样的。

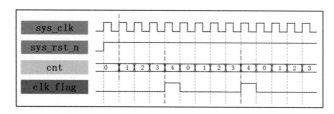

图 15-16　5 分频降频方法波形图

3. 代码编写

方法 1：仅实现分频功能，参考代码具体参见代码清单 15-4。

代码清单 15-4　5 分频（分频）参考代码（divider.five.v）

```
1 module  divider_five
2 (
3     input   wire    sys_clk     ,   // 系统时钟（50MHz）
4     input   wire    sys_rst_n   ,   // 全局复位
5
```

```
 6     output  wire    clk_out            // 对系统时钟 5 分频后的信号
 7
 8 );
 9
10 reg [2:0]   cnt;
11 reg         clk1;
12 reg         clk2;
13
14 //cnt: 上升沿开始从 0 到 4 循环计数
15 always@(posedge sys_clk or negedge sys_rst_n)
16     if(sys_rst_n == 1'b0)
17         cnt <= 3'b0;
18     else    if(cnt == 3'd4)
19         cnt <= 3'b0;
20     else
21         cnt <= cnt + 1'b1;
22
23 //clk1: 上升沿触发，占空比高电平维持 2 个系统时钟周期，低电平维持 3 个系统时钟周期
24 always@(posedge sys_clk or negedge sys_rst_n)
25     if(sys_rst_n == 1'b0)
26         clk1 <= 1'b1;
27     else    if(cnt == 3'd2)
28         clk1 <= 1'b0;
29     else    if(cnt == 3'd4)
30         clk1 <= 1'b1;
31
32 //clk2: 下降沿触发，占空比高电平维持 2 个系统时钟周期，低电平维持 3 个系统时钟周期
33 always@(negedge sys_clk or negedge sys_rst_n)
34     if(sys_rst_n == 1'b0)
35         clk2 <= 1'b1;
36     else    if(cnt == 3'd2)
37         clk2 <= 1'b0;
38     else    if(cnt == 3'd4)
39         clk2 <= 1'b1;
40
41 //clk_out: 5 分频 50% 占空比输出
42 assign clk_out = clk1 & clk2;
43
44 endmodule
```

根据上面 RTL 代码综合出的 RTL 视图如图 15-17 所示，该 RTL 视图已经比较复杂了，但还是可以进行分析的，如果系统再大一些就很难分析了，对于更复杂的系统，再像之前一样对其内部进行面面俱到的分析意义不是很大，因为我们使用 Verilog 硬件描述语言来描述硬件的行为就是要跳出这种对底层的复杂设计，只关心其功能的实现，所以后面我们将把重点放在对行为和层次化结构的实现上。但有时在进行局部优化时，我们还会进行局部分析，而不是低效率的全局分析。无论怎样，通过前面的讲解，大家一定要培养硬件思维。

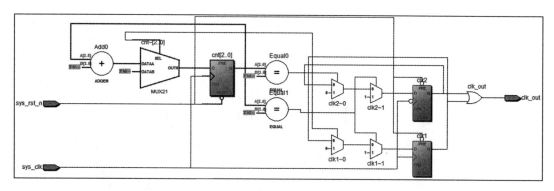

图 15-17　5 分频 RTL 视图（分频）

方法 2：实用的降频方法，参考代码具体参见代码清单 15-5。

代码清单 15-5　5 分频（降频）参考代码（divider_five.v）

```
1  module  divider_five
2  (
3      input   wire   sys_clk    ,      // 系统时钟（50MHz）
4      input   wire   sys_rst_n  ,      // 全局复位
5
6      output  reg    clk_flag          // 指示系统时钟 5 分频后的脉冲标志信号
7
8  );
9
10 reg [2:0] cnt;                       // 用于计数的寄存器
11
12 //cnt: 计数器从 0 到 4 循环计数
13 always@(posedge sys_clk or negedge sys_rst_n)
14     if(sys_rst_n == 1'b0)
15         cnt <= 3'b0;
16     else    if(cnt == 3'd4)
17         cnt <= 3'b0;
18     else
19         cnt <= cnt + 1'b1;
20
21 //clk_flag: 脉冲信号指示 5 分频
22 always@(posedge sys_clk or negedge sys_rst_n)
23     if(sys_rst_n == 1'b0)
24         clk_flag <= 1'b0;
25     else    if(cnt == 3'd3)
26         clk_flag <= 1'b1;
27     else
28         clk_flag <= 1'b0;
29
30 endmodule
```

根据上面 RTL 代码综合出的 RTL 视图如图 15-18 所示，该 RTL 视图的结构分析和第

14 章方法 2 的带标志信号的计数器的 RTL 视图分析相同，结构上也是少了最后一级寄存器，这里不再详细介绍。

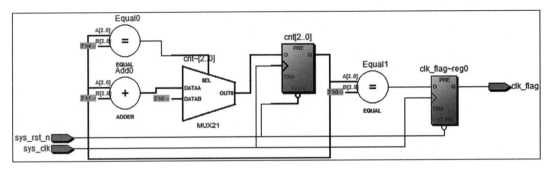

图 15-18　5 分频 RTL 视图（降频）

4. 仿真验证

（1）仿真文件编写

仿真方法 2 的 RTL 代码时，把 Testbench 中的 clk_out 全改为 clk_flag 即可。仿真参考代码具体参见代码清单 15-6。

代码清单 15-6　5 分频仿真参考代码（tb_divider_five.v）

```
 1 `timescale   1ns/1ns
 2 module   tb_divider_five();
 3
 4 reg      sys_clk;
 5 reg      sys_rst_n;
 6
 7 wire     clk_out;
 8
 9 // 初始化系统时钟、全局复位
10 initial begin
11     sys_clk    = 1'b1;
12     sys_rst_n <= 1'b0;
13     #20
14     sys_rst_n <= 1'b1;
15 end
16
17 //sys_clk: 模拟系统时钟，每 10ns 电平翻转一次，周期为 20ns，频率为 50MHz
18 always #10 sys_clk  = ~sys_clk;
19
20 //-----------------------divider_five_inst-----------------------
21 divider_five    divider_five_inst
22 (
23     .sys_clk    (sys_clk    ),  //input    sys_clk
24     .sys_rst_n  (sys_rst_n  ),  //input    sys_rst_n
25
26     .clk_out    (clk_out    )   //output   clk_out
```

```
27
28  );
29
30 endmodule
```

（2）仿真波形分析

方法 1：仅实现分频功能。

打开 ModelSim 执行仿真，仿真波形如图 15-19 所示。我们让仿真运行了 500ns，可以发现 clk_out 信号产生了几个周期的完整波形，在 clk_out 相邻两个上升沿的位置处分别放置参考线并添加频率显示，可以看到显示的频率为 10MHz，而我们的系统时钟 sys_clk 是 50MHz 的，大约为 5 分频的关系，从而验证了我们的设计是正确的。

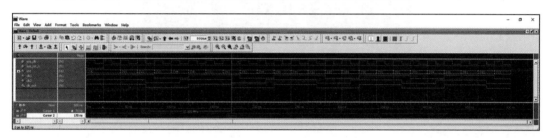

图 15-19　5 分频仿真波形图（分频）

方法 2：实现实用的降频方法。

打开 ModelSim 执行仿真，仿真波形如图 15-20 所示。我们也让仿真运行了 500ns，和偶数分频的降频方法一样，可以发现每当计数器计数到 4 时 clk_flag 脉冲标志信号会产生一个时钟周期的脉冲，我们在 clk_flag 相邻两个下降沿的位置（也是下一级模块可以采集到 clk_flag 为高电平的位置）分别放置参考线并添加频率显示，可以看到显示的频率为10MHz，也是对 sys_clk 系统时钟的 5 分频，和我们绘制的波形图一致。

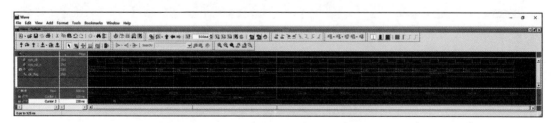

图 15-20　5 分频仿真波形图（降频）

5. 上板验证

仿真验证通过后，绑定引脚，对工程进行重新编译。开发板连接 12V 直流电源和 USB-Blaster 下载器 JTAG 端口，正确连接线路后，打开开关为板卡上电，随后为开发板下载程序。

　　程序下载完毕后，如图 15-21 所示，使用示波器对输出 I/O 口 F15 进行频率测量，分频时钟信号频率为 10MHz，刚好为输入的 50MHz 时钟信号的 5 分频，达到预期效果。

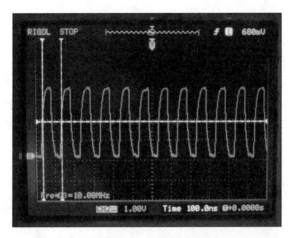

图 15-21　结果验证

15.4　章末总结

　　本章主要讲解了时序逻辑电路中最常用的偶数分频和奇数分频的实现，并详细讲解了仅实现分频功能的分频器和实用的降频方法，希望大家能够理解其中的差别和产生这种用法的意义。要学会一步步根据需求分析问题，探索功能如何实现，要多尝试、敢尝试、多联系，灵活运用学过的知识。对于实用的降频方法，除了本章讲解的以外，第 20 章还会讲到通过 PLL 的方法实现对时钟的任意分频、倍频、相位移动，功能非常强大。

知识点总结

1）能够自己实现任意整数的分频。

2）进一步学会使用操作计数器、flag 标志信号等常用到的知识点。

3）深刻体会仅实现分频功能和实用的降频方法的区别。

4）理解实用的降频方法产生的原因和实用意义。

第 16 章
按键消抖模块的设计与验证

按键是常见的电子元器件，在电子设计中应用广泛。在 FPGA 的实验工程中，我们可以使用按键作为系统复位信号或者控制信号的外部输入；在日常生活中，遥控器、玩具、计算器等电子产品都使用按键。目前按键种类繁多，常见的有自锁按键、薄膜按键等。我们开发板上使用的机械按键也是按键的一种，其特点是接触电阻小，手感好，按键按下或弹起时有清脆响声，但由于其构造和原理，在按键闭合及断开的瞬间均伴随有一连串的抖动。

本章将根据机械按键的构造与原理设计并实现按键消抖模块。以开发板上的物理按键作为输入信号，使用设计的按键消抖模块对输入的按键信号进行消抖处理，输出能够正常使用的按键触发信号。

16.1 理论学习

如图 16-1 所示，我们所使用的按键开关为机械弹性开关，当机械触点断开、闭合时，由于机械触点的弹性作用，一个按键开关在闭合时不会马上稳定地接通，在断开时也不会一下子断开，因而在闭合及断开的瞬间均伴随有一连串的抖动。为了不产生这种现象，我们采取的措施就是按键消抖。按键抖动原理图如图 16-2 所示。

图 16-1　机械按键外观图

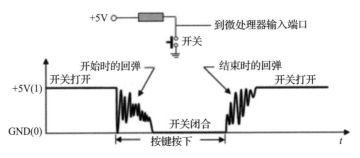

图 16-2　机械按键抖动原理图

抖动时间的长短由按键的机械特性决定，一般为 5ms～10ms。按键稳定闭合时间的长短则是由操作人员的按键动作决定的，一般为零点几秒至数秒。按键抖动会引起一次按键被误读多次。为确保控制器对按键的一次闭合仅进行一次处理，必须去除按键的抖动。在按键闭合稳定时读取按键的状态，并且必须等按键释放稳定后再作处理。

消抖是为了避免在按键按下或抬起时电平剧烈抖动带来的影响。可以采用硬件或软件两种方式对按键消抖。

16.1.1　硬件消抖

在按键个数较少时可使用硬件方法消除按键抖动。如图 16-3 所示为硬件消抖原理图，其中两个与非门构成一个 RS 触发器，这也是常用的硬件去抖方式。当按键未按下时，输出为 0；当按键按下时，输出为 1。此时即使用按键的机械性能，使按键因弹性抖动而产生瞬时断开（抖动跳开 B），只要按键不返回原始状态 A，双稳态电路的状态就不改变，输出保持为 0，不会产生抖动的波形。也就是说，即使 B 点的电压波形是抖动的，但经双稳态电路之后，其输出为正规的矩形波。这一点通过分析 RS 触发器的工作过程很容易得到验证。

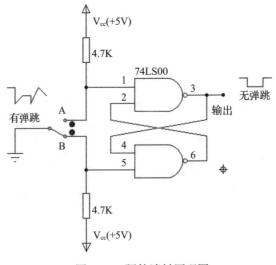

图 16-3　硬件消抖原理图

16.1.2　软件消抖

如果按键个数较多，则常采用软件方法去抖，即检测出按键闭合后执行一个延时程序，根据抖动的时间（5ms～10ms）产生一个 20ms 的延时，让前沿抖动消失后再一次检测键的状态，如果仍保持闭合状态电平，则确认为真正有键按下。

16.2　实战演练

前面已经分析了按键抖动的原理和消除按键抖动的方案。因为硬件消抖会使用一些额外的器件，占用电路板上的空间，从而在一定程度上增加了 PCB 布局布线的复杂度，所以我们采用软件消抖的方式来实现去抖动的操作，去抖动后的效果是当按键按下后能够准确检测到按键被按下了一次，而不会因机械抖动发生按键重复多次按下的情况。

16.2.1　实验目标

利用所学知识，设计并实现一个按键消抖模块，将外部输入的单比特按键信号做消抖处理后输出，输出信号正常后可被其他模块调用。

16.2.2　程序设计

本实验工程只涉及一个模块，就是按键消抖模块。接下来，我们将从模块框图、波形图绘制等方面进行讲解。

1. 模块框图

因为我们要计数过滤掉按键抖动的时间，计数器是必不可少的，所以我们设计的模块一定会用到时序电路，要先加上时钟信号 sys_clk 和复位信号 sys_rst_n，而且是输入信号，另外还有一个输入信号，就是按键的输入 key_in，我们最终要实现的就是对输入的 key_in 信号进行去抖动，输出信号为去抖动后的稳定的按键信号 key_flag。根据上面的分析设计出的 Visio 框图如图 16-4 所示。

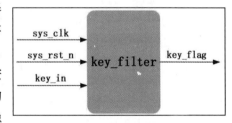

图 16-4　按键消抖模块框图

端口列表与功能描述如表 16-1 所示。

表 16-1　端口列表与功能描述

信　号	位　宽	类　型	功能描述	信　号	位　宽	类　型	功能描述
sys_clk	1bit	Input	工作时钟，频率为 50MHz	key_in	1bit	Input	按键的输入
sys_rst_n	1bit	Input	复位信号，低电平有效	key_flag	1bit	Output	去抖后按键被按下的标志信号

2. 波形图绘制

首先我们从实际问题出发，分析抖动的本质，再想办法消除抖动。我们先把波形图的三个输入信号画好，模拟真实情况中的抖动，即当按键被按下和按键被释放时都会有抖动，也就是有前抖动和后抖动，这两种抖动都会对设计产生一定的影响，让系统误判为按键被多次按下。我们需要做的就是要准确判断出稳定地按下的那一次状态。

按键的抖动会产生如图 16-5 所示的毛刺，毛刺中会有低电平的情况，但是因为存在机械抖动很快又回拉高了，如果我们把其中每次的低电平和高电平都采集到，那么相当于按键被按下了好多次，而不是我们想要的一次，所以一定要把这段抖动滤除。

通过前面的分析，这段抖动的时间是已知的，小于 10ms，而当 20ms 内都没有抖动，就说明按键已经处于稳定状态了，我们可以做一个计数器来计数，计数时长为 20ms，只要 20ms 内没有抖动产生，那么所得到的电平就是最后结果，我们需要做的是找到最后一次抖动的时间，这样才能开启这 20ms 的计数，否则不能保证这 20ms 都是安全时间。当然，有的读者在设计单片机时，都是在检测到第一次按键为低电平了就开始计数，然后延时一段时间（通常大于 30ms）后，再检测得到的按键电平就是稳定的按键信号，采用这种方式不可以吗？这种方式虽然也是可行的，但不是最好的，因为这会浪费时间。虽然抖动的时间理论上不会大于 10ms，但是具体是多少，可能每次实验得到的结果都不相同，如果每次都按照最大的抖动时间 10ms 来计算，无疑会"多"考虑一些时间，所以我们采用一种更"节约"时间的方法：添加一个名为 cnt_20ms 的计数器，用于对 20ms 计数，每当系统检测到按键输入信号为低电平时，cnt_20ms 计数器就开始计数，在计数期间，如果再次检测到按键为高电平，则说明上次检测到的低电平一定是一个抖动，那么就将这个计数器清零。简单地讲，就是当系统检测到按键为低电平时，cnt_20ms 计数器就计数，当检测到按键为高电平时，cnt_20ms 计数器就清零。讲到这里，主要问题就已经解决了，然后要考虑 cnt_20ms 计数器计数个数问题，计数满了之后该怎么处理，以及滤除抖动后的输出信号 key_flag 什么时候拉高、拉低的问题。

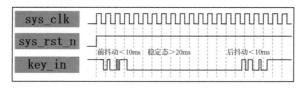

图 16-5　按键消抖模块波形图（一）

首先来看计数器的问题，根据我们使用的 50MHz 的晶振来计算，cnt_20ms 计数器计数 20ms 时间所需要计数的个数为 999_999，计数满后我们习惯先清零，如果有问题，则根据分析再进行修改。

再来看输出信号 key_flag。key_flag 信号是一个脉冲信号，只有一个时钟周期的高电平，且当 cnt_20ms 计数器计数到 999_999 时才拉高，而这个高电平只能存在一个。按照 cnt_20ms 计数器计数到 999_999 时清零来分析，其波形图如图 16-6 所示，按键会因为低电平持续的时间太久而存在多个 20ms 的时间，cnt_20ms 计数器计数满后多次清零，这样就会有多个计数值为 999_999 的情况，从而导致 key_flag 信号产生多次脉冲，这显然不是我们想要的结果。那么我们需要分析导致这一结果，是因为 cnt_20ms 计数器清零的问题，还是 key_flag 信号拉高时间的问题。经分析，key_flag 信号即使不是在 cnt_20ms 计数器计数到 999_999 时拉高，在其他时间拉高时也会出现同样的问题，所以很可能是因为 cnt_20ms 计数器清零的条件不对了。刚开始时，cnt_20ms 计数器已经有一个清零条件了，那就是只要当输入信号 key_in 为高电平，就将 cnt_20ms 计数器清零，这里我们就让 cnt_20ms 计数器计数满后保持为 999_999 而不清零，等待输入信号 key_in 为高电平时再清零。

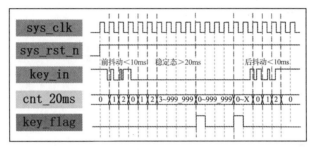

图 16-6　key_flag 信号波形图

　　修改 cnt_20ms 计数器清零条件后的结果如图 16-7 所示，可以发现 key_flag 信号不会产生多个了，但是出现了新的问题——key_flag 信号也不是脉冲信号了，而是一个长长的电平信号，这也不是我们想要的结果，其根本原因是 cnt_20ms 计数器计数到 999_999 后保持在 999_999 的时间太久。

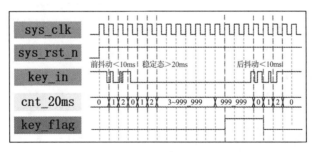

图 16-7　修改 cnt_20ms 计数器清零条件后的波形图

　　针对上面的探索，我们最终灵机一动，发现 cnt_20ms 计数器计数到 999_998 的次数只有一个，而且最接近 999_999，能在保证去抖动时间的前提下使 key_flag 信号只产生一个脉冲信号。最终的波形图如图 16-8 所示。

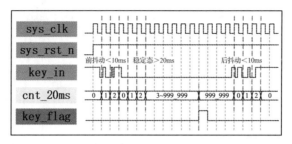

图 16-8　最终波形图

3. 代码编写

在波形图绘制部分，我们结合相关理论知识讲解并绘制了按键消抖模块的波形图，下面我们参照波形图编写模块参考代码。此参考代码较为简单，且有详细注释，不再过多讲解，具体见代码清单 16-1。

代码清单 16-1　按键消抖模块参考代码（key_filter.v）

```
 1 module   key_filter
 2 #(
 3     parameter CNT_MAX = 20'd999_999     // 计数器计数最大值
 4 )
 5 (
 6     input    wire    sys_clk     ,      // 系统时钟（50MHz）
 7     input    wire    sys_rst_n   ,      // 全局复位
 8     input    wire    key_in      ,      // 按键输入信号
 9
10     output   reg     key_flag           //key_flag 为 1 时表示消抖后检测到按键被按下
11                                         //key_flag 为 0 时表示没有检测到按键被按下
12 );
13
14 //****************************************************************//
15 //****************** Parameter and Internal Signal *******************//
16 //****************************************************************//
17 //reg    define
18 reg    [19:0]  cnt_20ms     ;           // 计数器
19
20 //****************************************************************//
21 //*********************** Main Code ****************************//
22 //****************************************************************//
23
24 //cnt_20ms: 如果在时钟的上升沿检测到外部按键输入的值为低电平，那么计数器开始计数
25 always@(posedge sys_clk or negedge sys_rst_n)
26     if(sys_rst_n == 1'b0)
27         cnt_20ms <= 20'b0;
28     else    if(key_in == 1'b1)
29         cnt_20ms <= 20'b0;
30     else    if(cnt_20ms == CNT_MAX && key_in == 1'b0)
31         cnt_20ms <= cnt_20ms;
```

```
32    else
33        cnt_20ms <= cnt_20ms + 1'b1;
34
35 //key_flag: 当计数满20ms后产生按键有效标志位,
36 // 且 key_flag 在 999_999 时拉高,维持一个时钟的高电平
37 always@(posedge sys_clk or negedge sys_rst_n)
38     if(sys_rst_n == 1'b0)
39        key_flag <= 1'b0;
40     else    if(cnt_20ms == CNT_MAX - 1'b1)
41        key_flag <= 1'b1;
42     else
43        key_flag <= 1'b0;
44
45 endmodule
```

4. 仿真验证

（1）仿真文件编写

按键消抖模块参考代码编写完毕，为验证代码的正确性，我们对模块参考代码进行仿真验证。编写模块仿真代码，具体见代码清单 16-2。

代码清单 16-2　按键消抖模块仿真参考代码（tb_key_filter.v）

```
 1 `timescale  1ns/1ns
 2 module  tb_key_filter();
 3
 4 //*******************************************************************//
 5 //****************** Parameter and Internal Signal ******************//
 6 //*******************************************************************//
 7
 8 //parameter define
 9 // 为了缩短仿真时间,我们将参数化的时间值改小,
10 // 但位宽依然定义为和参数名的值保持一致,
11 // 也可以将这些参数值改成和参数名的值一致
12 parameter   CNT_1MS  = 20'd19    ,
13             CNT_11MS = 21'd69    ,
14             CNT_41MS = 22'd149   ,
15             CNT_51MS = 22'd199   ,
16             CNT_60MS = 22'd249   ;
17
18 //wire   define
19 wire          key_flag      ;    // 消抖后的按键信号
20
21 //reg    define
22 reg           sys_clk       ;    // 仿真时钟信号
23 reg           sys_rst_n     ;    // 仿真复位信号
24 reg           key_in        ;    // 模拟按键输入
25 reg     [21:0] tb_cnt       ;    // 模拟按键抖动计数器
26
27 //*******************************************************************//
```

```
28  //***************************** Main Code *****************************//
29  //********************************************************************//
30
31  // 初始化输入信号
32  initial begin
33      sys_clk     = 1'b1;
34      sys_rst_n  <= 1'b0;
35      key_in     <= 1'b0;
36      #20
37      sys_rst_n  <= 1'b1;
38  end
39
40  //sys_clk: 模拟系统时钟，每10ns电平翻转一次，周期为20ns，频率为50MHz
41  always #10 sys_clk = ~sys_clk;
42
43  //tb_cnt: 按键过程计数器，通过该计数器的计数时间来模拟按键的抖动过程
44  always@(posedge sys_clk or negedge sys_rst_n)
45      if(sys_rst_n == 1'b0)
46          tb_cnt <= 22'b0;
47      else    if(tb_cnt == CNT_60MS)
48              // 计数器计数到CNT_60MS时完成一次按键从按下到释放的整个过程
49          tb_cnt <= 22'b0;
50      else
51          tb_cnt <= tb_cnt + 1'b1;
52
53  //key_in: 产生输入随机数，模拟按键的输入情况
54  always@(posedge sys_clk or negedge sys_rst_n)
55      if(sys_rst_n == 1'b0)
56          key_in <= 1'b1;      // 按键未按下时的状态为高电平
57      else    if((tb_cnt >= CNT_1MS && tb_cnt <= CNT_11MS)
58                  || (tb_cnt >= CNT_41MS && tb_cnt <= CNT_51MS))
59          // 在该计数区间内产生非负随机数0、1来模拟160ms的前抖动和10ms的后抖动
60          key_in <= {$random} % 2;
61      else    if(tb_cnt >= CNT_11MS && tb_cnt <= CNT_41MS)
62          key_in <= 1'b0;
63          // 按键经过10ms的前抖动后稳定在低电平，持续时间要大于CNT_MAX
64      else
65          key_in <= 1'b1;
66
67  //********************************************************************//
68  //************************* Instantiation *************************//
69  //********************************************************************//
70
71  //-----------------------key_filter_inst-----------------------
72  key_filter
73  #(
74      .CNT_MAX    (20'd24      )
75              // 修改的CNT_MAX值一定要小于（CNT_41MS - CNT_11MS），
76              // 否则会表现为按键一直处于抖动状态而没有稳定状态，
```

```
77                  // 无法模拟出按键消抖的效果
78 )
79 key_filter_inst
80 (
81     .sys_clk    (sys_clk    ),  //input    sys_clk
82     .sys_rst_n  (sys_rst_n  ),  //input    sys_rst_n
83     .key_in     (key_in     ),  //input    key_in
84
85     .key_flag   (key_flag   )   //output   key_flag
86 );
87
88 endmodule
```

（2）仿真波形分析

使用 ModelSim 软件对按键消抖模块进行仿真，仿真方式可选择与 Quartus II 联合仿真或使用 ModelSim 单独仿真。

模块仿真波形如图 16-9～图 16-12 所示，其中图 16-9 为按键消抖模块整体仿真波形图，图 16-10～图 16-12 为按键消抖模块局部仿真波形图，分别显示了前抖动部分、稳定部分和后抖动部分的仿真波形。由整体和局部仿真波形可以看出，模块仿真波形和绘制波形图的各信号波形变化一致，模块通过仿真验证。

图 16-9　按键消抖模块整体仿真波形图

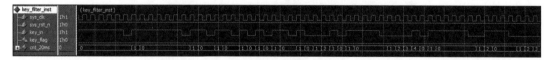

图 16-10　按键消抖模块前抖动部分仿真波形图

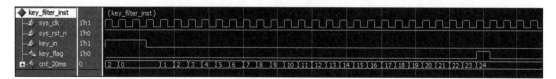

图 16-11　按键消抖模块稳定部分仿真波形图

图 16-12　按键消抖模块后抖动部分仿真波形图

16.3　章末总结

通过本章我们可以发现，在画波形图时不一定能够保证 100% 正确，根据分析，我们可以适当地调整，这也是设计之前画波形图的意义所在，而不是一味地调试代码。

在项目设计过程中往往会遇到各种各样的问题，通过思考与探索，我们最终会得出正确的结果。希望读者能够深入体会设计中遇到的问题并掌握设计分析的方法，养成善于思考、敢于尝试的习惯，学会通过分析波形图来预判潜在的设计问题。

第 17 章
流　水　灯

通过前面的章节我们完成了触摸按键控制 LED 灯的实验，本章我们来一次 LED 灯实验的进阶——利用板载的 4 个 LED 灯完成流水灯实验。

17.1　理论学习

如果大家之前接触过单片机，肯定知道流水灯实验是一个经典案例，其效果是让排成一排的 LED 灯依次闪亮，像流水一样，循环不止，看上去很舒服，其原理就是依次控制每个连接到 LED 灯的 I/O 电平的高低。在本次实验中，让 LED 灯依次闪亮的间隔为 0.5s，这样速度就比较快了，更像"流水"的效果，而且肉眼能够分辨。本章还会涉及让 LED 灯依次闪亮的新语法。

17.2　实战演练

17.2.1　实验目标

依次点亮板载的 4 个 LED 灯，实现流水灯的效果，两灯之间点亮间隔为 0.5s，LED 灯一次点亮持续时间为 0.5s。

17.2.2　硬件资源

我们使用开发板上的 4 个 LED 灯验证该实验，如图 17-1 所示。

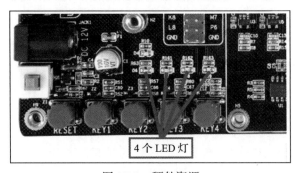

图 17-1　硬件资源

征途 Pro 开发板的 LED 灯为低电平时点亮，如图 17-2 所示。

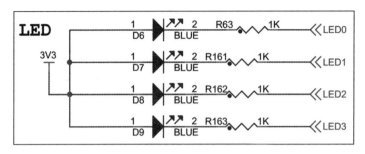

图 17-2　LED 灯原理图

17.2.3　程序设计

1. 模块框图

我们将模块命名为 water_led。因为要让 LED 灯亮的时间为 0.5s，所以会用到计数器，也就必须有时钟信号和复位信号，因此输入为时钟信号和复位信号。我们只需要控制 LED 灯亮的时间和哪一个 LED 灯亮，"流水"的过程会无限循环下去，不需要额外的输入信号。输出则为 4bit 的 led_out，用于控制板子上的 4 个 LED 灯，使它们依次闪亮，产生流水的效果。根据上面的分析，设计出的 Visio 框图如图 17-3 所示。

端口列表与功能描述如表 17-1 所示。

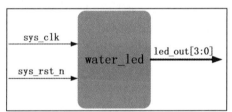

图 17-3　流水灯模块框图

表 17-1　流水灯输入输出信号描述

信　号	位　宽	类　型	功能描述	信　号	位　宽	类　型	功能描述
sys_clk	1bit	Input	工作时钟，频率为 50MHz	led_out	4bit	Input	输出控制 LED 灯
sys_rst_n	1bit	Input	复位信号，低电平有效				

2. 波形图绘制

流水灯和前面的计数器、分频器很像，都需要进行计数，但是除了计数，我们还要让 LED 灯产生流水的效果，如何产生流水的效果是我们本实验和其他实验不同的地方。

首先还是画时钟信号和复位信号的波形图，如图 17-4 所示，这两个是输入信号，在系统中用绿色标注。因为 LED 灯依次闪亮的间隔时间为 0.5s，所以肯定需要一个计数器来计数 0.5s 的时间，相信你已经掌握如何根据时钟的频率来计算需要计数多少个数了，可以很快计算出在系统时钟 50MHz 的频率下，计 0.5s 的时间需要计数的个数为 25_000_000 个，即计数器需要从 0 计数到 24_999_999。我们生成一个名为 cnt（如果需要多个计数器，命名时可以以时间进行区分）的计数器，然后生成一个 cnt_flag 脉冲标志信号作为流水切换的标志。每当计数器每计数到 24_999_998 时，cnt_flag 脉冲标志信号拉高并只产生一个时钟的高电平。流水的效果对应于 LED 灯是怎样的状态呢？如图 17-5 所示，每次只亮一个 LED 灯，且亮 0.5s 后熄灭，下一个邻近的 LED 灯亮，然后循环往复，在波形上也很容易表达，led_out 控制的 4 个小灯初始状态为最右边的亮，其余的都处于熄灭状态，引脚电平状态为 4'b1110，每当 cnt_flag 脉冲标志信号为高电平时，点亮的 LED 灯左移一个，其余的 LED 灯熄灭，引脚电平状态变为 4'b1101。

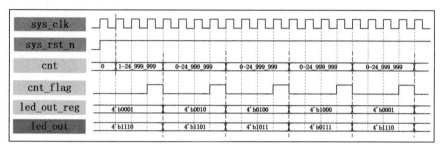

图 17-4　流水灯波形图

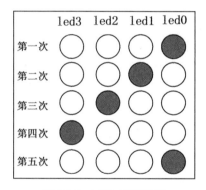

图 17-5　LED 灯状态图

3. 代码编写

图 17-4 中的波形是很容易表达移位效果的，那代码该如何来实现 LED 的移动呢？此时我们应该想到前面介绍过的左移（<<）和右移（>>）操作符。根据图示，此处需要实现左移操作，且每次只移动 1 位。模块的参考代码如代码清单 17-1 所示。

代码清单 17-1　流水灯参考代码（water_led.v）

```
1 module  water_led
2 #(
3     parameter CNT_MAX = 25'd24_999_999
4 )
5 (
```

```verilog
 6      input    wire              sys_clk     ,    // 系统时钟（50MHz）
 7      input    wire              sys_rst_n   ,    // 全局复位
 8
 9      output   wire    [3:0]     led_out          // 输出控制 LED 灯
10
11 );
12
13 //**********************************************************************//
14 //****************** Parameter and Internal Signal ********************//
15 //**********************************************************************//
16 //reg    define
17 reg      [24:0]  cnt          ;
18 reg              cnt_flag     ;
19 reg      [3:0]   led_out_reg ;
20
21 //**********************************************************************//
22 //************************** Main Code *******************************//
23 //**********************************************************************//
24 //cnt: 计数器计数 500ms
25 always@(posedge sys_clk or negedge sys_rst_n)
26     if(sys_rst_n == 1'b0)
27         cnt <= 25'b0;
28     else    if(cnt == CNT_MAX)
29         cnt <= 25'b0;
30     else
31         cnt <= cnt + 1'b1;
32
33 //cnt_flag: 计数器计数满 500ms 标志信号
34 always@(posedge sys_clk or negedge sys_rst_n)
35     if(sys_rst_n == 1'b0)
36         cnt_flag <= 1'b0;
37     else    if(cnt == CNT_MAX - 1)
38         cnt_flag <= 1'b1;
39     else
40         cnt_flag <= 1'b0;
41
42 //led_out_reg: LED 循环流水
43 always@(posedge sys_clk or negedge sys_rst_n)
44     if(sys_rst_n == 1'b0)
45         led_out_reg <=  4'b0001;
46     else    if(led_out_reg == 4'b1000 && cnt_flag == 1'b1)
47         led_out_reg <=  4'b0001;
48     else    if(cnt_flag == 1'b1)
49         led_out_reg <=  led_out_reg << 1'b1; //左移
50
51 assign  led_out = ~led_out_reg;
52
53 endmodule
```

如果将代码中第 46、47 行去掉，上板后会发现在一轮流水后 LED 灯就全部熄灭了，不会循环流水，因为左移溢出后就全为 0 了。

4. 仿真验证

（1）仿真文件编写

流水灯实验的仿真文件代码可参见代码清单 17-2。

代码清单 17-2　流水灯仿真参考代码（tb_water_led.v）

```
 1 `timescale  1ns/1ns
 2 module  tb_water_led();
 3
 4 //**********************************************************************//
 5 //****************** Parameter and Internal Signal *******************//
 6 //**********************************************************************//
 7 //wire  define
 8 wire    [3:0]   led_out      ;
 9
10 //reg   define
11 reg             sys_clk   ;
12 reg             sys_rst_n ;
13
14 //**********************************************************************//
15 //*************************** Main Code ****************************//
16 //**********************************************************************//
17 // 初始化系统时钟、全局复位
18 initial begin
19     sys_clk   = 1'b1;
20     sys_rst_n <= 1'b0;
21     #20
22     sys_rst_n <= 1'b1;
23 end
24
25 //sys_clk：模拟系统时钟，每10ns电平翻转一次，周期为20ns，频率为50MHz
26 always #10 sys_clk = ~sys_clk;
27
28 //**********************************************************************//
29 //*********************** Instantiation ***********************//
30 //**********************************************************************//
31 //------------------- water_led_inst -------------------
32 water_led
33 #(
34     .CNT_MAX    (25'd24)
35 )
36 water_led_inst
37 (
38     .sys_clk    (sys_clk   ), //input          sys_clk
39     .sys_rst_n  (sys_rst_n ), //input          sys_rst_n
40
41     .led_out    (led_out   )  //output  [3:0]  led_out
42 );
43
44 endmodule
```

（2）仿真波形分析

打开 ModelSim 执行仿真，仿真波形如图 17-6 所示。我们让仿真运行了 5μs，可以发现 led_out 信号可以实现循环左移的功能，且每次左移都是在 cnt_flag 脉冲标志信号为高电平时进行的，而图 17-7 则显示了 cnt 计数器计数的个数，我们进行了同比例缩小，且 cnt_flag 脉冲标志信号拉高的位置都是正确的，然后就可以下板验证了。

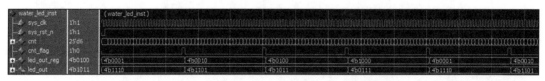

图 17-6　Led-out 和 cnt-flag 信号仿真波形图

图 17-7　cnt 计数器的计数个数

5. 上板验证

仿真验证通过后，绑定引脚，对工程进行重新编译。将开发板连接 12V 直流电源和 USB-Blaster 下载器的 JTAG 端口，线路连接正确后，打开开关为板卡上电，随后为开发板下载程序。

程序下载成功后即可开始验证，若看到 LED 灯以流水灯的形式点亮，则说明验证成功。

17.3　章末总结

本章通过一个最经典的流水灯案例引入了移位这个新语法，移位操作符是很常用的运算符，在串并转换、移位寄存器的设计中都很常用，大家一定要掌握它的用法。

新语法总结

重点掌握

<<（实现左移位功能的移位运算符）。

知识点总结

1）能够熟练地根据时钟计算出任意精确计时所需要计数的个数。

2）掌握移位运算符的使用。

第 18 章
状 态 机

大家一定都听说过状态机（Finite State Machine，FSM），为什么需要状态机呢？通过前面章节的学习，我们都知道 FPGA 是并行执行的，如果想要处理顺序执行的事件该怎么办呢？这时就需要引入状态机了。本章将从原理、实例、应用的角度为大家总结设计和实现状态机的方法。

18.1 理论学习

状态机也称为同步有限状态机，之所以说"同步"，是因为状态机中所有的状态跳转都是在时钟的作用下进行的，而"有限"则是说状态的个数是有限的。状态机根据影响输出的原因分为两大类，即 Moore 型状态机和 Mealy 型状态机，其共同点是状态的跳转都只和输入有关。区别主要是在输出时：若最后的输出只和当前状态有关而与输入无关，则称为 Moore 型状态机；若最后的输出不仅和当前状态有关，还和输入有关，则称为 Mealy 型状态机。状态机是时序逻辑电路中非常重要的一个应用，在大型复杂系统中使用较多。

状态机的每一个状态代表一个事件，从执行当前事件到执行另一事件这一过程称为状态的跳转或状态的转移，我们需要做的就是执行该事件，然后跳转到下一个事件，这样我们的系统就"活"了，可以正常运转了。有研究显示状态机可以描述除相对论和量子力学以外的任何事情，但特别适合描述那些发生有先后顺序或时序规律的事情。在数字电路系统中，小到计数器，大到微处理器，都可以用状态机来描述。

其实状态机也是一种函数关系，如图 18-1 所示，一个计数器就可以看作一个最简单的状态机，输入是时钟信号，状态是计数的值，输出也是计数的值，我们可以列出一个时间和输出的函数关系，函数表达式为 q = counter(t)，坐标关系如图 18-2 所示，在有限的时间内，我们都可以根据具体的时间来算出当前输出的值是多少。

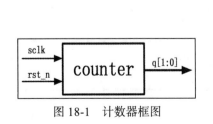

图 18-1　计数器框图　　　　　　　图 18-2　坐标关系图

　　那么状态机该如何表示呢？我们在一些数据手册中会经常看到类似图 18-3 和图 18-4 所示的图，这种图就是用于表达状态机的状态转移图。但是仔细观察可以发现这两个图也不完全一样，但是都能够表达出状态和状态跳转的条件，这是状态转移图中最关键的因素，有了状态转移图，我们就可以对状态机想要表达的内容一清二楚，用代码去实现也会变得很容易，所以根据实际需求设计抽象出符合要求的状态机是非常关键的。本章我们会对如何从实际问题中抽象出状态转移图、如何规范地绘制状态转移图以及如何根据状态转移图来设计代码进行详细讲解。

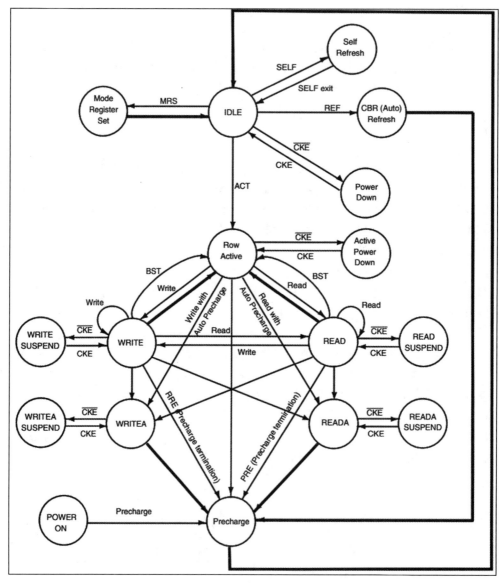

图 18-3　状态转移图（一）

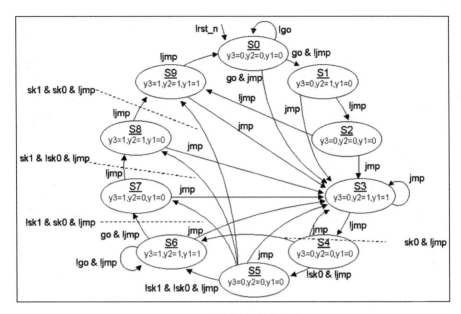

图 18-4　状态转移图（二）

18.2　实战演练一

我们知道状态机是什么了，下面就要学习如何用状态机来解决问题了。以常见的自动售卖饮料的可乐机为例，整个可乐机系统的售卖过程就可以用状态机很好地实现。我们先来试着实现一个简单的可乐机系统。

18.2.1　实验目标

可乐机每次只能投入一枚 1 元硬币，每瓶可乐卖 3 元钱，投入 3 个硬币就可以让可乐机出可乐，如果投币不够 3 元想放弃投币，则需要按复位键，否则之前投入的硬币不能退回。

18.2.2　程序设计

1. 模块框图

本例我们设计的是一个相对简单的状态机，在下一节中，我们会在此基础上添加其他功能，做一个稍微复杂的状态机，所以为了加以区别，我们给本章的模块命名为 simple_fsm。根据功能描述，我们大概可以分析出输入、输出有哪些信号。首先必不可少的是时钟和复位信号；其次是投币 1 元的输入信号，命名为 pi_money；最后是可乐机输出我们购买的可乐的信号，命名为 po_cola。根据上面的分析设计出的 Visio 框图如图 18-5 所示。

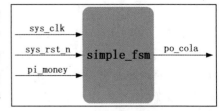

图 18-5　可乐机模块框图

端口列表与功能描述如表 18-1 所示。

表 18-1   可乐机模块输入输出信号描述

信　号	位　宽	类　型	功能描述	信　号	位　宽	类　型	功能描述
sys_clk	1bit	Input	工作时钟，频率为 50MHz	pi_money	1bit	Input	投币 1 元的输入
sys_rst_n	1bit	Input	复位信号，低电平有效	po_cola	1bit	Output	可乐机的输出

2. 状态转移图与波形图绘制

对于状态机的设计，其重点是设计状态转移图，前面我们也列举了一些状态图，但没有统一的标准，有些只是为了表达一个系统，并不利于编写和观察代码，所以我们有一个自己的规范标准，如图 18-6 所示，每个椭圆的框表示一个状态（也可以用其他图形表示），每个状态之间都有一个指向的箭头，表示的是状态跳转的过程，箭头上有标注的一组数字，斜杠左边表达的是状态的输入，斜杠右边表达的是状态的输出，结构非常简单，各状态之间的功能、跳转的条件、输入输出都能够在状态转移图中非常清楚地表达出来。

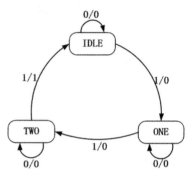

图 18-6   状态转移图规范标准

总结出来就是一个完整的状态转移图需要包括以下三个要素：

1）输入：根据输入可以确定是否需要进行状态跳转以及输出，是影响状态机系统执行过程的重要驱动力。

2）输出：状态机系统最终要执行的动作，根据当前时刻的状态以及输入得到。

3）状态：根据输入和上一状态决定当前时刻所处的状态，是状态机系统执行的一个稳定的过程。

接下来我们套用上面的总结分析本例的状态转移图是如何绘制的。首先要将实际的问题抽象成需要的元素，就是要找到状态转移图所需要的输入、输出和状态分别对应实际问题的哪些部分，分析结果如下：

1）输入：投入 1 元硬币。

2）输出：出可乐、不出可乐。

3）状态：可乐机中有 0 元、可乐机中有 1 元、可乐机中有 2 元、可乐机中有 3 元。

根据这些抽象出的要素可以绘制状态转移图。首先我们根据分析的状态数先画出 4 个状态，如图 18-7 所示，每个状态名都有其含义，可乐机中有 0 元的状态是最原始的状态，我们称之为 IDLE 状态，有 1 元的状态称为 ONE，有 2 元的状态命名为 TWO，有 3 元的状态命名为 THREE。

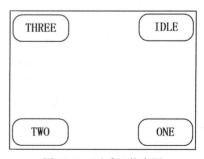

图 18-7   可乐机状态图

我们从第一个 IDLE 状态开始分析，从初使状态开始进行跳转。在 IDLE 状态下有两种情况：一种情况是我们什么也不做，状态还是继续维持在 IDLE；另一种情况是我们投入 1 元钱，即在 IDLE 状态下的输入为 1，此时并不会输出可乐，但是状态跳转到 ONE 状态了。初始状态 IDLE 的跳转只有以上分析的这两种情况，有的读者可能会有疑问：输入还有复位键，也会影响状态的跳转，为什么没有在状态转移图中表达呢？因为我们在代码中使用异步复位，执行复位操作后直接跳转到初始状态，如图 18-8 所示，所以不用在状态转移图中单独表达。

接着我们该分析 ONE 状态跳转的情况了，在 ONE 状态下同样有两种情况：一种情况是你没有继续投入 1 元钱，可乐机还是继续维持在 ONE 状态，等待新的 1 元钱投入，如果此时你不再继续投钱而选择离开，需要按一下复位键回到初始状态，等待下一个人从初始状态开始继续投币（代码中我们没有退回硬币的输出，只将状态机回到初始状态），如果没有按复位键，下一个人可以继续在你之前投币的基础上继续计数；另一种情况是在可乐机中已经有 1 元钱的情况下再投入 1 元钱，即在 ONE 状态下的输入为 1，此时并不会输出可乐，所以在该状态下的输出为 0，而状态则是跳转到了 TWO。那么从 ONE 状态可以跳转的情况也只有两种，如图 18-9 所示。

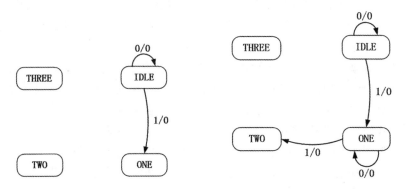

图 18-8　复位操作状态跳转　　　图 18-9　可乐机 ONE 状态跳转

下面分析 TWO 状态跳转情况。在 TWO 状态下同样有两种情况：一种情况是你仍然没有再继续投入 1 元钱，可乐机还是继续维持在 TWO 状态，等待新的 1 元硬币投入，如果此时你不再继续投钱而选择离开，则需要按一下复位键回到初始状态，等待下一个人从初始状态开始投币；另一种情况是在可乐机中已经有 2 元钱的情况下再投入 1 元钱，即在 TWO 状态下的输入为 1，此处需要特别注意，这时可乐机中已经有 3 元钱了，可以出可乐了，但是出了可乐后，可乐机应该回到 IDLE 状态，为什么又多出来一个 THREE 状态呢？很多读者在绘制状态转移图时往往会在这里发现问题，而把 THREE 状态去掉，变为图 18-6 所示的样子。这种最后优化为三种状态的状态转移图是正确的，那之前分析的四种状态的状态转移图是错误的吗？当然不是，我们继续把四种状态的状态转移图绘制完，再告诉大家为什么会有这种差别。

按照上面四种状态的状态转移图来分析，出现 TWO 状态下的第二种情况时，虽然可乐机中有了 3 元钱，但是和上面分析不同的是可乐机此时不会立刻出可乐，如图 18-10 所示，而是先跳转到 THREE 状态，等到了 THREE 状态的时刻，可乐机发现已经有人投了 3 元钱了，就不需要再投钱了，可以直接出可乐了。完整的状态转移图如图 18-11 所示。

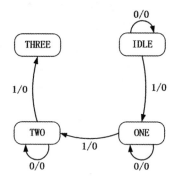
图 18-10　可乐机 THREE 状态跳转

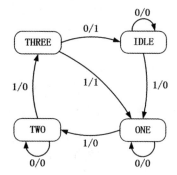
图 18-11　完整的可乐机状态转移图

　　有的读者此时可能会有疑问，图 18-6 和图 18-11 所示的这两种状态转移图都是对的吗？没错，这两种状态转移图都是对的。不要忘记我们在本节最开始处讲的状态机有两种，一种是 Moore 型状态机，一种是 Mealy 型状态机。仔细看看这两种状态机的特点，最后的输出只和当前状态有关，而与输入无关，则称为 Moore 型状态机，图 18-11 所表达的状态转移图就是 Moore 型的。最后的输出不仅和当前状态有关，还和输入有关，则称为 Mealy 状态机，图 18-6 所表达的状态转移图就是 Mealy 型的。但是在最后设计时大家往往更喜欢把状态的个数化简到最简的状态，这有助于在代码实现的状态编码中节省相应的寄存器资源，所以后面我们将按照图 18-6 所示的 Mealy 型状态机来讲解。

　　我们画波形图的目的是为了写代码时思路清晰，但是状态机比较特殊，我们根据实际的问题已经将状态转移图抽象出来了，根据状态转移图就可以很容易地实现状态机的 RTL 代码。在描述状态机时，即使不绘制波形图，也能够在写代码时有一个很清晰的思路。但是为了让大家能够更直观地理解，这里还是将波形图画出。如图 18-12 所示，首先是三个输入信号，我们随机模拟输入信号 pi_money 的输入情况，根据状态转移图来分析并继续绘制波形。因为有不同的状态之间的跳转关系，所以我们需要一个用于表示状态的变量，一般都设置一个名为 state 的状态变量，state 处于哪个状态，何时跳转，都需要根据输入信号 pi_money 来决定，而输出信号 po_cola 的结果则由输入信号 pi_money 和当前 state 的状态共同决定。

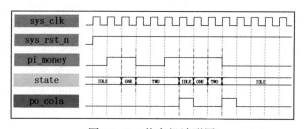
图 18-12　状态机波形图

3. 代码编写

此处我们实现的可乐机的参考代码可参见代码清单 18-1。

代码清单 18-1　简单可乐机参考代码（simple_fsm）

```
 1 module  simple_fsm
 2 (
 3     input    wire    sys_clk   ,        // 系统时钟（50MHz）
 4     input    wire    sys_rst_n ,        // 全局复位
 5     input    wire    pi_money  ,        // 投币方式可以为：不投币（0）、投1元（1）
 6
 7     output   reg     po_cola            //po_cola 为1时出可乐, po_cola 为0时不出可乐
 8
 9 );
10
11 //********************************************************************//
12 //****************** Parameter and Internal Signal *****************//
13 //********************************************************************//
14
15 //parameter define
16 // 只有三种状态，使用独热码
17 parameter   IDLE = 3'b001;
18 parameter   ONE  = 3'b010;
19 parameter   TWO  = 3'b100;
20
21 //reg   define
22 reg [2:0]   state   ;
23
24 //********************************************************************//
25 //************************* Main Code *****************************//
26 //********************************************************************//
27
28 // 第一段状态机, 描述当前状态 state 如何根据输入跳转到下一状态
29 always@(posedge sys_clk or negedge sys_rst_n)
30     if(sys_rst_n == 1'b0)
31         state <= IDLE;                  // 任何情况下只要按复位键就会回到初始状态
32     else    case(state)
33             IDLE  : if(pi_money == 1'b1)    // 判断输入情况
34                         state <= ONE;
35                     else
36                         state <= IDLE;
37
38             ONE   : if(pi_money == 1'b1)
39                         state <= TWO;
40                     else
41                         state <= ONE;
42
43             TWO   : if(pi_money == 1'b1)
44                         state <= IDLE;
```

```
45                    else
46                        state <= TWO;
47            // 如果状态机跳转到编码的状态之外，也回到初始状态
48            default:    state <= IDLE;
49        endcase
50
51 // 第二段状态机，描述当前状态 state 和输入 pi_money 如何影响 po_cola 输出
52 always@(posedge sys_clk or negedge sys_rst_n)
53     if(sys_rst_n == 1'b0)
54         po_cola <= 1'b0;
55     else    if((state == TWO) && (pi_money == 1'b1))
56         po_cola <= 1'b1;
57     else
58         po_cola <= 1'b0;
59
60 endmodule
```

上面是一个用 Verilog 描述的简单状态机，我们可以发现它是按照我们总结好的一套格式来编写的。按照这种格式再结合状态转移图可以编写出更复杂的状态机代码。总结一下我们套用的格式有哪些主要构成部分：其中第 1～9 行是端口列表部分；第 17～19 行是状态编码部分；第 22 行是定义的状态变量；第 29～49 行是第一段状态机部分；第 52～58 行是第二段状态机部分。一共有五部分，我们写状态机代码时可以根据这五部分对照着状态机依次编写，就可以很容易地实现状态机。

第一部分：第一部分是端口列表，和之前的设计一样，没有什么特殊之处。

第二部分、第三部分：第二部分是状态编码，第三部分是状态变量，这两个是有联系的，所以放到一起讲解。第 17～19 行是状态编码，状态转移图中有多少个状态数就需要有多少个状态编码，这里一共有 3 个状态数，所以需要 3 个状态编码。第 22 行是状态变量，为什么此处状态变量的位宽是 3 呢？因为我们采用了独热码的编码方式，每个状态数只有 1 位为 1，其余位都为 0，所以 3 个状态就要用 3 位宽的变量，如果是 4 个状态，就要用 4 位宽的变量，也就是一共有几个状态数就需要几位宽的状态变量。那么除了用独热码的方式对状态进行编码，还有其他的方法吗？当然有，我们还可以采用二进制码或格雷码的方式对状态进行编码。在上面的例子中，如果用二进制码编码 3 个状态，则为 2'b00，2'b01，2'b10；而用格雷码编码 3 个状态，则为 2'b00，2'b01，2'b11。这两种编码方式都只需要 2bit 宽的状态变量即可，即便是有 4 个状态数，我们使用 2bit 宽的状态变量依然可以解决问题，要比独热码更节省状态变量的位宽个数。

为什么本例中我们使用的是独热码而非二进制码或格雷码呢？这就要从每种编码的特性说起。首先，因为独热码的每个状态只有 1bit 是不同的，所以在执行到第 55 行的 "state == TWO" 这条语句时，综合器会识别出这是一个比较器，而因为只有 1bit 为 1，所以综合器会进行智能优化（优化为 "state[2] == 1'b1"），这就相当于把之前 3bit 的比较器变为了 1bit 的比较器，大大节省了组合逻辑资源，但是付出的代价就是所需状态变量的位宽比较

多。我们的 FPGA 中组合逻辑资源相对较少，所以比较宝贵，而寄存器资源较多，所以很完美。

二进制编码的情况和独热码刚好相反，因为使用了较少的状态变量，使之在减少了寄存器状态的同时无法进行比较器部分的优化，所以使用的寄存器资源较少，而使用的组合逻辑资源较多，我们还知道 CPLD 就是一个组合逻辑资源多而寄存器逻辑资源少的器件。因为这里使用的是 FPGA 器件，所以使用独热码进行编码。就因为这个比较部分的优化，还使得使用独热码编码的状态机可以在高速系统上运行，其原因是多比特的比较器每个比特到达比较器的时间可能会因为布局布线的走线长短而出现路径延时的不同，这样在高速系统下，就会导致采集到不稳定的状态，使比较后的结果产生一个时钟的毛刺，输出不稳定，而单比特的比较器就不存在这种问题。如图 18-13～图 18-17 所示是示意图解析。

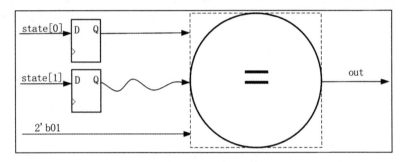

图 18-13　单比特比较器示意图

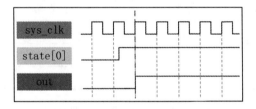

图 18-14　单比特比较器波形图

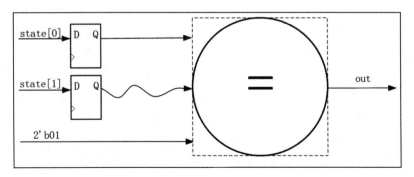

图 18-15　多比特比较器示意图

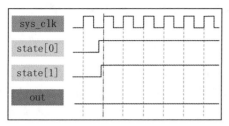
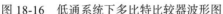
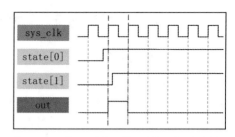

图 18-16 低通系统下多比特比较器波形图 图 18-17 高速系统下多比特比较器波形图

用独热码编码虽然好处很多，但是如果状态数非常多，即使是 FPGA 也无法承受独热码对寄存器的消耗，所以当状态数特别多的时候可以使用格雷码对状态进行编码。格雷码虽然也是和二进制编码一样，使用的寄存器资源少，组合逻辑资源多，但是其相邻状态转换时只有一个状态发生翻转，这样不仅能消除状态转换时由多条信号线的传输延迟所造成的毛刺，又可以降低功耗，所以要优于二进制码的方式，相当于独热码和二进制编码的折中。

最后我们用表 18-2 来总结一下什么时候使用什么方式编码效果最好（有时候不管你使用哪种编码方式，综合器都会根据实际情况在综合时智能地进行编码的转换，当然，这需要设置额外的综合约束，此处不再详细讲解）。

表 18-2 编码方式表

CPLD 器件				FPGA 器件			
低速系统			高速系统	低速系统			高速系统
状态个数			状态个数	状态个数			状态个数
小于 4	4~24	大于 24	所有状态	小于 4	4~24	大于 24	所有状态
独热码	二进制码	格雷码	独热码	二进制码	独热码	格雷码	独热码

第四部分和第五部分：这两部分也是有联系的，是状态机中最为关键的部分，综合器能否将 RTL 代码综合为状态机主要取决于这部分代码如何实现。我们的代码使用的是二段式状态机，但是又感觉怪怪的，我们描述的状态机和其他资料上的有所区别，是因为使用了新的写法。状态机代码的写法有一段式、二段式、三段式。一段式指的是在一段状态机中使用时序逻辑既描述状态的转移，也描述数据的输出；二段式指在第一段状态机中使用时序逻辑描述状态转移，在第二段状态机中使用组合逻辑描述数据的输出；三段式指在第一段状态机中采用时序逻辑描述状态转移，在第二段状态机中采用组合逻辑判断状态转移条件描述状态转移规律，在第三段状态机中描述状态输出，可以用组合电路输出，也可以时序电路输出。这种一段式、二段式、三段式其实都是之前经典的写法，也是一些工程师仍然习惯用的写法。但这些方法是根据状态机理论建立的模型抽象后设计的，要严格按照固定的格式来写代码，否则综合器将无法识别出你写的代码是一个状态机，因为早期的开

发工具只能识别出固定的状态机格式。这往往增加了设计的难度，很多读者在学习时还要去了解理论模型，反复学习理解很久才能够设计好的状态机，所以需要我们改进。

以前的一段式、二段式、三段式各有优缺点，其中：一段式在描述大型状态机时会比较困难，会使整个系统显得十分臃肿，不够清晰；二段式状态机的好处是其结构和理想的理论模型完全吻合，即不会有附加的结构存在，比较精简，但是由于二段状态机的第二段是组合逻辑描述数据的输出，所以有一些情况是无法描述的，比如输出时需要类似计数的累加情况，这种情况在组合逻辑中会产生自迭代，自迭代在组合逻辑电路中是严格禁止的，而且第二段状态机主要是描述数据的输出，输出时使用组合逻辑往往会产生更多的毛刺，所以并不推荐；由此衍生出三段式状态机，三段状态机的输出是时序逻辑，但是其结构并不是最精简的。三段式状态机的第一段状态机是用时序逻辑描述当前状态，第二段状态机是用组合逻辑描述下一状态，如果把这两个部分进行合并而第三段状态机保持不变，就是现在最新的二段式状态机了。这种新的写法在当前不同综合器中都可以被识别出来，既消除了组合逻辑可能产生的毛刺，又减小了代码量，还更加容易上手，不必再去关心理论模型是怎样的，仅仅根据状态转移图就非常容易实现，对初学者来说十分友好。所以我们习惯性地使用两个均采用时序逻辑的 always 块，第一个 always 块描述状态的转移为第一段状态机，第二个 always 块描述数据的输出为第二段状态机（如果我们遵循一个 always 块只描述一个变量的原则，当有多个输出时，第二段状态机就可以分为多个 always 块来表达，但理论上仍属于新二段状态机，所以几段式状态机并不是由 always 块的数量简单决定的）。

如果我们写的是状态机，综合器是可以识别出来的，如图 18-18 所示，双击 "Netlist Viewers" 下的 "State Machine Viewer"，或者打开 RTL 视图时看到如图 18-19 所示的 state 块就是综合器自动识别出的状态机，双击它也可以查看状态转移图，打开后显示的状态转移图如图 18-20 所示。

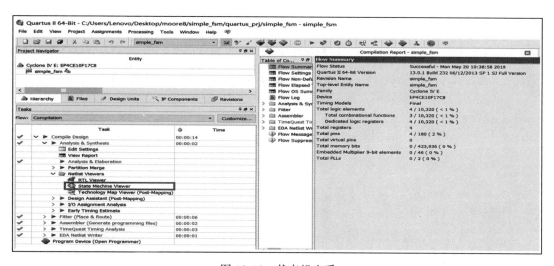

图 18-18　状态机查看

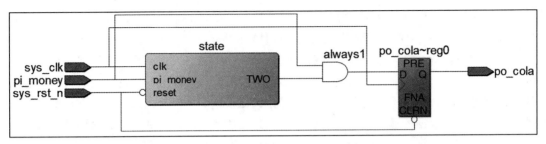

图 18-19 RTL 视图

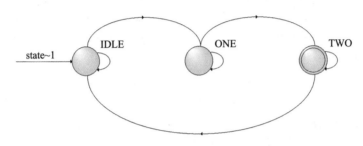

图 18-20 状态转移图

4. 仿真验证

（1）仿真文件编写

为了方便观察状态的跳转，我们在仿真中加入了需要查看的信息并打印出来，参见代码清单 18-2。

代码清单 18-2 简单可乐机仿真参考代码（tb_simple_fam.v）

```
1 `timescale  1ns/1ns
2 module  tb_simple_fsm();
3
4 //*****************************************************************//
5 //***************** Parameter and Internal Signal ****************//
6 //*****************************************************************//
7
8 //reg define
9 reg      sys_clk      ;
10 reg      sys_rst_n    ;
11 reg      pi_money     ;
12
13 //wire  define
14 wire     po_cola;
15
16 //*****************************************************************//
17 //************************* Main Code ****************************//
18 //*****************************************************************//
```

```
19
20  // 初始化系统时钟、全局复位
21  initial begin
22      sys_clk    = 1'b1;
23      sys_rst_n <= 1'b0;
24      #20
25      sys_rst_n <= 1'b1;
26  end
27
28  //sys_clk: 模拟系统时钟，每10ns电平翻转一次，周期为20ns，频率为50MHz
29  always  #10 sys_clk = ~sys_clk;
30
31  //pi_money: 产生输入随机数，模拟投币1元的情况
32  always@(posedge sys_clk or negedge sys_rst_n)
33      if(sys_rst_n == 1'b0)
34          pi_money <= 1'b0;
35      else
36          pi_money <= {$random} % 2;   // 取模求余数，产生非负随机数 0、1
37
38  //------------------------------------------------------------
39  // 将 RTL 模块中的内部信号引入 Testbench 模块中进行观察
40  wire [2:0] state = simple_fsm_inst.state;
41
42  initial begin
43      $timeformat(-9, 0, "ns", 6);
44      $monitor("@time %t: pi_money=%b state=%b po_cola=%b",
45                              $time, pi_money, state, po_cola);
46  end
47  //------------------------------------------------------------
48
49  //**********************************************************//
50  //************************ Instantiation *******************//
51  //**********************************************************//
52
53  //-----------------------simple_fsm_inst----------------------
54  simple_fsm   simple_fsm_inst(
55      .sys_clk    (sys_clk    ),  //input      sys_clk
56      .sys_rst_n  (sys_rst_n  ),  //input      sys_rst_n
57      .pi_money   (pi_money   ),  //input      pi_money
58
59      .po_cola    (po_cola    )   //output     po_cola
60  );
61
62  endmodule
```

这里我们需要对第 40 行的代码进行讲解，在之前的章节中大家没有见到过这种用法。第 40 行重新定义了一个 2bit 名为 state 的变量（该变量也可以是其他名字，为了方便观察，

该变量名应尽量和 RTL 模块中的名字一致），然后通过在 Testbench 模块中实例化 RTL 模块的名字与 "." 定位到 RTL 模块中的信号，如果要引入 Testbench 模块中的信号是 RTL 模块多层实例化中最底层的信号，则需要将顶层的实例化 RTL 模块的名字与 "." 依次传递，直到最后定位到内部的信号。这样我们就把 RTL 模块中的内部信号引入 Testbench 模块中了。这样做是因为我们要在 ModelSim 的 "Transcript" 界面中打印 RTL 模块中内部信号的信息以方便观察验证，直接实例化 RTL 模块的方式只能够将 RTL 模块中的端口信号引入 Testbench 模块中，而不能将 RTL 模块的内部信号引入 Testbench 模块中，所以无法在 ModelSim 的 "Transcript" 界面中观察打印的信息。

（2）仿真波形分析

打开 ModelSim 执行仿真，仿真出的波形如图 18-21 所示，我们让仿真运行了 500ns，可以看到输出信号 po_cola 是根据输入信号 pi_money 和状态变量 state 共同影响变化的，对照状态转移图和波形图，发现是完全一致的，验证正确。

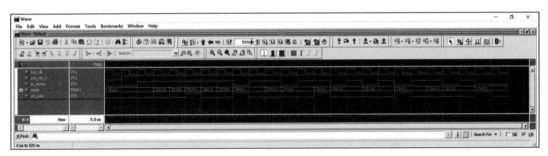

图 18-21　仿真波形图

我们在观察状态机的波形时，要根据输入信号 pi_money 和状态变量 state 一起来观察输出信号 po_cola 的状态，不是很直观，需要逐个数，这时我们想起了之前通过 "Transcript" 界面打印的信息来观察信号的方式，在 Testbench 模块中我们也添加了相应的代码，且可以看到在 Testbench 模块中引入的 RTL 模块中内部信号 state 的信息，仿真结果如图 18-22 所示。阅读 "Transcript" 界面打印的信息时，不要忘记时序逻辑电路延一拍的特点。

18.3　实战演练二

前面实现的可乐机比较简单，只能投 1 元的硬币，但是生活中还有 0.5 元的硬币，所以我们在本章中将可乐机设计得稍微复杂一些，做成既可以投 1 元的硬币，也可以投 0.5 元的硬币，然后把可乐的定价改为 2.5 元一瓶。此处因增加了可乐机的复杂度而引入了新的问题：投币后可乐机不仅需要放出可乐，还有可能出现需要找零钱的情况。这样我们的设计就更加有意思了，也更加符合真实情况了。

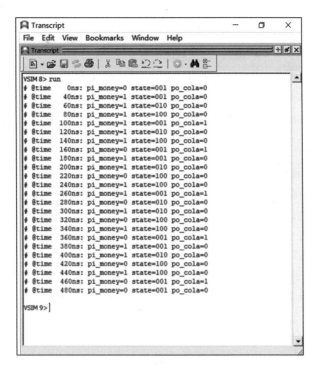

图 18-22　打印信息

18.3.1　实验目标

可乐的定价为 2.5 元一瓶，可投入 0.5 元、1 元硬币，投币不够 2.5 元时需要按复位键退回钱款，投币超过 2.5 元则需要找零。

18.3.2　程序设计

1. 模块框图

本例我们设计一个稍微复杂的状态机，该状态机和 18.2 节所解决的问题是类似的，但是输入和输出都增加了新的内容，所以本例的模块命名为 complex_fsm。根据功能描述，我们可以分析出输入、输出有哪些信号。首先，时钟信号和复位信号依然是必不可少的输入信号；输入信号还有投币，除了可以投 1 元外，还可以投 0.5 元，所以我们将投币 1 元的输入信号命名为 pi_money_one，将投币 0.5 元的输入信号命名为 pi_money_half；可乐机的输出除了可乐，还可能会有找零（找零的结果只有一种，即找回 0.5 元），我们将可乐机输出购买可乐的信号命名为 po_cola，找零的信号命名为 po_money。根据上面的分析设计出的 Visio 框图如图 18-23 所示。

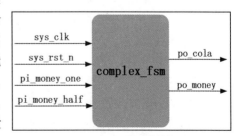

图 18-23　可乐机模块框图

端口列表与功能描述如表 18-3 所示。

表 18-3　可乐机模块输入输出信号描述

信　号	位　宽	类　型	功能描述	信　号	位　宽	类　型	功能描述
sys_clk	1bit	Input	工作时钟，频率为 50MHz	pi_money_half	1bit	Input	投币 0.5 元的输入
sys_rst_n	1bit	Input	复位信号，低电平有效	po_cola	1bit	Output	可乐的输出
pi_money_one	1bit	Input	投币 1 元的输入	po_money	1bit	Output	找零的输出

2. 状态转移图与波形图绘制

在绘制状态转移图时我们仍套用上一节中的三要素法来分析。首先我们要将实际的问题抽象成我们需要的元素，找到实际问题中对应状态转移图所需要的输入、输出和状态的部分，分析结果如下：

❏ **输入**：投入 0.5 元硬币、投入 1 元硬币。

❏ **输出**：不出可乐 / 不找零、出可乐 / 不找零、出可乐 / 找零。

❏ **状态**：可乐机中有 0 元、可乐机中有 0.5 元、可乐机中有 1 元、可乐机中有 1.5 元、可乐机中有 2 元、可乐机中有 2.5 元、可乐机中有 3 元。

根据这些抽象出的要素，我们就可以绘制状态转移图了，这里需要格外注意的是输入和输出都不再是一个信号，而是两个信号，而在表达状态转移图中状态跳转的条件时，依然只能是斜杠左边为输入，斜杠右边为输出，这也就意味着我们要将输入的多个信号编为一组，输出的多个信号编为一组，然后再进行量化编码，编码方式自定义，只要不冲突即可。所以对于输入，我们将不投币、只投入 0.5 元、投入 1 元的情况分别编码为 00、01、10；对于输出，我们将不出可乐不找零、只出可乐、既出可乐又找零的情况（不存在只找零不出可乐的情况）分别编码为 00、10、11，下面就可以绘制状态转移图了。

首先我们根据分析的状态数先画出 7 个状态，为每个状态设置一个有意义的名字，还是和上一节的分析方法一样，从 IDLE 初始状态开始分析，把每一个状态的输入和跳转情况考虑完整，再去分析下一个状态，全部分析结束后，使用 Mealy 型状态机的表达方式将其化简到最少状态，最终绘制出的状态转移图如图 18-24 所示。

大家在画状态转移图时容易出现遗漏状态跳转情况的问题，这里我们给大家总结一个小技巧：可以观察到，输入有多少种情况（上一节是两种输入情况，本节是三种输入情况），每个状态的跳转就有多少种情况（上一节每个状态都有两种跳转情况，本节每个状态都有三种跳转情况），这样根据输入来确定状态的跳转就能够保证不漏掉任何一种状态跳转。

我们根据状态转移图将波形图画出，首先是四个输入信号，随机模拟输入信号 pi_money_one 和 pi_money_half 的输入情况，为了和状态转移图的输入信号编码对应且方便观察（写代码时也方便），我们将输入信号 pi_money_one 和 pi_money_half 组合到一起，设置一个名为 pi_money 的中间变量。然后再画出用于表示状态的状态变量 state，根据输入信号 pi_money 和状态变量 state 确定输出信号 po_cola 和 po_money 的波形，输出信号就不用再进行组合了，单独输出即可。绘制好的波形图如图 18-25 所示。

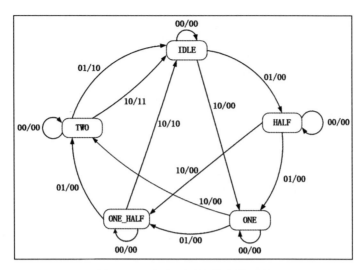

图 18-24 复杂可乐机状态转移图

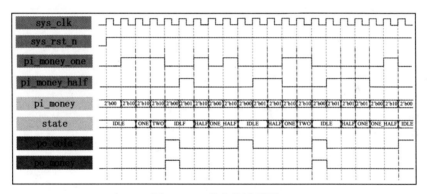

图 18-25 状态机波形图

3. 代码编写

复杂可乐机的参考代码可参见代码清单 18-3。

代码清单 18-3 复杂可乐机参考代码（complex_fsm.v）

```
1 module  complex_fsm
2 (
3     input   wire   sys_clk          ,   // 系统时钟（50MHz）
4     input   wire   sys_rst_n        ,   // 全局复位
5     input   wire   pi_money_one     ,   // 投币 1 元
6     input   wire   pi_money_half    ,   // 投币 0.5 元
7
8     output  reg    po_money         ,   //po_money 为 1 时表示找零
9                                         //po_money 为 0 时表示不找零
10    output  reg    po_cola              //po_cola 为 1 时出可乐
11                                        //po_cola 为 0 时不出可乐
```

```
12 );
13
14 //*********************************************************************//
15 //***************** Parameter and Internal Signal ******************//
16 //*********************************************************************//
17
18 //parameter define
19 // 只有五种状态，使用独热码
20 parameter   IDLE     = 5'b00001;
21 parameter   HALF     = 5'b00010;
22 parameter   ONE      = 5'b00100;
23 parameter   ONE_HALF = 5'b01000;
24 parameter   TWO      = 5'b10000;
25
26 //reg    define
27 reg    [4:0]   state;
28
29 //wire   define
30 wire   [1:0]   pi_money;
31
32 //*********************************************************************//
33 //************************* Main Code ********************************//
34 //*********************************************************************//
35
36 //pi_money: 为了减少变量的个数，我们用位拼接把输入的两个 1bit 信号拼接成 1 个 2bit 信号
37 // 投币方式可以为不投币（00）、投 0.5 元（01）、投 1 元（10），每次只投一个币
38 assign pi_money = {pi_money_one, pi_money_half};
39
40 // 第一段状态机，描述当前状态 state 如何根据输入跳转到下一状态
41 always@(posedge sys_clk or negedge sys_rst_n)
42     if(sys_rst_n == 1'b0)
43         state <= IDLE;   // 任何情况下只要按复位键就会回到初始状态
44     else   case(state)
45                 IDLE     : if(pi_money == 2'b01)              // 判断一种输入情况
46                                 state <= HALF;
47                            else    if(pi_money == 2'b10)      // 判断另一种输入情况
48                                 state <= ONE;
49                            else
50                                 state <= IDLE;
51
52                 HALF     : if(pi_money == 2'b01)
53                                 state <= ONE;
54                            else    if(pi_money == 2'b10)
55                                 state <= ONE_HALF;
56                            else
57                                 state <= HALF;
58
59                 ONE      : if(pi_money == 2'b01)
60                                 state <= ONE_HALF;
61                            else    if(pi_money == 2'b10)
62                                 state <= TWO;
63                            else
64                                 state <= ONE;
65
```

```
66                  ONE_HALF: if(pi_money == 2'b01)
67                               state <= TWO;
68                           else    if(pi_money == 2'b10)
69                               state <= IDLE;
70                           else
71                               state <= ONE_HALF;
72
73                  TWO      : if((pi_money == 2'b01) || (pi_money == 2'b10))
74                               state <= IDLE;
75                           else
76                               state <= TWO;
77 // 如果状态机跳转到编码的状态之外，也回到初始状态
78                  default :        state <= IDLE;
79              endcase
80
81 // 第二段状态机，描述当前状态 state 和输入 pi_money 如何影响 po_cola 输出
82 always@(posedge sys_clk or negedge sys_rst_n)
83     if(sys_rst_n == 1'b0)
84         po_cola <= 1'b0;
85     else   if((state == TWO && pi_money == 2'b01) || (state == TWO &&
86         pi_money == 2'b10) || (state == ONE_HALF && pi_money == 2'b10))
87         po_cola <= 1'b1;
88     else
89         po_cola <= 1'b0;
90
91 // 第二段状态机，描述当前状态 state 和输入 pi_money 如何影响 po_money 输出
92 always@(posedge sys_clk or negedge sys_rst_n)
93     if(sys_rst_n == 1'b0)
94         po_money <= 1'b0;
95     else if((state == TWO) && (pi_money == 2'b10))
96         po_money <= 1'b1;
97     else
98         po_money <= 1'b0;
99
100 endmodule
```

此代码的编写方法和 18.2 节中是一样的，我们根据状态转移图，按照编写状态机时套用的模板，很容易就可以编写出状态机的代码。编写代码后综合出的状态转移图如图 18-26 所示。

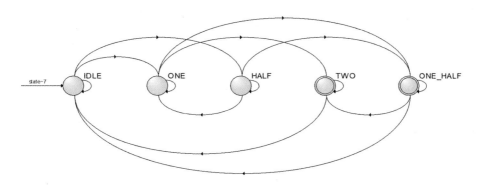

图 18-26　综合的状态转移图

4. 仿真验证

（1）仿真文件编写

复杂可乐机的仿真参考代码可参见代码清单 18-4。

代码清单 18-4　复杂可乐机仿真参考代码（tb_complex_fsm.v）

```
 1  `timescale  1ns/1ns
 2  module  tb_complex_fsm();
 3
 4  //********************************************************//
 5  //***************** Parameter and Internal Signal *****************//
 6  //********************************************************//
 7
 8  //reg    define
 9  reg         sys_clk;
10  reg         sys_rst_n;
11  reg         pi_money_one;
12  reg         pi_money_half;
13  reg         random_data_gen;
14
15  //wire   define
16  wire        po_cola;
17  wire        po_money;
18
19  //********************************************************//
20  //************************ Main Code ***********************//
21  //********************************************************//
22
23  // 初始化系统时钟、全局复位
24  initial begin
25      sys_clk    = 1'b1;
26      sys_rst_n <= 1'b0;
27      #20
28      sys_rst_n <= 1'b1;
29  end
30
31  //sys_clk: 模拟系统时钟，每10ns 电平翻转一次，周期为20ns，频率为50MHz
32  always  #10 sys_clk = ~sys_clk;
33
34  //random_data_gen: 产生非负随机数 0、1
35  always@(posedge sys_clk or negedge sys_rst_n)
36      if(sys_rst_n == 1'b0)
37          random_data_gen <= 1'b0;
38      else
39          random_data_gen <= {$random} % 2;
40
41  //pi_money_one: 模拟投入 1 元的情况
42  always@(posedge sys_clk or negedge sys_rst_n)
```

```
43      if(sys_rst_n == 1'b0)
44          pi_money_one <= 1'b0;
45      else
46          pi_money_one <= random_data_gen;
47
48  //pi_money_half: 模拟投入 0.5 元的情况
49  always@(posedge sys_clk or negedge sys_rst_n)
50      if(sys_rst_n == 1'b0)
51          pi_money_half <= 1'b0;
52      else
53      // 取反是因为一次只能投一个币, 即 pi_money_one 和 pi_money_half 不能同时为 1
54          pi_money_half <= ~random_data_gen;
55
56  //-----------------------------------------------------------
57  // 将 RTL 模块中的内部信号引入 Testbench 模块中进行观察
58  wire    [4:0]   state    = complex_fsm_inst.state;
59  wire    [1:0]   pi_money = complex_fsm_inst.pi_money;
60
61  initial begin
62      $timeformat(-9, 0, "ns", 6);
63      $monitor( "@time %t: pi_money_one=%b pi_money_half=%b
64          pi_money=%b state=%b po_cola=%b po_money=%b", $time, pi_money_one,
65          pi_money_half, pi_money, state, po_cola, po_money);
66  end
67  //-----------------------------------------------------------
68
69  //*********************************************************//
70  //********************** Instantiation ********************//
71  //*********************************************************//
72
73  //----------------------complex_fsm_inst------------------
74  complex_fsm complex_fsm_inst(
75      .sys_clk        (sys_clk        ), //input    sys_clk
76      .sys_rst_n      (sys_rst_n      ), //input    sys_rst_n
77      .pi_money_one   (pi_money_one   ), //input    pi_money_one
78      .pi_money_half  (pi_money_half  ), //input    pi_money_half
79
80      .po_cola        (po_cola        ), //output   po_money
81      .po_money       (po_money       )  //output   po_cola
82  );
83
84  endmodule
```

（2）仿真波形分析

打开 ModelSim 执行仿真，仿真出来的波形如图 18-27 所示，我们让仿真运行了 500ns，可以看到输出信号 po_cola 和 po_money 是根据输入信号组合的 pi_money 和状态变量 state 的共同影响变化的，对照状态转移图和波形图，发现是完全一致的，验证正确。

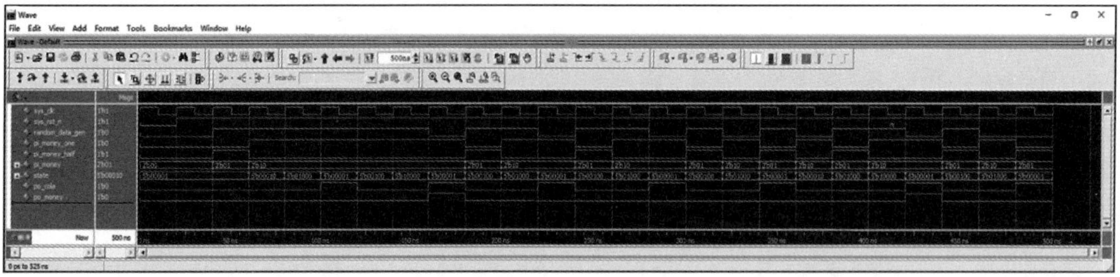

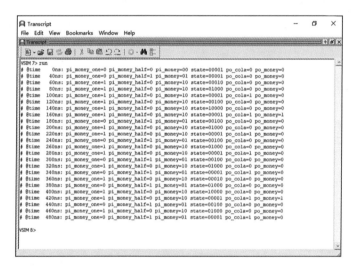

图 18-27 仿真波形图

为了方便观察，我们依然通过"Transcript"界面打印的信息来查看信号的状态，仿真结果如图 18-28 所示。阅读"Transcript"界面打印的信息时不要忘记时序逻辑电路延一拍的特点，通过和状态转移图的状态和跳转条件进行对比，发现结果是一致的。

图 18-28 打印信息图

18.4 章末总结

本章我们通过可乐机的例子详细讲解了状态机的设计方法，一个简单的例子加一个复杂的例子能够让大家巩固状态机的设计方法。本章中讲解的知识点还是很多的，从状态机的概念到状态转移图的设计，再到代码的编写和仿真的验证，我们都讲解得非常详细，把设计状态机的方法进行了总结、规范，并将状态机的整体设计步骤总结为以下四步：

1）分析实际问题，然后抽象出我们设计的状态机系统所需要的输入、输出有哪些，以及每个状态都是什么。

2）根据分析绘制状态转移图，状态转移图是可以化简的，一般化简到最少状态。

3）根据状态转移图编写代码，代码的编写也是有固定方式的，我们也进行了方法总结。

4）通过综合器综合的状态转移图以及 ModelSim 仿真验证状态机的设计。

希望大家以后设计新的状态机时，能够根据我们总结的步骤一步步分析并设计出完美的状态机。状态机虽然好用，但也不能用来编写所有代码，虽然理论上可行，但状态机也不是万能的，也有不足之处，所以我们要在适合的情况下使用状态机，以得到最好的效果。

新语法总结

一般掌握

学会将 RTL 模块中的内部信号引入 Testbench 模块中。

知识点总结

1）知道状态机是什么，以及适合它的应用场景。

2）了解 Moore 型状态机和 Mealy 型状态机的主要区别，以及状态转移图中的差别。

3）学会根据实际问题抽象出我们设计状态机所必要的输入、输出和状态。

4）能够根据分析绘制状态转移图，不要遗漏状态，并会化简、合并状态。

5）能够根据状态转移图画出编写 RTL 代码，编写代码时也要注意一些细节问题，例如，如何进行状态的编码，每种状态编码有何特点，编写代码采用哪种格式，每一段代码的作用是什么。

6）学会根据综合器综合的状态转移图和 ModelSim 仿真来验证状态机的设计。

7）记住整个状态机的设计流程、方法、技巧，并能够在以后的设计中熟练运用。

第 19 章
数码管的动态显示

在许多项目设计中,我们通常需要一些显示设备来显示需要的信息。可选的显示设备有很多,数码管是使用得最多、最简单的显示设备之一。数码管是一种半导体发光器件,具有响应时间短、体积小、重量轻、寿命长等优点。

征途系列板卡提供了位八段数码管,供各位读者学习。本章就为大家讲解可用于显示不同字符的数码管驱动方式——动态驱动。

19.1 理论学习

19.1.1 数码管简介

数码管是一种半导体发光器件,其基本单元是发光二极管。数码管按段数一般分为七段数码管和八段数码管,八段数码管比七段数码管多一个发光二极管(多一个小数点显示),当然也还有一些其他类型的数码管,如"N"形管、"米"字管以及工业科研领域用的16段管、24段管等,如图19-1所示,在此不详细介绍。下面将为大家详细介绍本次实验中使用的八段数码管。

八段数码管   "米"字管

图 19-1 常见数码管

19.1.2 八段数码管

八段数码管的结构图如图19-2所示。

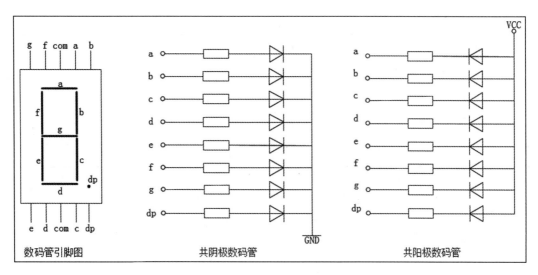

图 19-2　八段数码管结构图

由图 19-2 可以看出，八段数码管是一个"8"字型数码管，分为 8 段：a、b、c、d、e、f、g、dp，其中 dp 为小数点，每一段即为一个发光二极管，这样的八段称为段选信号。数码管常用的引脚有 10 根，每一段有一根引脚，另外两根引脚为一个数码管的公共端，两根互相连接。

数码管分为共阳极数码管和共阴极数码管。共阳极数码管就是把发光二极管的正极连接在一起作为一个引脚，负极分开。相反，共阴极数码管就是把发光二极管的阴极连接在一起作为一个引脚，正极分开。这两者的区别在于公共端是连接到地还是高电平。对于共阳极数码管，需要给对应段低电平才会使其点亮，而对于共阴极数码管，则需要给其高电平才会点亮。本次实验使用的是共阳极数码管。将不同的段点亮可显示 0～f 的值，如表 19-1 所示。

表 19-1　数码管编码译码表

待显示内容（Data_disp）	段码（二进制格式）								段码（十六进制格式）
	a	b	c	d	e	f	g	dp	
0	0	0	0	0	0	0	1	1	8 'hc0
1	1	0	0	1	1	1	1	1	8 'hf9
2	0	0	1	0	0	1	0	1	8 'ha4
3	0	0	0	0	1	1	0	1	8 'hb0
4	1	0	0	1	1	0	0	1	8 'h99
5	0	1	0	0	1	0	0	1	8 'h92
6	0	1	0	0	0	0	0	1	8 'h82
7	0	0	0	1	1	1	1	1	8 'hf8
8	0	0	0	0	0	0	0	1	8 'h80

（续）

待显示内容	段码（二进制格式）								段码
（Data_disp）	a	b	c	d	e	f	g	dp	（十六进制格式）
9	0	0	0	0	1	0	0	1	8 'h90
a	0	0	0	1	0	0	0	1	8 'h88
b	1	1	0	0	0	0	0	1	8 'h83
c	0	1	1	0	0	0	1	1	8 'hc6
d	1	0	0	0	0	1	0	1	8 'ha1
e	0	1	1	0	0	0	0	1	8 'h86
f	0	1	1	1	0	0	0	1	8 'h8e

表 19-1 中二进制段码右边为高位，左边为低位。只要点亮相应的段码，就能显示我们需要的内容。

段式数码管工作方式有两种：静态显示和动态显示。静态显示的特点是每个数码管的段选必须接一个 8 位数据线来显示字形，显示字形可一直保持，直到送入新字形码为止。那么如果点亮 6 个数码管，是不是需要 48 位数据线去分别控制每一个码管的段选？这种方法当然也可以，但是其占用的 I/O 口较多，因此硬件电路比较复杂，成本较高，很少使用。

那么如何节约资源呢？以本实验使用的数码管为例，如图 19-3 所示。

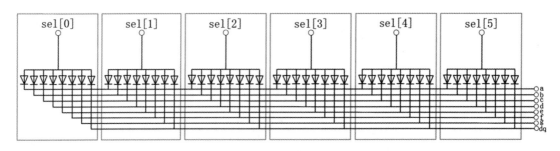

图 19-3　6 位数码管等效电路图

由图 19-3 可以看到，我们将 6 个数码管的段选信号连接在一起，而位选（sel）独立控制，这样 6 个数码管接在一起就少了 8×5 个 I/O 口。这里要对位选信号特别说明一下：由图 19-3 可以看到每一个数码管都有一个位选信号，而这个位选信号就控制着数码管的亮灭。这样我们就可以通过位选信号去控制数码管亮，而在同一时刻，位选选通的数码管上显示的字形是一样的，因为我们将 6 个数码管相对应的段选连在了一起，数码管的显示自然就相同了，数码管的这种显示方式即为静态显示。如果要让每个数码管显示的值不同，我们要用到另外一种显示方式，即动态显示，也就是本章节要讲解的内容。

由图 19-3 可以看到,即使这样,我们控制数码管仍然需要占用 14 个 I/O 口资源(8 个段选,6 个位选)。如果想节约 FPGA 芯片的更多 I/O 口去做其他设计,那能不能使用更少的 I/O 口去驱动数码管显示呢?这当然是可以的,我们可通过 74HC595 芯片(位移缓存器)进行实现。

19.1.3 74HC595 简介

74HC595 是一个 8 位串行输入、并行输出的位移缓存器。其内部具有 8 位移位寄存器和一个存储器,具有三态输出功能。我们先跟据该芯片的引脚图来讲解其功能,如图 19-4 所示。

其各引脚功能简介如表 19-2 所示。

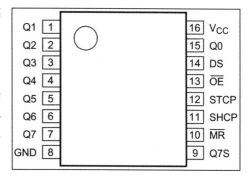

图 19-4 74HC595 芯片引脚图

表 19-2 74HC595 引脚功能简介

引脚名	引脚编号	引脚功能
Q0~Q7	15,1~7	并行数据输出
GND	8	电源地
Q7S	9	串行数据输出
$\overline{MR}$	10	主复位(低电平有效)
SHCP	11	移位寄存器时钟输入
STCP	12	存储寄存器时钟输入
$\overline{OE}$	13	输出使能输入(低电平有效)
DS	14	串行数据输入
V_{CC}	16	电源电压

由表 19-2 可知,该芯片有一个并行的数据输出,同时芯片的输入是串行数据,也就是说我们使用一个串行输入口就可以并行输出 8 个输入的串行数据。从 19.1 节对数码管的讲解中我们知道,六位八段数码管需要 14 个 I/O(也就是 14bit)去驱动数码管,而使用该芯片后,就可以将输出的数码管信号以串行(1bit)的方式输入该芯片,然后该芯片会将输入的数码管信号以并行的方式输出。但是可以看到一片芯片只能并行输出 8 位数据,而我们的六位八段数码管是需要 14 位数据驱动的,这该怎么办呢?这里我们可以使用两片 74HC595 芯片进行输出,事实上这正是 74HC595 的一大特点,可以进行级联。74HC595 芯片有一个 Q7S 引脚,该引脚的功能为输出串行数据,我们将这个输出接入下一片 74HC595 芯片的串行数据输入端,这样后面的数据就会在下一片 74HC595 芯片输出了。应用好这个联级功能,只需占用三个 I/O 口就可以控制很多片 74HC595。

知道了数据的输入输出,那该如何控制这些数据输入和输出呢?我们通过 74HC595 芯片内部结构图来讲解其控制过程,如图 19-5 所示。

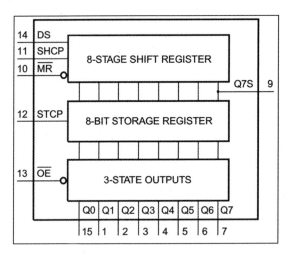

图 19-5   74HC595 内部结构图

$\overline{\text{MR}}$ 是主复位，低电平时将移位寄存器的数据清零，通常接到 V_{CC} 端以防止数据清零。SHCP 为移位寄存器时钟输入，上升沿时将输入的串行数据（DS 端输入）移入移位寄存器中。需要注要的是它是一个移位寄存器，也就是说当下一个脉冲（时钟上升沿）到来时，上一个脉冲移入的数据就会往下移动一位。如果串行输入 8bit 数据，输入完之后，那么第一位输入的数据将会移动到最后面。若一次输入的数据超过 8bit，那么后面的数据就会通过 Q7S 端口输出，此时我们可以将该接口接到另一片 74HC595 芯片的串行输入端（级联），这样数据就会随着脉冲依次移位到另一片 74HC595 芯片上。

当串行数据移入 74HC595 芯片的移位寄存器之后，该如何控制其输出呢？74HC595 内部有一个 8 位存储寄存器，该寄存器由 STCP（存储寄存器时钟）控制，STCP 处于上升沿时，移位寄存器的数据会进入数据存储寄存器中，通过让 $\overline{\text{OE}}$（输出使能输入）引脚的电平为低，即可让存储寄存器中的数据进行输出。

最后我们总结一下 74HC595 的使用步骤：

1）把要传输的数据通过引脚 DS 输入 74HC595 中。

2）产生 SHCP 时钟，将 DS 上的数据串行移入移位寄存器。

3）产生 STCP 时钟，将移位寄存器里的数据送入存储寄存器。

4）将 $\overline{\text{OE}}$ 引脚置为低电平，存储寄存器的数据会在 Q0~Q7 引脚并行输出，同时并行输出的数据会被锁存起来。

串行输入与并行输出的关系如图 19-6 所示。

由图 19-6 可知，最先输入的数据会被移位到最后位进行输出。

通过以上理论知识的讲解，相信大家对数码管以及

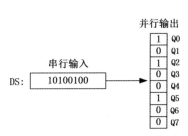

图 19-6   串行输入与并行输出的关系

74HC595 的使用都有了大致的了解，下面我们通过实战演练去看看具体该如何操作。

19.1.4　数码管动态显示简介

如何理解数码管的动态显示呢？下面将通过图 19-7 讲解数码管的动态驱动原理。

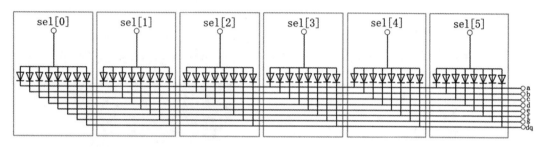

图 19-7　六位数码管等效电路图

如图 19-7 所示，数码管的静态显示是让 6 个数码管的 8 位段选信号连在 8 根线上，且 6 个数码管的位选信号同时选中点亮。但是如果每次只选中一个数码管点亮呢？这样我们段选信号点亮的就只是所选中的数码管的值了，那是不是就可以给每个数码管显示不一样的值了？但是这样我们又会发现一个新的问题：每次只点亮一个数码管，那么同一时间 6 个数码管就只能看到一个数码管在亮，那不就意味着不能同时显示 6 个不同的字符了吗？针对这个问题，先为大家介绍两种现象：人眼视觉暂留和余晖效应。

❑ 人眼视觉暂留：人眼在观察景物时，光信号传入大脑神经，需要经过一段短暂的时间，光的作用结束后，视觉影像并不立即消失，这种残留的视觉称为"后像"，这一现象则称为"视觉暂留"。

❑ 余晖效应：当停止向发光二极管供电时，发光二极管的亮度仍能维持一段时间。

根据这两种现象我们可以想到，如果让数码管轮流显示，而且轮流显示的速度很快，这样看起来会不会像 6 个数码管都在显示呢？事实证明是可以的，这种方式称为动态扫描。比如，若一个数码管在 1s 内点亮两次，那么我们可以很明显地看到其亮了两次。若 1s 内点亮 10 次呢？我们可能只能看到其在快速闪烁。若 1s 内点亮 100 次、1000 次呢？总有一个速度会让人眼分辨不出数码管在闪烁。所以说让一个数码管看上去一直在亮，并不用一直将其点亮，只要让其亮的间隔足够短就可以。这样我们就能用不点亮的时间去点亮其他数码管，让其他数码管也达到这样的效果，从而让人眼感觉所有数码管在同时点亮了。那么多长的动态扫描间隔可以让人眼感觉所有数码管都在亮而不会有闪烁感呢？实验证明，当我们的扫描间隔为 1ms 时不会有闪烁感。

最后为大家总结一下动态驱动数码管的方式。使用 1ms 的刷新时间让 6 个数码管轮流显示：第 1ms 点亮第 1 个数码管，第 2ms 点亮第 2 个数码管，以此类推，依次点亮 6 个数码管，6ms 为一个循环，也就是说每个数码管每 6ms 点亮 1ms，这样就能让人眼感觉到数码管一直在亮了。点亮相应数码管时为其显示相应的值，这样就可以使 6 个数码管显示不同的值了，这就是驱动数码管动态显示的方法。

19.2   实战演练

19.2.1   实验目标

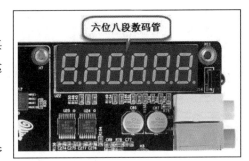

让六位数码管显示从十进制数 0 开始计数，每 0.1s 加 1，一直到加到十进制数 999 999。到达 999 999 之后回到 0，重新开始计数。

19.2.2   硬件资源

本节我们要使用开发板上的六位八段数码管进行实验，如图 19-8 所示。

图 19-8   硬件资源

征途 Pro 开发板上使用的数码管型号为 FJ3661BH，使用了两片 74HC595 芯片。原理图如图 19-9 和图 19-10 所示。

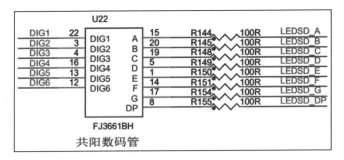

图 19-9   数码管原理图

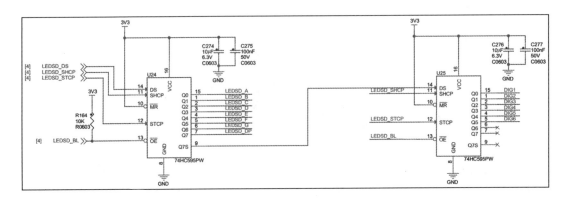

图 19-10   74HC595 原理图

图 19-9 所示的数码管为共阳极数码管，即段选为低电平点亮。对应的数码管点亮原理图参见图 19-3。从图中可以看到，其位选为高电平时才能点亮对应数码管，DIG1（sel[5]）对应的是开发板上最左侧数码管，依次类推，DIG6(sel[0]) 对应的就是开发板上最右侧数码管。

如图 19-10 所示的开发板上搭载了两片 74HC595 芯片，用于输出数码管驱动信号，其中，将 $\overline{MR}$ 接到了 V_{CC} 以防止数据清零，所以这两片 74HC595 芯片只用 4 个 I/O 口控制即可。我们将两片 74HC595 进行级联，一片的 Q7S 输出端接到另一片的数据输入端 DS，这样我们输入的 14 位串行输入数码管信号的前六位就会在第二片输出。

> **注意**：因为是移位寄存器，如果一次共输入 14 位数据，那么第一位输入的串行数据会在第二片 74HC595 芯片的 Q5 输出。

19.2.3　程序设计

硬件资源介绍完毕，我们开始实验工程的程序设计。

1. 整体说明

根据实验任务，可以先画出系统框图，如图 19-11 所示，根据框图可以更加明确该如何完成这个实验。

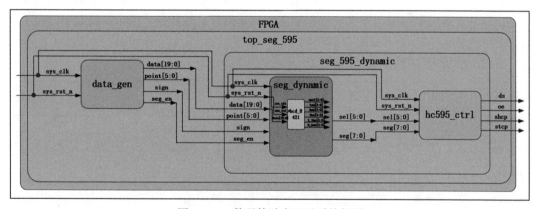

图 19-11　数码管动态显示系统框图

根据框图可以看到实验一共分为 6 个模块，参见表 19-3，下面将分模块为大家介绍。

表 19-3　数码管动态显示工程模块简介

模块名称	功能描述	模块名称	功能描述
data_gen	数据生成模块	hc595_ctrl	74HC595 控制模块
seg_danamic	数码管动态显示驱动模块	seg_595_dynamic	数码管动态显示模块
bcd_8421	二进制转 DCD 码模块	top_seg_595	顶层模块

2. 数据生成模块

数据生成模块 data_gen 的模块框图如图 19-12 所示。

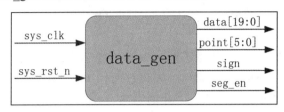

图 19-12 数据生成模块框图

该模块的输入输出信号描述可参见表 19-4。

表 19-4 数据生成模块输入输出信号描述

信 号	位 宽	类 型	功能描述	信 号	位 宽	类 型	功能描述
sys_clk	1bit	Input	系统时钟，频率为 50MHz	data	20bit	Output	输出数据
sys_rst_n	1bit	Input	复位信号，低电平有效	seg_en	1bit	Output	数码管使能信号
point	6bit	Output	输出小数点	sign	1bit	Output	输出符号

因为 8 位数码管是可以显示小数点和负号的，虽然本实验不用显示小数点和负号，但是我们还是为其预留了小数点和负号输出口，以增强模块的复用性。seg_en 为数码管使能信号，当其为高电平时数码管才会显示数据。data 为显示的数据，因为需要显示的最大值为十进制的 999 999，故其位宽为 20bit。

数据生成模块的波形图如图 19-13 所示。

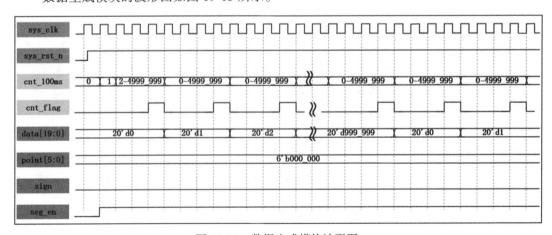

图 19-13 数据生成模块波形图

主要信号说明如下：

❑ cnt_100ms：我们实验的要求是每 0.1s 让显示的数据加 1，所以需要用到一个间隔为 0.1s 的循环计数器。计数器从 0 开始计数，计到 0.1s（4 999 999）时归零，开始下一个 0.1s 计数。因为计数器的时钟频率为 50MHz，一个时钟为 1/50MHz(s)，也就是 20ns，所以 0.1s=4999_999*20ns。

☐ cnt_flag：当计数器计到 0.1s 时拉高一个标志信号，让这个标志信号去控制数据的加 1 操作。

☐ data：输出数据。当检测到 0.1s 到来的标志信号为高时让其加 1，当加到 999 999 并检测到 0.1s 到来的标志信号时让其归零，开始下一轮的数据显示。

☐ point：输出小数点。在这里我们让其高电平有效（以本次使用的数码管为例，即当小数点对应段选信号为低，位选信号为高时点亮有效），本次实验不需要显示小数点，让每一位都为 0 即可。

☐ sign：负号显示，高电平有效。因本次实验不显示负号，使其一直为低电平即可。

☐ seg_en：数码管使能信号。因为一直在显示，所以一直将其拉高即可。

本设计思路只供参考，并非唯一方法，读者可利用所学知识，按照自己的思路进行设计。数据生成模块的参考代码可参见代码清单 19-1。

代码清单 19-1　数据生成模块参考代码（data_gen.v）

```
1 module   data_gen
2 #(
3    parameter    CNT_MAX = 23'd4999_999,    //100ms 计数值
4    parameter    DATA_MAX= 20'D999_999      // 显示的最大值
5 )
6 (
7    input    wire         sys_clk      ,    // 系统时钟，频率为 50MHz
8    input    wire         sys_rst_n    ,    // 复位信号，低电平有效
9
10   output   reg   [19:0]  data         ,    // 数码管要显示的值
11   output   reg   [5:0]   point        ,    // 小数点显示，高电平有效
12   output   reg          seg_en       ,    // 数码管使能信号，高电平有效
13   output   reg          sign              // 符号位，高电平显示负号
14 );
15
16 //*******************************************************************//
17 //***************** Parameter and Internal Signal *****************//
18 //*******************************************************************//
19
20 //reg    define
21 reg    [22:0]  cnt_100ms  ;                //100ms 计数器
22 reg          cnt_flag  ;                  //100ms 标志信号
23
24 //*******************************************************************//
25 //************************** Main Code ***************************//
26 //*******************************************************************//
27
28 // 不显示小数点以及负数
29 assign   point   =  6'b000_000;
```

```
30  assign   sign    =    1'b0;
31
32  //cnt_100ms: 用 50MHz 时钟从 0 到 4999_999 计数即为 100ms
33  always@(posedge sys_clk or negedge sys_rst_n)
34      if(sys_rst_n == 1'b0)
35          cnt_100ms   <=   23'd0;
36      else    if(cnt_100ms == CNT_MAX)
37          cnt_100ms   <=   23'd0;
38      else
39          cnt_100ms   <=   cnt_100ms + 1'b1;
40
41  //cnt_flag: 每 100ms 产生一个标志信号
42  always@(posedge sys_clk or negedge sys_rst_n)
43      if(sys_rst_n == 1'b0)
44          cnt_flag    <=   1'b0;
45      else    if(cnt_100ms == CNT_MAX - 1'b1)
46          cnt_flag    <=   1'b1;
47      else
48          cnt_flag    <=   1'b0;
49
50  // 数码管显示的数据: 0-999_999
51  always@(posedge sys_clk or negedge sys_rst_n)
52      if(sys_rst_n == 1'b0)
53          data    <=   20'd0;
54      else    if((data == DATA_MAX) && (cnt_flag == 1'b1))
55          data    <=   20'd0;
56      else    if(cnt_flag == 1'b1)
57          data    <=   data + 1'b1;
58      else
59          data    <=   data;
60
61  // 数码管使能信号拉高即可
62  always@(posedge sys_clk or negedge sys_rst_n)
63      if(sys_rst_n == 1'b0)
64          seg_en  <=   1'b0;
65      else
66          seg_en  <=   1'b1;
67
68  endmodule
```

如上所示的代码完全是根据波形图来编写的。大家可以根据波形图的描述一个一个信号地去编写，这样思路就会比较清晰，不容易出错。此模块是数据生成模块，如果要显示其他字符，对此模块进行更改即可。

3. 二进制转 BCD 码模块

从工程整体的模块框图中可以看到，我们设计了一个二进制转 BCD 码模块（bcd_8421），为什么要设计这个模块呢？

根据实验目标可知，我们要让数码管显示的数是十进制数，而数码管是通过段选信号和位选信号去控制每个数码管进行显示的，一位数码管显示的是一个十进制数，而我们的十进制数是以二进制进行编码的，如果直接使用二进制编码进行显示，那么每个数码管显示的数就不是十进制数而是十六进制数了。所以我们需要将二进制编码的十进制数转换为 BCD 编码的十进制数以进行显示。为什么转换为 BCD 码就能进行十进制数的显示了呢？下面先了解一下什么是 BCD 码。

BCD（Binary-Coded Decimal）码又称二 - 十进制码，使用 4 位二进制数来表示 1 位十进制数中 0～9 这 10 个数码，是一种二进制的数字编码形式，用二进制编码十进制代码。

BCD 码根据权值的有无可分为"有权码"和"无权码"。其中的权字表示的是权值，有权码的 4 位二进制数中的每一位都有一个固定的权值，而无权码是没有权值的。常见的有权码有 8421 码、5421 码和 2421 码。8421 码的权值从左到右是 8421，5421 码的权值从左到右是 5421，2421 码的权值是 2421，其中 8421 码是最为常用的 BCD 编码，本实验中使用的也是这种编码。常用的无权码有余 3 码、余 3 循环码，还有前面所讲的格雷码。各编码方式所对应的十进制数如图 19-14 所示。

十进制数	8421码	5421码	2421码	余3码	余3循环码
0	0000	0000	0000	0011	0010
1	0001	0001	0001	0100	0110
2	0010	0010	0010	0101	0111
3	0011	0011	0011	0110	0101
4	0100	0100	0100	0111	0100
5	0101	1000	1011	1000	1100
6	0110	1001	1100	1001	1101
7	0111	1010	1101	1010	1111
8	1000	1011	1110	1011	1110
9	1001	1100	1111	1100	1010

图 19-14　十进制数对应的 BCD 编码

那么如何用 BCD 码来表示我们的十进制数呢？以本次实验中使用的 8421BCD 编码为例，比如说十进制数 5，它的 8421BCD 码为 0101，那么怎么通过 0101 得到数字 5 呢？这里需要用到一个算法，就是将其每位二进制数乘以它的权值然后相加。十进制 5 的 8421BCD 码为 0101，即 $1 \times 1 + 0 \times 2 + 1 \times 4 + 0 \times 8 = 5$。其他有权码也是采用这种方式计算，而无权码的计算方式这里就不过多讲解了，感兴趣的读者可自行查找相关资料进行了解。

讲完 BCD 码的相关知识后，我们再回到前面的问题，为什么转换为 BCD 码就能进行十进制的显示了呢？这里举个例子，例如我们需要显示十进制数 234，根据前面介绍的动态显示原理，在第一个显示周期我们点亮数码管 1，并让其显示值 4；在第二个显示周期我们点亮数码管 2，并让其显示值 3；在第三个显示周期我们点亮数码管 3，并让其显示值 2；第 4、5、6 个周期我们不点亮其余数码管即可，以此循环就完成了十进制数 234 的显示。那如何才能在点亮相应的值时为其显示相应的值呢？我们先看看 234 的十进制数的二进制表示：1110_1010。234 的 8421BCD 码为 0010_0011_0100，可以发现如果使用二进制数赋值，并不能准确地给到 2、3、4 值，而如果用 8421BCD 码为其赋值，每 4 位 8421BCD 码代表一个十进制数，那么就能完美地进行显示了。

上面我们介绍了为什么要用 BCD 码进行显示，但是我们输入的数据是以二进制编码表示的十进制数，我们要如何将其转化为 8421BCD 码表示的十进制数呢？下面通过一个例子来介绍如何转换。

这里以十进制数 234 为例，通过图 19-15 为大家讲解。

移位次数	向左移位			输入的二进制码
	BCD码最高位	BCD码次高位	BCD码最低位	
	0000	0000	0000	1110_1010
1	0000	0000	0001	110_1010
2	0000	0000	0011	10_1010
3	0000	0000	0111	01010
加 3			+0011	
	0000	0000	1010	01010
4	0000	0001	0100	1010
5	0000	0010	1001	010
加 3			+0011	
	0000	0010	1100	010
6	0000	0101	1000	10
加 3		+0011	+0011	
	0000	1000	1011	10
7	0001	0001	0111	0
加 3			+0011	
	0001	0001	1010	0
8	0010	0011	0100	
输出结果	2	3	4	

图 19-15　二进制转 BCD 码步骤

如图 19-15 所示，十进制数 234 对应的二进制数为 1110_1010，第一步，在其前面补上若干个 0，那么这个 0 的数量是如何决定的呢？参与转换的十进制有多少位，就需要多少个相应的 BCD 码，比如 234，该十进制数是 3 位，而一位十进制数的 BCD 码是 4 位，所以这里就需要 12 位 BCD 码，故在前面补 12 个 0。其余位数的十进制补 0 数量也是这样计算。

第二步，需要进行判断运算移位操作，首先判断每一个 BCD 码其对应的十进制数是否大于 4，如果大于 4，就对 BCD 码做加 3 操作，若小于等于 4，就让其值保持不变。当对每一个 BCD 码进行判断运算后，都需要将运算后的数据向左移 1 位。移位后仍按前面所述进行判断运算，判断运算后需要再次移位，以此循环，进行 8 次判断移位后的 BCD 码部分数据就是我们转换的数据。如图 19-15 所示，当第 8 次移位后的 8421BCD 码数据对应的十进制正是 234。需要注意的是，输入转换的二进制码有多少位，就需要进行多少次判断移位操作，这里输入的是 8 位二进制，就进行 8 次判断移位操作。

根据以上方法就能进行任意位数的二进制码转 BCD 码的操作了。下面我们来看一看本次实验中的二进制码转 BCD 码的代码该如何实现。

（1）模块框图

二进制转 BCD 码的模块框图如图 19-16 所示。

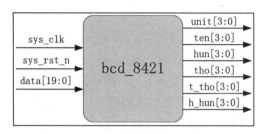

图 19-16 二进制转 BCD 码模块框图

输入输出信号描述如表 19-5 所示。

表 19-5 二进制转 BCD 码模块输入输出信号描述

信 号	位 宽	类 型	功能描述	信 号	位 宽	类 型	功能描述
sys_clk	1bit	Input	系统时钟，频率为 50MHz	hun	1bit	Output	百位 BCD 码
sys_rst_n	1bit	Input	复位信号，低电平有效	tho	1bit	Output	千位 BCD 码
data	20bit	Input	输入以二进制表示的十进制数	t_tho	1bit	Output	万位 BCD 码
unit	1bit	Output	个位 BCD 码	h_hun	1bit	Output	十万位 BCD 码
ten	1bit	Output	十位 BCD 码				

由于此处数据生成模块生成的数据位宽为 20 位，所以这里输入转换的二进制编码表示的十进制数也是 20 位宽，同时输出了 6 个 BCD 码位，一个 BCD 码代表十进制数的一个位宽，这样将各个位的 BCD 码分别由相应的数码管显示就可以了。

（2）波形图绘制

二进制转 BCD 码的波形图如图 19-17 所示。

下面我们将根据图 19-17 为大家讲解如何实现二进制转 BCD 码。

❑ 输入信号中的时钟复位这里就不过多讲解了，首先是 data 信号，该信号是输入的需要转换的二进制表示的十进制数，该信号由数据生成模块传入。

❑ cnt_shift：移位判断计数器。前面提到输入转换的二进制码有多少位，就需要进行多少次判断移位操作，这里 data 数据的位宽为 20 位，所以声明移位判断计数器对移位 20 次进行判断控制。

❑ data_shift：移位判断数据寄存器。该寄存器用于存储移位判断操作过程中的数据，这里输入的二进制位宽为 20 位，待转换成的 BCD 码位宽为 24 位，所以声明该寄存器的位宽为输入的二进制位宽和待转换完成的 BCD 码位宽之和，即 44 位。根据波形图可知，这里我们设计当移位计数器等于 0 时，寄存器的低 20 位即为待转换数据，而由于还没开始进行转换，高 24 位的 BCD 码补 0 即可。

❑ shift_flag：移位判断操作标志信号。前面提到需要对数据进行移位和判断，判断在前移位在后，所以这里声明一个标志信号，用于控制判断和移位的先后顺序，当 shift_flag 为低时对数据进行判断，当 shift_flag 为高时对数据进行移位。需要注意的是，无论是移位操作还是判断操作，都是在单个系统时钟下完成的，故我们判断 20 次移位在 40 个系统时钟内就能完成。

❑ unit、ten、hum、tho、t_tho、h_hun：6 路 BCD 码。前面提到开发板上有 6 位数码管，故可以显示的最大值是六位十进制数，所以这里我们声明了 6 路 BCD 码，一个 BCD 码代表十进制的一个位数，其中 unit 代表个位，ten 代表十位，hun 代表百位，tho 代表千位，t_tho 代表万位，h_hun 代表十万位。当移位判断计数器等于 21 时，说明 20 位二进制转 BCD 码的移位判断操作已经完成，此时 data_shift 里寄存的数据就是转换的寄存数据，该数据的高 24 位即转换完成后的 BCD 码。所以当 cnt_shift 等于 20 时，就将寄存的 BCD 码赋值为相对应的各个位数。

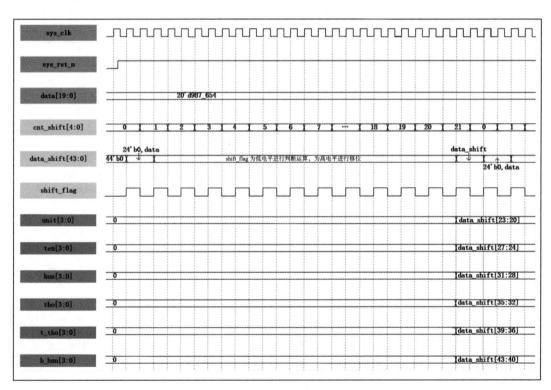

图 19-17　二进制转 BCD 码波形图

（3）代码编写

讲解完波形图之后，我们看看代码是如何实现的。模块参考代码参见代码清单 19-2。

代码清单 19-2　二进制转 BCD 码模块参考代码（bcd_8421.v）

```verilog
1  module  bcd_8421
2  (
3      input    wire              sys_clk    ,    // 系统时钟，频率为 50MHz
4      input    wire              sys_rst_n  ,    // 复位信号，低电平有效
5      input    wire    [19:0]    data       ,    // 输入需要转换的数据
6
7      output   reg     [3:0]     unit       ,    // 个位 BCD 码
8      output   reg     [3:0]     ten        ,    // 十位 BCD 码
9      output   reg     [3:0]     hun        ,    // 百位 BCD 码
10     output   reg     [3:0]     tho        ,    // 千位 BCD 码
11     output   reg     [3:0]     t_tho      ,    // 万位 BCD 码
12     output   reg     [3:0]     h_hun           // 十万位 BCD 码
13 );
14
15 //*************************************************************//
16 //****************** Parameter And Internal Signal *****************//
17 //*************************************************************//
18
19 //reg    define
20 reg    [4:0]    cnt_shift   ;                    // 移位判断计数器
21 reg    [43:0]   data_shift  ;                    // 移位判断数据寄存器
22 reg             shift_flag  ;                    // 移位判断标志信号
23
24 //*************************************************************//
25 //************************ Main Code **************************//
26 //*************************************************************//
27
28 //cnt_shift: 从 0 到 21 循环计数
29 always@(posedge sys_clk or negedge sys_rst_n)
30     if(sys_rst_n == 1'b0)
31         cnt_shift   <=  5'd0;
32     else   if((cnt_shift == 5'd21) && (shift_flag == 1'b1))
33         cnt_shift   <=  5'd0;
34     else   if(shift_flag == 1'b1)
35         cnt_shift   <=  cnt_shift + 1'b1;
36     else
37         cnt_shift   <=  cnt_shift;
38
39 //data_shift: 计数器为 0 时赋初值，计数器为 1~20 时进行移位判断操作
40 always@(posedge sys_clk or negedge sys_rst_n)
41     if(sys_rst_n == 1'b0)
42         data_shift  <=  44'b0;
43     else   if(cnt_shift == 5'd0)
44         data_shift  <=  {24'b0,data};
45     else   if((cnt_shift <= 20) && (shift_flag == 1'b0))
46         begin
47             data_shift[23:20]   <=  (data_shift[23:20] > 4) ?
48             (data_shift[23:20] + 2'd3) : (data_shift[23:20]);
49             data_shift[27:24]   <=  (data_shift[27:24] > 4) ?
```

```
50                  (data_shift[27:24] + 2'd3) : (data_shift[27:24]);
51              data_shift[31:28]   <=  (data_shift[31:28] > 4) ?
52                  (data_shift[31:28] + 2'd3) : (data_shift[31:28]);
53              data_shift[35:32]   <=  (data_shift[35:32] > 4) ?
54                  (data_shift[35:32] + 2'd3) : (data_shift[35:32]);
55              data_shift[39:36]   <=  (data_shift[39:36] > 4) ?
56                  (data_shift[39:36] + 2'd3) : (data_shift[39:36]);
57              data_shift[43:40]   <=  (data_shift[43:40] > 4) ?
58                  (data_shift[43:40] + 2'd3) : (data_shift[43:40]);
59          end
60      else    if((cnt_shift <= 20) && (shift_flag == 1'b1))
61          data_shift  <=  data_shift << 1;
62      else
63          data_shift  <=  data_shift;
64
65  //shift_flag: 移位判断标志信号，用于控制移位判断的先后顺序
66  always@(posedge sys_clk or negedge sys_rst_n)
67      if(sys_rst_n == 1'b0)
68          shift_flag  <=  1'b0;
69      else
70          shift_flag  <=  ~shift_flag;
71
72  // 当计数器等于 20 时，移位判断操作完成，对各个位数的 BCD 码进行赋值
73  always@(posedge sys_clk or negedge sys_rst_n)
74      if(sys_rst_n == 1'b0)
75          begin
76              unit    <=  4'b0;
77              ten     <=  4'b0;
78              hun     <=  4'b0;
79              tho     <=  4'b0;
80              t_tho   <=  4'b0;
81              h_hun   <=  4'b0;
82          end
83      else    if(cnt_shift == 5'd21)
84          begin
85              unit    <=  data_shift[23:20];
86              ten     <=  data_shift[27:24];
87              hun     <=  data_shift[31:28];
88              tho     <=  data_shift[35:32];
89              t_tho   <=  data_shift[39:36];
90              h_hun   <=  data_shift[43:40];
91          end
92
93  endmodule
```

以上代码是根据我们绘制的波形图讲解的，这里对部分代码进行特别说明。第 47～58 行代码使用三目运算符对移位数据进行判断，若各个位数大于 4，则进行加 3 操作，否则不变。第 61 行代码进行移位操作，每当判断之后都需要将数据左移移位后再进行判断。

4. 数码管动态显示驱动模块

（1）模块框图

数码管动态显示驱动模块的框图如图 19-18 所示。

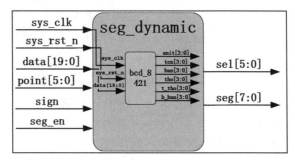

图 19-18 数码管动态显示驱动模块框图

输入输出信号描述如表 19-6 所示。

表 19-6 数码管动态显示驱动模块输入输出信号描述

信 号	位 宽	类 型	功能描述	信 号	位 宽	类 型	功能描述
sys_clk	1bit	Input	系统时钟，频率为 50MHz	seg_en	1bit	Input	数码管使能信号
sys_rst_n	1bit	Input	复位信号，低电平有效	sign	1bit	Input	输入符号
point	6bit	Input	输入小数点	sel	6bit	Output	数码管位选信号
data	20bit	Input	输入数据	seg	8bit	Output	数码管段选信号

可以看到该模块内例化了我们前面所讲的二进制转 BCD 码模块，这样我们在数码管动态显示驱动模块中就能完成对输入的十进制数的动态显示，能增大模块的复用性，方便其他工程调用。

（2）波形图绘制

数码管动态显示的波形图如图 19-19 所示。

根据图 19-19，我们逐一为大家讲解各个信号。

❑ sys_clk：模块工作时钟，频率为 50MHz。

❑ sys_rst_n：复位信号，低电平有效。

❑ point：输入小数点控制信号，高电平有效，这里我们假设要让第二个数码管显示小数点，其余数码管不显示小数点，那么此时 point 的输入的值就应该是 6'b000010。

❑ seg_en：数码管使能信号，这里一直让其拉高即可。

❑ data：输入的十进制数据，假设这里我们输入的十进制数为 9876。

❑ sign：符号位控制信号，高电平有效。假设我们需要显示的是负数，那么这里就让符号位控制信号为高即可。

❑ unit、ten、hun、tho、t_tho、h_hun：这 6 个信号就是我们例化的 bcd_8421 模块转化的 8421BCD 码，也就是说这 6 个 BCD 码就是输入十进制数 9876 各个位的 BCD

码。所以这里个位（unit）是 6，十位（ten）是 7，百位（hun）是 8，千位（tho）是 9，万位（t_tho）和十万位（h_hun）都为 0。

❏ data_reg：数码管待显示内容寄存器，因为这里我们假设输入要显示的十进制数为 9876，并且显示负号，所以前 5 个数码管就会显示 –9876 的数值，此时最高位数码管什么都不显示，我们用 X 表示，所以这里 6 个数码管显示的内容就是 X-9876。

❏ cnt_1ms：前面讲到要让显示的数码管不会有闪烁感，我们需要使用 1ms 的扫描时间去扫描各个数码管。所以这里需要一个 1ms 的计数器对 1ms 进行循环计数。

❏ flag_1ms：1ms 计数标志信号，当 1ms 计数器计到 1ms 时拉高该标志信号，我们使用该标志信号去控制位选数码管计数器的计数。

❏ cnt_sel：位选数码管计数器。我们在理论学习中说到动态扫描方式是用 1ms 的刷新时间让 6 个数码管轮流显示，第 1ms 点亮第一个数码管，第 2ms 点亮第二个数码管，以此类推，依次点亮 6 个数码管，6ms 进行一个循环，也就是说每个数码管每 6ms 点亮一次。那问题是我们怎么去选中这个要显示的数码管，并且给其要显示的值呢？这个时候就引入了一个 cnt_sel 信号，让其从 0~5 循环计数，一个数代表一个数码管，可以看作给数码管编号。这样我们只要选择计数器的值，就相当于选中了其中对应的数码管。特别要说明的是，cnt_sel 计数器必须与数码管的刷新状态一致，也就是 1ms 计一个数。

❏ sel_reg：数码管位选信号寄存器，为了让数码管位选信号和段选信号同步，这里我们先将位选信号进行寄存。刷新到哪个数码管就将 sel 中对应位（6 个位宽，每一位对应一个数码管）给高电平点亮即可。选中点亮的数码管后，需要给其要显示的值，所以我们引入一个新的信号。

❏ data_disp：当前点亮数码管显示的值。若我们此时点亮的是第一个数码管，那么就需要给第一个数码管显示值 6，若刷新到第二个数码管，那么我们就需要给第二个数码管显示值 7，以此类推，当刷新到第五个数码管时，此时显示的是负号，那么该如何表示呢？这里我们让该信号的值为 10 来表示，也就是说当 data_disp 的值为 10 时，就让数码管显示负号。同理，这里我们定义 data_disp 的值为 11 时让数码管什么也不显示，即不点亮数码管。

❏ dot_disp：当前数码管显示的小数点。我们输入的 point 信号是点亮第二个数码管的小数点，而我们的数码管是低电平点亮，所以这里当扫描到第二个数码管时，让 dot_disp 信号为低即可。

❏ seg：数码管段选信号。根据数码管编码译码表，当扫描到数码管需要显示的值时，将对应的段点亮即可。

❏ sel：数码管位选信号。将数码管位选信号寄存器延一拍即可，这样就能实现数码管段选信号和位选信号的同步。

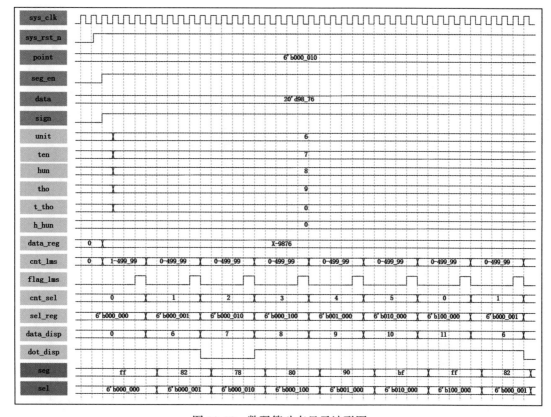

图 19-19　数码管动态显示波形图

（3）代码编写

数码管动态扫描的基本逻辑关系我们已经通过波形图讲解完了，下面就可以进行代码的编写了。模块参考代码具体参见代码清单 19-3。

代码清单 19-3　数码管动态显示模块参考代码（seg_dynamic.v）

```
 1 module   seg_dynamic
 2 (
 3     input    wire              sys_clk      , // 系统时钟，频率为 50MHz
 4     input    wire              sys_rst_n    , // 复位信号，低电平有效
 5     input    wire      [19:0]  data         , // 数码管要显示的值
 6     input    wire      [5:0]   point        , // 小数点显示，高电平有效
 7     input    wire              seg_en       , // 数码管使能信号，高电平有效
 8     input    wire              sign         , // 符号位，高电平显示负号
 9
10     output   reg       [5:0]   sel          , // 数码管位选信号
11     output   reg       [7:0]   seg            // 数码管段选信号
12 );
13
14 //***********************************************************//
```

```
15 //****************** Parameter and Internal Signal ******************//
16 //***************************************************************//
17
18 //parameter define
19 parameter    CNT_MAX =    16'd49_999;   // 数码管刷新时间计数最大值
20
21 //wire  define
22 wire    [3:0]   unit      ;         //个位数
23 wire    [3:0]   ten       ;         //十位数
24 wire    [3:0]   hun       ;         //百位数
25 wire    [3:0]   tho       ;         //千位数
26 wire    [3:0]   t_tho     ;         //万位数
27 wire    [3:0]   h_hun     ;         //十万位数
28
29 //reg    define
30 reg    [23:0]   data_reg   ;         //待显示数据寄存器
31 reg    [15:0]   cnt_1ms    ;         //1ms 计数器
32 reg            flag_1ms   ;         //1ms 标志信号
33 reg    [2:0]    cnt_sel    ;         //数码管位选计数器
34 reg    [5:0]    sel_reg    ;         //位选信号
35 reg    [3:0]    data_disp  ;         //当前数码管显示的数据
36 reg            dot_disp   ;         //当前数码管显示的小数点
37
38 //***************************************************************//
39 //*********************** Main Code *****************************//
40 //***************************************************************//
41
42 //data_reg: 控制数码管显示数据
43  always@(posedge sys_clk or  negedge sys_rst_n)
44     if(sys_rst_n == 1'b0)
45         data_reg    <=   24'b0;
46 // 若显示的十进制数的十万位为非零数据或需要显示小数点，则 6 个数码管全显示
47     else    if((h_hun) || (point[5]))
48         data_reg     <=   {h_hun,t_tho,tho,hun,ten,unit};
49 // 若显示的十进制数的万位为非零数据或需要显示小数点，则值显示在 5 个数码管上
50 // 比如我们输入的十进制数据为 20'd12345，就让数码管显示 12345，而不是 012345
51     else    if(((t_tho) || (point[4])) && (sign == 1'b1))// 显示负号
52         data_reg <= {4'd10,t_tho,tho,hun,ten,unit};//4'd10，我们定义为显示负号
53     else    if(((t_tho) || (point[4])) && (sign == 1'b0))
54         data_reg <= {4'd11,t_tho,tho,hun,ten,unit};//4'd11，我们定义为不显示
55 // 若显示的十进制数的千位为非零数据或需要显示小数点，则值显示在 4 个数码管上
56     else    if(((tho) || (point[3])) && (sign == 1'b1))
57         data_reg <= {4'd11,4'd10,tho,hun,ten,unit};
58     else    if(((tho) || (point[3])) && (sign == 1'b0))
59         data_reg <= {4'd11,4'd11,tho,hun,ten,unit};
60 // 若显示的十进制数的百位为非零数据或需要显示小数点，则值显示在 3 个数码管上
61     else    if(((hun) || (point[2])) && (sign == 1'b1))
62         data_reg <= {4'd11,4'd11,4'd10,hun,ten,unit};
63     else    if(((hun) || (point[2])) && (sign == 1'b0))
64         data_reg <= {4'd11,4'd11,4'd11,hun,ten,unit};
65 // 若显示的十进制数的十位为非零要数据或需要显示小数点，则值显示在 2 个数码管上
```

```
66        else     if(((ten) || (point[1])) && (sign == 1'b1))
67            data_reg <= {4'd11,4'd11,4'd11,4'd10,ten,unit};
68        else     if(((ten) || (point[1])) && (sign == 1'b0))
69            data_reg <= {4'd11,4'd11,4'd11,4'd11,ten,unit};
70  // 若显示的十进制数的个位且需要显示负号
71        else     if(((unit) || (point[0])) && (sign == 1'b1))
72            data_reg <= {4'd11,4'd11,4'd11,4'd11,4'd10,unit};
73  // 若上面都不满足，则都只显示一位数码管
74        else
75            data_reg <= {4'd11,4'd11,4'd11,4'd11,4'd11,unit};
76
77  //cnt_1ms: 1ms 循环计数
78  always@(posedge sys_clk or negedge sys_rst_n)
79      if(sys_rst_n == 1'b0)
80          cnt_1ms <=  16'd0;
81      else     if(cnt_1ms == CNT_MAX)
82          cnt_1ms <=  16'd0;
83      else
84          cnt_1ms <=  cnt_1ms + 1'b1;
85
86  //flag_1ms: 1ms 标志信号
87  always@(posedge sys_clk or negedge sys_rst_n)
88      if(sys_rst_n == 1'b0)
89          flag_1ms     <=  1'b0;
90      else     if(cnt_1ms == CNT_MAX - 1'b1)
91          flag_1ms     <=  1'b1;
92      else
93          flag_1ms     <=  1'b0;
94
95  //cnt_sel: 从 0 到 5 循环计数，用于选择当前显示的数码管
96  always@(posedge sys_clk or negedge sys_rst_n)
97      if(sys_rst_n == 1'b0)
98          cnt_sel <=  3'd0;
99      else     if((cnt_sel == 3'd5) && (flag_1ms == 1'b1))
100          cnt_sel <=  3'd0;
101      else     if(flag_1ms == 1'b1)
102          cnt_sel <=  cnt_sel + 1'b1;
103      else
104          cnt_sel <=  cnt_sel;
105
106 // 数码管位选信号寄存器
107 always@(posedge sys_clk or negedge sys_rst_n)
108      if(sys_rst_n == 1'b0)
109          sel_reg <=  6'b000_000;
110      else     if((cnt_sel == 3'd0) && (flag_1ms == 1'b1))
111          sel_reg <=  6'b000_001;
112      else     if(flag_1ms == 1'b1)
113          sel_reg <=  sel_reg << 1;
114      else
115          sel_reg <=  sel_reg;
116
```

```
117  // 控制数码管的位选信号，使 6 个数码管轮流显示
118  always@(posedge sys_clk or  negedge sys_rst_n)
119      if(sys_rst_n == 1'b0)
120          data_disp      <=  4'b0;
121      else    if((seg_en == 1'b1) && (flag_1ms == 1'b1))
122          case(cnt_sel)
123          3'd0:   data_disp      <=  data_reg[3:0]  ;      // 给第 1 个数码管赋个位值
124          3'd1:   data_disp      <=  data_reg[7:4]  ;      // 给第 2 个数码管赋十位值
125          3'd2:   data_disp      <=  data_reg[11:8] ;      // 给第 3 个数码管赋百位值
126          3'd3:   data_disp      <=  data_reg[15:12];      // 给第 4 个数码管赋千位值
127          3'd4:   data_disp      <=  data_reg[19:16];      // 给第 5 个数码管赋万位值
128          3'd5:   data_disp      <=  data_reg[23:20];      // 给第 6 个数码管赋十万位值
129          default:data_disp      <=  4'b0;
130          endcase
131      else
132          data_disp      <=  data_disp;
133
134  //dot_disp: 小数点低电平点亮，需要对小数点有效信号取反
135  always@(posedge sys_clk or negedge sys_rst_n)
136      if(sys_rst_n == 1'b0)
137          dot_disp      <=  1'b1;
138      else    if(flag_1ms == 1'b1)
139          dot_disp      <=  ~point[cnt_sel];
140      else
141          dot_disp      <=  dot_disp;
142
143  // 控制数码管段选信号，显示数字
144  always@(posedge sys_clk or  negedge sys_rst_n)
145      if(sys_rst_n == 1'b0)
146          seg <=  8'b1111_1111;
147      else
148          case(data_disp)
149              4'd0  : seg  <=  {dot_disp,7'b100_0000};      // 显示数字 0
150              4'd1  : seg  <=  {dot_disp,7'b111_1001};      // 显示数字 1
151              4'd2  : seg  <=  {dot_disp,7'b010_0100};      // 显示数字 2
152              4'd3  : seg  <=  {dot_disp,7'b011_0000};      // 显示数字 3
153              4'd4  : seg  <=  {dot_disp,7'b001_1001};      // 显示数字 4
154              4'd5  : seg  <=  {dot_disp,7'b001_0010};      // 显示数字 5
155              4'd6  : seg  <=  {dot_disp,7'b000_0010};      // 显示数字 6
156              4'd7  : seg  <=  {dot_disp,7'b111_1000};      // 显示数字 7
157              4'd8  : seg  <=  {dot_disp,7'b000_0000};      // 显示数字 8
158              4'd9  : seg  <=  {dot_disp,7'b001_0000};      // 显示数字 9
159              4'd10 : seg  <=  8'b1011_1111            ;      // 显示负号
160              4'd11 : seg  <=  8'b1111_1111            ;      // 不显示任何字符
161              default:seg  <=  8'b1100_0000;
162          endcase
163
164  //sel: 数码管位选信号赋值
165  always@(posedge sys_clk or negedge sys_rst_n)
166      if(sys_rst_n == 1'b0)
167          sel <=  6'b000_000;
```

```
168        else
169            sel <=  sel_reg;
170
171 //*************************************************************//
172 //************************ Instantiation ********************//
173 //*************************************************************//
174
175 //---------- bsd_8421_inst ----------
176 bcd_8421      bcd_8421_inst
177 (
178    .sys_clk      (sys_clk  ),   // 系统时钟，频率为 50MHz
179    .sys_rst_n    (sys_rst_n),   // 复位信号，低电平有效
180    .data         (data     ),   // 输入需要转换的数据
181
182    .unit         (unit     ),   // 个位 BCD 码
183    .ten          (ten      ),   // 十位 BCD 码
184    .hun          (hun      ),   // 百位 BCD 码
185    .tho          (tho      ),   // 千位 BCD 码
186    .t_tho        (t_tho    ),   // 万位 BCD 码
187    .h_hun        (h_hun    )    // 十万位 BCD 码
188 );
189
190 endmodule
```

代码第 43～75 行是对数码管显示的值进行控制。我们的实验任务是从 0 显示到
999 999，所以刚开始只有一个数码管在显示，然后是两个、三个，最后才是六个数码管同时
显示。所以当只显示一位或显示其他位时，需要让不显示的位数显示负号或什么都不显示，因
此 data_disp 多出了 4'd10 和 4'd11 两个状态，这两个
数字并不是我们要显示的值，而是代表显示负号和什
么字符都不显示的状态。当状态为 4'd10 时，控制段
选信号使数码管显示负号；当状态为 4'd11 时，控制
段选信号使数码管什么都不显示（即不点亮）。

5. 74HC595 控制模块

（1）模块框图

74HC595 的模块框图如图 19-20 所示。

功能描述如表 19-7 所示。

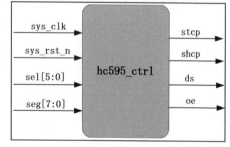

图 19-20　74HC595 控制模块框图

表 19-7　74HC595 控制模块框图

信　号	位　宽	类　型	功能描述	信　号	位　宽	类　型	功能描述
sys_clk	1bit	Input	系统时钟，频率为 50MHz	stcp	1bit	Output	存储寄存器时钟
sys_rst_n	1bit	Input	复位信号，低电平有效	shcp	1bit	Output	移位寄存器时钟
sel	6bit	Input	数码管位选信号	ds	1bit	Output	串行数据
seg	8bit	Input	数码管段选信号	oe	1bit	Output	输出使能，低电平有效

我们需要产生 stcp、shcp、ds、oe 四个信号对 74HC595 进行控制。其中 ds（串行数据）就是输入的数码管位选信号和段选信号；shcp（移位寄存器时钟）是 ds 数据进入移位寄存器的时钟，它的频率是有限制的，可以从数据手册中看到，如图 19-21 所示。

Symbol	Parameter	Conditions	25 °C			−40 °C to +85 °C		−40 °C to +125 °C		Unit
			Min	Typ[1]	Max	Min	Max	Min	Max	
f_{max}	maximum frequency	SHCP or STCP;								
		V_{cc}= 2V	9	30	-	4.8	-	4	-	MHz
		V_{cc}= 4.5V	30	91	-	24	-	20	-	MHz
		V_{cc}= 6V	35	108	-	28	-	24	-	MHz

图 19-21   shcp、stcp 时钟频率

由图 19-21 可知 shcp 和 stcp 的最大频率是有限制的，由原理图可以看到我们使用的电压是 3.3V，同时温度不同，其支持的最大频率也不同，大家可根据自己的实验环境进行频率的选取，本实验我们使用系统时钟（50MHz）四分频得到的 shcp 时钟（12.5MHz）去进行驱动，而 stcp 时钟是在串行输入 14 位数码管之后拉高的，其频率远远小于 shcp，所以这里我们只要确定 shcp 的频率即可，至于 oe 信号，一直使其拉低即可。

（2）波形图绘制

如图 19-22 所示，时钟信号和复位信号由顶层传来，seg（数码管段选信号）和 sel（数码管位选信号）由数码管驱动模块传来。seg 数据和 sel 数据就是我们需要进行串并转换的数据，这两个信号的位宽加起来为 14 位，即每传输 14 位数据后需要并行输出。

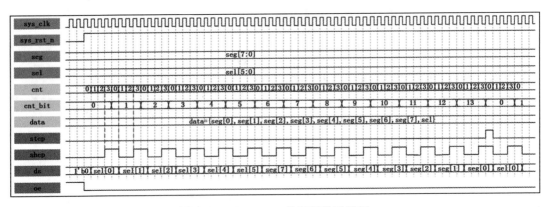

图 19-22   74HC595 控制模块波形图

其他信号介绍如下：

❑ cnt：分频计数器。这里我们让计数器在 0～3 之间循环计数，这样一个循环生成的一个时钟即为四分频时钟。

❑ cnt_bit：传输位数计数器。我们需要传输 14 位的数据，故需要一个计数器对传输的

位数进行计数，这样就可以用这个计数器判别 14 位数据是否传输完成了。如图 19-22
所示，当 cnt 等于 3 时让 cnt_bit 计数器加 1，使其从 0 到 13 循环计数，每个数值代
表传输一位数据。

- data：我们将需要传输的数码管信号寄存在 data 中，方便赋值。存储顺序是根据我
  们传输的位数顺序由低到高位进行存储的，至于数码管各信号的传输顺序，在硬件
  部分已有讲解。

- stcp：存储寄存器时钟。当 14 位数码管控制信号传输完之后，需要拉高一个 stcp
  时钟来将信号存入存储寄存器之中。最后一个数据是在 cnt_bit=13 且 cnt=2 时传输
  的，所以就在下一个时钟（cnt_bit=13 且 cnt=3 时）将 stcp 拉高一个时钟产生上升沿
  即可。

- shcp：移位寄存器时钟，上升沿时将数据写入移位寄存器中。我们在 ds 数据的中间
  状态拉高产生上升沿，这样可以使 shcp 采得的 ds 数据更加稳定。如图 19-22 所示，
  我们在 cnt=2 时拉高，在 cnt=0 时拉低，即可产生该时钟，其频率即为系统时钟四
  分频（12.5MHz）。

- oe：存储寄存器数据输出使能信号，低电平有效，这里我们将复位信号取反的值赋
  给该信号即可。

- ds：串行数据输出（对 FPGA 芯片来说是输出，对 74HC595 来说是输入，stcp 和
  shcp 信号也是如此）。这里我们回到原理图 19-10，可以看到第二片的 Q5 引脚连到
  了数码管的 DIG6，也就是最右侧的数码管，而最右侧数码管对应的是位选信号的
  最低位，即 sel[0]，所以第一位应传输的数据为 sel[0]，依此类推，根据原理图传输
  相应的数据，具体的传输数据如图 19-20 所示。当一次数据传完之后再次回到状态
  0，开始新一轮的数码管信号传输。

本设计思路只作参考，并非唯一方法，读者也可利用所学知识，按照自己的思路进行
设计。

（3）代码编写

根据波形图以及波形图的讲解，相信大家已经对模块所有信号的逻辑关系有了基本了
解，那么代码编写起来就比较简单了。模块参考代码具体参见代码清单 19-4。

代码清单 19-4　74HC595 控制模块参考代码（hc595.v）

```
1 module   hc595_ctrl
2 (
3     input    wire              sys_clk      ,    // 系统时钟，频率为 50MHz
4     input    wire              sys_rst_n    ,    // 复位信号，低电平有效
5     input    wire     [5:0]    sel          ,    // 数码管位选信号
6     input    wire     [7:0]    seg          ,    // 数码管段选信号
7
8     output   reg               stcp         ,    // 数据存储器时钟
9     output   reg               shcp         ,    // 移位寄存器时钟
```

```
10      output  reg                ds           ,     // 串行数据输入
11      output  wire               oe                 // 使能信号，低电平有效
12 );
13
14 //***************************************************************//
15 //***************** Parameter and Internal Signal ****************//
16 //***************************************************************//
17 //reg    define
18 reg     [1:0]   cnt_4    ;    // 分频计数器
19 reg     [3:0]   cnt_bit  ;    // 传输位数计数器
20
21 //wire   define
22 wire    [13:0]  data     ;    // 数码管信号寄存
23
24 //***************************************************************//
25 //*************************** Main Code ***************************//
26 //***************************************************************//
27
28 // 将数码管信号寄存
29 assign data={seg[0],seg[1],seg[2],seg[3],seg[4],seg[5],seg[6],seg[7],sel};
30
31 // 将复位取反后赋值给其即可
32 assign oe = ~sys_rst_n;
33
34 // 分频计数器：0～3 循环计数
35 always@(posedge sys_clk or  negedge sys_rst_n)
36     if(sys_rst_n == 1'b0)
37         cnt_4 <=  2'd0;
38     else   if(cnt_4 == 2'd3)
39         cnt_4 <=  2'd0;
40     else
41         cnt_4 <=  cnt_4 +   1'b1;
42
43 //cnt_bit: 每输入一位数据加 1
44 always@(posedge sys_clk or  negedge sys_rst_n)
45     if(sys_rst_n == 1'b0)
46         cnt_bit   <=   4'd0;
47     else   if(cnt_4 == 2'd3 && cnt_bit == 4'd13)
48         cnt_bit   <=   4'd0;
49     else   if(cnt_4  ==  2'd3)
50         cnt_bit   <=   cnt_bit   +   1'b1;
51     else
52         cnt_bit   <=   cnt_bit;
53
54 //stcp: 14 个信号传输完成之后产生一个上升沿
55 always@(posedge sys_clk or  negedge sys_rst_n)
56     if(sys_rst_n == 1'b0)
57         stcp    <=   1'b0;
58     else    if(cnt_bit == 4'd13 && cnt_4 == 2'd3)
```

```
59          stcp     <=   1'b1;
60     else
61          stcp     <=   1'b0;
62
63 //shcp: 产生四分频移位时钟
64 always@(posedge sys_clk or  negedge sys_rst_n)
65     if(sys_rst_n == 1'b0)
66          shcp     <=   1'b0;
67     else    if(cnt_4 >= 4'd2)
68          shcp     <=   1'b1;
69     else
70          shcp     <=   1'b0;
71
72 //ds: 将寄存器里存储的数码管信号输入即可
73 always@(posedge sys_clk or  negedge sys_rst_n)
74     if(sys_rst_n == 1'b0)
75          ds   <=   1'b0;
76     else    if(cnt_4 == 2'd0)
77          ds   <=   data[cnt_bit];
78     else
79          ds   <=   ds;
80
81 endmodule
```

6. 数码管动态显示模块

（1）模块框图

我们将数码管动态显示驱动模块和 74HC595 控制模块整合到一个模块之中，后面工程中要用到数码管动态显示时直接例化这一模块即可，较为方便。其模块框图如图 19-23 所示。

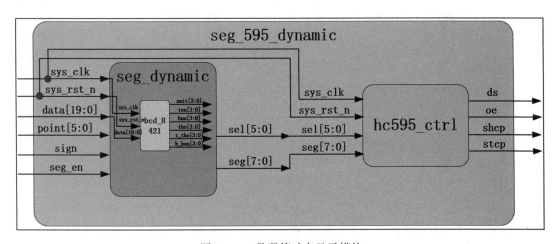

图 19-23　数码管动态显示模块

该模块主要是对数码管动态显示驱动模块和 74HC595 控制模块的实例化，以及对应信号的连接，各输入输出如表 19-8 所示。

表 19-8　数码管动态显示模块输入输出信号描述

信　号	位　宽	类　型	功能描述	信　号	位　宽	类　型	功能描述
sys_clk	1bit	Input	系统时钟，频率为 50MHz	sign	1bit	Input	输入符号
sys_rst_n	1bit	Input	复位信号，低电平有效	stcp	1bit	Output	存储寄存器时钟
point	6bit	Input	输入小数点	shcp	1bit	Output	移位寄存器时钟
data	20bit	Input	输入数据	ds	1bit	Output	串行数据
seg_en	1bit	Input	数码管使能信号	oe	1bit	Output	输出使能，低电平有效

（2）代码编写

该模块代码的编写较为容易，无须绘制波形图。数码管动态显示模块参考代码具体参见代码清单 19-5。

代码清单 19-5　数码管动态显示模块参考代码（seg_595_dynamic.v）

```
1  module  seg_595_dynamic
2  (
3      input   wire            sys_clk      , // 系统时钟，频率为 50MHz
4      input   wire            sys_rst_n    , // 复位信号，低电平有效
5      input   wire    [19:0]  data         , // 数码管要显示的值
6      input   wire    [5:0]   point        , // 小数点显示，高电平有效
7      input   wire            seg_en       , // 数码管使能信号，高电平有效
8      input   wire            sign         , // 符号位，高电平显示负号
9
10     output  wire            stcp         , // 输出数据存储寄时钟
11     output  wire            shcp         , // 移位寄存器的时钟输入
12     output  wire            ds           , // 串行数据输入
13     output  wire            oe             // 输出使能信号
14
15 );
16
17 //*******************************************************//
18 //***************** Parameter And Internal Signal ****************//
19 //*******************************************************//
20
21 //wire  define
22 wire   [5:0]   sel;    // 数码管位选信号
23 wire   [7:0]   seg;    // 数码管段选信号
24
25 //*******************************************************//
26 //************************ Main Code ***********************//
27 //*******************************************************//
28
29 seg_dynamic seg_dynamic_inst
30 (
```

```
31      .sys_clk      (sys_clk  ),    // 系统时钟，频率为 50MHz
32      .sys_rst_n    (sys_rst_n),    // 复位信号，低电平有效
33      .data         (data     ),    // 数码管要显示的值
34      .point        (point    ),    // 小数点显示，高电平有效
35      .seg_en       (seg_en   ),    // 数码管使能信号，高电平有效
36      .sign         (sign     ),    // 符号位，高电平显示负号
37
38      .sel          (sel      ),    // 数码管位选信号
39      .seg          (seg      )     // 数码管段选信号
40
41  );
42
43  hc595_ctrl  hc595_ctrl_inst
44  (
45      .sys_clk      (sys_clk  ),    // 系统时钟，频率为 50MHz
46      .sys_rst_n    (sys_rst_n),    // 复位信号，低电平有效
47      .sel          (sel      ),    // 数码管位选信号
48      .seg          (seg      ),    // 数码管段选信号
49
50      .stcp         (stcp     ),    // 输出数据存储寄时钟
51      .shcp         (shcp     ),    // 移位寄存器的时钟输入
52      .ds           (ds       ),    // 串行数据输入
53      .oe           (oe       )
54
55  );
56
57  endmodule
```

7. 顶层模块

（1）模块框图

顶层模块主要是对各个子功能模块的实例化，以及对应信号的连接，其模块框图如图 19-24 所示。

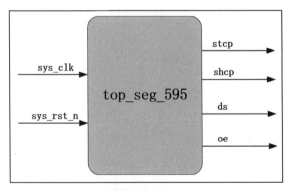

图 19-24　数码管动态显示顶层模块

各输入输出如表 19-9 所示。

表 19-9　顶层模块输入输出信号描述

信　号	位　宽	类　型	功能描述	信　号	位　宽	类　型	功能描述
sys_clk	1bit	Input	系统时钟，频率为 50MHz	shcp	1bit	Output	移位寄存器时钟
sys_rst_n	1bit	Input	复位信号，低电平有效	ds	1bit	Output	串行数据
stcp	1bit	Output	存储寄存器时钟	oe	1bit	Output	输出使能，低电平有效

（2）代码编写

顶层模块代码的编写较为容易，无须绘制波形图，具体参见代码清单 19-6。

代码清单 19-6　数码管动态显示顶层模块（top_seg_595.v）

```verilog
 1 module   top_seg_595
 2 (
 3     input    wire        sys_clk     ,   // 系统时钟，频率为 50MHz
 4     input    wire        sys_rst_n   ,   // 复位信号，低电平有效
 5
 6     output   wire        stcp        ,   // 输出数据存储寄存器时钟
 7     output   wire        shcp        ,   // 移位寄存器的时钟输入
 8     output   wire        ds          ,   // 串行数据输入
 9     output   wire        oe              // 输出使能信号
10
11 );
12
13 //**********************************************************************//
14 //******************* Parameter And Internal Signal ****************//
15 //**********************************************************************//
16
17 //wire   define
18 wire    [19:0]  data    ;   // 数码管要显示的值
19 wire    [5:0]   point   ;   // 小数点显示，top_seg_595 高电平有效
20 wire            seg_en  ;   // 数码管使能信号，高电平有效
21 wire            sign    ;   // 符号位，高电平显示负号
22
23 //**********************************************************************//
24 //*********************** Main Code ****************************//
25 //**********************************************************************//
26
27
28 //-------------data_gen_inst--------------
29 data_gen     data_gen_inst
30 (
31     .sys_clk      (sys_clk ),   // 系统时钟，频率为 50MHz
32     .sys_rst_n    (sys_rst_n),  // 复位信号，低电平有效
33
34     .data         (data    ),   // 数码管要显示的值
35     .point        (point   ),   // 小数点显示，高电平有效
36     .seg_en       (seg_en  ),   // 数码管使能信号，高电平有效
37     .sign         (sign    )    // 符号位，高电平显示负号
38
39 );
```

```
40
41 //-------------seg7_dynamic_inst-------------
42 seg_595_dynamic        seg_595_dynamic_inst
43 (
44      .sys_clk    (sys_clk    ),    // 系统时钟，频率为 50MHz
45      .sys_rst_n  (sys_rst_n  ),    // 复位信号，低电平有效
46      .data       (data       ),    // 数码管要显示的值
47      .point      (point      ),    // 小数点显示，高电平有效
48      .seg_en     (seg_en     ),    // 数码管使能信号，高电平有效
49      .sign       (sign       ),    // 符号位，高电平显示负号
50
51      .stcp       (stcp       ),    // 输出数据存储寄时钟
52      .shcp       (shcp       ),    // 移位寄存器的时钟输入
53      .ds         (ds         ),    // 串行数据输入
54      .oe         (oe         )     // 输出使能信号
55
56 );
57 endmodule
```

8. RTL 视图

顶层模块介绍完毕，使用 Quartus II 软件对实验工程进行编译，通过编译后，查看实验工程的 RTL 视图，具体如图 19-25 和图 19-26 所示，可知实验工程的 RTL 视图与实验整体框图相同，各信号线均已正确连接。

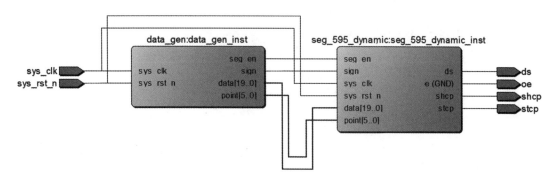

图 19-25　顶层模块 RTL 视图

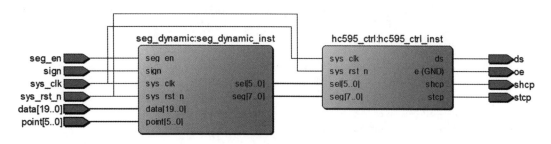

图 19-26　数码管动态显示模块 RTL 视图

9. 仿真验证

（1）仿真代码编写

编写仿真代码，对参考代码进行仿真验证。仿真参考代码具体见代码清单 19-7。

代码清单 19-7   数码管动态显示仿真参考代码（tb_top_seg_595.v）

```
1  `timescale  1ns/1ns
2  module  tb_top_seg_595();
3
4  //***************************************************************//
5  //***************** Parameter and Internal Signal ******************//
6  //***************************************************************//
7  //wire   define
8  wire     stcp     ;    // 输出数据存储寄存器时钟
9  wire     shcp     ;    // 移位寄存器的时钟输入
10 wire     ds       ;    // 串行数据输入
11 wire     oe       ;    // 输出使能信号
12
13 //reg    define
14 reg      sys_clk     ;
15 reg      sys_rst_n   ;
16
17 //***************************************************************//
18 //************************* Main Code ************************//
19 //***************************************************************//
20
21 // 对 sys_clk, sys_rst_n 赋初始值
22 initial
23    begin
24        sys_clk     =    1'b1;
25        sys_rst_n   <=   1'b0;
26        #100
27        sys_rst_n   <=   1'b1;
28    end
29
30 //clk: 产生时钟
31 always  #10 sys_clk <=  ~sys_clk;
32
33 // 重新定义参数值, 缩短仿真时间
34 defparam  top_seg_595_inst.seg_595_dynamic_inst.seg_dynamic_inst.
35                                              CNT_MAX=19;
36 defparam  top_seg_595_inst.data_gen_inst.CNT_MAX    =   49;
37
38 //***************************************************************//
39 //************************ Instantiation ***********************//
40 //***************************************************************//
41 //------------- seg_595_static_inst -------------
42 top_seg_595   top_seg_595_inst
43 (
44    .sys_clk     (sys_clk    ),   // 系统时钟, 频率为 50MHz
```

```
45     .sys_rst_n   (sys_rst_n ),   // 复位信号，低电平有效
46
47     .stcp        (stcp      ),   // 输出数据存储寄存器时钟
48     .shcp        (shcp      ),   // 移位寄存器的时钟输入
49     .ds          (ds        ),   // 串行数据输入
50     .oe          (oe        )    // 输出使能信号
51  );
52
53 endmodule
```

上述代码的第 34 行和第 36 行是对 1ms 和 100ms 定义的，比实际值小一些，这样仿真波形图能比较快地运行出我们想要的实验结果。

（2）仿真波形分析

配置好仿真文件，使用 ModelSim 对参考代码进行仿真，仿真结果如下。

如图 19-27 所示为数据生成模块仿真整体波形图，可以看到 date 是一直有值的，其他的什么也看不清。我们放大其局部来看看数据生成模块是否满足设计要求。

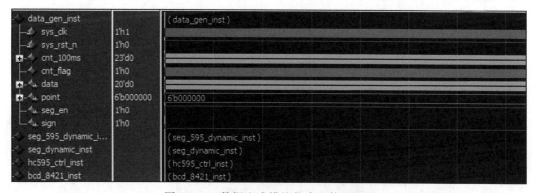

图 19-27　数据生成模块仿真整体波形图

如图 19-28 所示为数据生成模块的开始波形图，可以看到 data 从 0 往后就开始相加了，与我们绘制的数据生成模块的开头部分是一致的。

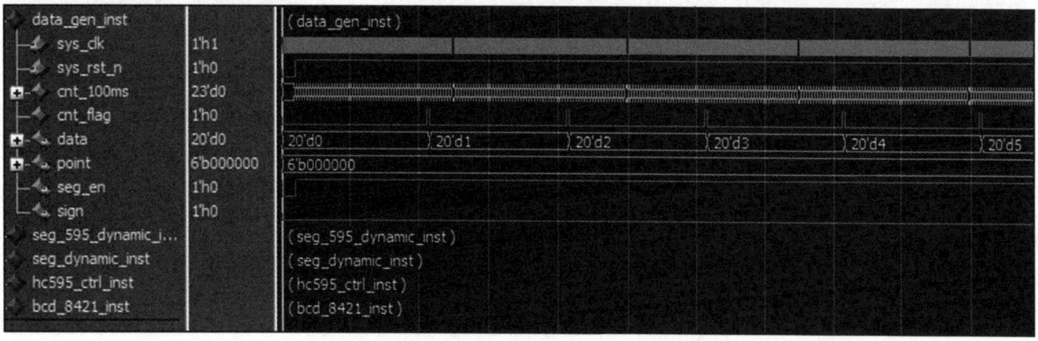

图 19-28　数据生成模块的开始波形图

如图 19-29 为数据生成模块计数到最大值时的波形图，可以看到数据（data）计数计到最大值时跳回 0 从头开始计数了，与我们所绘制的数据生成波形图的结尾部分是一致的，说明数据生成模块的设计是正确的，能达到实验要求。下面我们看看二进制转 BCD 码模块能否正确进行转换。

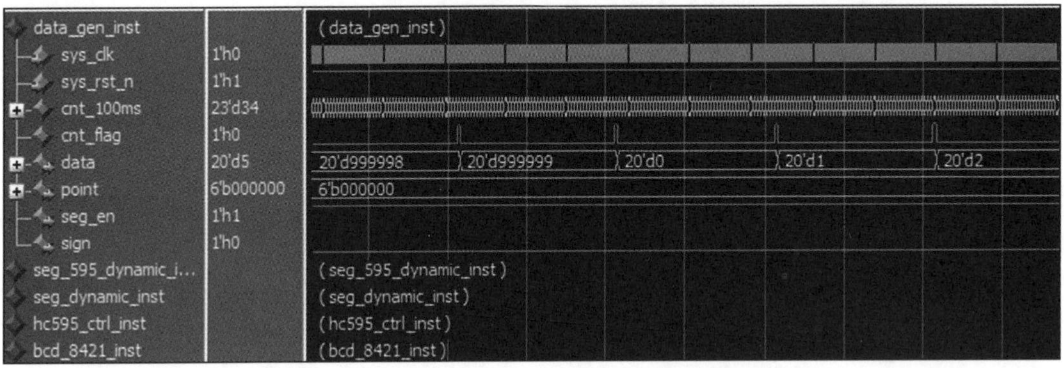

图 19-29　数据生成模块计数到最大值时的波形图

如图 19-30 所示为二进制转 BCD 模块仿真波形图，由于我们转换需要 22 个计数周期，所以转换后的 BCD 码会延迟 22 个计数周期，可以看到图 19-30 中的数据是可以正确转换的。下面我们看看数码管是否能正确显示。

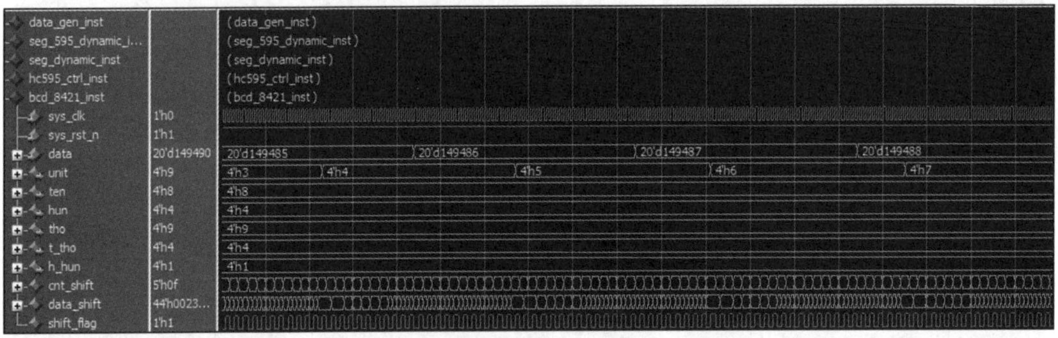

图 19-30　二进制转 BCD 模块仿真波形图

如图 19-31 所示，截取的是动态驱动模块的仿真波形图，可以看到其跟我们所绘制的时序波形图是一样的，这里需要注意的是由于缩短了显示数据跳转的时间，而没有缩短刷新时间，因此一个数据没有完全显示就跳转到下一个数据了。大家可以在仿真文件中增大数据跳转时间或者缩小数码管刷新时间来解决此问题。

10. 上板验证

仿真验证通过后，绑定引脚，对工程进行重新编译。将开发板连接 12V 直流电源和 USB-Blaster 下载器 JTAG 端口，线路正确连接后，打开开关为板卡上电，随后为开发板下载程序。

程序下载成功后可以看到数码管上显示的数据从 0 开始，以 1 为递增间隔，依次递增显示，说明验证成功。

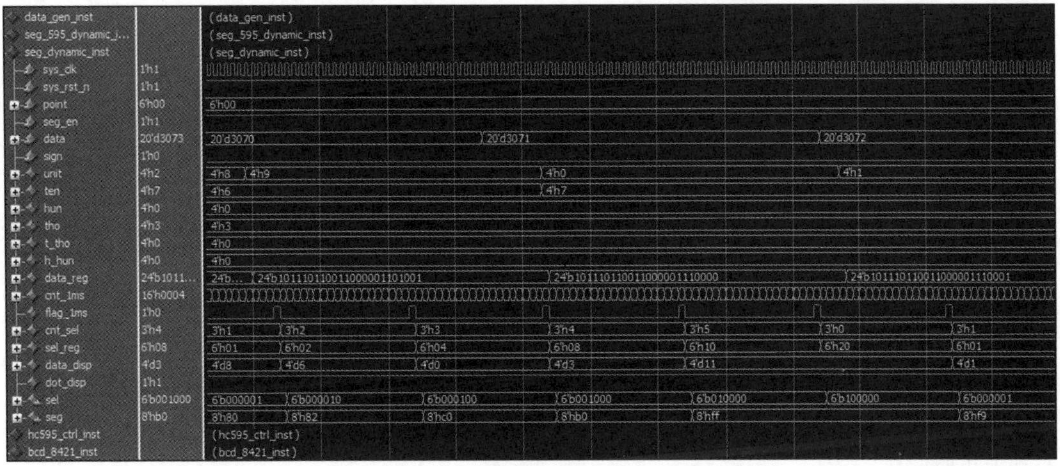

图 19-31　动态驱动模块的仿真波形图

19.3　章末总结

学习本章，主要是要理解动态扫描的方法，同时我们所设计的数码管动态显示模块是一个复用性较强的模块，当需要显示其他数值时，只需输入要显示的数值给该模块即可。

第 20 章
快速开发的法宝——IP 核

随着 CPLD/FPGA 的规模越来越大，设计越来越复杂（IC 的复杂度以每年 55% 的速率递增，而设计能力每年仅提高 21%），设计者的主要任务是在规定的时间周期内完成复杂的设计。为了解决这一问题，将一些在数字电路中常用的但比较复杂的功能块设计成可修改参数的模块。这样可以避免重复劳动，大大减轻工程师的负担，提高开发效率，大大缩短产品上市时间。

本章将带领读者学习 IP 核的相关知识，掌握常用 IP 核的配置和使用方法，提高工程开发效率。

20.1　理论学习

此处的 IP（Intellectual Property）即知识产权。美国 Dataquest 咨询公司将半导体产业的 IP 定义为"用于 ASIC 或 FPGA 中预先设计好的电路功能模块"。IP 核在数字电路中常用于比较复杂的功能模块（如 FIFO、RAM、FIR 滤波器、SDRAM 控制器、PCIE 接口等），参数可修改，让其他用户可以直接调用这些模块。随着设计规模增大，复杂度提高，使用 IP 核可以提高开发效率，减少设计和调试时间，加速开发进程，降低开发成本，是业界的发展趋势。利用 IP 核设计电子系统，引用方便，修改基本元件的功能也更容易。具有复杂功能和商业价值的 IP 核一般具有知识产权，尽管 IP 核的市场活动还不规范，但是仍有许多集成电路设计公司从事 IP 核的设计、开发和营销工作。

IP 核有三种不同的存在形式：HDL 语言形式，网表形式、版图形式。这三种形式分别对应我们常说的三类 IP 内核：软核、固核和硬核。这种分类主要依据产品交付的方式，而这三种 IP 内核实现方法也各具特色。

软核是用硬件描述语言的形式来表达功能块的行为，并不涉及用什么电路和电路元件实现这些行为。软 IP 通常以硬件描述语言（HDL）源文件的形式出现，应用开发过程与普通的 HDL 设计也十分相似，大多数应用于 FPGA 的 IP 内核均为软核，软核有助于用户调节参数并增强可复用性。软核通常以加密形式提供，这样实际的 RTL 对用户是不可见的，但布局和布线灵活。在这些加密的软核中，如果对内核进行了参数化，那么用户就可以通过头文件或图形用户接口（GUI）方便地对参数进行操作。软 IP 的设计周期短，设计投入少。由于不涉及物理实现，为后续设计留有很大的发挥空间，增大了 IP 的灵活性和适应性。其主要缺点是在一定程度上使后续工序无法适应整体设计，从而需要一定程度的软 IP 修正，在性能上也不能获得全面的优化。由于软核是以源代码的形式提供的，因此尽管源代码可以采用加密方法，但其知识产权保护问题不容忽视。

固核则是软核和硬核的折中，是完成了综合的功能块，有较大的设计深度，以网表的形式交给客户使用。对于那些对时序要求严格的内核（如 PCIE 接口内核），可预布线特定信号或分配特定的布线资源，以满足时序要求。这些内核可归类为固核，由于内核是预先设计的代码模块，因此有可能影响包含该内核的整体设计。由于内核的建立时间、保持时间和握手信号都可能是固定的，因此设计其他电路时都必须考虑能与该内核匹配的接口。如果内核具有固定布局或部分固定的布局，那么还将影响其他电路的布局。

硬核是完成设计的最终阶段产品——掩膜（Mask），也就是经过完全的布局布线的网表，并以这种网表的形式提供给用户，这种硬核既具有可预见性，还可以针对特定工艺或购买商进行功耗和尺寸上的优化。尽管硬核因缺乏灵活性而可移植性差，但由于无须提供寄存器转移级（RTL）文件，因此更易于实现 IP 保护。比如一些 FPGA 芯片内置的 ARM 核就是硬核。

同一事物的利弊总是共存的，IP 核在拥有以上众多优点的同时也有其缺点：

1）在跨平台时，IP 核往往不通用，需要重新设计。IP 核都是不全透明的，是每个 FPGA 开发厂商根据自己芯片适配的定制 IP，所以如果你之前用的是 Xilinx 的芯片，用了一个 PLL，但是基于某些原因需要将代码移植到 Altera 平台上，那就必须将 PLL 重新替换掉，增加了代码移植的复杂性。

2）IP 核就是一个黑匣子，是不透明的，我们往往看不到其核心代码。IP 核都是由各大 FPGA 厂商专门设计的，都会进行加密，内核代码都看不到，如果你使用的这个 IP 核出现了问题或者需要知道其内部结构针对具体的应用进行定制优化，你是无法对其进行修改的。

以上两个问题很棘手，所以有些公司坚持所有的可综合设计都不使用 IP 核，就是为了使所有的模块都能控制。

3）有些定制的 IP 核是不通用的，往往会有较高的收费，这也是一笔巨大的开销。所以 IP 核在能够加快我们开发周期的情况下也存在以上三种常见的问题，这就需要我们权衡利弊，针对具体的需求来做具体的选择。

从软 IP 到硬 IP，设计灵活性降低，设计深度和成功率提高。Altera 公司提供两类功能模块：免费的 LPM 宏功能模块（Megafunction/LPM）和需要授权使用的 IP 知识产权（MegaCore），两者的实现在功能上有区别，使用方法相同。从复杂性的角度看，支持 Altera 系列 FPGA 的 IP 核既包括注入逻辑和算术运算等简单的 IP 核，也包括诸如数字信号处理器、以太网 MAC、PCI/PCI Express 接口等比较复杂的系统级构造模块。按其功能划分，Altera IP 核主要有以下几类：

❑ 逻辑运算 IP 核。包括与、或、非、异或等基本逻辑运算单元和复用器、循环移位器、三态缓存器和解码器等相对复杂的逻辑运算模块。

❑ 数学运算 IP 核。Altera 的数学运算 IP 核分为整数运算和浮点运算两大类：
  ● 整数运算 IP 核。包括 LPM 库（参数化模型 IP 库）提供的 IP 核和 Altera 指定功能的 IP 核。LPM 库中的 IP 核有加法器、减法器、乘法器、除法器、比较器、计数器和绝对值计算器；Altera 指定功能的 IP 核包括累加器、ECC 编码器 / 解码器、乘加器、基于存储的常系数乘法器、乘累加器、乘加器、复数乘法器和整数平方根计算器等。
  ● 浮点运算 IP 核包括浮点数加法器、浮点数减法器、浮点数乘法器、浮点数除法器、浮点数平方根计算器、浮点数指数计算器、浮点数倒数计算器、浮点数平方根倒数计算器、浮点数自然对数计算器、浮点数正弦 / 余弦计算器和反正切计数器、浮点数矩阵求逆和乘法器以及浮点数绝对值计算器、比较器和转换器等。

❑ 存储器类 IP 核。包括移位寄存器、触发器、锁存器等简单的存储器 IP 核和较为复杂的 ROM、RAM、FIFO 和 Flash 存储器等模块。另外，Altera 还提供了包括 RAM 初始化器和针对部分 FPGA 系列应用的 FIFO 分割器等辅助存储器来设计 IP 核。

❑ 数字信号处理 IP 核。包括有限冲激响应滤波（FIR）编译器、级联积分梳状（CIC）滤波器编译器、数控振荡器（NCO）编译器以及快速傅里叶交换（FFT）等 IP 核，用于数字信号系统设计。

❑ 数字通信 IP 核包括 RS 码编通器、用于卷积码译码的 Viterbi 译码器、循环冗余校验（CRC）编译器、8B/10B 编 / 译码器以及 SONET/SDH 物理层 IP 核等。

❑ 图像处理 IP 核。主要实现视频和图像处理系统中常用功能的 IP 核，具体有 2D FIR 滤波器、2D 中值滤波器、α 混合器、视频监视器、色度重采样器、图像裁剪器、视频输入和输出模块、颜色面板序列器、颜色空间转换器、同步器、视频帧读取和缓存器、γ 校正器、隔行扫描和去隔行扫描器、缩放器、切换器、测试模板生成器和视频跟踪系统模块。

❑ 输入 / 输出 P 核。主要包括时钟控制器、锁相环（PLL）、低电压差分信号（LVDS）收发器、双数据速率（DDR）I/O、访问外部存储器的 DQ-DQS I/O、I/O 缓存器等。

❑ 芯片接口 IP 核。包括用于数字视频广播（DVB）的异步串行接口（AS1）、10/100/1000Mbps 以太网接口、DDR 和 DDR2 SDRAM 控制器、存储器物理层访问接口、PCI/PCI Express 编译器、RapidIO 和用于数字电视信号传输的串行数字接口（SDI）等。

❑ 设计调试 IP 核。包括提供设计调试功能的 SignalTap 逻辑分析仪、串行和并行 Flash 加载器、系统内的源和探测模块以及虚拟 JTAG 等。

❑ 其他 IP 核。比如一些针对部分 Altera 系列 FPGA 应用的专用 IP 核，这里不再一一列举。

本章将重点介绍几个常用的 IP, 如锁相环 (PLL)、FIFO、RAM、ROM 等, 详细说明各 IP 核的功能以及其使用方法, 通过使用这些简单的 IP 核来掌握所有 IP 核的基本使用方法, 希望能够起到抛砖引玉的作用。

IP 核可以通过 Quartus II 软件集成的 MegaWizard 插件管理器、SOPC 构造器、DSP 构造器、Qsys 设计系统例化, 后两者仅支持部分 IP 核的实例化和使用, 非 Altera 的第三方 IP 核以网表文件的方式提供。本章主要介绍在 MegaWizard 插件管理器中定制和实例化 Altera IP 核的方法。

MegaWizard 插件管理器可以用于创建和修改包含定制 IP 核的设计文件, 然后在设计文件中实例化 IP 核。在 MegaWizard 插件管理中可以创建、定制和实例化 Altera IP 核、参数化模型库 (LPM) 模块以及在 Quartus II 软件、EDA 设计入口和综合工具使用的 IP 核。MegaWizard 插件管理器自动生成可以在 VHDL 设计文件 (.vhd) 中使用的组件声明文件 (.cmp) 以及可以在文本设计文件 (.tfd) 和 Verilog 设计文件 (.v) 中使用的 AHDL 包含文件 (.inc), 还为 AHDL 设计、VHDL 设计和 Verilog HDL 设计生成后级名分别为 "_inst.tdf" "_inst.vhd" "_inst.v" 的例化模板文件。此外, MegaWizard 插件管理器还为 Verilog HDL 设计创建例化声明文件, 文件后级为 "_bb.v"。例化文件包含定制 IP 核的模型和端口声明。使用 MegaWizard 插件管理器可以指定 IP 核的不同选项, 包括设置参数值和选择可选端口, 还可以为第三方综合工具生成网表文件。如图 20-1 所示, 我们点击 "Tools" 目录下的 "MegaWizard Plug-In Manager" 打开 MegaWizard 插件管理器。

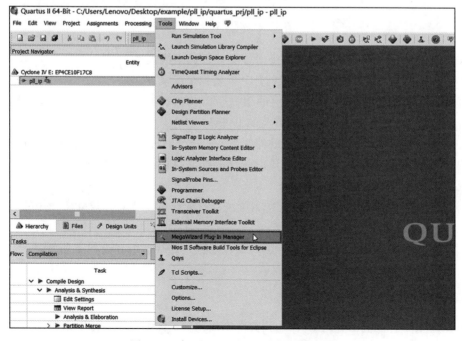

图 20-1 打开 Mega Wizard 插件管理器

如图 20-2 所示，如果要创建一个新的 IP 核，选中"Create a new custom megafunction variation"单选按钮，如果编译已存在的 IP 核，则选中"Edit an existing custom megafunction variation"单选按钮，如果复制已存在的 IP 核，则选中"Copy an existing custom megafunction variation"单选按钮，选择后点击"Next"按钮。

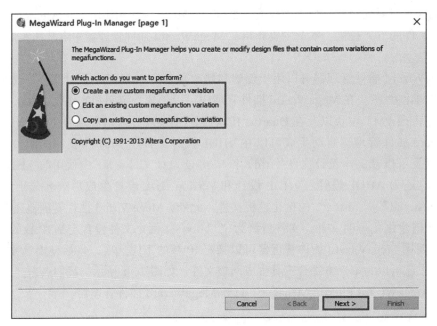

图 20-2　设置 IP 核操作

如图 20-3 所示，打开的界面由以下几个主要部分组成：

①框处提供了一个搜索框，可以通过 IP 核名称来搜索。

②框处为 IP 核列表，Altera 提供的 IP 核都列在其中，每个文件夹代表一类，比如 Memory Compiler 里包含了与存储器有关的 IP 核。

③框处为工程指定的 FPGA 所属的器件系列，每个器件系列能提供的 IP 核种类与数量不尽相同，所以这里要保持与工程创建时选择的器件系列一致，避免出现不支持所添加器件的情况，这里默认是一致的。

④框处为添加 IP 核时输出文件的语言类型，这取决于工程具体设计所使用的语言，这里选择 Verilog。

⑤框处是 IP 核输出文件的保存类型及 IP 核名称，路径一般在工程文件夹中。

20.2　实战演练

在 20.1 节中，我们已经对 IP 核的相关理论知识做了详细介绍，接下来将带领读者学习常用 IP 核的配置及使用方法。

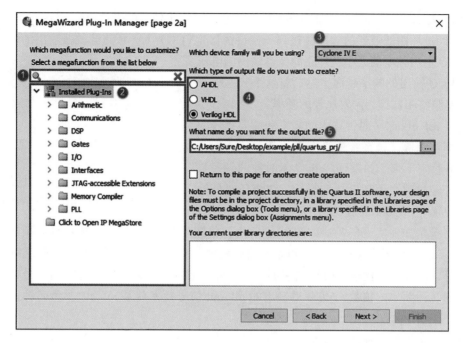

图 20-3　创建 IP 核步骤（三）

20.2.1　IP 核之 PLL

1. PLL IP 核简介

PLL（Phase Locked Loop，锁相环）是最常用的 IP 核之一，其性能强大，可以对输入 FPGA 的时钟信号进行任意分频、倍频、相位调整、占空比调整，从而输出一个期望时钟，实际上，即使不想改变输入 FPGA 时钟的任何参数，也常常会使用 PLL，因为经过 PLL 后的时钟在抖动（jitter）方面的性能更好。Altera 中的 PLL 是模拟锁相环，和数字锁相环不同的是，模拟锁相环的优点是输出的稳定度高、相位连续可调、延时连续可调；缺点是当温度过高或者电磁辐射过强时会失锁（普通环境下不考虑该问题）。

如图 20-4 所示为 PLL 的一个结构模型示意图，可以看出这是一个闭环反馈系统，其工作原理和过程主要如下：

1）首先需要参考时钟（ref_clk）通过鉴频（FD）鉴相（PD）器和需要比较的时钟频率进行比较，以频率调整为例：如果参考时钟频率等于需要比较的时钟频率，则鉴频鉴相器输出为 0；如果参考时钟频率大于需要比较的时钟频率，则鉴频鉴相器输出一个变大的成正比的值；如果参考时钟频率小于需要比较的时钟频率，则鉴频鉴相器输出一个变小的正比的值。

2）鉴频鉴相器的输出连接到环路滤波器（LF）上，用于控制噪声的带宽，滤掉高频噪声，使之稳定在一个值，起到将带有噪声的波形变平滑的作用。如果鉴频鉴相器之前的波形抖动比较大，经过环路滤波器后抖动就会变小，趋近于信号的平均值。

3）经过环路滤波器的输出连接到压控振荡器（VCO）上，环路滤波器输出的电压可以控制 VCO 输出频率的大小，环路滤波器输出的电压越大，VCO 输出的频率越高，然后将这个频率信号连接到鉴频鉴相器作为需要比较的频率。

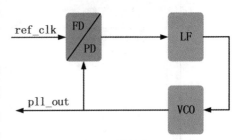

如果 ref_clk 参考时钟输入的频率和需要比较的时钟频率不相等，该系统最终实现的就是让它们逐渐相等并稳定下来。如果 ref_clk 参考时钟的频率是 50MHz，经过整个闭环反馈系统后，锁相环对外输出的时钟频率 pll_out 也是 50MHz。

图 20-4　PLL 结构模型示意图

那倍频是如何实现的呢？如图 20-5 所示，倍频是在 VCO 后直接加一级分频器，我们知道 ref_clk 参考时钟输入的频率和需要比较的时钟频率经过闭环反馈系统后最终会保持频率相等，而在需要比较的时钟之前加入分频器，就会使进入分频器之前的信号频率为需要比较的时钟频率的倍数，VCO 后输出的 pll_out 信号频率就是 ref_clk 参考时钟倍频后的结果。

分频又是如何实现的呢？如图 20-6 所示，分频是在 ref_clk 参考时钟后加一级分频器，这样需要比较的时钟频率就始终和 ref_clk 参考时钟分频后的频率相等，在 VCO 后输出的 pll_out 信号就是 ref_clk 参考时钟分频后的结果。

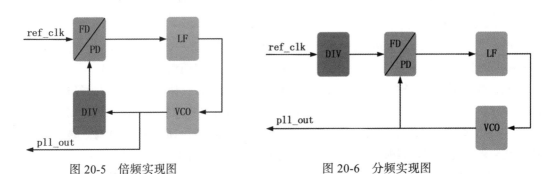

图 20-5　倍频实现图　　　　　　　　　　图 20-6　分频实现图

2. PLL IP 核配置

如图 20-7 所示，在搜索栏中搜索 "pll" 就会显示和 PLL 相关的所有 IP 核，这里我们选择 I/O 目录下的 "ALTPLL"。器件选择 Cyclone IV E，语言选择 Verilog HDL。然后选择 IP 核存放的路径，在 Quartus 中配置 IP 核之前最好先在工程目录下再新建一个单独用于存储 IP 核的文件夹，这里我们将文件夹命名为 ipcore_dir，也可自定义为其他名字。然后是给 IP 核命名，后面实例化 IP 核的时候都是使用该名字，这里所取的名字最好和该 IP 核相关，因为本节我们主要讲解 PLL，所以给该 IP 核命名为 pll_ip，然后点击 "Next" 按钮。

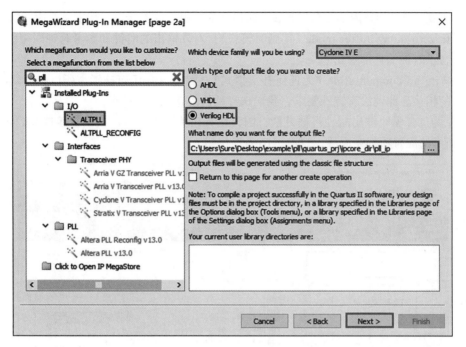

图 20-7　显示与 PLL 相关的所有 IP 核

如图 20-8 所示，在弹出的界面中正式开始配置将生成的 PLL。该界面中的配置内容相当于告诉 MegaWizard 插件管理器你提供的"材料"和你大概需要一个什么样的 PLL。其中：

框①为需要配置的选项，根据其固有标号一共分为 5 类：Parameter Settings（参数设置）、PLL Reconfiguration（PLL 重新配置）、Output Clocks（输出时钟设置）、EDA 和 Summary（总体设置），每一类又分成很多项。PLL 涉及的参数繁多，我们无须掌握每个参数的作用，只要了解一些经常需要配置的重要参数即可。

框②中为该 PLL IP 核相关的官方手册，如果感觉本书中介绍的不够详细，可以直接查阅官方文档。

框③为该芯片的速度等级，如果我们在选择芯片时就已经确定了，这里不必再进行修改。

框④为我们需要修改的输入时钟频率，将其从默认的 100MHz 修改为 50MHz，此时可以看到框 2 的结构中显示的输入时钟频率也随之变为了 50MHz，其余不变，点击"Next"按钮进入下一项。

框⑤为 PLL 的类型，此处保持默认选择。

框⑥为 PLL 的四种输出模式：

❑ In normal mode（普通模式）：仅在进入引脚时和到达芯片内部第一级寄存器时的相位相同，但是输出的时钟相位无法保证相同（此模式下最好不要用于对外输出）。

❑ In source-synchronous compensation Mode（源同步补偿模式）：使得进入引脚时的数据和上升沿的相位关系与到达芯片内部第一级寄存器时数据和上升沿的相位关系保持

不变（通过调整内部的布局布线延时做到的，用于数据接口，特别是高速的情况下）。

☐ In zero delay buffer mode（零延时模式）：对外输出的时钟和参考时钟同相位（更适合于时钟的外部输出）。

☐ With no compensation（无任何补偿模式）：因为没有任何补偿，所以会有延时产生的相移。此处没有特殊要求，我们选择默认的普通模式即可。

框⑦为选择哪个输出时钟将被补偿，因为没有相关需求，所以我们直接选择默认设置。该界面所有的配置项都完成后，点击"Next"按钮。

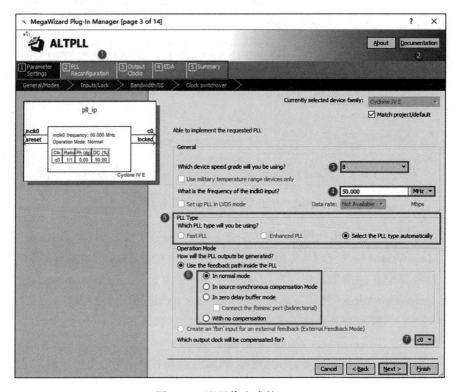

图 20-8　配置将生成的 PLL

下面详细介绍图 20-8 框①中的 5 类标号。

☐ 第一类 Parameter Settings（参数设置）

如图 20-9 所示，该界面主要用于选择 PLL IP 核的输入输出端口设置，该部分就像我们在设计项目模块时要考虑输入输出信号有哪些。主要注意以下两点。

框①用于为 PLL IP 核创建异步复位引脚，名为 areset，用来对 PLL IP 核进行异步复位。

框②用于为 PLL IP 核创建锁定引脚，名为 locked，用来检测 PLL IP 核是否已经锁定，只有该信号为高时，输出的时钟才是稳定的。

对于一般的应用而言，可以不用添加这两个引脚，这里我们只添加上"locked"，以便在仿真时能够体现 PLL 的工作特点。完成后点击"Next"按钮。

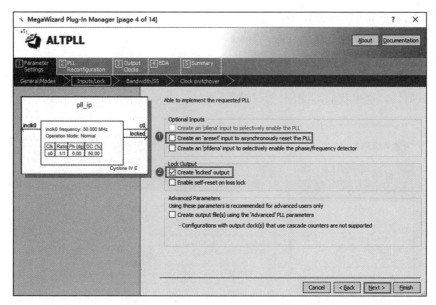

图 20-9　设置 PLL IP 核的输入输出端口

如图 20-10 所示，该界面主要用于配置扩展频谱时钟和带宽可编程功能，属于 PLL IP 核的高级属性。这里我们不使用，保持默认设置即可，直接点击"Next"按钮。

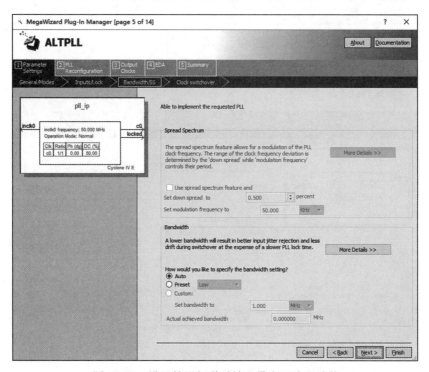

图 20-10　设置扩展频谱时钟和带宽可编程功能

如图 20-11 所示，该界面用于配置时钟切换，也是 PLL IP 核的高级属性之一。这里我们不使用，保持默认设置，直接点击 "Next" 按钮。

❑ 第二类：PLL Reconfiguration（PLL 重新配置）

如图 20-12 所示，该界面用于进行 PLL 动态重配置和动态相位重配置，同样属于 PLL IP 核的高级属性。这里我们不使用，保持默认设置，直接点击 "Next" 按钮。

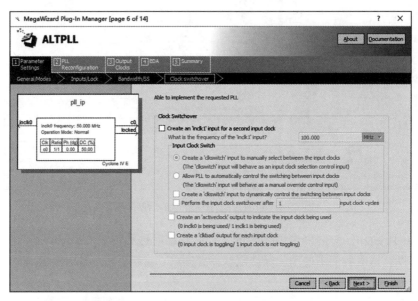

图 20-11　设置时钟切换

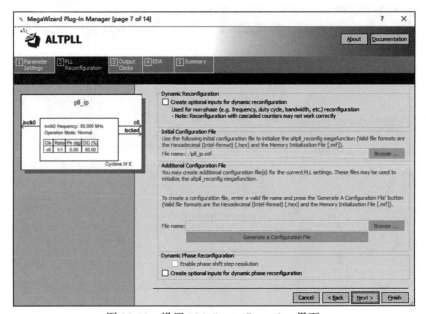

图 20-12　设置 PLL Reconfiguration 界面

❑ 第三类：Output Clocks（输出时钟设置）

如图 20-13 所示为 PLL IP 核输出时钟的参数配置界面，该界面是对输出时钟 c0 进行配置，其中：

框①中的选项用于设置是否使用当前的输出时钟，每个 PLL 最多有 5 个输出时钟，分别为 c0、c1、c2、c3、c4，其配置界面都相同。我们可以根据需要选择输出时钟的数量，c0 默认是选中的，保持该选项不变。

框②用于配置输出时钟的频率，有两种方式：直接输入频率值（未选中的选项）和输入参数配置频率（当前选中的选项）。对于直接输入频率值的方式，直接在"Requested Settings"中输入想得到的输出频率即可；对于输入参数配置频率，需要输入倍频因子（Clock multiplication factor）和分频因子（Clock division factor），最后的输出频率计算方式为：输出频率 = 输入频率 × 倍频因子 / 分频因子。另外需要注意的是，PLL IP 核的输出受输入频率等因素影响，每个 PLL IP 核的输出频率会有一定的范围限制。

框③为设置输出时钟相对输入时钟的相移，默认设置是 0。

框④为输出时钟的占空比，默认设置是 50%。

完成 c0 的参数配置后，点击"Next"按钮就可以进入 c1、c2、c3、c4 的参数配置，直到进入第四类 EDA 的配置界面为止。

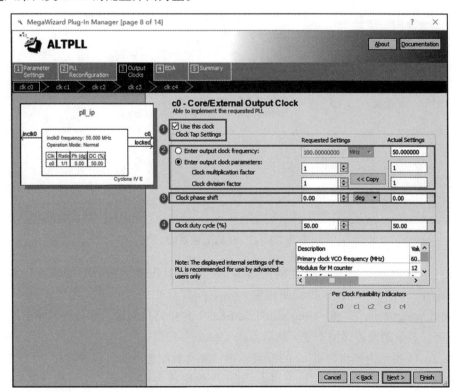

图 20-13　设置输出时钟

为了让大家能够看到 PLL IP 核每种参数的设置效果，下面我们分别将 c0、c1、c2、c3 的输出设置为输入时钟的 2 倍频、输入时钟的 2 分频、输入时钟相移 90°、输入时钟占空比变为 20%，然后通过仿真进行对比。

如图 20-14 所示为输出时钟 c0 的配置界面，要将其配置为输入时钟的 2 倍频，也就是让 c0 输出 100MHz 的时钟。我们使用直接输入频率值的方式进行配置，选中"Enter output clock frequency"，在"Requested Settings"栏中输入要 c0 输出的频率 100MHz 即可，可以看到"Actual Settings"栏中显示的也是 100，说明该配置的输出频率值是可以实现的。其余的设置保持不变，然后点击"Next"按钮。

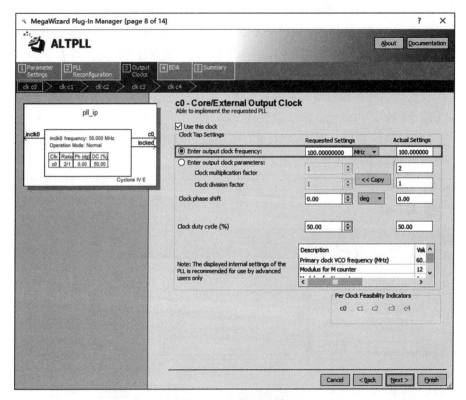

图 20-14　c0 的配置界面

如图 20-15 所示为输出时钟 c1 的配置界面，要将其配置为输入时钟的 2 分频，也就是让 c1 输出 25MHz 的时钟。我们使用输入参数配置频率的方式进行配置，选中"Enter output clock parameters"，在"Requested Settings"栏中将倍频因子和分频因子分别设置为 1 和 2 即可。其余的设置保持不变，然后点击"Next"按钮。

如图 20-16 所示为输出时钟 c2 的配置界面，要将其配置为输入时钟相移 90°。直接在"Requested Settings"栏中将"Clock phase shift"的值改为 90 即可。其余的设置保持不变，然后点击"Next"按钮。

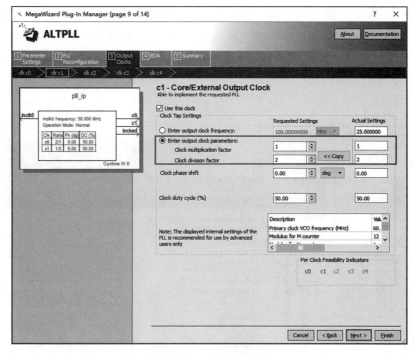

图 20-15　c1 的配置界面

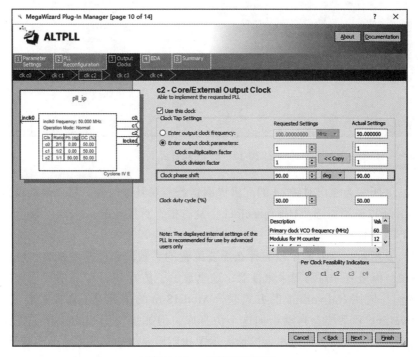

图 20-16　c2 的配置界面

如图 20-17 所示为输出时钟 c3 的配置界面，要将输入时钟占空比配置为 20%，也就是输出时钟 c3 相对于输入时钟 sys_clk 的周期不变，而高电平的时间占总周期时间的 20%，即在一个周期时间内高电平与低电平的时间比为 1:4。直接在"Requested Settings"栏中将"Clock duty cycle（%）"的值改为 20 即可。其余的设置保持不变，然后点击"Next"按钮。

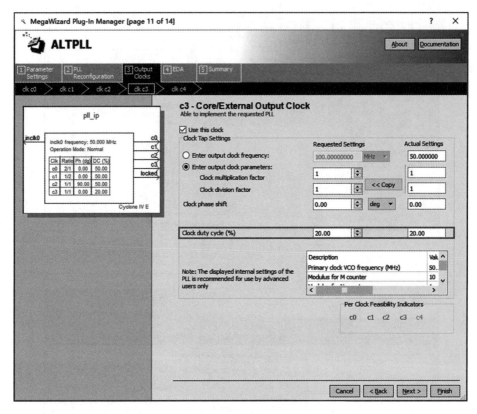

图 20-17　c3 的配置界面

如图 20-18 所示为输出时钟 c4 的配置界面，若需要其他时钟，可以继续设置。此处我们不使用 c4，所以不用勾选"Use this clock"复选框，直接点击"Next"即可。

❑ 第四类：EDA

如图 20-19 所示，该界面中没有什么需要配置的参数，也不需要修改，可以直接点击"Next"按钮。但是有一点需要大家注意，这里显示了仿真 PLL IP 核时所需的 Altera 的仿真库，我们在使用 NativeLink 的方式联合 ModelSim 的仿真时不需要关心这个仿真库，设置好 NativeLink 后系统会自动添加这个仿真库，但如果使用 ModelSim 单独进行仿真，不添加该仿真库就会报错，而这里就恰恰提示了我们需要添加哪些库才能够满足 ModelSim 的单独仿真，遇到此类问题时我们再具体说明该如何解决。

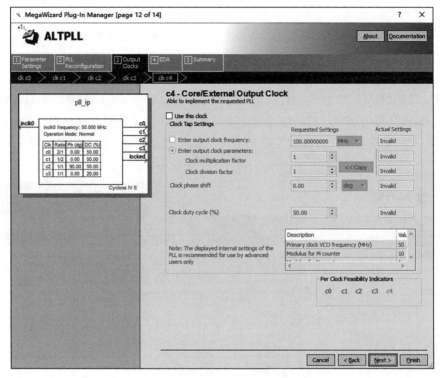

图 20-18 c4 的配置界面

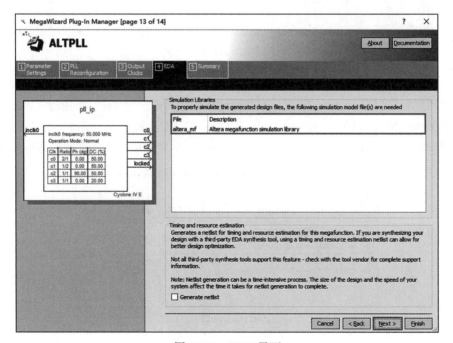

图 20-19 EDA 界面

❑ 第五类：Summary（总体设置）

如图 20-20 所示，该界面显示的是配置好 PLL IP 核后要输出的文件，其中"pll_ip.v"和"pll_ip.ppf"是默认输出的，不可以取消。此外，我们再将"pll_ip_inst.v"这个实例化模板文件添加上，方便实例化时使用，其余的文件都不要勾选。

至此，我们的 PLL IP 核的配置就全部完成了。再检查一下各项配置，如果有问题，可以点击"Back"按钮返回之前的配置界面进行修改，确认无误后可以点击"Finish"按钮退出配置界面，如果后面在仿真时发现 PLL IP 核的配置有问题，也可以进行修改。

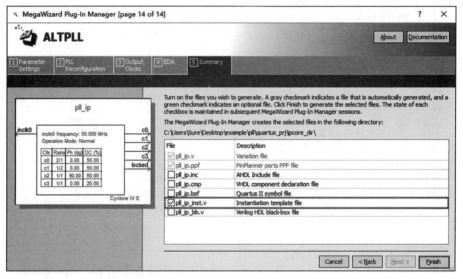

图 20-20　Summary 界面

第一次使用 IP 核功能时会弹出如图 20-21 所示的对话框，提示我们是否每次都自动将 IP 核的文件添加到工程中，这里勾选复选框接受建议，然后点击"Yes"按钮确定。如图 20-22 所示，如果此处未勾选复选框就退出，也可以手动在"Project Navigator"的"File"文件夹中像添加普通文件一样添加 IP 核所需要的".qip"文件即可，其余文件不要添加进来。

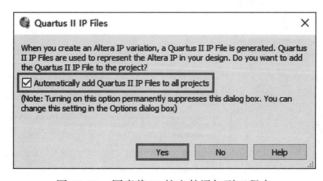

图 20-21　同意将 IP 核文件添加到工程中

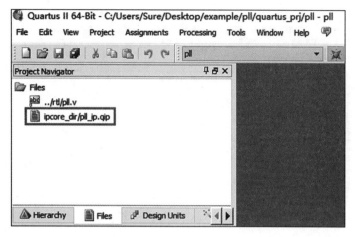

图 20-22　添加 ".qip" 文件

3. PLL IP 核调用

如图 20-23 所示，打开工程目录下的 ipcore_dir 文件夹，可以看到几个和 PLL IP 核相关的文件。如图 20-24 所示，我们在调用 PLL IP 核的时候可以直接使用给好的实例化模板，打开 "pll_ip_inst.v" 文件，然后在此基础上修改即可。如图 20-25 所示，实例化 PLL IP 核时也可以复制、修改 "pll.v" 文件中模块的端口列表。

example › pll › quartus_prj › ipcore_dir			
名称 ^	修改日期	类型	大小
greybox_tmp	2019/12/25 22:05	文件夹	
pll_ip.ppf	2019/12/25 22:06	PPF 文件	1 KB
pll_ip.qip	2019/12/25 22:06	QIP 文件	1 KB
pll_ip.v	2019/12/25 22:06	V 文件	19 KB
pll_ip_inst.v	2019/12/25 22:06	V 文件	1 KB

图 20-23　打开 ipcore_dir 文件夹

```
pll_ip  pll_ip_inst (
    .inclk0 ( inclk0_sig ),
    .c0 ( c0_sig ),
    .c1 ( c1_sig ),
    .c2 ( c2_sig ),
    .c3 ( c3_sig ),
    .locked ( locked_sig )
    );
```

图 20-24　"pll_ip_inst.v" 文件

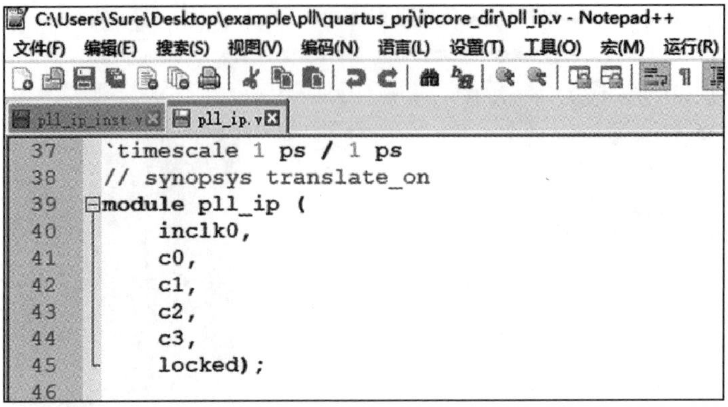

图 20-25 "pll.v" 文件

代码清单 20-1 所示是实例化 PLL IP 核并应用的代码。

代码清单 20-1 PLL IP 核调用参考代码（pll.v）

```
1 module  pll
2 (
3    input   wire    sys_clk      , // 系统时钟（50MHz）
4
5    output  wire    clk_mul_2    , // 系统时钟经过 2 倍频后的时钟
6    output  wire    clk_div_2    , // 系统时钟经过 2 分频后的时钟
7    output  wire    clk_phase_90 , // 系统时钟经过相移 90° 后的时钟
8    output  wire    clk_ducle_20 , // 系统时钟变为占空比为 20% 的时钟
9    output  wire    locked         // 检测锁相环是否已经锁定，
10                                   // 只有该信号为高时，输出的时钟才是稳定的
11 );
12
13 //*********************************************************************//
14 //************************* Instantiation ***************************//
15 //*********************************************************************//
16
17 //-----------------------pll_ip_inst-----------------------
18 pll_ip  pll_ip_inst
19 (
20    .inclk0     (sys_clk       ),     //input     inclk0
21
22    .c0         (clk_mul_2     ),     //output    c0
23    .c1         (clk_div_2     ),     //output    c1
24    .c2         (clk_phase_90  ),     //output    c2
25    .c3         (clk_ducle_20  ),     //output    c3
26    .locked     (locked        )      //output    locked
27 );
28
29 endmodule
```

代码编写完成后进行综合，然后打开顶层文件显示关系，如图 20-26 所示，可以看到

"pll_ip" 下已经有一个 pll 的子模块，双击这个模块就可以对该 PLL IP 核的配置进行修改。

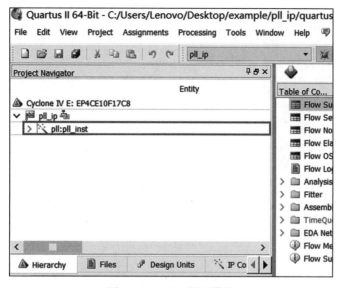

图 20-26　PLL 核子模块

根据上面 RTL 代码综合出的 RTL 视图如图 20-27 所示。

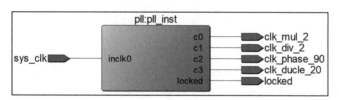

图 20-27　RTL 视图

4. PLL IP 核仿真

PLL 模块仿真参考代码具体参见代码清单 20-2。

代码清单 20-2　PLL 模块仿真参考代码（tb_pll.v）

```
1 `timescale 1ns/1ns
2 module tb_pll();
3
4 //****************************************************************//
5 //***************** Parameter and Internal Signal ****************//
6 //****************************************************************//
7
8 //reg   define
9 reg sys_clk;
10
11 //wire  define
12 wire       clk_mul_2    ;
```

```
13 wire          clk_div_2   ;
14 wire          clk_phase_90;
15 wire          clk_ducle_20;
16 wire          locked      ;
17
18 //**********************************************************//
19 //************************ Main Code ***********************//
20 //**********************************************************//
21
22 // 初始化系统时钟
23 initial sys_clk = 1'b1;
24
25 //sys_clk:模拟系统时钟，每10ns电平翻转一次，周期为20ns，频率为50MHz
26 always #10 sys_clk = ~sys_clk;
27
28 //**********************************************************//
29 //*********************** Instantiation ********************//
30 //**********************************************************//
31
32 //-----------------------pll_inst-----------------------
33 pll pll_inst(
34     .sys_clk        (sys_clk        ), //input    sys_clk
35
36     .clk_mul_2      (clk_mul_2      ), //output   clk_mul_2
37     .clk_div_2      (clk_div_2      ), //output   clk_div_2
38     .clk_phase_90   (clk_phase_90   ), //output   clk_phase_90
39     .clk_ducle_20   (clk_ducle_20   ), //output   clk_ducle_20
40     .locked         (locked         )  //output   locked
41 );
42
43 endmodule
```

将编写好的仿真文件添加到工程中，最好在设置 NativeLink 后打开 ModelSim 执行仿真。仿真出的波形如图 20-28 所示，我们让仿真运行了 500ns，可以看到所有的输出时钟都是在 locked 信号为高电平之后才开始有效，因为没有复位，所以 locked 信号为高之前输出时钟都是不定态的。分别将参考线锁定到输入时钟 sys_clk 一个周期的开始和结束位置，显示的频率为 50MHz。

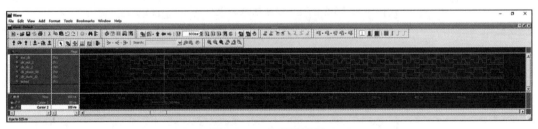

图 20-28　仿真波形图

图 20-29 所示为输出时钟 c0 的波形，分别将参考线锁定到输出时钟 c0 一个周期的开始和结束位置，显示的频率为 100MHz。

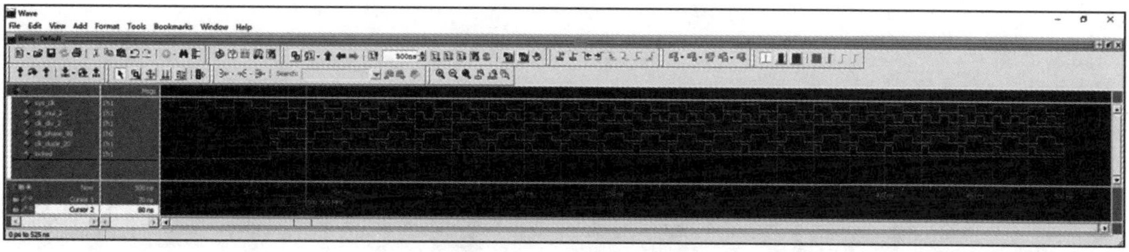

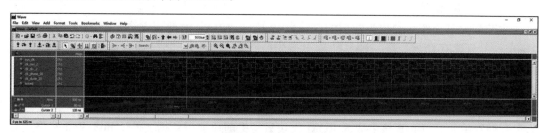

图 20-29　c0 的波形

　　图 20-30 所示为输出时钟 c1 的波形，分别将参考线锁定到输出时钟 c1 一个周期的开始和结束位置，显示的频率为 25MHz。

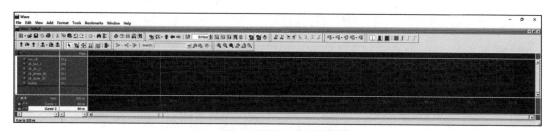

图 20-30　c1 的波形

　　图 20-31 所示为输出时钟 c2 的波形，分别将参考线锁定到输入时钟 sys_clk 一个周期的开始位置和输出时钟 c2 一个周期的开始位置，并设置为显示时间，结果为 5ns，也就是输出时钟 c2 相对于输入时钟 sys_clk 相移了 90°。

图 20-31　c2 的波形

　　图 20-32 所示为输出时钟 c3 的波形，分别测量输入时钟 c3 一个周期内的高电平时间和低电平时间，发现高电平时间为 4ns，低电平时间为 16ns，也就是输出时钟 c3 相对于输入时钟 sys_clk 的周期不变，而高电平的时间占总周期时间的 20%，即在一个周期时间内高电平与低电平的时间比为 1:4。

　　以上所有仿真验证结果均和配置的 PLL IP 核的结果一致，验证正确。对于使用 IP 核的设计，我们发现在实例化 IP 核时不必关心 IP 核时内部结构和代码是怎样设计的，只需要配置好其中可以配置的参数、端口信号，了解输入什么、输出什么就可以正确地使用 IP 核了。这样我们只需要关心自己的核心设计即可，极大地加快了整体设计进程。

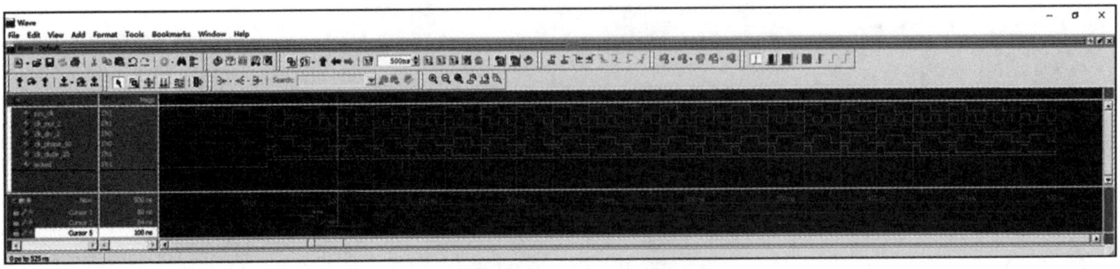

图 20-32　c3 的波形

20.2.2　IP 核之 ROM

1. ROM IP 核简介

本节为大家介绍一种较为常用的存储类 IP 核——ROM 的使用方法。ROM（Read-Only Memory，只读存储器）是一种只能读出事先所存数据的固态半导体存储器，其特性是一旦存储信息，就无法再将之改变或删除，且信息不会因为电源关闭而消失。而事实上，在 FPGA 中通过 IP 核生成的 ROM 或 RAM（RAM 将在 20.2.3 节介绍）调用的都是 FPGA 内部的 RAM 资源，掉电会导致信息丢失（这也很容易解释，FPGA 芯片内部本来就没有掉电非易失存储器单元）。用 IP 核生成的 ROM 模块只是提前添加了数据文件（.mif 或 .hex 格式），在 FPGA 运行时通过数据文件给 ROM 模块初始化，才使得 ROM 模块像个"真正"的掉电非易失存储器因此，ROM 模块的内容必须提前在数据文件中确定，无法在电路中修改。

Altera 推出的 ROM IP 核分为两种类型：单端口 ROM 和双端口 ROM。单端口 ROM 提供一个读地址端口和一个读数据端口，只能进行读操作；双端口 ROM 与单端口 ROM 类似，区别是其提供两个读地址端口和两个读数据端口，基本上可以看作两个单端口 RAM 拼接而成。下面给出 ROM 不同配置模式存储器的接口信号图，如图 20-33 和图 20-34 所示。

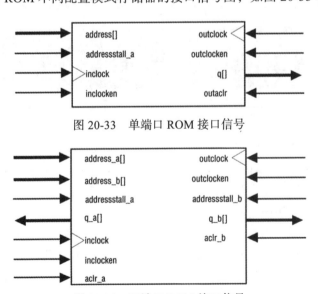

图 20-33　单端口 ROM 接口信号

图 20-34　双端口 ROM 接口信号

图 20-33 和图 20-34 中的接口信号并不是全部需要用到，因为配置时，有些信号是可以不创建的，所以很多接口信号可以不用管，只需考虑需要用的信号即可，那么什么信号是需要用到的呢？在我们调用完 IP 核后，是可以生成其例化模块的，到时候就可以看到我们需要控制的信号了。

2. ROM IP 核配置

（1）mif 格式文件的制作

ROM 作为只读存储器，在进行 IP 核设置时需要指定初始化文件，即写入存储器中的图片数据，图片要以规定的格式才能正确写入 ROM，这种格式就是 mif。mif 是 Quartus 规定的一种文件格式，文件格式示意图如图 20-35 所示。

我们使用 Quartus II 制作一个 mif 格式文件，首先在 Quartus II 中新建一个工程，新建工程后，选择 Quartus II 的主界面，选择菜单栏的"File"→"New"命令，如图 20-36 所示。

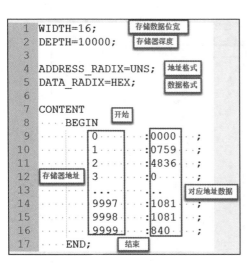

图 20-35　mif 文件格式示意图

图 20-36　选择 File-New 命令

选择"File"→"New"命令后，出现如图 20-37 所示界面。

选择"Memory Initialization File"选项后，点击"OK"按钮，进入如图 20-38 所示界面。其中：①框用于设置数据容量；②框用于设置数据位宽，也就是设置 ROM 初始化存储的数据容量及数据位宽。这里我们设置容量为 256，位宽为 8bit，点击"OK"按钮完成设置，来到下一界面，如图 20-39 所示。

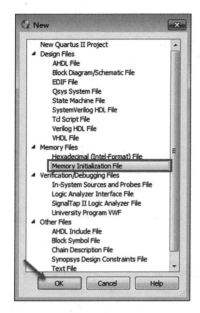

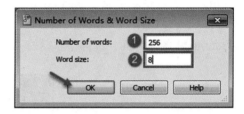

图 20-37　打开"New"对话框　　　图 20-38　"Number of Words & Word Size"对话框

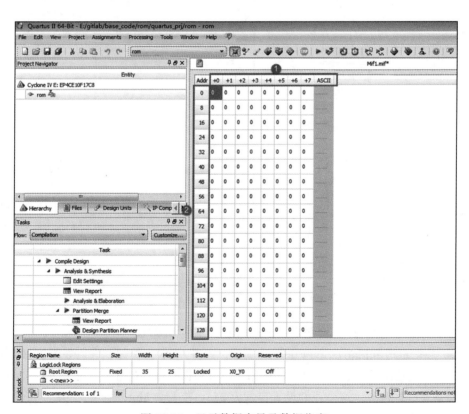

图 20-39　显示数据容量及数据位宽

右击①框或②框的行或列界面，可以改变行 / 列的进制显示，如图 20-40 所示。

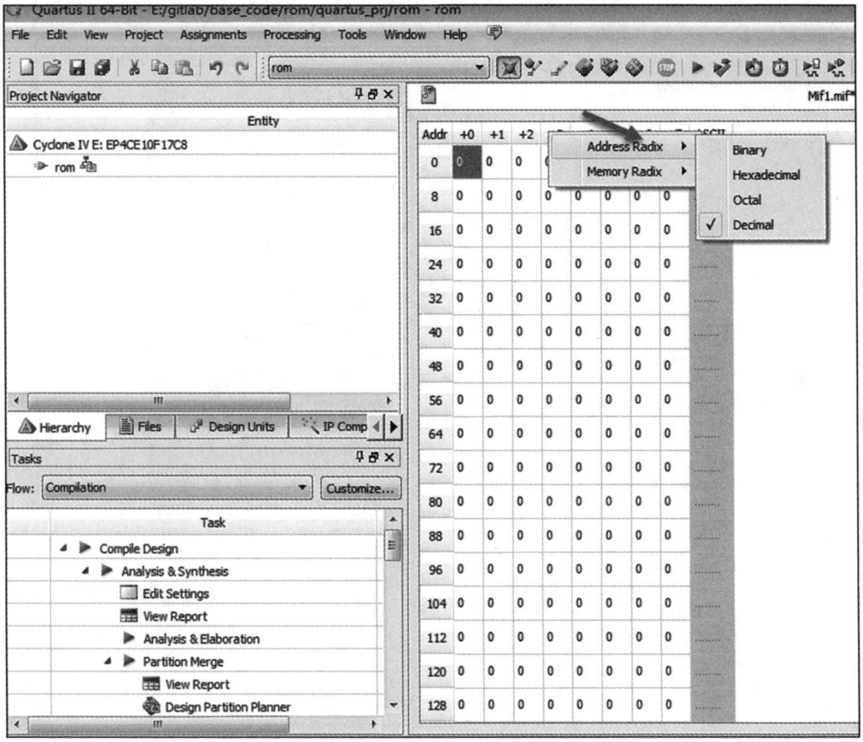

图 20-40　改变行 / 列进制显示

　　我们保持显示十进制即可。接下来我们需要在配置文件中填充想要的数据。可以手动输入进行填充，也可以从别的文本中复制、粘贴进行填充，还可以利用软件自带的功能，直接推测出所有数据。这里为大家讲解一下这种软件自带的填充功能。右击任意单元格，弹出如图 20-41 所示界面。

　　选择" Custom Fill Cells..."出现如图 20-42 所示界面。其中" Starting address"用于设置起始地址，"Ending address"用于设置截止地址，由于我们设置的文件容量是 256，所以这里设置起始地址为 0，截止地址为 255。

　　接下来设置要填充的具体数据，在同一页面进行设置，如图 20-43 所示。我们设置数据从 0 开始递增，增量为 1，这样就生成了数据 0～255，共 256 个数，其中最大的 255 也不会超过我们设置的数据位宽 8bit。

　　设置完之后点击" OK"按钮进入下一界面，如图 20-44 所示，可以看到所生成的0～255 数据了。

　　选择"File"下的"Save"命令，如图 20-45 所示，在弹出的"另存为"对话框中点击"保存"按钮，保存文件。文件保存位置可自由设置，一般按默认位置保存即可，如图 20-46所示。

图 20-41　右击单元格后弹出的快捷菜单

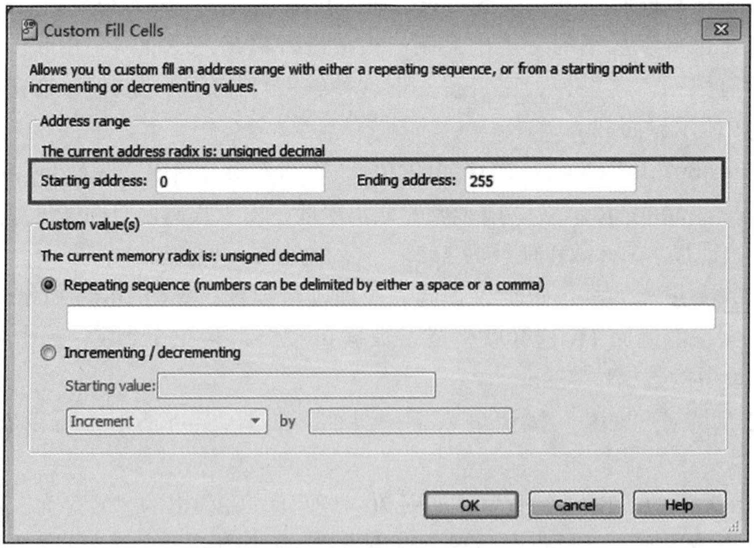

图 20-42　"Custom Fill Cells" 对话框

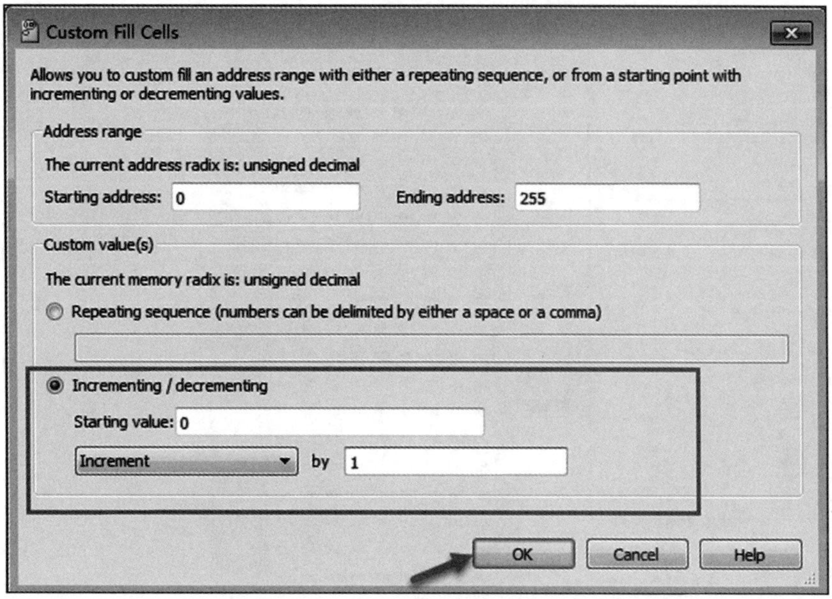

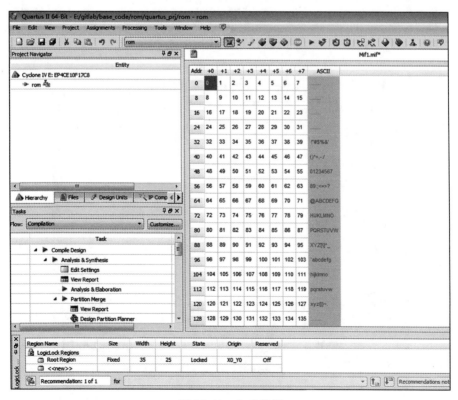

图 20-43　设置数据

图 20-44　生成数据

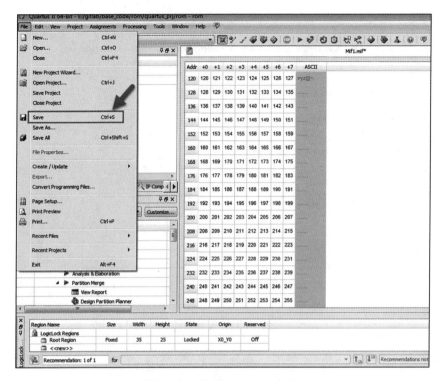

图 20-45　选择"Save"命令

图 20-46　保存文件

（2）单端口 ROM 的配置

ROM 的初始化文件创建好之后，就可以开始创建 ROM IP 核了。在 IP 核简介部分已经介绍了如何进入 IP 核配置界面，按其中步骤我们先进入 IP 核配置界面，如图 20-47 所示。

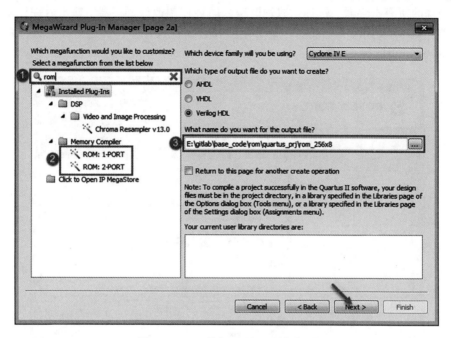

图 20-47　IP 核配置界面（单端口）

在图 20-47 中：

①框中可输入 IP 核的名称进行搜索，这里我们输入 rom 后，会自动出现如②框所示的 IP 核信息。

②框中"ROM：1-PORT"是单端口 ROM，"ROM：2-PORT"是双端口 ROM，这里我们选择单端口 ROM 来介绍单端口 ROM 的调用步骤。

③框用于选择 IP 核的保存位置，这里我们在工程目录下新建一个 ip_core 文件夹，将 IP 核保存在该文件夹下并命名为 rom_256x8（rom 是我们调用的 IP 核，256 是调用的 IP 核容量，8 是调用的 IP 核数据位宽，这里这样命名是为了方便识别我们创建的 IP 核类型及资源量，我们制作的数据文件就是容量为 256，数据位宽为 8bit 的）。

选择完之后点击"Next"按钮进入下一界面，如图 20-48 所示。

在图 20-48 中：

①框用于设置输出数据端口的位宽，由于我们生成的数据文件的数据位宽是 8bit，所以这里设置数据位宽为 8bit。

②框用于设置存储器容量的大小，这里我们设置存储容量为 256，即我们设置的 ROM 的最大存储量为 256 个 8bit 数据。

③框用于存储单元类型，这决定我们使用 FPGA 内部的哪种存储器资源生成 ROM 模块，这里我们保持"Auto"（软件自动选择）选项即可。

④框用于选择使用的时钟模式，可选择单时钟或双时钟，选择单时钟时用一个时钟控制存储块的所有寄存器；选择双时钟时输入时钟控制地址寄存器，输出时钟控制数据输出寄存器；ROM 模式没有写使能、字节使能和数据输入寄存器，这里我们选择默认选项"Single clock"（单时钟）。

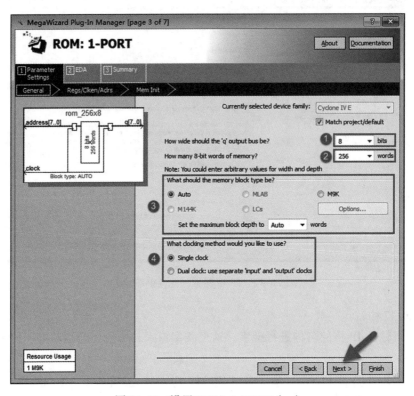

图 20-48　设置 ROM: 1-PORT（一）

设置完之后点击"Next"按钮进入下一界面，如图 20-49 所示。

在图 20-49 中：

①框用于选择是否输出"q"寄存器，这里我们把输出端口的寄存器去掉（如果不去掉的话，就会使输出延迟一拍，如果没有特别的需求，是不需要延迟这一拍的）。

②框用于选择是否创建"aclr"异步复位信号以及是否创建"rden"读使能信号，大家可根据实际的设计需求进行勾选，这里我们不勾选。

设置完之后点击"Next"按钮进入下一界面。如图 20-50 所示，该页面用于加载数据文件。点击"Browse..."按钮添加我们之前生成的数据文件。

点击后出现如图 20-51 所示界面。刚进入该界面时，并没有我们的 mif 数据文件，这是因为我们搜索的数据类型是 hex 格式，需要将搜索的数据类型切换为 mif 格式文件才可以。

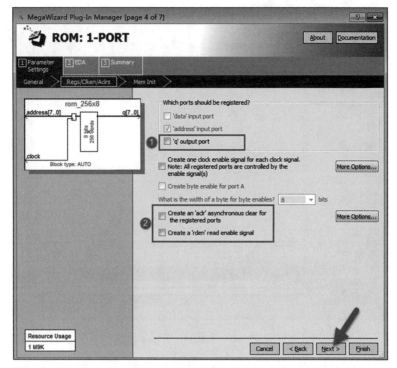

图 20-49　设置 ROM: 1-PORT（二）

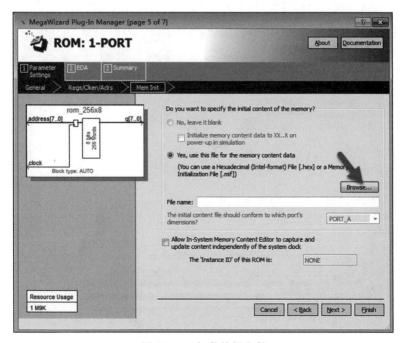

图 20-50　加载数据文件

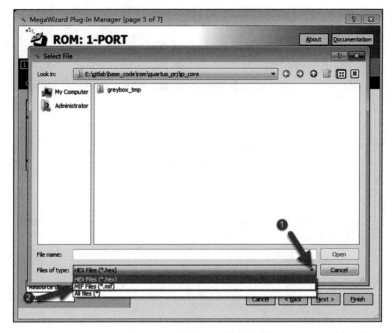

图 20-51　搜索 mif 数据文件

切换完后出现如图 20-52 所示界面。选择前面生成的 mif 文件，点击"Open"按钮后进入下一界面。

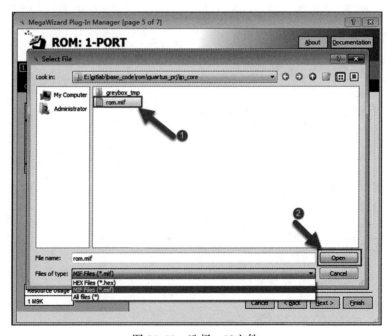

图 20-52　选择 mif 文件

如图 20-53 所示，"File name ："中已经加入了我们的 mif 文件，点击"Next"按钮进入下一界面。

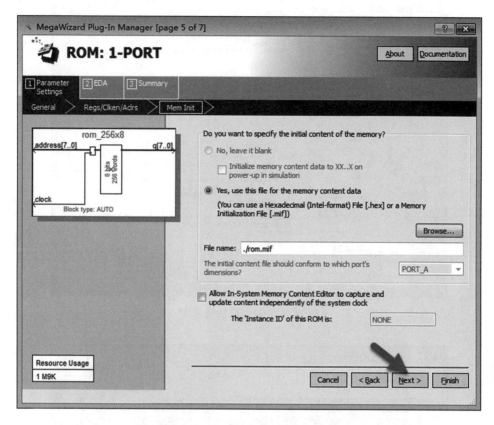

图 20-53 "File name："中显示 mif 文件

如图 20-54 所示，该界面中没有什么要配置的参数，但显示了在仿真 ROM IP 核时所需要的 Altera 仿真库，这里提示我们单独使用第三方仿真工具时需要添加名为"altera_mf"的库。此处保持默认，直接点击"Next"按钮。

如图 20-55 所示为 ROM 输出的文件，除了灰色必选文件，默认还勾选了 rom_256x8_bb.v 文件，这里去掉该文件，加入 rom_256x8_inst.v（例化模板文件）即可。最后点击"Finish"按钮完成整个 IP 核的创建。

接下来 Quartus II 软件会在我们创建的 IP 核文件目录下生成 ROM IP 文件，若是第一次使用 IP 核功能，会跳出一个界面，如图 20-56 所示，提示我们是否每次都自动将 IP 核的文件添加到工程中，这里我们选择同意，然后点击"Yes"按钮确定。如果不选择就退出，也可以手动在"Project Naigator"的"File"中像添加普通文件一样添加 IP 核所需要的".qip"文件，其他文件不要添加进来。

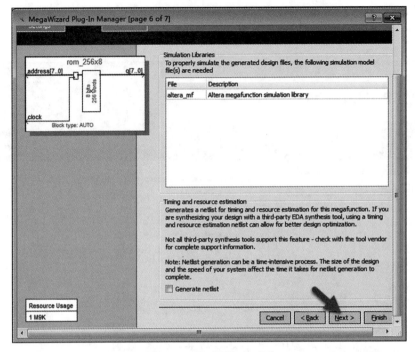

图 20-54　提示添加仿真库

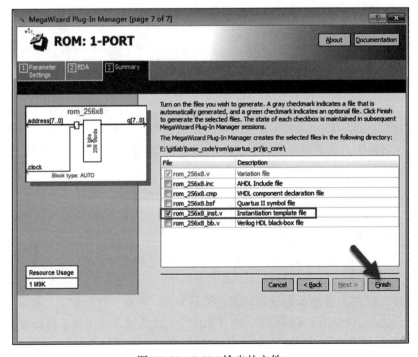

图 20-55　ROM 输出的文件

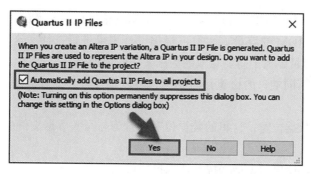

图 20-56　第一次使用 IP 核时的提示信息

（3）双端口 ROM 的配置

接下来看一下双端口 ROM 的配置步骤。

如图 20-57 所示，该步骤与配置单端口 ROM 的步骤几乎是一样的，不同的是此处需要选择"ROM: 2-PORT"来调用双端口 ROM。点击"Next"按钮进入下一步。

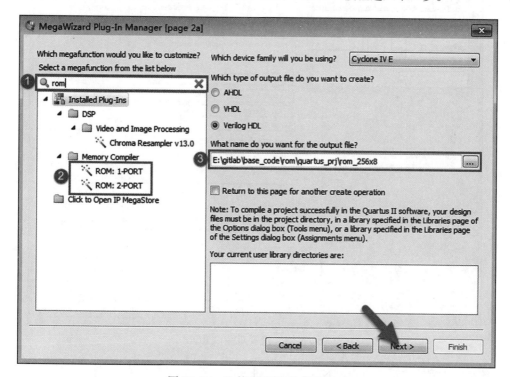

图 20-57　IP 核配置界面（双端口）

如图 20-58 所示，该界面和单端口 ROM 的界面就有很明显的不同了，其中：

①框中的双口 ROM 有两组地址线和两组输出数据线。

②框用于设置定义 ROM 存储器大小的方式，"As a number of words"表示按字数确定，

"AS a number of bits"表示按比特数确定，我们默认选择按字数确定。

③框用于选择 ROM 的容量，大家可根据设计需求进行选择，这里我们选择 256 个数据（注意：选择的容量要大于需要写入的数据文件的数据量）。

④框用于设置不同端口的位宽是否相同，可以选择打开或者关闭，默认是关闭，即使用相同位宽。

⑤框用于设置数据位宽，这里的数据位宽设置为与写入数据文件的数据位宽相同即可，我们选择 8bit。

⑥框用于选择存储单元类型，按默认选择即可。

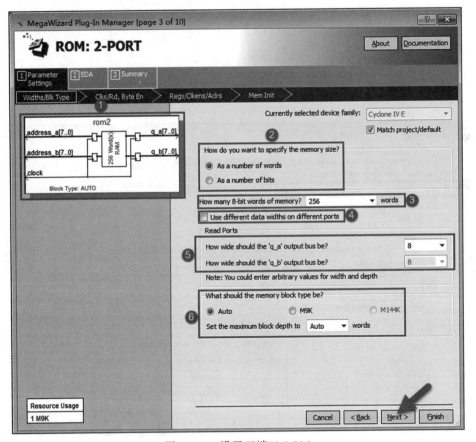

图 20-58　设置双端口 ROM

该页面设置完之后，点击"Next"按钮进入下一界面，如图 20-59 所示，其中：

①框中是对时钟的选择，当前可选项介绍如下。

❏ Single clock（单时钟）：使用一个时钟控制。

❏ Dual clock:use separate 'input'and'output'clocks（双时钟：使用单独的输入时钟和输出时钟）：输入和输出时钟分别控制存储块的数据输入和输出的相关寄存器。

❑ Dual clock:use separate clocks for A and B ports（双时钟：端口 A 和端口 B 使用不同
的独立时钟）：时钟 A 控制端口 A 的所有寄存器，时钟 B 控制端口 B 的所有寄存器。
每个端口也支持独立的时钟使能，大家可根据自己的需求进行选择。

②框用于选择是否创建"rden_a"和"rden_b"读使能信号，同样大家可根据设计需
求进行选择。

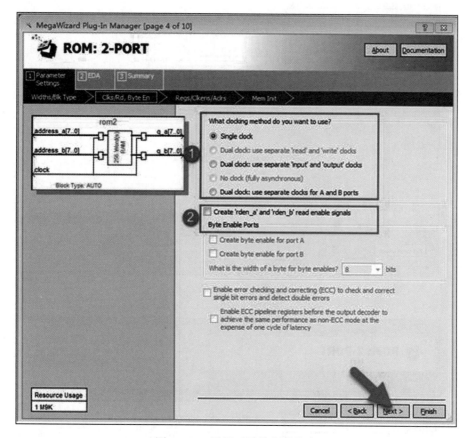

图 20-59   设置时钟控制等信息

点击"Next"按钮进入下一界面，如图 20-60 所示，其中：

①框用于选择是否输出"q_a"和"q_b"寄存器。这里把输出端口的寄存器去掉（如
果不去掉的话，就会使输出延迟一拍。如果没有特别的需求，是不需要延迟这一拍的）。

②框用于选择是否为时钟信号创建使能信号，大家可根据实际的设计需求进行创建。

③框用于选择是否创建"aclr"异步复位信号，大家可根据实际的设计需求进行勾选。

设置完之后点击"Next"按钮进入下一界面，如图 20-61 所示。该页面用于配置初始
化文件，文件的调用步骤在单端口 ROM 的配置步骤中已有详细的讲解，在此不再重复。调
用完之后点击"Next"按钮进入下一界面。

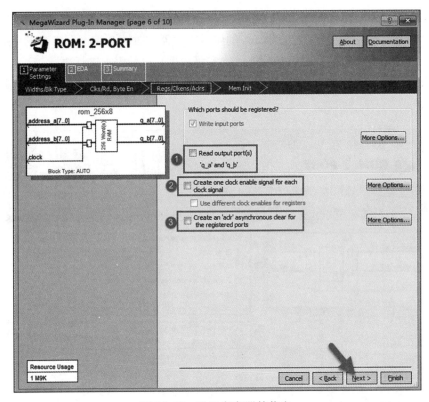

图 20-60　设置寄存器等信息

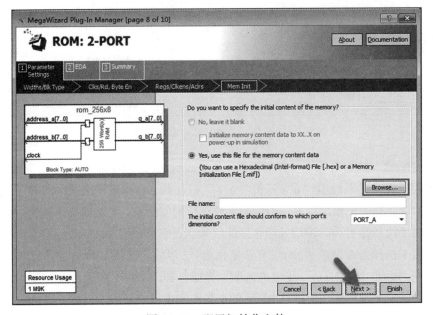

图 20-61　配置初始化文件

如图 20-62 所示，该页面与单端口 ROM 的设置一样，直接点击"Next"按钮进入下一界面。

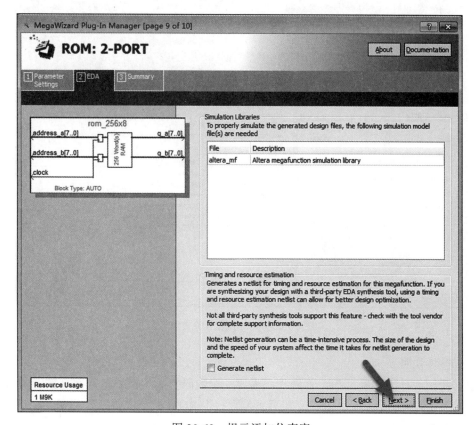

图 20-62　提示添加仿真库

如图 20-63 所示，该页面与单端口 ROM 的设置也是一样的，具体见单端口 ROM 部分，这里我们勾选"rom_256×8_inst.v"后点击"Next"按钮进入下一界面。

与单端口一样，配置双端口时，第一次使用 IP 核也会弹出提示对话框，设置方法可参见单端口配置部分，此处不再赘述。

至此，两种类型的 ROM 的配置步骤我们就讲解完了，下面我们根据实验来为大家介绍 ROM 的使用。

3. ROM IP 核的使用

（1）实验目标

我们可以结合之前介绍的数码管将 ROM 内的数据读取出来，显示在数码管上。可以设计这样一个实验：首先，ROM 的初始化数据是 0～255，也就是存入数据 0～255；然后，每隔 0.2s，我们从 0 地址开始往下读取数据，显示在数码管上，再利用两个按键信号来读取指定地址的数据，每按一个按键就读取一个地址的数据并显示在数码管上。再次按下按键后，以当前地址继续以 0.2s 的时间间隔往下读取数据并显示出来。

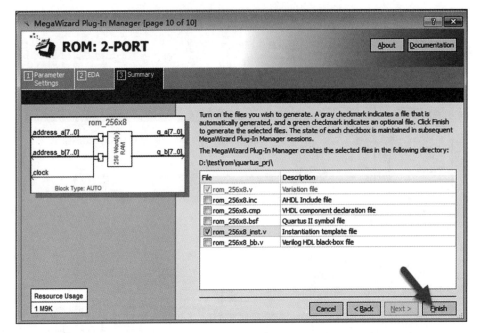

图 20-63　ROM 输出的文件

（2）整体说明

根据我们设计的实验可知，首先我们需要一个数码管显示模块，其次是按键的消抖模块，再加上我们调用的 ROM IP 核，最后再编写一个 ROM 控制模块，即可完成实验了。模块框图如图 20-64 所示。

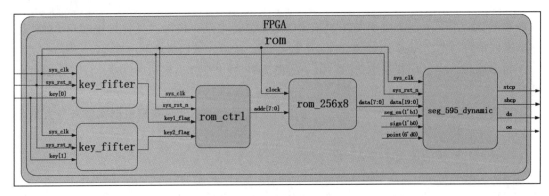

图 20-64　工程整体框图

由图 20-64 可以看到，该工程共分 5 个模块，其中按键消抖是一个模块，只是使用了两次而已。各模块描述如表 20-1 所示。

表 20-1　工程模块简介

模块名称	功能描述	模块名称	功能描述
key_fifter	按键消抖模块	seg_595_dynamic	数码管显示模块
rom_ctrl	ROM 控制模块	rom	顶层模块
rom_256x8	ROM IP 核模块		

下面分模块为大家讲解。

（3）按键消抖模块

在第 16 章中，我们对按键消抖模块已经有了详细的讲解，这里直接调用即可。

（4）数码管显示模块

在第 19 章中我们已经对数码管动态显示模块做了详细的讲解，在此不再赘述，直接调用这个模块即可。需要注意的是该模块下还有子模块，我们没有在整体框图中画出，该模块框图如图 20-65 所示。

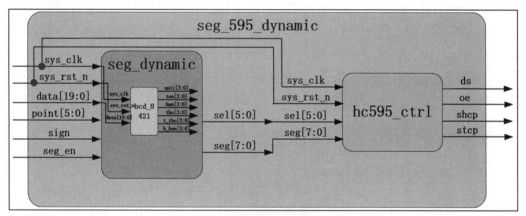

图 20-65　数码管显示模块框图

（5）ROM IP 核模块

这里我们调用一个单端口 ROM，完全按单端口 ROM 的配置步骤生成一个单端口 ROM IP 核即可。生成之后打开工程目录下的 ROM IP 核保存位置，如图 20-66 所示。

打开框中例化模板文件，打开后如图 20-67 所示。该文件的内容就是 ROM 的例化模块，我们将其复制粘贴到顶层模块，将各对应信号连接起来即可。

（6）ROM 控制模块

由 ROM 的数据手册可知，读操作是在时钟的上升沿触发的，而我们在调用 ROM 时是没有生成读使能的，所以只要给相应的地址就能在时钟的上升沿读出该地址内的数据了。在该模块中，我们只需要控制生成读地址即可。

1）模块框图

ROM 模块框图如图 20-68 所示。该模块各个信号的功能描述如表 20-2 所示。

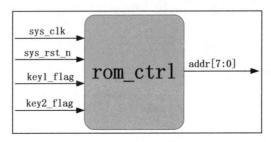

图 20-66　ROM 例化模板文件位置

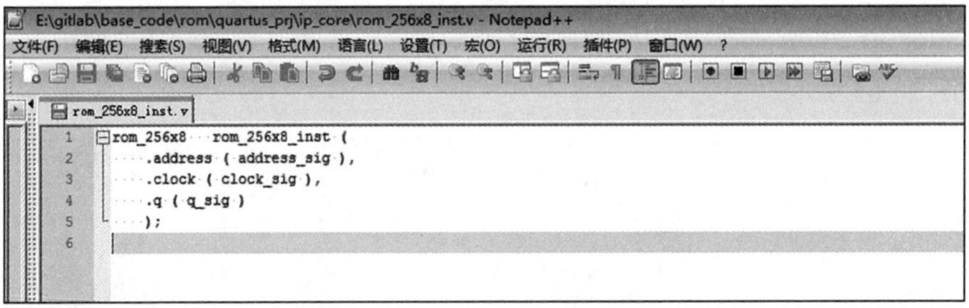

图 20-67　ROM 例化模板文件代码

图 20-68　ROM 控制模块框图

表 20-2　ROM 控制模块输入输出信号描述

信　号	位　宽	类　型	功能描述	信　号	位　宽	类　型	功能描述
sys_clk	1bit	Input	时钟信号，频率为 50MHz	key2_flag	1bit	Input	按键 2 消抖信号
sys_rst_n	1bit	Input	复位信号，低电平有效	addr	8bit	Output	读 ROM 地址
key1_flag	1bit	Input	按键 1 消抖信号				

　　这里我们选用系统时钟作为 ROM 的读取时钟，复位也选用系统复位。两个按键消抖信号由按键消抖模块传来，我们通过这几个输入信号来产生读取的地址并读取数据。下面通过波形图了解其具体的控制时序。

ROM 控制模块的波形图如图 20-69 所示，当没有按下任何按键的，我们是依次读取 ROM 内存储的数据的。我们使用的系统时钟频率是 50MHz，一个时钟是 20ns，如果一个时钟读取的地址只变化一次，也就是说我们读取的数据在一个时钟（20ns）内变化一次，再输出数据给数码管显示，这样我们显示的数据就是 20ns 变化一次，这是肉眼难以捕捉的。所以这里我们设计让地址每 0.2s 变化一次，这样读出的数据就是 0.2s 变化一次，肉眼就能很清晰地看到我们读出的数据变化了。所以这里我们先生成一个 0.2s 的计数器。

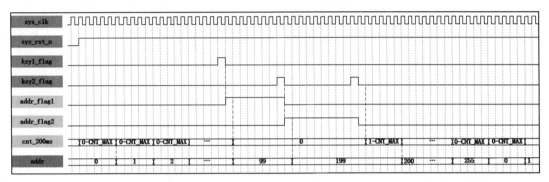

图 20-69　ROM 控制模块波形图

❑ cnt_200ms：0.2s（200ms）计数器，每来一个时钟上升沿，计数器加 1，当加到最大值 CNT_MAX（9 999 999）时，计数器清零，开始下一轮的计数。0～9 999 999 即 10 000 000 个系统时钟，即为 0.2s（10 000 000×20ns = 0.2s）。同时，当我们使用按键跳转读某个地址的数据时，我们也让计数器为 0，让其停止计数。

　　当 0.2s 计数器产生完之后，每检测到计数器计到最大值时，我们就让地址加 1，这样我们就能每 0.2s 依次读出 ROM 里的数据了。

　　这里需要说明的是，ROM 并不是只能从 0 地址开始读取，它能读取指定的任意地址，为了验证这个功能，我们加入两个按键信号，每按一个按键读出一个指定地址的数据，再次按下，将又沿当前地址顺序读取。

❑ key1_flag、key2_flag：按键消抖后的标志信号，具体的波形图可参考第 16 章。按键消抖后的标志信号只拉高了一个系统时钟，而我们按下按键后是要一直读取一个信号的，所以我们要用这个按键消抖后的标志信号去生成一个地址读取的标志信号。

❑ addr_flag1、addr_flag2：读地址的标志信号。当按下按键 1/ 按键 2（key1_flag/ key2_flag=1）时，让读地址的标志信号为高，再次按下时让读地址的标志信号为低，我们使用一个取反操作即可完成。当按键 1 按下后，addr_flag1 为高，读取地址 99 的数据；当按下按键 2 后，addr_flag2 为高，读取地址 199 的数据（地址可以任意取，只要在 ROM 的地址范围内即可）。这里需要注意的是，每次我们只能读取一个地址的信号，所以在拉高一个地址标志信号时，要将另一个地址标志信号置为 0，这样读取的地址才不会有冲突。

2）代码编写

参照绘制的波形图编写模块代码，具体参见代码清单 20-3。

代码清单 20-3　ROM 控制模块参考代码（rom_ctrl.v）

```
 1 module  rom_ctrl
 2 (
 3     input    wire      sys_clk    ,    // 系统时钟，频率为 50MHz
 4     input    wire      sys_rst_n  ,    // 复位信号，低电平有效
 5     input    wire      key1_flag  ,    // 按键 1 消抖后的有效信号
 6     input    wire      key2_flag  ,    // 按键 2 消抖后的有效信号
 7
 8     output   reg [7:0]  addr           // 输出读 ROM 地址
 9 );
10
11 //********************************************************************//
12 //***************** Parameter and Internal Signal ******************//
13 //********************************************************************//
14
15 //parameter define
16 parameter   CNT_MAX =   9_999_999;      //0.2s 计数器最大值
17
18 //reg    define
19 reg            addr_flag1     ;      // 特定地址 1 的标志信号
20 reg            addr_flag2     ;      // 特定地址 2 的标志信号
21 reg    [23:0]  cnt_200ms      ;      //0.2s 计数器
22
23 //********************************************************************//
24 //************************ Main Code ********************************//
25 //********************************************************************//
26
27 // 产生特定地址 1 标志信号
28 always@(posedge sys_clk or  negedge sys_rst_n)
29     if(sys_rst_n == 1'b0)
30         addr_flag1   <=  1'b0;
31     else    if(key2_flag == 1'b1)
32         addr_flag1   <=  1'b0;
33     else    if(key1_flag == 1'b1)
34         addr_flag1   <=  ~addr_flag1;
35
36 // 产生特定地址 2 标志信号
37 always@(posedge sys_clk or  negedge sys_rst_n)
38     if(sys_rst_n == 1'b0)
39         addr_flag2   <=  1'b0;
40     else    if(key1_flag == 1'b1)
41         addr_flag2   <=  1'b0;
42     else    if(key2_flag == 1'b1)
43         addr_flag2   <=  ~addr_flag2;
```

```
44
45 //0.2s 循环计数
46 always@(posedge sys_clk or  negedge sys_rst_n)
47     if(sys_rst_n == 1'b0)
48         cnt_200ms    <=  24'd0;
49     else    if(cnt_200ms == CNT_MAX || addr_flag1 == 1'b1
50                                          || addr_flag2 == 1'b1)
51         cnt_200ms    <=  24'd0;
52     else
53         cnt_200ms    <=  cnt_200ms + 1'b1;
54
55 // 让地址从 0～255 循环，其中两个按键控制两个特定地址的跳转
56 always@(posedge sys_clk or  negedge sys_rst_n)
57     if(sys_rst_n == 1'b0)
58         addr    <=  8'd0;
59     else    if(addr == 8'd255 && cnt_200ms == CNT_MAX)
60         addr    <=  8'd0;
61     else    if(addr_flag1 == 1'b1)
62         addr    <=  8'd99;
63     else    if(addr_flag2 == 1'b1)
64         addr    <=  8'd199;
65     else    if(cnt_200ms == CNT_MAX)
66         addr    <=  addr + 1'b1;
67
68 endmodule
```

模块参考代码是参照绘制的波形图编写的，在波形图绘制小节已经对模块各信号有了详细的说明，这里不再赘述。

（7）顶层模块

1）模块框图

rom 顶层模块主要实现对各个子功能模块的实例化，以及对应信号的连接，模块框图如图 20-70 所示。

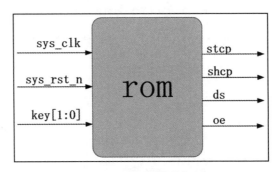

图 20-70　顶层模块框图

模块各输入输出信号描述如表 20-3 所示。

表 20-3　rom 顶层模块输入输出信号描述

信　号	位　宽	类　型	功能描述	信　号	位　宽	类　型	功能描述
sys_clk	1bit	Input	系统时钟，频率为 50MHz	shcp	1bit	Output	移位寄存器的时钟输入
sys_rst_n	1bit	Input	复位信号	ds	1bit	Output	串行数据输入
key	2bit	Input	按键信号	oe	1bit	Output	输出使能信号
stcp	1bit	Output	输出数据存储器时钟				

2）代码编写

rom 顶层模块的代码比较容易编写，无须绘制波形图，具体参见代码清单 20-4。

代码清单 20-4　rom 顶层模块参考代码（rom.v）

```
1  module  rom
2  (
3     input    wire            sys_clk    ,   // 系统时钟，频率为 50MHz
4     input    wire            sys_rst_n  ,   // 复位信号，低电平有效
5     input    wire    [1:0]   key        ,   // 输入按键信号
6
7     output   wire            stcp       ,   // 输出数据存储器时钟
8     output   wire            shcp       ,   // 移位寄存器的时钟输入
9     output   wire            ds         ,   // 串行数据输入
10    output   wire            oe             // 输出使能信号
11
12 );
13
14 //******************************************************************//
15 //***************** Parameter and Internal Signal ****************//
16 //******************************************************************//
17
18 //wire   define
19 wire    [7:0]   addr         ;   // 地址线
20 wire    [7:0]   rom_data     ;   // 读出 ROM 数据
21 wire            key1_flag    ;   // 按键 1 消抖信号
22 wire            key2_flag    ;   // 按键 2 消抖信号
23
24 //******************************************************************//
25 //*********************** Instantiation *************************//
26 //******************************************************************//
27
28 //----------------rom_ctrl_inst----------------
29 rom_ctrl    rom_ctrl_inst
30 (
31    .sys_clk     (sys_clk    ),   // 系统时钟，频率为 50MHz
32    .sys_rst_n   (sys_rst_n  ),   // 复位信号，低电平有效
33    .key1_flag   (key1_flag  ),   // 按键 1 消抖后有效信号
34    .key2_flag   (key2_flag  ),   // 按键 2 消抖后有效信号
35
36    .addr        (addr       )    // 输出读 ROM 地址
```

```
37 );
38
39 //----------------key1_filter_inst--------------
40 key_filter   key1_filter_inst
41 (
42     .sys_clk     (sys_clk   ),        // 系统时钟, 频率为 50MHz
43     .sys_rst_n   (sys_rst_n ),        // 全局复位
44     .key_in      (key[0]    ),        // 按键输入信号
45
46     .key_flag    (key1_flag )         //key_flag 为 1 时, 表示消抖后检测到按键被按下
47                                       //key_flag 为 0 时, 表示没有检测到按键被按下
48 );
49
50 //----------------key2_filter_inst--------------
51 key_filter   key2_filter_inst
52 (
53     .sys_clk     (sys_clk   ),        // 系统时钟, 频率为 50MHz
54     .sys_rst_n   (sys_rst_n ),        // 全局复位
55     .key_in      (key[1]    ),        // 按键输入信号
56
57     .key_flag    (key2_flag )         //key_flag 为 1 时, 表示消抖后检测到按键被按下
58                                       //key_flag 为 0 时, 表示没有检测到按键被按下
59 );
60
61 //--------------seg_595_dynamic_inst-------------
62 seg_595_dynamic      seg_595_dynamic_inst
63 (
64     .sys_clk     (sys_clk          ), // 系统时钟, 频率为 50MHz
65     .sys_rst_n   (sys_rst_n        ), // 复位信号, 低电平有效
66     .data        ({12'd0,rom_data}), // 数码管要显示的值
67     .point       (0                ), // 小数点显示, 高电平有效
68     .seg_en      (1'b1             ), // 数码管使能信号, 高电平有效
69     .sign        (0                ), // 符号位, 高电平显示负号
70
71     .stcp        (stcp             ), // 输出数据存储寄存器时钟
72     .shcp        (shcp             ), // 移位寄存器的时钟输入
73     .ds          (ds               ), // 串行数据输入
74     .oe          (oe               )  // 输出使能信号
75
76 );
77
78 //----------------rom_256x8_inst--------------
79 rom_256x8    rom_256x8_inst
80 (
81     .address     (addr      ),
82     .clock       (sys_clk   ),
83     .q           (rom_data  )
84 );
85
86 endmodule
```

因为我们需要用到两个按键信号，所以需要例化两次按键消抖模块，产生两个按键有效信号。

（8）RTL 视图

顶层模块介绍完毕，使用 Quartus II 软件对实验工程进行编译，工程通过编译后查看实验工程 RTL 视图，具体见图 20-71。由图 20-71 可知，实验工程的 RTL 视图与实验整体框图相同，各信号线均已正确连接。

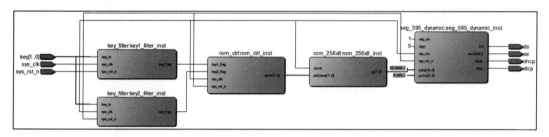

图 20-71　RTL 视图

4. ROM IP 核仿真

（1）仿真代码编写

顶层模块参考代码介绍完毕，下面开始对顶层模块进行仿真，也就是对实验工程的整体仿真。顶层模块仿真参考代码具体参见代码清单 20-5。

代码清单 20-5　rom 顶层模块仿真参考代码（tb_rom.v）

```
 1  `timescale 1ns/1ns
 2  module  tb_rom();
 3
 4  //*******************************************************************//
 5  //****************** Parameter and Internal Signal ****************//
 6  //*******************************************************************//
 7
 8  //wire   define
 9  wire     stcp;
10  wire     shcp;
11  wire     ds ;
12  wire     oe ;
13
14  //reg    define
15  reg          sys_clk      ;
16  reg          sys_rst_n    ;
17  reg [1:0]    key          ;
18
19  //*******************************************************************//
20  //************************ Main Code ******************************//
21  //*******************************************************************//
22
```

```
23  // 对 sys_clk、sys_rst 赋初值, 并模拟按键抖动
24  initial
25      begin
26              sys_clk     =   1'b1 ;
27              sys_rst_n   <=  1'b0 ;
28              key         <=  2'b11;
29      #200    sys_rst_n   <=  1'b1 ;
30  // 按下按键 key[0]
31      #2000000    key[0]      <=  1'b0;// 按下按键
32      #20         key[0]      <=  1'b1;// 模拟抖动
33      #20         key[0]      <=  1'b0;// 模拟抖动
34      #20         key[0]      <=  1'b1;// 模拟抖动
35      #20         key[0]      <=  1'b0;// 模拟抖动
36      #200        key[0]      <=  1'b1;// 松开按键
37      #20         key[0]      <=  1'b0;// 模拟抖动
38      #20         key[0]      <=  1'b1;// 模拟抖动
39      #20         key[0]      <=  1'b0;// 模拟抖动
40      #20         key[0]      <=  1'b1;// 模拟抖动
41  // 按下按键 key[1]
42      #2000000    key[1]      <=  1'b0;// 按下按键
43      #20         key[1]      <=  1'b1;// 模拟抖动
44      #20         key[1]      <=  1'b0;// 模拟抖动
45      #20         key[1]      <=  1'b1;// 模拟抖动
46      #20         key[1]      <=  1'b0;// 模拟抖动
47      #200        key[1]      <=  1'b1;// 松开按键
48      #20         key[1]      <=  1'b0;// 模拟抖动
49      #20         key[1]      <=  1'b1;// 模拟抖动
50      #20         key[1]      <=  1'b0;// 模拟抖动
51      #20         key[1]      <=  1'b1;// 模拟抖动
52  // 按下按键 key[1]
53      #2000000    key[1]      <=  1'b0;// 按下按键
54      #20         key[1]      <=  1'b1;// 模拟抖动
55      #20         key[1]      <=  1'b0;// 模拟抖动
56      #20         key[1]      <=  1'b1;// 模拟抖动
57      #20         key[1]      <=  1'b0;// 模拟抖动
58      #200        key[1]      <=  1'b1;// 松开按键
59      #20         key[1]      <=  1'b0;// 模拟抖动
60      #20         key[1]      <=  1'b1;// 模拟抖动
61      #20         key[1]      <=  1'b0;// 模拟抖动
62      #20         key[1]      <=  1'b1;// 模拟抖动
63  // 按下按键 key[1]
64      #2000000    key[1]      <=  1'b0;// 按下按键
65      #20         key[1]      <=  1'b1;// 模拟抖动
66      #20         key[1]      <=  1'b0;// 模拟抖动
67      #20         key[1]      <=  1'b1;// 模拟抖动
68      #20         key[1]      <=  1'b0;// 模拟抖动
69      #200        key[1]      <=  1'b1;// 松开按键
70      #20         key[1]      <=  1'b0;// 模拟抖动
71      #20         key[1]      <=  1'b1;// 模拟抖动
72      #20         key[1]      <=  1'b0;// 模拟抖动
73      #20         key[1]      <=  1'b1;// 模拟抖动
```

```
74  // 按下按键 key[0]
75      #2000000    key[0]      <=   1'b0;// 按下按键
76      #20         key[0]      <=   1'b1;// 模拟抖动
77      #20         key[0]      <=   1'b0;// 模拟抖动
78      #20         key[0]      <=   1'b1;// 模拟抖动
79      #20         key[0]      <=   1'b0;// 模拟抖动
80      #200        key[0]      <=   1'b1;// 松开按键
81      #20         key[0]      <=   1'b0;// 模拟抖动
82      #20         key[0]      <=   1'b1;// 模拟抖动
83      #20         key[0]      <=   1'b0;// 模拟抖动
84      #20         key[0]      <=   1'b1;// 模拟抖动
85  // 按下按键 key[0]
86      #2000000    key[0]      <=   1'b0;// 按下按键
87      #20         key[0]      <=   1'b1;// 模拟抖动
88      #20         key[0]      <=   1'b0;// 模拟抖动
89      #20         key[0]      <=   1'b1;// 模拟抖动
90      #20         key[0]      <=   1'b0;// 模拟抖动
91      #200        key[0]      <=   1'b1;// 松开按键
92      #20         key[0]      <=   1'b0;// 模拟抖动
93      #20         key[0]      <=   1'b1;// 模拟抖动
94      #20         key[0]      <=   1'b0;// 模拟抖动
95      #20         key[0]      <=   1'b1;// 模拟抖动
96      end
97
98  //sys_clk: 模拟系统时钟，每10ns 电平取反一次，周期为 20ns，频率为 50MHz
99  always  #10 sys_clk =   ~sys_clk;
100
101 // 重新定义参数值，缩短仿真时间
102 defparam    rom_inst.key1_filter_inst.CNT_MAX   =   5 ;
103 defparam    rom_inst.key2_filter_inst.CNT_MAX   =   5 ;
104 defparam    rom_inst.rom_ctrl_inst.CNT_MAX      =   99;
105
106 //*********************************************************************//
107 //*********************** Instantiation ***********************//
108 //*********************************************************************//
109
110 //--------------rom_inst--------------
111 rom rom_inst
112 (
113     .sys_clk    (sys_clk   ),   // 系统时钟，频率为 50MHz
114     .sys_rst_n  (sys_rst_n ),   // 复位信号，低电平有效
115     .key        (key       ),   // 输入按键信号
116
117     .stcp       (stcp      ),   // 输出数据存储寄存器时钟
118     .shcp       (shcp      ),   // 移位寄存器的时钟输入
119     .ds         (ds        ),   // 串行数据输入
120     .oe         (oe        )    // 输出使能信号
121
122 );
123
124 endmodule
```

（2）仿真波形分析

使用 ModelSim 软件对代码进行仿真，仿真波形如下所示。

如图 20-72 所示为仿真的整体波形图，从中大致可以看到当我们按下按键后，读出的数据正是我们指定的地址存储数据。下面放大波形图，从局部进行进一步观察。

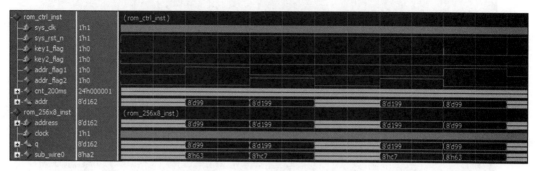

图 20-72　rom 仿真整体波形图

从图 20-73 中可以很清楚地看到 ROM IP 核地址与数据的关系。在前面的介绍中可知，我们向地址 0～255 中存入的数据是 0～255，从波形图中可以看到，当时钟的上升沿采到地址时，在下一刻就会输出该地址存储的数据。

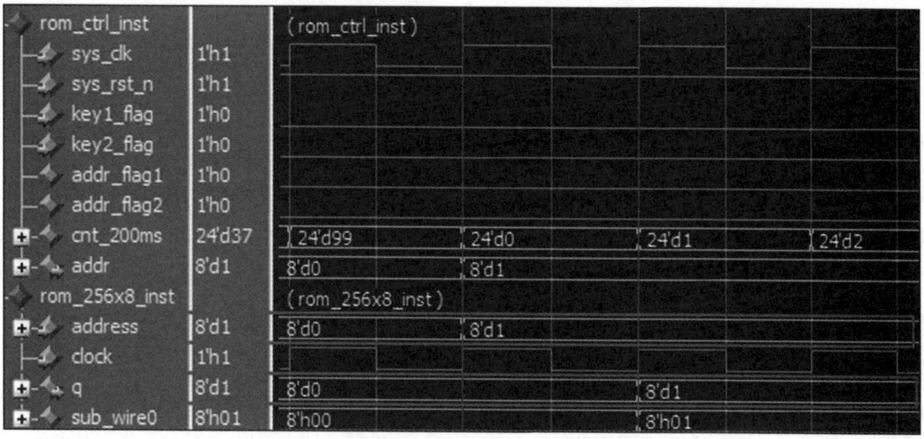

图 20-73　rom 仿真波形局部放大图

如图 20-74 所示，可以看到当读地址从 8'd232 跳转到 8'd99 时，读取的数据也从 8'd232 跳转到 8'd99，这正是验证了 ROM IP 核的随机读取的特性。

5. ROM IP 核上板验证

仿真验证通过后，绑定引脚，对工程进行重新编译。将开发板连接 12V 直流电源和 USB-Blaster 下载器的 JTAG 端口，线路连接正确后，打开开关为板卡上电，随后为开发板下载程序。

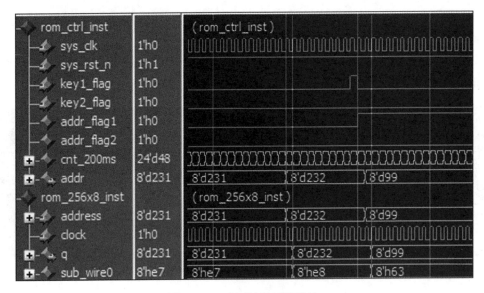

图 20-74　验证随机读取特性

程序下载成功后即可以开始验证了，按照实验目标描述进行操作，若显示结果与实验目标描述相同，则说明验证成功。

20.2.3　IP 核之 RAM

1. RAM IP 核简介

在上一节中，我们对 ROM 的使用已经进行了详细讲解，本节将为大家介绍另一种存储类 IP 核——RAM 的使用方法。

RAM（Random Access Memory，随机存取存储器）是一个易失性存储器。RAM 工作时可以随时从任何一个指定的地址写入或读出数据，同时我们还能修改其存储的数据，即写入新的数据，这是 ROM 不具备的功能。在 FPGA 中，这也是 RAM 与 ROM 的最大区别。ROM 是只读存储器，而 RAM 是可写可读存储器，在 FPGA 中使用这两个存储器时主要也要区分这一点，因为这两个存储器使用的都是 FPGA 内部的 RAM 资源，不同的是 ROM 只用到了 RAM 资源的读数据端口。

Altera 推出的 RAM IP 核分为两种类型：单端口 RAM 和双端口 RAM。其中双端口 RAM 又分为简单双端口 RAM 和真正双端口 RAM。对于单端口 RAM，读写操作共用一组地址线，读写操作不能同时进行；对于简单双端口 RAM，读操作和写操作有专用地址端口（一个读端口和一个写端口），即写端口只能写不能读，而读端口只能读不能写；对于真正双端口 RAM，有两个地址端口用于读写操作（两个读 / 写端口），即两个端口都可以进行读写。

下面给出 RAM 不同配置模式存储器的接口信号图，如图 20-75～图 20-77 所示。

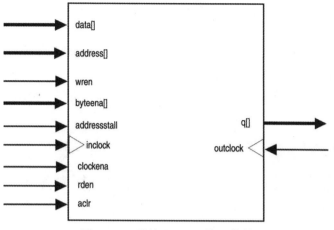

图 20-75　单端口 RAM 接口信号

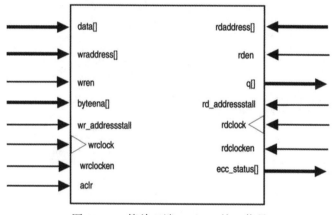

图 20-76　简单双端口 RAM 接口信号

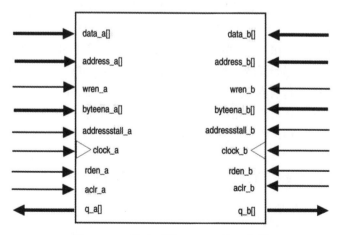

图 20-77　真正双端口 RAM 接口信号

各 IP 核端口信号将会在 IP 核配置页面中进行讲解。

2. RAM IP 核配置

下面将为大家详细介绍 RAM IP 核的配置步骤，首先是单端口 RAM 的配置。

（1）单端口 RAM 的配置

在 IP 核简介部分已经介绍了如何进入 IP 核配置界面，按其中步骤先进入 IP 核配置界面，如图 20-78 所示。

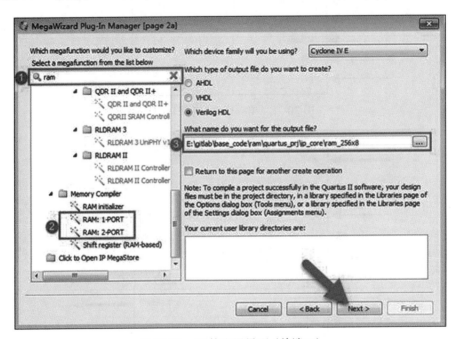

图 20-78　IP 核配置界面（单端口）

①框中可输入 IP 核的名称进行搜索，这里我们输入 ram 后，下拉可以看到需要的 IP 核信息。

②框中 "RAM：1-PORT" 是单端口 RAM，"RAM：2-PORT" 是双端口 RAM。这里我们选择单端口 RAM 来为大家先介绍单端口 RAM 的配置步骤。

③框用于选择 IP 核保存位置，这里我们在工程目录下新建一个 ip_core 文件夹，将 IP 核保存在该文件夹下并命名为 ram_256x8（ram 是我们调用的 IP 核，256 是我们想配置的 IP 核容量，8 是想配置的 IP 核数据位宽。这里这样命名是为了方便识别我们调用的 IP 核类型及资源量）。

选择完之后点击 "Next" 按钮进入下一界面，如图 20-79 所示。

在图 20-80 中：

①框用于设置输出数据端口的位宽。

②框用于设置存储器容量的大小，这两个选项可根据实际的设计进行设置。这里我

们设置数据位宽为 8，存储容量为 256，即我们设置的 RAM 的最大存储量为 256 个 8bit
数据。

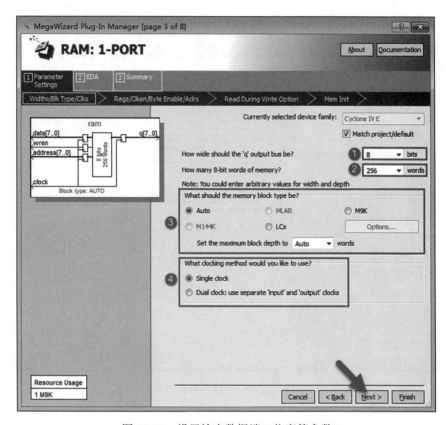

图 20-79　设置输出数据端口位宽等参数

③框用于选择存储单元类型，这里保持 Auto（软件自动选择）即可。

④框用于选择使用的时钟模式，可选择单时钟或双时钟。选择单时钟时，用一个时钟
信号控制存储块的所有寄存器；选择双时钟时，输入时钟控制地址寄存器，输出时钟控制
数据输出寄存器。大家可以根据设计需求进行选择，这里选择默认选项"Single clock"（单
时钟）。

设置完之后点击"Next"按钮进入下一界面，如图 20-80 所示，其中：

①框用于选择是否输出"q"输出寄存器。这里把输出端口的寄存器去掉（如果不去
掉，就会使输出延迟一拍。如果没有特别的需求，是不需要延迟这一拍的，所以这里我们
把它去掉）。

②框用于设置是否提示为时钟信号创建响应的使能信号，这里不需要，不勾选。

③框用于选择是否创建"aclr"异步复位信号以及是否创建"rden"读使能信号，大家
可根据实际的设计需求进行勾选，这里我们把它们都勾选上。

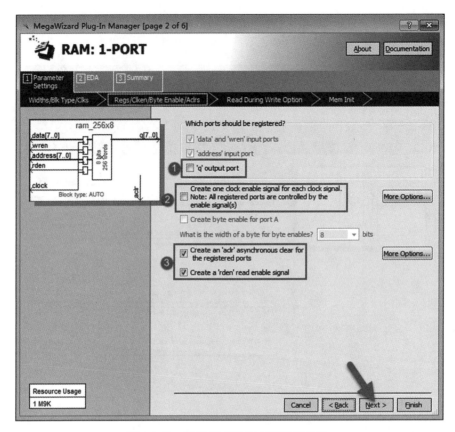

图 20-80　设置是否输出寄存器等参数

设置完之后点击"Next"按钮进入下一界面，如图 20-81 所示。

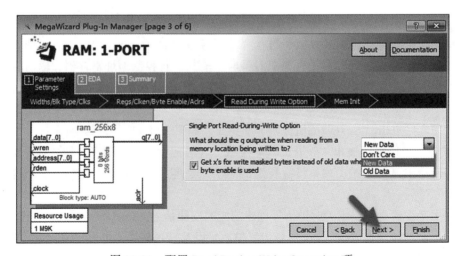

图 20-81　配置 Read During Write Operation 项

图 20-81 所示是配置 Read During Write Operation 项，即选择某个地址即将被写入数据时读该地址的数据输出类型，有"Don't Care"（不关心）、"New Data"（写入的新数据）和"Old Data"（原有数据）三个选项，此处保持默认的"New Data"即可，也就是说，某个地址将被写入新数据时，同时进行读操作会读出新的数据。点击"Next"按钮进入下一界面，如图 20-82 所示。

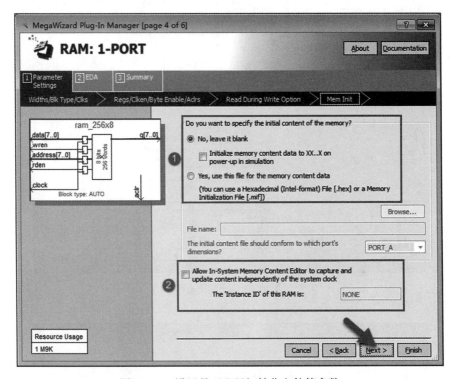

图 20-82　设置是否配置初始化文件等参数

图 20-83 中：

①框用于选择是否为存储器配置初始化文件。与 ROM 不同的是，RAM 中可以选择不配置初始化文件，这里我们选择"No, leave it blank"，不配置初始化文件。

②框用于选择是否允许系统内存储器内容编辑器在与系统时钟无关的情况下捕获和更新存储器的内容，这里我们不勾选。

设置完后点击"Next"按钮进入下一界面，如图 20-83 所示。该界面中没有什么要配置的参数，但显示了在仿真 ROM IP 核时所需的 Altera 仿真库，这里提示了我们单独使用第三方仿真工具时需要添加名为"altera_mf"的库。此处保持默认，直接点击"Next"按钮。

如图 20-84 所示，是 RAM 输出的文件，除了灰色必选文件外，默认还勾选上了 ram_256x8_bb.v，这里我们去掉 rom_256x8_bb.v 文件，加入 rom_256x8_inst.v（例化模板文件）即可。最后点击"Finish"按钮完成整个 IP 核的创建。

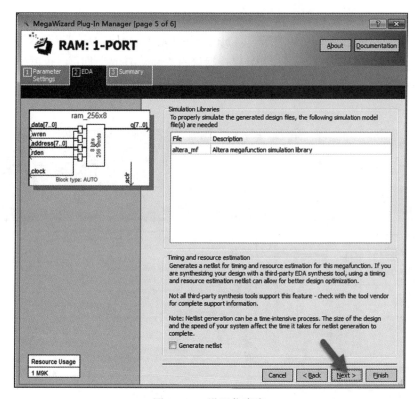

图 20-83　设置仿真库

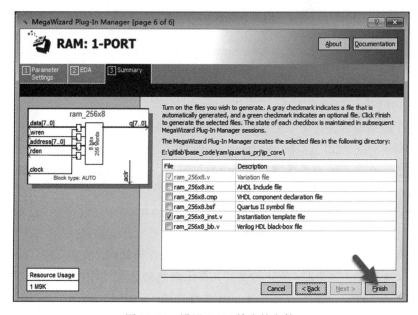

图 20-84　设置 RAM 输出的文件

接下来 Quartus II 软件会在创建的 IP 核文件目录下生成 RAM IP 文件，第一次使用 IP 核功能时会跳出一个界面，可参见图 20-56，提示我们是否每次都自动将 IP 核的文件添加到工程中，这里我们选择同意，然后点击"Yes"按钮确定，不再赘述。

（2）简单双端口 RAM 的配置

单端口 RAM 的配置步骤讲解完之后，下面为大家介绍一下简单双端口 RAM 的配置步骤。简单双端口 RAM 和真正双端口 RAM 是在双端口 RAM 内进行设置的，所以首先需要调用一个双口 RAM。

下面开始进入双端口 RAM 的配置界面，如图 20-85 所示。

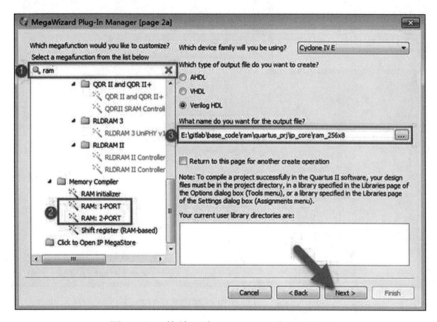

图 20-85　简单双端口 RAM IP 核配置界面

该步骤与单端口 RAM 几乎是一样的，不同的是我们需要选择"RAM: 2-PORT"来调用双端口 RAM。选择完成后点击"Next"按钮进入下一步。

如图 20-86 所示，一进入双端口 RAM 的配置，就会提示我们是选择简单双端口 RAM 还是选择真双端口 RAM。其中①框中是简单双端口 RAM；②框中是真双端口 RAM，这里我们先选择简单双端口 RAM；③框用于设置 RAM 存储器大小的设置方式，"As a number of words"是按字数确定，"As a number of bits"是按比特数确定。我们默认选择按字数确定。设置完后点击"Next"按钮进入下一界面，如图 20-87 所示，其中：

①框用于选择存储器的容量，可根据设计需求进行设置，这里我们设置 256 个数据。

②框用于设置不同端口的位宽是否相同，可以选择打开或者关闭，默认是关闭，即使用相同位宽。

③框用于设置数据的位宽，可根据设计需求进行设置，这里我们选择 8bit。

④框用于选择存储单元类型，按默认选择即可。

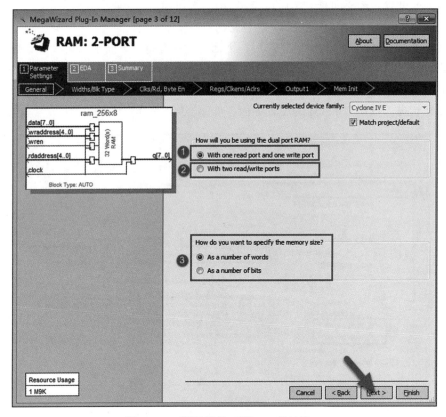

图 20-86　设置简单双端口 / 真双端口

该页面设置完之后点击"Next"按钮进入下一界面，如图 20-88 所示：

①框用于选择时钟：

❏ Single clock（单时钟）：使用一个时钟控制。

❏ Dual clock:use separate 'read' and 'write' clocks（双时钟：使用单独的读时钟和写时钟）：写时钟控制数据输入、写地址和写使能寄存器，读时钟控制数据输出、读地址和读使能寄存器。

❏ Dual clock：use separate 'input' and 'output' clocks（双时钟：使用单独的输入时钟和输出时钟）：输入和输出时钟分别控制存储块的数据输入和输出的相关寄存器。这里我们选择单时钟。

②框用于选择是否创建"rden"读使能信号，可根据设计需求进行设置，这里我们勾选复选框创建一个使能信号。

③框用于设置是否选择字节使能信号，可根据设计需求进行设置，这里不勾选。

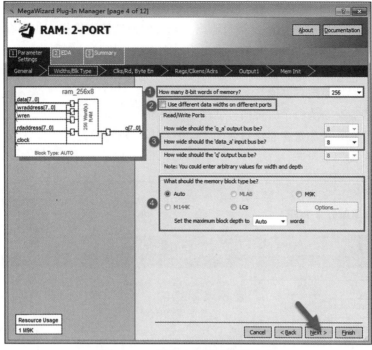

图 20-87　设置存储器容量等参数

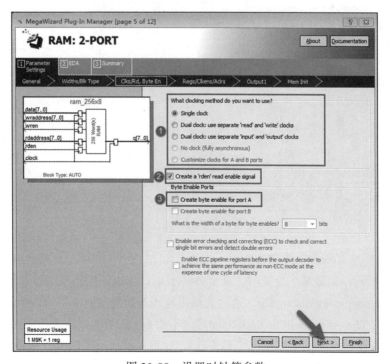

图 20-88　设置时钟等参数

设置完成之后点击"Next"按钮进入下一界面，如图 20-89 所示，其中：

①框用于选择是寄存输出还是端口输出。若我们勾选该复选框则为寄存输出，不勾选即为端口输出。寄存输出方式输出数据会延迟一个时钟，默认是寄存输出的，这里不勾选，选择端口输出（如果不去掉的话，就会使输出延迟一拍。如果没有特别的需求，是不需要延迟这一拍的，所以这里把它去掉）。

②框用于设置是否为每个时钟信号创建使能信号，这里不需要创建，不勾选即可。

③框用于设置是否为寄存器端口创建"aclr"异步复位信号，大家可根据实际设计需求进行勾选，本次我们不勾选。

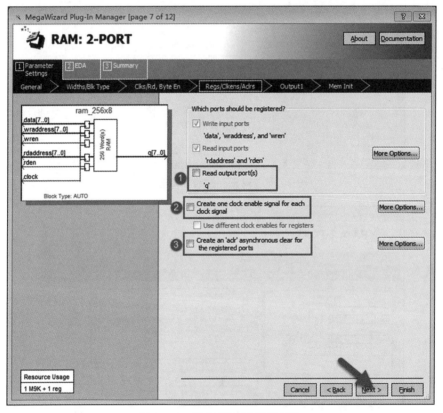

图 20-89　设置端口输出等参数

设置完后点击"Next"按钮进入下一界面，如图 20-90 所示。该界面用于设置当一个端口正在写数据到存储器某个地址时，从另外一个端口读出，则输出端口 q 的输出是什么。其中，"Old memory contents appear"选项为输出写入新数据前原来存储在存储器中的数据。"I do not care（The output will be undefined）"（不关心）选项为根据选择实现存储器的存储块类型不同而有所不同。默认选项为"不关心"，这里保默认选项即可。

设置完之后点击"Next"按钮进入下一界面。

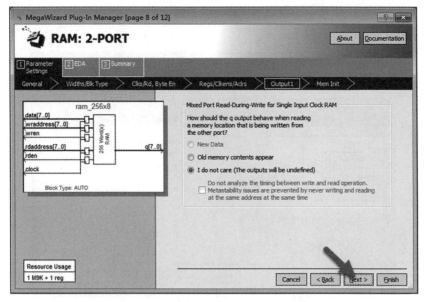

图 20-90 设置输出端口输出的内容

如图 20-91 所示，该页面用于设置存储器的初始化内容，其中：①框用于选择是否保持为空；②框表示使用数据文件加载，该选项设置方式与 RAM 的数据文件加载方法是一样的，按照 RAM 的数据文件加载步骤加载即可。这里我们将①框中的单选按钮选中，即保持为空。点击"Next"按钮进入下一界面。

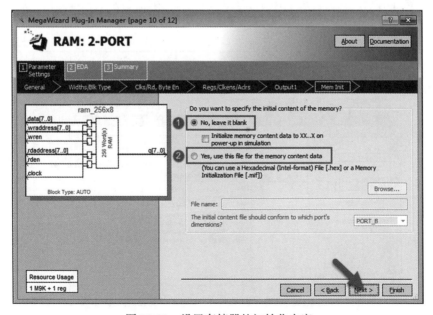

图 20-91 设置存储器的初始化内容

如图 20-92 所示，该界面与单端口 RAM 的设置一样，直接点击"Next"按钮进入下一界面。

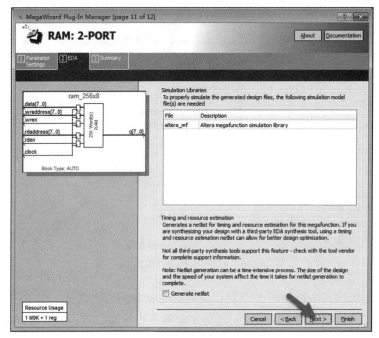

图 20-92　点击"Next"按钮

如图 20-93 所示，我们勾选"rom_256x8_inst.v"（例化模板文件）即可。点击"Finish"按钮完成整个 IP 核的创建。

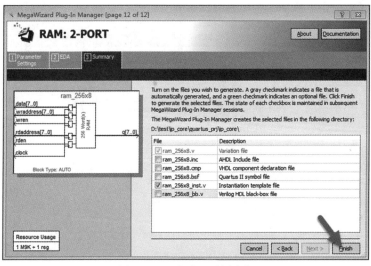

图 20-93　完成 IP 核创建

接下来 Quartus II 软件会在我们创建的 IP 核文件目录下生成 RAM IP 文件，若第一次使用 IP 核功能，则会弹出一个界面，提示我们是否每次都自动将 IP 核的文件添加到工程中，这里我们选择同意，然后点击"Yes"按钮确定，不再赘述。

（3）真双端口 RAM 的配置

前面我们已经讲了简单双端口 RAM 的相关配置，下面将为大家介绍真双端口 RAM 的相关配置。由简单双端口 RAM 的配置我们知道，一进入双端口 RAM 的配置界面，就会提示我们选择双端口 RAM 的类型，如图 20-94 所示，这里我们选择真双端口 RAM，该页面的其余设置与简单双端口 RAM 一样即可。点击"Next"按钮进入下一界面。

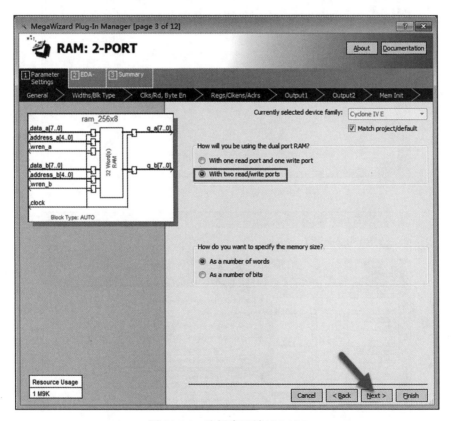

图 20-94　选择真双端口 RAM

如图 20-95 所示，同样，该界面的设置也与简单双口的设置一样即可，点击"Next"按钮进入下一界面。

如图 20-96 所示，该界面的设置与简单双口 RAM 的设置大致相同，不同的是①框和②框。①框用于选择为每个端口使用不同的独立时钟，②框用于选择是否为端口 A 和端口 B 创建读使能信号。大家可根据实际的设计需求进行勾选。设置完成后，点击"Next"按钮进入下一界面。

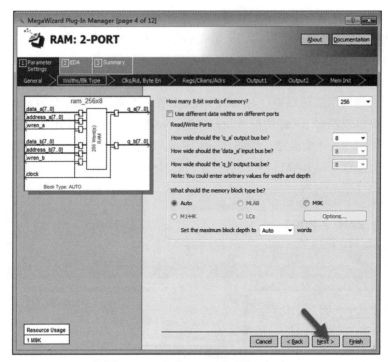

图 20-95　点击"Next"按钮（一）

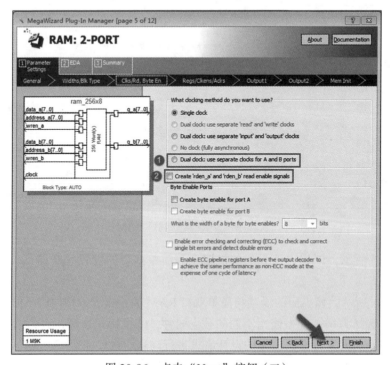

图 20-96　点击"Next"按钮（二）

如图 20-97 所示，该界面的各项设置与简单双端口 RAM 的界面设置一样，根据设计需求进行设置即可。点击"Next"按钮进入下一界面。

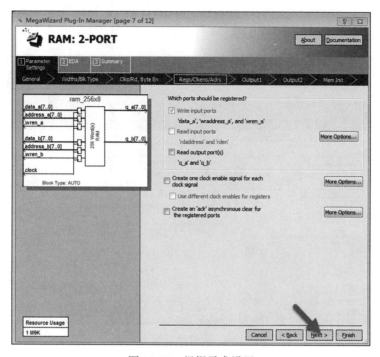

图 20-97　根据需求设置

如图 20-98 所示，将该界面各选项设置成与简单双端口 RAM 的界面一样即可。点击"Next"按钮进入下一界面。

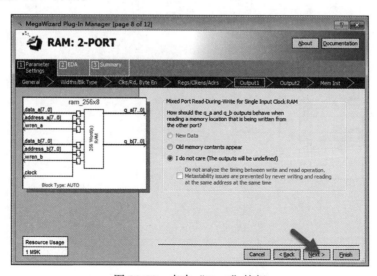

图 20-98　点击"Next"按钮

如图 20-99 所示，该界面是为两个端口选择某个地址即将被写入数据时读该地址的数据输出类型，有 "New Data"（写入的新数据）和 "Old Data"（原有数据），此处保持默认的 "New Data" 即可，也就是说，某个地址将被写入新数据时，同时进行的读操作会读出新的数据。点击 "Next" 按钮进入下一界面。

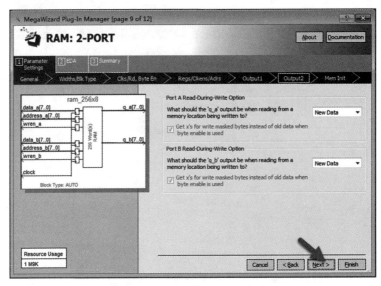

图 20-99   设置数据输出类型

如图 20-100 所示，该界面与简单双端口 RAM 界面的设置是一样的。点击 "Next" 按钮进入下一界面。

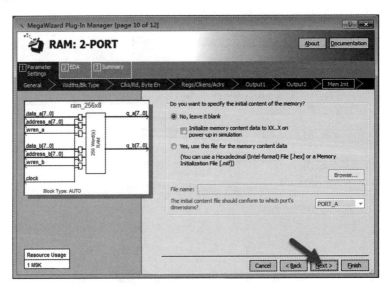

图 20-100   点击 "Next" 按钮

如图 20-101 所示，该界面也与简单双端口 RAM 的设置一样，保持默认选项即可，点击 "Next" 按钮进入下一界面。

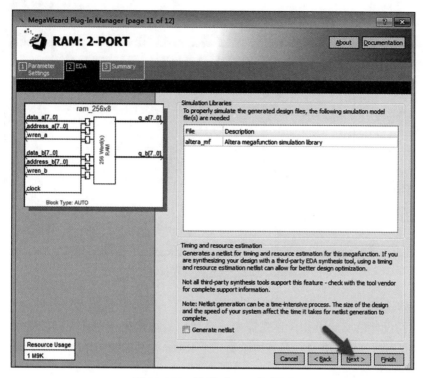

图 20-101　设置 "EDA" 界面

如图 20-102 所示，我们勾选 "rom_256x8_inst.v"（例化模板文件）即可。点击 "Finish" 按钮完成整个 IP 核的创建。接下来 Quartus II 软件会在我们创建的 IP 核文件目录下生成 RAM IP 文件，若第一次使用 IP 核功能时会跳出一个界面（见图 20-56），提示我们是否每次都自动将 IP 核的文件添加到工程中，这里我们选择打勾同意，然后点击 "Yes" 按钮确定即可，不再赘述。

至此，RAM IP 核的配置就全部介绍完了，可以发现其实简单双端口 RAM 的调用配置和真双端口 RAM 的调用配置大致相同，区别只是真双端口 RAM 多了一个端口而已。下面我们根据单端口 RAM 来为大家讲解其操作时序。

3. RAM IP 核使用

同样地，我们可以设计一个与 ROM 部分一样的例子，只不过在 ROM 的例子中是初始化数据文件，而这里是由我们自己写入数据文件。具体功能如下：

按下按键 1 时向 RAM 地址 0～255 里写入数据 0～255；按下按键 2 时读取 RAM 内的数据，从地址 0 开始，每隔 0.2s 让地址加 1，往下进行读取；再次按下按键 1 时停止读取，重新写入数据 0～255；再次按下按键 2 时，从头开始读取数据。

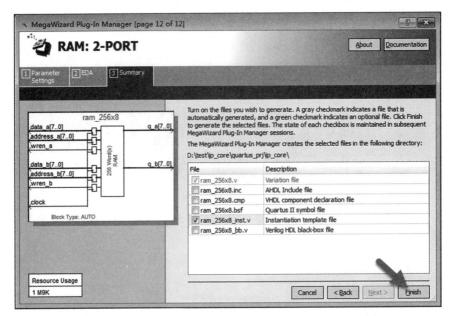

图 20-102　设置例化模板文件

（1）整体说明

根据我们设计的实验可知，首先需要一个数码管显示模块，其次是按键的消抖模块，再加上我们调用的 RAM IP 核，最后再编写一个 RAM 控制模块即可以完成实验要求了，模块框图如图 20-103 所示。

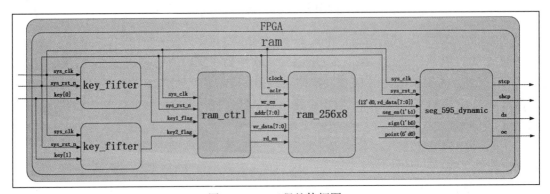

图 20-103　工程整体框图

由图 20-103 可以看到，该工程共分 5 个模块，其中按键消抖是一个模块，只是使用了两次而已。各模块简介如表 20-4 所示。

下面分模块为大家讲解。

（2）按键消抖模块

在第 16 章中我们对按键消抖模块已经有了详细的讲解，这里直接调用即可。

表 20-4　工程模块简介

模块名称	功能描述	模块名称	功能描述
key_fifter	按键消抖模块	seg_595_dynamic	数码管显示模块
ram_ctrl	RAM 控制模块	ram	顶层模块
ram_256x8	RAM IP 核模块		

（3）数码管显示模块

在第 19 章中我们已经对数码管动态显示模块做了详细的讲解，这里也是直接调用这个模块即可。需要注意的是该模块下还有子模块，我们没有在整体框图中画出，该模块框图如图 20-104 所示。

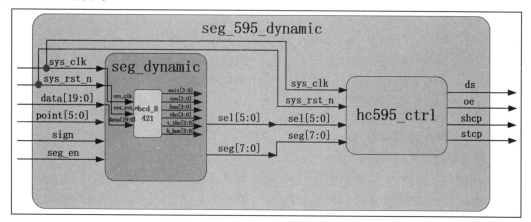

图 20-104　数码管显示模块框图

（4）RAM IP 核模块

这里我们调用一个单端口 RAM，完全按单端口 RAM 的配置步骤配置来生成一个单端口 RAM IP 核即可。按步骤调用生成完之后打开工程目录下的 RAM IP 核保存位置，如图 20-105 所示。

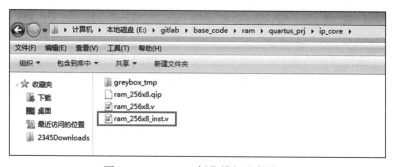

图 20-105　RAM 例化模板文件位置

打开"ram_256x8_inst.v"文件，打开后如图 20-106 所示。这是 RAM IP 核的例化模板，我们将其复制到顶层模块，将对应的信号连接起来即可。

```
ram_256x8  ram_256x8_inst (
    .aclr ( aclr_sig ),
    .address ( address_sig ),
    .clock ( clock_sig ),
    .data ( data_sig ),
    .rden ( rden_sig ),
    .wren ( wren_sig ),
    .q ( q_sig )
    );
```

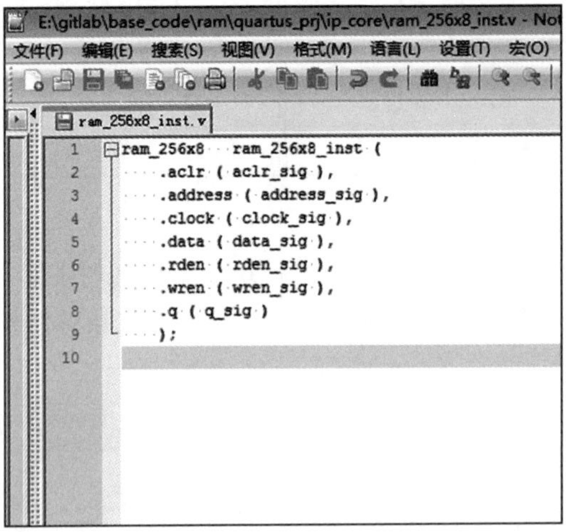

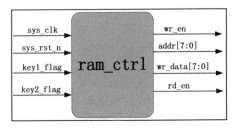

图 20-106 RAM 例化模板文件代码

各接口信号简介如下所示：

- aclr：异步清零信号，高电平有效。该清零信号只能清楚输出端口的数据，并不会清除存储器内部存储的内容。
- address：地址线，位宽为 8bit。各信号的位宽可打开图 20-109 中的“ram_256x8.v”文件进行查看。由于我们调用的 RAM 为单端口 RAM，所以只有一组地址写入。
- clock：读写时钟。
- data：写入 RAM 的数据，位宽为 8bit。
- rd_en：读使能信号，高电平有效。该信号在配置时刻可选择不生成。
- wr_en：写使能信号，高电平有效。在 RAM 中，该信号固定存在。
- q：读出 RAM 中的数据，位宽也是 8bit。

其中，“q”为输出信号，其余信号都为该模块的输入信号，需要我们产生输入。

（5）RAM 控制模块

1）模块框图

该模块要生成的是输入 RAM 的端口信号；模块框图如图 20-107 所示。

图 20-107 RAM 控制模块框图

该模块的各个信号简介如表 20-5 所示。

表 20-5　RAM 控制模块输入输出信号简介

信　号	位　宽	类　型	功能描述	信　号	位　宽	类　型	功能描述
sys_clk	1bit	Input	系统时钟，频率为 50MHz	wr_en	1bit	Output	写使能信号
sys_rst_n	1bit	Input	复位信号，低电平有效	addr	8bit	Output	读写地址
key1_flag	1bit	Input	按键 1 消抖信号	wr_data	8bit	Output	写数据
key2_flag	1bit	Input	按键 2 消抖信号	rd_en	1bit	Output	读使能信号

这里我们使用系统时钟（50MHz）作为 RAM 的读写时钟，再输入两个按键消抖信号作为读写标志信号。下面根据波形图来讲解其具体时序。

2）波形图绘制

如图 20-108 所示，当按下按键 1 时（key1_flag = 1），说明要开始往 RAM 里写数据了。RAM 的写时序为：当 RAM 写时钟上升沿采到写使能为高时，就能将该上升沿采到的数据写入该上升沿采到的地址中。所以要想往 RAM 里写数据，必须有时钟、写使能、地址、写数据信号。其中写时钟直接用系统时钟即可，接下来是写使能。

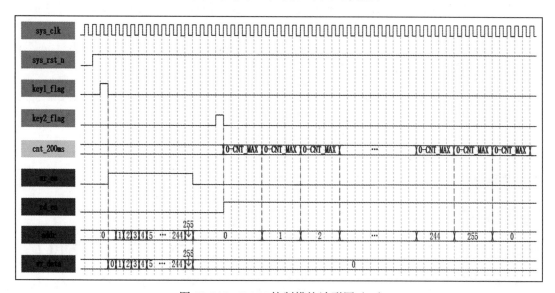

图 20-108　RAM 控制模块波形图（一）

❑ wr_en：写 RAM 使能信号，高电平有效，当其为高电平时才能往 RAM 里写数据。所以当检测到按键 1 消抖信号有效时，我们拉高写使能，开始往 RAM 里写数据。

❑ addr：当写使能信号为高时，我们需要给写入 RAM 的地址才能往地址里写入数据。这里我们从 0 地址开始写入，一个时钟上升沿写一个地址，一直写到最后一个地址 255。当写完最后一个地址时拉低写使能信号，停止写入。

❑ wr_data：写入 RAM 的数据。当使能和地址信号都有了，再加上地址就能往 RAM
里写入数据了。这里我们让数据和地址相等即可，即往地址里写入数据 0～255。

读操作与写操作的时序是一样的，都是时钟上升沿触发。RAM 的读时序为：当 RAM
读时钟上升沿采到读使能为高时，就能读出该上升沿采到的地址中的数据。若是我们配
置 IP 核时没有生成 RAM 读使能，那么 RAM 就能直接读出读时钟上升沿采到的地址中的
数据。

❑ rd_en：读 RAM 使能信号，高电平有效，当其为高电平时才能读出 RAM 里的数据。
当检测到按键 2 消抖信号有效时，我们拉高读使能信号，开始读出 RAM 里的数据。
由于我们读出的数据要显示在数码管上，如果读得太快，肉眼是看不出来的，所以
这里我们设计每 0.2s 读一个地址，这样就能很清晰地看到我们读出的数据了。

❑ cnt_200ms：0.2s（200ms）计数器。读使能为高时开始计数。每来一个时钟上升沿，
计数器加 1，当加到最大值 CNT_MAX（9 999 999）时，计数器清零，开始下一轮
的计数。0～9 999 999 即 10 000 000 个系统时钟，即为 0.2s（10 000 000×20ns =
0.2s）。

当 0.2s 计数器产生完之后，每检测到计数器计到最大值，就让地址加 1，这样就能每
0.2s 依次读出 RAM 里的数据了。当读完最后一个地址的数据时，让地址归零，重新开始读
取，依次循环。

如果读取数据时按下按键 1（写按键），那么我们就停止读取（拉低读使能），再次往
RAM 里面写数据，如图 20-109 所示。

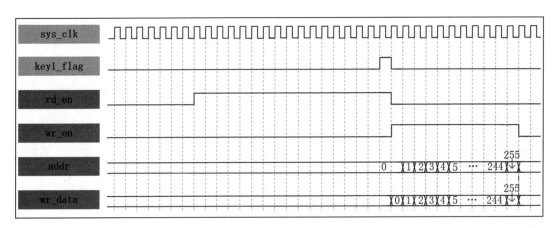

图 20-109　RAM 控制模块波形图（二）

若读取数据时按下按键 2（读按键），那么就让地址归零，从地址 0 开始从头读取，如
图 20-110 所示。

若我们在往 RAM 里写数据时，按下按键 2（读按键）将不会读取 RAM 内的数据，即
写使能为低时按下按键 2（读按键）才会拉高读使能。按下按键 1（写按键），那么就将地址

归零，从 0 地址开始重新写入。

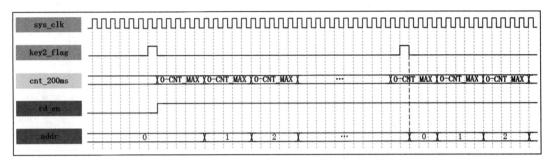

图 20-110　RAM 控制模块波形图（三）

3）代码编写

下面参照绘制的波形图编写模块代码，具体参见代码清单 20-6。

代码清单 20-6　RAM 控制模块参考代码（ram_ctrl.v）

```
1 module   ram_ctrl
2 (
3     input    wire           sys_clk    , // 系统时钟，频率为 50MHz
4     input    wire           sys_rst_n  , // 复位信号，低电平有效
5     input    wire           key1_flag  , // 按键 1 消抖后有效信号，作为写标志信号
6     input    wire           key2_flag  , // 按键 2 消抖后有效信号，作为读标志信号
7
8     output   reg            wr_en      , // 输出写 RAM 使能，高电平有效
9     output   reg            rd_en      , // 输出读 RAM 使能，高电平有效
10    output   reg   [7:0]    addr       , // 输出读写 RAM 地址
11    output   wire  [7:0]    wr_data      // 输出写 RAM 数据
12
13 );
14
15 //**********************************************************//
16 //***************** Parameter and Internal Signal *****************//
17 //**********************************************************//
18
19 //parameter define
20 parameter   CNT_MAX =   9_999_999;   //0.2s 计数器最大值
21
22 //reg    define
23 reg     [23:0]  cnt_200ms        ;    //0.2s 计数器
24
25 //**********************************************************//
26 //********************** Main Code **********************//
27 //**********************************************************//
28
29 // 让写入的数据等于地址数，即写入数据 0～255
30 assign  wr_data =   (wr_en == 1'b1) ? addr : 8'd0;
31
```

```
32  //wr_en:产生写RAM使能信号
33  always@(posedge sys_clk or  negedge sys_rst_n)
34      if(sys_rst_n == 1'b0)
35          wr_en    <=   1'b0;
36      else    if(addr == 8'd255)
37          wr_en    <=   1'b0;
38      else    if(key1_flag == 1'b1)
39          wr_en    <=   1'b1;
40
41  //rd_en:产生读RAM使能信号
42  always@(posedge sys_clk or  negedge sys_rst_n)
43      if(sys_rst_n == 1'b0)
44          rd_en    <=   1'b0;
45      else    if(key2_flag == 1'b1 && wr_en == 1'b0)
46          rd_en    <=   1'b1;
47      else    if(key1_flag == 1'b1)
48          rd_en    <=   1'b0;
49      else
50          rd_en    <=   rd_en;
51
52  //0.2s循环计数
53  always@(posedge sys_clk or  negedge sys_rst_n)
54      if(sys_rst_n == 1'b0)
55          cnt_200ms    <=   24'd0;
56      else    if(cnt_200ms == CNT_MAX || key2_flag == 1'b1)
57          cnt_200ms    <=   24'd0;
58      else    if(rd_en == 1'b1)
59          cnt_200ms    <=   cnt_200ms + 1'b1;
60
61  // 写使能有效时
62  always@(posedge sys_clk or  negedge sys_rst_n)
63      if(sys_rst_n == 1'b0)
64          addr    <=   8'd0;
65      else    if((addr == 8'd255 && cnt_200ms == CNT_MAX) ||
66                  (addr == 8'd255 && wr_en == 1'b1) ||
67                  (key2_flag == 1'b1) || (key1_flag == 1'b1))
68          addr    <=   8'd0;
69      else    if((wr_en == 1'b1) || (rd_en == 1'b1 && cnt_200ms == CNT_MAX))
70          addr    <=   addr + 1'b1;
71
72  endmodule
```

（6）顶层模块

1）模块框图

ram 顶层模块主要是实现对各个子功能模块的实例化，以及对应信号的连接，模块框图如图 20-111 所示。

模块各输入输出信号描述如表 20-6 所示。

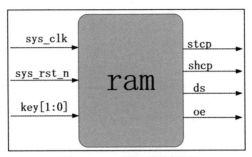

图 20-111　顶层模块框图

表 20-6　ram 顶层模块输入输出信号描述

信　号	位　宽	类　型	功能描述	信　号	位　宽	类　型	功能描述
sys_clk	1bit	Input	系统时钟，频率为 50MHz	shcp	1bit	Output	移位寄存器的时钟输入
sys_rst_n	1bit	Input	复位信号	ds	1bit	Output	串行数据输入
key	2bit	Input	按键信号	oe	1bit	Output	输出使能信号
stcp	1bit	Output	输出数据存储器时钟				

2）代码编写

ram 顶层模块的代码编写较为容易，无须绘制波形图，具体参见代码清单 20-7。

代码清单 20-7　ram 顶层模块参考代码（ram.v）

```
 1 module   ram
 2 (
 3     input   wire            sys_clk     ,   // 系统时钟，频率为 50MHz
 4     input   wire            sys_rst_n   ,   // 复位信号，低电平有效
 5     input   wire    [1:0]   key         ,   // 输入按键信号
 6
 7     output  wire            stcp        ,   // 输出数据存储器时钟
 8     output  wire            shcp        ,   // 移位寄存器的时钟输入
 9     output  wire            ds          ,   // 串行数据输入
10     output  wire            oe              // 输出使能信号
11
12 );
13
14 //**********************************************************//
15 //***************** Parameter and Internal Signal *****************//
16 //**********************************************************//
17
18 //wire  define
19 wire            wr_en       ;               // 写使能
20 wire            rd_en       ;               // 读使能
21 wire    [7:0]   addr        ;               // 地址线
22 wire    [7:0]   wr_data     ;               // 写数据
23 wire    [7:0]   rd_data     ;               // 读出 RAM 数据
```

```
24 wire           key1_flag    ;          // 按键 1 消抖信号
25 wire           key2_flag    ;          // 按键 2 消抖信号
26
27 //**********************************************************************//
28 //************************** Instantiation **************************//
29 //**********************************************************************//
30
31 //---------------ram_ctrl_inst----------------
32 ram_ctrl    ram_ctrl_inst
33 (
34     .sys_clk    (sys_clk     ),          // 系统时钟，频率为 50MHz
35     .sys_rst_n  (sys_rst_n   ),          // 复位信号，低电平有效
36     .key1_flag  (key1_flag   ),          // 按键 1 消抖后有效信号，作为写标志信号
37     .key2_flag  (key2_flag   ),          // 按键 2 消抖后有效信号，作为读标志信号
38
39     .wr_en      (wr_en       ),          // 输出写 RAM 使能，高电平有效
40     .rd_en      (rd_en       ),          // 输出读 RAM 使能，高电平有效
41     .addr       (addr        ),          // 输出读写 RAM 地址
42     .wr_data    (wr_data     )           // 输出写 RAM 数据
43
44 );
45
46 //---------------key1_filter_inst----------------
47 key_filter   key1_filter_inst
48 (
49     .sys_clk    (sys_clk   ),            // 系统时钟，频率为 50MHz
50     .sys_rst_n  (sys_rst_n ),            // 全局复位
51     .key_in     (key[0]    ),            // 按键输入信号
52
53     .key_flag   (key1_flag )             //key_flag 为 1 时表示消抖后检测到按键被按下
54                                          //key_flag 为 0 时表示没有检测到按键被按下
55 );
56
57 //---------------key2_filter_inst----------------
58 key_filter   key2_filter_inst
59 (
60     .sys_clk    (sys_clk   ),            // 系统时钟，频率为 50MHz
61     .sys_rst_n  (sys_rst_n ),            // 全局复位
62     .key_in     (key[1]    ),            // 按键输入信号
63
64     .key_flag   (key2_flag )             //key_flag 为 1 时表示消抖后检测到按键被按下
65                                          //key_flag 为 0 时表示没有检测到按键被按下
66 );
67
68 //---------------seg_595_dynamic_inst----------------
69 seg_595_dynamic     seg_595_dynamic_inst
70 (
71     .sys_clk    (sys_clk         ), // 系统时钟，频率为 50MHz
72     .sys_rst_n  (sys_rst_n       ), // 复位信号，低电平有效
73     .data       ({12'd0,rd_data} ), // 数码管要显示的值
74     .point      (0               ), // 小数点显示，高电平有效
```

```
75          .seg_en          (1'b1              ),  // 数码管使能信号，高电平有效
76          .sign            (0                 ),  // 符号位，高电平显示负号
77
78          .stcp            (stcp              ),  // 输出数据存储寄存器时钟
79          .shcp            (shcp              ),  // 移位寄存器的时钟输入
80          .ds              (ds                ),  // 串行数据输入
81          .oe              (oe                )   // 输出使能信号
82
83  );
84
85  //---------------rom_256x8_inst--------------
86  ram_256x8    ram_256x8_inst
87  (
88          .aclr            (~sys_rst_n ),         // 异步清零信号
89          .address         (addr       ),         // 读写地址线
90          .clock           (sys_clk    ),         // 使用系统时钟作为读写时钟
91          .data            (wr_data    ),         // 输入写入 RAM 的数据
92          .rden            (rd_en      ),         // 读 RAM 使能
93          .wren            (wr_en      ),         // 写 RAM 使能
94          .q               (rd_data    )          // 输出读 RAM 数据
95  );
96
97  endmodule
```

因为我们需要用到两个按键信号，所以需要实例化两次按键消抖模块，产生两个按键有效信号。

（7）RTL 视图

顶层模块介绍完毕，使用 Quartus II 软件对实验工程进行编译，工程通过编译后查看实验工程 RTL 视图，具体如图 20-112 所示。实验工程的 RTL 视图与实验整体框图相同，各信号线均已正确连接。

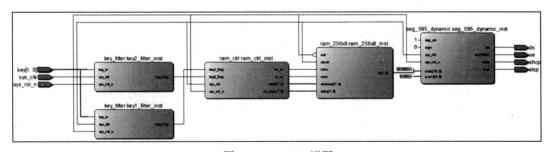

图 20-112　RTL 视图

4. RAM IP 核仿真

（1）仿真代码编写

顶层模块参考代码介绍完毕，开始对顶层模块进行仿真。对顶层模块的仿真就是对实验工程的整体仿真。顶层模块仿真参考代码具体参见代码清单 20-8。

代码清单 20-8　ram 顶层模块仿真参考代码（tb_ram.v）

```
1  `timescale 1ns/1ns
2  module  tb_ram();
3
4  //*********************************************************//
5  //***************** Parameter and Internal Signal ****************//
6  //*********************************************************//
7
8  //wire  define
9  wire    stcp;
10 wire    shcp;
11 wire    ds ;
12 wire    oe ;
13
14 //reg  define
15 reg        sys_clk     ;
16 reg        sys_rst_n   ;
17 reg [1:0]  key         ;
18
19 //*********************************************************//
20 //************************ Main Code ***********************//
21 //*********************************************************//
22
23 // 对 sys_clk、sys_rst_h 赋初值，并模拟按键抖动
24 initial
25    begin
26          sys_clk    =   1'b1 ;
27          sys_rst_n  <=  1'b0 ;
28          key        <=  2'b11;
29    #200  sys_rst_n  <=  1'b1 ;
30 // 按下按键 key[1]
31    #2000000  key[1]  <=  1'b0;// 按下按键
32    #20       key[1]  <=  1'b1;// 模拟抖动
33    #20       key[1]  <=  1'b0;// 模拟抖动
34    #20       key[1]  <=  1'b1;// 模拟抖动
35    #20       key[1]  <=  1'b0;// 模拟抖动
36    #200      key[1]  <=  1'b1;// 松开按键
37    #20       key[1]  <=  1'b0;// 模拟抖动
38    #20       key[1]  <=  1'b1;// 模拟抖动
39    #20       key[1]  <=  1'b0;// 模拟抖动
40    #20       key[1]  <=  1'b1;// 模拟抖动
41 // 按下按键 key[0]
42    #2000000  key[0]  <=  1'b0;// 按下按键
43    #20       key[0]  <=  1'b1;// 模拟抖动
44    #20       key[0]  <=  1'b0;// 模拟抖动
45    #20       key[0]  <=  1'b1;// 模拟抖动
46    #20       key[0]  <=  1'b0;// 模拟抖动
47    #200      key[0]  <=  1'b1;// 松开按键
48    #20       key[0]  <=  1'b0;// 模拟抖动
```

```
49        #20            key[0]        <=    1'b1;// 模拟抖动
50        #20            key[0]        <=    1'b0;// 模拟抖动
51        #20            key[0]        <=    1'b1;// 模拟抖动
52 // 按下按键 key[1]
53        #2000000       key[1]        <=    1'b0;// 按下按键
54        #20            key[1]        <=    1'b1;// 模拟抖动
55        #20            key[1]        <=    1'b0;// 模拟抖动
56        #20            key[1]        <=    1'b1;// 模拟抖动
57        #20            key[1]        <=    1'b0;// 模拟抖动
58        #200           key[1]        <=    1'b1;// 松开按键
59        #20            key[1]        <=    1'b0;// 模拟抖动
60        #20            key[1]        <=    1'b1;// 模拟抖动
61        #20            key[1]        <=    1'b0;// 模拟抖动
62        #20            key[1]        <=    1'b1;// 模拟抖动
63 // 按下按键 key[1]
64        #2000000       key[1]        <=    1'b0;// 按下按键
65        #20            key[1]        <=    1'b1;// 模拟抖动
66        #20            key[1]        <=    1'b0;// 模拟抖动
67        #20            key[1]        <=    1'b1;// 模拟抖动
68        #20            key[1]        <=    1'b0;// 模拟抖动
69        #200           key[1]        <=    1'b1;// 松开按键
70        #20            key[1]        <=    1'b0;// 模拟抖动
71        #20            key[1]        <=    1'b1;// 模拟抖动
72        #20            key[1]        <=    1'b0;// 模拟抖动
73        #20            key[1]        <=    1'b1;// 模拟抖动
74 // 按下按键 key[0]
75        #2000000       key[0]        <=    1'b0;// 按下按键
76        #20            key[0]        <=    1'b1;// 模拟抖动
77        #20            key[0]        <=    1'b0;// 模拟抖动
78        #20            key[0]        <=    1'b1;// 模拟抖动
79        #20            key[0]        <=    1'b0;// 模拟抖动
80        #200           key[0]        <=    1'b1;// 松开按键
81        #20            key[0]        <=    1'b0;// 模拟抖动
82        #20            key[0]        <=    1'b1;// 模拟抖动
83        #20            key[0]        <=    1'b0;// 模拟抖动
84        #20            key[0]        <=    1'b1;// 模拟抖动
85 // 按下按键 key[1]
86        #2000000       key[1]        <=    1'b0;// 按下按键
87        #20            key[1]        <=    1'b1;// 模拟抖动
88        #20            key[1]        <=    1'b0;// 模拟抖动
89        #20            key[1]        <=    1'b1;// 模拟抖动
90        #20            key[1]        <=    1'b0;// 模拟抖动
91        #200           key[1]        <=    1'b1;// 松开按键
92        #20            key[1]        <=    1'b0;// 模拟抖动
93        #20            key[1]        <=    1'b1;// 模拟抖动
94        #20            key[1]        <=    1'b0;// 模拟抖动
95        #20            key[1]        <=    1'b1;// 模拟抖动
96        end
97
98 //sys_clk: 模拟系统时钟，每 10ns 电平取反一次，周期为 20ns，频率为 50MHz
```

```
99 always  #10 sys_clk =   ~sys_clk;
100
101 // 重新定义参数值，缩短仿真时间
102 defparam    ram_inst.key1_filter_inst.CNT_MAX   =   5 ;
103 defparam    ram_inst.key2_filter_inst.CNT_MAX   =   5 ;
104 defparam    ram_inst.ram_ctrl_inst.CNT_MAX      =   99;
105
106 //**********************************************************//
107 //*********************** Instantiation *********************//
108 //**********************************************************//
109
110 //---------------ram_inst--------------
111 ram ram_inst
112 (
113    .sys_clk    (sys_clk   ),    // 系统时钟，频率为 50MHz
114    .sys_rst_n  (sys_rst_n ),    // 复位信号，低电平有效
115    .key        (key       ),    // 输入按键信号
116
117    .stcp       (stcp      ),    // 输出数据存储寄存器时钟
118    .shcp       (shcp      ),    // 移位寄存器的时钟输入
119    .ds         (ds        ),    // 串行数据输入
120    .oe         (oe        )     // 输出使能信号
121
122 );
123
124 endmodule
```

（2）仿真波形分析

使用 ModelSim 软件对代码进行仿真，仿真波形如下。

图 20-113 所示为仿真 20ms 的整体波形图，从波形图我们只能大致看出 RAM 是有数据写入和读出的，下面我们将图放大，从局部来看看是否正确。

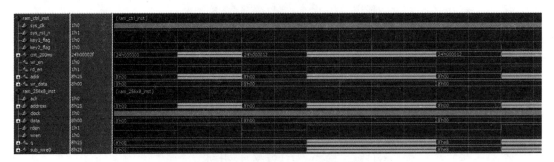

图 20-113　RAM 仿真整体波形图

根据仿真代码可以知道我们是先模拟按下了读 RAM 按键，从图 20-114 中可以看到，由于我们并没有往 RAM 里写入数据，所以看到此时 RAM 输出数据 "q" 并不是我们需要写入的数据 0～255。

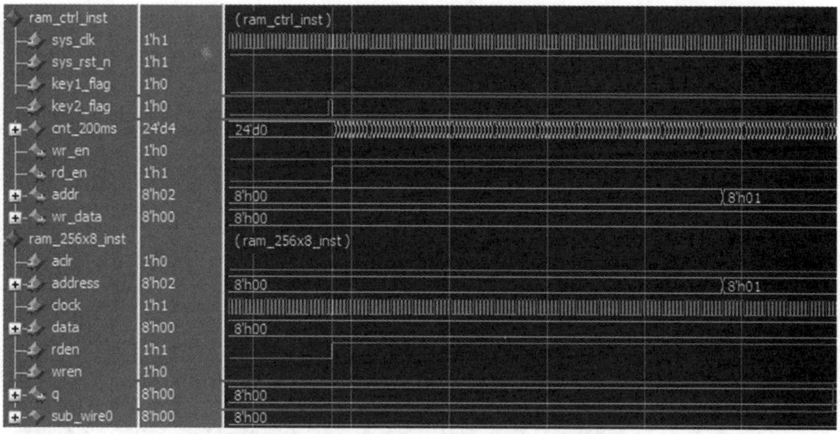

图 20-114　RAM 仿真局部放大波形图

图 20-115～图 20-117 截取的是写时序的完整部分、开头部分、结尾部分。在 RAM 控制模块波形图讲解中，我们讲到 RAM 的写时序是：当 RAM 写时钟上升沿采到写使能为高时，就能将该上升沿采到的数据写入该上升沿采到的地址中。所以从图 20-115～图 20-117 中可以看到往 RAM 中写入的数据为 0～255。

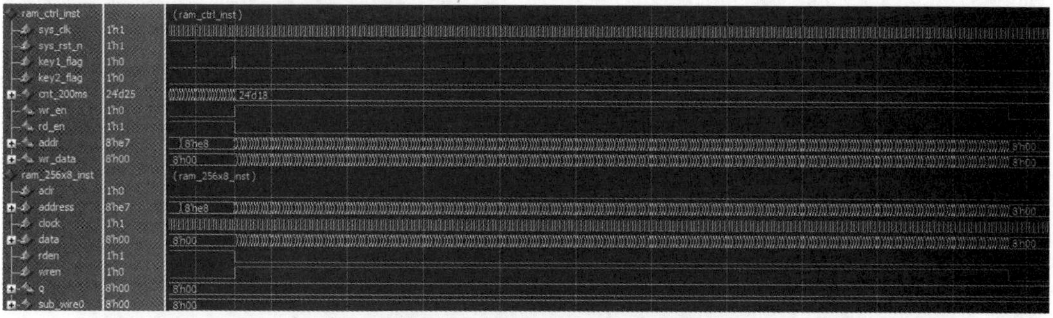

图 20-115　写时序的完整部分

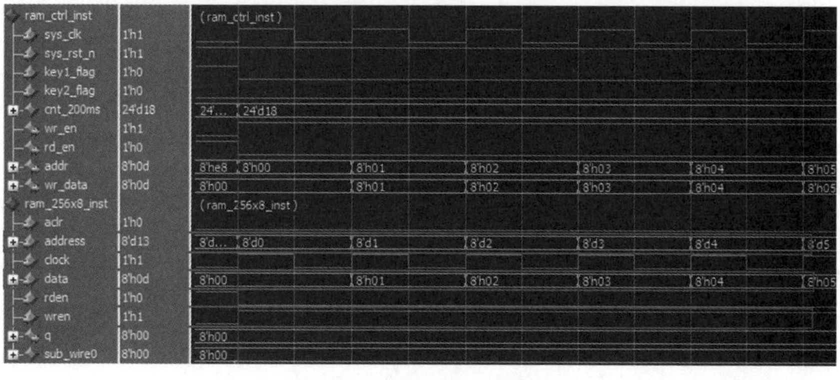

图 20-116　写时序的开头部分

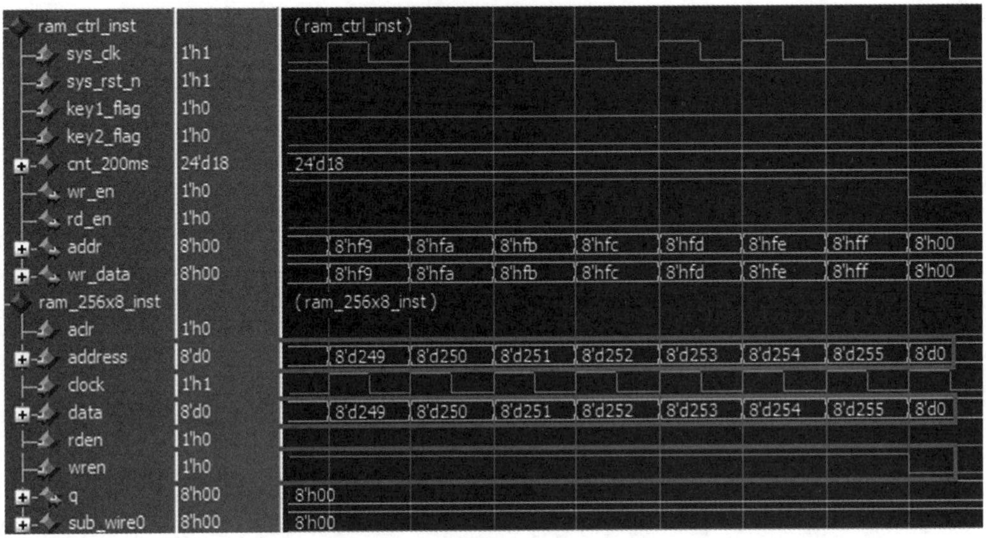

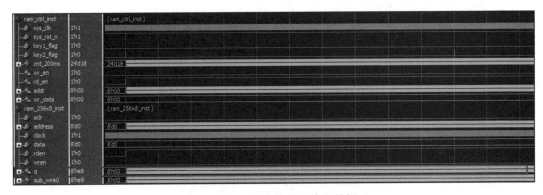

图 20-117　写时序的结尾部分

如图 20-118 所示，当往 RAM 里写入数据之后，再按下读取按键就能读出数据了。

图 20-118　写入数据后读取数据

由图 20-119 可知，当再次按下读 RAM 按键时，又从 0 地址开始读取数据了，这与我们的设计是完全相符的。同时可以看到时钟上升采到相应的地址后，接下来就会输出该地址的数据，这与 ROM 的读时序是一样的。

5. RAM IP 核上板验证

仿真验证通过后，绑定引脚，对工程进行重新编译。将开发板连接 12V 直流电源和 USB-Blaster 下载器 JTAG 端口，线路正确连接后，打开开关为板卡上电，随后为开发板下载程序。

程序下载成功后即可以开始验证了，按照实验目标描述进行操作，若显示结果与实验目标描述相同，则说明验证成功。

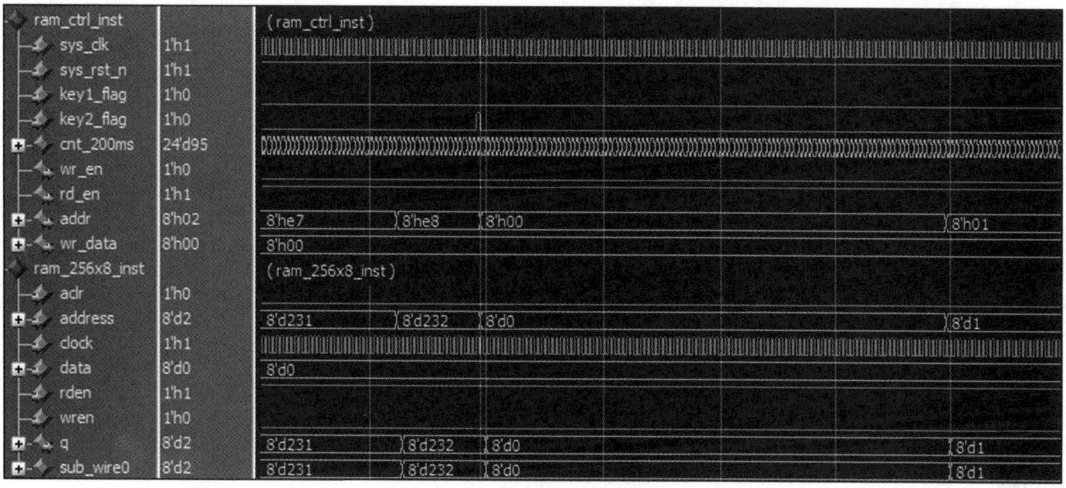

图 20-119　结果与设计相符

20.2.4　IP 核之 FIFO

1. FIFO IP 核简介

FIFO（First In First Out，先入先出）是一种数据缓冲器，用来实现数据先入先出的读写方式。与 ROM 或 RAM 的按地址读写方式不同，FIFO 的读写遵循"先进先出"的原则，即数据按顺序写入 FIFO，先被写入的数据同样在读取的时候先被读出，所以 FIFO 存储器没有地址线。FIFO 有一个写端口和一个读端口，外部无须使用者控制地址，使用方便。

FIFO 存储器主要是作为缓存，应用在同步时钟系统和异步时钟系统中，在很多的设计中都会使用，后面的实例中，如多比特数据做跨时钟域的转换、同步带宽等操作都用到了 FIFO。FIFO 根据读写时钟是否相同，分为 SCFIFO（同步 FIFO）和 DCFIFO（异步 FIFO）。SCFIFO 的读写为同一时钟，应用在同步时钟系统中；DCFIFO 的读写时钟不同，应用在异步时钟系统中。

2. SCFIFO IP 核配置

下面我们首先介绍 SCFIFO 的使用。如图 20-120 所示，在搜索栏中搜索"fifo"（大小写均可），就会显示和 FIFO 相关的所有 IP 核，这里我们选择"Installed Plug-Ins"目录下"Memory Compiler"文件夹下的"FIFO"。器件选择"Cyclone IV E"，语言选择"Verilog HDL"。然后选择 IP 核存放的路径，这里我们将 SCFIFO IP 核放在工程目录的"incore_dir"文件夹下。然后是给 IP 核命名，为了能够清晰表达 FIFO 的大小和位宽，这里我们将其命名为"scfifo_256x8"，表明我们调用的 SCFIFO 是 256 个深度 8 位宽的。以上选择无误后点击"Next"按钮。

下面开始进行 FIFO 参数的配置，如图 20-121 所示，其中：

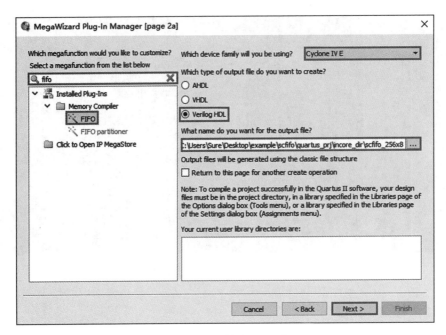

图 20-120　搜索"fifo"

①框用于进行 FIFO 数据位宽的选择，可以根据需求选择，这里使用默认的 8bit。

②框为 FIFO 深度的选择，所谓深度，其实就是个数的选择，即设置 FIFO 可以存储多少个 8 位宽的数据，这里最小为 4 个，且都是 2^n 个，我们默认选择 FIFO 的深度为 256。

③框为 FIFO 读写时钟的配置，选择"Yes..."表示读写为同一个时钟，即 SCFIFO；选择"No..."表示读写为不同时钟，即 DCFIFO。这里我们选择"Yes..."。

配置完成后点击"Next"按钮。

图 20-122 所示为 FIFO 输入输出引脚的选择界面。其中方框中的三个输出信号默认是有效的，分别为：

❑ full：写满标志位，选中表示 FIFO 已经存储满了，此时应该通过该信号控制写请求信号（也称为写使能信号），禁止再往 FIFO 中写入数据，防止数据溢出丢失。当写入数据量达到 FIFO 设置的最大空间时，时钟上升沿写入最后一个数据，同时 full 拉高；读取数据时随时钟上升沿触发同时拉低。

❑ empty：读空标志位，选中表示 FIFO 中已经没有数据了，此时应该通过该信号控制读请求信号（也称为读使能信号），禁止 FIFO 继续再读出数据，否则读出的将是无效数据。与 full 相反，写入数据同时拉低；读到最后一个数据时拉高。

❑ usedw...：显示当前 FIFO 中已存数据个数，与写入数据的个数是同步的，即写第一个数据时就置 1，为空或满时值为 0（满是因为寄存器溢出）。

剩下的信号可以添加也可以不添加，这里我们只做简单的介绍，不进行添加。

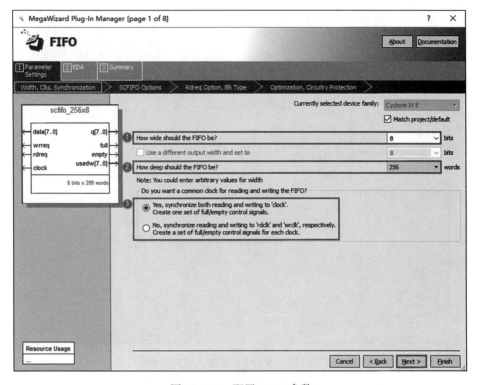

图 20-121　配置 FIFO 参数

❑ almost full：几乎满标志信号，我们可以控制 FIFO 快要被写满的时候和 full 信号的作用一样。

❑ almost empty：几乎空标志信号，我们可以控制 FIFO 快要被读空的时候和 empty 信号的作用一样。

❑ Asynchronous clear：异步复位信号，用于清空 FIFO。

❑ Synchronous clear（flush the FIFO）：同步复位信号，用于清空 FIFO。

此页面我们保持默认设置即可，然后点击 "Next" 按钮。

图 20-123 所示为设置 FIFO 属性和使用资源的界面，其中：

❑ ①框中需要重点注意的是，上面的选项是普通同步 FIFO 模式，当前读请求有效的下一拍数据才出来；而下面的选项则是先出数据 FIFO 模式，读请求来到之前第一个数据就已经先出来了，使得当前的读请求有效时立刻输出数据，而不会像普通模式那样，当前读请求有效后下一拍才会输出数据。后面我们会通过仿真来对比两者的不同。这里我们选择默认的普通模式。

❑ ②框为指定实现 FIFO 使用的存储块类型和 FIFO 的存储深度，具体可选值与使用的 FPGA 芯片有关，默认为 "Auto"，一般使用默认值即可。

设置完毕后点击 "Next" 按钮。

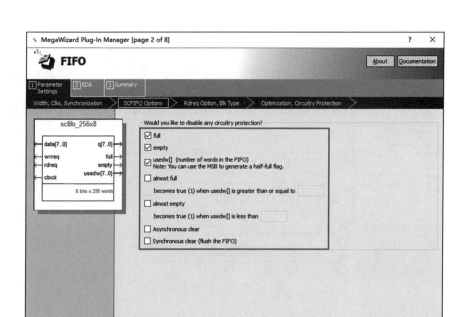

图 20-122　选择 FIFO 输入输出引脚

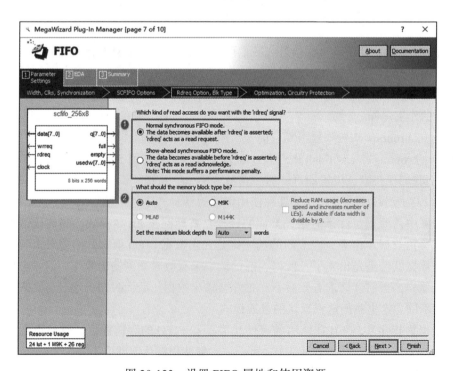

图 20-123　设置 FIFO 属性和使用资源

图 20-124 所示为设置 FIFO 速度（性能）、是否禁用保护电路以及是否使用逻辑单元实现 FIFO 存储器，其中：

- ①框为性能设置，选择"Yes(best speed)"将获得最大的速度（性能），但是需要牺牲更多的资源（面积）；选择"No(smallest area)"将使用更少的资源（面积），但是速度（性能）可能不是最快的。这里我们没有特殊要求，保持默认选项即可。
- ②框为选择是否禁止上溢检测和下溢检测的保护电路（上溢检测保护电路主要用于在 FIFO 存储满时禁止继续写数据；下溢检测保护电路主要用于 FIFO 被读空时，禁止继续读数据）。如果需要，则保持默认选项，如果不需要，则可以选择禁用下面的两个选项来提高 FIFO 速度（性能）。这里我们没有特殊需求，所以保持默认即可。
- ③框为是否使用逻辑单元实现 FIFO 存储器。这里使用默认设置，即用存储块实现 FIFO。

设置完毕后点击"Next"按钮。

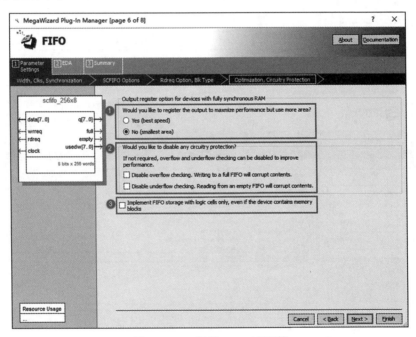

图 20-124　设置 FIFO 速度等

如图 20-125 所示，该界面中没有什么要配置的参数，但显示了我们在仿真 SCFIFO IP 核时所需要的 Altera 仿真库。这里提示我们单独使用第三方仿真工具时需要添加名为"altera_mf"的库，保持默认，直接点击"Next"按钮。

如图 20-126 所示，该界面显示的是配置好 SCFIFO IP 核后我们要输出的文件，其中"scfifo_256x8.v"是默认输出的，不可以取消。此外，我们再将"scfifo_256x8_inst.v"这个实例化模板文件添加上，方便实例化时使用，其余的文件都可以不勾选。

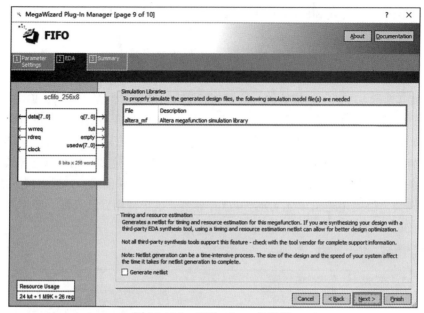

图 20-125   显示 Altera 仿真库

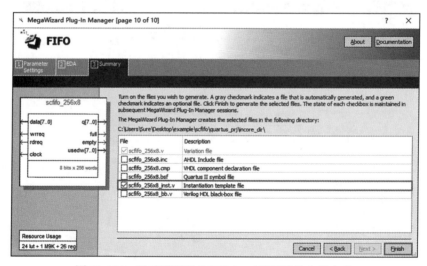

图 20-126   显示要配置 SCFIFO IP 核后要输出的文件

至此，SCFIFO IP 核的配置就全部完成了，再检查一下我们的配置，如果有问题，可以点击"Back"按钮返回之前的配置界面进行修改，确认无误后可以点击"Finish"按钮退出配置界面，如果后面在仿真时发现 SCFIFO IP 核的配置有问题，也可以再进行修改。

3. SCFIFO IP 核调用

SCFIFO IP 核配置完成后，我们对其进行调用，通过仿真来观察 full、empty、usedw 这三个信号的变化。验证的方法和例子有很多，后面还会在实战项目中使用到这个 IP 核。

为了让大家能够清晰地看到 SCFIFO IP 核信号的变化，RTL 代码的顶层只有端口列表和 SCFIFO IP 核的实例化，其中：

RTL 代码顶层的输入信号有：50MHz 的系统时钟 sys_clk、输入 256 个 8bit 的数据 pi_data（值为十进制 0～255）、伴随该输入数据有效的标志信号 pi_flag、FIFO 的写请求信号 rdreq。这些输入信号需要在 Testbench 中产生激励。

RTL 代码顶层的输出信号有：从 FIFO 中读取的数据 po_data、FIFO 空标志信号 empty、FIFO 满标志信号 full、指示 FIFO 中存在数据个数的信号 usedw。这些信号也是我们需要通过仿真 SCFIFO IP 核主要观察的信号，这些信号通过 Testbench 中给输入信号激励后产生输出。FIFO 调用模块的参考代码具体参见代码清单 20-9。

代码清单 20-9　FIFO 调用模块参考代码（fifo.v）

```
 1 module fifo(
 2     input    wire             sys_clk    ,    // 系统时钟，频率为50MHz
 3     input    wire    [7:0]    pi_data    ,    // 输入顶层模块的数据
 4                                                // 要写入 FIFO 中的数据
 5     input    wire             pi_flag    ,    // 输入数据有效标志信号
 6                                                // 也作为 FIFO 的写请求信号
 7     input    wire             rdreq      ,    //FIFO 读请求信号
 8
 9     output   wire    [7:0]    po_data    ,    //FIFO 读出的数据
10     output   wire             empty      ,    //FIFO 空标志信号，高电平有效
11     output   wire             full       ,    //FIFO 满标志信号，高电平有效
12     output   wire    [7:0]    usedw           //FIFO 中存在的数据个数
13 );
14
15 //*********************************************************//
16 //********************** Instantiation ********************//
17 //*********************************************************//
18
19 //---------------scfifo_256x8_inst-------------------
20 scfifo_256x8    scfifo_256x8_inst(
21     .clock  (sys_clk   ),  //input             clock
22     .data   (pi_data   ),  //input      [7:0]  data
23     .rdreq  (rdreq     ),  //input             rdreq
24     .wrreq  (pi_flag   ),  //input             wrreq
25
26     .empty  (empty     ),  //output            empty
27     .full   (full      ),  //output            full
28     .q      (po_data   ),  //output     [7:0]  q
29     .usedw  (usedw     )   //output     [7:0]  usedw
30 );
31
32 endmodule
```

根据上面 RTL 代码综合出的 RTL 视图如图 20-127 所示。

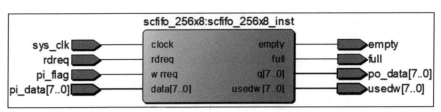

图 20-127   RTL 视图

4. SCFIFO IP 核仿真

下面是 Testbench 仿真测试文件，和 SCFIFO 的仿真一样，我们也需要给输入信号测试激励，在没有读清术的情况下，pi_flag 每 4 个时钟周期产生一个数据有效标志信号，也作为 FIFO 的写请求信号，因为需要 pi_data 伴随着 pi_flag 一起产生，所以每当 pi_data 检测到 pi_flag 标志信号有效时就自加 1，其值从 0~255 循环变化，这样我们就可以在 pi_flag 标志信号有效时将 pi_data 写入 FIFO 中。而 FIFO 的读请求信号 rdreq 在 FIFO 的满标志信号 full 有效时拉高，在 FIFO 的空标志信号 empty 有效时拉低。

SCFIFO 可以同时进行读写操作，但本例中我们没有让 SCFIFO 同时进行读写。当真正使用 SCFIFO IP 核时，一定要保证 FIFO 不被写满也不被读空。FIFO 调用模块参考代码具体参见代码清单 20-10。

代码清单 20-10   FIFO 调用模块参考代码（tb_fifo.v）

```
 1 `timescale  1ns/1ns
 2 module tb_fifo();
 3
 4 //********************************************************************//
 5 //****************** Parameter and Internal Signal ******************//
 6 //********************************************************************//
 7
 8 //reg    define
 9 reg         sys_clk      ;
10 reg [7:0]   pi_data      ;
11 reg         pi_flag      ;
12 reg         rdreq        ;
13 reg         sys_rst_n    ;
14 reg [1:0]   cnt_baud     ;
15
16 //wire   define
17 wire   [7:0]   po_data ;
18 wire           empty   ;
19 wire           full    ;
20 wire   [7:0]   usedw   ;
21
22 //********************************************************************//
23 //************************ Main Code *********************************//
24 //********************************************************************//
25
```

```
26  // 初始化系统时钟、复位
27  initial begin
28      sys_clk    = 1'b1;
29      sys_rst_n <= 1'b0;
30      #100;
31      sys_rst_n <= 1'b1;
32  end
33
34  //sys_clk: 模拟系统时钟，每 10ns 电平翻转一次，周期为 20ns，频率为 50MHz
35  always #10 sys_clk = ~sys_clk;
36
37  //cnt_baud: 计数从 0 到 3 的计数器，用于产生输入数据间的间隔
38  always@(posedge sys_clk or negedge sys_rst_n)
39      if(sys_rst_n == 1'b0)
40          cnt_baud <= 2'b0;
41      else    if(&cnt_baud == 1'b1)
42          cnt_baud <= 2'b0;
43      else
44          cnt_baud <= cnt_baud + 1'b1;
45
46  //pi_flag: 输入数据有效标志信号，也作为 FIFO 的写请求信号
47  always@(posedge sys_clk or negedge sys_rst_n)
48      if(sys_rst_n == 1'b0)
49          pi_flag <= 1'b0;
50      // 每 4 个时钟周期且没有读请求时产生一个数据有效标志信号
51      else    if((cnt_baud == 2'd0) && (rdreq == 1'b0))
52          pi_flag <= 1'b1;
53      else
54          pi_flag <= 1'b0;
55
56  //pi_data: 输入顶层模块的数据，要写入 FIFO 中的数据
57  always@(posedge sys_clk or negedge sys_rst_n)
58      if(sys_rst_n == 1'b0)
59          pi_data <= 8'b0;
60      //pi_data 的值为 0～255 依次循环
61      else    if((pi_data == 8'd255) && (pi_flag == 1'b1))
62          pi_data <= 8'b0;
63      else    if(pi_flag  == 1'b1)        // 每当 pi_flag 有效时产生一个数据
64          pi_data <= pi_data + 1'b1;
65
66  //rdreq: FIFO 读请求信号
67  always@(posedge sys_clk or negedge sys_rst_n)
68      if(sys_rst_n == 1'b0)
69          rdreq <= 1'b0;
70      else    if(full == 1'b1)            // 当 FIFO 中的数据存满时，开始读取 FIFO 中的数据
71          rdreq <= 1'b1;
72      else    if(empty == 1'b1)           // 当 FIFO 中的数据被读空时，停止读取 FIFO 中的数据
73          rdreq <= 1'b0;
74
75  //**********************************************************************//
76  //*************************** Instantiation ****************************//
77  //**********************************************************************//
78
```

```
79 //-----------------------fifo_inst-----------------------
80 fifo fifo_inst(
81     .sys_clk    (sys_clk    ),      //input              sys_clk
82     .pi_data    (pi_data    ),      //input      [7:0]   pi_data
83     .pi_flag    (pi_flag    ),      //input              pi_flag
84     .rdreq      (rdreq      ),      //input              rdreq
85
86     .po_data    (po_data    ),      //output     [7:0]   po_data
87     .empty      (empty      ),      //output             empty
88     .full       (full       ),      //output             full
89     .usedw      (usedw      )       //output     [7:0]   usedw
90 );
91
92 endmodule
```

打开 ModelSim 执行仿真，普通同步 FIFO 模式仿真出来的波形如图 20-128 所示，我们让仿真运行了 100μs，可以看到 pi_data 和 po_data 交替出现并一直循环下去，pi_flag 数据有效标志信号伴随着 pi_data 一一对应，po_data 在读请求信号 rdreq 为高时输出。我们也可以看到 empty 和 full 在不同的位置均有拉高的脉冲，接下来将图中位置①和位置②分别放大观察。

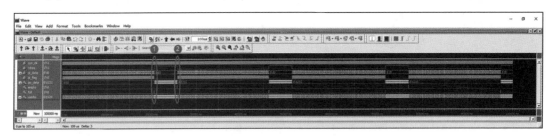

图 20-128　普通同步 FIFO 模式仿真波形图

如图 20-129 所示为位置①放大后的波形，有几个点需要重点观察：

❑ full、usedw 信号的状态：可以看到当 pi_flag 为高且 pi_data 为 255 时，full 满标志信号拉高了，说明 FIFO 的存储空间已经满了，而 usedw 信号也从 255 变成了 0，因为产生的 SCFIFO IP 核中 usedw 的位宽是 8bit 的，而十进制 256 需要 9bit 才能完全显示，这样最高位就无法显示出来，所以 usedw 的值显示为 0。

❑ FIFO 读出的数据与 FIFO 读请求的关系：因为此处是对普通同步 FIFO 模式进行的仿真，所以可以看到当检测到 full 满标志信号有效时，rdreq 读请求信号开始拉高，FIFO 开始读数据，读出的第一个数据为 0，据为 0 的时间有两个时钟周期，所以第一个 0 为潜伏期导致的，第二个 0 才是真正读出来的数据。随着数据的读出，FIFO 中的数据减少，full 满标志信号也拉低了，usedw 信号的值也随着减小。

如图 20-130 所示为位置②放大后的波形，这里重点观察一下 empty 空标志信号。因为我们使用的是普通模式，所以读出的数据要比读使能延后一拍，所以当读出十进制数据 254，后 empty 空标志信号拉高，表示 FIFO 中的数据已经被读空。

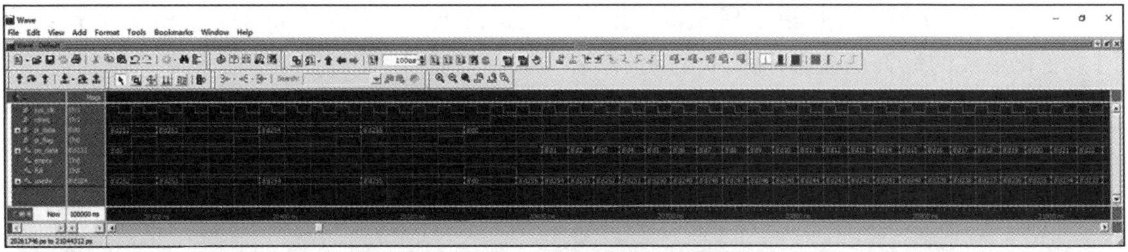

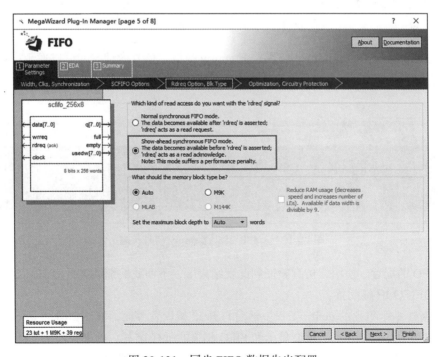

图 20-129　位置①放大后的波形图

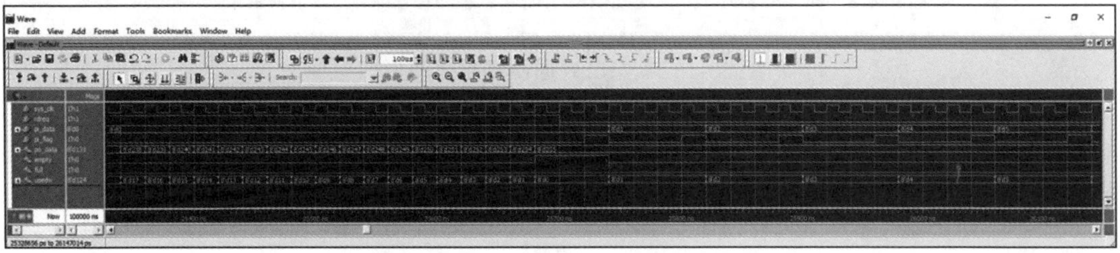

图 20-130　位置②放大后的波形图

　　下面我们将 FIFO 的属性修改为先出数据 FIFO 模式，重新打开 SCFIFO IP 核配置界面，如图 20-131 所示，选择先出数据 FIFO 模式，然后一直点击 "Next" 按钮到结束为止。重新综合并打开 ModelSim 进行仿真。

图 20-131　同步 FIFO 数据先出配置

如图 20-132 所示，可以发现先出数据模式整体的波形没有太大的变化，和普通模式相同，变化最大的地方是数据输出部分的波形。

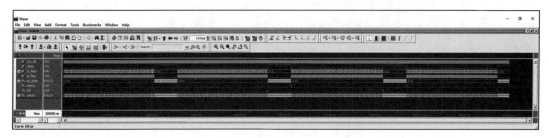

图 20-132　先出数据模式整体波形图

如图 20-133 所示，因为是先出数据模式，所以当读请求信号 rdreq 有效时，数据立刻就出来了，没有潜伏期，读请求信号 rdreq 和数据 po_data 是同步的。

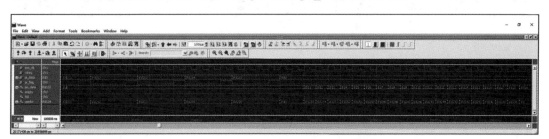

图 20-133　rdreg 和 po_data 信号同步

如图 20-134 所示，我们再来观察一下 empty 空标志信号的情况，可以发现在读出十进制数据 255 后 empty 空标志信号拉高，表示 FIFO 中的数据已经被读空。

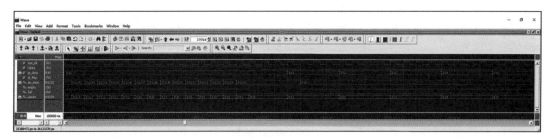

图 20-134　读出 255 后 empty 信号拉高

SCFIFO 的配置、使用、仿真验证到此就结束了，下面我们继续进行 DCFIFO 的学习。

5. DCFIFO IP 核配置

首先新建一个单独的 dcfifo 工程。然后打开 IP 核配置界面，如图 20-135 所示，在搜索栏中搜索 "fifo(大小写均可)" 就会显示和 FIFO 相关的所有 IP 核，这里我们仍选择 "Installed Plug-Ins" 目录下 "Memory Compiler" 文件夹下的 "FIFO"。器件选择 "Cyclone IV E"，语言选择"Verilog HDL"。然后就是选择 IP 核存放的路径，这里我们将 DCFIFO IP 核放在工程目录的 ipcore_dir 文件夹下。再然后是给 IP 核命名，为了能够清晰表达 FIFO 的大小和位宽，这里我们将其命名为"dcfifo_256x8to128x16"，表示调用的 dcfifo 是输入 256 个深度 8 位宽、输出 128 个深度 16 位宽的。以上选择无误后点击"Next"按钮。

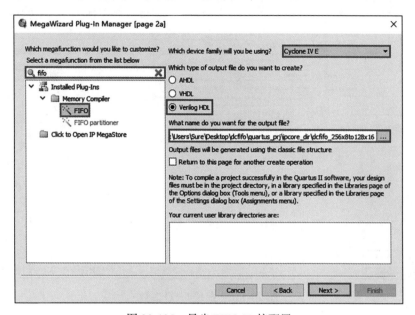

图 20-135　异步 FIFO IP 核配置

下面我们开始进行 FIFO 参数的配置。先选择图 20-136 框④中的"No..."选项，将其设置为 DCFIFO 后才能够继续配置其他参数。其中：

- ①框用于进行 FIFO 输入数据位宽的选择，可以根据实际需求设置大小，这里我们选择输入为 8bit。
- ②框用于进行 FIFO 输出数据位宽的选择，可以根据实际需求设置大小，这里我们选择输出为 16bit。
- ③框用于进行 FIFO 深度的选择，这里的深度是对 FIFO 输入数据来说的，即设置 FIFO 可以存储多少个 8 位宽的数据，这里最小为 4 个，且都是 2^n 个，我们选择 FIFO 的深度为 256。既然输入数据的个数和位宽、输出数据的位宽都确定了，那么输出数据的个数也就相应地确定了，为 128 个。

配置完成后点击"Next"按钮。

如图 20-137 所示为 DCFIFO 的优化选择界面，其中：

- Lowest latency but requires synchronized clocks...（最低延迟，但需要同步时钟）：该选项使用一个同步阶段，没有亚稳态保护，适用于同步时钟。面积最小，可提供良好的性能。

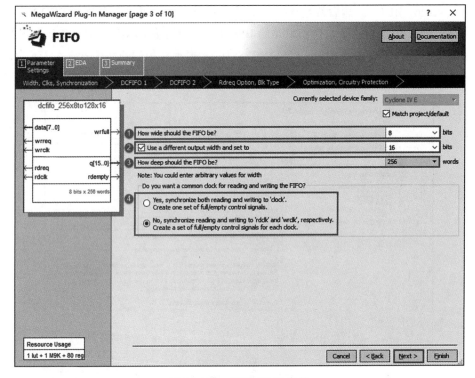

图 20-136　配置 FIFO 参数

❑ Minimal setting for unsynchronized clocks...（最小设置且为异步时钟）：该选项使用两个同步阶段，具有良好的亚稳态保护。面积中等，可提供良好的性能。

❑ Best metastability protection, best fmax, unsynchronized clocks...（提供最佳的亚稳性保护，最佳的 fmax 且为异步时钟）：该选项使用三个或更多的同步阶段，具有最好的亚稳态保护。它的面积是最大的，但给出了最好的性能。

在使用过程中，如果工程对速度和稳定性要求较高，同时 FPGA 的资源也比较充分，那么建议选择第三个选项；如果工程资源相对紧张，可以选择第一个选项。这里我们选择性能和资源平衡的，也是默认的第二个选项，直接点击"Next"按钮。

图 20-138 所示为 FIFO 输入输出引脚的选择界面，其中：

❑ ①框用于设置读端口（Read-side）和写端口（Write-side）。Read-side 中包括 full、empty、usedw 信号，同步于 rdclk；Write-side 中包括 full、empty、usedw 信号，同步于 wrclk。此处全部勾选。

❑ ②框中的 Add an extra MSB to usedw ports 为设置将 rdusedw 和 wrusedw 数据位宽增加 1 位，用于保护 FIFO 在写满时不会翻转到 0；Asynchronous clear 为异步复位信号，用于清空 FIFO。这里我们不勾选。

设置完成后点击"Next"按钮。

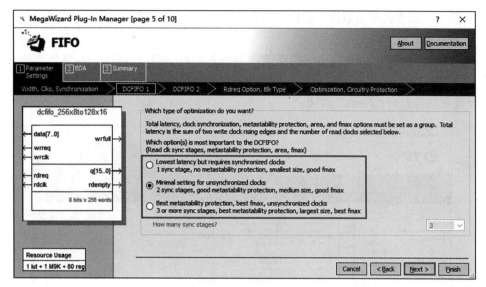

图 20-137　优化选择界面

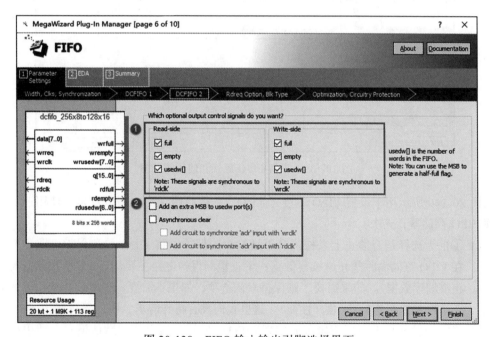

图 20-138　FIFO 输入输出引脚选择界面

图 20-139 所示为设置 FIFO 属性和使用资源的界面，其中：

❑ ①框中第一项是普通同步 FIFO 模式，当前读请求有效的下一拍数据才出来；而第
二项则是先出数据 FIFO 模式，读请求来到之前，第一个数据就已经先出来了，使
得当前的读请求有效时立刻输出数据，而不会像普通模式那样，在当前读请求有效

后下一拍才会输出数据。后面我们会通过仿真来对比两者的不同，这里选择默认的普通模式。

❑ ②框为指定实现 FIFO 使用的存储块类型和 FIFO 的存储深度，具体可选值与使用的 FPGA 芯片有关，默认为 Auto，一般使用默认值即可。

设置完毕后点击"Next"按钮。

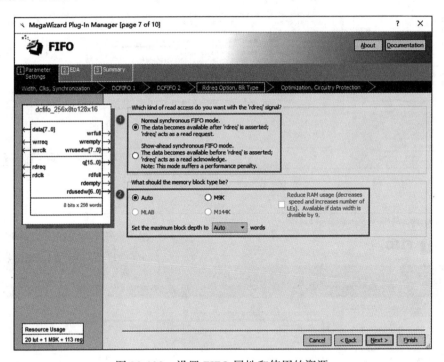

图 20-139　设置 FIFO 属性和使用的资源

图 20-140 所示用于设置 FIFO 速度（性能）、是否禁用保护电路以及是否使用逻辑单元实现 FIFO 存储器，其中：

❑ ①框为选择是否禁止上溢检测和下溢检测的保护电路（上溢检测保护电路主要用于在 FIFO 存储满时禁止继续写数据；下溢检测保护电路主要用于 FIFO 被读空时，禁止继续读数据）。如果需要，则保持默认选项，如果不需要，可以选择禁用下面的两个选项来提高 FIFO 速度（性能）。这里我们没有特殊需求，所以保持默认选项即可。

❑ ②框为设置是否使用逻辑单元实现 FIFO 存储器。这里使用默认设置，即用存储块实现 FIFO。

设置完毕后点击"Next"按钮。

如图 20-141 所示，该界面中没有什么要配置的参数，但显示了我们在仿真 DCFIFO IP 核时所需要的 Altera 仿真库，这里提示我们单独使用第三方仿真工具时需要添加名为"altera_mf"的库。保持默认设置，直接点击"Next"按钮。

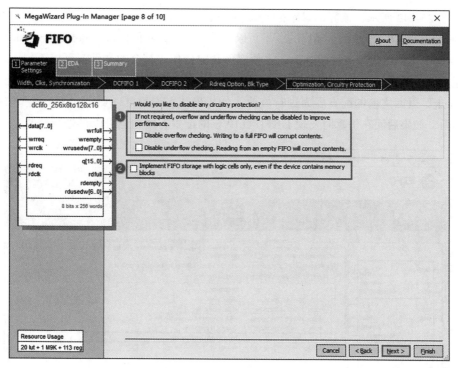

图 20-140 设置 FIFO 速度（性能）等

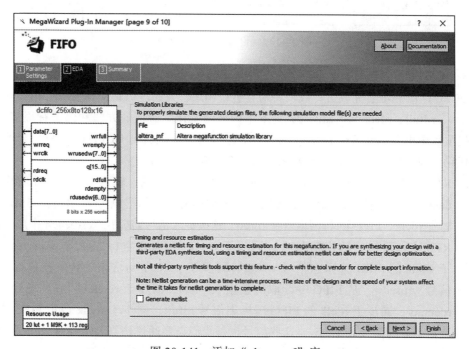

图 20-141 添加 "altera_mf" 库

如图 20-142 所示，该界面显示的是配置好 DCFIFO IP 核后要输出的文件，其中"dc-fifo_256x8to128x16.v"是默认输出的，不可以取消。此外，我们再将"dcfifo_256x8to128x16_inst.v"这个实例化模板文件添加上，方便实例化时使用，其余的文件都可以不勾选。

至此，DCFIFO IP 核的配置就全部完成了，再检查下我们的配置，如果有问题可以点击"Back"返回之前的配置界面进行修改，如果确认无误后可以点击"Finish"按钮退出配置界面，如果后面在仿真时发现 DCFIFO IP 核的配置有问题也可以再进行修改。

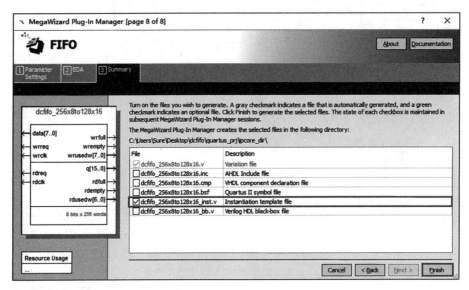

图 20-142　设置要输出的文件

6. DCFIFO IP 核调用

DCFIFO IP 核配置完成后，我们将对它进行调用，并通过仿真来观察 wrfull、wrempty、wrusedw、rdfull、rdempty、rdusedw 这 6 个信号的变化。验证的方法和例子有很多，后面的实战项目中也会用到这个 IP 核。为了让大家能够清晰地看到 DCFIFO IP 核信号的变化，RTL 代码的顶层只有端口列表和 DCFIFO IP 核的实例化，其中：

❑ RTL 代码顶层的输入信号有：50MHz 的写时钟 wrclk、输入 256 个 8bit 的数据 pi_data（值为十进制 0～255）、伴随该输入数据有效的标志信号 pi_flag、25MHz 的读时钟 rdclk、FIFO 的写请求信号 rdreq。这些输入信号需要在 Testbench 中产生激励。

❑ RTL 代码顶层的输出信号有：同步于 wrclk 的 FIFO 空标志信号 wrempty、同步于 wrclk 的 FIFO 满标志信号 wrfull、同步于 wrclk 指示 FIFO 中存在数据个数的信号 wrusedw、从 FIFO 中读取的数据 po_data、同步于 rdclk 的 FIFO 空标志信号 rdempty、同步于 rdclk 的 FIFO 满标志信号 rdfull、同步于 rdclk 指示 FIFO 中存在数据个数的信号 rdusedw。这些信号也是我们需要通过仿真 DCFIFO IP 核重点观察的信号。这些信号将通过 Testbench 传给输入信号激励后产生输出。

FIFO 调用模块参考代码具体参见代码清单 20-11。

代码清单 20-11 FIFO 调用模块参考代码（fifo.v）

```
1  module fifo
2  (
3      // 如果端口信号较多，我们可以将端口信号进行分组
4      // 把相关的信号放在一起，使代码更加清晰
5      //FIFO 写端
6      input    wire          wrclk     ,   // 同步于 FIFO 写数据的时钟（50MHz）
7      input    wire  [7:0]   pi_data   ,   // 输入顶层模块的数据，要写入 FIFO 中
8                                           // 的数据同步于 wrclk 时钟
9      input    wire          pi_flag   ,   // 输入数据有效标志信号，也作为 FIFO 的
10                                          // 写请求信号，同步于 wrclk 时钟
11     //FIFO 读端
12     input    wire          rdclk     ,   // 同步于 FIFO 读数据的时钟（25MHz）
13     input    wire          rdreq     ,   //FIFO 读请求信号，同步于 rdclk 时钟
14
15     //FIFO 写端
16     output   wire          wrempty   ,   //FIFO 写端口空标志信号，高电平有效，
17                                          // 同步于 wrclk 时钟
18     output   wire          wrfull    ,   //FIFO 写端口满标志信号，高电平有效，
19                                          // 同步于 wrclk 时钟
20     output   wire  [7:0]   wrusedw   ,   //FIFO 写端口中存在的数据个数，
21                                          // 同步于 wrclk 时钟
22     //FIFO 读端
23     output   wire  [15:0]  po_data   ,   //FIFO 读出的数据，同步于 rdclk 时钟
24     output   wire          rdempty   ,   //FIFO 读端口空标志信号，高电平有效，
25                                          // 同步于 rdclk 时钟
26     output   wire          rdfull    ,   //FIFO 读端口满标志信号，高电平有效，
27                                          // 同步于 rdclk 时钟
28     output   wire  [6:0]   rdusedw       //FIFO 读端口中存在的数据个数，
29                                          // 同步于 rdclk 时钟
30 );
31
32 //---------------------dcfifo_256x8to128x16_inst---------------------
33 dcfifo_256x8to128x16    dcfifo_256x8to128x16_inst
34 (
35     .data   (pi_data),  //input    [7:0]    data
36     .rdclk  (rdclk  ),  //input             rdclk
37     .rdreq  (rdreq  ),  //input             rdreq
38     .wrclk  (wrclk  ),  //input             wrclk
39     .wrreq  (pi_flag),  //input             wrreq
40
41     .q      (po_data),  //output   [15:0]   q
42     .rdempty(rdempty),  //output            rdempty
43     .rdfull (rdfull ),  //output            rdfull
44     .rdusedw(rdusedw),  //output   [6:0]    rdusedw
45     .wrempty(wrempty),  //output            wrempty
46     .wrfull (wrfull ),  //output            wrfull
47     .wrusedw(wrusedw)   //output   [7:0]    wrusedw
```

```
48 );
49
50 endmodule
```

根据上面的 RTL 代码综合出的 RTL 视图如图 20-143 所示。

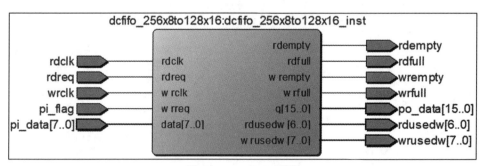

图 20-143　RTL 视图

7. DCFIFO IP 核仿真

下面介绍 Testbench 仿真测试文件。与 SCFIFO 的仿真一样，我们也需要给输入信号测试激励，当没有读请求时，pi_flag 每 4 个时钟周期产生一个数据有效标志信号，也作为 FIFO 的写请求信号，因为需要 pi_data 伴随着 pi_flag 一起产生，所以每当 pi_data 检测到 pi_flag 标志信号有效时就自加 1，其值从 0～255 循环变化，这样我们就可以在 pi_flag 标志信号有效时将 pi_data 写入 FIFO 中。FIFO 的读请求信号 rdreq 在 rdclk 时钟条件下，当 FIFO 的满标志信号 wrfull 在 rdclk 时钟下延迟两拍后有效时拉高，当 FIFO 的空标志信号 rdempty 有效时拉低。

DCFIFO 也可以同时进行读写操作，但本例中我们没有让 DCFIFO 同时进行读写，当真正使用 DCFIFO IP 核时，一定要保证 FIFO 不被写满，也不被读空。

调用模块 FIFO 仿真参考代码具体参见代码清单 20-12。

代码清单 20-12　FIFO 调用模块仿真参考代码（tb_fifo.v）

```
 1 `timescale  1ns/1ns
 2 module tb_fifo();
 3
 4 //*************************************************************//
 5 //***************** Parameter and Internal Signal ****************//
 6 //*************************************************************//
 7
 8 //reg   define
 9 reg         wrclk          ;
10 reg  [7:0]  pi_data        ;
11 reg         pi_flag        ;
12 reg         rdclk          ;
13 reg         rdreq          ;
```

```
14 reg           sys_rst_n      ;
15 reg   [1:0]   cnt_baud       ;
16 reg           wrfull_reg0    ;
17 reg           wrfull_reg1    ;
18
19 //wire   define
20 wire           wrempty        ;
21 wire           wrfull         ;
22 wire   [7:0]   wrusedw        ;
23 wire   [15:0]  po_data        ;
24 wire           rdempty        ;
25 wire           rdfull         ;
26 wire   [6:0]   rdusedw        ;
27
28 //***************************************************************//
29 //************************ Main Code ***************************//
30 //***************************************************************//
31
32 // 初始化时钟、复位
33 initial begin
34     wrclk       = 1'b1;
35     rdclk       = 1'b1;
36     sys_rst_n <= 1'b0;
37     #100;
38     sys_rst_n <= 1'b1;
39 end
40
41 //wrclk: 模拟 FIFO 的写时钟, 每 10ns 电平翻转一次, 周期为 20ns, 频率为 50MHz
42 always #10 wrclk = ~wrclk;
43
44 //rdclk: 模拟 FIFO 的读时钟, 每 20ns 电平翻转一次, 周期为 40ns, 频率为 25MHz
45 always #20 rdclk = ~rdclk;
46
47 //cnt_baud: 计数从 0 到 3 的计数器, 用于产生输入数据间的间隔
48 always@(posedge wrclk or negedge sys_rst_n)
49     if(sys_rst_n == 1'b0)
50         cnt_baud <= 2'b0;
51     else    if(&cnt_baud == 1'b1)
52         cnt_baud <= 2'b0;
53     else
54         cnt_baud <= cnt_baud + 1'b1;
55
56 //pi_flag: 输入数据有效标志信号, 也作为 FIFO 的写请求信号
57 always@(posedge wrclk or negedge sys_rst_n)
58     if(sys_rst_n == 1'b0)
59         pi_flag <= 1'b0;
60     // 每 4 个时钟周期且没有读请求时产生一个数据有效标志信号
61     else    if((cnt_baud == 2'd0) && (rdreq == 1'b0))
62         pi_flag <= 1'b1;
63     else
64         pi_flag <= 1'b0;
```

```
65
66  //pi_data: 输入顶层模块的数据，要写入 FIFO 中的数据
67  always@(posedge wrclk or negedge sys_rst_n)
68      if(sys_rst_n == 1'b0)
69          pi_data <= 8'b0;
70      ////pi_data 的值为 0~255 依次循环
71      else    if((pi_data == 8'd255) && (pi_flag == 1'b1))
72          pi_data <= 8'b0;
73      else    if(pi_flag  == 1'b1)      // 每当 pi_flag 有效时产生一个数据
74          pi_data <= pi_data + 1'b1;
75
76  // 将同步于 rdclk 时钟的写满标志信号 wrfull 在 rdclk 时钟下延迟两拍
77  always@(posedge rdclk or negedge sys_rst_n)
78      if(sys_rst_n == 1'b0)
79          begin
80              wrfull_reg0 <= 1'b0;
81              wrfull_reg1 <= 1'b0;
82          end
83      else
84          begin
85              wrfull_reg0 <= wrfull;
86              wrfull_reg1 <= wrfull_reg0;
87          end
88
89  //rdreq: FIFO 读请求信号同步于 rdclk 时钟
90  always@(posedge rdclk or negedge sys_rst_n)
91      if(sys_rst_n == 1'b0)
92          rdreq <= 1'b0;
93  // 如果 wrfull 信号有效就立刻读，则不会看到 rd_full 信号拉高，
94  // 所以此处使用 wrfull 在 rdclk 时钟下延迟两拍后的信号
95      else    if(wrfull_reg1 == 1'b1)
96          rdreq <= 1'b1;
97      else    if(rdempty == 1'b1)        // 当 FIFO 中的数据被读空时停止读取 FIFO 中的数据
98          rdreq <= 1'b0;
99
100 //*********************************************************************//
101 //************************* Instantiation *************************//
102 //*********************************************************************//
103
104 //-----------------------fifo_inst-----------------------
105 fifo    fifo_inst(
106     //FIFO 写端
107     .wrclk  (wrclk  ),  //input            wclk
108     .pi_data(pi_data),  //input     [7:0]  pi_data
109     .pi_flag(pi_flag),  //input            pi_flag
110     //FIFO 读端
111     .rdclk  (rdclk  ),  //input            rdclk
112     .rdreq  (rdreq  ),  //input            rdreq
113
114     //FIFO 写端
115     .wrempty(wrempty),  //output           wrempty
```

```
116        .wrfull (wrfull ),    //output                wrfull
117        .wrusedw(wrusedw),    //output      [7:0]     wrusedw
118        //FIFO 读端
119        .po_data(po_data),    //output      [15:0]    po_data
120        .rdempty(rdempty),    //output                rdempty
121        .rdfull (rdfull ),    //output                rdfull
122        .rdusedw(rdusedw)     //output      [6:0]     rdusedw
123 );
124
125 endmodule
```

　　打开 ModelSim 执行仿真，普通异步 FIFO 模式仿真出来的波形如图 20-144 所示，我们让仿真运行了 100μs，可以看到 pi_data 和 po_data 交替出现并一直循环下去，pi_flag 数据有效标志信号伴随着 pi_data，一一对应，po_data 在读请求信号 rdreq 为高时输出。此外，也可以看到 wrempty、wrfull、rdempty、rdfull 在不同的位置均有拉高的脉冲。接下来我们将图中位置①和位置②分别放大观察。

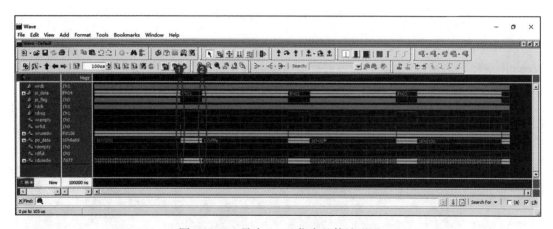

图 20-144　异步 FIFO 仿真整体波形图

　　如图 20-145 所示为位置①放大后的波形，因为我们设置的是普通模式 FIFO，所以和 SCFIFO 的普通模式一样，读出的数据存在一个时钟周期的潜伏期，另外还有几个点需要我们重点观察：

❑ wrfull、rdfull 满标志信号的状态：我们可以看到当 pi_flag 为高且 pi_data 为 255 时，wrfull 满标志信号先拉高了，延后一段时间，rdfull 满标志信号也拉高了，说明 FIFO 的存储空间已经满了。因为 wrfull 满标志信号和 rdfull 满标志信号同步于不同的时钟，所以拉高的时间不同步。

❑ wrusedw、rdusedw 信号的状态：我们可以看到 wrusedw 信号计数到 255，而 rdusedw 信号则计数到 127，这是因为输入是 8btit 的，输出是 16bit 的，刚好总数据量相等。同样，wrusedw 信号从 255 变成了 0、rdusedw 信号从 127 变成 0 的原因和 SCFIFO

中的一样，都是因为数据存储满了，FIFO 内部的计数器溢出。我们还可以发现读出的 16bit 数据遵循的是输入的 8bit 数据低位在后高位在前的顺序，如果记错了顺序，在使用数据时会产生错误。

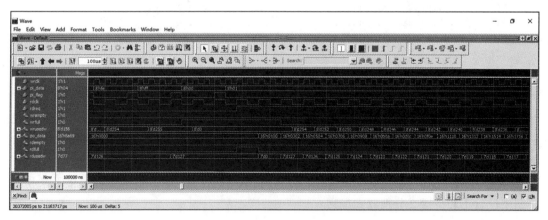

图 20-145　位置①的放大波形

如图 20-146 所示为位置②放大后的波形。我们发现，当读出十六进制数据 fdfc 时，rdempty 空标志信号首先拉高，一段时间后 wrempty 空标志信号也拉高，表示 FIFO 中的数据已经被读空。

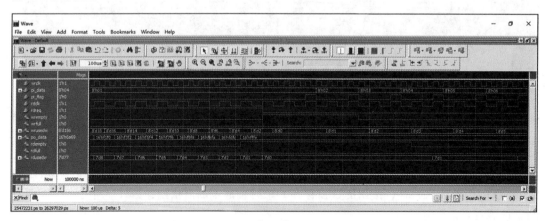

图 20-146　位置②的放大波形

这里我们就不再展示先出数据 FIFO 模式的波形了，因为和 SCFIFO 先出数据模式类似，大家可以自己设置并仿真观察现象。至此，DCFIFO 的配置、使用、仿真验证也结束了。SCFIFO 和 DCFIFO 我们都讲解过了，还需要大家注意几个问题：

1）在单位时间内，写数据的总带宽一定要等于读数据的总带宽，否则一定会存在写满或读空的现象。

2）控制好、利用好 FIFO 的关键信号，如读写时钟、读写使能、空满标志信号。

3）根据实际的项目需求，还要考虑需要使用多大的 FIFO，过大会浪费资源，过小则达不到要求。

20.3　章末总结

本章我们主要讲解了 Quartus 软件中 4 种常用 IP 核（pll、rom、ram、fifo）的调用、配置和使用方法，读者要牢记于心，这对后面章节的学习至关重要，能大大提高开发效率。

学习强化篇

读到这里，说明各位读者已经完成了"基础入门篇"相关章节的学习，笔者要祝贺大家，你 FPGA 的学习已经入门了。

在"基础入门篇"中，我们对 FPGA 的基础知识做了系统的讲解，其中包括 Verilog 语法的学习，组合逻辑、时序逻辑、层次化、状态机、Latch、阻塞赋值与非阻塞赋值的相关知识的介绍，计数器、分频器的具体实现方法，按键、LED 灯、数码管等部分简单外设的使用，还详细讲解了快速开发法宝——IP 核的配置与使用方法。

接下来，在"学习强化篇"，笔者会通过诸多实例为读者详细讲解常用通信接口的相关内容，如 RS-232、SPI、I²C，关于图像处理的入门知识也会有所涉及，如 VGA、HDMI、TFT_LCD、Sobel 算法，除此之外，常用芯片和传感器的使用也会有所介绍。

"学习强化篇"是对"基础入门篇"内容的延伸，对《FPGA Verilog 开发实战指南：基于 Intel Cyclone IV（进阶篇）》知识的铺垫，读者务必认真阅读。在学习过程中，若对"基础入门篇"的内容有所遗忘，应及时回顾。

第 21 章
串口 RS-232

通用异步收发传输器（Universal Asynchronous Receiver/Transmitter，UART）是一种通用的数据通信协议，也是异步串行通信口（串口）的总称，它在发送数据时将并行数据转换成串行数据来传输，在接收数据时将接收到的串行数据转换成并行数据，包括 RS-232、RS-499、RS-423、RS-422 和 RS-485 等接口标准规范和总线标准规范。

本章我们会带领读者进行串口 RS-232 相关知识的学习，通过理论与实践，最终设计并实现基于 RS-232 的串口收 / 发功能模块，并完成串口数据回环（loopback）实验。

21.1　理论学习

21.1.1　串口简介

串口作为常用的三大低速总线（UART、SPI、I²C）之一，在设计众多通信接口和进行调试时有重要作用。与 SPI、I²C 不同的是，UART 是异步通信接口。异步通信中的接收方并不知道数据什么时候会到达，所以双方收发端都要有各自的时钟。在数据传输过程中是不需要时钟的，发送方发送数据的时间间隔可以不均匀，接收方是在数据的起始位和停止位的帮助下实现信息同步的。而 SPI、I²C 是同步通信接口（后面的章节会做详细介绍），同步通信中双方使用频率一致的时钟，在数据传输过程中，时钟伴随着数据一起传输，发送方和接收方使用的时钟都是由主机提供的。

UART 只有两条信号线，一条是发送数据端口线 tx（Transmitter），一条是接收数据端口线 rx（Receiver）。如图 21-1 所示，对于 PC 来说，它的 tx 要和 FPGA 的 rx 连接，同样，PC 的 rx 要和 FPGA 的 tx 连接，如果是两个 tx 或者两个 rx 连接，那数据就不能正常发送和接收，所以不要弄混，记住 rx 和 tx 都是相对自身主体来讲的。UART 可以实现全双工，即可以同时发送数据和接收数据。

我们的任务是设计 FPGA 部分接收串口数据和发送串口数据的模块，最后我们把两个模块拼接起来，其结构如图 21-2 所示，最后通过回环测试来验证设计模块的正确性。所谓回环测试，就是发送端发送什么数据，接收端就接收什么数据，这也是非常常用的一种测试手段，如果回环测试成功，则说明从数据发送端到数据接收端之间的数据链路是正常的，以此来验证数据链路是否畅通。

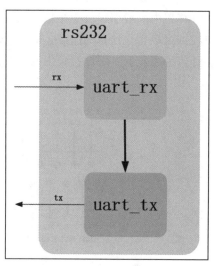

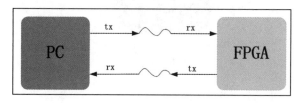

图 21-1　串口通信连接图

图 21-2　串口回环模块框图

RS-232 传输数据的距离虽然不远，传输速率也相对较慢，但是依然被广泛用于电路系统的设计中，其优势主要表现在以下几个方面：

- 很多传感器芯片或 CPU 都带有串口功能，目的是在使用一些传感器或 CPU 时可以通过串口进行调试，十分方便。
- 在较为复杂的高速数据接口和数据链路集合的系统中，往往联合调试比较困难，可以先使用串口将数据链路部分验证后，再把串口换成高速数据接口。例如，在做以太网相关的项目时，可以在调试时先使用串口把整个数据链路调通，再把串口换成以太网的接口。
- 串口的数据线共有两条，没有时钟线，节省了大量引脚资源。

21.1.2　RS-232 信号线

在最初的应用中，RS-232 串口标准常用于计算机、路由与调制解调器（Moden，俗称"猫"）之间的通信，在这种通信系统中，设备被分为数据终端设备（DTE，如计算机、路由）和数据通信设备（DCE，如调制解调器）。我们以这种通信模型讲解它们的信号线连接方式及各个信号线的作用。

在旧式的台式计算机中一般会有 RS-232 标准的 COM 口（也称 DB9 接口），如图 21-3 所示。

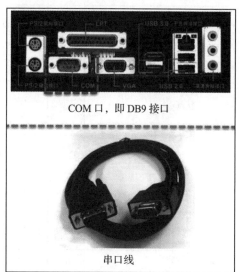

COM 口，即 DB9 接口

串口线

图 21-3　计算机主板上的 COM 口及串口线

　　其中，以针式引出信号线的接口线称为公头，以孔式引出信号线的接口线称为母头。在计算机中一般引出公头接口，而在调制解调器中引出的一般为母头，使用图 21-3 中的串口线即可把它与计算机连接起来。通信时，串口线中传输的信号使用 RS-232 标准调制。在各种应用场合下，DB9 接口中的公头及母头的各个引脚的标准信号线接法如图 21-4 所示。

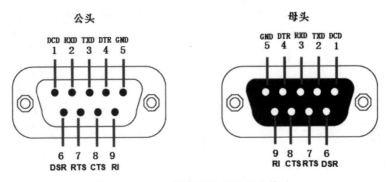

图 21-4　DB9 标准的公头及母头接法

　　图 21-5 所示是计算机端 DB9 公头的标准接法，由于两个通信设备之间的收发信号（RXD 与 TXD）应交叉相连，所以调制解调器端的 DB9 母头的收发信号接法一般与公头的相反，两个设备之间连接时，只要使用"直通型"的串口线连接起来即可，如图 21-6 所示。

序号	名称	符号	数据方向	说明
1	载波检测	DCD	DTE→DCE	Data Carrier Detect，数据载波检测，用于让 DTE 告知对方本机是否收到对方的载波信号
2	接收数据	RXD	DTE←DCE	Receive Data，数据接收信号，即输入
3	发送数据	TXD	DTE→DCE	Transmit Data，数据发送信号，即输出。两个设备之间的 TXD 与 RXD 应交叉相连
4	数据终端（DTE）就绪	DTR	DTE→DCE	Data Terminal Ready，数据终端就绪，用于让 DTE 向对方告知本机是否已准备好
5	信号地	GND	—	地线，两个通信设备之间的地电位可能不一样，这会影响收发双方的电平信号，所以两个串口设备之间必须使用地线连接，即共地
6	数据设备（DCE）就绪	DSR	DTE←DCE	Data Set Ready，数据发送就绪，用于让 DCE 告知对方本机是否处于待命状态
7	请求发送	RTS	DTE→DCE	Request To Send，请求发送，DTE 请求 DCE 本设备向 DCE 端发送数据
8	允许发送	CTS	DTE←DCE	Clear To Send，允许发送，DCE 回应对方的 RTS 发送请求，告知对方是否可以发送数据
9	响铃指示	RI	DTE←DCE	Ring Indicator，响铃指示，表示 DCE 端与线路已接通

图 21-5　DB9 信号线说明

对于串口线中的 RTS、CTS、DSR、DTR 及 DCD 信号，使用逻辑 1 表示信号有效，逻辑 0 表示信号无效。例如，当计算机端控制 DTR 信号线表示为逻辑 1 时，是为了告知远端的调制解调器本机已准备好接收数据，0 则表示还没准备就绪。

在目前其他工业控制领域的串口通信中，一般只使用 RXD、TXD 以及 GND 三条信号线，直接传输数据信号，RTS、CTS、DSR、DTR 及 DCD 信号线都被裁剪掉了，如果你被这些信号弄得晕头转向，也可以直接忽略它们。

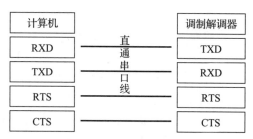

图 21-6　计算机与调制解调器的信号线连接

21.1.3　RS-232 通信协议简介

RS-232 是 UART 的一种，所以也没有时钟线，只有两条数据线，分别是 rx 和 tx，其中 rx 是接收数据的线，tx 是发送数据的线。

rx 位宽为 1bit，PC 通过串口调试助手往 FPGA 发 8bit 数据时，FPGA 通过串口线 rx 从最低位到最高位依次接收，最后在 FPGA 里拼接成 8bit 数据。

tx 位宽为 1bit，FPGA 通过串口往 PC 发 8bit 数据时，FPGA 把 8bit 数据通过 tx 线从最低位到最高位依次发送，最后上位机通过串口助手按照 RS-232 协议把这些数据位拼接成 8bit 数据。

串口数据的发送与接收是基于帧结构的，即一帧一帧地发送与接收数据。每一帧除了中间包含 8bit 有效数据外，开头还必须有一个起始位，且固定为 0；在每一帧结束时也必须有一个停止位，且固定为 1，即最基本的帧结构（不包括校验等）有 10bit。在不发送或者不接收数据的情况下，rx 和 tx 处于空闲状态，此时 rx 和 tx 线都保持高电平，如果有数据帧传输时，首先会有一个起始位，然后是 8bit 的数据位，接着有 1bit 的停止位，然后 rx 和 tx 继续进入空闲状态，之后等待下一次的数据传输。如图 21-7 所示为一个最基本的 RS-232 帧结构。

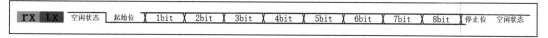

图 21-7　RS-232 帧结构

在信息传输通道中，携带数据信息的信号单元叫作码元（因为串口是 1bit 进行传输的，所以其码元就代表一个二进制数），每秒通过信号传输的码元数称为码元的传输速率，简称"波特率"，常用符号"Baud"表示，其单位为"波特每秒"（Bps）。串口常见的波特率有 4800、9600、115 200 等，此处我们选用 9600 的波特率进行讲解。

通信信道每秒传输的信息量称为位传输速率，简称"比特率"，其单位为"每秒比特数"

（bps）。比特率可由波特率计算得出，公式为

$$比特率 = 波特率 \times 单个调制状态对应的二进制位数$$

如果使用的是 9600 的波特率，其串口的比特率为

$$9600Bps \times 1bit = 9600bps$$

由计算得串口发送或者接收 1bit 数据的时间为一个波特，即 1/9600s，如果用 50MHz（周期为 20ns）的系统时钟来计数，需要计数的个数为 cnt = (1s×10^9)ns/9600bit)ns/20ns ≈ 5208 个系统时钟周期，即每位数据之间的间隔要在 50MHz 的时钟频率下计数 5208 次。

上位机通过串口发送 8bit 数据时，会自动在发 8bit 有效数据前发一个波特时间的起始位，也会自动在发完 8bit 有效数据后发一个停止位。同理，串口助手接收上位机发送的数据前，必须检测到一个波特时间的起始位才能开始接收数据，接收完 8bit 的数据后，再接收一个波特时间的停止位。

21.2 实战演练

21.2.1 实验目标

设计并实现基于串口 RS-232 的数据收 / 发模块，使用收 / 发模块完成串口数据回环实验。

21.2.2 硬件资源

本次实验我们需要使用开发板上的 RS-232 收发器芯片，RS-232 收发器电路如图 21-8 所示。

MAX3232 为 RS-232 收发器芯片。由于 RS-232 电平标准的信号不能直接被控制器识别，所以这些信号会经过一个"电平转换芯片"，转换成控制器能识别的 TTL 电平信号，才能实现通信。

根据通信使用的电平标准不同，串口通信可分为 TTL 标准及 RS-232 标准，如表 21-1 所示。

表 21-1 TTL 电平标准与 RS-232 电平标准

通信标准	电平标准（发送端）	通信标准	电平标准（发送端）
TTL	逻辑 1：3.3V 逻辑 0：0V	RS-232	逻辑 1：−15V～−5V 逻辑 0：+5V～+15V

由于 FPGA 串口输入输出引脚为 TTL 电平，用 3.3V 代表逻辑"1"，0V 代表逻辑"0"，所以常常会使用 MAX3232 芯片对 TTL 及 RS-232 电平的信号进行互相转换。同时，开发板中还搭载了 USB 转串口的芯片 CH340G，可方便大家使用 USB 线进行串口调试，如图 21-9 所示。

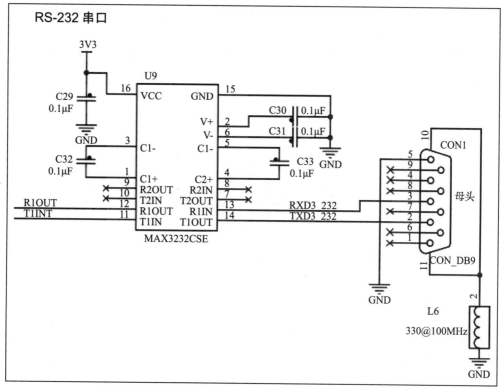

图 21-8　RS-232 收发器电路图

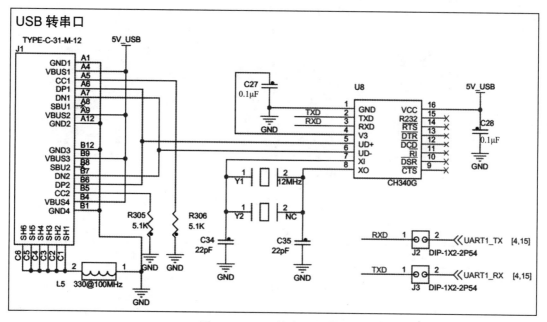

图 21-9　USB 转串口电路图

在使用时，需要将 J2、J3 口的 1、2 引脚用跳帽连接起来，即将开发板上 J2、J3 中的 TXD 与 RX 短接，RXD 与 TX 短接。同样地，使用 RS-232 串口也要选择相应的连接。

如图 21-10 所示，在使用 RS-232 通信时，我们需要使用跳帽将 J6 口的 5 脚和 7 脚，6 脚和 8 脚连接起来才能正常使用，即开发板上 J6 中的 TX 与 T1INT 短接、RX 与 R1OUT 短接。

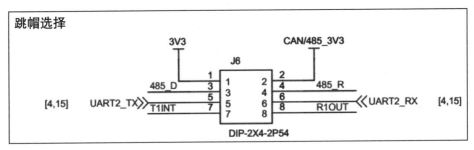

图 21-10　跳帽选择图

21.2.3　程序设计

1. 整体说明

实验工程整体框图如图 21-11 所示。

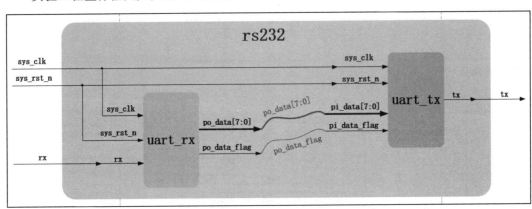

图 21-11　工程整体框图

通过图 21-11 可以看到，该工程共分 3 个模块，各模块简介如表 21-2 所示。

表 21-2　rs232 工程模简介

模 块 名 称	功 能 描 述
uart_rx	串口数据接收模块
uart_tx	串口数据发送模块
rs232	顶层模块

下面分模块为大家讲解。

2. 串口数据接收模块

我们先设计串口接收模块，该模块的功能是接收通过 PC 上的串口调试助手发送的固定波特率的数据。串口接收模块按照串口的协议准确接收串行数据，解析提取有用数据后需要将其转化为并行数据，因为并行数据在 FPGA 内部传输的效率更高，转化为并行数据后，同时会产生一个数据有效信号的标志信号，该信号伴随着并行的有效数据一同输出。

注意：为什么还需要输出一个伴随并行数据有效的标志信号呢？这是因为后级模块或系统在使用该并行数据时可能无法知道该时刻采样的数据是不是稳定有效的，而数据有效标志信号的到来就说明数据在该时刻是稳定有效的，起到一个指示作用。当数据有效标志信号为高时，该并行数据就可以被后级模块或系统使用了。

（1）模块框图

我们将串口接收模块命名为 uart_rx，根据功能简介，我们对整个设计要求有了大致的了解，其中设计的关键是如何将串行数据转化为并行数据，也就是如何正确接收串行数据的问题。PC 通过串口调试助手发过来的信号没有时钟，所以 FPGA 在接收数据时要约定好一个固定的波特率，一位一位地接收数据，我们选择的波特率为 9600Bps，也是 RS-232 接口中相对较慢的一种速率。

整个模块肯定需要用到时序逻辑，所以先设计好时钟信号 sys_clk 和复位信号 sys_rst_n，其次是相对于 FPGA 的 rx 端接收 PC 通过串口调试助手发送过来的 1bit 输入信号。输出信号一个是 FPGA 的 rx 端接收到的数据转换成的 8bit 并行数据 po_data，另一个是 8bit 并行数据有效的标志信号 po_data_flag。

根据上面的分析设计出的 Visio 框图如图 21-12 所示。

端口列表与功能描述如表 21-3 所示。

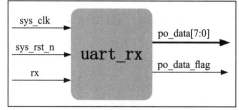

图 21-12　串口接收模块框图

表 21-3　串口接收模块输入输出信号描述

信　号	位　宽	类　型	功　能　描　述
sys_clk	1bit	Input	工作时钟，频率为 50MHz
sys_rst_n	1bit	Input	复位信号，低电平有效
rx	1bit	Input	串口接收信号
po_data	8bit	Output	串口接收后转成的 8bit 数据
po_data_flag	1bit	Output	串口接收后转成的 8bit 数据有效标志信号

（2）波形设计

如图 21-13 所示，我们先把实现 uart_rx 功能整体的波形图列出，然后再详细介绍下面的波形是如何一步步设计实现的。

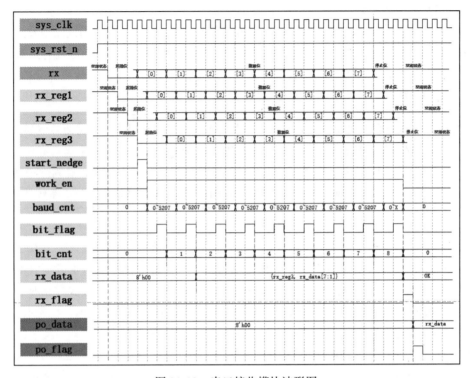

图 21-13　串口接收模块波形图

（3）波形设计思路详细解析

第一部分：首先画出三个输入信号，必不可少的两个输入信号是时钟信号和复位信号，另一个是串行输入数据 rx，如图 21-14 所示，我们发现 rx 串行数据一开始直接延迟了两拍，就是经过了两级寄存器，理论上我们应该按照串口接收数据的时序要求找到 rx 的下降沿，然后开始接收起始位的数据，但为什么先将数据延迟了两拍呢？那就要先从跨时钟域会导致"亚稳态"的问题上说起。

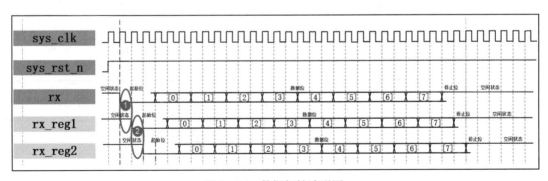

图 21-14　数据打拍波形图

大家一定都使用过示波器，当你使用示波器把一个矩形脉冲的上升沿或下降沿放大后会发现其上升沿和下降沿并不是瞬间被拉高或拉低的，而是有一个倾斜变化的过程，这在运放中称为"压摆率"。如果 FPGA 的系统时钟刚好采集到 rx 信号上升沿或下降沿的中间位置附近（按照概率来讲，当数据传输量足够大或传输速度足够快时一定会产生这种情况），即 FPGA 在接收 rx 数据时不满足内部寄存器的建立时间 Tsu（指触发器的时钟信号上升沿到来以前，数据稳定不变的最小时间）和保持时间 Th（指触发器的时钟信号上升沿到来以后，数据稳定不变的最小时间），此时 FPGA 的第一级寄存器的输出端在时钟沿到来之后比较长的一段时间内都处于不确定的状态，在 0 和 1 之间处于振荡状态，而不是等于串口输入的确定的 rx 值。

如图 21-15 所示为产生亚稳态的波形示意图，rx 信号经过 FPGA 中的第一级寄存器后，输出的 rx_reg1 信号在时钟上升沿 Tco 时间后会有 Tmet（决断时间）的振荡时段，当第一个寄存器发生亚稳态后，经过 Tmet 的振荡稳定后，第二级寄存器就能采集到一个相对稳定的值。但由于振荡时间 Tmet 是受到很多因素影响的，所以 Tmet 时间有长有短。如图 21-16 所示，当 Tmet1 时间长到大于一个采样周期后，第二级寄存器就会采集到亚稳态，但是从第二级寄存器输出的信号就是相对稳定的了。那么第二级寄存器的 Tmet2 的持续时间会不会继续延长到大于一个采样周期？这种情况虽然会存在，但是其概率是极小的，寄存器本身就有减小 Tmet 时间，让数据快速稳定的作用。

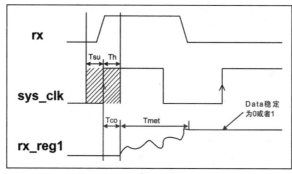

图 21-15　亚稳态产生波形图（一）

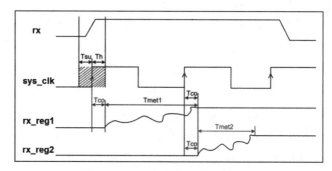

图 21-16　亚稳态产生波形图（二）

　　由于在 PC 中波特率和 rx 信号是同步的，而 rx 信号和 FPGA 的系统时钟 sys_clk 是异步的关系，我们此时要做的是将慢速时钟域（PC 中的波特率）系统中的 rx 信号同步到快速时钟域（FPGA 中的 sys_clk）系统中，所使用的方法叫作电平同步，俗称"打两拍法"。所以 rx 信号进入 FPGA 后会首先经过一级寄存器，出现如图 21-15 所示的亚稳态现象，导致 rx_reg1 信号的状态不确定是 0 还是 1，就会受其影响使其他相关信号做出不同的判断，有的判断到"0"，有的判断到"1"，有的也进入了亚稳态并产生连锁反应，导致后级相关逻辑电路混乱。为了避免这种情况，rx 信号进来后首先进行延迟一拍的处理，延迟一拍后产生 rx_reg1 信号。但 rx_reg1 可能还存在低概率的亚稳态现象，为了进一步降低出现亚稳态的概率，我们将从 rx_reg1 信号再延迟一拍后产生 rx_reg2 信号，使之能够较大概率地保证 rx_reg2 信号是 0 或者 1 中的一种确定情况，这样 rx_reg2 所影响的后级电路就都是相对稳定的了。但是大家一定要注意：延迟两拍后虽然能让信号稳定到 0 或者 1 中确定的值，但究竟是 0 还是 1 却是随机的，与延迟之前输入信号的值没有必然的关系。

　　注意：单比特信号从慢速时钟域同步到快速时钟域，需要使用延迟两拍的方式消除亚稳态。第一级寄存器产生亚稳态并经过自身后可以稳定输出的概率为 70%～80%，第二级寄存器可以稳定输出的概率为 99% 左右，后面再多加寄存器的级数，改善效果就不明显了，所以数据进来后一般选择延迟两拍即可。
另外，单比特信号从快速时钟域同步到慢速时钟域时，仅使用延迟两拍的方式会漏采数据，所以往往使用脉冲同步法或的握手信号法；而多比特信号跨时钟域需要进行格雷码编码（多比特顺序数才可以）后才能进行延迟两拍的处理，或者通过使用 FIFO、RAM 来处理数据与时钟同步的问题。
亚稳态振荡时间 Tmet 关系到后级寄存器的采集稳定问题，影响 Tmet 的因素包括器件的生产工艺、温度、环境以及寄存器采集到亚稳态里稳定态的时刻等。甚至某些特定条件，如干扰、辐射等都会造成 Tmet 增长。

　　第二部分：由上面的分析，我们知道了为什么 rx 信号进入 FPGA 后需要先延迟两拍，延迟两拍后的 rx_reg2 信号就是我们可以在后级逻辑电路中使用的相对稳定的信号。下一步我们就可以根据串口接收数据的时序要求找到串口帧起始开始的标志——下降沿，然后按顺序接收数据。在第 16 章我们分析过如何产生上升沿和下降沿标志，这里可以直接使用。由第一部分的分析得 rx_reg1 信号可能是不稳定的，而 rx_reg2 信号是相对稳定的，所以不能直接用 rx_reg1 信号和 rx_reg2 信号来产生下降沿标志信号，因为 rx_reg1 信号的不稳定性可能会导致由它产生的下降沿标志信号也不稳定。所以如图 21-17 所示，我们将 rx_reg2 信号再延迟一拍，得到 rx_reg3 信号，用 rx_reg2 信号和 rx_reg3 信号产生 staet_nedge 作为下降沿标志信号。

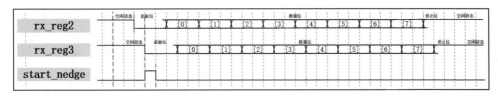

图 21-17 下降沿标志信号产生图

第三部分：我们检测到了第一个下降沿，后面的信号将以下降沿标志信号 start_nedge 为条件开始接收一帧 10bit 的数据。但新的问题又出现了，我们的 rx 信号本身就是 1bit 的，如果在判断第一个下降沿后，后面帧中的数据还可能会有下降沿出现，那又会产生一个 start_nedge 标志信号，这样就出现了误判。那我们该如何避免这种情况呢？这是一个值得思考的问题，在不知道答案之前，可以发挥自己的想象并尝试使用各种方法来解决这个问题。我们知道在 Verilog 代码中，标志信号（flag）和使能信号（en）都是非常有用的，标志信号只有一拍，非常适合产生像下降沿标志这种信号，而使能信号就特别适合在此处使用，即对一段时间区域进行控制锁定。如图 21-18 所示，当下降沿标志信号 start_nedge 为高电平时拉高工作使能信号 work_en（什么时候拉低将在后面介绍），在 work_en 信号为高的时间区域内虽然也会有下降沿 start_nedge 标志信号产生，但是我们根据 work_en 信号就可以判断出此时出现的 start_nedge 标志信号并不是我们想要的串口帧起始下降沿，从而将其过滤掉。

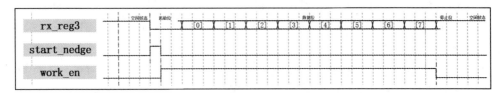

图 21-18 拉高工作使能信号波形图

解决了这个问题之后，我们正式开始接收一帧数据。此处使用的是 9600Bps 的波特率和 PC 进行串口通信，PC 的串口调试助手要将发送数据波特率调整为 9600Bps。而 FPGA 内部使用的系统时钟是 50MHz，前面也进行过计算，得出 1bit 需要的时间约为 5208 个（因为一帧只有 10bit，细微的近似计数差别不会产生数据错误，但是如果计数值差别过大，则会产生接收数据的错误）系统时钟周期，那么我们就需要产生一个能计 5208 个数的计数器来依次接收 10bit 的数据，计数器每计 5208 个数就接收一个新比特的数据。如图 21-19 所示，计数器名为 baud_cnt，当 work_en 信号为高电平时，就让计数器计数，当计数器计 5208 个数（从 0 到 5207）或 work_en 信号为低电平时，计数器清零。

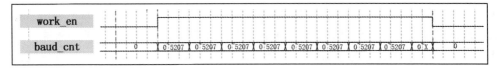

图 21-19 baud_cnt 计数器产生波形图

第四部分：现在可以根据波特率计数器一个一个接收数据了，我们发现 baud_cnt 计数器在计数值为 0～5207 时都是数据有效的时刻，那该什么时候取数据呢？理论上讲，在数据变化的地方取数是不稳定的，所以我们选择当 baud_cnt 计数器计数到 2603，即中间位置时取数，这时最稳定（其实只要 baud_cnt 计数器在计数值不是在 0 和 5207 这两个最不稳定的时刻取数就可以，更为准确的做法是多次取值，取概率最大的情况）。所以如图 21-20 所示，在 baud_cnt 计数器计数到中点时，产生一个时钟周期的 bit_flag 的取数标志信号，用于指示该时刻的数据可以被取走。

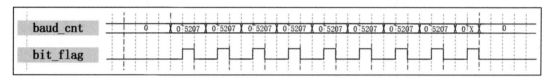

图 21-20　bit_flag 标志信号产生波形图

串口的数据是基于帧的，所以每接收完一帧数据，rx 信号都要被拉高，即恢复到空闲状态重新判断串口帧起始下降沿，以等待下一帧数据的接收，且一帧数据中还包括了起始位和停止位这种无用的数据，而对我们有价值的数据只是中间的 8bit 数据，也就是说我们需要准确地知道此时此刻接收的是第几比特，当接收够 10bit 数据后，就停止继续接收数据，等 rx 信号被拉高，待恢复到空闲状态后再等待接收下一帧的数据。所以我们还需要产生一个用于计数该时刻接收的数据是第几个比特的 bit_cnt 计数器。如图 21-21 所示，刚好可以利用我们已经产生的 bit_flag 取数标志信号，对该信号进行计数，即可以知道此时接收的数据是第几个比特了。这里我们只让 bit_cnt 计数器的计数值为 8 时再清零，虽然 bit_cnt 计数器的计数值从 0 计数到 8 只有 9bit，但这 9bit 中已经包含了我们所需要的 8bit 有用数据，最后的 1bit 停止位没有用，可以不用再进行计数了，但如果一定要将 bit_cnt 计数器的计数值计数到 9 后再清零也是可以的。

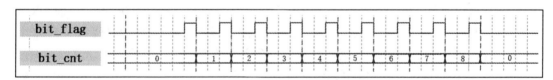

图 21-21　bit_cnt 计数器产生波形图

讲到这里，我们不要忘记第三部分的遗留问题，那就是 work_en 信号何时拉低。如图 21-22 所示，当 bit_cnt 计数器计数到 8 且①处的 bit_flag 取数标志信号同时为高时，说明我们已经接收到了所有的 8bit 有用数据，这两个条件必须同时满足才能让 work_en 信号拉低。如果仅仅把 bit_cnt 计数器的计数值计数到 8 作为 work_en 信号拉低的条件，而漏掉①处的 bit_flag 取数标志信号为高这个条件，就会使 work_en 信号在粗虚线位置拉低，导致最后 1bit 数据丢失，致使后面接收的帧出错甚至接收不到数据。

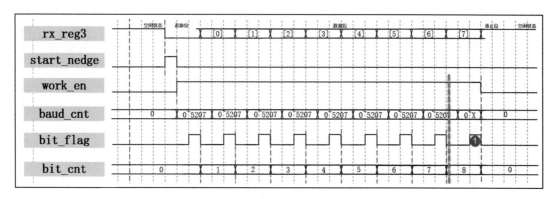

图 21-22 拉低 work_en 信号波形图

第五部分：我们接收到的 rx 信号是串行的，后面的系统要使用的是完整的 8bit 并行数据。也就是说我们还需要进行将 1bit 串行数据转换为 8bit 并行数据的串并转换的工作，这也是我们在接口设计中常遇到的一种操作。进行串并转换就需要移位，要考虑清楚什么时候开始移位，不能提前也不能延后，否则会将无用的数据也移进来，所以我们需要卡准时间。如图 21-23 所示，PC 的串口调试助手发送的数据是先发送低位后发送高位，所以我们接收的 rx 信号也是先接收低位后接收高位，我们采用边接收边移位的操作。移位操作的方法在第 17 章中已经介绍过，这里不再重复。接下来我们需要确定移位开始和结束的时间。如图 21-24 所示，当 bit_cnt 计数器的计数值为 1 时，说明第一个有用数据已经接收到了，刚好剔除了起始位，可以进行移位了。注意移位的条件，要在 bit_cnt 计数器的计数值在 1～8 区间内且 bit_flag 取数标志信号同时为高时才能移位，也就是移动 7 次即可，接收最后 1bit 有用数据时就不需要再进行移位了。当移位 7 次后，1bit 的串行数据已经变为 8bit 的并行数据了，此时产生一个移位完成标志信号 rx_flag。

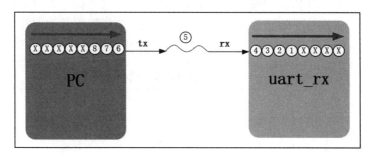

图 21-23 数据的接收图

第六部分：此时有很多读者以为我们的串口接收模块就全部完成了，其实还差最后一点。rx_data 信号是参与移位的数据，在移位的过程中数据是变动的，不可以被后级模块使用，但可以肯定的是在移位完成标志信号 rx_flag 为高时，rx_data 信号一定是移位完成的稳定的 8bit 有用数据。如图 21-25 所示，此时当移位完成标志信号 rx_flag 为高时，让 rx_data

信号赋值给专门用于输出稳定 8bit 有用数据的 po_data 信号就可以了，但 rx_flag 信号又不能作为 po_data 信号有效的标志信号，所以需要将 rx_flag 信号再延迟一拍。最后输出的有用 8bit 数据为 po_data 信号和伴随 po_data 信号有效的标志信号 po_flag 信号。到此为止，uart_rx 模块的波形就全部设计好了。

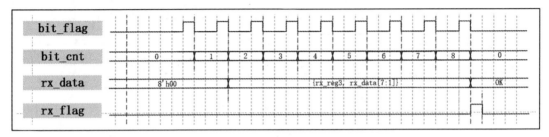

图 21-24　数据移位波形图

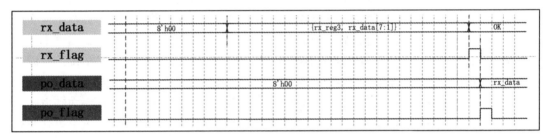

图 21-25　输出 po_data 波形图

（4）代码编写

波形画出来了，再结合详细的波形分析，编写代码就很容易了。写代码时还是和以前一样按照所画波形的顺序依次编写，这样在信号较多的情况下也不容易漏掉。为了增加模块的通用性，我们将波特率的计数值做成参数的形式，如果使用其他波特率进行通信，就可以将算好的计数值直接替换。模块参考代码参见代码清单 21-1。

代码清单 21-1　串口接收模块参考代码（uart_rx.v）

```
 1  module  uart_rx
 2  #(
 3      parameter   UART_BPS    =   'd9600,         // 串口波特率
 4      parameter   CLK_FREQ    =   'd50_000_000    // 时钟频率
 5  )
 6  (
 7      input   wire            sys_clk     ,       // 系统时钟，频率为 50MHz
 8      input   wire            sys_rst_n   ,       // 全局复位
 9      input   wire            rx          ,       // 串口接收数据
10
11      output  reg     [7:0]   po_data     ,       // 串转并后的 8bit 数据
12      output  reg             po_flag             // 串转并后的数据有效标志信号
```

```
13 );
14
15 //****************************************************************//
16 //****************** Parameter and Internal Signal ****************//
17 //****************************************************************//
18
19 //localparam    define
20 localparam  BAUD_CNT_MAX   =   CLK_FREQ/UART_BPS  ;
21
22 //reg    define
23 reg         rx_reg1     ;
24 reg         rx_reg2     ;
25 reg         rx_reg3     ;
26 reg         start_nedge ;
27 reg         work_en     ;
28 reg [12:0]  baud_cnt    ;
29 reg         bit_flag    ;
30 reg [3:0]   bit_cnt     ;
31 reg [7:0]   rx_data     ;
32 reg         rx_flag     ;
33
34 //****************************************************************//
35 //*********************** Main Code ******************************//
36 //****************************************************************//
37
38 // 插入两级寄存器进行数据同步，用来消除亚稳态
39 //rx_reg1：第一级寄存器，寄存器空闲状态复位为 1
40 always@(posedge sys_clk or negedge sys_rst_n)
41     if(sys_rst_n == 1'b0)
42         rx_reg1 <= 1'b1;
43     else
44         rx_reg1 <= rx;
45
46 //rx_reg2：第二级寄存器，寄存器空闲状态复位为 1
47 always@(posedge sys_clk or negedge sys_rst_n)
48     if(sys_rst_n == 1'b0)
49         rx_reg2 <= 1'b1;
50     else
51         rx_reg2 <= rx_reg1;
52
53 //rx_reg3：第三级寄存器和第二级寄存器共同构成下降沿检测
54 always@(posedge sys_clk or negedge sys_rst_n)
55     if(sys_rst_n == 1'b0)
56         rx_reg3 <= 1'b1;
57     else
58         rx_reg3 <= rx_reg2;
59
60 //start_nedge：检测到下降沿时 start_nedge 产生一个时钟的高电平
61 always@(posedge sys_clk or negedge sys_rst_n)
62     if(sys_rst_n == 1'b0)
63         start_nedge <= 1'b0;
```

```
64      else    if((~rx_reg2) && (rx_reg3))
65          start_nedge <= 1'b1;
66      else
67          start_nedge <= 1'b0;
68
69  //work_en: 接收数据工作使能信号
70  always@(posedge sys_clk or negedge sys_rst_n)
71      if(sys_rst_n == 1'b0)
72          work_en <= 1'b0;
73      else    if(start_nedge == 1'b1)
74          work_en <= 1'b1;
75      else    if((bit_cnt == 4'd8) && (bit_flag == 1'b1))
76          work_en <= 1'b0;
77
78  //baud_cnt: 波特率计数器计数，从 0 计数到 5207
79  always@(posedge sys_clk or negedge sys_rst_n)
80      if(sys_rst_n == 1'b0)
81          baud_cnt <= 13'b0;
82      else    if((baud_cnt == BAUD_CNT_MAX - 1) || (work_en == 1'b0))
83          baud_cnt <= 13'b0;
84      else    if(work_en == 1'b1)
85          baud_cnt <= baud_cnt + 1'b1;
86
87  //bit_flag: 当 baud_cnt 计数器计数到中间数时采样的数据最稳定，
88  // 此时拉高一个标志信号表示数据可以被取走
89  always@(posedge sys_clk or negedge sys_rst_n)
90      if(sys_rst_n == 1'b0)
91          bit_flag <= 1'b0;
92      else    if(baud_cnt == BAUD_CNT_MAX/2 - 1)
93          bit_flag <= 1'b1;
94      else
95          bit_flag <= 1'b0;
96
97  //bit_cnt: 有效数据个数计数器，当 8 个有效数据(不含起始位和停止位)
98  // 都接收完成后计数器清零
99  always@(posedge sys_clk or negedge sys_rst_n)
100     if(sys_rst_n == 1'b0)
101         bit_cnt <= 4'b0;
102     else    if((bit_cnt == 4'd8) && (bit_flag == 1'b1))
103         bit_cnt <= 4'b0;
104     else    if(bit_flag ==1'b1)
105         bit_cnt <= bit_cnt + 1'b1;
106
107 //rx_data: 输入数据进行移位
108 always@(posedge sys_clk or negedge sys_rst_n)
109     if(sys_rst_n == 1'b0)
110         rx_data <= 8'b0;
111     else    if((bit_cnt >= 4'd1)&&(bit_cnt <= 4'd8)&&(bit_flag == 1'b1))
112         rx_data <= {rx_reg3, rx_data[7:1]};
113
114 //rx_flag: 输入数据移位完成时 rx_flag 拉高一个时钟的高电平
```

```
115  always@(posedge sys_clk or negedge sys_rst_n)
116      if(sys_rst_n == 1'b0)
117          rx_flag <= 1'b0;
118      else    if((bit_cnt == 4'd8) && (bit_flag == 1'b1))
119          rx_flag <= 1'b1;
120      else
121          rx_flag <= 1'b0;
122
123  //po_data: 输出完整的 8 位有效数据
124  always@(posedge sys_clk or negedge sys_rst_n)
125      if(sys_rst_n == 1'b0)
126          po_data <= 8'b0;
127      else    if(rx_flag == 1'b1)
128          po_data <= rx_data;
129
130  //po_flag: 输出数据有效标志（比 rx_flag 延后一个时钟周期，为了和 po_data 同步）
131  always@(posedge sys_clk or negedge sys_rst_n)
132      if(sys_rst_n == 1'b0)
133          po_flag <= 1'b0;
134      else
135          po_flag <= rx_flag;
136
137  endmodule
```

（5）仿真文件编写

在编写仿真代码时，我们要模拟出 PC 的串口调试助手发送串行数据帧的过程，这是我们首次使用 task 任务来实现数据逐个发送的过程。模块仿真参考代码详见代码清单 21-2。

代码清单 21-2　串口接收模块仿真参考代码（tb_uart_rx.v）

```
 1 module  tb_uart_rx();
 2
 3 //*****************************************************************//
 4 //***************** Parameter and Internal Signal ****************//
 5 //*****************************************************************//
 6
 7 //reg   define
 8 reg          sys_clk;
 9 reg          sys_rst_n;
10 reg          rx;
11
12 //wire  define
13 wire   [7:0]  po_data;
14 wire          po_flag;
15
16 //*****************************************************************//
17 //************************* Main Code ****************************//
18 //*****************************************************************//
19
20 // 初始化系统时钟、全局复位和输入信号
```

```
21 initial begin
22          sys_clk    = 1'b1;
23          sys_rst_n <= 1'b0;
24          rx        <= 1'b1;
25          #20;
26          sys_rst_n <= 1'b1;
27 end
28
29 // 模拟发送 8 次数据，分别为 0～7
30 initial begin
31          #200
32          rx_bit(8'd0);      // 任务的调用，任务名 + 括号中要传递进任务的参数
33          rx_bit(8'd1);
34          rx_bit(8'd2);
35          rx_bit(8'd3);
36          rx_bit(8'd4);
37          rx_bit(8'd5);
38          rx_bit(8'd6);
39          rx_bit(8'd7);
40 end
41
42 //sys_clk: 每 10ns 电平翻转一次，产生一个 50MHz 的时钟信号
43 always #10 sys_clk = ~sys_clk;
44
45 // 定义一个名为 rx_bit 的任务，每次发送的数据有 10 位
46 //data 的值分别为 0～7，由 j 的值传递进来
47 // 任务以 task 开头，后面紧跟着的是任务名，调用时使用
48 task rx_bit(
49     // 传递到任务中的参数，调用任务的时候从外部传进来一个 8 位的值
50          input    [7:0]    data
51 );
52          integer i;        // 定义一个常量
53 // 用 for 循环产生一帧数据，for 括号中最后执行的内容只能写 i=i+1
54 // 不可以写成 C 语言 i=i++ 的形式
55          for(i=0; i<10; i=i+1) begin
56              case(i)
57                  0: rx <= 1'b0;
58                  1: rx <= data[0];
59                  2: rx <= data[1];
60                  3: rx <= data[2];
61                  4: rx <= data[3];
62                  5: rx <= data[4];
63                  6: rx <= data[5];
64                  7: rx <= data[6];
65                  8: rx <= data[7];
66                  9: rx <= 1'b1;
67              endcase
68              #(5208*20); // 每发送 1 位数据延时 5208 个时钟周期
69          end
70 endtask                    // 任务以 endtask 结束
71
```

```
72 //*****************************************************//
73 //*********************** Instantiation *****************//
74 //*****************************************************//
75
76 //------------------------uart_rx_inst-------------------
77 uart_rx uart_rx_inst(
78        .sys_clk    (sys_clk   ),  //input          sys_clk
79        .sys_rst_n  (sys_rst_n ),  //input          sys_rst_n
80        .rx         (rx        ),  //input          rx
81
82        .po_data    (po_data   ),  //output  [7:0]  po_data
83        .po_flag    (po_flag   )   //output         po_flag
84 );
85
86 endmodule
```

（6）仿真波形分析

打开 ModelSim 后先清空波形信号，重新添加要测试的模块，我们让波形运行了 10ms
即可完全显示所有波形，然后让波形窗口信号的排列顺序和所画的波形图顺序一致，这样
可以更快速地发现我们的设计中存在的问题。模拟 PC 发送 8 次（数据值从 0 到 7）串行数
据的波形如图 21-26 所示。①处为接收数据"1"的波形，将其放大观察。

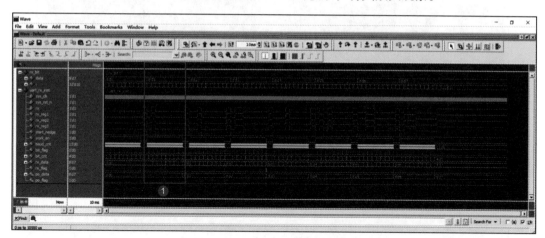

图 21-26　模拟 PC 串行数据波形图

整体接收模块的波形如图 21-27 所示，可以看到数据是先接收的低位后接收的高位，
一共是 10bit 数据。

前三部分仿真波形如图 21-28 所示，可以清晰地看到将 rx 信号延迟三拍的操作，并产
生了串口帧起始的下降沿标志信号，以及 work_en 信号在串口帧起始的下降沿标志信号为
高时拉高，baud_cnt 计数器在 work_en 信号为高时开始计数。

第四部分仿真波形如图 21-29 所示，取数标志信号 bit_flag 在 baud_cnt 计数器计数到
2603 时产生一个时钟周期的脉冲。

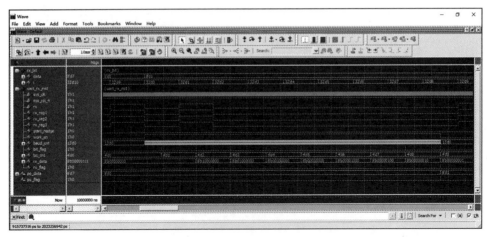

图 21-27　整体接收模块的波形图

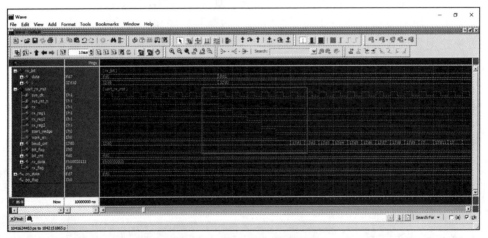

图 21-28　前三部分仿真波形

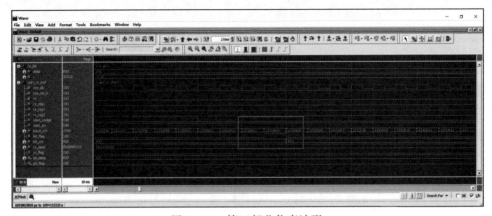

图 21-29　第四部分仿真波形

第五部分仿真波形如图 21-30 所示，可以看到 rx_data 信号在 bit_cnt 计数器的计数值在 1～8 区间内且 bit_flag 取数标志信号同时为高时移位的过程。

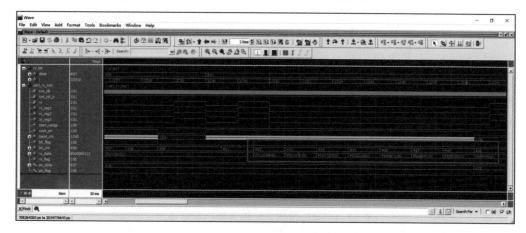

图 21-30 第五部分仿真波形

第六部分仿真波形如图 21-31 所示，可以看到 work_en 信号拉低的时间以及产生供后级模块使用的 8bit 有用数据 po_data 和数据有效标志信号 po_flag。

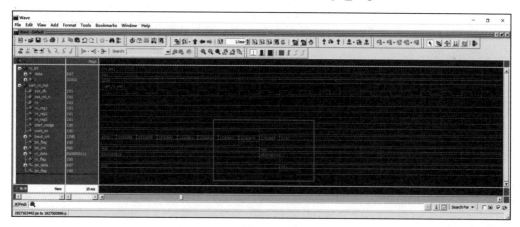

图 21-31 第六部分仿真波形

3. 串口数据发送模块

接下来我们继续进行串口发送模块的设计。该模块的功能是将 FPGA 中的数据以固定的波特率发送到 PC 的串口调试助手并打印出来，串口发送模块按照串口的协议组装成帧，然后按照顺序一个比特一个比特地将数据发送至 PC，而 FPGA 内部的数据往往是并行的，需要将其转化为串行数据发送。

（1）模块设计

我们将串口接收模块命名为 uart_tx，根据功能简介，我们对整个设计要求有了大致的了解，其中设计的关键点是如何将串并行数据转化为串行数据并发送出去，也就是按照顺序将并行数据发送至 PC 上。FPGA 发送的串行数据同样没有时钟，所以要和 PC 使用相同的波特率，逐位发送。为了后面做串口的回环测试，我们仍选择使用 9600Bps 的波特率。

整个模块也必须用到时序逻辑，所以先设计好时钟信号 sys_clk 和复位信号 sys_rst_n，其次是 FPGA 要发送的 8bit 有用数据信号 pi_data 和伴随数据有效的标志信号 pi_flag，再次是相对于 FPGA 的 tx 端发送至 PC 中的 1bit 输出信号。

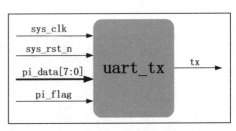

图 21-32　串口发送模块框图

根据上面的分析设计出的 Visio 框图如图 21-32 所示。

端口列表与功能描述如表 21-4 所示。

表 21-4　串口发送模块输入输出信号描述

信　　号	位　宽	类　　型	功　能　描　述
sys_clk	1bit	Input	工作时钟，频率为 50MHz
pi_data	8bit	Input	要发送的 8bit 并行数据
pi_data_flag	1bit	Input	要发送的 8bit 并行数据有效标志信号
tx	1bit	Output	串口发送信号

（2）波形设计

如图 21-33 所示，我们先把实现 uart_tx 功能的整体波形图列出，然后再详细介绍下面的波形是如何一步步设计实现的。

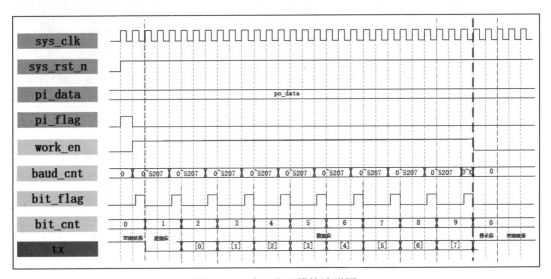

图 21-33　串口发送模块波形图

（3）波形设计思路详细解析

第一部分：首先画出四个输入信号，分别是时钟、复位、8bit 有用数据和数据有效标志信号。8bit 有用数据 pi_data 和数据有效标志信号 pi_flag 是上一级系统发送过来的，我们设计的模块只需要负责接收即可。当数据有效标志信号 pi_flag 为高时，表示数据已经是稳定的，可以被使用，这时就可以把 8bit 数据接收过来了，然后再将这个 8bit 数据按照顺序一个一个串行发送出去。我们已经和 PC 约定好了使用 9600Bps 的波特率，所以发送 1bit 数据需要的时间也大约为 5208 个系统时钟周期，这就需要产生一个和接收数据时一样的波特率计数器，我们将其命名为 baud_cnt，该计数器每计 5208 个数就发送一个新比特的数据，一共发送 10bit。但是仔细一想问题就出现了，波特率计数器 baud_cnt 计数的条件是什么呢？当检测到数据有效标志信号 pi_flag 为高时就开始计数吗？这是不行的，因为 pi_flag 信号只维持一个时钟周期的高电平，并不能让 pi_flag 信号为高作为波特率计数器 baud_cnt 计数的条件，所以需要一个控制波特率计数器 baud_cnt 何时计数的使能信号。如图 21-34 所示，我们产生一个名为 work_en 的工作使能信号，当检测到数据有效标志信号 pi_flag 为高电平时拉高工作使能信号 work_en（什么时候拉低在后面讲解），因为 work_en 信号是持续的高电平，所以当 work_en 信号为高电平时，波特率计数器 baud_cnt 进行计数。

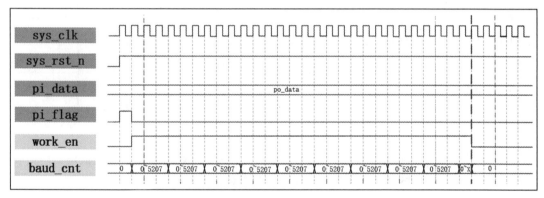

图 21-34 产生的 work_en 信号

第二部分：下面我们就可以按照 5208 个系统时钟周期的波特率间隔来发送 1bit 数据了。那应该在什么位置开始发送呢？我们要先在 5208 个系统时钟周期内确定好一个发送的点，后面再发送的数据间隔都是 5208 个时钟周期即可。理论上在第一个 5208 系统时钟周期内的任意一个位置发送数据都可以，这和接收数据时要选取中间位置不同，所以我们让 baud_cnt 计数器的计数值为 1（选择其他的值也可以，但是尽量不要选择 baud_cnt 计数器的计数值为 0 或 5207 这种端点，因为容易出问题）时作为发送数据的点，而下一个 baud_cnt 计数器的计数值为 1 的时候和上一个正好相差 5208 个系统时钟周期，是完全可以满足要求的。

那此时可以发送数据了吗？我们再来思考一下，发送数据时要发送一帧，也就是需要发送固定 1bit 为 0 的起始位、8bit 的有用数据和固定 1bit 为 1 的停止位，每当 baud_cnt 计数器的计数值为 1 时就发送 1bit 的数据，发送第一个起始位的时候没有问题，发送 8 个有用数据位置时也没有问题，发送最后一个停止位时仍是正确的，但是我们只需要发送 10bit 数据就结束了，后面就不需要再发送数据了，此时如果 work_en 信号还持续为高，那么baud_cnt 计数器也就会一直计数，那么发送完 10bit 数据后还会继续发送，这是我们不需要的。所以当发送完一帧数据后，要将 work_en 信号拉低，从而使 baud_cnt 计数器停止，才能不继续发送数据。那什么时候停止呢？一定要在 10bit 的数据都发送完才能停止，那么就需要有一个用于计数当前发送了多少个数据的计数器，我们将其命名为 bit_cnt。bit_cnt 计数器在 baud_cnt 计数器的计数值每次为 1 时加 1 即可。如图 21-35 所示，为了更加直观地表达，我们再多加一个信号，每当 baud_cnt 计数器的计数值为 1 时产生一个时钟周期的名为 bit_flag 的允许发送数据标志信号，当标志信号为高时，bit_cnt 计数器加 1（计数到多少将在后面讲解）。

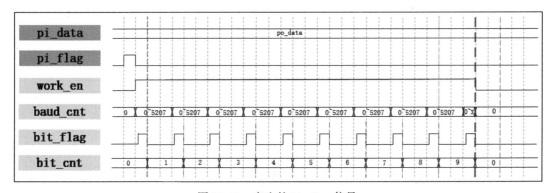

图 21-35　产生的 bit_flag 信号

第三部分：将数据按顺序一个一个地发送出去，因为接收时是先接收的低位，后接收的高位，所以如图 21-36 所示，发送时也是先发送低位，后发送高位。

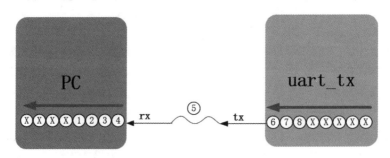

图 21-36　数据的接收与发送

不要忘记前面还有两个遗留问题没有解决：一个是 work_en 信号什么时候拉低；另一个是 bit_cnt 计数器计数到多少时清零，这也是最后的收尾工作。

先看 bit_cnt 计数器什么时候清零，有的读者说要计数到 9，有的则说要计数到 10，其实我们不妨都尝试一下。如图 21-37 所示，假如让 bit_cnt 计数器计数到 9，可以发现最后一个停止位没有对应的计数了，这会有问题吗？仔细分析就可以知道，停止位和空闲情况下都为高电平，所以停止位就没有必要再单独计数了，因此 bit_cnt 计数器计数到 9 清零是完全可以的，当然，计数到 10 更是可以的。

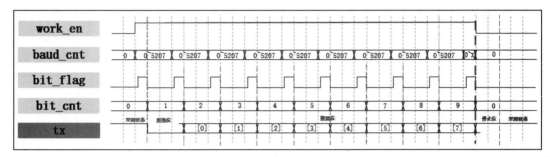

图 21-37　bit_cnt 计数器波形

最后再来看一看 work_en 信号拉低的条件。work_en 存在就是为了方便 baud_cnt 计数器计数，当不需要 baud_cnt 计数器计数时也就可以让 work_en 信号拉低了。当 bit_cnt 计数器计数到 9 且 bit_flag 信号有效时，停止位就可以被发送出去了，此时就不再需要 baud_cnt 计数器计数了，可以把 work_en 信号拉低了，但同时还要将 baud_cnt 计数器清零，等待下一次发送数据时再从 0 开始计数。到此为止，uart_tx 模块的波形也全部设计好了。

（4）代码编写

波形画出来了，再结合详细的波形分析，就可以进行代码的编写了。写代码时，继续按照所画波形的顺序依次编写。为了增加模块的通用性，这里也将波特率的计数值做成参数的形式，如果使用其他波特率进行通信，直接替换为算好的计数值即可。模块参考代码详见代码清单 21-3。

代码清单 21-3　串口发送模块参考代码（uart_tx.v）

```
 1 module  uart_tx
 2 #(
 3     parameter   UART_BPS    =   'd9600,          // 串口波特率
 4     parameter   CLK_FREQ    =   'd50_000_000     // 时钟频率
 5 )
 6 (
 7     input   wire            sys_clk     ,        // 系统时钟，频率为 50MHz
 8     input   wire            sys_rst_n   ,        // 全局复位
 9     input   wire    [7:0]   pi_data     ,        // 模块输入的 8bit 数据
10     input   wire            pi_flag     ,        // 并行数据有效标志信号
11
12     output  reg             tx                   // 串转并后的 1bit 数据
13 );
14
```

```
15 //*****************************************************************//
16 //****************** Parameter and Internal Signal ****************//
17 //*****************************************************************//
18
19 //localparam    define
20 localparam  BAUD_CNT_MAX   =   CLK_FREQ/UART_BPS    ;
21
22 //reg   define
23 reg [12:0]  baud_cnt;
24 reg         bit_flag;
25 reg [3:0]   bit_cnt ;
26 reg         work_en ;
27
28 //*****************************************************************//
29 //************************** Main Code ***************************//
30 //*****************************************************************//
31
32 //work_en: 接收数据工作使能信号
33 always@(posedge sys_clk or negedge sys_rst_n)
34        if(sys_rst_n == 1'b0)
35            work_en <= 1'b0;
36        else    if(pi_flag == 1'b1)
37            work_en <= 1'b1;
38        else    if((bit_flag == 1'b1) && (bit_cnt == 4'd9))
39            work_en <= 1'b0;
40
41 //baud_cnt: 波特率计数器计数，从 0 计数到 5207
42 always@(posedge sys_clk or negedge sys_rst_n)
43        if(sys_rst_n == 1'b0)
44            baud_cnt <= 13'b0;
45        else    if((baud_cnt == BAUD_CNT_MAX - 1) || (work_en == 1'b0))
46            baud_cnt <= 13'b0;
47        else    if(work_en == 1'b1)
48            baud_cnt <= baud_cnt + 1'b1;
49
50 //bit_flag: 当 baud_cnt 计数器计数到 1 时，让 bit_flag 拉高一个时钟的高电平
51 always@(posedge sys_clk or negedge sys_rst_n)
52        if(sys_rst_n == 1'b0)
53            bit_flag <= 1'b0;
54        else    if(baud_cnt == 13'd1)
55            bit_flag <= 1'b1;
56        else
57            bit_flag <= 1'b0;
58
59 //bit_cnt: 数据位数个数计数，10 个有效数据（含起始位和停止位）到来后计数器清零
60 always@(posedge sys_clk or negedge sys_rst_n)
61    if(sys_rst_n == 1'b0)
62        bit_cnt <= 4'b0;
63    else    if((bit_flag == 1'b1) && (bit_cnt == 4'd9))
64        bit_cnt <= 4'b0;
65    else    if((bit_flag == 1'b1) && (work_en == 1'b1))
66        bit_cnt <= bit_cnt + 1'b1;
```

```
67
68 //tx: 输出数据在满足 RS-232 协议（起始位为 0，停止位为 1）的情况下一位一位地输出
69 always@(posedge sys_clk or negedge sys_rst_n)
70         if(sys_rst_n == 1'b0)
71             tx <= 1'b1; // 空闲状态时为高电平
72         else    if(bit_flag == 1'b1)
73             case(bit_cnt)
74                 0       : tx <= 1'b0;
75                 1       : tx <= pi_data[0];
76                 2       : tx <= pi_data[1];
77                 3       : tx <= pi_data[2];
78                 4       : tx <= pi_data[3];
79                 5       : tx <= pi_data[4];
80                 6       : tx <= pi_data[5];
81                 7       : tx <= pi_data[6];
82                 8       : tx <= pi_data[7];
83                 9       : tx <= 1'b1;
84                 default : tx <= 1'b1;
85             endcase
86
87 endmodule
```

（5）仿真文件编写

在编写仿真代码时，我们要模拟出 PC 的串口调试助手发送串行数据帧的过程。和接收时一样，发送从 0 到 7 这 8 个并行数据，同时每个数据要有一个伴随数据有效的标志信号。这次我们不使用 task，可以看到仿真代码会很长，如代码清单 21-4 所示。

代码清单 21-4　串口发送模块仿真参考代码（tb_uart_tx.v）

```
 1 module  tb_uart_tx();
 2
 3 //****************************************************************//
 4 //***************** Parameter and Internal Signal ****************//
 5 //****************************************************************//
 6
 7 //reg   define
 8 reg         sys_clk;
 9 reg         sys_rst_n;
10 reg [7:0]   pi_data;
11 reg         pi_flag;
12
13 //wire  define
14 wire        tx;
15
16 //****************************************************************//
17 //************************ Main Code *****************************//
18 //****************************************************************//
19
20 // 初始化系统时钟、全局复位
21 initial begin
```

```
22          sys_clk    = 1'b1;
23          sys_rst_n <= 1'b0;
24          #20;
25          sys_rst_n <= 1'b1;
26  end
27
28  // 模拟发送 7 次数据，分别为 0~7
29  initial begin
30          pi_data <= 8'b0;
31          pi_flag <= 1'b0;
32          #200
33          // 发送数据 0
34          pi_data <= 8'd0;
35          pi_flag <= 1'b1;
36          #20
37          pi_flag <= 1'b0;
38  // 每发送 1bit 数据需要 5208 个时钟周期，一帧数据为 10bit
39  // 所以需要数据延时（5208*20*10）后再产生下一个数据
40          #(5208*20*10);
41          // 发送数据 1
42          pi_data <= 8'd1;
43          pi_flag <= 1'b1;
44          #20
45          pi_flag <= 1'b0;
46          #(5208*20*10);
47          // 发送数据 2
48          pi_data <= 8'd2;
49          pi_flag <= 1'b1;
50          #20
51          pi_flag <= 1'b0;
52          #(5208*20*10);
53          // 发送数据 3
54          pi_data <= 8'd3;
55          pi_flag <= 1'b1;
56          #20
57          pi_flag <= 1'b0;
58          #(5208*20*10);
59          // 发送数据 4
60          pi_data <= 8'd4;
61          pi_flag <= 1'b1;
62          #20
63          pi_flag <= 1'b0;
64          #(5208*20*10);
65          // 发送数据 5
66          pi_data <= 8'd5;
67          pi_flag <= 1'b1;
68          #20
69          pi_flag <= 1'b0;
70          #(5208*20*10);
71          // 发送数据 6
72          pi_data <= 8'd6;
73          pi_flag <= 1'b1;
```

```
74              #20
75              pi_flag <= 1'b0;
76              #(5208*20*10);
77              //发送数据7
78              pi_data <= 8'd7;
79              pi_flag <= 1'b1;
80              #20
81              pi_flag <= 1'b0;
82 end
83
84 //sys_clk: 每10ns电平翻转一次, 产生一个50MHz的时钟信号
85 always #10 sys_clk = ~sys_clk;
86
87 //*******************************************************************//
88 //*********************** Instantiation *************************//
89 //*******************************************************************//
90
91 //------------------------uart_rx_inst-----------------------
92 uart_tx uart_tx_inst(
93         .sys_clk    (sys_clk    ), //input              sys_clk
94         .sys_rst_n  (sys_rst_n  ), //input              sys_rst_n
95         .pi_data    (pi_data    ), //output    [7:0]    pi_data
96         .pi_flag    (pi_flag    ), //output             pi_flag
97
98         .tx         (tx         )  //input              tx
99 );
100
101 endmodule
```

（6）仿真波形分析

打开 ModelSim 后先清空波形信号，重新添加要测试的模块，我们让程序运行了 10ms
即可显示所有波形，先让波形窗口信号的排列顺序和所画的波形图顺序变得一致再进行观
察。模拟上级系统发送 8 次（数据值从 0 到 7）数据和数据有效标志信号，其整体波形如
图 21-38 所示。①处为发送数据"1"的波形，将其放大详细观察。

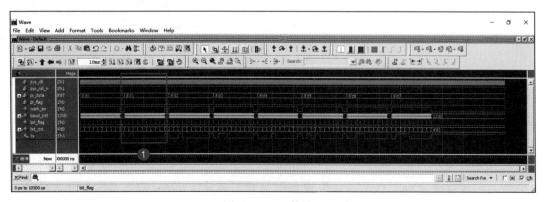

图 21-38　整体波形

整体发送模块的波形如图 21-39 所示，可以看到是先发送低位后发送高位，一共是 10bit 数据。

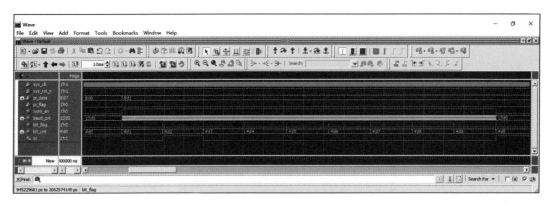

图 21-39　发送模块整体波形图

第一、二部分的仿真波形如图 21-40 所示，可以看到要发送的 8bit 并行数据为 1，同时伴随着一个数据有效标志信号，当数据有效标志信号为高期间 work_en 信号拉高，当 work_en 信号为高期间 baud_cnt 计数器进行计数。baud_cnt 计数器计数值为 1 时 bit_flag 信号为高，当检测到 bit_flag 信号为高时 tx 就发送一个数据，同时 bit_cnt 计数器加 1。

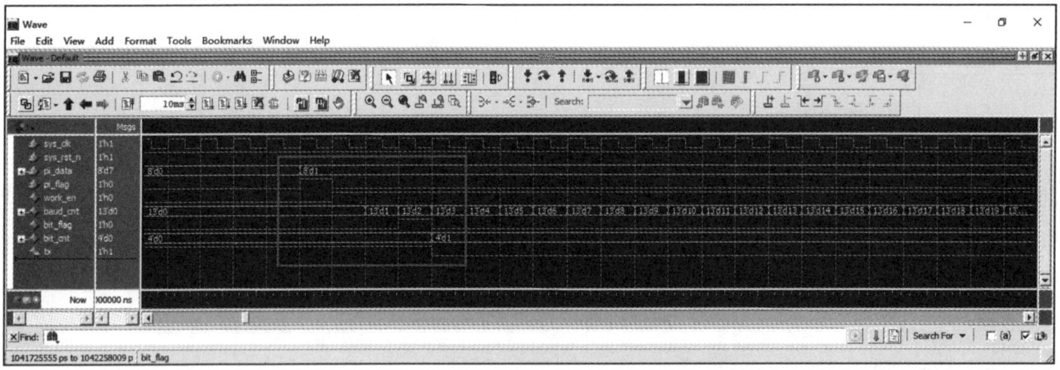

图 21-40　第一、二部分仿真波形图

第三部分的仿真波形如图 21-41 所示，可以清晰地看到最后一个 bit_flag 信号为高的时刻，且 bit_cnt 计数器也计数到 9，将停止位发送出去，同时 work_en 信号拉低，baud_cnt 计数器检测到 work_en 信号为低电平后立刻清零并停止计数，等待下一次发送数据时再工作。

4. 顶层模块

串口的接收模块 uart_rx 和发送模块 uart_tx 我们都设计好了。在本章的最开始我们也讲过串口可以作为很好用的调试工具使用，比如和其他系统一起做回环测试。串口发送模块和串口接收模块因为波特率相同，功能又互补，所以它们自身就可以直接连接到一起工作，来实现最简单的回环测试。大致流程为 PC 的串口调试助手发送一串数据，经过 FPGA 后再传回 PC 的串口调试助手中打印显示。

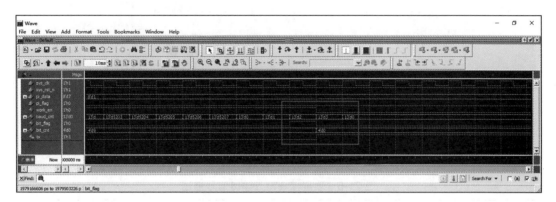

图 21-41　第三部分仿真波形

（1）模块设计

FPGA 对外可以看成一个整体的模块，如图 21-42 所示，输入需要时钟、复位信号，同时还有 PC 发送过来的串行数据 rx 信号，输出为发送给 PC 的串行数据 tx 信号。我们之前学习过层次化的设计，这次也用到了，我们先设计好了 uart_rx 模块和 uart_tx 模块，再组装成系统，这可以看作自底向上（Bottom-Up）的设计，需要一个顶层模块来实例化 uart_rx 模块和 uart_tx 模块，我们将这个顶层模块命名为 rs232。

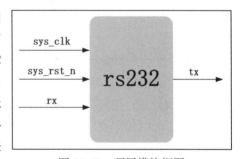

图 21-42　顶层模块框图

如图 21-43 所示，我们将 uart_rx 模块的输出信号 po_data 和 po_flag 分别连接到 uart_tx 模块的输入信号 pi_data 和 pi_flag，中间的连线仍遵循 uart_rx 模块的叫法。

回环测试的数据传输的详细过程为：PC 的串口调试助手发送一帧串行数据给 rs232 模块的 rx 端，rs232 的 rx 端接收数据后传给 uart_rx 模块的 rx 端，uart_rx 模块负责解析出一帧数据中的有用数据，并将其转化为 8bit 并行数据 po_data 和数据有效标志信号 po_flag。8bit 并行数据 po_data 和数据有效标志信号 po_flag 通过 FPGA 的内部连线直接传输给 uart_rx 模块的 8bit 数据输入端 pi_data 和数据有效标志信号输入端 pi_flag，将接收到的并行数据重新封装成帧后串行发送到 tx 端，uart_rx 模块的 tx 端再把数据传给 rs232 的 tx 端，rs232 的 tx 端再将数据传回 PC 的串口调试助手中打印显示，实现了发送什么就接收什么，如果发送和接收的数据不一致，则说明整个链路存在错误。

根据上面的分析设计出的 Visio 框图如图 21-43 所示。

端口列表与功能描述如表 21-5 所示。

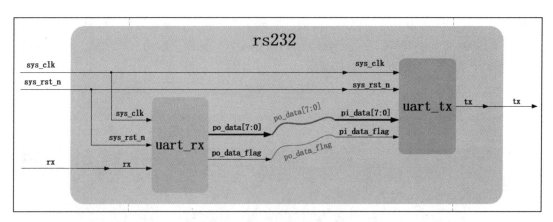

图 21-43　模块整体框图

表 21-5　顶层模块输入输出信号描述

信　　号	位　宽	类　型	功 能 描 述
sys_clk	1bit	Input	工作时钟，频率为 50MHz
sys_rst_n	1bit	Input	复位信号，低电平有效
rx	1bit	Input	串口接收信号
tx	1bit	Output	串口发送信号

（2）代码编写

结构清晰了，底层模块也有了，剩下的工作就是在顶层实例化子模块，然后进行连线即可。连线的时候需要注意，多比特数据的位宽匹配要准确。顶层模块参考代码详见代码清单 21-5。

代码清单 21-5　顶层模块参考代码（rs232.v）

```
 1 module  rs232(
 2    input    wire    sys_clk    ,        // 系统时钟，频率为 50MHz
 3    input    wire    sys_rst_n  ,        // 全局复位
 4    input    wire    rx         ,        // 串口接收数据
 5
 6    output   wire    tx                  // 串口发送数据
 7 );
 8
 9 //*****************************************************************//
10 //****************** Parameter and Internal Signal *****************//
11 //*****************************************************************//
12
13 //parameter define
14 parameter   UART_BPS   =   14'd9600;     // 波特率
15 parameter   CLK_FREQ   =   26'd50_000_000; // 时钟频率
16
17 //wire  define
```

```
18 wire    [7:0]   po_data;
19 wire            po_flag
20
21 //***********************************************************************//
22 //************************ Instantiation ***********************//
23 //***********************************************************************//
24
25 //------------------------uart_rx_inst----------------------
26 uart_rx
27 #(
28     .UART_BPS   (UART_BPS),      // 串口波特率
29     .CLK_FREQ   (CLK_FREQ)       // 时钟频率
30 )
31 uart_rx_inst
32 (
33     .sys_clk    (sys_clk    ),  //input         sys_clk
34     .sys_rst_n  (sys_rst_n  ),  //input         sys_rst_n
35     .rx         (rx         ),  //input         rx
36
37     .po_data    (po_data    ),  //output  [7:0] po_data
38     .po_flag    (po_flag    )   //output        po_flag
39 );
40
41 //------------------------uart_tx_inst----------------------
42 uart_tx
43 #(
44     .UART_BPS   (UART_BPS),      // 串口波特率
45     .CLK_FREQ   (CLK_FREQ)       // 时钟频率
46 )
47 uart_tx_inst
48 (
49     .sys_clk    (sys_clk    ),  //input         sys_clk
50     .sys_rst_n  (sys_rst_n  ),  //input         sys_rst_n
51     .pi_data    (po_data    ),  //input   [7:0] pi_data
52     .pi_flag    (po_flag    ),  //input         pi_flag
53
54     .tx         (tx         )   //output        tx
55 );
56
57 endmodule
```

　　之前因为底层的结构越来越复杂，没有让大家研究底层的 RTL 视图，但这次 RTL 视图有了新的作用，可用来查看模块之间的连线是否正确，这对设计电路时初期检查排错很有用。如图 21-44 所示为综合处的 RTL 视图，可以看到模块之间的连线和位宽都没有问题。

（3）仿真文件编写

　　在编写仿真代码时，仍要模拟出 PC 的串口调试助手发送串行数据帧的过程。直接使用 uart_rx 的仿真代码也是可以的，但为了让大家更熟练地使用 task，我们又增加了一个 task，在一个 task 中调用另一个 task，使得仿真代码更加简洁高效。顶层仿真参考代码详见代码清单 21-6。

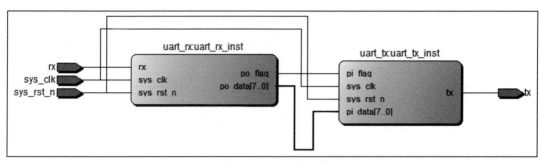

图 21-44　RTL 视图

代码清单 21-6　顶层仿真参考代码（tb_rs232.v）

```
 1 module  tb_rs232();
 2
 3 //*********************************************************************//
 4 //***************** Parameter and Internal Signal ****************//
 5 //*********************************************************************//
 6
 7 //reg   define
 8 reg     sys_clk;
 9 reg     sys_rst_n;
10 reg     rx;
11
12 //wire  define
13 wire    tx;
14
15 //*********************************************************************//
16 //************************* Main Code ****************************//
17 //*********************************************************************//
18
19 // 初始化系统时钟、全局复位和输入信号
20 initial begin
21     sys_clk    = 1'b1;
22     sys_rst_n <= 1'b0;
23     rx        <= 1'b1;
24     #20;
25     sys_rst_n <= 1'b1;
26 end
27
28 // 调用任务 rx_byte
29 initial begin
30     #200
31     rx_byte();
32 end
33
34 //sys_clk: 每 10ns 电平翻转一次，产生一个 50MHz 的时钟信号
35 always #10 sys_clk = ~sys_clk;
36
37 // 创建任务 rx_byte，本次任务调用 rx_bit 任务，发送 8 次数据，分别为 0～7
```

```
38 task      rx_byte();                      // 因为不需要外部传递参数, 所以括号中没有输入
39     integer j;
40     for(j=0; j<8; j=j+1)                   // 调用 8 次 rx_bit 任务, 每次发送的值从 0～7 变化
41         rx_bit(j);
42 endtask
43
44 // 创建任务 rx_bit, 每次发送的数据有 10 位, data 的值分别为 0 到 7 由 j 的值传递进来
45 task      rx_bit(
46     input    [7:0]    data
47 );
48     integer i;
49     for(i=0; i<10; i=i+1)    begin
50         case(i)
51             0: rx <= 1'b0;
52             1: rx <= data[0];
53             2: rx <= data[1];
54             3: rx <= data[2];
55             4: rx <= data[3];
56             5: rx <= data[4];
57             6: rx <= data[5];
58             7: rx <= data[6];
59             8: rx <= data[7];
60             9: rx <= 1'b1;
61         endcase
62         #(5208*20);                        // 每发送 1 位数据, 延时 5208 个时钟周期
63     end
64 endtask
65
66 //**********************************************************************//
67 //*********************** Instantiation ***********************//
68 //**********************************************************************//
69
70 //------------------------rs232_inst------------------------
71 rs232    rs232_inst(
72     .sys_clk    (sys_clk    ),    //input        sys_clk
73     .sys_rst_n  (sys_rst_n  ),    //input        sys_rst_n
74     .rx         (rx         ),    //input        rx
75
76     .tx         (tx         )     //output       tx
77 );
78
79 endmodule
```

（4）仿真波形分析

打开 ModelSim 后先清空波形信号, 重新添加要测试的模块, 把 uart_rx 模块和 uart_tx 模块的波形都添加进来并分组, 仍让波形运行 10ms, 先让波形窗口信号的排列顺序和所画的波形图顺序一致再进行观察。模拟 PC 发送 8 次（数据值从 0 到 7）串行数据的波形如图 21-45 所示。放大①处的波形进行仔细观察。

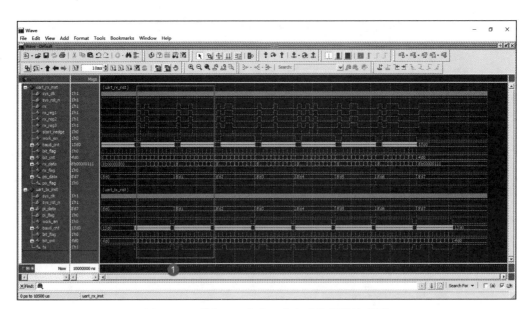

图 21-45　模拟 PC 发送 8 次串形数据的波形图

　　如图 21-46 所示，可以看到发送的串行数据和对应接收的串行数据是一样的，也就说明 rx 端口和 tx 端口的数据相同，同时也再一次验证了我们设计的 uart_rx 模块和 uart_tx 模块都是正确的。其实当验证过 uart_rx 模块后，完全可以不用单独再设计 uart_tx 模块的仿真代码，继续使用 uart_rx 模块的仿真代码，然后通过回环测试来验证 uart_tx 模块设计的是否正确即可。

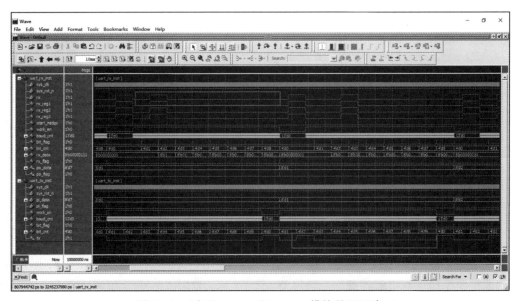

图 21-46　验证 uart_rx 和 uart_tx 模块是否正确

5. 上板验证

上板验证有两种方式，若使用的是绑定 USB 转串口的引脚进行编译下载的工程，就使用 USB 连接线（Tape-C 型）将 PC 与开发板连接，进行回环测试；若使用的是绑定 RS-232 串口的引脚来编译下载的工程，就使用 RS-232 串口线连接 PC 与开发板，进行回环测试，大家可根据自己已有的连接线进行选择。

若要进行 USB 转串口的验证，则按照如图 21-47 所示连接 12V 电源、下载器、USB 数据线以及短路帽；若要进行串口 RS-232 的验证，则按照如图 21-48 所示连接 12V 电源、下载器、RS-232 数据线以及短路帽。

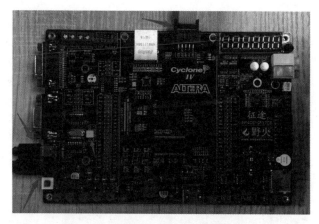

图 21-47　USB 转串口验证的接线方式

图 21-48　串口 RS-232 验证的接线方式

线路正确连接后，打开开关为板卡上电，随后为开发板下载程序。

程序下载完毕之后即可开始测试。打开串口助手，从中可以看到检测到有接口，若没有检测到接口，则先检查接线是否连接正确。同时，我们将波特率设置为代码中的 9600，具体设置如图 21-49 所示。

图 21-49　设置串口助手

设置完之后就可以发送数据了。我们发送任意字节数据，若接收的数据与发送的数据一致，则说明验证成功，如图 21-50 所示。

图 21-50　发送数据并验证成功

21.3　章末总结

在本章 Testbench 的设计中，我们第一次使用到了 task 任务以及 for 循环语句，这两个语法在仿真中使用得较多，虽然都是可以综合的，但还是建议初学者尽量不要在 RTL 代码中使用，尤其在对它们理解不深刻的情况下，但在 Testbench 中使用就不用担心这么多，且可以大大简化代码，提高效率，十分好用，也推荐大家以后在 Testbench 中多尝试使用。

我们还学习到一个很好用的调试方法——回环测试。本章中我们只是做了最简单的串口回环，以后还可以在 uart_rx 模块和 uart_tx 模块中间加入更加复杂的其他模块来进行验证。

本章可以说是我们学习 FPGA 以来的最有代表性的一个小项目了，无论是波形设计还是代码编写都比之前复杂，所以说这个小项目非常有意义，也很重要，希望大家能够再次深刻体会系统的设计方法和流程，并能够自己完全实现。后面的学习中还会有更加复杂、系统的实战项目，需要大家在学习的过程中多思考、多练习、多总结，最终做到完全掌握，应用自如。

新语法总结

重点掌握

1）task（可以互相调用）
2）for（虽然不多见，但是在 Testbench 中很高效）

知识点总结

1）理解亚稳态产生的原理，掌握单比特数据从慢速时钟域到快速时钟域处理亚稳态的方法。
2）学会使用边沿检测，并记住代码的格式，理解原理。
3）串并转换是接口中很常用的一种方法，用到了移位，要熟练掌握。
4）掌握回环测试的方法，以后用于模块中代码的调试。

第 22 章
使用 SignalTap II 嵌入式逻辑分析仪在线调试

前面的每个工程我们都做了 RTL 仿真，基本可以保证我们设计的代码功能是没问题的，但是这并不能保证万无一失，因为我们最终的目的是让综合后的程序下载到硬件系统后能正常工作。如果做了 RTL 仿真的综合后的代码在硬件系统中不能正常工作（越高速的系统中越常见）该怎么办呢？这时就可以使出我们的秘密武器——嵌入式逻辑分析仪。本章我们就为大家详细介绍为什么要用嵌入式逻辑分析仪，它可以做什么，在什么情况下使用，基于什么样的原理，以及它的使用方法。

22.1 逻辑分析仪简介

我们先来介绍一下什么是逻辑分析仪。逻辑分析仪（如图 22-1 所示）是不同于示波器的另一种用于调试的仪器，虽然有些示波器也带有逻辑分析仪的功能，但是不如专门的逻辑分析仪功能强大。逻辑分析仪是分析数字系统逻辑关系的仪器，属于数据域测试仪器中的一种总线分析仪，即以总线概念为基础，同时对多条数据线上的数据流进行观察和测试。这种仪器对复杂的数字系统的测试和分析十分有效。逻辑分析仪利用时钟从测试设备上采集和显示数字信号，最主要的作用在于时序判定。由于逻辑分析仪不像示波器那样有许多电压等级，通常只显示两个电压（逻辑 1 和 0），因此设定了参考电压后，逻辑分析仪将被测信号通过比较器进行判定，高于参考电压者为 High，低于参考电压者为 Low，在 High 与 Low 之间形成数字波形，所以用这种仪器来调试 FPGA 最适合不过了。

我们使用逻辑分析仪所做的调试也称为在线调试或板级调试，将综合后的程序下载到 FPGA 芯片后，逻辑分析仪会分析代码运行的情况。在实际情况中，出现以下情况时需要用到在线调试：

❑ 仿真不全面存在没有发现的 FPGA 设计错误。很多情况下，由于系统太复杂，代码覆盖率无法达到 100%。

❑ 在板级交互中存在异步事件，很难做仿真，或者仿真起来时间很长，无法运行。

❑ 除了本身 FPGA 外，还可能存在板上互连可靠性问题、电源问题和 IC 之间的信号干扰问题，这些问题都可能导致系统运行时出错。

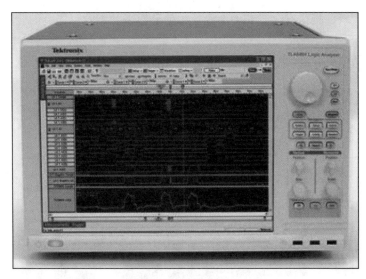

图 22-1　逻辑分析仪

❑ 其他潜在问题。

在线调试的方式主要有两种：一种是利用外部测试设备，把内部信号传送到 FPGA 引脚上，然后用示波器或者逻辑分析仪观察信号；另一种是利用嵌入式逻辑分析仪，在设计中插入逻辑分析仪，利用 JTAG 边缘数据扫描和开发工具完成数据交互。

嵌入式逻辑分析仪相当于在 FPGA 中开辟一个存储器，存储器的大小决定了能够查看的数据的深度（多少），可以人为设定，但是不得超出 FPGA 所含有的逻辑资源（这也是嵌入式逻辑分析仪的一个缺点）。在 FPGA 内部，根据设置的采样时钟和需要查看的信号节点对数据进行采样，并放置到设定的存储空间里，存储空间内容随时间更新。然后通过判断触发点来检查采集的数据，一旦满足触发条件，就会停止扫描，然后将触发点前后的一些数据返回给 PC 端的测试工具进行波形显示，供开发者进行调试。目前的在线调试工具基本都是和对应的 FPGA 开发平台挂钩，不同 FPGA 厂商都会有自己的软件开发平台，嵌入式逻辑分析仪也就不同。Quartus 软件中的嵌入式逻辑分析仪是 SignalTap II，全称为 Signal-Tap II Logic Analyzer，是第二代系统级调试工具，可以捕获和显示实时信号，是一款功能强大且极具实用性的 FPGA 片上调试工具。

下面对比一下两种分析仪的特点。

❑ **外部逻辑分析仪**：传统的外部逻辑分析仪（见图 22-2）在测试复杂的 FPGA 设计时，会面临一些问题，如下所示。
- 缺少空余 I/O 引脚。器件的选择根据设计规模而定，通常所选器件的 I/O 引脚数目和设计的需求是恰好匹配的。
- I/O 引脚难以引出。设计者为减小电路板的面积，大多采用细间距工艺技术，在不改变 PCB 板布线的情况下引出 I/O 引脚非常困难。

- 外接逻辑分析仪有改变 FPGA 设计中信号原来状态的可能，因此难以保证信号的
正确性。
- 传统的逻辑分析仪价格昂贵，这将会加重设计方的经济负担。

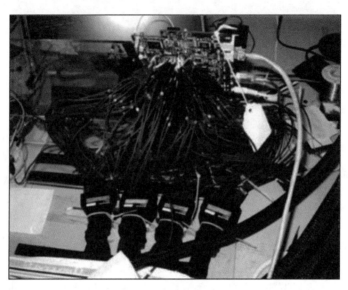

图 22-2　使用外部逻辑分析仪进行调试

❑ **嵌入式逻辑分析仪**：Quartus 软件的嵌入式逻辑分析仪 SignalTap II 基本上采用了
典型外部逻辑分析仪的理念和功能，却不需要额外的逻辑分析设备、测试 I/O、电
路板走线和探点，只要建立一个对应的 .stp 文件并做相关设置后与当前工程捆绑编
译，用一根 JTAG 接口的下载电缆连接到要调试的 FPGA 器件即可。SignalTap II
对 FPGA 的引脚和内部的连线信号进行捕获后，将数据存储在一定的 RAM 块中。
因此，用于保存采样时钟信号和被捕获的待测信号的 RAM 块也会占用逻辑资源
（LE）、Memory 资源（Block RAM）和布线资源。占用逻辑资源的数量取决于信号
或者被监测的通道数量，以及触发条件的复杂程度，所使用的存储器数量取决于被
监测的通道数量和采样深度。

如图 22-3 所示即为 SignalTap II 的原理图。

22.2　SignalTap II 的用法

我们用串口 rs232 工程作为例子来学习 SignalTap II 的用法。在 SignalTap II 中设置好
采样的时钟、深度、要抓取的信号和触发条件，然后将综合后的程序下载到开发板中，使
用 PC 端的串口调试助手发送数据，最后在 SignalTap II 中观察波形。详细步骤如下：

如图 22-4 所示，用 Quartus 软件打开 rs232 工程。

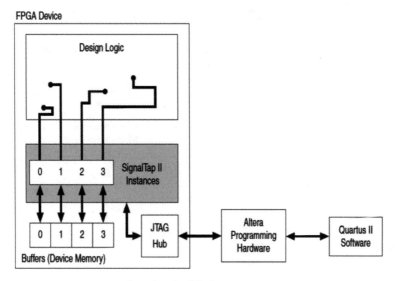

图 22-3　嵌入式逻辑分析仪 SignalTap II 原理图

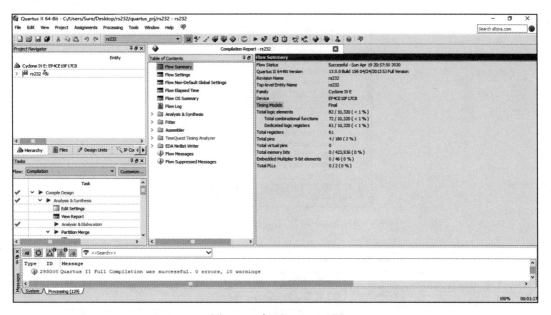

图 22-4　打开 rs232 工程

如图 22-5 所示，在打开的工程界面中选择"File"下的"New..."命令。

如图 22-6 所示，在弹出的界面中可以新建各种相关的文件，这里选择"SignalTap II Logic Analyzer File"，即新建一个 SignalTap II（.stp）文件，然后点击"OK"按钮。

如图 22-7 所示，也可以直接点击"Tools"下的"SignalTap II Logic Analyzer"快速创建一个 SignalTap II（.stp）文件。

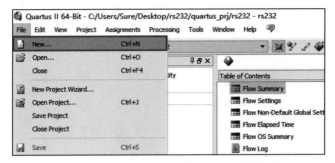

图 22-5　选择 "File" 下的 "New..." 命令

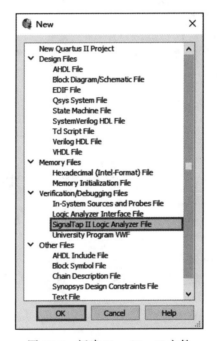

图 22-6　新建 SignalTap II 文件

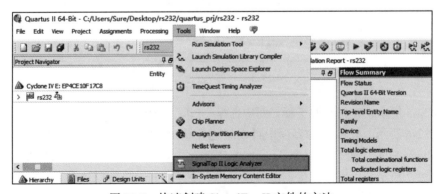

图 22-7　快速创建 SignalTap II 文件的方法

如图 22-8 所示为新打开的 SignalTap II 窗口。其中：

❑ 框①为渐进式编译选项面板，实例管理器在每个器件中逻辑分析仪的多个嵌入式实例上建立并进行 SignalTap II 逻辑分析。可以使用它在 SignalTap II 文件中对单独和独特的逻辑分析仪实例进行建立、删除、重命名、应用设置。实例管理器显示当前 SignalTap II 文件中的所有实例、每个相关实例的当前状态以及相关实例中使用的逻辑单元和存储器比特的数量。实例管理器可以协助检查每个逻辑分析仪在器件上要求的资源使用量。可以选择多个逻辑分析仪并选择 "Run Analysis"（在 "Processing"菜单中）来同时启动多个逻辑分析仪。

❑ 框②为 JTAG 链配置面板，用于下载加入在线逻辑分析仪后的程序。

❑ 框③为视图切换面板，该面板可以通过框③中左下角方框所示的位置切换不同的视图显示，其中 "Data"视图用来观察实时采到的波形，"Setup"视图用来选择添加需要观察的信号和设置触发条件。

❑ 框④为信号配置面板，用于设置采样时钟、采样方式、触发方式等。

❑ 框⑤为分层设计面板，显示该工程的设计层次。

❑ 框⑥为设计日志面板，所有在线调试的相关信息都会在此处打印出来。

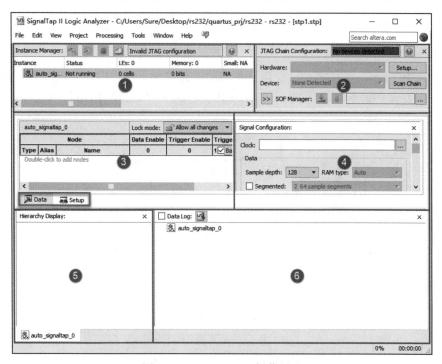

图 22-8　SignalTap II 操作界面

与其他文件一样，SignalTap II 文件也需要保存。如图 22-9 所示，选择 "File"下的 "Save"命令。

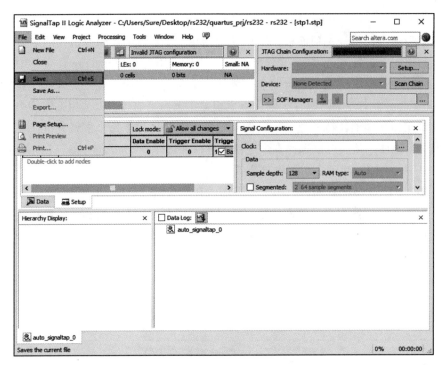

图 22-9　保存 SignalTap II 文件

如图 22-10 所示，保存路径已经定位到当前工程目录下了，因为同一工程可以建立多个 SignalTap II 文件，所以输入此 SignalTap II 文件名为"rs232_1.stp"，然后点击"保存（S）"按钮。

图 22-10　保存 SignalTap II 文件

如图 22-11 所示，提示没有数据和触发对话框，点击"OK"按钮。

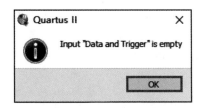

图 22-11　提示是否有数据和接触对话框

如图 22-12 所示，提示是否在当前工程中启动名为 "rs232_1.stp" 的 SignalTap II 文件，点击 "Yes" 按钮表示同意再次编译时将此 SignalTap II 文件与工程捆绑在一起综合、适配，以便共同下载，进入 FPGA 芯片中实现实时测试。

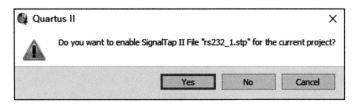

图 22-12　提示是否启动 "rs232_1.stp" 文件

点击如图 22-13 所示的位置，在信号配置面板中添加采样时钟，采样时钟的频率越高，采集的数据点就越密集。

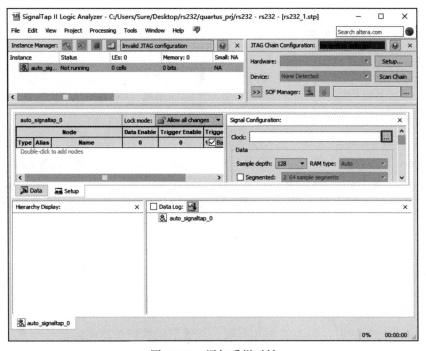

图 22-13　添加采样时钟

开发板上采用的是 50MHz 的晶振，在引脚分配时已经将它作为输入的时钟信号 sys_clk，我们把它作为采样时钟。如图 22-14 所示，在弹出的 " Node Finder " 对话框（在添加需要观察的信号时还会用到该对话框）中，"Named:" "Filter:" "Look in:" 这三个选项用于精确查找我们所要添加的信号。

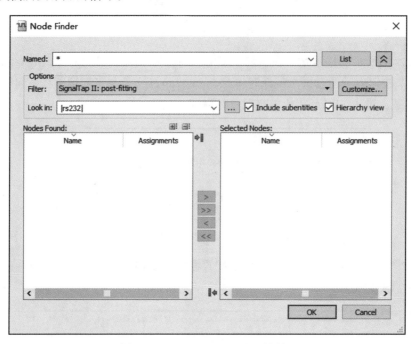

图 22-14　"Node Finder" 对话框

- ❑ " Named :" 通过信号名称筛选信号，默认为通配符 " * "，表示跳过名称筛选。如果我们需要添加 sys_clk，则可以在该选项框中输入 " syc_clk "，该功能可以快速、准确地定位到所需信号。

- ❑ "Filter:" 是根据信号类型来过滤我们所需要的信号，常用的有 " pre-synthesis " 和 " post-fitting "，如图 22-15 所示，其中 " pre-synthesis " 代表综合前设计中的信号，与 Verilog 设计中存在的信号最为接近，用于选择 RTL 级的信号；而 " post-fitting " 用于选择综合优化、布局布线之后的一些信号，与设计电路的物理结构最为接近。" pre-synthesis " 并不能筛选出所有信号节点，但寄存器端口和组合逻辑端口可以被提取到，大部分情况下使用 " pre-synthesis " 已经足够。

- ❑ "Look in:" 可以将信号筛选锁定在某个层次和模块进行。点击如图 22-16 所示的图标进入 " Select Hierarchy Level " 对话框界面，可以选择②处其他层次的模块。选择其他层次的模块后，点击 " OK " 按钮即可。当一个复杂的工程中包含多个不同层次的模块时，该功能非常有用，能够帮助我们快速锁定信号所在的层次和模块，然后再去寻找具体的信号。

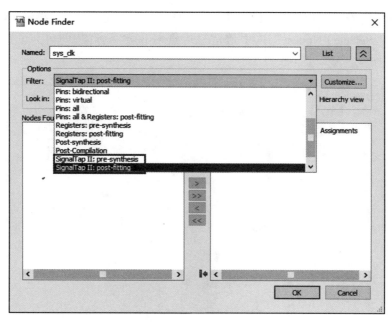

图 22-15　"Filter"选项

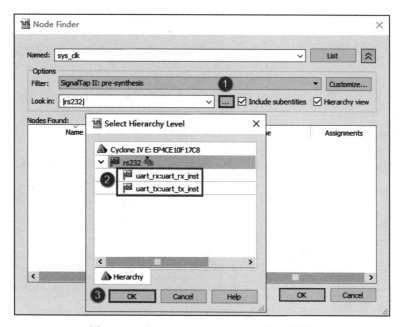

图 22-16　"Select Hierarchy Level"对话框

本章我们将系统时钟 sys_clk 作为采样时钟，如图 22-17 所示，根据序号顺序，在①处的"Named:"选项框中输入"sys_clk"，点击②处的"List"按钮，在③处的"Nodes Found:"列表中就会列出名为 sys_clk 的信号，双击③处的 sys_clk 信号或点击④处的图标

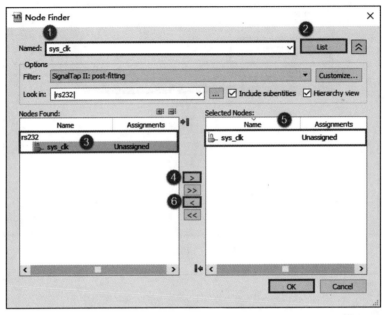，sys_clk 信号就被添加到⑤处的"Selected Nodes:"列表中了。如果想取消⑤处选择的信号，则在"Selected Nodes:"选中该信号后点击⑥处图标即可。设置完毕后点击"OK"按钮退出。

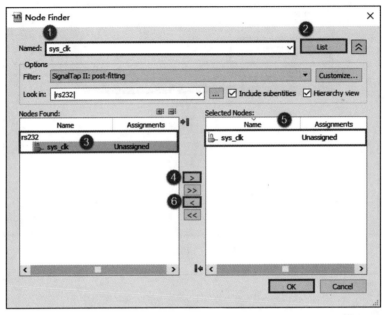

图 22-17　设置 sys_clk 为采样时钟

如图 22-18 所示，可以发现在"Clock:"栏中已经将采样时钟设置为 sys_clk 了。

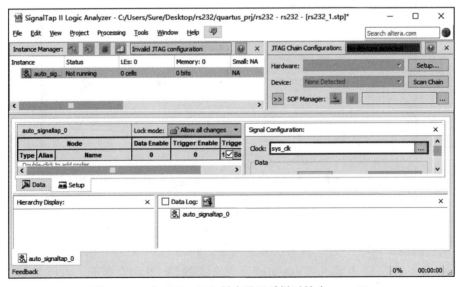

图 22-18　在"Clock:"栏中设置采样时钟为 sys_clk

下面添加我们要观察的信号。如图 22-19 所示，在视图切换面板中选择①处的"Setup"标签页，在②处空白部分右击，选择③处的"Add Nodes..."命令（也可以直接双击空白部分来替换上述两步操作）。

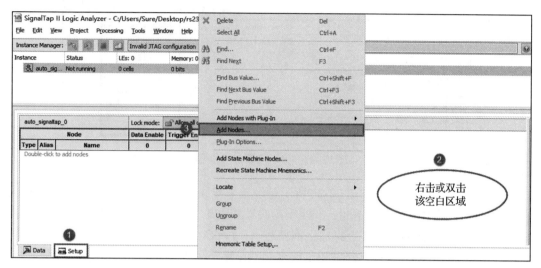

图 22-19　在"Setup"标签页添加信号

此时又弹出了"Node Finder"对话框，我们仍然按照上面的方法选择需要的信号，这里选择如图 22-20 所示的信号进行观察，然后点击"OK"按钮。

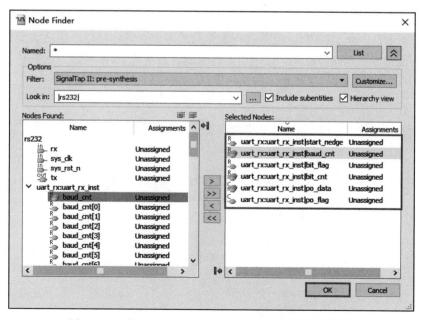

图 22-20　在"Node Finder"对话框中选择需要的信号

如图 22-21 所示，在视图切换面板中显示了已经添加的要观察的信号，方框内的触发条件我们还没有设置。

auto_signaltap_0			Lock mode: 🔒 Allow all changes		▼
Node			**Data Enable**	**Trigger Enable**	**Trigger Conditions**
Type	**Alias**	**Name**	**28**	**28**	1 ☑ Basic AND ▼
R→		uart_rx:uart_rx_inst|start_nedge	☑	☑	▨
R→		⊞ uart_rx:uart_rx_inst|baud_cnt	☑	☑	XXXXh
R→		uart_rx:uart_rx_inst|bit_flag	☑	☑	▨
R→		⊞ uart_rx:uart_rx_inst|bit_cnt	☑	☑	Xh
C→		⊞ uart_rx:uart_rx_inst|po_data	☑	☑	XXh
C→		uart_rx:uart_rx_inst|po_flag	☑	☑	▨

图 22-21　显示已添加的信号

接下来设置采样方式。如图 22-22 所示是设置采样深度，即设置需要多大的存储空间来显示波形（所占用的总存储空间 = 要观察的信号总位宽 × 设置的采样深度），设置的采样深度越大，所占用的 FPGA 片上存储空间就越大。FPGA 片上存储资源是有限的，也十分宝贵，如果我们的 RTL 设计已经占用了很多 FPGA 片上存储空间，那么我们所要观察的信号个数和采样深度就会受到影响，所以不要一味追求更深的采样深度，而应通过设置合理的触发条件来观察我们想要观察的信号节点的波形。采样深度的设置位于信号配置面板的"Data"栏中，点击"Sample depth"框右侧列表选择采样深度，这里选用 1K 的采样深度。"Sample depth"框右侧还有一个"RAM type:"框，用户可以在该框中选择使用哪一类型的存储器模块资源（例如 M4K、M9K）来实现 SignalTap 存储器缓冲，从而防止使用其他存储器，避免对 RTL 设计的影响。但是这一设置只适用于有多种存储器模块类型的 FPGA 器件，对于不支持这一特性的器件，这一设置将被默认设置为 Auto 并显示为灰色。而我们使用的器件并不支持该特性，所以显示为灰色默认 Auto。

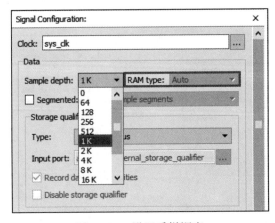

图 22-22　设置采样深度

如图 22-23 所示为设置采样模式。采样模式分为分段采样和非分段采样（也叫循环采样），如果没有勾选"Segmented:"复选框就是非分段采样，在信号触发后会连续采样至采样深度；如果勾选了"Segmented:"复选框就是分段采样，将采样深度分为 N 段，信号每触发一次就采样一段长度的数据，需要连续触发 N 次采样才能达到采样深度。"2 512 sample segments"代表将采样深度分成 2 段，每段采样 512 个点。下面的"Type"类型设置一般默认为"Continuous"即可。

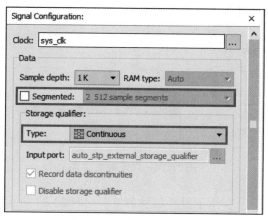

图 22-23　设置采样模式

如图 22-24 所示为设置触发方式，分为"Trigger flow control:""Trigger position:""Trigger conditions:"。

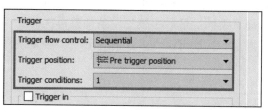

图 22-24　设置触发方式

- ❑ "Trigger flow control:"用于设置触发流程控制，如图 22-25 所示，分为"Sequential"和"State-based"两种，"State-based"是基于状态的，用于较复杂的触发控制，对于一般的信号分析，选择"Sequential"即可。

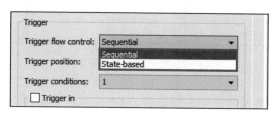

图 22-25　设置触发流程

❑ "Trigger position:"用于设置触发位置，如图 22-26 所示，为了更好地观察波形，在该列表中可以选择触发位置前后数据的比例。"Pre trigger position:"保存触发信号发生之后的信号状态信息（88% 触发后数据，12% 触发前数据）；"Center trigger position:"保存触发信号发生前后的数据信息，各占 50%；"Post trigger position:"保存触发信号发生之前的信号状态信息（12% 触发后数据，88% 触发前数据）。

我们在"Trigger position"触发位置设置中选择默认的"Pre trigger position"即可，也可以根据需求选择其他设置。

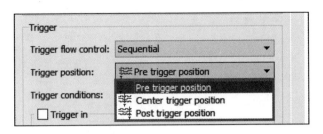

图 22-26　设置触发位置

❑ "Trigger conditions:"用于设置触发条件，如图 22-27 所示，该选项中可以选择触发条件的级别，最多可以设置 10 个触发级别。以"Sequential"控制触发为例，对于多个级别的触发条件，如果非分段采样，则先等待判断 1 级触发条件是否满足，若满足，则跳到触发条件 2 等待判断，否则继续等待，直到满足最后一级的触发条件判断后才正式开始捕获信号；对于分段采样，最后一级触发条件满足后开始捕获第一段信号，后面只需满足最后一级触发条件就再次捕获一段，也可以理解为前面级别的触发条件满足一次即可。大多数情况下一个触发条件已经足够了，所以这里我们也选择 1。

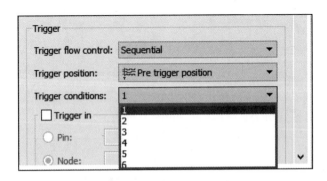

图 22-27　设置触发级别

如图 22-28 所示，触发条件的类型分为"Basic"和"Advanced"，我们选择默认的"Basic AND"即可。

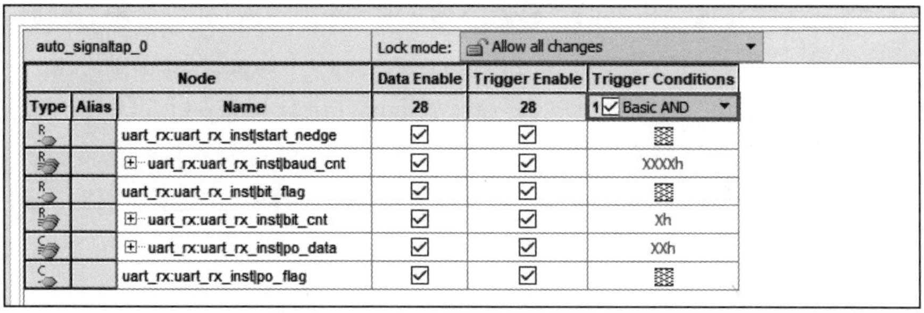

图 22-28　设置触发条件类型

如图 22-29 所示，给要观察的信号设置触发条件，选中某个信号后右击，弹出触发条件选择菜单，根据需求选择触发条件："Don't Care"代表任意条件都触发，"Low"表示信号低电平时触发，"Falling Edge"表示信号下降沿时触发，"Rising Edge"表示信号上升沿时触发，"High"表示信号高电平时触发，"Either Edge"表示任意沿触发，如果是总线，可以直接输入具体的值。同一列中的"Trigger Conditions"属于同一级别，可以给该列中多个信号同时设置触发条件，但是要同时满足条件时才会触发，与触发条件级别的同时满足是有区别的。如图 22-30 所示，我们设置 uart_rx 模块中 start_nedge 下降沿标志信号的触发条件为高电平，当触发成功时，在波形显示界面就可以捕获到波形。

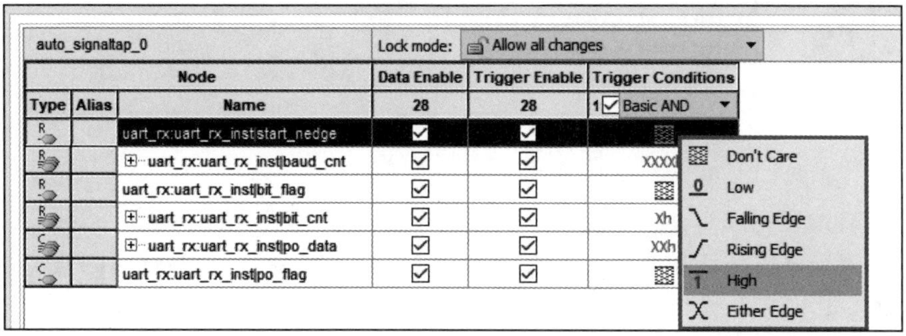

图 22-29　设置触发条件（一）

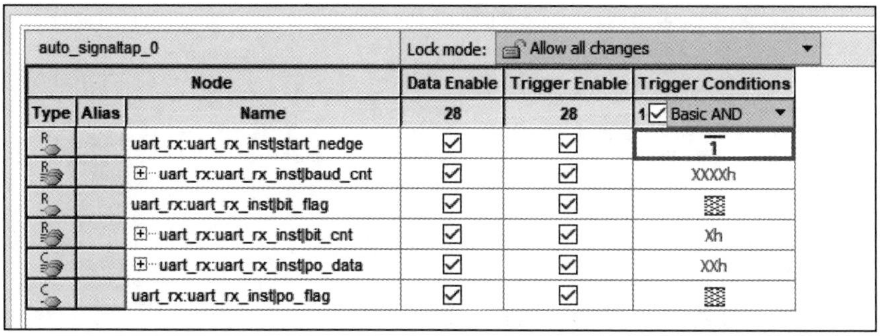

图 22-30　设置触发条件（二）

在使用 SignalTap II 抓取信号时，经常会遇到有些信号只在开机后很短的时间内出现（比如几十微秒）的情况，如果按常规在开机运行后，再打开 SignalTap II 抓取信号，此时需要抓取的信号已经错过了，不能被抓取到，所以 SignalTap II 里有一个"Power-Up Trigger"功能，可以在开机后就进行信号的捕获，这样只要是上电运行后的信号都能被抓取到。如图 22-31 所示，选中"auto_signaltap_0"后右击，在弹出的菜单中选择"Enable Power-Up Trigger"命令即可。

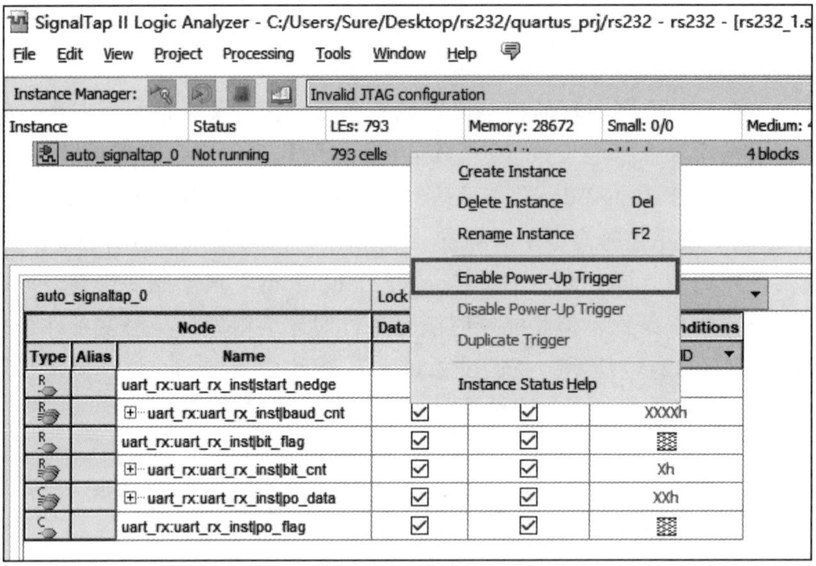

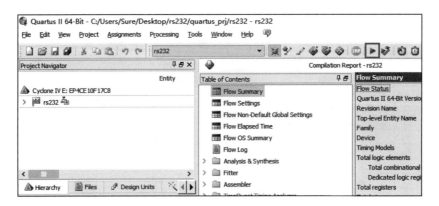

图 22-31　设置开机信号捕捉

上述所有配置完成后，一定要在工程界面中点击如图 22-32 所示的"Start Analysis & Synthesis"图标进行分析和综合，才能将在线逻辑分析仪映射到 FPGA 中，然后将生成的新 .sof 文件下载到开发板中进行在线调试。

图 22-32　分析与综合

新的 .sof 文件生成后，将 USB-Blaster 下载器与开发板相连接，如图 22-33 所示，在"Hardware"中选择对应的"USB-Blaster[USB-0]"。

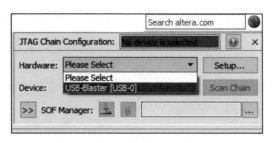

图 22-33　USB-Blaster 下载器选择

选择完毕后，可以看到刚才标红的内容变成了"JTAG ready"，表示 JTAG 已经准备就绪，如图 22-34 所示。"Device"一栏的内容也显示出来了（如果仍然没有发现 Device，可以点击右边的"Scan Chain"搜索按钮来搜索器件）。

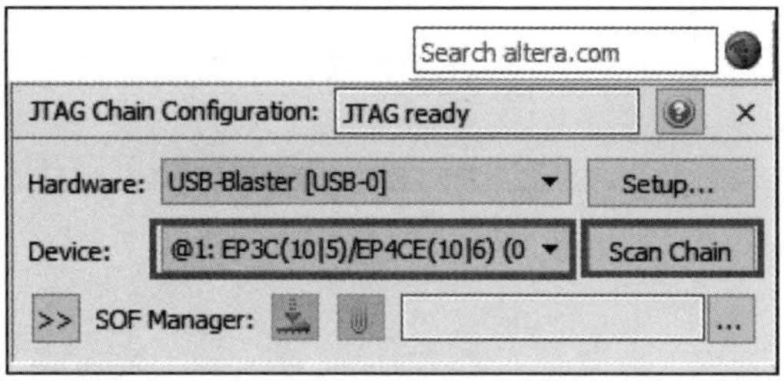

图 22-34　搜索器件

接下来是添加 .sof 文件，如图 22-35 所示，点击"..."按钮，找到要添加的 .sof 文件，单击"Open"按钮。

SOF 文件选择完毕后，如图 22-36 所示，点击"Program Device"按钮，将程序下载到开发板。

SOF 文件下载完成后，SignalTap II 运行的准备工作就绪，我们回到控制区，如图 22-37 所示：①键是运行按钮，点击一次捕获一次信号；②键是连续运行按钮，点击一次捕获连续进行；③键是停止按钮，可以中止当前的信号捕获。Status 栏显示着捕获状态，分为"Not running"（未运行）、"Waiting for trigger"（等待触发）和"Offloading acquired data"（导出捕获到的数据），此时显示"Not running"，表示捕获未运行。

点击运行按钮，开始捕获信号，捕获完成后，设置区会自动切换到数据区，得到如图 22-38 和图 22-39 所示的数据。

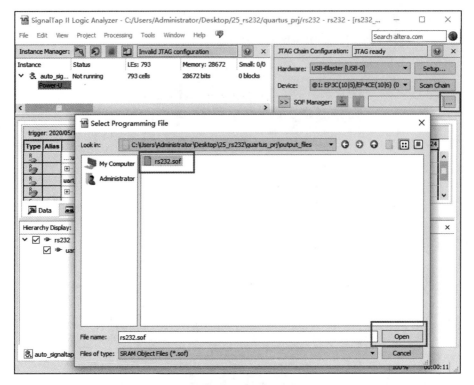

图 22-35　选择下载文件

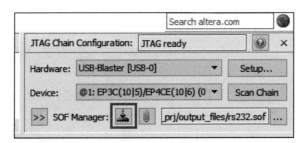

图 22-36　程序下载

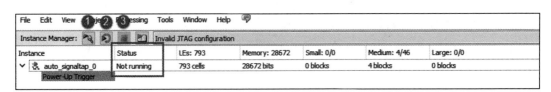

图 22-37　SignalTap II 控制栏

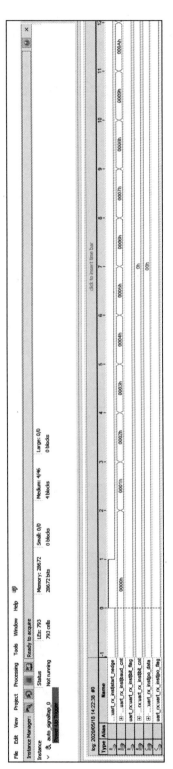

图 22-38　信号捕捉（一）

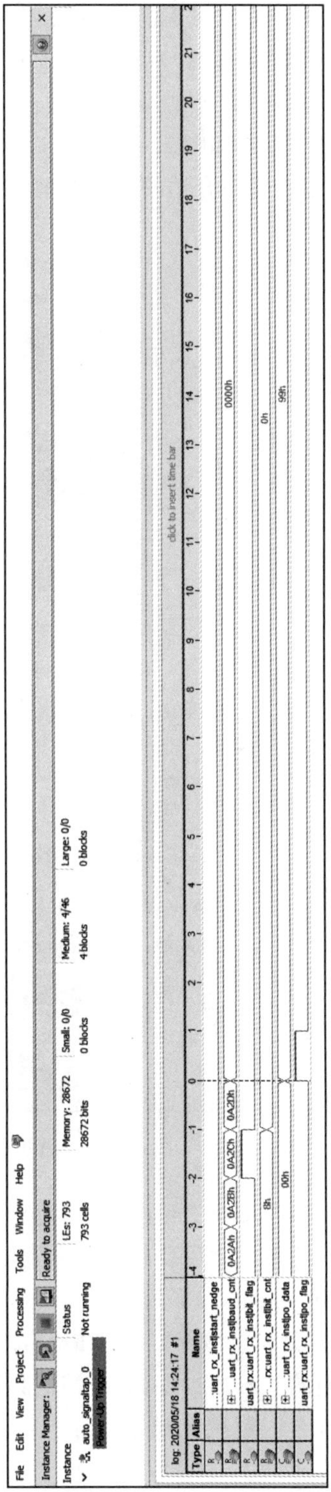

图 22-39　信号捕捉（二）

　　SignalTap II 嵌入式逻辑分析仪可以采用矢量波形（.vwf）、矢量表（.tbl）、矢量文件（.vec）、逗号分隔数据（.csv）和 Verilog 数值更改转存（.vcd）文件格式输出所捕获的数据。这些文件格式可以被第三方验证工具读入，显示和分析 SignalTap II 嵌入式逻辑分析仪所捕获的数据。如图 22-40 和图 22-41 所示，选择"File"目录下的"Export"命令，在弹出的"Export"对话框中选择合适的文件类型，点击"OK"按钮保存即可。

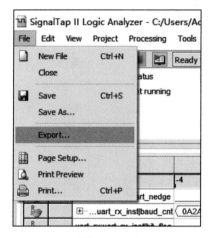

图 22-40　捕获数据输出类型选择（一）

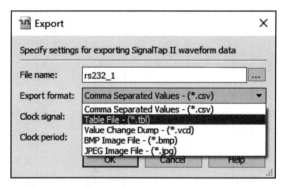

图 22-41　捕获数据输出类型选择（二）

　　我们知道使用 SignalTap II 功能时会占用 FPGA 内部的资源，尤其是 FPGA 内部的存储器资源，所以在调试之后要将这部分资源释放掉，关闭 SignalTap II 功能。如图 22-42 所示，选择"Assignments"下的"Settings..."命令，在图 22-43 中选择"SignalTap II Logic Analyzer"，可以看到在该界面中"Enable SignalTap II Logic Analyzer"是已勾选的，表示已经启动了下面的"rs232_1.stp"，我们只需要取消勾选即可关闭当前的在线逻辑分析仪功能，然后再次综合时就把在线逻辑分析仪所使用的资源给释放掉了，需要使用时再将其选中即可。

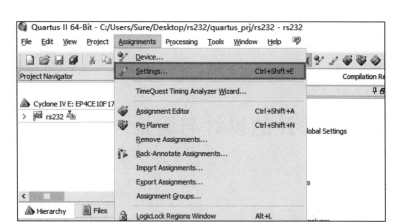

图 22-42　关闭 SignalTap II 在线调试（一）

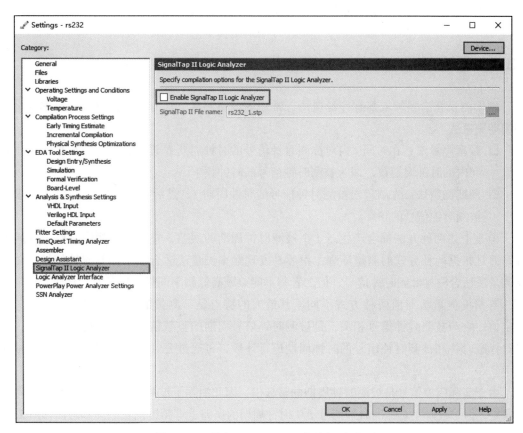

图 22-43　关闭 SignalTap II 在线调试（二）

第 23 章
简易频率计的设计与验证

频率测量在电子设计领域和测量领域经常使用，因此学习和掌握频率测量方法是非常有必要的。在本章，我们将为读者讲解等精度测量法的原理和实现方法，使用 FPGA 结合所学知识设计并实现一个简易频率计。

23.1 理论学习

频率测量在诸多领域都有广泛应用，常用的频率测量方法有两种，分别是频率测量法和周期测量法。

❑ **频率测量法**：在时间 t 内对被测时钟信号的时钟周期 N 进行计数，然后求出单位时间内的时钟周期数，即为被测时钟信号的时钟频率。

❑ **周期测量法**：先测量出被测时钟信号的时钟周期 T，然后根据频率公式 $f = 1/T$ 求出被测时钟信号的频率。

但是上述两种方法都会产生 ±1 个被测时钟周期的误差，在实际应用中有一定的局限性，而且根据两种方式的测量原理，很容易发现频率测量法适合测量高频时钟信号，而周期测量法适合测量低频时钟信号，但二者都不能兼顾高低频率同样精度的测量要求。

等精度测量法与前两种方式不同，其最大的特点是，测量的实际门控时间不是一个固定值，它与被测时钟信号相关，是被测时钟信号周期的整数倍。在实际门控信号下，同时对标准时钟和被测时钟信号的时钟周期进行计数，再通过公式计算得到被测信号的时钟频率。

由于实际门控信号是被测时钟周期的整数倍，因此消除了被测信号产生的 ±1 时钟周期的误差，但是会产生对标准时钟信号 ±1 时钟周期的误差。等精度测量原理示意图如图 23-1 所示。

结合等精度测量原理和原理示意图可得：被测时钟信号的时钟频率 fx 的相对误差与被测时钟信号无关；增大"软件闸门"的有效范围或者提高"标准时钟信号"的时钟频率 fs 可以减小误差，提高测量精度。

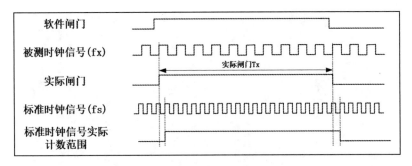

图 23-1　等精度测量原理示意图

了解了等精度测量原理之后，我们来说明一下被测时钟信号的计算方法。

首先，分别对实际闸门下被测时钟信号和标准时钟信号的时钟周期进行计数。

实际闸门下被测时钟信号周期数为 X，设被测信号时钟周期为 T_{fx}，它的时钟频率 fx = $1/T_{fx}$，由此可得等式 $X \times T_{fx} = X / fx = T_x$（实际闸门）。

实际闸门下标准时钟信号周期数为 Y，设被测信号时钟周期为 T_{fs}，它的时钟频率 fs = $1/T_{fs}$，由此可得等式 $Y \times T_{fs} = Y / fs = T_x$（实际闸门）。

其次，将两个等式结合得到只包含各自时钟周期计数和时钟频率的等式：$X / fx = Y / fs = T_x$（实际闸门），变换等式，得到被测时钟信号的时钟频率计算公式 fx = $X \times fs / Y$。

最后，将已知量标准时钟信号时钟频率 fs 和测量量 X、Y 代入计算公式，得到被测时钟信号时钟频率 fx。

23.2　实战演练

在 23.1 节我们对等精度测量的相关知识做了讲解，接下来，我们根据等精度测量原理设计一个简易频率计。

23.2.1　实验目标

利用所学知识，设计一个基于等精度测量原理的简易频率计，对输入的未知时钟信号做频率测量，并将测量结果在数码管上显示。

要求：标准时钟信号频率为 100MHz，实际闸门时间大于或等于 1s，目的是减小误差，提高测量精度。

23.2.2　硬件资源

如图 23-2 所示，使用板卡引出 I/O 口 F14 作为模拟测试时钟输出端口；使用板卡引出 I/O 口 F15 作为待测试时钟输入端口。

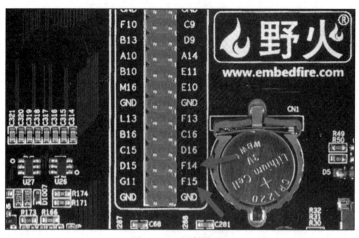

图 23-2   硬件资源

23.2.3   程序设计

了解了实验要求之后，根据等精度测量相关知识，我们开始实验工程的程序设计。接下来我们将会通过整体说明和分步介绍的方式，对整个实验工程做详细说明，带领读者一步步实现简易频率计的设计。

1. 整体说明

根据实验要求，结合等精度测量相关知识，实验工程整体框架如图 23-3 所示，子功能模块的简要描述如表 23-1 所示。

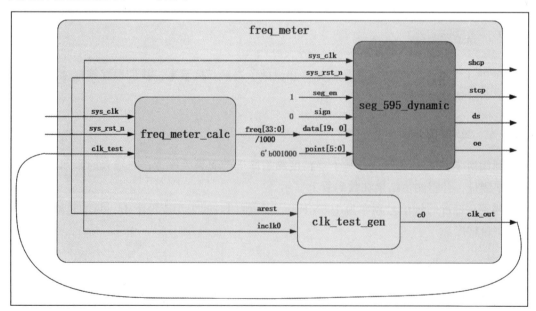

图 23-3   实验工程整体框图

表 23-1　子功能模块简介

模 块 名 称	功 能 描 述
freq_meter	顶层模块
clk_test_gen	被测时钟生成模块，生成待检测时钟
freq_meter_calc	频率计算模块，检测并计算时钟频率
seg_595_dynamic	数码管显示模块，显示时钟频率

由此可知，本实验工程包括 4 个子模块，其中频率计算模块 freq_meter_calc 是实验工程的核心模块，它将输入的待检测信号利用等精度测量法进行计算，得出被测时钟信号时钟频率并输出；数码管显示模块 seg_595_dynamic 接收频率计算模块输出的计算结果，并显示在数码管上；被测时钟生成模块 clk_test_gen 负责产生某一频率的待检测时钟信号；顶层模块 freq_meter 将上述 3 个子功能模块实例化于其中，连接各自对应信号，外部输入时钟、复位和待检测信号，输出段选、位选和待检测数据。

数码管显示模块 seg_595_dynamic 的相关内容在前文已经有了详细介绍；被测时钟生成模块 clk_test_gen 为调用 IP 核而生成，关于 IP 核的调用，前面也有详细介绍，这两个模块的内容不再赘述。

接下来，我们会分别对频率计算模块 freq_meter_calc 和顶层模块 freq_meter 进行介绍。

注意： 由频率计算模块输出的测量结果的单位为 Hz，为提高频率计测量范围，将结果除以 1000 后，再传入数码管显示模块，同时数码管小数点左移三位，所以数码管显示结果的单位为 MHz；被测时钟生成模块 clk_test_gen 负责产生待检测时钟信号，有条件的读者可用信号发生器代替该模块，直接输入待检测时钟信号。

2. 频率计算模块

（1）模块框图

频率计算模块的作用是使用等精度测量法对输入的待检测时钟信号进行频率测量，并将测量结果输出。频率计算模块框图如图 23-4 所示；模块输入输出端口描述具体如表 23-2 所示。

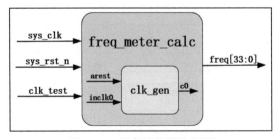

图 23-4　频率计算模块框图

模块内部实例化一个时钟生成 IP 核，负责将 50MHz 系统时钟信号（sys_clk）倍频生成 100MHz 标准时钟。

表 23-2　模块输入输出信号功能描述

信　号	位　宽	类　型	功　能　描　述
sys_clk	1bit	Input	系统时钟，频率为 50MHz
sys_rst_n	1bit	Input	复位信号。低电平有效
clk_test	1bit	Input	待检测时钟信号输入
freq	34bit	Output	频率测量结果输出

为什么要使用 100MHz 时钟信号作为标志信号呢？从前文的等精度测量原理中我们知道，被测时钟信号的时钟频率 fx 的相对误差与被测时钟信号无关；增大"软件闸门"的有效范围或者提高"标准时钟信号"的时钟频率 fs 可以减小误差，提高测量精度。

使用 100 MHz 时钟作为标准时钟信号，实际闸门时间大于或等于 1s，就可以使测量的最大相对误差小于或等于 10^{-8}，即精度达到（1/100）MHz，大大提高了测量精度。

模块有 3 路输入信号：时钟信号（sys_clk）、复位信号（sys_rst_n）和待检测时钟信号（clk_test）；有 1 路输出信号，输出频率测量结果（freq）。

（2）波形图绘制

频率计算模块整体波形图如图 23-5 所示。

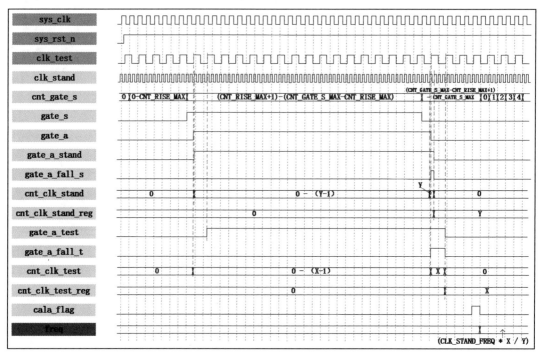

图 23-5　频率计算模块整体波形图

结合等精度测量法原理，我们对各信号波形的设计与实现进行详细说明。

第一部分：软件闸门 gate_s 及相关信号的设计与实现。

由等精度测量原理可知，实现等精度测量必不可少的是实际闸门，而实际闸门是由软件闸门得来的，所以先来生成一下软件闸门。我们计划一个完整周期的软件闸门为 1.5s，前 0.25s 保持低电平，中间 1s 保持高电平，最后 0.25s 保持低电平。低电平部分是为了将各计数器清零，并计算待测时钟信号的时钟频率；高电平部分就是软件闸门有效部分，保持 1s 高电平是为了提高测试精度。

要生成软件闸门，需要声明计数器进行时间计数，计数时钟使用系统时钟 sys_clk。声明软件闸门计数器 cnt_gate_s，计数时钟为 50MHz 系统时钟，时钟周期为 20ns，计数器 cnt_gate_s 的初值为 0，在 (0 – CNT_GATE_S_MAX) 范围内循环计数。

声明软件闸门 gate_s，只有计数器 cnt_gate_s 计数在 ((CNT_RISE_MAX + 1) – (CNT_GATE_S_MAX – CNT_RISE_MAX)) 范围内保持有效高电平，高电平保持时间为 1s，其他时刻均为低电平。两信号波形图如图 23-6 所示。

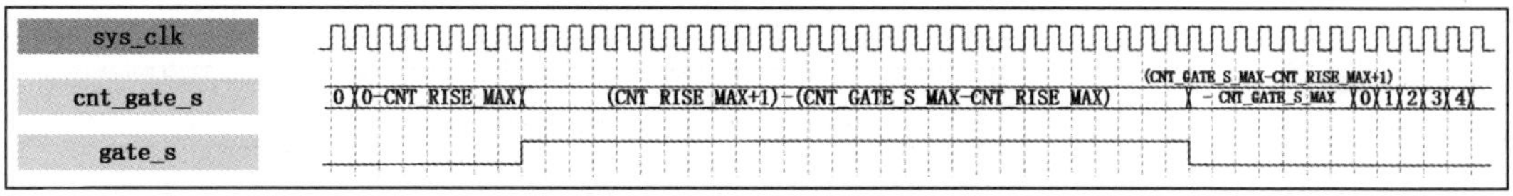

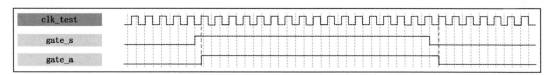

图 23-6　gate_s、cnt_gate_s 信号波形图

第二部分：实际闸门 gate_a 的设计与实现。

生成软件闸门后，使用被测时钟对软件闸门进行同步，生成实际闸门 gate_a，实际闸门波形图如图 23-7 所示。

图 23-7　gate_a 信号波形图

第三部分：实际闸门下，标准信号和被测信号时钟计数相关信号的波形设计与实现。

在实际闸门下，分别对标准信号和被测信号的时钟周期进行计数。声明计数器 cnt_clk_stand，在实际闸门下对标准时钟信号 clk_stand 进行时钟周期计数；声明计数器 cnt_clk_test，在实际闸门下对被测时钟信号 clk_test 进行时钟周期计数，两个计数器的波形图如图 23-8 所示。

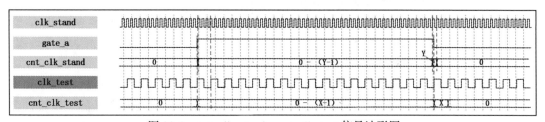

图 23-8　cnt_clk_stand、cnt_clk_test 信号波形图

计数器 cnt_clk_stand、cnt_clk_test 在实际闸门下计数完成后，需要进行数据清零，方便下次计数。但是计算被测时钟频率需要用到计数器的数据，所以在计数器数据清零之前，需要将计数器数据做一下寄存，对于数据寄存的时刻，我们选择实际闸门的下降沿。

声明寄存器 cnt_clk_stand_reg；在标准时钟信号 clk_stand 同步下对实际闸门延迟一拍得到 gate_a_s；使用实际闸门 gate_a 和 gate_a_s 得到标准时钟下的实际闸门下降沿标志信号 gate_a_fall_stand。当 gate_a_fall_stand 信号为高电平时，将计数器 cnt_clk_stand 数值赋值给寄存器 cnt_clk_stand_reg。

对于计数器 cnt_clk_test 的数值寄存，我们使用相同的方法，声明寄存器 cnt_clk_test_reg；在被检测时钟信号 clk_test 同步下对实际闸门延一拍，得到 gate_a_t；使用实际闸门 gate_a 和 gate_a_t 得到被检测时钟下的实际闸门下降沿标志信号 gate_a_fall_test。当 gate_a_fall_test 信号为高电平时，将计数器 cnt_clk_test 的数值赋值给 cnt_clk_test_reg。

上述各信号的信号波形图如图 23-9 所示。

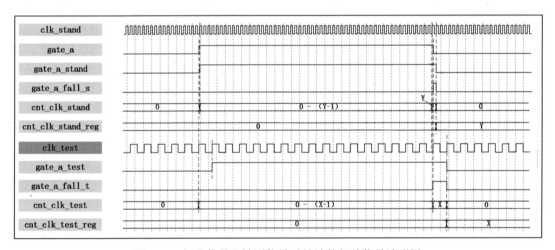

图 23-9　标准信号和被测信号时钟计数相关信号波形图

第四部分：计算标志信号 calc_flag、频率计算结果 freq 信号波形的设计与实现。

实际闸门下的标准时钟和被测时钟的周期个数已经完成计数，且对结果进行了寄存，标准时钟信号的时钟频率为已知量，得到这些参数，结合公式可以进行频率的求解。同时，新的问题出现，即在哪一时刻进行数据求解。

我们可以利用最初声明的软件闸门计数器 cnt_gate_s，声明计算标志信号 cala_flag，在计数器 cnt_gate_s 计数到最大值时，将 cala_flag 拉高一个时钟周期的高电平作为计算标志，计算被检测时钟信号的时钟频率 freq。两个信号的波形图如图 23-10 所示。

至此，频率计算模块涉及的各信号波形均已设计并实现，经过整合后就得到了频率计算模块整体波形图。本模块波形图的设计仅供参考，读者也可按照自己的思路设计波形图。

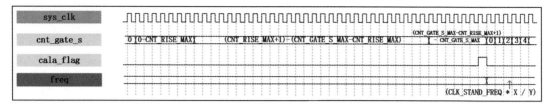

图 23-10　calc_flag、freq 信号波形图

（3）代码编写

波形图各信号讲解完毕，下面参照绘制的波形图编写模块参考代码。频率计数模块参考代码具体参见代码清单 23-1。

代码清单 23-1　频率计算模块参考代码（freq_meter_calc.v）

```verilog
 1 module  freq_meter_calc
 2 (
 3     input    wire            sys_clk     ,     // 系统时钟，频率为 50MHz
 4     input    wire            sys_rst_n   ,     // 复位信号，低电平有效
 5     input    wire            clk_test    ,     // 待检测时钟
 6
 7     output   reg     [33:0]  freq              // 待检测时钟频率
 8
 9 );
10 //*****************************************************************//
11 //***************** Parameter And Internal Signal *****************//
12 //*****************************************************************//
13 //parameter define
14 parameter   CNT_GATE_S_MAX  =   28'd37_499_999   , // 软件闸门计数器计数最大值
15             CNT_RISE_MAX    =   28'd6_250_000    ; // 软件闸门拉高计数值
16 parameter   CLK_STAND_FREQ  =   28'd100_000_000 ; // 标准时钟的时钟频率
17 //wire   define
18 wire             clk_stand        ;              // 标准时钟，频率为 100MHz
19 wire             gate_a_fall_s    ;              // 实际闸门下降沿（标准时钟下）
20 wire             gate_a_fall_t    ;              // 实际闸门下降沿（待检测时钟下）
21
22 //reg    define
23 reg     [27:0]   cnt_gate_s       ;              // 软件闸门计数器
24 reg              gate_s           ;              // 软件闸门
25 reg              gate_a           ;              // 实际闸门
26 reg              gate_a_stand     ;              // 实际闸门延迟一拍（标准时钟下）
27 reg              gate_a_test      ;              // 实际闸门延迟一拍（待检测时钟下）
28 reg     [47:0]   cnt_clk_stand    ;              // 标准时钟周期计数器
29 reg     [47:0]   cnt_clk_stand_reg ;             // 实际闸门下标志时钟周期数
30 reg     [47:0]   cnt_clk_test     ;              // 待检测时钟周期计数器
31 reg     [47:0]   cnt_clk_test_reg ;              // 实际闸门下待检测时钟周期数
32 reg              calc_flag        ;              // 待检测时钟的时钟频率计算标志信号
33
34 //*****************************************************************//
35 //*************************** Main Code ***************************//
```

```verilog
36  //*****************************************************************//
37  //cnt_gate_s: 软件闸门计数器
38  always@(posedge sys_clk or negedge sys_rst_n)
39      if(sys_rst_n == 1'b0)
40          cnt_gate_s  <=  28'd0;
41      else    if(cnt_gate_s == CNT_GATE_S_MAX)
42          cnt_gate_s  <=  28'd0;
43      else
44          cnt_gate_s  <=  cnt_gate_s + 1'b1;
45
46  //gate_s: 软件闸门
47  always@(posedge sys_clk or negedge sys_rst_n)
48      if(sys_rst_n == 1'b0)
49          gate_s  <=  1'b0;
50      else    if((cnt_gate_s>= CNT_RISE_MAX)
51                  && (cnt_gate_s <= (CNT_GATE_S_MAX - CNT_RISE_MAX)))
52          gate_s  <=  1'b1;
53      else
54          gate_s  <=  1'b0;
55
56  //gate_a: 实际闸门
57  always@(posedge clk_test or negedge sys_rst_n)
58      if(sys_rst_n == 1'b0)
59          gate_a  <=  1'b0;
60      else
61          gate_a  <=  gate_s;
62
63  //cnt_clk_stand: 标准时钟周期计数器，计数实际闸门下标准时钟周期数
64  always@(posedge clk_stand or negedge sys_rst_n)
65      if(sys_rst_n == 1'b0)
66          cnt_clk_stand   <=  48'd0;
67      else    if(gate_a == 1'b0)
68          cnt_clk_stand   <=  48'd0;
69      else    if(gate_a == 1'b1)
70          cnt_clk_stand   <=  cnt_clk_stand + 1'b1;
71
72  //cnt_clk_test: 待检测时钟周期计数器，计数实际闸门下待检测时钟周期数
73  always@(posedge clk_test or negedge sys_rst_n)
74      if(sys_rst_n == 1'b0)
75          cnt_clk_test    <=  48'd0;
76      else    if(gate_a == 1'b0)
77          cnt_clk_test    <=  48'd0;
78      else    if(gate_a == 1'b1)
79          cnt_clk_test    <=  cnt_clk_test + 1'b1;
80
81  //gate_a_stand: 实际闸门延迟一拍（标准时钟下）
82  always@(posedge clk_stand or negedge sys_rst_n)
83      if(sys_rst_n == 1'b0)
84          gate_a_stand    <=  1'b0;
85      else
86          gate_a_stand    <=  gate_a;
```

```
87
88 //gate_a_fall_s: 实际闸门下降沿 (标准时钟下)
89 assign  gate_a_fall_s = ((gate_a_stand == 1'b1) && (gate_a == 1'b0))
90                             ? 1'b1 : 1'b0;
91
92 //cnt_clk_stand_reg: 实际闸门下标志时钟周期数
93 always@(posedge clk_stand or negedge sys_rst_n)
94     if(sys_rst_n == 1'b0)
95         cnt_clk_stand_reg    <=   32'd0;
96     else    if(gate_a_fall_s == 1'b1)
97         cnt_clk_stand_reg    <=   cnt_clk_stand;
98
99 //gate_a_test: 实际闸门延迟一拍 (待检测时钟下)
100 always@(posedge clk_test or negedge sys_rst_n)
101     if(sys_rst_n == 1'b0)
102         gate_a_test <=  1'b0;
103     else
104         gate_a_test <=  gate_a;
105
106 //gate_a_fall_t: 实际闸门下降沿 (待检测时钟下)
107 assign  gate_a_fall_t = ((gate_a_test == 1'b1) && (gate_a == 1'b0))
108                             ? 1'b1 : 1'b0;
109
110 //cnt_clk_test_reg: 实际闸门下待检测时钟周期数
111 always@(posedge clk_test or negedge sys_rst_n)
112     if(sys_rst_n == 1'b0)
113         cnt_clk_test_reg    <=   32'd0;
114     else    if(gate_a_fall_t == 1'b1)
115         cnt_clk_test_reg    <=   cnt_clk_test;
116
117 //calc_flag: 待检测时钟的时钟频率计算标志信号
118 always@(posedge sys_clk or negedge sys_rst_n)
119     if(sys_rst_n == 1'b0)
120         calc_flag    <=  1'b0;
121     else    if(cnt_gate_s == (CNT_GATE_S_MAX - 1'b1))
122         calc_flag    <=  1'b1;
123     else
124         calc_flag    <=  1'b0;
125
126 //freq: 待检测时钟信号的时钟频率
127 always@(posedge sys_clk or negedge sys_rst_n)
128     if(sys_rst_n == 1'b0)
129         freq    <=   34'd0;
130     else    if(calc_flag == 1'b1)
131         freq <= (CLK_STAND_FREQ / cnt_clk_stand_reg * cnt_clk_test_reg);
132
133 //*****************************************************************//
134 //*********************** Instantiation ***********************//
135 //*****************************************************************//
136 //---------- clk_gen_inst ----------
137 clk_gen clk_gen_inst
```

```
138 (
139     .areset (~sys_rst_n ),
140     .inclk0 (sys_clk    ),
141
142     .c0     (clk_stand  )
143 );
144
145 endmodule
```

参考代码编写完成，等到顶层模块介绍完毕后，再对整体工程进行仿真，不再对本模块进行单独仿真。

3. 顶层模块

（1）模块框图

顶层模块较为简单，内部实例化各子功能模块，连接各自对应信号，顶层模块框图如图 23-11 所示；外部有 3 路输入、3 路输出，共 6 路信号。输入为时钟、复位和待检测时钟信号；输出为段选、位选和生成的待检测时钟信号，具体如表 23-3 所示。

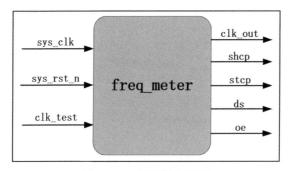

图 23-11　顶层模块框图

表 23-3　模块输入输出信号功能描述

信　号	位　宽	类　型	功　能　描　述
sys_clk	1bit	Input	系统时钟，频率为 50MHz
sys_rst_n	1bit	Input	复位信号，低电平有效
clk_test	1bit	Input	待检测时钟信号输入
clk_out	1bit	Output	输出待检测时钟信号
shcp	1bit	Output	移位寄存器时钟
stcp	1bit	Output	数据存储器时钟
ds	1bit	Output	串行数据输入
oe	1bit	Output	使能信号

（2）代码编写

顶层模块较为简单，无须绘制波形图，直接编写顶层模块参考代码即可，具体参见代码清单 23-2。

代码清单 23-2　顶层模块参考代码（freq_meter.v）

```
1  module  freq_meter
2  (
3      input    wire              sys_clk      ,    // 系统时钟，频率为 50MHz
4      input    wire              sys_rst_n    ,    // 复位信号，低电平有效
5      input    wire              clk_test     ,    // 待检测时钟
6
7      output   wire              clk_out      ,    // 生成的待检测时钟
8      output   wire              stcp         ,    // 输出数据存储寄存器时钟
9      output   wire              shcp         ,    // 移位寄存器的时钟输入
10     output   wire              ds           ,    // 串行数据输入
11     output   wire              oe
12
13 );
14
15 //wire  define
16 wire    [33:0]  freq     ;                       // 计算得到的待检测信号时钟频率
17
18 //**********************************************************************//
19 //************************ Instantiation ***************************//
20 //**********************************************************************//
21 //---------- clk_gen_test_inst ----------
22 clk_test_gen     clk_gen_test_inst
23 (
24     .areset      (~sys_rst_n ),                  // 复位端口，高电平有效
25     .inclk0      (sys_clk    ),                  // 输入系统时钟
26
27     .c0          (clk_out    )                   // 输出生成的待检测时钟信号
28 );
29
30 //------------- freq_meter_calc_inst --------------
31 freq_meter_calc freq_meter_calc_inst
32 (
33     .sys_clk     (sys_clk    ),                  // 系统时钟，频率为 50MHz
34     .sys_rst_n   (sys_rst_n  ),                  // 复位信号，低电平有效
35     .clk_test    (clk_test   ),                  // 待检测时钟
36
37     .freq        (freq       )                   // 待检测时钟频率
38 );
39
40 //------------- seg_595_dynamic_inst --------------
41 seg_595_dynamic     seg_595_dynamic_inst
42 (
43     .sys_clk     (sys_clk    ),                  // 系统时钟，频率为 50MHz
44     .sys_rst_n   (sys_rst_n  ),                  // 复位信号，低电平有效
45     .data        (freq/1000  ),                  // 数码管要显示的值
46     .point       (6'b001000  ),                  // 小数点显示，高电平有效
47     .seg_en      (1'b1       ),                  // 数码管使能信号，高电平有效
```

```
48      .sign      (1'b0      ),   // 符号位, 高电平显示负号
49
50      .stcp      (stcp      ),   // 输出数据存储寄存器时钟
51      .shcp      (shcp      ),   // 移位寄存器的时钟输入
52      .ds        (ds        ),   // 串行数据输入
53      .oe        (oe        )    // 输出使能信号
54
55  );
56
57  endmodule
```

4. RTL 视图

使用 Quartus II 软件对工程进行编译，编译通过后，查看 RTL 视图，如图 23-12 所示。由图 23-12 可知，实验工程的 RTL 视图与实验整体框图相同，各信号线均已正确连接。

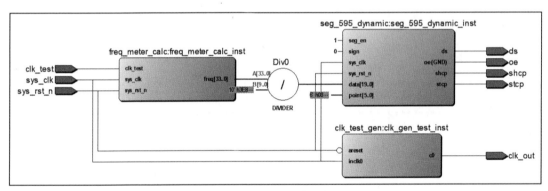

图 23-12　RTL 视图

5. 仿真验证

（1）仿真代码编写

顶层模块参考代码编写完成，实验工程通过编译，整个实验工程也已介绍完毕，下面开始对实验工程进行整体仿真。仿真参考代码如代码清单 23-3 所示。

代码清单 23-3　顶层模块仿真参考代码（tb_freq_meter.v）

```
 1  module tb_freq_meter();
 2
 3  //***********************************************************//
 4  //****************** Parameter And Internal Signal *****************//
 5  //***********************************************************//
 6  //wire  define
 7  wire    stcp      ;   // 输出数据存储寄存器时钟
 8  wire    shcp      ;   // 移位寄存器的时钟输入
 9  wire    ds        ;   // 串行数据输入
10  wire    oe        ;
11
12  //reg   define
```

```
13 reg             sys_clk     ;
14 reg             sys_rst_n   ;
15 reg             clk_test    ;
16
17 //*********************************************************************//
18 //************************** Main Code ********************************//
19 //*********************************************************************//
20 // 时钟、复位、待检测时钟的生成
21 initial
22     begin
23         sys_clk     =   1'b1;
24         sys_rst_n   <=  1'b0;
25         #200
26         sys_rst_n   <=  1'b1;
27         #500
28         clk_test    =   1'b1;
29     end
30
31 always  #10     sys_clk =   ~sys_clk    ;       //50MHz 系统时钟
32 always  #100    clk_test=   ~clk_test   ;       //5MHz 待检测时钟
33
34 // 重定义软件闸门计数时间，缩短仿真时间
35 defparam freq_meter_inst.freq_meter_calc_inst.CNT_GATE_S_MAX    = 240   ;
36 defparam freq_meter_inst.freq_meter_calc_inst.CNT_RISE_MAX      = 40    ;
37
38 //*********************************************************************//
39 //************************* Instantiation *****************************//
40 //*********************************************************************//
41 //------------ freq_meter_inst -------------
42 freq_meter  freq_meter_inst
43 (
44     .sys_clk    (sys_clk    ),              // 系统时钟，频率为50MHz
45     .sys_rst_n  (sys_rst_n  ),              // 复位信号，低电平有效
46     .clk_test   (clk_test   ),              // 待检测时钟
47
48     .clk_out    (clk_out    ),              // 生成的待检测时钟
49     .stcp       (stcp       ),              // 输出数据存储寄存器时钟
50     .shcp       (shcp       ),              // 移位寄存器的时钟输入
51     .ds         (ds         ),              // 串行数据输入
52     .oe         (oe         )
53 );
54
55 endmodule
```

（2）仿真波形分析

使用 ModelSim 对顶层模块仿真参考代码进行仿真，仿真波形中，我们只查看频率计算模块的各信号仿真波形。频率计算模块整体仿真波形具体如图 23-13 所示，频率计算模块局部仿真波形具体如图 23-14～图 23-20 所示。

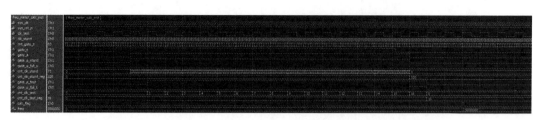

图 23-13　频率计算模块整体仿真波形图

图 23-14　频率计算模块局部仿真波形图（一）

图 23-15　频率计算模块局部仿真波形图（二）

图 23-16　频率计算模块局部仿真波形图（三）

图 23-17　频率计算模块局部仿真波形图（四）

图 23-18　频率计算模块局部仿真波形图（五）

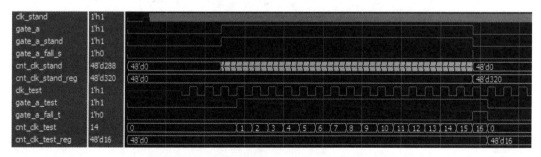

图 23-19　频率计算模块局部仿真波形图（六）

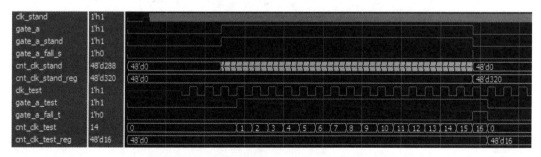

图 23-20　频率计算模块局部仿真波形图（七）

由整体和局部仿真波形可以看出，模块仿真波形和绘制的波形图中，各信号波形变化一致，模块通过仿真验证。

6.上板验证

仿真验证通过后，绑定引脚，对工程进行重新编译。如图 23-21 所示，将开发板连接 12V 直流电源和 USB-Blaster 下载器 JTAG 端口，使用短路帽或导线连接 F14、F15 I/O 口，线路连接正确后，打开开关为板卡上电，随后为开发板下载程序。

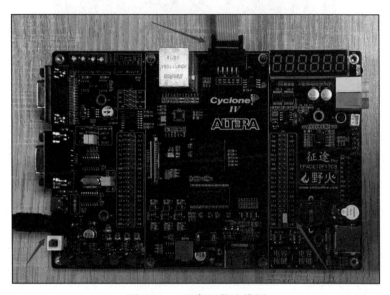

图 23-21　程序下载连线图

由图 23-22 可知，实验工程中模拟输出的待测时钟信号的时钟频率为 103.571 429MHz。

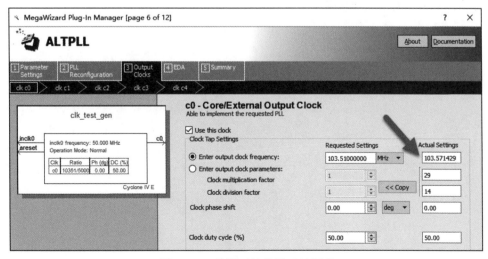

图 23-22　待测时钟信号时钟频率

　　如图 23-23 所示，短接 I/O 口 F14 和 F15，数码管显示的为频率计的时钟频率测量结果，测量值与实际值相同，达到预期效果。

图 23-23　频率计测量结果

23.3　章末总结

　　本章带领读者学习了等精度测量法，并使用此方法设计、实现了简易频率计，对于等精度测量法的内容，希望读者掌握。

第 24 章
简易 DDS 信号发生器的设计与验证

DDS（Direct Digital Synthesizer，直接数字式频率合成器）是一项关键的数字化技术。与传统的频率合成器相比，DDS 具有低成本、低功耗、高分辨率和快速转换等优点，广泛使用在电信与电子仪器领域，是实现设备全数字化的一个关键技术。作为设计人员，我们习惯称它为信号发生器，一般用它产生正弦、锯齿、方波等不同波形或不同频率的信号波形，DDS 广泛用于电子设计和测试领域。

本章将带领读者学习 DDS 的相关知识，运用所学知识，设计并实现一个简易的 DDS 信号发生器，并上板验证。

24.1 理论学习

DDS 技术是一种全新的频率合成方法，其具有低成本、低功耗、高分辨率和快速转换时间等优点，对数字信号处理及其硬件实现有很重要的作用。

DDS 的基本结构主要由相位累加器、相位调制器、波形数据表 ROM、D/A 转换器四大结构组成，其中较多设计还会在 D/A 转换器之后增加一个低通滤波器。DDS 结构示意图如图 24-1 所示。

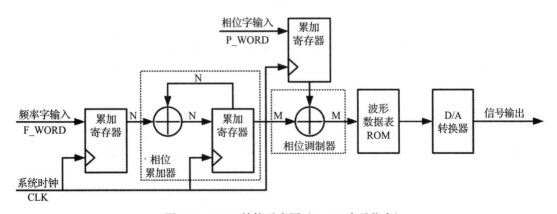

图 24-1 DDS 结构示意图（N、M 表示位宽）

接下来我们会结合 DDS 结构示意图讲解 DDS 的工作原理。

在讲解之前，先来对其中各参数做一下说明。系统时钟 CLK 为整个系统的工作时钟，频率为 f_{CLK}；频率字输入 F_WORD 一般为整数，数值大小控制输出信号的频率大小，数值越大，输出信号频率越高，反之，输出信号频率越低，后文中用 K 表示；相位字输入 P_WORD 为整数，数值大小控制输出信号的相位偏移，主要用于相位的信号调制，后文用 P 表示；设输出信号为 CLK_OUT，频率为 f_{OUT}。

图 24-1 中所展示的四大结构中，相位累加器是整个 DDS 的核心，在这里完成相位累加，生成相位码。相位累加器的输入为频率字输入 K，表示相位增量，设其位宽为 N，满足等式 $K = 2^N \times f_{OUT} / f_{CLK}$。其在输入相位累加器之前，在系统时钟同步下做数据寄存，数据改变时不会干扰相位累加器的正常工作。

相位调制器接收相位累加器输出的相位码，在这里加上一个相位偏移值 P，主要用于信号的相位调制，如应用于通信方面的相移键控等，不使用此部分时可以去掉，或者将其设为一个常数输入，同样地，相位字输入也要做寄存。

波形数据表 ROM 中存有一个完整周期的正弦波信号。假设波形数据 ROM 的地址位宽为 12 位，存储数据位宽为 8 位，即 ROM 有 $2^{12} = 4096$ 个存储空间，每个存储空间可存储 1 字节数据。将一个周期的正弦波信号沿横轴等间隔采样 2^{12}（4096）次，每次采集的信号幅度用 1 字节数据表示，最大值为 255，最小值为 0。将 4096 次采样结果按顺序写入 ROM 的 4096 个存储单元，一个完整周期正弦波的数字幅度信号写入了波形数据表 ROM 中。波形数据表 ROM 以相位调制器传入的相位码为 ROM 读地址，将地址对应存储单元中的电压幅值数字量输出。

D/A 转换器将输入的电压幅值数字量转换为模拟量输出，就得到输出信号 CLK_OUT。

输出信号 CLK_OUT 的信号频率 $f_{OUT} = K \times f_{CLK} / 2^N$。当 $K = 1$ 时，可得 DDS 最小分辨率为 $f_{OUT} = f_{CLK} / 2^N$，此时输出信号频率最低。根据采样定理，K 的最大值应小于 $2^N / 2$。

讲到这里，读者会心存疑虑，相位累加器得到的相位码是如何实现 ROM 寻址的呢？

对于 N 位的相位累加器，它对应的相位累加值为 2^N，如果正弦 ROM 中存储单元的个数也是 2^N，这个问题就很好解决，但是这对 ROM 的对存储容量的要求较高。在实际操作中，我们使用相位累加值的高几位对 ROM 进行寻址，也就是说并不是每个系统时钟都对 ROM 进行数据读取，而是多个时钟读取一次，因为这样能保证相位累加器溢出时，从正弦 ROM 表中取出正好一个正弦周期的样点。

因此，相位累加器每计数 2^N 次，对应一个正弦周期。而相位累加器 1 秒钟计数 f_{CLK} 次，在 $k = 1$ 时，DDS 输出的时钟频率就是频率分辨率。频率控制字 K 增加时，相位累加器溢出的频率增加，对应 DDS 输出信号 CLK_OUT 频率变为 K 倍的 DDS 频率分辨率。

举个例子：

假设 ROM 存储单元个数为 4096，每个存储数据用 8 位二进制表示，即 ROM 地址线宽度为 12，数据线宽度为 8，相位累加器位宽 $N = 32$。

　　根据上述条件可以知道，相位调制器位宽 $M = 12$，那么根据 DDS 原理，在相位调制器中与相位控制字进行累加时，应用相位累加器的高 12 位累加，而相位累加器的低 20 位只与频率控制字累加。

　　我们以频率控制字 $K = 1$ 为例，相位累加器的低 20 位一直会加 1，直到低 20 位溢出向高 12 位进位，此时 ROM 为 0，也就是说，ROM 的 0 地址中的数据被读了 2^{20} 次，继续下去，ROM 中的 4096 个点，每个点都将会被读 2^{20} 次，最终输出的波形频率应该是参考时钟频率的 $1/2^{20}$，周期被扩大了 2^{20} 倍。同样，当频率控制字为 100 时，相位累加器的低 20 位一直会加 100，那么，相位累加器的低 20 位溢出的时间会比上面快 100 倍，则 ROM 中的每个点相比于上面会少读 100 次，所以最终输出频率是上述的 10 倍。

　　自波形数据表 ROM 输出的波形数据传入 D/A 转换器转换为模拟信号。D/A 转换器即数 / 模转换器，简称 DAC（Digital to Analog Converter），是指将数字信号转换为模拟信号的电子元件或电路。

　　DAC 内部电路构造无太大差异，大多数 DAC 由电阻阵列和 n 个电流开关（或电压开关）构成，按照输入的数字值进行开关切换，输出对应电流或电压。因此，按照输出信号类型可分为电压型和电流型，也可以按照 DAC 能否做乘法运算进行分类。若将 DAC 分为电压型和电流型两大类：电压型 DAC 中又有权电阻网络、T 形电阻网络、树形开关网络等；电流型 DAC 中又有权电流型电阻网络和倒 T 形电阻网络等。

　　电压输出型 DAC 一般采用内置输出放大器以低阻抗输出，少部分直接通过电阻阵列进行电压输出。直接输出电压的 DAC 仅用于高阻抗负载，由于无输出放大器部分的延迟，故常作为高速 DAC 使用。

　　电流输出型 DAC 很少直接利用电流输出，大多外接电流 – 电压转换电路进行电压输出。实现电流 – 电压转换，方法有二：一是只在输出引脚上接负载电阻而进行电流 – 电压转换；二是外接运算放大器。

　　DAC 的主要技术指标包括分辨率、线性度、转换精度和转换速度。

　　分辨率指输出模拟电压的最小增量，即表明 DAC 输入一个最低有效位（LSB），而在输出端上模拟电压的变化量。

　　线性度在理想情况下，DAC 的数字输入量等量增加时，其模拟输出电压也应等量增加，但是实际输出往往有偏离。

　　D/A 转换器的转换精度与 D/A 转换器的集成芯片的结构和接口电路配置有关。如果不考虑其他 D/A 转换误差，D/A 的转换精度就是分辨率的大小，因此要获得高精度的 D/A 转换结果，首先要保证选择有足够分辨率的 D/A 转换器。同时，D/A 转换精度还与外接电路的配置有关，当外部电路器件或电源误差较大时，会造成较大的 D/A 转换误差，当这些误差超过一定程度时，D/A 转换就产生错误。

　　转换速度一般由建立时间决定。建立时间是将一个数字量转换为稳定模拟信号所需的时间，也可以认为是转换时间。DA 中常用建立时间来描述其速度，而不是 AD 中常用的转换速率。一般地，电流输出 DA 建立时间较短，电压输出 DA 则耗时较长。

24.2　实战演练

24.2.1　实验目标

使用 FPGA 开发板和外部挂载的高速 AD/DA 板卡，设计并实现一个简易 DDS 信号发生器，可通过按键控制实现正弦波、方波、三角波和锯齿波的波形输出，频率相位可调。

24.2.2　硬件资源

如图 24-2 所示，我们使用外载 AD/DA 板卡的 DA 部分完成本次实验设计；如图 24-3 所示为外载 AD/DA 板卡 DA 部分原理图，包括高速 DA 芯片和外围电路。

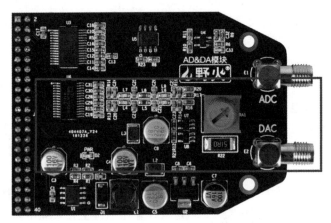

图 24-2　外载 AD/DA 板卡外观图

外载 AD/DA 板卡的 DA 部分使用高速 AD 转换芯片 AD9708。AD9708 由 ANALOG 公司生产，属于 TxDAC 系列高性能、低功耗 CMOS 数模转换器（DAC）的 8 位分辨率产品。

TxDAC 系列由引脚兼容的 8、10、12、14 位 DAC 组成，并专门针对通信系统的发射信号路径进行了优化。所有器件都采用相同的接口选项、小型封装和引脚排列，因而可以根据性能、分辨率和成本，向上或向下选择适合的器件。

AD9708 提供出色的交流和直流性能，同时支持最高 125 MSPS 的更新速率。具有灵活的单电源工作电压范围（2.7V～5.5 V）和低功耗特性，非常适合便携式和低功耗应用。通过降低满量程电流输出，可以将功耗进一步降至 45 mW，而性能不会明显下降，此外，在省电模式下，待机功耗可降至约 20 mW。AD9708 采用先进的 CMOS 工艺制造。分段电流源架构与专有开关技术相结合，可减小杂散分量，并增强了动态性能。该器件还集成边沿触发式输入锁存器和一个温度补偿带隙基准电压源，可提供一个完整的单芯片 DAC 解决方案。灵活的电源选项支持 +3 V 和 +5 V CMOS 逻辑系列。

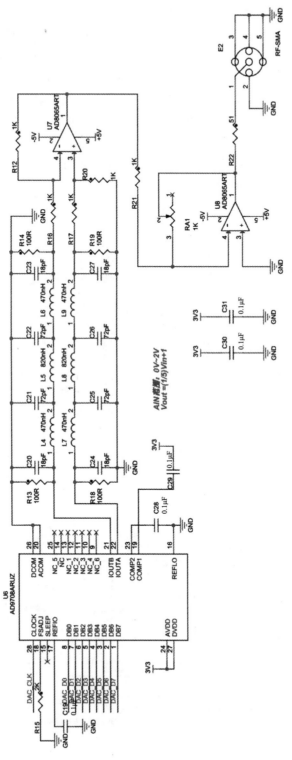

图 24-3　外载 AD/DA 板卡 DA 部分原理图

　　AD9708 是一款电流输出 DAC，标称满量程输出电流为 20 mA，输出阻抗大于 100 kΩ。它提供差分电流输出，以支持单端或差分应用。电流输出可以直接连至一个输出电阻，以提供两路互补的单端电压输出，可兼容输出电压范围为 1.25 V，内置一个 1.2 V 片内基准电压源和基准电压控制放大器，只需用单个电阻便可轻松设置满量程输出电流。该器件可以采用多种外部基准电压驱动。其满量程电流可以在 2 mA～20 mA 范围内调节，动态性能不受影响。因此，AD9708 能够以低功耗水平工作，或在 20 dB 范围内进行调节，进一步提供增益范围调整能力。

　　AD9708 采用 28 引脚 SOIC 封装，引脚图及内部结构图如图 24-4 和图 24-5 所示。关于 AD9708 的更多详细资料，可查阅数据手册。

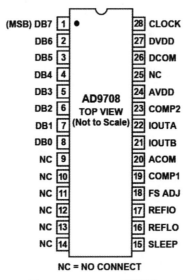

图 24-4　AD9708 引脚图

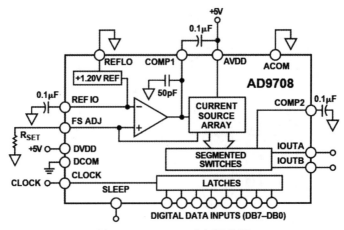

图 24-5　AD9708 内部结构图

24.2.3　程序设计

学习了 DDS 的相关知识，了解了硬件资源，即可开始根据要求进行实验工程的程序设计，接下来我们会先对实验工程进行整体说明，随后对相关子功能模块做系统讲解。

1. 整体说明

由 24.1 节可知，要实现 DDS 信号发生器需要 4 部分，D/A 转换器交由外部挂载的高速 AD/DA 板卡处理，其他 3 部分（相位累加器、相位调制器、波形数据表 ROM）由 FPGA 负责。所以我们要建立一个单独的模块对 DDS 部分进行处理；实验目标中还提到要使用按键实现 4 种波形的切换，按键消抖模块必不可少；同时也要声明一个按键控制模块对 4 个输入按键进行控制，子功能模块已经足够了，最后再加一个顶层模块。

综上所述，得到实验工程的整体框图，如图 24-6 所示。

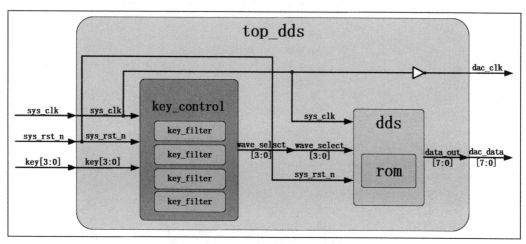

图 24-6　实验工程整体框图

时钟、复位和代表波形选择的 4 个按键信号通过顶层传入按键控制模块 key_control，按键控制模块内部实例化 4 个按键消抖模块，对输入的 4 路按键信号分别进行消抖处理；消抖处理后的 4 路按键信号组成波形选择信号，输入 dds 模块，dds 模块中实例化一个 ROM IP 核，按顺序存入了一个完整周期的正弦波、方波、三角波、锯齿波的信号波形，根据输入的波形选择信号对 rom 中对应信号波形进行读取，将读出波形的幅度数字值输出，传入外部挂载的高速 AD/DA 板卡的 DA 端，板卡根据输入的数字信号生成对应波形的模拟信号。其中，输出信号的频率和相位的调节可在 dds 模块中通过修改参数实现。

2. ROM 内波形数据写入

要想让我们设计的 DDS 简易信号发生器实现正弦波、方波、三角波和锯齿波 4 种波形的输出，需要事先在波形数据表 ROM 中存入 4 种波形信号各自的完整周期波形数据。ROM 作为只读存储器，在进行 IP 核设置时需要指定初始化文件，我们将波形数据作为初始化文件写入其中，文件格式为 MIF。

使用 MATLAB 绘制 4 种信号波形，对波形进行等间隔采样，以采样次数作为 ROM 存储地址，将采集的波形幅值数据作为存储数据写入存储地址对应的存储空间。在本次实验中，我们对 4 种信号波形进行分别采样，采样次数为 $2^{12} = 4096$ 次，采集的波形幅值数据位宽为 8bit，将采集的数据保存为 MIF 文件。

各波形采样参考代码如下。

正弦信号波形采样的参考代码可参见代码清单 24-1。

代码清单 24-1　正弦信号波形采集参考代码（sin_wave.m）

```
 1 clc;                                          % 清除命令行命令
 2 clear all;                                    % 清除工作区变量，释放内存空间
 3 F1=1;                                         % 信号频率
 4 Fs=2^12;                                      % 采样频率
 5 P1=0;                                         % 信号初始相位
 6 N=2^12;                                       % 采样点数
 7 t=[0:1/Fs:(N-1)/Fs];                          % 采样时刻
 8 ADC=2^7 - 1;                                  % 直流分量
 9 A=2^7;                                        % 信号幅度
10 % 生成正弦信号
11 s=A*sin(2*pi*F1*t + pi*P1/180) + ADC;
12 plot(s);                                      % 绘制图形
13 % 创建 MIF 文件
14 fild = fopen('sin_wave_4096x8.mif','wt');
15 % 写入 MIF 文件头
16 fprintf(fild, '%s\n','WIDTH=8;');             % 位宽
17 fprintf(fild, '%s\n\n','DEPTH=4096;');        % 深度
18 fprintf(fild, '%s\n','ADDRESS_RADIX=UNS;');   % 地址格式
19 fprintf(fild, '%s\n\n','DATA_RADIX=UNS;');    % 数据格式
20 fprintf(fild, '%s\t','CONTENT');              % 地址
21 fprintf(fild, '%s\n','BEGIN');                % 开始
22 for i = 1:N
23     s0(i) = round(s(i));                      % 对小数四舍五入以取整
24     if s0(i) <0                               % -1 强制置零
25         s0(i) = 0
26     end
27     fprintf(fild, '\t%g\t',i-1);              % 地址编码
28     fprintf(fild, '%s\t',':');                % 冒号
29     fprintf(fild, '%d',s0(i));                % 数据写入
30     fprintf(fild, '%s\n',';');                % 分号，换行
31 end
32 fprintf(fild, '%s\n','END;');                 % 结束
33 fclose(fild);
```

用 MATLAB 生成的正弦信号波形如图 24-7 所示。

方波信号波形的采样参考代码可参考代码清单 24-2。

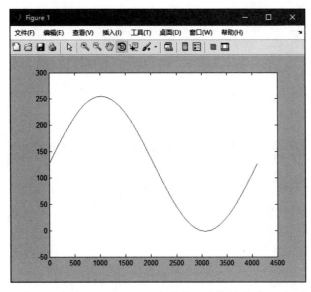

图 24-7 MATLAB 生成的正弦信号波形

代码清单 24-2 方波信号波形采集参考代码（squ_wave.m）

```
 1 clc;                        % 清除命令行命令
 2 clear all;                  % 清除工作区变量，释放内存空间
 3 F1=1;                       % 信号频率
 4 Fs=2^12;                    % 采样频率
 5 P1=0;                       % 信号初始相位
 6 N=2^12;                     % 采样点数
 7 t=[0:1/Fs:(N-1)/Fs];        % 采样时刻
 8 ADC=2^7 - 1;                % 直流分量
 9 A=2^7;                      % 信号幅度
10 % 生成方波信号
11 s=A*square(2*pi*F1*t + pi*P1/180) + ADC;
12 plot(s);                    % 绘制图形
13 % 创建 MIF 文件
14 fild = fopen('squ_wave_4096x8.mif','wt');
15 % 写入 MIF 文件头
16 fprintf(fild, '%s\n','WIDTH=8;');              % 位宽
17 fprintf(fild, '%s\n\n','DEPTH=4096;');         % 深度
18 fprintf(fild, '%s\n','ADDRESS_RADIX=UNS;');    % 地址格式
19 fprintf(fild, '%s\n\n','DATA_RADIX=UNS;');     % 数据格式
20 fprintf(fild, '%s\t','CONTENT');               % 地址
21 fprintf(fild, '%s\n','BEGIN');                 % 开始
22 for i = 1:N
23     s0(i) = round(s(i));                       % 对小数四舍五入以取整
24     if s0(i) <0                                % -1 强制置零
25         s0(i) = 0
26     end
27     fprintf(fild, '\t%g\t',i-1+N);             % 地址编码
```

```
28      fprintf(fild, '%s\t',':');          % 冒号
29      fprintf(fild, '%d',s0(i));           % 数据写入
30      fprintf(fild, '%s\n',';');           % 分号，换行
31 end
32 fprintf(fild, '%s\n','END;');            % 结束
33 fclose(fild);
```

用 MATLAB 生成的方波信号波形如图 24-8 所示。

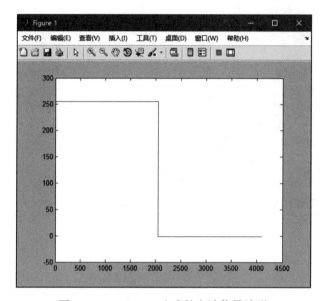

图 24-8　MATLAB 生成的方波信号波形

三角波信号的波形采样参考代码可参见代码清单 24-3。

代码清单 24-3　三角波信号波形采集参考代码（tri_wave.m）

```
1 clc;                                     % 清除命令行命令
2 clear all;                               % 清除工作区变量，释放内存空间
3 F1=1;                                    % 信号频率
4 Fs=2^12;                                 % 采样频率
5 P1=0;                                    % 信号初始相位
6 N=2^12;                                  % 采样点数
7 t=[0:1/Fs:(N-1)/Fs];                     % 采样时刻
8 ADC=2^7 - 1;                             % 直流分量
9 A=2^7;                                   % 信号幅度
10 % 生成三角波信号
11 s=A*sawtooth(2*pi*F1*t + pi*P1/180,0.5) + ADC;
12 plot(s);                                % 绘制图形
13 % 创建 MIF 文件
14 fild = fopen('tri_wave_4096x8.mif','wt');
15 % 写入 MIF 文件头
16 fprintf(fild, '%s\n','WIDTH=8;');                   % 位宽
```

```
17 fprintf(fild, '%s\n\n','DEPTH=4096;');          % 深度
18 fprintf(fild, '%s\n','ADDRESS_RADIX=UNS;');     % 地址格式
19 fprintf(fild, '%s\n\n','DATA_RADIX=UNS;');      % 数据格式
20 fprintf(fild, '%s\t','CONTENT');                % 地址
21 fprintf(fild, '%s\n','BEGIN');                  % 开始
22 for i = 1:N
23     s0(i) = round(s(i));                        % 对小数四舍五入以取整
24     if s0(i) <0                                 % -1 强制置零
25         s0(i) = 0
26     end
27     fprintf(fild, '\t%g\t',i-1+(2*N));          % 地址编码
28     fprintf(fild, '%s\t',':');                  % 冒号
29     fprintf(fild, '%d',s0(i));                  % 数据写入
30     fprintf(fild, '%s\n',';');                  % 分号，换行
31 end
32 fprintf(fild, '%s\n','END;');                   % 结束
33 fclose(fild);
```

用 MATLAB 生成的三角波信号波形如图 24-9 所示。

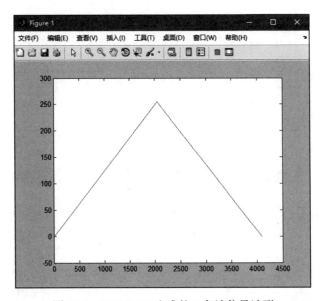

图 24-9　MATLAB 生成的三角波信号波形

锯齿波信号的波形采样参考代码可参见代码清单 24-4。

代码清单 24-4　锯齿波信号波形采集参考代码（saw_wave.m）

```
1 clc;                     % 清除命令行命令
2 clear all;               % 清除工作区变量，释放内存空间
3 F1=1;                    % 信号频率
4 Fs=2^12;                 % 采样频率
5 P1=0;                    % 信号初始相位
```

```
 6 N=2^12;                       % 采样点数
 7 t=[0:1/Fs:(N-1)/Fs];          % 采样时刻
 8 ADC=2^7 - 1;                   % 直流分量
 9 A=2^7;                         % 信号幅度
10 % 生成锯齿波信号
11 s=A*sawtooth(2*pi*F1*t + pi*P1/180) + ADC;
12 plot(s);                       % 绘制图形
13 % 创建 MIF 文件
14 fild = fopen('saw_wave_4096x8.mif','wt');
15 % 写入 MIF 文件头
16 fprintf(fild, '%s\n','WIDTH=8;');              % 位宽
17 fprintf(fild, '%s\n\n','DEPTH=4096;');         % 深度
18 fprintf(fild, '%s\n','ADDRESS_RADIX=UNS;');    % 地址格式
19 fprintf(fild, '%s\n\n','DATA_RADIX=UNS;');     % 数据格式
20 fprintf(fild, '%s\t','CONTENT');               % 地址
21 fprintf(fild, '%s\n','BEGIN');                 % 开始
22 for i = 1:N
23     s0(i) = round(s(i));                       % 对小数四舍五入以取整
24     if s0(i) <0                                % -1 强制置零
25         s0(i) = 0
26     end
27     fprintf(fild, '\t%g\t',i-1+(3*N));         % 地址编码
28     fprintf(fild, '%s\t',':');                 % 冒号
29     fprintf(fild, '%d',s0(i));                 % 数据写入
30     fprintf(fild, '%s\n',';');                 % 分号，换行
31 end
32 fprintf(fild, '%s\n','END;');                  % 结束
33 fclose(fild);
```

MATLAB 生成的锯齿波信号波形如图 24-10 所示。

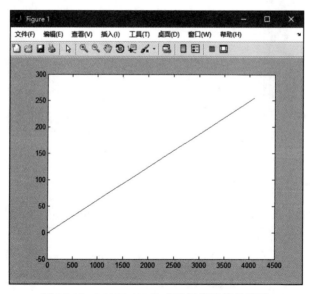

图 24-10　MATLAB 生成的锯齿波信号波形

使用 MATLAB 对 4 种波形进行采样后，生成 4 个 MIF 文件，分别对应 4 种波形，我们可以调用 4 个深度为 4096，位宽为 8bit 的 ROM IP 核，将 4 种波形对应的 MIF 文件分别写入，生成 4 个波形数据表 ROM。

也可以调用一个深度为 4096×4，位宽为 8bit 的 ROM，生成一个 MIF 文件，这个 MIF 文件是用上述 4 个 MIF 文件的集合波形数据按照正弦波、方波、三角波、锯齿波的顺序写入的。总的 MIF 文件生成代码如代码清单 24-5 所示。

代码清单 24-5　整体信号波形采集参考代码（wave_16384x8.m）

```
 1  clc;                                        % 清除命令行命令
 2  clear all;                                  % 清除工作区变量，释放内存空间
 3  F1=1;                                       % 信号频率
 4  Fs=2^12;                                    % 采样频率
 5  P1=0;                                       % 信号初始相位
 6  N=2^12;                                     % 采样点数
 7  t=[0:1/Fs:(N-1)/Fs];                        % 采样时刻
 8  ADC=2^7 - 1;                                % 直流分量
 9  A=2^7;                                      % 信号幅度
10  s1=A*sin(2*pi*F1*t + pi*P1/180) + ADC;         % 正弦波信号
11  s2=A*square(2*pi*F1*t + pi*P1/180) + ADC;      % 方波信号
12  s3=A*sawtooth(2*pi*F1*t + pi*P1/180,0.5) + ADC; % 三角波信号
13  s4=A*sawtooth(2*pi*F1*t + pi*P1/180) + ADC;    % 锯齿波信号
14  % 创建 MIF 文件
15  fild = fopen('all_wave_16384x8.mif','wt');
16  % 写入 MIF 文件头
17  fprintf(fild, '%s\n','WIDTH=8;');              % 位宽
18  fprintf(fild, '%s\n\n','DEPTH=16384;');        % 深度
19  fprintf(fild, '%s\n','ADDRESS_RADIX=UNS;');    % 地址格式
20  fprintf(fild, '%s\n\n','DATA_RADIX=UNS;');     % 数据格式
21  fprintf(fild, '%s\t','CONTENT');               % 地址
22  fprintf(fild, '%s\n','BEGIN');                 % 开始
23  for j = 1:4
24      for i = 1:N
25          if j == 1                              % 打印正弦信号数据
26              s0(i) = round(s1(i));              % 对小数四舍五入以取整
27              fprintf(fild, '\t%g\t',i-1);       % 地址编码
28          end
29
30          if j == 2                              % 打印方波信号数据
31              s0(i) = round(s2(i));              % 对小数四舍五入以取整
32              fprintf(fild, '\t%g\t',i-1+N);     % 地址编码
33          end
34
35          if j == 3                              % 打印三角波信号数据
36              s0(i) = round(s3(i));              % 对小数四舍五入以取整
37              fprintf(fild, '\t%g\t',i-1+(2*N)); % 地址编码
38          end
39
40          if j == 4                              % 打印锯齿波信号数据
```

```
41              s0(i) = round(s4(i));              % 对小数四舍五入以取整
42              fprintf(fild, '\t%g\t',i-1+(3*N));  % 地址编码
43         end
44
45         if s0(i) <0                             % -1 强制置零
46              s0(i) = 0
47         end
48
49         fprintf(fild, '%s\t',':');              % 冒号
50         fprintf(fild, '%d',s0(i));              % 数据写入
51         fprintf(fild, '%s\n',';');              % 分号，换行
52    end
53 end
54 fprintf(fild, '%s\n','END;');                   % 结束
55 fclose(fild);
```

3. 按键控制模块

（1）模块设计

本实验设计的 DDS 信号发生器可以实现 4 种信号波形的输出，使用外部物理按键实现波形的切换，一个按键控制一种波形，共使用 4 个按键。外部物理按键的触发信号通过顶层模块输入按键控制模块，按键控制模块内部实例化 4 个按键消抖模块，分别对 4 路按键信号做消抖处理。消抖处理后的 4 路按键信号组成位宽为 4bit 的波形选择信号并输出至 DDS 模块。波形选择信号初值为 4'b0000，当某一按键按下，波形选择信号对应位电平拉高。模块框图具体如图 24-11 所示。

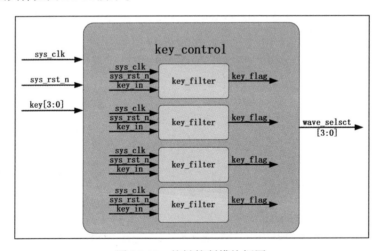

图 24-11　按键控制模块框图

（2）波形图绘制

由图 24-12 可知，输入的信号有 3 路，分别为时钟、复位和未消抖的按键控制，为了方便观察，将未消抖的按键控制信号拆开绘制，每一位按键信号代表一种信号波形的选择，但有一点要注意，每次只能按下一个按键。

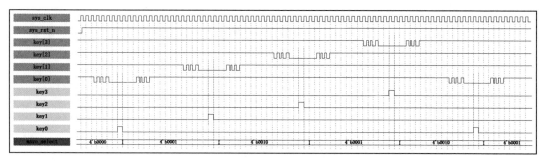

图 24-12　按键控制模块整体波形图

首先要对 4 路未消抖的按键信号进行消抖处理，这里需要调用 4 个按键消抖模块。消抖完毕之后，需要声明 4 个变量将消抖后的按键信号引出，即波形图中的变量 key0、key1、key2、key3。

接下来，使用引出的消抖后的按键信号 key0、key1、key2、key3 为约束条件，产生波形选择信号 wave_select，给 wave_select 赋初值 4'b0000，当按键信号 key0 为高电平时，wave_select 的赋值为 4'b0001，表示输出波形为正弦波；当按键信号 key1、key2、key3 各自为高电平时，wave_select 分别赋值为 4'b0010、4'b0100、4'b1000，表示输出波形分别为方波、三角波、锯齿波，其他状态保持原值不变。

（3）代码编写

参照波形图编写模块参考代码，如代码清单 24-6 所示。

代码清单 24-6　按键控制模块参考代码（key_control.v）

```
1 module  key_control
2 (
3     input   wire          sys_clk      ,    // 系统时钟, 50MHz
4     input   wire          sys_rst_n    ,    // 复位信号, 低电平有效
5     input   wire   [3:0]  key          ,    // 输入 4 位按键
6
7     output  reg    [3:0]  wave_select        // 输出波形选择
8 );
9
10 //*********************************************************//
11 //***************** Parameter and Internal Signal *****************//
12 //*********************************************************//
13 //parameter define
14 parameter   sin_wave  =   4'b0001,          // 正弦波
15             squ_wave  =   4'b0010,          // 方波
16             tri_wave  =   4'b0100,          // 三角波
17             saw_wave  =   4'b1000;          // 锯齿波
18
19 parameter   CNT_MAX =   20'd999_999;        // 计数器计数最大值
20
21 //wire  define
```

```
22 wire            key3      ;              // 按键 3
23 wire            key2      ;              // 按键 2
24 wire            key1      ;              // 按键 1
25 wire            key0      ;              // 按键 0
26
27 //*********************************************************//
28 //************************ Main Code **********************//
29 //*********************************************************//
30 //wave: 按键状态对应波形
31 always@(posedge sys_clk or negedge sys_rst_n)
32     if(sys_rst_n == 1'b0)
33         wave_select   <=   4'b0000;
34     else    if(key0 == 1'b1)
35         wave_select   <=   sin_wave;
36     else    if(key1 == 1'b1)
37         wave_select   <=   squ_wave;
38     else    if(key2 == 1'b1)
39         wave_select   <=   tri_wave;
40     else    if(key3 == 1'b1)
41         wave_select   <=   saw_wave;
42     else
43         wave_select   <=   wave_select;
44
45 //*********************************************************//
46 //*********************** Instantiation *******************//
47 //*********************************************************//
48 //------------- key_fifter_inst3 --------------
49 key_filter
50 #(
51     .CNT_MAX      (CNT_MAX  )         // 计数器计数最大值
52 )
53 key_filter_inst3
54 (
55     .sys_clk      (sys_clk  )    ,    // 系统时钟，频率为 50MHz
56     .sys_rst_n    (sys_rst_n)    ,    // 全局复位
57     .key_in       (key[3]   )    ,    // 按键输入信号
58
59     .key_flag     (key3     )         // 按键消抖后标志信号
60 );
61
62 //------------- key_fifter_inst2 --------------
63 key_filter
64 #(
65     .CNT_MAX      (CNT_MAX  )         // 计数器计数最大值
66 )
67 key_filter_inst2
68 (
69     .sys_clk      (sys_clk  )    ,    // 系统时钟，频率为 50MHz
70     .sys_rst_n    (sys_rst_n)    ,    // 全局复位
71     .key_in       (key[2]   )    ,    // 按键输入信号
72
```

```
73        .key_flag       (key2      )        // 按键消抖后标志信号
74 );
75
76 //------------- key_fifter_inst1 --------------
77 key_filter
78 #(
79    .CNT_MAX        (CNT_MAX   )        // 计数器计数最大值
80 )
81 key_filter_inst1
82 (
83    .sys_clk        (sys_clk   )    ,    // 系统时钟，频率为 50MHz
84    .sys_rst_n      (sys_rst_n )    ,    // 全局复位
85    .key_in         (key[1]    )    ,    // 按键输入信号
86
87    .key_flag       (key1      )        // 按键消抖后标志信号
88 );
89
90 //------------- key_fifter_inst0 --------------
91 key_filter
92 #(
93    .CNT_MAX        (CNT_MAX   )        // 计数器计数最大值
94 )
95 key_filter_inst0
96 (
97    .sys_clk        (sys_clk   )    ,    // 系统时钟，频率为 50MHz
98    .sys_rst_n      (sys_rst_n )    ,    // 全局复位
99    .key_in         (key[0]    )    ,    // 按键输入信号
100
101    .key_flag       (key0      )        // 按键消抖后标志信号
102 );
103
104 endmodule
```

（4）仿真验证

1）仿真文件编写

模块代码编写完成后，编写仿真文件对模块代码进行仿真验证，仿真文件参考代码如代码清单 24-7 所示。

代码清单 24-7　按键控制模块仿真参考代码（tb_key_control.v）

```
1 `timescale  1ns/1ns
2
3 module  tb_key_control();
4
5 //**********************************************************//
6 //*************** Parameter and Internal Signal ***************//
7 //**********************************************************//
8 parameter   CNT_1MS  = 20'd19   ,
9             CNT_11MS = 21'd69   ,
```

```
10                    CNT_41MS = 22'd149   ,
11                    CNT_51MS = 22'd199   ,
12                    CNT_60MS = 22'd249   ;
13
14 //wire   define
15 wire    [3:0]    wave_select ;
16
17 //reg    define
18 reg              sys_clk       ;
19 reg              sys_rst_n     ;
20 reg     [21:0]   tb_cnt        ;
21 reg              key_in        ;
22 reg     [1:0]    cnt_key       ;
23 reg     [3:0]    key           ;
24
25 //defparam   define
26 defparam     key_control_inst.CNT_MAX = 24;
27
28 //***********************************************************//
29 //************************ Main Code ************************//
30 //***********************************************************//
31 //sys_rst_n,sys_clk,key
32 initial
33     begin
34         sys_clk     =    1'b0;
35         sys_rst_n  <=    1'b0;
36         key <= 4'b0000;
37         #200;
38         sys_rst_n    <=    1'b1;
39     end
40
41 always #10 sys_clk = ~sys_clk;
42
43 //tb_cnt：按键过程计数器，通过该计数器的计数时间来模拟按键的抖动过程
44 always@(posedge sys_clk or negedge sys_rst_n)
45     if(sys_rst_n == 1'b0)
46         tb_cnt <= 22'b0;
47     else    if(tb_cnt == CNT_60MS)
48         tb_cnt <= 22'b0;
49     else
50         tb_cnt <= tb_cnt + 1'b1;
51
52 //key_in：产生输入随机数，模拟按键的输入情况
53 always@(posedge sys_clk or negedge sys_rst_n)
54     if(sys_rst_n == 1'b0)
55         key_in <= 1'b1;
56     else    if((tb_cnt >= CNT_1MS && tb_cnt <= CNT_11MS)
57                 || (tb_cnt >= CNT_41MS && tb_cnt <= CNT_51MS))
58         key_in <= {$random} % 2;
59     else    if(tb_cnt >= CNT_11MS && tb_cnt <= CNT_41MS)
60         key_in <= 1'b0;
```

```
61      else
62          key_in <= 1'b1;
63
64 always@(posedge sys_clk or negedge sys_rst_n)
65      if(sys_rst_n == 1'b0)
66          cnt_key <=  2'd0;
67      else    if(tb_cnt == CNT_60MS)
68          cnt_key <=  cnt_key + 1'b1;
69      else
70          cnt_key <=  cnt_key;
71
72 always@(posedge sys_clk or negedge sys_rst_n)
73      if(sys_rst_n == 1'b0)
74          key     <=  4'b1111;
75      else
76          case(cnt_key)
77              0:      key <=  {3'b111,key_in};
78              1:      key <=  {2'b11,key_in,1'b1};
79              2:      key <=  {1'b1,key_in,2'b11};
80              3:      key <=  {key_in,3'b111};
81              default:key <=  4'b1111;
82          endcase
83
84 //**********************************************************//
85 //********************* Instantiation *********************//
86 //**********************************************************//
87 //------------- key_control_inst -------------
88 key_control      key_control_inst
89 (
90     .sys_clk     (sys_clk     ),    // 系统时钟，频率为 50MHz
91     .sys_rst_n   (sys_rst_n   ),    // 复位信号，低电平有效
92     .key         (key         ),    // 输入 4 位按键
93
94     .wave_select (wave_select)      // 输出波形选择
95 );
96
97 endmodule
```

2）仿真波形分析

仿真参考代码编写完成，使用 ModelSim 对按键控制模块进行仿真验证，仿真波形如图 24-13 和图 24-14 所示，可见各信号仿真波形与绘制的波形图波形变化一致，模块仿真验证通过。

图 24-13　按键控制模块整体仿真波形

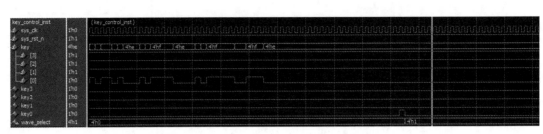

图 24-14　按键控制模块局部仿真波形

4. DDS 模块

（1）模块框图

通过前面的操作，波形数据表 ROM 生成完毕，按键控制模块也做了说明，我们开始本实验工程的核心模块 DDS 模块的讲解。DDS 模块框图具体如图 24-15 所示。

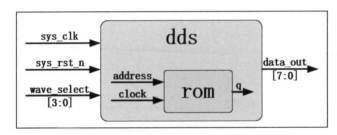

图 24-15　DDS 模块框图

DDS 模块有 3 路输入信号，1 路输出信号，其内部例化了前面生成的波形数据表 ROM；输入信号中有时钟信号 sys_clk、复位信号 sys_rst_n 和按键控制模块输入的波形选择信号 wave_select。输入的波形选择信号有 4 种状态，分别对应 4 种波形，根据输入的波形选择信号的不同，对 ROM 中波形选择信号对应波形的存储位置进行数据读取，将读出的波形幅值数据通过输出信号 data_out 输出到外部挂载 DA 板块，进行数模转换。

（2）波形图绘制

DDS 模块的各输入 / 输出信号和模块功能讲解完毕，我们开始绘制模块波形图，对波形图各信号进行详细说明，讲解模块功能实现方法。DDS 模块整体波形图如图 24-16 所示。

本模块内部声明 3 个寄存器变量。其中 fre_add 表示相位累加器输出值，位宽为 32 位，系统上电后，fre_add 信号一直执行自加操作，每个时钟周期自加参数 FREQ_CTRL 是在之前理论知识部分提到的频率字输入 K，它的具体数值可通过公式计算得到，前面我们也讲到过。

寄存器变量 rom_addr_reg 表示相位调制器输出值，将相位累加器输出值的高 12 位与相位偏移量 PHASE_CTRL 相加，参数 PHASE_CTRL 就是我们之前提到过的相位字输入 P。使用高 12 位，是因为与存储波形的 ROM 深度有关。按理论讲，得到的变量 rom_addr_reg 可直接作为 ROM 读地址输入波形数据表进行数据读取，但是我们将 4 种波形存储在了同一 ROM 中，所以还需要对读数据地址做进一步计算。

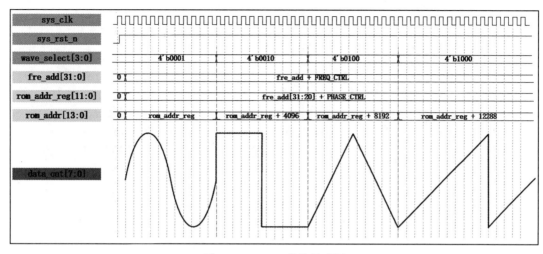

图 24-16 DDS 模块波形图

rom_addr 是输入波形数据表的 ROM 读地址，是在 rom_addr_reg 的基础上计算得到的。我们之前将 4 种信号波形数据按照正弦波、方波、三角波、锯齿波的顺序写入 ROM。若需要读取正弦波波形数据，rom_addr_reg 可直接赋值给 rom_addr；但是要进行方波波形数据的读取，rom_addr_reg 需要再加上正弦波存储单元个数才能赋值给 rom_addr；剩余两个信号同理。

对于参数 FREQ_CTRL 和 PHASE_CTRL，我们可以修改其参数值，实现不同频率、不同初相位波形的输出。

本实验中，我们希望输出一个频率为 500Hz，初相位为 π/2 的正弦波信号。

计算参数 FREQ_CTRL，即频率输入字 K。

FREQ_CTRL = $K = 2^N \times f_{OUT} / f_{CLK}$，其中 $N = 32$（相位累加器输出值 fre_add 的位宽）、$f_{OUT} = 500Hz$，$f_{CLK} = 50MHz$，代入公式，FREQ_CTRL = K = 42 949.672 96，取整数部分为 42 949。

计算参数 PHASE_CTRL，即相位输入字 P。

PHASE_CTRL = $P = \theta / (2\pi / 2^M)$，其中 $M = 12$（输入 ROM 地址位宽）、$\theta = \pi / 2$，代入公式，PHASE_CTRL = $P = 1024$。

ROM 读地址 rom_addr 写入波形数据表 ROM 中，读出地址对应波形数据，通过输出端口 data_out 输入外部挂载板卡数模转换部分。

（3）代码编写

参照绘制的波形图，编写模块参考代码，如代码清单 24-8 所示。

代码清单 24-8 DDS 模块参考代码（dds.v）

```
1 module  dds
2 (
```

```verilog
3      input    wire                sys_clk     ,    // 系统时钟，频率为 50MHz
4      input    wire                sys_rst_n   ,    // 复位信号，低电平有效
5      input    wire     [3:0]    wave_select ,    // 输出波形选择
6
7      output   wire     [7:0]    data_out         // 波形输出
8  );
9
10 //***********************************************************************//
11 //***************** Parameter and Internal Signal ********************//
12 //***********************************************************************//
13 //parameter define
14 parameter    sin_wave    =    4'b0001    ,    // 正弦波
15              squ_wave    =    4'b0010    ,    // 方波
16              tri_wave    =    4'b0100    ,    // 三角波
17              saw_wave    =    4'b1000    ;    // 锯齿波
18 parameter    FREQ_CTRL   =    32'd42949  ,    // 相位累加器单次累加值
19              PHASE_CTRL  =    12'd1024   ;    // 相位偏移量
20
21 //reg    define
22 reg      [31:0]   fre_add     ;                // 相位累加器
23 reg      [11:0]   rom_addr_reg;                // 相位调制后的相位码
24 reg      [13:0]   rom_addr    ;                //ROM 读地址
25
26 //***********************************************************************//
27 //*************************** Main Code *****************************//
28 //***********************************************************************//
29 //fre_add: 相位累加器
30 always@(posedge sys_clk or negedge sys_rst_n)
31     if(sys_rst_n == 1'b0)
32         fre_add <=  32'd0;
33     else
34         fre_add <=  fre_add + FREQ_CTRL;
35
36 //rom_addr:ROM 读地址
37 always@(posedge sys_clk or negedge sys_rst_n)
38     if(sys_rst_n == 1'b0)
39         begin
40             rom_addr        <=   14'd0;
41             rom_addr_reg    <=   11'd0;
42         end
43     else
44     case(wave_select)
45         sin_wave:
46             begin
47                 rom_addr_reg    <=   fre_add[31:20] + PHASE_CTRL;
48                 rom_addr        <=   rom_addr_reg;
49             end                              // 正弦波
50         squ_wave:
51             begin
52                 rom_addr_reg    <=   fre_add[31:20] + PHASE_CTRL;
53                 rom_addr        <=   rom_addr_reg + 14'd4096;
```

```
54             end                  // 方波
55         tri_wave:
56            begin
57                rom_addr_reg    <=  fre_add[31:20] + PHASE_CTRL;
58                rom_addr        <=  rom_addr_reg + 14'd8192;
59            end                  // 三角波
60         saw_wave:
61         begin
62                rom_addr_reg    <=  fre_add[31:20] + PHASE_CTRL;
63                rom_addr        <=  rom_addr_reg + 14'd12288;
64            end                  // 锯齿波
65         default:
66            begin
67                rom_addr_reg    <=  fre_add[31:20] + PHASE_CTRL;
68                rom_addr        <=  rom_addr_reg;
69            end                  // 正弦波
70      endcase
71
72 //*********************************************************************//
73 //************************ Instantiation ************************//
74 //*********************************************************************//
75 //----------------------- rom_wave_inst -----------------------
76 rom_wave     rom_wave_inst
77 (
78     .address    (rom_addr    ),   //ROM 读地址
79     .clock      (sys_clk     ),   // 读时钟
80
81     .q          (data_out    )    // 读出波形数据
82 );
83
84 endmodule
```

参考代码编写完成，其中各信号相关知识在波形图绘制部分已经做了详细讲解，此处不再赘述。

（4）仿真验证

1）仿真文件编写

模块代码编写完成后，我们编写仿真文件对模块代码进行仿真验证，参考代码如代码清单 24-9 所示。

代码清单 24-9　DDS 模块仿真参考代码（tb_dds.v）

```
1 `timescale  1ns/1ns
2
3 module  tb_dds();
4
5 //*************************************************************//
6 //************** Parameter and Internal Signal **************//
7 //*************************************************************//
8 //wire  define
```

```verilog
 9 wire    [7:0]   data_out    ;
10
11 //reg   define
12 reg             sys_clk     ;
13 reg             sys_rst_n   ;
14 reg     [3:0]   wave_select ;
15
16 //********************************************************//
17 //*********************** Main Code ***********************//
18 //********************************************************//
19 //sys_rst_n,sys_clk,key
20 initial
21    begin
22        sys_clk     =  1'b0;
23        sys_rst_n   <=   1'b0;
24        wave_select <=  4'b0000;
25        #200;
26        sys_rst_n   <=   1'b1;
27        #10000
28        wave_select <=  4'b0001;
29        #8000000;
30        wave_select <=  4'b0010;
31        #8000000;
32        wave_select <=  4'b0100;
33        #8000000;
34        wave_select <=  4'b1000;
35        #8000000;
36        wave_select <=  4'b0000;
37        #8000000;
38    end
39
40 always #10 sys_clk = ~sys_clk;
41
42 //********************************************************//
43 //********************** Instantiation ********************//
44 //********************************************************//
45 //------------- top_dds_inst -------------
46 dds     dds_inst
47 (
48    .sys_clk     (sys_clk     ),   // 系统时钟，频率为 50MHz
49    .sys_rst_n   (sys_rst_n   ),   // 复位信号，低电平有效
50    .wave_select (wave_select),    // 输出波形选择
51
52    .data_out    (data_out    )    // 波形输出
53 );
54
55 endmodule
```

2）仿真波形分析

仿真参考代码编写完成，使用 ModelSim 对 DDS 模块进行仿真验证，仿真波形如图 24-17

所示，可知各信号仿真波形与绘制波形图的波形变化一致，模块仿真验证通过。

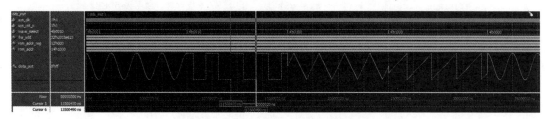

图 24-17　DDS 模块整体仿真波形

DDS 模块仿真波形图中，两条波形参考线之间的时间间隔约为 200_0000ns，表示一个方波周期，频率约为 500Hz；将仿真信号波形与 MATLAB 生成波形对比，可以发现信号波形相位平移了 π/2，模块通过仿真验证。

5. 顶层模块

（1）模块框图

顶层模块较为简单，内部例化了各子功能模块，连接各对应信号；外部有 3 路输入信号、2 路输出信号。输入有时钟信号、复位信号和控制信号波形切换的 4 路按键信号；2 路输出信号中，信号 dac_data 为 DDS 模块输出的自波形数据表 ROM 中读取的波形数据；信号 dac_clk 为输入至外载板卡的时钟信号，DA 模块使用此时钟进行数据处理，该信号由系统时钟 sys_clk 取反得到。

波形数据表 ROM 的读时钟为系统时钟 sys_clk，在系统时钟上升沿时对 ROM 进行数据读取，而 DA 模块也使用时钟上升沿进行数据处理，将系统时钟 sys_clk 取反得到 dac_clk，dac_clk 的上升沿刚好采集到波形数据 dac_data 的稳定数据。

顶层模块框图具体如图 24-18 所示。

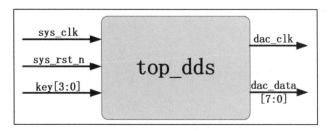

图 24-18　顶层模块框图

（2）代码编写

对于顶层模块，我们不需要进行波形图的绘制，直接编写代码。模块参考代码见代码清单 24-10。

代码清单 24-10　顶层模块参考代码（top_dds.v）

```
1 module  top_dds
```

```
 2  (
 3      input    wire              sys_clk      ,    // 系统时钟，频率为 50MHz
 4      input    wire              sys_rst_n    ,    // 复位信号，低电平有效
 5      input    wire     [3:0]    key          ,    // 输入 4 位按键
 6
 7      output   wire              dac_clk      ,    // 输入 DAC 模块时钟
 8      output   wire     [7:0]    dac_data          // 输入 DAC 模块波形数据
 9  );
10
11 //*********************************************************************//
12 //***************** Parameter and Internal Signal *******************//
13 //*********************************************************************//
14 //wire  define
15 wire     [3:0]   wave_select ;                 // 波形选择
16
17 //dac_clka: DAC 模块时钟
18 assign   dac_clk  = ~sys_clk;
19
20 //*********************************************************************//
21 //*********************** Instantiation ****************************//
22 //*********************************************************************//
23 //----------------------- dds_inst -----------------------
24 dds     dds_inst
25 (
26     .sys_clk        (sys_clk     ),          // 系统时钟，频率为 50MHz
27     .sys_rst_n      (sys_rst_n   ),          // 复位信号，低电平有效
28     .wave_select    (wave_select),          // 输出波形选择
29
30     .data_out       (dac_data    )          // 波形输出
31 );
32
33 //--------------------- key_control_inst ----------------------
34 key_control key_control_inst
35 (
36     .sys_clk        (sys_clk     ),          // 系统时钟，频率为 50MHz
37     .sys_rst_n      (sys_rst_n   ),          // 复位信号，低电平有效
38     .key            (key         ),          // 输入 4 位按键
39
40     .wave_select    (wave_select)           // 输出波形选择
41 );
42
43 endmodule
```

6. RTL 视图

顶层模块介绍完毕，使用 Quartus II 软件对实验工程进行编译，工程通过编译后查看实验工程 RTL 视图，具体如图 24-19 所示，由图可知，实验工程的 RTL 视图与实验整体框图相同，各信号线均已正确连接。

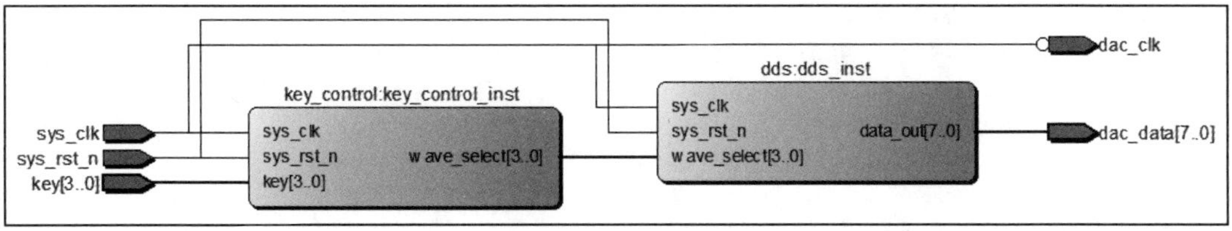

图 24-19　RTL 视图

7. 仿真验证

（1）仿真代码编写

编写仿真代码，对工程进行整体仿真。顶层模块仿真参考代码参见代码清单 24-11。

代码清单 24-11　顶层模块仿真参考代码（tb_top_dds.v）

```
 1  `timescale  1ns/1ns
 2
 3  module  tb_top_dds();
 4
 5  //***************************************************************//
 6  //************** Parameter and Internal Signal ***************//
 7  //***************************************************************//
 8  parameter    CNT_1MS  = 20'd19000    ,
 9               CNT_11MS = 21'd69000    ,
10               CNT_41MS = 22'd149000   ,
11               CNT_51MS = 22'd199000   ,
12               CNT_60MS = 22'd249000   ;
13
14  //wire   define
15  wire          dac_clk      ;
16  wire    [7:0]  dac_data     ;
17
18  //reg   define
19  reg           sys_clk      ;
20  reg           sys_rst_n    ;
21  reg     [21:0] tb_cnt       ;
22  reg           key_in       ;
23  reg     [1:0]  cnt_key      ;
24  reg     [3:0]  key          ;
25
26  //defparam   define
27  defparam    top_dds_inst.key_control_inst.CNT_MAX = 24;
28
29  //***************************************************************//
30  //*********************** Main Code ***********************//
31  //***************************************************************//
32  //sys_rst_n,sys_clk,key
33  initial
34      begin
35          sys_clk     =    1'b0;
```

```
36          sys_rst_n   <=    1'b0;
37          key <= 4'b0000;
38          #200;
39          sys_rst_n   <=    1'b1;
40      end
41
42  always #10 sys_clk = ~sys_clk;
43
44  //tb_cnt: 按键过程计数器，通过该计数器的计数时间来模拟按键的抖动过程
45  always@(posedge sys_clk or negedge sys_rst_n)
46      if(sys_rst_n == 1'b0)
47          tb_cnt <= 22'b0;
48      else    if(tb_cnt == CNT_60MS)
49          tb_cnt <= 22'b0;
50      else
51          tb_cnt <= tb_cnt + 1'b1;
52
53  //key_in: 产生输入随机数，模拟按键的输入情况
54  always@(posedge sys_clk or negedge sys_rst_n)
55      if(sys_rst_n == 1'b0)
56          key_in <= 1'b1;
57      else    if((tb_cnt >= CNT_1MS && tb_cnt <= CNT_11MS)
58                  || (tb_cnt >= CNT_41MS && tb_cnt <= CNT_51MS))
59          key_in <= {$random} % 2;
60      else    if(tb_cnt >= CNT_11MS && tb_cnt <= CNT_41MS)
61          key_in <= 1'b0;
62      else
63          key_in <= 1'b1;
64
65  always@(posedge sys_clk or negedge sys_rst_n)
66      if(sys_rst_n == 1'b0)
67          cnt_key <=  2'd0;
68      else    if(tb_cnt == CNT_60MS)
69          cnt_key <=  cnt_key + 1'b1;
70      else
71          cnt_key <=  cnt_key;
72
73  always@(posedge sys_clk or negedge sys_rst_n)
74      if(sys_rst_n == 1'b0)
75          key     <=  4'b1111;
76      else
77          case(cnt_key)
78              0:      key <=  {3'b111,key_in};
79              1:      key <=  {2'b11,key_in,1'b1};
80              2:      key <=  {1'b1,key_in,2'b11};
81              3:      key <=  {key_in,3'b111};
82              default:key <=  4'b1111;
83          endcase
84
85  //***********************************************************//
86  //*********************** Instantiation *********************//
```

```
87 //************************************************************//
88 //------------- top_dds_inst -------------
89 top_dds top_dds_inst
90 (
91     .sys_clk    (sys_clk    ),
92     .sys_rst_n  (sys_rst_n  ),
93     .key        (key        ),
94
95     .dac_clk    (dac_clk    ),
96     .dac_data   (dac_data   )
97 );
98
99 endmodule
```

（2）仿真波形分析

使用 ModelSim 软件对顶层模块进行仿真，由图 24-20 可知，输入 / 输出信号能正常传入 / 传出顶层模块，顶层模块通过仿真验证。

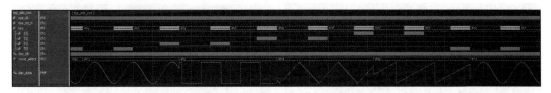

图 24-20　顶层模块仿真波形

8. 上板验证

仿真验证通过后，绑定引脚，对工程进行重新编译。如图 24-21 所示，将开发板连接至 12V 直流电源和 USB-Blaster 下载器 JTAG 端口，连接外载 AD/DA 板卡与开发板底板，连接 SMA 信号线。线路正确连接后，打开开关为板卡上电，随后为开发板下载程序。

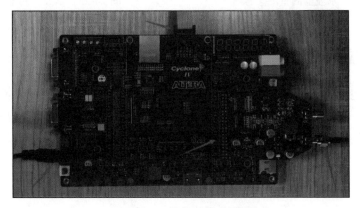

图 24-21　程序下载连线图

程序下载完成后，使用示波器对 AD/DA 板卡输出信号进行测量，如图 24-22～图 24-25

所示，使用按键可进行输出波形切换，通过电位器可实现输出信号幅值调节。

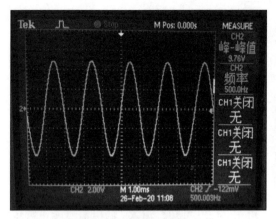

图 24-22　示波器测量图（一）

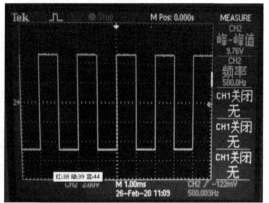

图 24-23　示波器测量图（二）

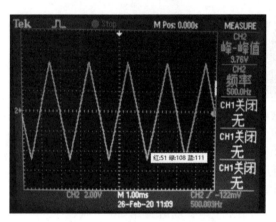

图 24-24　示波器测量图（三）

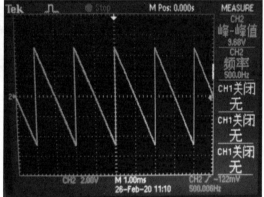

图 24-25　示波器测量图（四）

24.3　章末总结

本章我们实现了简易 DDS 信号发生器的设计与验证，并通过对简易 DDS 信号发生器的设计与对这一实验工程的验证，为读者介绍了 DDS 信号发生器的相关内容和 DAC 芯片的相关知识，希望读者认真学习，切实掌握相关知识。

第 25 章
简易电压表的设计与验证

在第 24 章，我们使用外部挂载的高速 AD/DA 板卡的 D/A 部分设计并实现了 DDS 简易信号发生器。D/A 部分是数模转换部分，将输入的数字信号通过 DAC 芯片转换为模拟信号，A/D 部分则相反，实现的是将输入的模拟信号转换为数字信号。我们常用的数字电压表就是使用 ADC 芯片配合外围电路实现输入模拟信号的电压测量并显示。

在本章，我们将会带领读者使用外部挂载的高速 AD/DA 板卡的 A/D 部分设计并实现一个简易电压表，并上板验证。

25.1　理论学习

模 / 数转换器即 AD（Analog to Digital Conver，ADC）转换器，通常是指一个将模拟信号转变为数字信号的电子元件或电路。常见的模 / 数转换器将经过与标准量比较处理后的模拟量转换为以二进制数值表示的离散信号。真实世界的模拟信号，例如温度、压力、声音或者图像等，需要转换成更容易存储、处理和发射的数字形式。模 / 数转换器可以实现这个功能，在各种不同的产品中都可以找到它的身影。

模拟信号与数字信号的转换过程一般分为四个步骤：采样、保持、量化、编码。前两个步骤在采样 – 保持电路中完成，后两步则在 ADC 芯片中完成。

常用的 ADC 可分为积分型、逐次逼近型、并行比较型 / 串并行型、Σ – Δ 调制型、电容阵列逐次比较型以及压频变换型。

积分型 ADC 的工作原理是将输入电压转换成时间或频率，然后由定时器 / 计数器获得数字值。其优点是使用简单电路就能获得高分辨率；缺点是由于转换精度依赖于积分时间，因此转换速率极低。双积分是一种常用的 AD 转换技术，具有精度高、抗干扰能力强等优点。但高精度的双积分 AD 芯片价格昂贵，设计成本较高。

逐次逼近型 ADC 由一个比较器和 DA 转换器通过逐次比较逻辑构成，从 MSB 开始，顺序地对每一位将输入电压与内置 DA 转换器输出进行比较，经 n 次比较而输出数字值。其电路规模属于中等，优点是速度较高、功耗低，在低精度（小于 12 位）时价格便宜，但高精度（大于 12 位）时价格昂贵。

并行比较型 ADC 采用多个比较器，仅进行一次比较来实行转换，又称 Flash 型。由于转换速率极高，n 位的转换需要 $2n - 1$ 个比较器，因此电路规模也极大，价格也高，只适用于视频 AD 转换器等速度特别高的领域。

Σ - Δ 型 ADC 以很低的采样分辨率（1 位）和很高的采样速率将模拟信号数字化，通过使用过采样、噪声整形和数字滤波等方法增加有效分辨率，然后对 ADC 输出进行采样抽取处理以降低有效采样速率。Σ - Δ 型 ADC 的电路结构由非常简单的模拟电路和十分复杂的数字信号处理电路构成。

电容阵列逐次比较型 ADC 在内置 DA 转换器中采用电容矩阵方式，也可称为电荷再分配型。一般的电阻阵列 DA 转换器中，多数电阻的值必须一致，在单芯片上生成高精度的电阻并不容易。如果用电容阵列取代电阻阵列，则可以用低廉的成本制成高精度单片 AD 转换器。最近的逐次比较型 AD 转换器大多为电容阵列式的。

压频变换型 ADC 是通过间接转换方式实现模数转换的。其原理是首先将输入的模拟信号转换成频率，然后用计数器将频率转换成数字量。从理论上讲，这种 ADC 的分辨率几乎可以无限增加，只要采样的时间能够满足输出频率分辨率要求的累积脉冲个数的宽度。其优点是分辨率高、功耗低、价格低，但是需要外部计数电路共同完成 AD 转换。

ADC 的主要技术指标包括：分辨率、转换速率、量化误差、满刻度误差、线性度。

分辨率指输出数字量变化一个最低有效位（LSB）所需的输入模拟电压的变化量。

转换速率是指完成一次从模拟转换到数字的 AD 转换所需要的时间的倒数。积分型 AD 的转换时间是毫秒级属低速 AD，逐次比较型 AD 是微秒级属中速 AD，全并行 / 串并行型 AD 可达到纳秒级。采样时间则是另外一个概念，是指两次转换的间隔。为了保证转换正确完成，采样速率（Sample Rate）必须小于或等于转换速率。因此有人习惯上将转换速率在数值上等同于采样速率也是可以接受的。

量化误差是由 AD 的有限分辨率引起的，即有限分辨率 AD 的阶梯状转移特性曲线与无限分辨率 AD（理想 AD）的转移特性曲线（直线）之间的最大偏差。通常是 1 个或半个最小数字量的模拟变化量，表示为 1LSB、1/2LSB。

满刻度误差是满刻度输出时对应的输入信号与理想输入信号值之差。

线性度指实际转换器的转移函数与理想直线的最大偏移。

25.2   实战演练

25.2.1   实验目标

外部挂载的高速 AD/DA 板卡的 A/D 部分将输入其中的模拟信号转换为数字量，将数字量传入 FPGA，FPGA 将传入的数字量通过计数转化为电压数值，通过数码管显示转化后的电压值，实现模拟信号的电压测量。

25.2.2 硬件资源

如图 25-1 所示，我们使用外载 AD/DA 板卡的 AD 部分完成本次实验设计；如图 25-2 所示为外载 AD/DA 板卡 AD 部分原理图，包括高速 AD 芯片和外围电路。

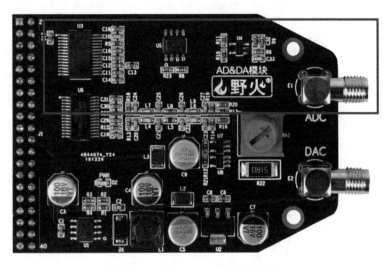

图 25-1 外载 AD/DA 板卡外观图

外载 AD/DA 板卡的 AD 部分使用高速 AD 芯片 AD9280，AD9280 是由 ANALOG 公司生产的单芯片数模转换器（ADC），位宽为 8 位最大转换速率为 32 MSPS，采用单电源供电，内置一个片内采样保持放大器和基准电压源。它采用多级差分流水线架构，数据速率达 32 MSPS，在整个工作温度范围内保证无失码。

AD9280 的输入经过设计，可使成像和通信系统的开发更加轻松。用户可以选择各种输入范围和偏移，并可通过单端或差分方式驱动输入。采样保持放大器（SHA）既适用于在连续通道中切换满量程电平的多路复用系统，也适合采用最高 Nyquist 速率及更高的频率对单通道输入进行采样。利用片上钳位电路，可以使交流耦合输入信号偏移到预定电平，动态性能极为出色。

AD9280 具有一个片上可编程基准电压源。也可以选用外部基准电压，以满足应用的直流精度与温度漂移要求。采用一个单时钟输入来控制所有内部转换周期。数字输出数据格式为标准二进制。超量程（OTR）信号表示溢出状况，可由最高有效位来确定是下溢还是上溢。

AD9280 采用 +2.7 V～+5.5 V 电源供电，非常适合高速应用中的低功耗操作，额定温度范围为 –40℃～+85℃。引脚图及内部结构图如图 25-3 和图 25-4 所示。关于 AD9708 的更多详细资料可查阅数据手册。

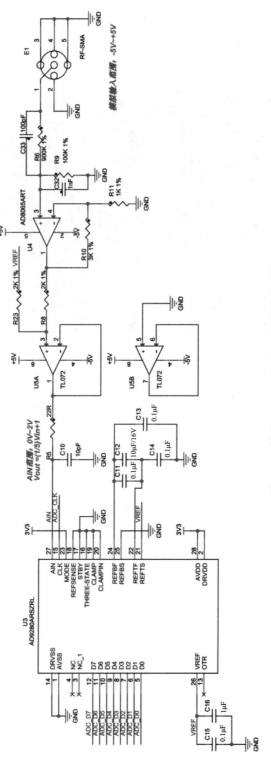

图 25-2 外载 AD/DA 板卡 AD 部分原理图

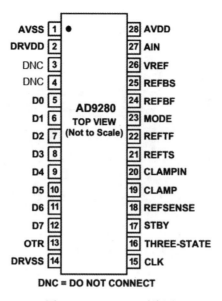

图 25-3　AD9280 引脚图

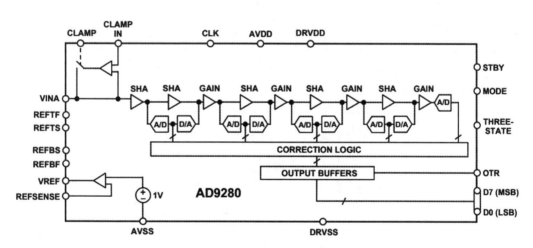

图 25-4　AD9280 内部结构图

25.2.3　程序设计

1. 整体说明

实验工程整体框图如图 25-5 所示。

将待测量的模拟信号接入外部挂载的高速 AD/DA 板卡的模拟信号输入端,板卡会将输入的模拟信号进行采样、量化、编码,然后,将模拟电压转换为数字值传给 FPGA;内部 adc 模块接收到传入的电压数字值后,经过运算,转换为可用于显示的电压值输入给数码管显示模块,将电压值显示在数码管上。

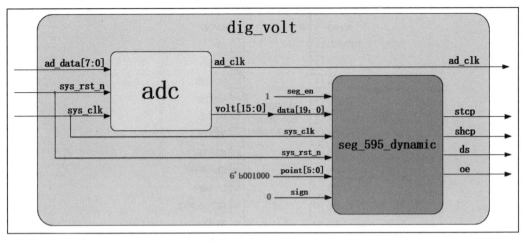

图 25-5　实验工程整体框图

2. ADC 模块

（1）模块框图

由图 25-6 所示的 ADC 模块框图可知，模块有 3 路输入信号和 2 路输出信号。输入信号有时钟、复位和外载板卡传入的模拟信号电压数字值 ad_data；输出信号有 2 路，ad_clk 信号为传入外载板卡的时钟信号，频率为 12.5MHz，由系统时钟信号 4 分频得到，ADC 芯片在此时钟同步下进行模拟信号的采样、量化和编码，volt 信号则是经过运算处理后的电压值，传入数码管显示模块，用于显示电压。

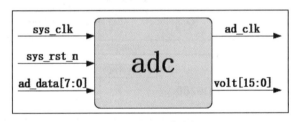

图 25-6　ADC 模块框图

（2）波形图绘制

本实验使用的 ADC 芯片位宽为 8 位，板卡模拟电压输入范围为 –5V～+5V，即电压表测量范围，最大值和最小值压降为 10V，分辨率为 $10/2^8$。

当 ADC 芯片采集后的电压数值 ad_data 位于 0～127 范围内时，表示测量电压位于 –5V～0V 范围内，换算为电压值为 $V_{in} = -(10 / 2^8 \times (127 - ad\_data))$；当 ADC 芯片采集后的电压数值 ad_data 位于 128～255 范围内，表示测量电压位于 0V～5V 范围内，换算为电压值为 $V_{in} = (10 / 2^8 \times (ad\_data - 127))$。

简易电压表实验可以参照这种思想来进行工程的设计与实现，但为了提高测量结果的精确性，我们使用定义中值的测量方法。

在电压表上电后未接入测量电压时，取 ADC 芯片采集的最初的若干测量值，取平均值作为测量中值 data_median，与实际测量值 0V 对应。

使用定义中值的测量方法时，当 ADC 芯片采集后的电压数值 ad_data 位于 0～data_median 范围内时，表示测量电压位于 –5V～0V 范围内，分辨率为 10/((data_median + 1)×2)，换算为电压值为 V_{in} = –((10/((data_median + 1)×2))×(data_median – ad_data))；当 ADC 芯片采集后的电压数值 ad_data 位于 data_median～255 范围内时，表示测量电压位于 0V～5V 范围内，分辨率为 10/((255 – data_median + 1)×2)，换算为电压值为 V_{in} = ((10/((255 – data_median + 1)×2))×(ad_data – data_median))。

了解了具体的实现方法后，我们开始波形图绘制。模块波形图如图 25-7 和图 25-8 所示。

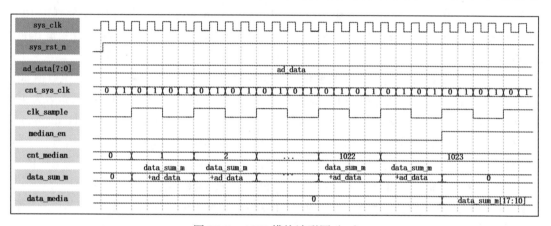

图 25-7　ADC 模块波形图（一）

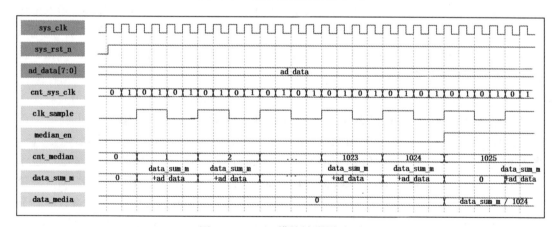

图 25-8　ADC 模块波形图（二）

对于模块的输入信号不再说明，输出至外载板块的时钟信号为 ad_clk，频率为 12.5MHz，使用系统时钟 4 分频得来，所以声明了分频计数器 cnt_sys_clk，初值为 0，在系统时钟同步下，在 0、1 之间循环计数；声明时钟信号 clk_sample，在计数器 cnt_sys_clk 计数值为 1

时，对自身取反，就得到了时钟频率为 12.5MHz 的分频时钟信号 clk_sample，也作为本模块工作时钟信号；因为外载板卡与本模块均使用时钟上升沿对数据采样，为保证模块内工作时钟上升沿能够采集到板块传入的稳定数据，我们对 clk_sample 时钟信号取反作为输入板卡的时钟信号 adc_clk，adc_clk 的上升沿刚好采集到数据的稳定状态。

声明中值使能信号 median_en 方便计算中值，当 median_en 信号为低电平时，进行中值的计算；当 median_en 信号为高电平时，对 ADC 测量值进行累加求平均的计算。

对中值的计算，我们也使用累加求平均的方法，在无测量电压输入电压表时，对前 1024 个数据进行累加求平均，所以声明计数器 cnt_median 对累加值个数进行计数，计算范围为 0～1023，只在 median_en 为低电平时进行计数，median_en 为高电平时，保持计数最大值；同时，计数最大值作为条件，拉高 median_en 使能信号。1024 个测量值总和保存在变量 data_sum_m 中，当 cnt_median 计数到最大值，将平均值赋值给变量 data_median。

中值 data_median 确定后，开始测量电压的计算。当 ADC 芯片采集后的电压数值 ad_data 位于 0～data_median 范围内时，表示测量电压位于 –5V～0V 范围内，分辨率为 $10/((data\_median + 1) \times 2)$，换算为电压值为 $V_{in} = -((10/((data\_median + 1) \times 2)) \times (data\_median - ad\_data))$；当 ADC 芯片采集后的电压数值 ad_data 位于 data_median～255 范围内时，表示测量电压位于 0V～5V 范围内，分辨率为 $10/((255 - data\_median + 1) \times 2)$，换算为电压值为 $V_{in} = ((10/((255 - data\_median + 1) \times 2)) \times (ad\_data - data\_median))$。

为保证运算后的电压值更准确，我们对计算出的分辨率进行放大。当 ADC 芯片采集后的电压数值 ad_data 位于 0～data_median 范围内时，表示测量电压位于 –5V～0V 范围内，声明分辨率为 $data\_n = (10 \times 2^{13} \times 1000)/((data\_median + 1) \times 2)$；当 ADC 芯片采集后的电压数值 ad_data 位于 data_median～255 范围内时，表示测量电压位于 0V～5V 范围内，声明分辨率为 $data\_p = (10 \times 2^{13} \times 1000)/((255 - data\_median + 1) \times 2)$。放大倍数为 $2^{13} \times 1000$ 倍，使用这个放大倍数是为了方便计算与显示电压值。

确定了分辨率之后，结合 ADC 芯片传入的测量值，我们开始计算实际电压值。声明实际电压值为 volt_reg，当 ADC 芯片采集后的电压数值 ad_data 位于 0～data_median 范围内时，表示测量电压位于 –5V～0V 范围内，$volt\_reg = (data\_n \times (data\_median - ad\_data)) >> 13$；当 ADC 芯片采集后的电压数值 ad_data 位于 data_median～255 范围内，表示测量电压位于 0V～5V 范围内，$volt\_reg = (data\_p \times (ad\_data - data\_median)) >> 13$。使用 ">> 13" 对计算值右移 13 位，由于抵消分辨率放大的 2^{13} 倍，分辨率中放大的 1000 倍，可以通过将数码管显示值小数点左移 3 位来抵消；正负号通过 ad_data 与中值 data_median 的大小比较来确定，$sign = (ad\_data < data\_median) ? 1'b1 : 1'b0$，sign 为高电平，代表测量结果为负向电压，反之为正向电压。

（3）代码编写

参照波形图编写参考代码，具体参见代码清单 25-1。

代码清单 25-1 ADC 模块参考代码 (adc.v)

```verilog
1  module   adc
2  (
3      input    wire            sys_clk       ,    // 时钟
4      input    wire            sys_rst_n     ,    // 复位信号, 低电平有效
5      input    wire    [7:0]   ad_data       ,    //AD 输入数据
6
7      output   wire            ad_clk        ,    //AD 驱动时钟, 最大支持 20MHz 时钟
8      output   wire            sign          ,    // 正负符号位
9      output   wire    [15:0]  volt               // 数据转换后的电压值
10 );
11 //********************************************************//
12 //****************Parameter And Internal Signal ********************//
13 //********************************************************//
14 //parameter define
15 parameter   CNT_DATA_MAX = 11'd1024;             // 数据累加次数
16
17 //wire   define
18 wire    [27:0]   data_p      ;                   // 根据中值计算出的正向电压 AD 分辨率
19 wire    [27:0]   data_n      ;                   // 根据中值计算出的负向电压 AD 分辨率
20
21 //reg define
22 reg              median_en   ;                   // 中值使能
23 reg     [10:0]   cnt_median  ;                   // 中值数据累加计数器
24 reg     [18:0]   data_sum_m  ;                   //1024 次中值数据累加总和
25 reg     [7:0]    data_median ;                   // 中值数据
26 reg     [1:0]    cnt_sys_clk ;                   // 时钟分频计数器
27 reg              clk_sample  ;                   // 采样数据时钟
28 reg     [27:0]   volt_reg    ;                   // 电压值寄存
29
30 //********************************************************//
31 //*************************** Main Code ***************************//
32 //********************************************************//
33 // 数据 ad_data 是在 ad_sys_clk 的上升沿更新
34 // 所以在 ad_sys_clk 的下降沿采集数据是数据稳定的时刻
35 //FPGA 内部一般使用上升沿锁存数据, 所以时钟取反
36 // 这样 ad_sys_clk 的下降沿相当于 sample_sys_clk 的上升沿
37 assign   ad_clk = ~clk_sample;
38
39 //sign: 正负符号位
40 assign   sign = (ad_data < data_median) ? 1'b1 : 1'b0;
41
42 // 时钟分频 (4 分频, 时钟频率为 12.5MHz), 产生采样 AD 数据时钟
43 always@(posedge sys_clk or negedge sys_rst_n)
44     if(sys_rst_n == 1'b0)
45         begin
46             cnt_sys_clk <= 2'd0;
47             clk_sample  <= 1'b0;
48         end
49         else
```

```
50          begin
51              cnt_sys_clk <=  cnt_sys_clk + 2'd1;
52          if(cnt_sys_clk == 2'd1)
53              begin
54              cnt_sys_clk <=  2'd0;
55              clk_sample  <=  ~clk_sample;
56              end
57          end
58
59  // 中值使能信号
60  always@(posedge clk_sample or negedge sys_rst_n)
61      if(sys_rst_n == 1'b0)
62          median_en   <=  1'b0;
63      else    if(cnt_median == CNT_DATA_MAX)
64          median_en   <=  1'b1;
65      else
66          median_en   <=  median_en;
67
68  //cnt_median: 中值数据累加计数器
69  always@(posedge clk_sample or negedge sys_rst_n)
70      if(sys_rst_n == 1'b0)
71          cnt_median    <=  11'd0;
72      else    if(median_en == 1'b0)
73          cnt_median    <=  cnt_median + 1'b1;
74
75  //data_sum_m: 1024 次中值数据累加总和
76  always@(posedge clk_sample or negedge sys_rst_n)
77      if(sys_rst_n == 1'b0)
78          data_sum_m  <=  19'd0;
79      else    if(cnt_median == CNT_DATA_MAX)
80          data_sum_m  <=  19'd0;
81      else
82          data_sum_m   <=  data_sum_m + ad_data;
83
84  //data_median: 中值数据
85  always@(posedge clk_sample or negedge sys_rst_n)
86      if(sys_rst_n == 1'b0)
87          data_median   <=  8'd0;
88      else    if(cnt_median == CNT_DATA_MAX)
89          data_median   <=  data_sum_m / CNT_DATA_MAX;
90      else
91          data_median   <=  data_median;
92
93  //data_p: 根据中值计算出的正向电压 AD 分辨率（放大 2^{13}×1000 倍）
94  //data_n: 根据中值计算出的负向电压 AD 分辨率（放大 2^{13}×1000 倍）
95  assign  data_p=(median_en==1'b1)?8192_0000/((255-data_median)*2):0;
96  assign  data_n=(median_en==1'b1)?8192_0000/((data_median+1)*2):0;
97
98  //volt_reg: 处理后的稳定数据
99  always@(posedge clk_sample or negedge sys_rst_n)
100     if(sys_rst_n == 1'b0)
```

```
101         volt_reg    <= 'd0;
102    else     if(median_en == 1'b1)
103        if((ad_data > (data_median - 3))&&(ad_data < (data_median + 3)))
104            volt_reg    <= 'd0;
105        else    if(ad_data < data_median)
106            volt_reg <= (data_n *(data_median - ad_data)) >> 13;
107        else     if(ad_data > data_median)
108            volt_reg <= (data_p *(ad_data - data_median)) >> 13;
109    else
110        volt_reg    <= 'd0;
111
112 //volt: 数据转换后的电压值
113 assign  volt    =    volt_reg;
114
115 endmodule
```

3. 顶层模块

（1）模块框图

顶层模块较为简单，内部例化了各子功能模块，连接各对应信号；外部有 3 路输入信号、3 路输出信号。输入有时钟信号、复位信号和办卡采集的 8 位二进制模拟信号数据；3 路输出信号中，时钟信号 ad_clk 为输入外载板卡，作为板卡工作时钟；信号 stcp、shcp、ds、oe 用于驱动数码管显示。

顶层模块框图如图 25-9 所示。

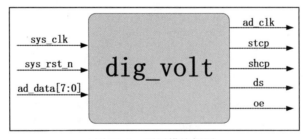

图 25-9　顶层模块框图

（2）代码编写

对于顶层模块，无须绘制波形图，字节编写参考代码具体参见代码清单 25-2。

代码清单 25-2　顶层模块参考代码（dig_volt.v）

```
1 module  dig_volt
2 (
3    input   wire            sys_clk    ,   // 系统时钟，频率为50MHz
4    input   wire            sys_rst_n  ,   // 复位信号，低电平有效
5    input   wire    [7:0]   ad_data    ,   //AD输入数据
6
7    output  wire            ad_clk     ,   //AD驱动时钟，最大支持20MHz时钟
8    output  wire            stcp       ,   // 数据存储器时钟
```

```
 9      output   wire           shcp      ,      // 移位寄存器时钟
10      output   wire           ds        ,      // 串行数据输入
11      output   wire           oe               // 使能信号
12  );
13  //*************************************************************//
14  //*********************Internal Signal ************************//
15  //*************************************************************//
16  //wire  define
17  wire     [15:0] volt    ;                     // 数据转换后的电压值
18  wire            sign    ;                     // 正负符号位
19
20  //*************************************************************//
21  //************************ Instantiation **********************//
22  //*************************************************************//
23  //------------- adc_inst -------------
24  adc      adc_inst
25  (
26      .sys_clk    (sys_clk     ),              // 时钟
27      .sys_rst_n  (sys_rst_n   ),              // 复位信号，低电平有效
28      .ad_data    (ad_data     ),              //AD 输入数据
29
30      .ad_clk     (ad_clk      ),              //AD 驱动时钟，最大支持 20MHz 时钟
31      .sign       (sign        ),              // 正负符号位
32      .volt       (volt        )               // 数据转换后的电压值
33  );
34
35  //------------- seg_595_dynamic_inst --------------
36  seg_595_dynamic      seg_595_dynamic_inst
37  (
38      .sys_clk    (sys_clk     ),              // 系统时钟，频率为 50MHz
39      .sys_rst_n  (sys_rst_n   ),              // 复位信号，低电平有效
40      .data       (volt        ),              // 数码管要显示的值
41      .point      (6'b001000   ),              // 小数点显示，高电平有效
42      .seg_en     (1'b1        ),              // 数码管使能信号，高电平有效
43      .sign       (sign        ),              // 符号位，高电平显示负号
44
45      .stcp       (stcp        ),              // 输出数据存储寄存器时钟
46      .shcp       (shcp        ),              // 移位寄存器的时钟输入
47      .ds         (ds          ),              // 串行数据输入
48      .oe         (oe          )               // 输出使能信号
49  );
50
51  endmodule
```

4. RTL 视图

顶层模块介绍完毕，使用 Quartus II 软件对实验工程进行编译，工程通过编译后查看实验工程 RTL 视图，如图 25-10 所示。可知实验工程的 RTL 视图与实验整体框图相同，各信号线均已正确连接。

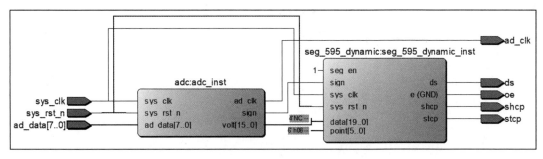

图 25-10　RTL 视图

5. 仿真验证

（1）仿真代码编写

对顶层模块进行仿真验证，仿真参考代码具体参见代码清单 25-3。

代码清单 25-3　顶层模块仿真参考代码（tb_dig_volt.v）

```
 1 module   tb_dig_volt();
 2 //wire   define
 3 wire            ad_clk   ;
 4 wire            shcp     ;
 5 wire            stcp     ;
 6 wire            ds       ;
 7 wire            oe       ;
 8
 9 //reg    define
10 reg             sys_clk      ;
11 reg             sys_rst_n    ;
12 reg             data_en      ;
13 reg     [7:0]   ad_data_reg  ;
14 reg     [7:0]   ad_data      ;
15
16 //sys_rst_n,sys_clk,ad_data
17 initial
18    begin
19       sys_rst_n  =   1'b0;
20       sys_clk    =   1'b0;
21       #200;
22       sys_rst_n  =   1'b1;
23       data_en    =   1'b0;
24       #499990;
25       data_en    =   1'b1;
26    end
27
28 always@(posedge sys_clk or negedge sys_rst_n)
29    if(sys_rst_n == 1'b0)
30       ad_data_reg <=  8'd0;
31    else   if(data_en == 1'b1)
32       ad_data_reg <=  ad_data_reg + 1'b1;
```

```
33      else
34          ad_data_reg <=  8'd0;
35
36 always@(posedge sys_clk or negedge sys_rst_n)
37      if(sys_rst_n == 1'b0)
38          ad_data <=  8'd0;
39      else    if(data_en == 1'b0)
40          ad_data <=  8'd125;
41      else    if(data_en == 1'b1)
42          ad_data <=  ad_data_reg;
43      else
44          ad_data <=  ad_data;
45
46 always #10 sys_clk = ~sys_clk;
47
48 //------------- dig_volt_inst -------------
49 dig_volt    dig_volt_inst
50 (
51      .sys_clk     (sys_clk    ),
52      .sys_rst_n   (sys_rst_n  ),
53      .ad_data     (ad_data    ),
54
55      .ad_clk      (ad_clk     ),
56      .shcp        (shcp       ),
57      .stcp        (stcp       ),
58      .ds          (ds         ),
59      .oe          (oe         )
60 );
61
62 endmodule
```

（2）仿真波形分析

ADC 模块仿真波形图如下。模块仿真波形图与绘制的波形图各信号波形吻合，模块通过仿真验证。

由图 25-11 可知，系统时钟 sys_clk 通过四分频正确生成模块所需时钟信号 clk_sample。

图 25-11　ADC 模块局部仿真波形图（一）

由图 25-12 和图 25-13 可知，对无测量电压输入时的前 1024 次数据进行累加求平均，正确得到中值 data_median。

图 25-12　ADC 模块局部仿真波形图（二）

clk_sample	1'h1										
median_en	1'h1										
cnt_median	11'd1025	11...	11'd1019	11'd1020	11'd1021	11'd1022	11'd1023	11'd1024	11'd1025		
data_sum_m	19'd625	19'...	19'd127375	19'd127500	19'd127625	19'd127750	19'd127875	19'd128000	19'd0	19'd125	19'd250
data_median	8'd125	8'd0							8'd125		

图 25-13　ADC 模块局部仿真波形图（三）

使用计算出的中值 data_median 求得正负电压方向的分辨率，如图 25-14 所示。

clk_sample	1'h1								
median_en	1'h1								
cnt_median	11'd1025	11'd1023	11'd1024	11'd1025					
data_sum_m	19'd625	19'd12...	19'd128000	19'd0	19'd125	19'd250	19'd375	19'd500	
data_median	8'd125	8'd0		8'd125					
data_p	28'd315076	28'd0		28'd315076					
data_n	28'd325079	28'd0		28'd325079					

图 25-14　ADC 模块局部仿真波形图（四）

利用公式对 ADC 芯片采集的测量值进行计算，得出可用于显示的实际电压值，如图 25-15 和图 25-16 所示。

ad_clk	1'h0												
ad_data	8'h0d	8'h7d	8'h00	8'h01	8'h02	8'h03	8'h04	8'h05	8'h06	8'h07	8'h08	8'h09	8'h0a
volt_reg	28'd4440	28'd0	28'd4960	28'd4920	28'd4880	28'd4840	28'd4800	28'd4760	28'd4720	28'd4680	28'd4640	28'd4600	
sign	1'h1												
volt	16'd4440	16'd0	16'd4960	16'd4920	16'd4880	16'd4840	16'd4800	16'd4760	16'd4720	16'd4680	16'd4640	16'd4600	

图 25-15　ADC 模块局部仿真波形图（五）

ad_clk	1'h1												
ad_data	8'd139	8'd123	8'd124	8'd125	8'd126	8'd127	8'd130	8'd131	8'd132	8'd133	8'd134	8'd135	8'd136 8'd137
volt_reg	28'd534	28'd0				28'd114	28'd152	28'd190	28'd229	28'd267	28'd305	28'd343	28'd381 28'd419 28'd458
sign	1'h0												
volt	16'd534	16'd0				16'd114	16'd152	16'd190	16'd229	16'd267	16'd305	16'd343	16'd381 16'd419 16'd458

图 25-16　ADC 模块局部仿真波形图（六）

6. 上板验证

仿真验证通过后，绑定引脚，对工程进行重新编译。如图 25-17 所示，将开发板连接 12V 直流电源和 USB-Blaster 下载器 JTAG 端口；连接外载 AD/DA 板卡与开发板底板，连接 SMA 信号线。线路连接正确后，打开开关为板卡上电，随后为开发板下载程序。

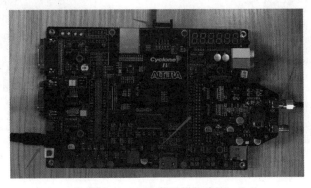

图 25-17　程序下载连线图

　　程序下载完成后，开始对简易电压表进行测试验证，如图 25-18～图 25-21 所示。程序下载完成后，当无测试电压输入简易电压表时，数码管显示测试结果为 0.000V。

图 25-18　上板验证（一）

图 25-19　上板验证（二）

图 25-20　上板验证（三）

图 25-21　上板验证（四）

　　使用简易电压表对一节使用过的 7 号干电池进行电压测量：正向电压测量结果为 1.335V；

反向电压测量结果为 –1.320V。

　　使用专业电压表对干电池进行电压测量，测量电压为 1.338V，本实验设计的简易电压表测量结果与专业电压表测量结果误差在可接受范围内，简易电压表验证通过。

25.3　章末总结

　　本章我们实现了简易电压表的设计与验证，并通过对这一实验工程的讲解，为读者介绍了 ADC 的相关知识，希望读者认真学习，切实掌握相关知识。

第 26 章
VGA 显示器驱动设计与验证

图像显示设备在日常生活中随处可见，例如家庭电视机、计算机显示屏幕等，这些设备之所以能够显示我们需要的数据图像信息，主要归功于视频传输接口。常见的视频传输接口有三种：VGA 接口、DVI 接口和 HDMI 接口，目前的显示设备都配有这三种视频传输接口。

三类视频接口的发展历程为 VGA→DVI→HDMI。其中 VGA 接口出现得最早，只能传输模拟图像信号；随后出现的 DVI 接口又分为三类：DVI-A、DVI-D、DVI-I，分别可传输纯模拟图像信号、纯数字图像信号和兼容模拟、数字图像信号；最后的 HDMI 在传输数字图像信号的基础上又可以传输音频信号。

因为 FPGA 在图像传输、处理方面有不可或缺的作用，所以学习、掌握视频传输的相关知识是非常有必要的。本章我们就从最简单的 VGA 接口开始着手学习，了解并掌握 VGA 接口的相关知识，为后续其他视频接口的学习做铺垫。

首先，读者要学习 VGA 视频接口的基本知识和概念，掌握 VGA 接口时序，然后，根据所学知识设计一个 VGA 显示控制器，并在 VGA 显示器上进行多色彩条显示。

26.1 理论学习

实战之前的理论学习是必不可少的，我们将在本节中针对 VGA 的基本知识和概念做一个系统性的介绍，希望读者能够理解、掌握，这对后面的实战大有裨益。

26.1.1 VGA 简介

VGA（Video Graphics Array，视频图形阵列）是一种使用模拟信号进行视频传输的标准协议，由 IBM 公司于 1987 年推出，因其具有分辨率高、显示速度快、颜色丰富等优点，而被广泛应用于彩色显示器领域。由于 VGA 接口体积较大，与追求小巧、便携的理念背道而驰，因此在笔记本电脑领域，VGA 接口已被逐渐淘汰，但对于体积较大的台式机，这种情况并未发生，虽然 VGA 标准在当前个人计算机市场中已经过时，但因其在显示标准中的重要性和良好的兼容性，VGA 仍然是大多制造商所共同支持的一个标准，个人计算机在加载自己独特的驱动程序之前，都必须支持 VGA 的标准。

早期的 CRT 显示器只能接收模拟信号，不能接收数字信号，计算机内部显卡将数字信号转换成模拟信号，通过 VGA 接口传给 VGA 显示器，虽然现如今许多种类的显示器可以直接接收数字信号，但为了兼容显卡的 VGA 接口，大都支持 VGA 标准。

26.1.2　VGA 接口及引脚定义

在最初的应用中，VGA 接口常用于计算机与 VGA 显示器之间的图像传输，在台式计算机、旧式笔记本电脑和 VGA 显示器上一般会有标准的 VGA 接口，如图 26-1 所示。

图 26-1　VGA 接口

VGA 接口中以针式引出信号线的称为公头，以孔式引出信号线的称为母头。在计算机和 VGA 显示器上一般引出母头接口，使用两头均为公头的 VGA 连接线将计算机与 VGA 显示器连接起来，两者传输图像时，使用的是 VGA 图像传输标准，该标准的具体内容在后文中会详细说明。VGA 公头、母头接口和 VGA 连接线如图 26-2 和图 26-3 所示。

图 26-2　VGA 接口（左侧为母头、右侧为公头）

图 26-3　VGA 连接线

虽然我们已经见识过 VGA 接口的外观，但对接口各引脚功能并没有进一步的认识，下面我们结合 VGA 接口引脚图和各引脚定义表格简单介绍 VGA 接口各引脚，具体如图 26-4 及表 26-1 所示。

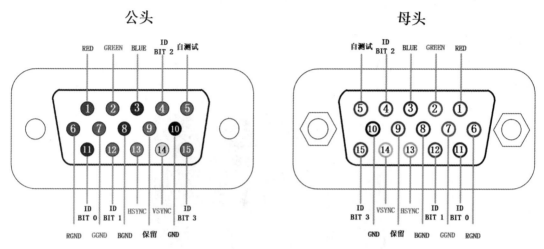

图 26-4 VGA 接口引脚图

表 26-1 VGA 引脚定义

引脚	定　义	引脚	定　义
1	红基色（RED）	9	保留（各厂家定义不同）
2	绿基色（GREEN）	10	数字地（GND）
3	蓝基色（BLUE）	11	地址码 0（ID BIT0）
4	地址码 2（ID BIT2）	12	地址码 1（ID BIT1）
5	自测试（各厂家定义不同）	13	行同步（HSYNC）
6	红色地（RGND）	14	场同步（VSYNC）
7	绿色地（GGND）	15	地址码 3（ID BIT3）
8	蓝色地（BGND）		

由图 26-4 可知，VGA 接口共有 15 个引脚，分为 3 排，每排各 5 个，按照自上而下、从左向右的顺序排列。其中第一排的引脚 1、2、3 和第三排的引脚 13、14 最重要。

VGA 使用工业界通用的 RGB 色彩模式作为色彩显示标准，这种色彩显示标准是根据三原色中红色、绿色、蓝色所占比例多少及三原色之间的相互叠加得到各式各样的颜色。引脚 1（红基色（RED））、引脚 2（绿基色（GREEN））、引脚 3（蓝基色（BLUE））就是 VGA 接口中负责传输三原色的传输通道。需要注意的是，这 3 个引脚传输的是模拟信号。

引脚 13、14：这两个信号，是在 VGA 显示图像时，负责同步图像色彩信息的同步信号。在后面小节中，我们会对这两个信号进行详细讲解。

引脚 5、9：这两个引脚分别是 VGA 接口的自测试和预留接口，不过不同生产厂家对这两个接口的定义不同，在接线时，两引脚可悬空不接。

引脚 4、11、12、15：这四个引脚是 VGA 接口的地址码，可以悬空不接。

引脚 6、7、8、10：这四个引脚接地。

26.1.3　VGA 显示原理

VGA 显示器显示图像，并不是直接让图像在显示器上显示出来，而是采用扫描的方式，将构成图像的像素点在行同步信号和场同步信号的同步作用下，按照从上到下、由左到右的顺序扫描到显示屏上。VGA 显示器扫描方式具体如图 26-5 所示。

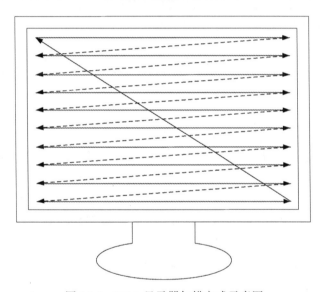

图 26-5　VGA 显示器扫描方式示意图

结合 VGA 显示器扫描方式示意图，我们简要说明一下 VGA 显示器的扫描规律。

1）在行、场同步信号的同步作用下，扫描坐标定位到左上角第一个像素点坐标。

2）自左上角（第一行）第一个像素点坐标，逐个像素点向右扫描（图 26-5 中第一个水平方向箭头）。

3）扫描到第一行最后一个数据，一行图像扫描完成，进行图像消隐，扫描坐标自第一行行尾转移到第二行行首（图 26-5 中第一条虚线）。

4）重复若干次扫描至最后一行行尾，一帧图像扫描完成，进行图像消隐，扫描坐标跳转回到左上角第一行行首（图 26-5 中对角线箭头），开始下一帧图像的扫描。

在扫描的过程中会对每一个像素点进行单独赋值，使每个像素点显示对应的色彩信息，当一帧图像扫描结束后，开始下一帧图像的扫描，循环往复，当扫描速度足够快，加之人眼的视觉暂留特性，我们会看到一幅完整的图片，而不是一个个闪烁的像素点。这就是 VGA 显示的原理。

26.1.4　VGA 时序标准

为了适应匹配不同厂家的 VGA 显示器，VGA 视频传输接口有自己的一套 VGA 时序标准，只有遵循 VGA 的时序标准，才能正确地进行图像信息的显示。在这里我们以 VESA VGA 时序标准为例为大家讲解一下 VGA 时序标准，具体如图 26-6 所示。

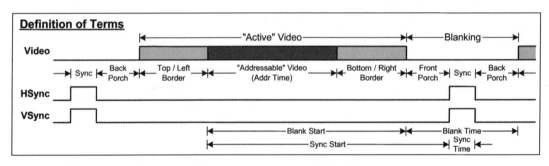

图 26-6　VESA VGA 时序标准图

由 VESA VGA 时序标准图可知，VGA 时序由两部分构成，行同步时序与场同步时序，为了方便读者理解，我们将行同步时序与场同步时序分开讲解。

1. 行同步时序

除去不需要关心的参数，我们对行同步时序图进行了精简，以便读者更好地理解，如图 26-7 所示。

图 26-7　VESA 标准下的行同步时序图

其中，Video 代表传输的图像信息，HSync 表示行同步信号。HSync 自上升沿起到下一个上升沿止为一个完整周期，我们称之为行扫描周期。

一个完整的行扫描周期包含 6 部分：Sync（同步）、Back Porch（后沿）、Left Border（左边框）、"Addressable" Video（有效图像）、Right Border（右边框）、Front Porch（前沿），这 6 部分的基本单位是 pixel（像素），即一个像素时钟周期。

在一个完整的行扫描周期中，Video 图像信息在 HSync 行同步信号的同步下完成一行图像的扫描显示，Video 图像信息只有在"Addressable"Video（有效图像）阶段，图像信息才有效，其他阶段的图像信息无效。

HSync 行同步信号在 Sync（同步）阶段维持高电平，其他阶段均保持低电平，在下一个行扫描周期的 Sync（同步）阶段，HSync 行扫描信号会再次拉高，其他阶段拉低，周而复始。

2. 场同步时序

理解了行同步时序，场同步时序就更容易理解了，两者类似，如图 26-8 所示，其中 Video 代表传输的图像信息，VSync 表示场同步信号，VSync 自上升沿起到下一个上升沿止为一个完整周期，我们称之为场扫描周期。

图 26-8　VESA 标准下的场同步时序图

一个完整的场扫描周期也包含 6 部分：Sync（同步）、Back Porch（后沿）、Top Border（上边框）、"Addressable"Video（有效图像）、Bottom Border（底边框）、Front Porch（前沿），与行同步信号不同的是，这 6 部分的基本单位是 line（行），即一个完整的行扫描周期。

在一个完整的场扫描周期中，Video 图像信息在 HSync（行同步信号）和 VSync（场同步信号）的共同作用下完成一帧图像的显示，Video 图像信息只有在"Addressable"Video（有效图像）阶段才有效，其他阶段的图像信息无效。

VSync 行同步信号在 Sync（同步）阶段维持高电平，其他阶段均保持低电平，完成一个场扫描周期后，进入下一帧图像的扫描。

综上所述，将行同步时序图与场同步时序图结合起来，就构成了 VGA 时序图，具体如图 26-9 所示。

图 26-9 中的标注②＋标注③所示区域表示在一个完整的行扫描周期中，Video 图像信息只在此区域有效，标注①＋标注③所示区域表示在一个完整的场扫描周期中，Video 图像信息只在此区域有效，两者相交的标注③区域，就是 VGA 图像的最终显示区域。

以上就是对 VGA 时序的讲解，读者务必理解掌握，这对接下来的学习至关重要。

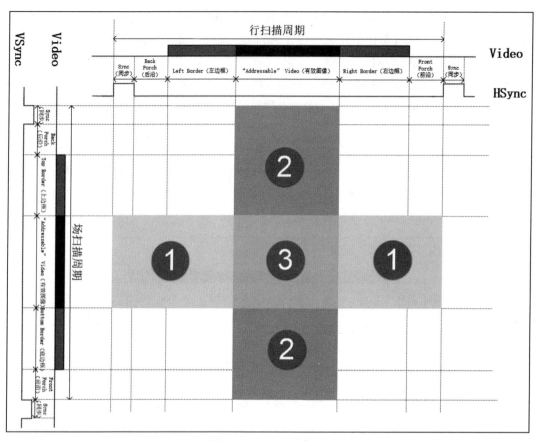

图 26-9　VGA 时序图

26.1.5　VGA 显示模式及相关参数

　　行同步时序可分为 6 个阶段，对于这 6 个阶段的参数是有严格定义的，参数配置不正确，VGA 将不能正常显示。VGA 显示器可支持多种分辨率，不同分辨率对应的各阶段的参数是不同的，常用 VGA 分辨率时序参数，具体如图 26-10 所示。

显示模式	时钟（MHz）	行同步信号时序（像素）							场同步信号时序（行数）						
		同步	后沿	左边框	有效图像	右边框	前沿	行扫描周期	同步	后沿	上边框	有效图像	底边框	前沿	场扫描周期
640×480@60	25.175	96	40	8	640	8	8	800	2	25	8	480	8	2	525
640×480@75	31.5	64	120	0	640	0	16	840	3	16	0	480	0	1	500
800×600@60	40.0	128	88	0	800	0	40	1056	4	23	0	600	0	1	628
800×600@75	49.5	80	160	0	800	0	16	1056	3	21	0	600	0	1	625
1024×768@60	65	136	160	0	1024	0	24	1344	6	29	0	768	0	3	806
1024×768@75	78.8	176	176	0	1024	0	16	1312	3	28	0	768	0	1	800
1280×1024@60	108.0	112	248	0	1280	0	48	1688	3	38	0	1024	0	1	1066

图 26-10　VGA 不同分辨率相关参数

下面我们以经典 VGA 显示模式 640x480@60 为例，为读者讲解一下 VGA 显示的相关参数。

1. 显示模式：640×480@60

640×480 是指 VGA 的分辨率，640 是指有效显示图像每一行有 640 个像素点，480 是指每一帧图像有 480 行，640×480 = 307 200 ≈ 300 000，每一帧图片包含约 30 万个像素点，之前某品牌手机广告上所说的 30 万像素指的就是这个值；@60 是指 VGA 显示图像的刷新频率，60 就是指 VGA 显示器每秒刷新图像 60 次，即每秒需要显示 60 帧图像。

2. 时钟（MHz）：25.175MHz

这是 VGA 显示的工作时钟、像素点扫描频率。

3. 行同步信号时序（像素）、场同步信号时序（行数）

26.1.4 节中介绍过，行同步信号时序分为 6 段：Sync（同步）、Back Porch（后沿）、Left Border（左边框）、"Addressable"Video（有效图像）、Right Border（右边框）、Front Porch（前沿），这 6 段构成一个行扫描周期，单位为像素时钟周期。

同步阶段，参数为 96，指在行时序的同步阶段，行同步信号需要保持 96 个像素时钟周期的高电平，其他几个阶段与此相似。

场同步信号时序与其类似，只是单位不再是像素时钟周期，而是一个完整的行扫描周期，在此不再赘述。

在这里，我们回看图 26-10，由图可知，即使 VGA 显示分辨率相同，但刷新频率不同的话，相关参数也会存在差异，如 640×480@60、640×480@75，这两个显示模式虽然具有相同的分辨率，但是 640×480@75 的刷新频率更快，所以像素时钟更快，时序参数也有区别。

下面我们以显示模式 640×480@60、640×480@75 为例，学习一下时钟频率的计算方法：

$$行扫描周期 × 场扫描周期 × 刷新频率 = 时钟频率$$

❑ 640×480@60：

　行扫描周期：800（像素）

　场扫描周期：525（行扫描周期）

　刷新频率：60Hz

$$800×525×60 = 25\ 200\ 000 ≈ 25.175（MHz）（误差忽略不计）$$

❑ 640×480@75：

　行扫描周期：840（像素）

　场扫描周期：500（行扫描周期）

　刷新频率：75Hz

$$840×500×75 = 31\ 500\ 000 = 31.5（MHz）$$

在计算时钟频率时，读者要谨记一点：要使用行扫描周期和场扫描周期的参数进行计算，不能使用有效图像的参数进行计算，虽然在有效图像外的其他阶段图像信息均无效，但图像无效阶段的扫描也花费了扫描时间。

以上就是对 VGA 显示标准中分辨率相关参数的讲解，在编写 VGA 驱动时，我们要根据 VGA 显示模式的不同调整相关参数，只有这样，VGA 图像才能正常显示。

26.2　实战演练

在 26.1 节中，我们对 VGA 接口及接口定义、VGA 显示原理、时序标准、显示模式及相关参数做了详细讲解，希望读者认真揣摩，理解掌握，这些理论基础对后面的实战至关重要。学习完理论之后，我们进入实战演练，在实战中加深对概念的理解。

26.2.1　实验目标

编写 VGA 驱动，使用 FPGA 开发板驱动 VGA 显示器显示十色等宽彩条，VGA 显示模式为 640×480@60。

实验效果如图 26-11 所示。

图 26-11　VGA 彩条实验效果图

26.2.2　硬件资源

在前文中我们提到，VGA 只能识别模拟信号，而 FPGA 输出的图像信息为数字信号，在 VGA 的图像显示中，想要将数字图像信号转换为 VGA 能够识别的模拟信号有两种方法：其一，使用专业的转换芯片，如常用的转换芯片 AD7123，这种方式更为稳定，但成本稍高；其二，使用权电阻网络实现数模转换，这种方式可以有效降低成本，征途 Pro 使用的就是这种方法。

征途 Pro 开发板 VGA 部分的原理图如图 26-12 所示。

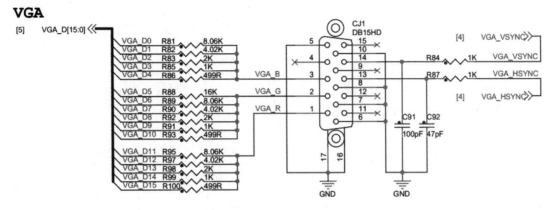

图 26-12　VGA 部分原理图

由图 26-12 可知，征途 Pro 使用的是 RGB565 图像模式，位宽为 16bit，高 5 位表示红色，低 5 位表示蓝色，中间 6 位表示绿色。根据位宽不同，RGB 图形格式还包括 RGB232、RGB888 等，数据位宽越大，所能表示的颜色种类越多，显示的图像越细腻。

VGA_D[15:0] 表示 FPGA 传入权电阻网络的数字图像信号，经过权电阻网络的数模转换，生成能够被 VGA 识别的模拟图像信号 VGA_R、VGA_G、VGA_B。

这三路模拟信号的电压范围为 0V～0.714V，0V 代表无色，0.714V 代表满色，电压高低由输入的数字信号决定。输入的 R、G、B 数字信号不同，输出的三原色红、绿、蓝的电压就不同，颜色深浅也不同，三原色相结合可以产生多种颜色。

26.2.3　程序设计

硬件资源介绍完毕，我们开始实验工程的程序设计。本节我们采用先整体概括，再局部说明的方式对实验工程的各个模块进行讲解，详细内容如下。

1. 整体说明

注意：本实验选用经典 VGA 显示模式 640×480@60，理论时钟频率应为 25.175MHz，为了便于时钟生成，我们使用 25MHz 的时钟代替 25.175MHz 的时钟，不会对实验造成影响，读者无须担心；接下来讲解的相关参数与此显示模式相对应，事先告知，后续不再声明。

本节我们先要对整个实验工程有一个整体认识，首先来看一下 VGA 彩条显示实验工程的整体框图，具体如图 26-13 所示。

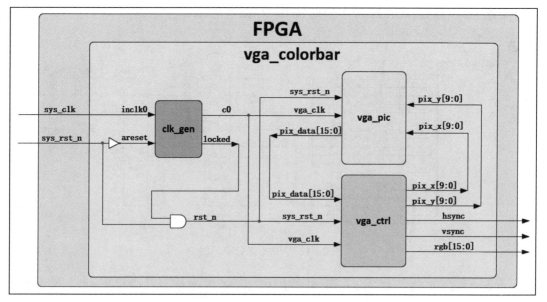

图 26-13　VGA 彩条显示实验整体框图

由图 26-13 可知，本实验工程包括 4 个模块，各模块简介具体如表 26-2 所示。

表 26-2　VGA 彩条显示工程模块简介

模块名称	功 能 描 述	模块名称	功 能 描 述
vga_colorbar	顶层模块	vga_ctrl	VGA 时序控制模块，驱动 VGA 图像显示
clk_gen	时钟生成模块，生成 VGA 驱动时钟	vga_pic	图像数据生成模块，生成 VGA 待显示图像

结合图 26-13 和表 26-2，我们来介绍一下 VGA 彩条显示工程的工作流程。

1）系统上电后，板卡传入系统时钟（sys_clk）和复位信号（sys_rst_n）到顶层模块。

2）系统时钟由顶层模块传入时钟生成模块（clk_gen），分频产生 VGA 工作时钟（vga_clk），作为图像数据生成模块（vga_pic）和 VGA 时序控制模块（vga_ctrl）的工作时钟。

3）图像数据生成模块以 VGA 时序控制模块传入的像素点坐标（pix_x, pix_y）为约束条件，生成待显示彩条图像的色彩信息（pix_data）。

4）图像数据生成模块生成的彩条图像色彩信息传入 VGA 时序控制模块，在模块内部使用使能信号滤除掉非图像显示有效区域的图像数据，产生 RGB 色彩信息（rgb），在行、场同步信号（hsync、vsync）的同步作用下，将 RGB 色彩信息扫描显示到 VGA 显示器，显示出彩条图像。

本节以全局视角对整个实验工程进行了概括，对各子功能模块做了简单介绍，简要说明了实验工程的工作流程，相信读者对实验工程有了整体了解。在后文中，我们将采取分述的方式，从设计、实现、仿真验证等方面对各子功能模块进行详细介绍。

在此留下一个问题让各位读者思考：

实验工程中图像数据生成模块 vga_pic 接收 VGA 时序控制模块 vga_ctrl 传入的像素点坐标（pix_x，pix_y）信号，并以此为约束条件产生并回传像素点色彩信息 pix_data，为何 VGA 时序控制模块不直接在内部生成 pix_data 信号，而要多此一举，设计独立模块产生 pix_data 信号呢？

读者请先独立思考该问题，在后文中我们会对该问题进行讲解。

2. 时钟生成模块

下面先来介绍一下时钟生成模块（clk_gen）。

由上文可知，本次实验工程中，VGA 显示模式为 640×480@60，时钟频率为 25MHz，而板卡晶振传入时钟频率为 50MHz。时钟生成模块的作用就是将 50MHz 晶振时钟分频为 25MHz 的 VGA 工作时钟。

实现时钟分频有两种方法：一是使用 IP 核，可通过配置相关参数分频或倍频产生多种频率的时钟信号；二是编写逻辑代码实现时钟分频。这两种方法在第 15、20 章均有详细介绍，读者若有遗忘，可返回查阅。

本模块采用第一种方法，调用 IP 核实现时钟分频。时钟生成模块框图具体如图 26-14 所示。

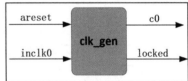

由图 26-14 可知，本模块包括 2 路输入信号和 2 路输出信号。对模块输入输出信号的功能描述具体如表 26-3 所示。

图 26-14　时钟生成模块框图

表 26-3　时钟生成模块输入输出信号功能描述

信号	位宽	类型	功能描述	信号	位宽	类型	功能描述
areset	1bit	Input	复位信号，高电平有效	c0	1bit	Output	输出分频后 25MHzVGA 工作时钟
inclk0	1bit	Input	50MHz 晶振时钟输入	locked	1bit	Output	输出稳定时钟信号的指示信号

4 路输入输出信号中，需要重点强调的信号有 2 路：输入复位信号 areset 和输出时钟锁定信号 locked。

输入复位信号 areset 为整个 PLL IP 核的复位信号，需要注意的是，该复位信号为高电平有效，故将系统复位信号 sys_rst_n 取反输入。

输出时钟锁定信号 locked 作为输出稳定时钟信号的指示信号，因为 IP 核分频产生的分频时钟在信号初始位置会出现振荡，在时钟振荡过程中，locked 保持低电平；振荡结束，分频时钟稳定后，locked 信号赋值为高电平，表示输出时钟稳定且可被其他模块使用。

因为本模块是调用内部 IP 核生成的，无须进行波形图绘制和仿真验证。

3. VGA 时序控制模块

下面我们会通过模块框图、波形图绘制、代码编写、仿真分析这 4 个部分对 VGA 时序控制模块（vga_ctrl）的设计、实现、仿真验证过程做详细介绍。

（1）模块框图

VGA 时序控制模块的作用是驱动 VGA 显示器，将输入模块的彩条图形像素点信息按照 VGA 时序扫描显示到 VGA 显示器上。模块框图具体如图 26-15 所示。

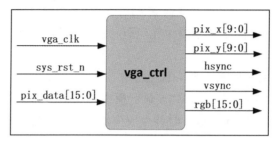

图 26-15　VGA 时序控制模块框图

由图 26-15 可知，VGA 时序控制模块包含 3 路输入、5 路输出，共 8 路信号，输入输出信号简介具体如表 26-4 所示。

表 26-4　VGA 时序控制模块输入输出信号功能描述

信　号	位宽	类型	功　能　描　述	信　号	位宽	类型	功　能　描　述
vga_clk	1bit	Input	工作时钟，频率为 25MHz	pix_y	10bit	Output	VGA 有效显示区域像素点 Y 轴坐标
sys_rst_n	1bit	Input	复位信号，低电平有效	hsync	1bit	Output	行同步信号
pix_data	16bit	Input	彩条图像像素点色彩信息	vsync	1bit	Output	场同步信号
pix_x	10bit	Output	VGA 有效显示区域像素点 X 轴坐标	rgb	16bit	Output	RGB 图像色彩信息

输入信号中，时钟信号 vga_clk 的频率为 25MHz，为 VGA 显示器工作时钟，由分频模块产生并输入；复位信号 sys_rst_n 为顶层模块的 rst_n 信号输入，低电平有效；pix_data 为彩条图像像素点色彩信息，由图像数据生成模块产生并传入，在 VGA 有效图像显示区域赋值给信号 RGB 图像色彩信息（rgb）。

输出信号（pix_x, pix_y）为 VGA 有效显示区域像素点坐标，由 VGA 时序控制模块生成并传入图像数据生成模块；hsync、vsync 为 VGA 行同步信号、场同步信号，通过 VGA 接口传输给 VGA 显示器；rgb 为显示器要显示的图像色彩信息，传输给 VGA 显示器。

（2）波形图绘制

在模块框图部分，我们对 VGA 时序控制模块的具体功能做了说明，对输入输出信号做了简单介绍，那么如何利用模块输入信号实现模块功能，输出我们想要得到的数据信号呢？在波形图绘制部分，我们会通过绘制波形图对各信号做详细讲解，带领读者学习、掌握模块功能的实现方法。

VGA 时序控制模块参考波形图具体如图 26-16 所示。下面我们分部分讲解波形图绘制的具体思路。

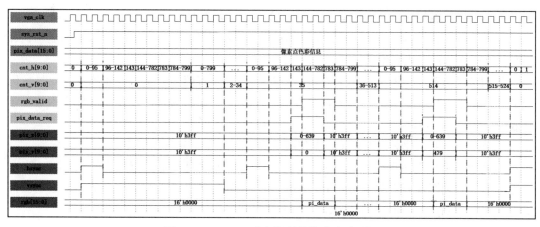

图 26-16　VGA 时序控制模块参考波形图

第一部分：行同步信号（hsync）、场同步信号（vsync）的波形绘制思路

VGA 显示器想要正确地显示图像，行同步信号和场同步信号必不可少，前面我们对行、场同步信号的时序进行了详细讲解，由时序图可知，行同步信号为周期性信号，信号变化周期为完整的行扫描周期，信号在同步阶段保持高电平，在其他阶段保持低电平，那么如何实现行同步信号的周期性变化呢？

我们想到了前面介绍过的计数器。因为一个完整行扫描周期为 800 个像素时钟周期（640×480@60），所以我们可以利用计数器以像素时钟周期进行计数，每一个像素时钟周期自加 1，计数范围为 0～799，共计数 800 次，与完整行扫描周期数相吻合。只要在行同步阶段（计数范围为 0～95）赋值 hsync 信号为高电平，其他阶段为低电平，就可以实现符合时序要求的行同步信号 hsync。根据此设计思路，声明并绘制行扫描周期计数器 cnt_h、行同步信号 hsync，信号波形如图 26-17 所示。

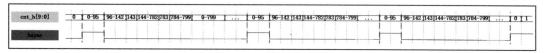

图 26-17　cnt_h、hsync 信号波形图

同理，参考行同步信号波形的绘制思路，我们可以进行场同步信号波形的绘制，不过需要注意的是，场扫描周期单位不是像素时钟周期，而是完整的行扫描周期，所以要添加场扫描周期计数器对行扫描周期进行计数，声明并绘制场扫描周期计数器 cnt_v、场同步信号 vsync，信号波形如图 26-18 所示。

图 26-18　cnt_v、vsync 信号波形图

第二部分：图像显示有效信号（rgb_valid）波形绘制思路

由上文可知，VGA 只有在有效的显示区域内送入图像数据，图像才会被正确显示，那么在什么时候可以送入图像数据呢？

我们可以声明一个有效信号，在图像有效显示区域赋值高电平，在非图像有效显示区域赋值低电平，以此信号为约束条件，控制图像信号的正确输入，定义此信号为图像显示有效信号（rgb_valid）。

信号已经声明，那么问题来了，如何控制其电平变化，实现预期波形呢？

这里我们可以利用上一部分声明的 cnt_h、cnt_v 两个计数器，以其为约束条件，当两个计数器计数到图像有效显示区域时，rgb_valid 赋值高电平，否则赋值低电平。绘制图像显示有效信号（rgb_valid）波形，如图 26-19 所示。

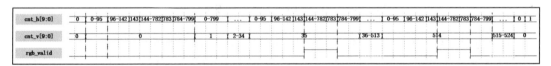

图 26-19 rgb_valid 信号波形图

第三部分：图像信息请求信号（pix_data_req）、VGA 有效显示区域像素点坐标（pix_x，pix_y）波形绘制思路

在"整体说明"部分我们为读者留下了一道思考题，在此我们对问题进行解答。先回顾一下题目要求：

实验工程中图像数据生成模块 vga_pic 接收 VGA 时序控制模块 vga_ctrl 传入的像素点坐标（pix_x，pix_y）信号，并以此为约束条件产生并回传像素点色彩信息 pix_data，为何 VGA 时序控制模块不直接在内部生成 pix_data 信号，而要多此一举，设计独立模块产生 pix_data 信号呢？

因为我们在对功能模块进行设计时，不仅要考虑模块功能的实现，还要考虑模块的复用性。在本实验工程中，如果 VGA 时序控制模块直接在内部生成 pix_data 信号，那么 VGA 时序控制模块只能显示彩条图像，要想显示其他图像，则需要重新编写代码或做较大改动，模块复用性大大降低。如果将图像数据生成功能独立出来，当想要显示其他图像时，只需要将要显示的图像数据直接输入 VGA 时序控制模块即可，模块改动较小或不需要改动时，模块复用性提高。

为了提高模块复用性，我们将图像数据生成功能独立出来，设计为图像数据生成模块 vga_pic。虽然模块复用性提高，但这样就产生了一个问题：怎样保证 pix_data 传输的图像数据与 VGA 时序相吻合呢？

结合之前学习的知识，我们知道只有在 VGA 有效显示区域，pix_data 传输的图像数据才会传输给 VGA 显示器，那么我们可以只在 VGA 有效显示区域对 pix_data 进行赋值。如何实现这一想法呢？

可以使用 cnt_h、cnt_v 信号来确定 VGA 有效显示区域，将有效显示区域使用坐标法表示，针对不同坐标点对 pix_data 进行赋值，所以我们声明 VGA 有效显示区域像素点坐标（pix_x, pix_y）。

上面两个问题解决了，新的问题又来了，VGA 有效显示区域为 640×480，如何使像素点坐标（pix_x, pix_y）实现（0, 0）～（640, 480）的坐标计数呢？

读者可能会想到使用已经声明的图像显示有效信号（rgb_valid），但在此处不能使用该信号。

因为本次实验是进行 VGA 多色彩条的显示，图像数据生成模块 vga_pic 需要以坐标（pix_x, pix_y）为约束条件对 pix_data 信号进行赋值，只能使用时序逻辑的赋值方式，那么 pix_data 的赋值时刻会滞后条件满足时刻一个时钟周期，显示的图像会出现问题。

为了解决这一问题，我们需要声明新的图像数据请求信号 pix_data_req，该信号要超前图像显示有效信号（rgb_valid）一个时钟周期，以抵消 pix_data 时序逻辑赋值带来的问题。

综上所述，我们需要声明图像信息请求信号 pix_data_req、VGA 有效显示区域像素点坐标（pix_x, pix_y）这三路信号来解决之前提到的若干问题。对于 pix_data_req 信号的电平控制，可参考 rgb_valid 信号的控制方式，以 cnt_h、cnt_v 信号为约束条件；坐标（pix_x, pix_y）则以新声明的 pix_data_req 信号为约束条件控制生成，三路信号绘制的波形图如图 26-20 所示。

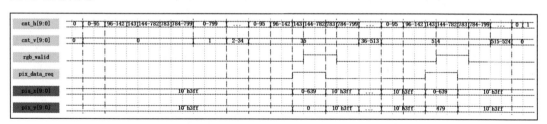

图 26-20　pix_data_req、pix_x、pix_y 信号波形图

第四部分：RGB 色彩信息（rgb）波形绘制思路

这一部分就比较简单了，VGA 图像显示是在行、场同步信号的作用下，将图像色彩信息以扫描的方式显示出来，所以 RGB 色彩信息必不可少，只要在有效显示区域写入正确的图像数据即可。信号 rgb 的波形如图 26-21 所示。

图 26-21　rgb 信号波形图

各信号波形绘制思路讲解完毕，将所有信号整合后，就可以得到图 26-16 所示的模块波形图。

本设计思路只作参考，并非唯一方法，读者可利用所学知识，按照自己的思路进行设计。

（3）代码编写

参照绘制波形图编写模块参考代码，具体参见代码清单 26-1。

代码清单 26-1   VGA 时序控制模块参考代码（vga_ctrl.v）

```
 1 module  vga_ctrl(
 2    input    wire              vga_clk      ,     // 输入工作时钟，频率为 25MHz
 3    input    wire              sys_rst_n    ,     // 输入复位信号，低电平有效
 4    input    wire     [15:0]   pix_data     ,     // 输入像素点色彩信息
 5
 6    output   wire     [9:0]    pix_x        ,     // 输出有效显示区域像素点 X 轴坐标
 7    output   wire     [9:0]    pix_y        ,     // 输出有效显示区域像素点 Y 轴坐标
 8    output   wire              hsync        ,     // 输出行同步信号
 9    output   wire              vsync        ,     // 输出场同步信号
10    output   wire     [15:0]   rgb                // 输出像素点色彩信息
11
12 );
13
14 //*****************************************************************//
15 //****************** Parameter and Internal Signal ******************//
16 //*****************************************************************//
17
18 //parameter define
19 parameter H_SYNC   =    10'd96  ,              // 行同步
20           H_BACK   =    10'd40  ,              // 行时序后沿
21           H_LEFT   =    10'd8   ,              // 行时序左边框
22           H_VALID  =    10'd640 ,              // 行有效数据
23           H_RIGHT  =    10'd8   ,              // 行时序右边框
24           H_FRONT  =    10'd8   ,              // 行时序前沿
25           H_TOTAL  =    10'd800 ;              // 行扫描周期
26 parameter V_SYNC   =    10'd2   ,              // 场同步
27           V_BACK   =    10'd25  ,              // 场时序后沿
28           V_TOP    =    10'd8   ,              // 场时序上边框
29           V_VALID  =    10'd480 ,              // 场有效数据
30           V_BOTTOM =    10'd8   ,              // 场时序下边框
31           V_FRONT  =    10'd2   ,              // 场时序前沿
32           V_TOTAL  =    10'd525 ;              // 场扫描周期
33
34 //wire  define
35 wire             rgb_valid      ;              //VGA 有效显示区域
36 wire             pix_data_req   ;              // 像素点色彩信息请求信号
37
38 //reg   define
39 reg   [9:0]      cnt_h          ;              // 行同步信号计数器
40 reg   [9:0]      cnt_v          ;              // 场同步信号计数器
41
```

```
42 //***********************************************************************//
43 //***************************** Main Code *****************************//
44 //***********************************************************************//
45
46 //cnt_h: 行同步信号计数器
47 always@(posedge vga_clk or  negedge sys_rst_n)
48     if(sys_rst_n == 1'b0)
49         cnt_h   <=  10'd0  ;
50     else    if(cnt_h == H_TOTAL - 1'd1)
51         cnt_h   <=  10'd0  ;
52     else
53         cnt_h   <=  cnt_h + 1'd1   ;
54
55 //hsync: 行同步信号
56 assign  hsync = (cnt_h  <=  H_SYNC - 1'd1) ? 1'b1 : 1'b0  ;
57
58 //cnt_v: 场同步信号计数器
59 always@(posedge vga_clk or  negedge sys_rst_n)
60     if(sys_rst_n == 1'b0)
61         cnt_v   <=  10'd0 ;
62     else    if((cnt_v == V_TOTAL - 1'd1) &&  (cnt_h == H_TOTAL-1'd1))
63         cnt_v   <=  10'd0 ;
64     else    if(cnt_h == H_TOTAL - 1'd1)
65         cnt_v   <=  cnt_v + 1'd1 ;
66     else
67         cnt_v   <=  cnt_v ;
68
69 //vsync: 场同步信号
70 assign  vsync = (cnt_v  <=  V_SYNC - 1'd1) ? 1'b1 : 1'b0  ;
71
72 //rgb_valid: VGA 有效显示区域
73 assign   rgb_valid = (((cnt_h >= H_SYNC + H_BACK + H_LEFT)
74                       && (cnt_h < H_SYNC + H_BACK + H_LEFT + H_VALID))
75                       &&((cnt_v >= V_SYNC + V_BACK + V_TOP)
76                       && (cnt_v < V_SYNC + V_BACK + V_TOP + V_VALID)))
77                       ? 1'b1 : 1'b0;
78
79 //pix_data_req: 像素点色彩信息请求信号，超前 rgb_valid 信号一个时钟周期
80 assign   pix_data_req = (((cnt_h >= H_SYNC + H_BACK + H_LEFT - 1'b1)
81                       && (cnt_h<H_SYNC + H_BACK + H_LEFT + H_VALID - 1'b1))
82                       &&((cnt_v >= V_SYNC + V_BACK + V_TOP)
83                       && (cnt_v < V_SYNC + V_BACK + V_TOP + V_VALID)))
84                       ? 1'b1 : 1'b0;
85
86 //pix_x, pix_y: VGA 有效显示区域像素点坐标
87 assign   pix_x = (pix_data_req == 1'b1)
88                 ? (cnt_h - (H_SYNC + H_BACK + H_LEFT - 1'b1)) : 10'h3ff;
89 assign   pix_y = (pix_data_req == 1'b1)
90                 ? (cnt_v - (V_SYNC + V_BACK + V_TOP)) : 10'h3ff;
91
92 //rgb: 输出像素点色彩信息
```

```
93 assign  rgb = (rgb_valid == 1'b1) ? pix_data : 16'b0 ;
94
95 endmodule
```

（4）仿真代码编写

编写仿真代码，对 VGA 时序控制模块参考代码进行仿真验证。仿真参考代码具体参见代码清单 26-2。

代码清单 26-2　VGA 时序控制模块仿真参考代码（tb_vga_ctrl.v）

```
 1 `timescale  1ns/1ns
 2 module  tb_vga_ctrl();
 3 //*********************************************************************//
 4 //****************** Parameter and Internal Signal *******************//
 5 //*********************************************************************//
 6 //wire   define
 7 wire            locked      ;
 8 wire            rst_n       ;
 9 wire            vga_clk     ;
10
11 //reg    define
12 reg             sys_clk     ;
13 reg             sys_rst_n   ;
14 reg     [15:0]  pix_data    ;
15
16 //*********************************************************************//
17 //************************** Clk And Rst *****************************//
18 //*********************************************************************//
19
20 //sys_clk, sys_rst_n 初始赋值
21 initial
22     begin
23         sys_clk    =   1'b1;
24         sys_rst_n  <=  1'b0;
25         #200
26         sys_rst_n  <=  1'b1;
27     end
28
29 //sys_clk: 产生时钟
30 always  #10 sys_clk = ~sys_clk;
31
32 //rst_n: VGA 模块复位信号
33 assign  rst_n = (sys_rst_n & locked);
34
35 //pix_data: 输入像素点色彩信息
36 always@(posedge vga_clk or negedge rst_n)
37     if(rst_n == 1'b0)
38         pix_data   <=  16'h0000;
39     else
40         pix_data   <=  16'hffff;
```

```
41
42 //*****************************************************************//
43 //************************** Instantiation *************************//
44 //*****************************************************************//
45
46 //------------- clk_gen_inst -------------
47 clk_gen clk_gen_inst
48 (
49     .areset     (~sys_rst_n ),   // 输入复位信号，高电平有效，1bit
50     .inclk0     (sys_clk    ),   // 输入 50MHz 晶振时钟，1bit
51     .c0         (vga_clk    ),   // 输出 VGA 工作时钟，频率为 25MHz，1bit
52     .locked     (locked     )    // 输出 pll locked 信号，1bit
53 );
54
55 //------------- vga_ctrl_inst -------------
56 vga_ctrl   vga_ctrl_inst
57 (
58     .vga_clk    (vga_clk    ),   // 输入工作时钟，频率为 25MHz，1bit
59     .sys_rst_n  (rst_n      ),   // 输入复位信号，低电平有效，1bit
60     .pix_data   (pix_data   ),   // 输入像素点色彩信息，16bit
61
62     .pix_x      (pix_x      ),   // 输出 VGA 有效显示区域像素点 X 轴坐标，10bit
63     .pix_y      (pix_y      ),   // 输出 VGA 有效显示区域像素点 Y 轴坐标，10bit
64     .hsync      (hsync      ),   // 输出行同步信号，1bit
65     .vsync      (vsync      ),   // 输出场同步信号，1bit
66     .rgb        (rgb        )    // 输出像素点色彩信息，16bit
67 );
68
69 endmodule
```

（5）仿真波形分析

配置好仿真文件后，使用 ModelSim 对参考代码进行仿真，仿真结果如下。

图 26-22 所示为模块传输一帧图像的仿真波形图，因为信号线过于密集，不便讲解说明，我们将列出各信号局部截图进行讲解。

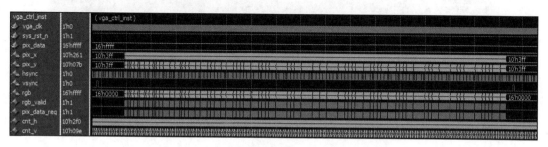

图 26-22　VGA 时序控制模块整体仿真波形图

由图 26-23～图 26-25 可知，行扫描周期计数器 cnt_h 在计数范围 0～799 内循环计数，计数周期为像素时钟周期；场扫描周期计数器在计数范围 0～524 内循环计数，计数周期为完整的行扫描周期。

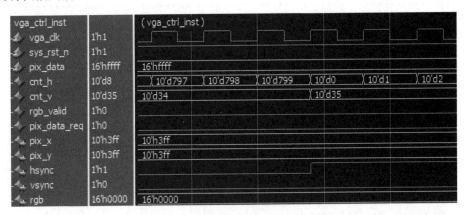

图 26-23　局部仿真波形图（一）

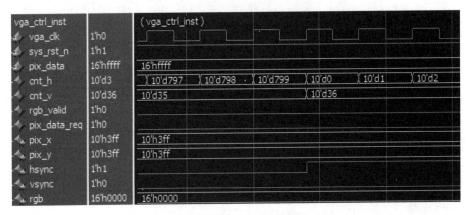

图 26-24　局部仿真波形图（二）

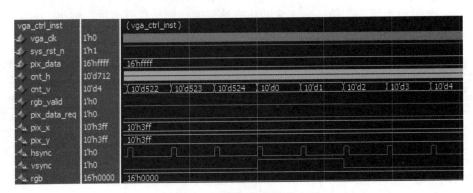

图 26-25　局部仿真波形图（三）

　　由图 26-26～图 26-28 可知，rgb_valid 信号只有在图像显示有效区域保持高电平，其他区域为低电平；pix_data_req 信号超前 rgb_valid 信号一个时钟周期；pix_x 信号在图像显示有效区域循环计数，计数周期为像素时钟周期，计数范围为 0～639，计数 640 次，与图像行显示有效区域参数一致；rgb 信号在 rgb_valid 信号有效时，被赋值为 pix_data，rgb_valid 信号无效时，赋值为 0。

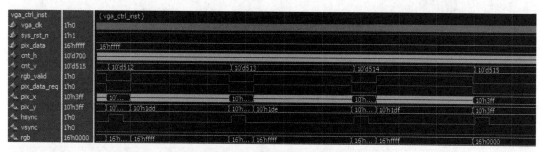

图 26-26　局部仿真波形图（四）

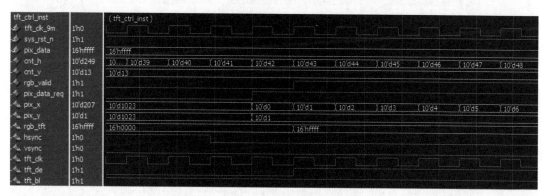

图 26-27　局部仿真波形图（五）

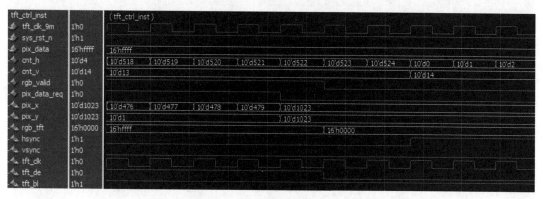

图 26-28　局部仿真波形图（六）

由图 26-29 和图 26-30 可知，pix_y 信号在图像显示有效区域循环计数，计数周期为完整的 pix_x 计数周期，计数范围为 0～479，计数 480 次，与图像显示场有效区域参数一致。

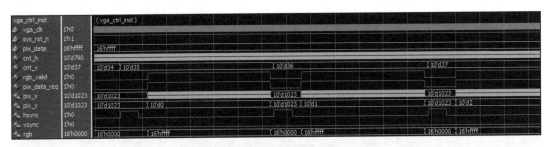

图 26-29　局部仿真波形图（八）

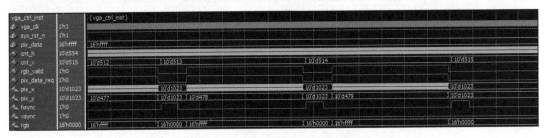

图 26-30　局部仿真波形图（九）

由图 26-31～图 26-34 可知，行同步信号只有在行同步阶段保持高电平，其他阶段均保持低电平；场同步信号只有在场同步阶段保持高电平，其他阶段均保持低电平。

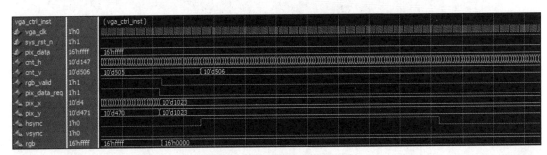

图 26-31　局部仿真波形图（十）

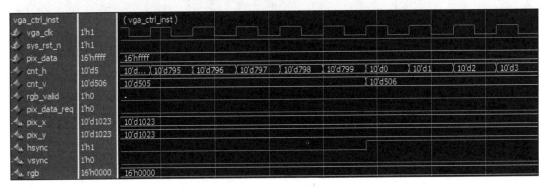

图 26-32　局部仿真波形图（十一）

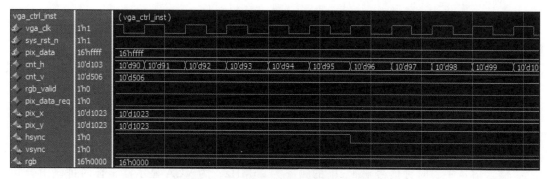

图 26-33　局部仿真波形图（十二）

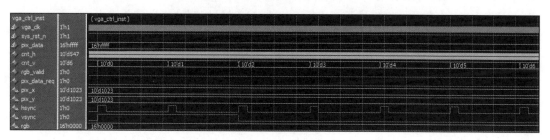

图 26-34　局部仿真波形图（十三）

由仿真波形图可知，各信号仿真波形与绘制的波形一致，模块通过仿真验证。

4. 图像数据生成模块

下面我们会通过模块框图、波形图绘制、代码编写、仿真分析这几个部分对图像数据生成模块（vga_pic）的设计、实现、仿真验证过程做详细介绍。

（1）模块框图

设计图像数据生成模块的目的是，以 VGA 时序控制模块传入的图像有效显示区域像素点坐标（pix_x, pix_y）为约束条件，产生 VGA 彩条图像像素点色彩信息并回传给 VGA 时序控制模块。模块框图如图 26-35 所示。

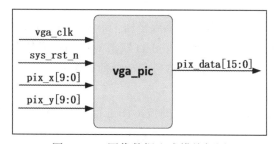

图 26-35　图像数据生成模块框图

由图 26-35 可知，图像数据生成模块包含 4 路输入、1 路输出，共 5 路信号，输入输出信号的功能描述如表 26-5 所示。

表 26-5　图像数据生成模块输入输出端口功能描述

信　号	位宽	类型	功　能　描　述	信　号	位宽	类型	功　能　描　述
vga_clk	1bit	Input	工作时钟，频率为 25MHz	pix_y	10bit	Input	VGA 有效显示区域像素点 Y 轴坐标
sys_rst_n	1bit	Input	复位信号，低电平有效	pix_data	16bit	Output	彩条图像像素点色彩信息
pix_x	10bit	Input	VGA 有效显示区域像素点 X 轴坐标				

　　输入信号中，时钟信号 vga_clk 的频率为 25MHz，为 VGA 显示器工作时钟，由分频模块产生并输入；复位信号 sys_rst_n 为顶层模块的 rst_n 信号输入，低电平有效；（pix_x，pix_y）为 VGA 有效显示区域像素点坐标，由 VGA 时序控制模块生成并输入。

　　输出信号 pix_data 为彩条图像像素点色彩信息，在 VGA 有效显示区域像素点坐标（pix_x，pix_y）约束下生成，传输到 VGA 时序控制模块。

　　（2）波形图绘制

　　在模块框图部分，我们介绍了图像数据生成模块的具体功能，对输入输出信号做了简单介绍，那么如何利用模块输入信号实现模块功能，输出我们想要得到的数据信号呢？下面我们会绘制波形图，并对各信号做出讲解，带领读者学习、掌握模块功能的实现方法。

　　图像数据生成模块波形图如图 26-36 所示。

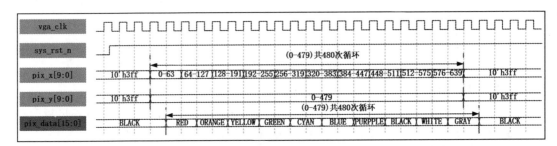

图 26-36　图像数据生成模块波形图

　　本模块设计较为简单，根据输入像素点坐标（pix_x，pix_y）在有效显示区域将 pix_x 计数范围十等份，在不同的计数部分给 pix_data 赋值对应的色彩信息。因为采用时序逻辑的赋值方式，pix_data 滞后 pix_x、pix_y 信号一个时钟周期。

　　（3）代码编写

　　模块波形图绘制完毕后，参照绘制的波形图进行参考代码的编写。模块参考代码具体参见代码清单 26-3。

代码清单 26-3　图像数据生成模块参考代码（vga_pic.v）

```
 1 module  vga_pic(
 2     input  wire            vga_clk    ,    // 输入工作时钟，频率为 25MHz
```

```
 3      input    wire                 sys_rst_n   ,        // 输入复位信号, 低电平有效
 4      input    wire    [9:0]       pix_x       ,        // 输入有效显示区域像素点 X 轴坐标
 5      input    wire    [9:0]       pix_y       ,        // 输入有效显示区域像素点 Y 轴坐标
 6
 7      output   reg     [15:0]      pix_data             // 输出像素点色彩信息
 8
 9  );
10
11  //***********************************************************************//
12  //****************** Parameter and Internal Signal ******************//
13  //***********************************************************************//
14  //parameter define
15  parameter   H_VALID =    10'd640 ,               // 行有效数据
16              V_VALID =    10'd480 ;               // 场有效数据
17
18  parameter   RED     =    16'hF800,               // 红色
19              ORANGE  =    16'hFC00,               // 橙色
20              YELLOW  =    16'hFFE0,               // 黄色
21              GREEN   =    16'h07E0,               // 绿色
22              CYAN    =    16'h07FF,               // 青色
23              BLUE    =    16'h001F,               // 蓝色
24              PURPPLE =    16'hF81F,               // 紫色
25              BLACK   =    16'h0000,               // 黑色
26              WHITE   =    16'hFFFF,               // 白色
27              GRAY    =    16'hD69A;               // 灰色
28
29  //***********************************************************************//
30  //*************************** Main Code ***************************//
31  //***********************************************************************//
32
33  //pix_data: 输出像素点色彩信息, 根据当前像素点坐标指定当前像素点颜色数据
34  always@(posedge vga_clk or negedge sys_rst_n)
35      if(sys_rst_n == 1'b0)
36          pix_data    <= 16'd0;
37      else   if((pix_x >= 0) && (pix_x < (H_VALID/10)*1))
38          pix_data    <= RED;
39      else   if((pix_x >= (H_VALID/10)*1) && (pix_x < (H_VALID/10)*2))
40          pix_data    <= ORANGE;
41      else   if((pix_x >= (H_VALID/10)*2) && (pix_x < (H_VALID/10)*3))
42          pix_data    <= YELLOW;
43      else   if((pix_x >= (H_VALID/10)*3) && (pix_x < (H_VALID/10)*4))
44          pix_data    <= GREEN;
45      else   if((pix_x >= (H_VALID/10)*4) && (pix_x < (H_VALID/10)*5))
46          pix_data    <= CYAN;
47      else   if((pix_x >= (H_VALID/10)*5) && (pix_x < (H_VALID/10)*6))
48          pix_data    <= BLUE;
49      else   if((pix_x >= (H_VALID/10)*6) && (pix_x < (H_VALID/10)*7))
50          pix_data    <= PURPPLE;
51      else   if((pix_x >= (H_VALID/10)*7) && (pix_x < (H_VALID/10)*8))
52          pix_data    <= BLACK;
53      else   if((pix_x >= (H_VALID/10)*8) && (pix_x < (H_VALID/10)*9))
```

```
54          pix_data    <=   WHITE;
55     else    if((pix_x >= (H_VALID/10)*9) && (pix_x < H_VALID))
56          pix_data    <=   GRAY;
57     else
58          pix_data    <=   BLACK;
59
60 endmodule
```

　　模块参考代码是参照绘制波形图进行编写的，在波形图绘制部分已经对模块各信号进行了详细说明，此处不再赘述。

　　本模块不再单独仿真，后面直接对实验工程整体进行仿真，届时再对本模块信号波形进行分析。

5.顶层模块

（1）代码编写

　　实验工程的各子功能模块均已讲解完毕，下面对顶层模块做一下介绍。vga_colorbar 顶层模块主要是对各个子功能模块进行实例化，以及对对应信号进行连接。该模块的代码编写较为容易，无须绘制波形图。顶层模块参考代码具体参见代码清单 26-4。

代码清单 26-4　顶层模块参考代码（vga_colorbar.v）

```
 1 module  vga_colorbar(
 2    input   wire          sys_clk    ,    // 输入工作时钟，频率为 50MHz
 3    input   wire          sys_rst_n  ,    // 输入复位信号，低电平有效
 4
 5    output  wire          hsync      ,    // 输出行同步信号
 6    output  wire          vsync      ,    // 输出场同步信号
 7    output  wire   [15:0] rgb             // 输出像素信息
 8
 9 );
10
11 //*********************************************************************//
12 //****************** Parameter and Internal Signal *******************//
13 //*********************************************************************//
14
15 //wire define
16 wire          vga_clk ;                   //VGA 工作时钟，频率为 25MHz
17 wire          locked  ;                   //PLL locked 信号
18 wire          rst_n   ;                   //VGA 模块复位信号
19 wire   [9:0]  pix_x   ;                   //VGA 有效显示区域 X 轴坐标
20 wire   [9:0]  pix_y   ;                   //VGA 有效显示区域 Y 轴坐标
21 wire   [15:0] pix_data;                   //VGA 像素点色彩信息
22
23 //rst_n: VGA 模块复位信号
24 assign  rst_n = (sys_rst_n & locked);
25
26 //*********************************************************************//
27 //************************** Instantiation ***************************//
```

```
28  //**********************************************************************//
29
30  //------------- clk_gen_inst -------------
31  clk_gen clk_gen_inst
32  (
33      .areset     (~sys_rst_n ),    // 输入复位信号, 高电平有效, 1bit
34      .inclk0     (sys_clk    ),    // 输入 50MHz 晶振时钟, 1bit
35
36      .c0         (vga_clk    ),    // 输出 VGA 工作时钟, 频率为 25MHz, 1bit
37      .locked     (locked     )     // 输出 PLL locked 信号, 1bit
38  );
39
40  //------------- vga_ctrl_inst -------------
41  vga_ctrl   vga_ctrl_inst
42  (
43      .vga_clk    (vga_clk    ),    // 输入工作时钟, 频率为 25MHz, 1bit
44      .sys_rst_n  (rst_n      ),    // 输入复位信号, 低电平有效, 1bit
45      .pix_data   (pix_data   ),    // 输入像素点色彩信息, 16bit
46
47      .pix_x      (pix_x      ),    // 输出 VGA 有效显示区域像素点 X 轴坐标, 10bit
48      .pix_y      (pix_y      ),    // 输出 VGA 有效显示区域像素点 Y 轴坐标, 10bit
49      .hsync      (hsync      ),    // 输出行同步信号, 1bit
50      .vsync      (vsync      ),    // 输出场同步信号, 1bit
51      .rgb        (rgb        )     // 输出像素点色彩信息, 16bit
52  );
53
54  //------------- vga_pic_inst -------------
55  vga_pic vga_pic_inst
56  (
57      .vga_clk    (vga_clk    ),    // 输入工作时钟, 频率为 25MHz, 1bit
58      .sys_rst_n  (rst_n      ),    // 输入复位信号, 低电平有效, 1bit
59      .pix_x      (pix_x      ),    // 输入 VGA 有效显示区域像素点 X 轴坐标, 10bit
60      .pix_y      (pix_y      ),    // 输入 VGA 有效显示区域像素点 Y 轴坐标, 10bit
61
62      .pix_data   (pix_data   )     // 输出像素点色彩信息, 16bit
63
64  );
65
66  endmodule
```

　　顶层模块参考代码理解起来较为简单, 在此不再赘述。但有一点需要重点说明, 由代码可知, vga_ctrl 模块和 vga_pic 模块的复位信号是由信号 rst_n 信号作为输入, 这是为何?

　　原因在于, 调用 IP 生成时钟, 只有在 locked 信号为高电平时, 输出的才是稳定时钟, 将板卡复位信号 sys_rst_n 和 locked 信号作为约束条件, 产生新的复位信号 rst_n 作为功能模块复位信号的输入, 是为了防止时钟不稳定状态对实验工程产生影响。

　　(2) RTL 视图

　　实验工程通过仿真验证后, 使用 Quartus 软件对实验工程进行编译, 编译完成后, 查看一下 RTL 视图, RTL 视图展示的信息与顶层模块框图一致, 各信号正确连接, 具体如

图 26-37 所示。

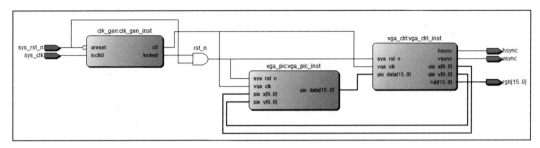

图 26-37　实验工程 RTL 视图

6. 仿真验证

（1）仿真代码编写

顶层模块参考代码介绍完毕，下面开始对顶层模块进行仿真。对顶层模块的仿真就是对实验工程的整体仿真。顶层模块仿真参考代码具体参见代码清单 26-5。

代码清单 26-5　顶层模块仿真参考代码（tb_vga_colorbar.v）

```
1  `timescale  1ns/1ns
2  module  tb_vga_colorbar();
3  //*************************************************************//
4  //***************** Parameter and Internal Signal *****************//
5  //*************************************************************//
6  //wire   define
7  wire            hsync       ;
8  wire    [15:0]  rgb         ;
9  wire            vsync       ;
10
11 //reg    define
12 reg             sys_clk     ;
13 reg             sys_rst_n   ;
14
15 //*************************************************************//
16 //************************ Clk And Rst ************************//
17 //*************************************************************//
18
19 //sys_clk, sys_rst_n初始赋值
20 initial
21     begin
22         sys_clk     =    1'b1;
23         sys_rst_n   <=   1'b0;
24         #200
25         sys_rst_n   <=   1'b1;
26     end
27
```

```
28  //sys_clk: 产生时钟
29  always  #10 sys_clk = ~sys_clk  ;
30
31  //***************************************************************//
32  //************************** Instantiation ************************//
33  //***************************************************************//
34
35  //------------- vga_colorbar_inst -------------
36  vga_colorbar      vga_colorbar_inst
37  (
38      .sys_clk     (sys_clk     ),   // 输入晶振时钟，频率为 50MHz，1bit
39      .sys_rst_n   (sys_rst_n   ),   // 输入复位信号，低电平有效，1bit
40
41      .hsync       (hsync       ),   // 输出行同步信号，1bit
42      .vsync       (vsync       ),   // 输出场同步信号，1bit
43      .rgb         (rgb         )    // 输出 RGB 图像信息，16bit
44  );
45
46  endmodule
```

顶层模块仿真参考代码内部实例化各子功能模块，连接各子功能模块对应信号，模拟产生 50MHz 时钟信号和复位信号，较容易理解，不再讲解。

（2）仿真波形分析

使用 ModelSim 软件对代码进行仿真，vga_ctrl 模块已经通过赋值验证，clk_gen 为调用 IP 核，无须仿真，在顶层模块的仿真波形分析中，我们只查看 rst_n 信号和 vga_pic 模块的相关信号，仿真结果如下。

由图 26-38 可知，rst_n 信号正确生成，仿真波形与代码描述一致。

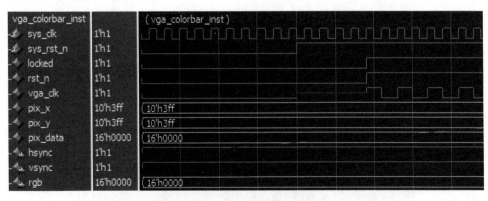

图 26-38 rst_n 信号仿真波形图

由图 26-39～图 26-42 可知，pix_x 信号在图像有效显示区域的完整计数周期被分为十等份，pix_data 在 pix_x 不同的计数范围内赋值不同的颜色信息。

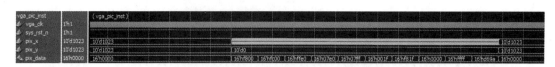

图 26-39 vga_pic 模块仿真波形图（一）

图 26-40 vga_pic 模块仿真波形图（二）

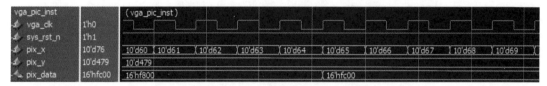

图 26-41 vga_pic 模块仿真波形图（三）

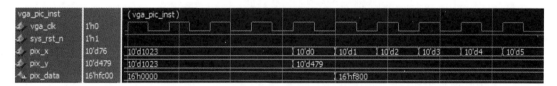

图 26-42 vga_pic 模块仿真波形图（四）

7. 上板验证

仿真验证通过后，绑定引脚，对工程进行重新编译。如图 26-43 所示，将开发板连接至 12V 直流电源、USB-Blaster 下载器 JTAG 端口以及 VGA 接口。线路连接正确后，打开开关为板卡上电，随后为开发板下载程序。

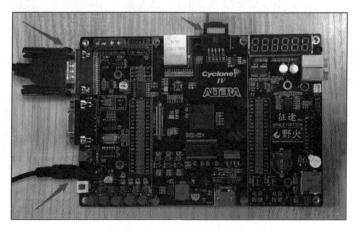

图 26-43 程序下载连线图

程序下载完成后，如图 26-44 所示，VGA 显示器显示出十色彩条，和预期实验效果一致，上板验证通过。

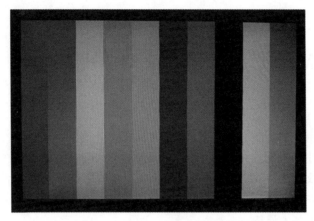

图 26-44　VGA 彩条实验效果图

26.3　章末总结

至此，本章介绍完毕，通过实验，相信读者对于 VGA 显示的基本知识和概念，以及 FPGA 与 VGA 显示器之间的数据通信流程已经理解并掌握，读者要注意的是，对于 VGA 时序，务必认真理解并掌握。

第 27 章
HDMI 显示器驱动设计与验证

在前面的章节中，我们通过几个实验对 VGA 的相关知识做了系统性的介绍，读者务必理解、掌握。由前文可知，VGA 显示具有成本低、结构简单、应用灵活等优点，但缺点是 VGA 使用的模拟信号极易受到外界干扰源的影响，产生信号畸变，而且 VGA 接口体积较大，不利于在便携设备上使用。

为了解决 VGA 接口的弊端，DVI、HDMI 接口应运而生。在本章，我们通过实验学习另一个重要的视频接口——HDMI。

27.1 理论学习

实战之前的理论学习是必不可少的，在本节我们将针对 HDMI 的基本知识和概念做一个系统性的介绍，希望读者能够理解、掌握，这对后面的实战大有裨益。

27.1.1 HDMI 简介

VGA 接口体积较大，不利于便携设备的集成，且传输的模拟信号易受外界干扰，产生信号畸变。为了解决 VGA 接口的诸多问题，视频接口开始了一次革新。

在 VGA 接口之后，首先推出的是 DVI（数字视频接口），DVI 是基于 TMDS（Transition Minimized Differential Signaling，最小化传输差分信号）技术来传输数字信号的。TMDS 运用先进的编码算法把 8bit 数据（R、G、B 中的每路基色信号）通过最小转换编码为 10bit 数据（包含行场同步信息、时钟信息、数据 DE、纠错等），经过直流均衡后，采用差分信号传输数据，它和 LVDS、TTL 相比有较好的电磁兼容性能，可以用低成本的专用电缆实现长距离、高质量的数字信号传输。DVI 是一种国际开放的接口标准，在 PC、DVD、高清晰电视（HDTV）、高清晰投影仪等设备上有广泛的应用。

DVI 分为 3 大类：DVI-Analog（DVI-A）接口（12+5）只传输模拟信号，实质就是 VGA 模拟传输接口规格；DVI-Digital（DVI-D）接口（18+1 和 24+1）是纯数字接口，只能传输数字信号，不兼容模拟信号；DVI-Integrated（DVI-I）接口（18+5 和 24+5）是兼容数字和模拟接口的。

DVI 虽然是一种全数字化的传输技术，但是在开发之初，其最初目标就是要实现高清晰、无损压缩的数字信号传输。由于没有考虑到 IT 产品和 AV 产品融合的趋势，DVI 标准过于偏重对计算机显示设备的支持，而忽略了对数字平板电视等 AV 设备的支持。DVI 虽然成功地实现了无损高清传输这一目标，但是过于专一的定位也在一定程度上造成了整体性能的落后，暴露出诸多问题。

DVI 设计之初考虑的对象是 PC，对于平板电视的兼容能力一般；只支持计算机领域的 RGB 数字信号，而对数字化的色差信号无法支持；只支持 8bit 的 RGB 信号传输，不能让广色域的显示终端发挥出最佳性能；出于兼容性的考虑，预留了不少引脚以支持模拟设备，造成接口体积较大；只能传输图像信号，对于数字音频信号的支持完全没有考虑。

由于存在以上种种缺陷，DVI 已经不能更好地满足整个行业的发展需要。也正是基于这些原因，促使了 HDMI（High Definition Multimedia Interface，高清多媒体接口）标准的诞生。

2002 年 4 月，来自电子电器行业的 7 家公司——日立、松下、飞利浦、Silicon Image、索尼、汤姆逊、东芝共同组建了高清多媒体接口组织——HDMI Founders（HDMI 论坛），开始着手制定一种符合高清时代标准的全新数字化视频 / 音频接口技术。经过半年多的准备，HDMI Founders 在 2002 年 12 月 9 日正式发布了 HDMI 1.0 版标准，标志着 HDMI 技术正式进入历史舞台。

HDMI 标准的制定，并没有抛弃 DVI 标准中相对成熟且较易实现的部分技术标准，整个传输原理依然是基于 TMDS 编码技术的。针对 DVI 的诸多问题，HDMI 做了大幅改进。HDMI 接口体积更小，在各种设备上都能轻松安装，可用于机顶盒、DVD 播放机、个人计算机、电视、游戏主机、综合扩大机、数字音响与电视机等设备；抗干扰能力更强，能实现最长 20 米的无增益传输；针对大尺寸数字平板电视分辨率进行优化，兼容性好；拥有强大的版权保护机制（HDCP），可有效防止盗版现象；支持 24bit 色深处理（RGB、YCbCr4-4-4、YCbCr4-2-2）；用一根线缆实现数字音频、视频信号同步传输，有效降低使用成本和繁杂程度。

时代在发展，社会在进步，HDMI 发展至今也推出了若干版本，性能更加出色，兼容性不断提高。HDMI 正在成为高清时代普及率最高、用途最广泛的数字接口。在现在任何一台平板电视上，HDMI 接口都成了标准化的配置。

27.1.2　HDMI 接口及引脚定义

HDMI 接口具体如图 27-1 所示。

HDMI 规格书中规定了 HDMI 的 4 种接口类型，但其中 HDMI B Type 接口类型未在市场中出现过，市面上流通最广的是 HDMI A Type、HDMI C Type 和 HDMI D Type 接口类型。

图 27-1　HDMI 接口

HDMI A Type 接口应用于 HDMI1.0 版本，总共有 19pin，规格为 4.45mm×13.9mm，为最常见的 HDMI 接头规格。

HDMI C Type 接口俗称 mini-HDMI，应用于 HDMI1.3 版本，总共有 19pin，可以说是缩小版的 HDMI A Type，规格为 2.42mm×10.42mm，但脚位定义有所改变，主要是用在便携式设备上，例如 DV、数字相机、便携式多媒体播放机等。由于大小所限，一些显卡会使用 mini-HDMI，用户须使用转接头将其转成将其标准大小的 Type A 之后再连接显示器。

HDMI D Type 接口，应用于 HDMI1.4 版本，总共有 19pin，规格为 2.8mm×6.4mm，但脚位定义有所改变。新的 Micro HDMI 接口的体积将比现在 19pin MINI HDMI 版接口小 50% 左右，可为相机、手机等便携设备带来最高 1080p 的分辨率支持及最快 5GB/s 的传输速度。

三种接口如图 27-2 所示。

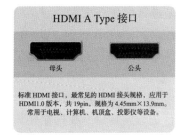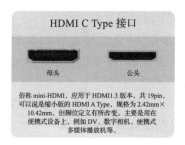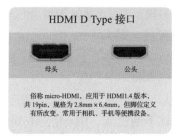

图 27-2　三种 HDMI 接口图

HDMI 接口之间使用 HDMI 信号线连接，不同类型的 HDMI 接口之间也可以使用连接线进行转接。HDMI 连接线如图 27-3 所示。

虽然已经见过 HDMI 接口的外观，但对接口各引脚功能并没有进一步的认识，下面我们以 HDMI A Type 接口为例，结合 HDMI 接口引脚图和各引脚定义表，对 HDMI 接口各引脚做简单的介绍，具体如图 27-4 及表 27-1 所示。

HDMI A Type连接线

HDMI A Type - C Type连接线

HDMI A Type - D Type连接线

HDMI C Type - D Type连接线

图 27-3　HDMI 连接线

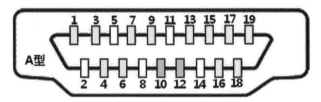

图 27-4　HDMI A Type 接口引脚图

表 27-1　HDMI A Type 接口引脚定义

引脚	定　义	引脚	定　义
1	数据 2+（TMDS Data2+）	11	时钟屏蔽（TMDS Clock Shield）
2	数据 2 屏蔽（TMDS Data2 Shield）	12	时钟 –（TMDS Clock–）
3	数据 2–（TMDS Data2–）	13	CEC
4	数据 1+（TMDS Data1+）	14	保留
5	数据 1 屏蔽（TMDS Data1 Shield）	15	DDC 时钟线（SCL）
6	数据 1–（TMDS Data1–）	16	DDC 数据线（SDA）
7	数据 0+（TMDS Data0+）	17	DDC/CEC 地（DDC/CEC GND）
8	数据 0 屏蔽（TMDS Data0 Shield）	18	+5V 电源（Power）
9	数据 0–（TMDS Data0–）	19	热插拔检测（Hot Plug Detect）
10	时钟 +（TMDS Clock+）		

由图 27-4 和表 27-1 可知，HDMI 接口共有 19 个引脚，分上下两排，奇数在上，偶数在下，穿插排布。根据其功能，可以将引脚分为 4 类。

❑ TMDS 通道：引脚 1～引脚 12。负责发送音频、视频及各种辅助数据；遵循 DVI1.0 规格的信号编码方式；视频像素带宽从 25MHz 到 340MHz（Type A, HDMI 1.3）或到 680MHz（Type B）。带宽低于 25MHz 的视频信号，如 NTSC480i，将以倍频方式输出；每个像素的容许数据量从 24 位至 48 位。支持每秒 120 张画面 1080p 分辨率画面的发送以及 WQSXGA 分辨率；支持 RGB、YCbCr 4:4:4（8-16 bits per component）、YCbCr

4:2:2（12 bits per component）、YCbCr 4:2:0（HDMI 2.0）等多种像素编码方式；音频采样率支持 32kHz、44.1kHz、48kHz、88.2kHz、96kHz、176.4kHz、192kHz、1536kHz（HDMI 2.0）；音频声道数量最大为 8。HDMI 2.0 支持 32 声道。音频流规格为 IEC61937 兼容流，包括高流量无损信号，如 Dolby TrueHD、DTS-HD Master Audio。

- ❑ DDC（Display Data Channel，显示数据通道）通道：引脚 15、16、17。发送端与接收端可利用 DDC 通道得知彼此的发送与接收能力，但 HDMI 仅需单向获知接收端（显示器）的能力；DDC 通道使用 100kHz 时钟频率的 I^2C 信号，发送数据结构为 VESA Enhanced EDID（V1.3）。
- ❑ CEC 通道：引脚 13、17。该通道为必须预留的线路，但可以不必实现，作用是发送工业规格的 AV Link 协议信号，以便支持用单一遥控器操作多台 AV 机器，为单芯线双向串列总线。
- ❑ 其他通道：引脚 14 为保留引脚，无连接；引脚 18 为 +5V 电源；引脚 19 为热插拔检测引脚。

注意：另外两种类型的 HDMI 接口与 HDMI A Type 接口的各引脚名称、功能相同，只是引脚线序不同。

27.1.3　HDMI 显示原理

HDMI 系统架构由信源端和接收端组成。某个设备可能有一个或多个 HDMI 输入，一个或多个 HDMI 输出。在这些设备上，每个 HDMI 输入都应该遵循 HDMI 接收端规则，每个 HDMI 输出都应该遵循 HDMI 信源端规则。

如图 27-5 所示，HDMI 线缆和连接器提供 4 个差分线对，组成 TMDS 数据和时钟通道，这些通道用于传递视频、音频和辅助数据；另外，HDMI 提供一个 VESA DDC 通道，DDC 是用于配置和在一个单独的信源端以及一个单独的接收端交换状态；可选择的 CEC 在用户的各种不同的音视频产品中提供高水平的控制功能；可选择的 HDMI 以太网和音频返回（HEAC），在连接的设备中提供以太网兼容的网络数据和一个与 TMDS 方向相对的音频回返通道；此外还有热插拔检测信号 HDP，当显示器等 HDMI 接口的显示设备通过 HDMI 接口与 HDMI 信源端相连或断开连接时，HDMI 信源端能够通过 HPD 引脚检测出这一事件，并做出响应。

在前文中我们提到过，HDMI 采用和 DVI 相同的传输原理——TMDS，下面我们就来详细介绍一下 TMDS 的相关知识。

HDMI 中的 TMDS 传输系统分为两个部分：发送端和接收端。TMDS 发送端收到 HDMI 接口传来的表示 RGB 信号的 24 位并行数据（TMDS 对每个像素的 RGB 三原色分别按 8 位编码，即 R 信号有 8 位，G 信号有 8 位，B 信号有 8 位），然后对这些数据和时钟信号进行编码和并 / 串转换，再将表示 3 个 RGB 信号的数据和时钟信号分别分配到独立的传输通道并发送出去。接收端接收来自发送端的串行信号，对其进行解码和串 / 并转换，然后发送到显示器的控制端。与此同时，也接收时钟信号，以实现同步。TMDS 信道连接图如图 27-6 所示。

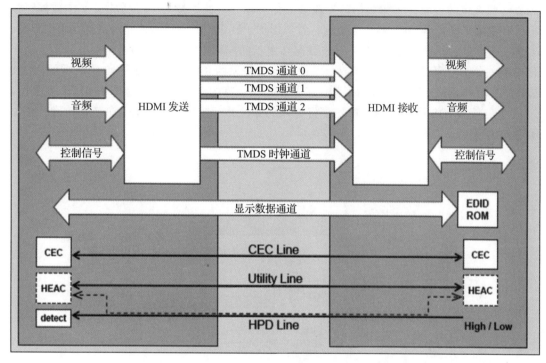

图 27-5　HDMI 数据传输框图

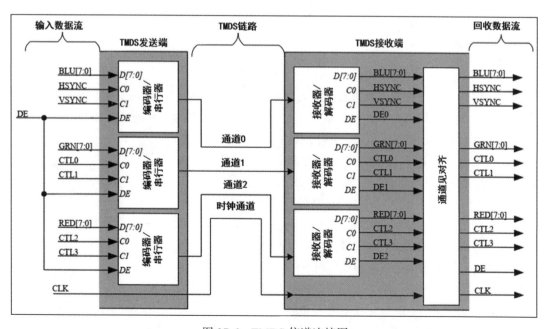

图 27-6　TMDS 信道连接图

　　TMDS 信道包括 3 个 RGB 数据传输通道和 1 个时钟信号传输通道。每一通道都通过编码算法将 8 位的视频、音频数据转换成最小化传输、直流平衡的 10 位数据，8 位数据经过编码和直流平衡得到 10 位最小化数据，看似增加了冗余位，对传输链路的带宽要求会更高，但事实上，通过这种算法得到的 10 位数据在更长的同轴电缆中传输的可靠性增强了。最小化传输差分信号是通过异或及异或非等逻辑算法将原始 8 位数据转换成 10 位数据的，前 8 位数据由原始信号经逻辑运算后得到，第 9 位指示运算的方式，第 10 位用来对应直流平衡。

　　要实现 TMDS 通道传输，首先要将传入的 8 位并行数据进行编码、并 / 串转换，添加第 9 位编码位，如图 27-7 所示。

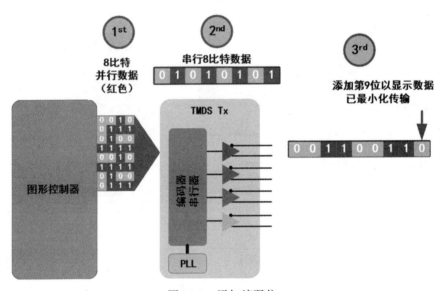

图 27-7　添加编码位

　　添加编码位的数据时需要进行直流均衡处理。直流均衡（DC-balanced）指在编码过程中保证信道中直流偏移为零，使信道中所传输的数据包含的 1 与 0 的个数相同。方法是在添加编码位的 9 位数据的后面加上第 10 位数据，保证 10 位数据中 1 与 0 的个数相同。这样，传输的数据趋于直流平衡，使信号对传输线的电磁干扰减少，提高了信号传输的可靠性。

　　直流均衡处理后的 10 位数据需要进行单端转差分处理。TMDS 差分传动技术是一种利用 2 个引脚间电压差来传送信号的技术。传输数据的数值（0 或者 1）由两脚间电压正负极性和大小决定，即采用 2 条线来传输信号，一条线上传输原来的信号，另一条线上传输与原来信号相反的信号。这样，接收端就可以通过让一条线上的信号减去另一条线上的信号的方式来屏蔽电磁干扰，从而得到正确的信号。原理图如图 27-8 所示。

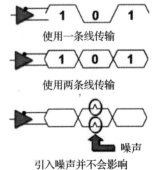

图 27-8　TMDS 差分信号原理

经过上述处理，我们得到了可以进行 TMDS 通道传输的差分信号，使用这种方法对 24 位图像数据（8 位 R 信号、8 位 G 信号、8 位 B 信号）和时钟信号进行处理，将 4 对差分信号通过 HDMI 接口发送到接收设备；接收设备通过解码等一系列操作，实现图像后音频再现。

27.2　实战演练

在 27.1 节中，我们对 HDMI 接口及接口定义、HDMI 显示原理做了详细讲解，希望读者认真揣摩、理解掌握，这些理论基础对后面的实战至关重要。下面我们就进入实战演练，在实战中加深对概念的理解。

27.2.1　实验目标

编写 HDMI 驱动，使用 FPGA 开发板驱动 HDMI 显示器显示十色等宽彩条，HDMI 显示模式为 640×480@60。

实验效果具体如图 27-9 所示。

图 27-9　HDMI 彩条实验效果图

27.2.2　硬件资源

HDMI 接口部分位于板卡的中下部，如图 27-10 所示，HDMI 原理图如图 27-11 所示。关于 HDMI 接口的引脚说明，我们在 27.1 节已经做了详细介绍，此处不再赘述。

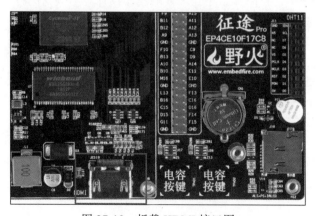

图 27-10　板载 HDMI 接口图

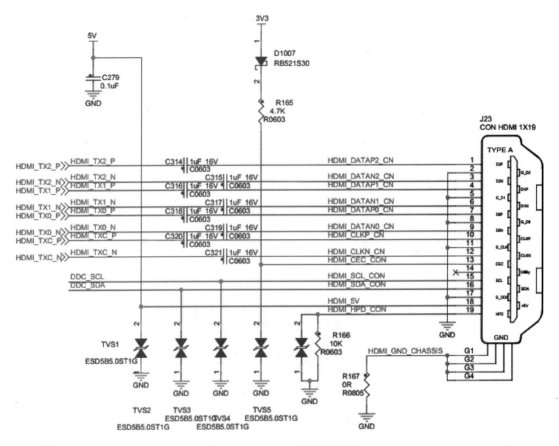

图 27-11　HDMI 部分原理图

27.2.3　程序设计

硬件资源介绍完毕，我们开始实验工程的程序设计。本节我们将采用先整体概括，再局部说明的方式对实验工程的各个模块进行讲解，详细内容如下。

1. 整体说明

注意：本实验选用 HDMI 640×480@60 显示模式，时钟频率为 25MHz，接下来讲解的相关参数与此显示模式相对应，后续不再声明。

首先，我们要对整个实验工程有一个整体认识，先来看一下 HDMI 彩条显示实验工程的整体框图，具体如图 27-12 所示。本实验工程包括 5 个模块，各模块的功能描述具体如表 27-2 所示。

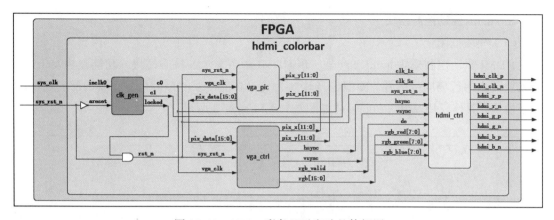

图 27-12　HDMI 彩条显示实验整体框图

表 27-2　HDMI 彩条显示工程模块简介

模 块 名 称	功 能 描 述	模 块 名 称	功 能 描 述
hdmi_colorbar	顶层模块	vga_pic	图像数据生成模块，生成 VGA 待显示图像
clk_gen	时钟生成模块，生成 VGA 驱动时钟	hdmi_ctrl	HDMI 驱动控制模块，生成 HDMI 待显示图像
vga_ctrl	VGA 时序控制模块，驱动 VGA 图像显示		

由图 27-12 和表 27-2 可知，HDMI 的彩条显示是在 VGA 彩条显示工程的基础上修改得到的，其中改动较大的有两部分：一是改动了时钟生成模块的输出时钟频率和时钟个数；二是增加了 HDMI 驱动控制模块 hdmi_ctrl。这两部分改动会在后文中做详细介绍。

2. 时钟生成模块

时钟生成模块依然使用调用 IP 核的生成方式输出两路时钟信号。由上文可知，本次实验工程中，HDMI 显示模式为 640×480@60，时钟频率为 25MHz，而板卡晶振传入的时钟频率为 50MHz。时钟生成模块的作用就是将 50MHz 晶振时钟分频为 25MHz 的 HDMI 工作时钟；除此之外，还要生成 25MHz 时钟的 5 倍频 125MHz 时钟，125MHz 时钟的具体用途会在后文讲到。

时钟生成模块框图具体如图 27-13 所示。

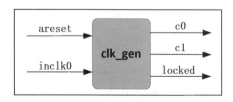

图 27-13　时钟生成模块框图

3. HDMI 驱动控制模块

（1）模块框图

HDMI 驱动控制模块 hdmi_ctrl 是实现 HDMI 彩条显示的核心模块，功能是将 VGA 控制模块传入的行场同步信号、图像信息转换为 HDMI 能读取的差分信号，其内部实例化若干子模块，具体模块及模块功能描述如图 27-14 和表 27-3 所示。

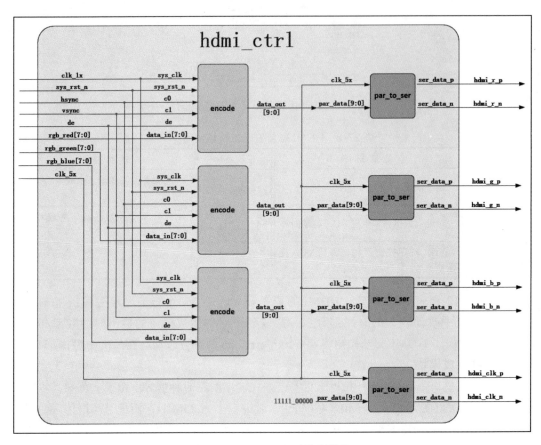

图 27-14　HDMI 驱动控制模块

表 27-3　HDMI 驱动控制模块简介

模块名称	功能描述	模块名称	功能描述
hdmi_ctrl	HDMI 驱动控制模块	par_to_ser	并行转串行模块，实现并行数据到串行数据的转换
encode	编码模块，实现 8bit 转 10bit 编码		

由图 27-14 可知，HDMI 驱动控制模块共有 17 路输入输出信号，输入信号为 9 路，输出信号为 8 路。输入输出信号的功能描述具体如表 27-4 所示。

表 27-4　HDMI 驱动控制模块输入输出信号功能描述

信　号	位宽	类型	功 能 描 述	信　号	位宽	类型	功 能 描 述
clk_1x	1bit	Input	工作时钟，频率为 25MHz	hdmi_clk_p	1bit	Output	HDMI 时钟差分信号
clk_5x	1bit	Input	工作时钟，频率为 125MHz	hdmi_clk_n	1bit	Output	HDMI 时钟差分信号
sys_rst_n	1bit	Input	复位信号，低电平有效	hdmi_r_p	1bit	Output	HDMI 红色分量差分信号
hsync	1bit	Input	行同步信号	hdmi_r_n	1bit	Output	HDMI 红色分量差分信号
vsync	1bit	Input	场同步信号	hdmi_g_p	1bit	Output	HDMI 绿色分量差分信号
de	1bit	Input	使能信号	hdmi_g_n	1bit	Output	HDMI 绿色分量差分信号
rgb_red	8bit	Input	RGB 图像色彩信息红色分量	hdmi_b_p	1bit	Output	HDMI 蓝色分量差分信号
rgb_green	8bit	Input	RGB 图像色彩信息绿色分量	hdmi_b_n	1bit	Output	HDMI 蓝色分量差分信号
rgb_blue	8bit	Input	RGB 图像色彩信息蓝色分量				

（2）代码编写

HDMI 驱动控制模块就是 HDMI 驱动控制部分的顶层模块，内部实例化编码模块和并行转串行模块，连接各自对应的信号，代码编写较为简单，无须绘制波形图。HDMI 驱动控制模块参考代码具体参见代码清单 27-1。

代码清单 27-1　HDMI 驱动控制模块参考代码（hdmi_ctrl.v）

```
 1 module  hdmi_ctrl
 2 (
 3     input    wire          clk_1x      ,   // 输入系统时钟
 4     input    wire          clk_5x      ,   // 输入 5 倍系统时钟
 5     input    wire          sys_rst_n   ,   // 复位信号，低电平有效
 6     input    wire   [7:0]  rgb_blue    ,   // 蓝色分量
 7     input    wire   [7:0]  rgb_green   ,   // 绿色分量
 8     input    wire   [7:0]  rgb_red     ,   // 红色分量
 9     input    wire          hsync       ,   // 行同步信号
10     input    wire          vsync       ,   // 场同步信号
11     input    wire          de          ,   // 使能信号
12
13     output   wire          hdmi_clk_p  ,
14     output   wire          hdmi_clk_n  ,   // 时钟差分信号
15     output   wire          hdmi_r_p    ,
16     output   wire          hdmi_r_n    ,   // 红色分量差分信号
17     output   wire          hdmi_g_p    ,
18     output   wire          hdmi_g_n    ,   // 绿色分量差分信号
19     output   wire          hdmi_b_p    ,
20     output   wire          hdmi_b_n        // 蓝色分量差分信号
21 );
22
23 //**********************************************************//
24 //****************** Parameter and Internal Signal ******************//
25 //**********************************************************//
26 wire    [9:0]    red    ;   //8bit 转 10bit 后的红色分量
27 wire    [9:0]    green  ;   //8bit 转 10bit 后的绿色分量
```

```
28 wire    [9:0]   blue    ;    //8bit 转 10bit 后的蓝色分量
29
30 //**********************************************************************//
31 //*************************** Instantiate ***************************//
32 //**********************************************************************//
33 //------------- encode_inst0 -------------
34 encode   encode_inst0
35 (
36     .sys_clk     (clk_1x      ),
37     .sys_rst_n   (sys_rst_n   ),
38     .data_in     (rgb_blue    ),
39     .c0          (hsync       ),
40     .c1          (vsync       ),
41     .de          (de          ),
42     .data_out    (blue        )
43 );
44
45 //------------- encode_inst1 -------------
46 encode   encode_inst1
47 (
48     .sys_clk     (clk_1x      ),
49     .sys_rst_n   (sys_rst_n   ),
50     .data_in     (rgb_green   ),
51     .c0          (hsync       ),
52     .c1          (vsync       ),
53     .de          (de          ),
54     .data_out    (green       )
55 );
56
57 //------------- encode_inst2 -------------
58 encode   encode_inst2
59 (
60     .sys_clk     (clk_1x      ),
61     .sys_rst_n   (sys_rst_n   ),
62     .data_in     (rgb_red     ),
63     .c0          (hsync       ),
64     .c1          (vsync       ),
65     .de          (de          ),
66     .data_out    (red         )
67 );
68
69 //------------- par_to_ser_inst0 -------------
70 par_to_ser   par_to_ser_inst0
71 (
72     .clk_5x      (clk_5x      ),
73     .par_data    (blue        ),
74
75     .ser_data_p  (hdmi_b_p    ),
76     .ser_data_n  (hdmi_b_n    )
77 );
78
79 //------------- par_to_ser_inst1 -------------
80 par_to_ser   par_to_ser_inst1
```

```
81 (
82     .clk_5x        (clk_5x    ),
83     .par_data      (green     ),
84
85     .ser_data_p  (hdmi_g_p  ),
86     .ser_data_n  (hdmi_g_n  )
87 );
88
89 //------------- par_to_ser_inst2 -------------
90 par_to_ser  par_to_ser_inst2
91 (
92     .clk_5x        (clk_5x    ),
93     .par_data      (red       ),
94
95     .ser_data_p  (hdmi_r_p  ),
96     .ser_data_n  (hdmi_r_n  )
97 );
98
99 //------------- par_to_ser_inst3 -------------
100 par_to_ser  par_to_ser_inst3
101 (
102     .clk_5x        (clk_5x          ),
103     .par_data      (10'b1111100000),
104
105     .ser_data_p  (hdmi_clk_p      ),
106     .ser_data_n  (hdmi_clk_n      )
107 );
108
109 endmodule
```

4. 编码模块

（1）模块框图

前面介绍了 HDMI 驱动控制模块实际就是 HDMI 驱动控制的顶层模块，功能是实现 VGA 图像信息到 HDMI 图像信息的转化。要实现这一功能的转化，需要对输入的 VGA 图像信息进行编码、并行串行转换、单端信号转差分信号、单沿采样转双沿采样等操作。

而编码模块就是为了完成 VGA 图像数据 8bit 转 10bit 的编码，关于 8bit 转 10bit 编码的理论知识，我们在 27.1 节已经做了详细介绍。编码模块框图，如图 27-15 所示，模块输入输出信号的功能描述具体参见表 27-5。

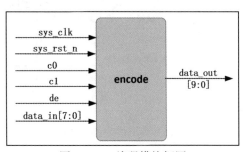

图 27-15　编码模块框图

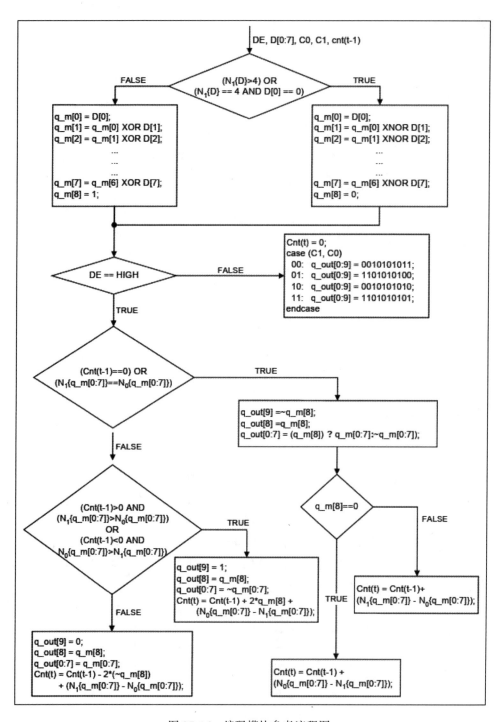

图 27-16   编码模块参考流程图

表 27-5　编码模块输入输出信号的功能描述

信　号	位宽	类型	功 能 描 述	信　号	位宽	类型	功 能 描 述
sys_clk	1bit	Input	工作时钟，频率 25MHz	de	1bit	Input	输入使能信号
sys_rst_n	1bit	Input	复位信号，低有效	data_in	8bit	Input	输入待编码 8bit 数据
c0	1bit	Input	输入控制信号（hsync）	data_out	10bit	Output	输出编码后的 10bit 数据
c1	1bit	Input	输入控制信号（vsync）				

（2）代码编写

对于编码模块的代码编写，我们不再进行波形图的绘制，而是以官方手册的流程图（见图 27-16）为参照进行代码编写。编码模块参考流程图的各参数说明具体如表 27-6 所示。

表 27-6　编码模块参考流程图中各参数说明

D, C0, C1, DE	编码器输入数据。D 是八位像素数据，C1 和 C0 是通道的控制数据，DE 是数据使能
cnt	寄存器，用来跟踪数据流的不一致情况，正值表示发送的 1 的个数超过的数目，负数表示发送的 0 的个数超过的数目。表达式 cnt{t − 1} 表示相对于输入数据前一个集的前一个不一致值。表达式 cnt{t} 表示相对于输入数据当前集的新的不一致设置
q_out	完成编码后的 10bit 数据
$N_1\{x\}$	返回参数 x 中 "1" 的个数
$N_0\{x\}$	返回参数 x 中 "0" 的个数

编码模块的参考代码具体参见代码清单 27-2。

代码清单 27-2　编码模块参考代码（encode.v）

```
1 module   encode
2 (
3     input    wire            sys_clk      ,   // 时钟信号
4     input    wire            sys_rst_n    ,   // 复位信号，低电平有效
5     input    wire    [7:0]   data_in      ,   // 输入 8bit 待编码数据
6     input    wire            c0           ,   // 控制信号 c0
7     input    wire            c1           ,   // 控制信号 c1
8     input    wire            de           ,   // 使能信号
9
10    output   reg     [9:0]   data_out         // 输出编码后的 10bit 数据
11 );
12
13 //*********************************************************//
14 //***************** Parameter and Internal Signal *****************//
15 //*********************************************************//
16 //parameter define
17 parameter   DATA_OUT0   =   10'b1101010100,
18             DATA_OUT1   =   10'b0010101011,
19             DATA_OUT2   =   10'b0101010100,
20             DATA_OUT3   =   10'b1010101011;
21
22 //wire  define
23 wire            condition_1 ;   // 条件 1
```

```
24 wire              condition_2 ;    //条件2
25 wire              condition_3 ;    //条件3
26 wire     [8:0]    q_m         ;    //第一阶段转换后的9bit数据
27
28 //reg    define
29 reg     [3:0]    data_in_n1  ;    //待编码数据中1的个数
30 reg     [7:0]    data_in_reg ;    //待编码数据延迟一拍
31 reg     [3:0]    q_m_n1      ;    //转换后9bit数据中1的个数
32 reg     [3:0]    q_m_n0      ;    //转换后9bit数据中0的个数
33 reg     [4:0]    cnt         ;    //视差计数器，统计数据中0的个数与1的个数差
                                     //最高位为符号位
34 reg              de_reg1     ;    //使能信号延迟一拍
35 reg              de_reg2     ;    //使能信号延迟两拍
36 reg              c0_reg1     ;    //控制信号c0延迟一拍
37 reg              c0_reg2     ;    //控制信号c0延迟两拍
38 reg              c1_reg1     ;    //控制信号c1延迟一拍
39 reg              c1_reg2     ;    //控制信号c1延迟两拍
40 reg     [8:0]    q_m_reg     ;    //q_m信号延迟一拍
41
42 //**********************************************************//
43 //************************ Main Code ***********************//
44 //**********************************************************//
45 //data_in_n1: 待编码数据中1的个数
46 always@(posedge sys_clk or negedge sys_rst_n)
47     if(sys_rst_n == 1'b0)
48         data_in_n1  <=  4'd0;
49     else
50         data_in_n1  <=  data_in[0] + data_in[1] + data_in[2]
51                         + data_in[3] + data_in[4] + data_in[5]
52                         + data_in[6] + data_in[7];
53
54 //data_in_reg: 待编码数据延迟一拍
55 always@(posedge sys_clk or negedge sys_rst_n)
56     if(sys_rst_n == 1'b0)
57         data_in_reg <=  8'b0;
58     else
59         data_in_reg <=  data_in;
60
61 //condition_1: 条件1
62 assign  condition_1 = ((data_in_n1 > 4'd4) || ((data_in_n1 == 4'd4)
63                        && (data_in_reg[0] == 1'b1)));
64
65 //q_m: 第一阶段转换后的9bit数据
66 assign q_m[0] = data_in_reg[0];
67 assign q_m[1] = (condition_1) ? (q_m[0] ^~ data_in_reg[1]) : (q_m[0] ^ data_in_reg[1]);
68 assign q_m[2] = (condition_1) ? (q_m[1] ^~ data_in_reg[2]) : (q_m[1] ^ data_in_reg[2]);
69 assign q_m[3] = (condition_1) ? (q_m[2] ^~ data_in_reg[3]) : (q_m[2] ^ data_in_reg[3]);
70 assign q_m[4] = (condition_1) ? (q_m[3] ^~ data_in_reg[4]) : (q_m[3] ^ data_in_reg[4]);
71 assign q_m[5] = (condition_1) ? (q_m[4] ^~ data_in_reg[5]) : (q_m[4] ^ data_in_reg[5]);
72 assign q_m[6] = (condition_1) ? (q_m[5] ^~ data_in_reg[6]) : (q_m[5] ^ data_in_reg[6]);
73 assign q_m[7] = (condition_1) ? (q_m[6] ^~ data_in_reg[7]) : (q_m[6] ^ data_in_reg[7]);
```

```
74 assign q_m[8] = (condition_1) ? 1'b0 : 1'b1;
75
76 //q_m_n1：转换后 9bit 数据中 1 的个数
77 //q_m_n0：转换后 9bit 数据中 0 的个数
78 always@(posedge sys_clk or negedge sys_rst_n)
79     if(sys_rst_n == 1'b0)
80         begin
81             q_m_n1   <=   4'd0;
82             q_m_n0   <=   4'd0;
83         end
84     else
85       begin
86         q_m_n1<=q_m[0]+q_m[1]+q_m[2]+q_m[3]+q_m[4]+q_m[5]+q_m[6]+q_m[7];
87         q_m_n0<=4'd8-(q_m[0]+q_m[1]+q_m[2]+q_m[3]+q_m[4]+q_m[5]+q_m[6]+q_m[7]);
88       end
89
90 //condition_2：条件 2
91 assign  condition_2 = ((cnt == 5'd0) || (q_m_n1 == q_m_n0));
92
93 //condition_3：条件 3
94 assign  condition_3 = (((~cnt[4] == 1'b1) && (q_m_n1 > q_m_n0))
95                         || ((cnt[4] == 1'b1) && (q_m_n0 > q_m_n1)));
96
97 // 数据延迟，为了使各数据同步
98 always@(posedge sys_clk or negedge sys_rst_n)
99     if(sys_rst_n == 1'b0)
100         begin
101             de_reg1 <=  1'b0;
102             de_reg2 <=  1'b0;
103             c0_reg1 <=  1'b0;
104             c0_reg2 <=  1'b0;
105             c1_reg1 <=  1'b0;
106             c1_reg2 <=  1'b0;
107             q_m_reg <=  9'b0;
108         end
109     else
110         begin
111             de_reg1 <=  de;
112             de_reg2 <=  de_reg1;
113             c0_reg1 <=  c0;
114             c0_reg2 <=  c0_reg1;
115             c1_reg1 <=  c1;
116             c1_reg2 <=  c1_reg1;
117             q_m_reg <=  q_m;
118         end
119
120 //data_out：输出编码后的 10bit 数据
121 //cnt：视差计数器，统计数据中 0 的个数与 1 的个数差，最高位为符号位
122 always@(posedge sys_clk or negedge sys_rst_n)
123     if(sys_rst_n == 1'b0)
```

```
124            begin
125                data_out    <=    10'b0;
126                cnt         <=    5'b0;
127            end
128        else
129            begin
130                if(de_reg2 == 1'b1)
131                    begin
132                        if(condition_2 == 1'b1)
133                            begin
134                            data_out[9]   <=  ~q_m_reg[8];
135                            data_out[8]   <=  q_m_reg[8];
136                            data_out[7:0]<=(q_m_reg[8])?q_m_reg[7:0] : ~q_m_reg[7:0];
137                            cnt<=(~q_m_reg[8])?(cnt+q_m_n0-q_m_n1):(cnt+q_m_n1-q_m_n0);
138                            end
139                        else
140                            begin
141                                if(condition_3 == 1'b1)
142                                    begin
143                                        data_out[9]      <= 1'b1;
144                                        data_out[8]      <= q_m_reg[8];
145                                        data_out[7:0]    <= ~q_m_reg[7:0];
146                                        cnt<=cnt+{q_m_reg[8],1'b0}+(q_m_n0-q_m_n1);
147                                    end
148                                else
149                                    begin
150                                        data_out[9]      <= 1'b0;
151                                        data_out[8]      <= q_m_reg[8];
152                                        data_out[7:0]    <= q_m_reg[7:0];
153                                        cnt<= cnt-{~q_m_reg[8],1'b0}+(q_m_n1-q_m_n0);
154                                    end
155
156                            end
157                    end
158                else
159                    begin
160                        case   ({c1_reg2, c0_reg2})
161                            2'b00:  data_out <= DATA_OUT0;
162                            2'b01:  data_out <= DATA_OUT1;
163                            2'b10:  data_out <= DATA_OUT2;
164                            default:data_out <= DATA_OUT3;
165                        endcase
166                        cnt <=  5'b0;
167                    end
168            end
169
170 endmodule
```

5. 并行转串行模块

（1）模块框图

使用编码模块可以解决图像数据的编码问题，而并行转串行模块（par_to_ser.v）的主要功能就是实现并行串行转换、单端信号转差分信号、单沿采样转双沿采样。并行转串行模块框图如图 27-17 所示；模块输入输出信号功能描述具体见表 27-7。

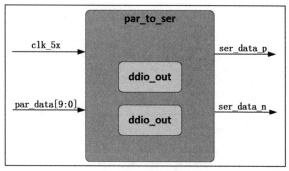

图 27-17　并行转串行模块框图

表 27-7　并行转串行模块输入输出信号的功能描述

信　号	位　宽	类　型	功 能 描 述
clk_5x	1bit	Input	工作时钟，频率为 125MHz
par_data	10bit	Input	传入待转换并行数据
ser_data_p	1bit	Output	传出转换后的串行差分数据
ser_data_n	1bit	Output	传出转换后的串行差分数据

其中，传入的时钟信号 clk_5x 为输出串行差分信号 ser_data_p、ser_data_n 的同步时钟；传入的并行数据信号 par_data 的同步时钟信号为 clk_1x，频率为 25MHz，未传入本模块。时钟信号 clk_5x 的时钟频率为 clk_1x 的 5 倍，因为并行数据信号 par_data 位宽为 10bit，若转换为串行信号，需要在时钟信号 clk_1x 的一个时钟周期内完成数据转换，转换后的串行数据信号的同步时钟频率必须为 clk_1x 的 10 倍，使用双沿采样则为 5 倍。

（2）波形图绘制及 IP 核调用

由图 27-17 可知，模块内部包含子模块的实例化，这是名为 ALTDDIO_OUT 的 IP 核。

ALTDDIO_OUT 是 Altera 提供的双数据速率（DDR）IP 核的一部分，DDR IP 核可以用于在逻辑资源中实现 DDR 寄存器。其中 ALTDDIO_IN 可实现 DDR 输入接口，ALTDDIO_OUT 可实现 DDR 输出接口，ALTDDIO_BIDIR 可实现双向 DDR 输入输出接口。

本模块使用的是 ALTDDIO_OUT IP 核，用以实现 DDR 输出接口，将两路单沿信号转换为双沿信号，在参考时钟的上升沿和下降沿发送数据。ALTDDIO_OUT IP 核框图和接口信号的描述如图 27-18 和图 27-19 所示，ALTDDIO_OUT IP 核时序图如图 27-20 所示。

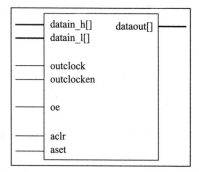

图 27-18　ALTDDIO_OUT IP 核框图

信号名称	信号方向	说　　明
datain_h[]	I	在 outclock 信号的上升沿输入的数据，位宽为 WIDTH
datain_l[]	I	在 outclock 信号的下降沿输入的数据，位宽为 WIDTH
outclock	I	寄存数据输出的时钟信号。dataout 端口在每个 outclock 信号电平上输出 DDR 数据
outclocken	I	outclock 端口的时钟使能信号
aclr	I	异步复位输入，不能同时连接端口 aclr 和 aset
aset	I	异步设置输入，不能同时连接端口 aclr 和 aset
oe	I	dataout 端口的输出使能信号，高电平有效。如果希望低电平有效，可以添加一个电平翻转器
sclr	I	同步复位输入，不能同时连接端口 sclr 和 sset。该信号仅对于 Arria GX、Stratix III、Stratix II、Stratix II GX、Straix、Stratix GX、HardCopy II、HardCopy 和 Stratix 系列 FPGA 可用
sset	I	同步设置输入，不能同时连接端口 sclr 和 sset。该信号仅对于 Arria GX、Stratix III、Stratix II、Stratix II GX、Straix、Stratix GX、HardCopy II、HardCopy 和 Stratix 系列 FPGA 可用
dataout[]	O	DDR 输出数据端口，位宽为 WIDTH，该端口应该直接连接到顶层设计的输出引脚
oe_out	O	双向 padio 端口的输出使能，位宽为 WIDTH。该端口仅对于 Stratix III 和 Cyclone II 系列 FPGA 可用

图 27-19　ALTDDIO_OUT IP 核接口信号描述

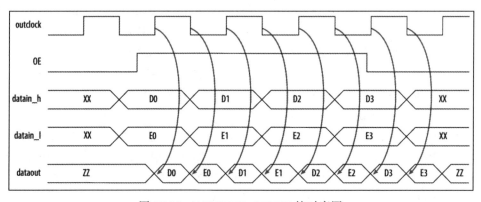

图 27-20　ALTDDIO_OUT IP 核时序图

了解了 ALTDDIO_OUT IP 核的相关知识后，我们开始进行 IP 核的配置。

如图 27-21 所示，在 IP 核搜索界面①处搜索 ALTDDIO；选中②处的 ALTDDIO_OUT；在③处选择 IP 核文件存储位置并命名 IP 核；点击④处的 "Next" 按钮进行后续配置。

如图 27-22 所示，在①处选择输入输出数据的位宽，本模块中选择位宽为 1bit；在②处选择 "Not used"，不使用 "aclr" "aset" 信号；点击③处的 "Next" 按钮，进行后续配置。

如图 27-23 所示，在本界面不进行任何参数设置，直接点击 "Next" 按钮进入下一步。

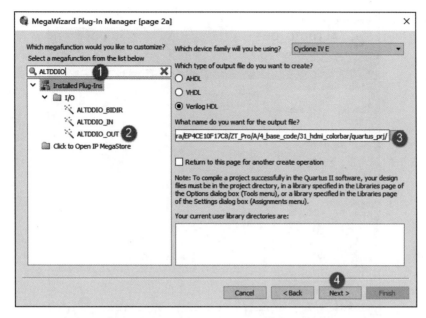

图 27-21　ALTDDIO_OUT IP 核配置（一）

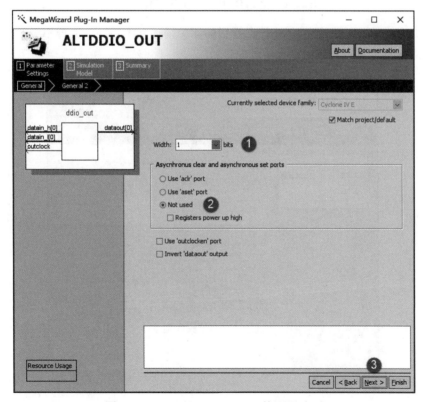

图 27-22　ALTDDIO_OUT IP 核配置（二）

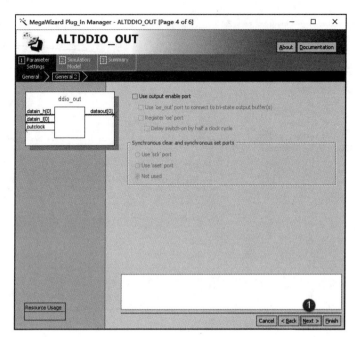

图 27-23　ALTDDIO_OUT IP 核配置（三）

　　如图 27-24 所示，①处为 IP 核仿真模型的相关描述。本界面中同样不进行任何参数配置，点击②处的"Next"按钮进入后续配置。

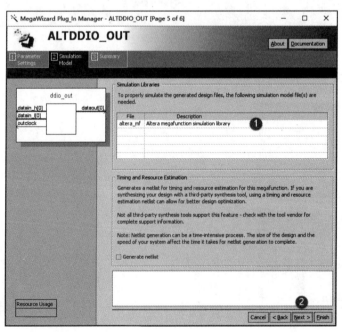

图 27-24　ALTDDIO_OUT IP 核配置（四）

如图 27-25 所示，①处为 IP 核生成后产生文件的文件列表，默认全部勾选，读者也可自定义选择；点击②处的"Finish"按钮完成 IP 核的生成。

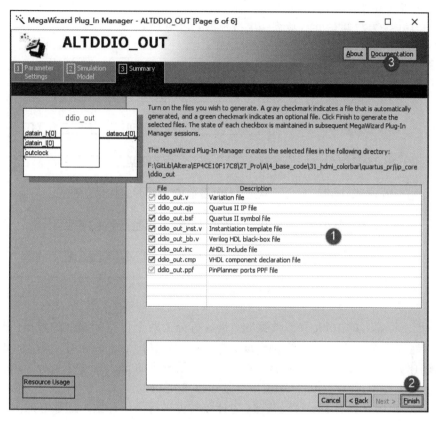

图 27-25　ALTDDIO_OUT IP 核配置（五）

需要注意的是，我们只使用了 ALTDDIO_OUT IP 核的部分功能，关于其详细的配置资料，可点击图 27-25 中③处的"Documentation"按钮，查找 IP 核的官方数据手册。

IP 核生成完毕，打开 IP 核实例化文件，如图 27-26 所示。其中，信号 datain_h 为输入的时钟上升沿待输出数据，位宽为 1bit，信号 datain_l 为输入的时钟下降沿待输出数据，位宽为 1bit ，dataout 为输出的串行双沿采样数据，同步时钟为 outclock。

```
ddio_out · · · ddio_out_inst
(
    .datain_h·(·datain_h_sig·),
    .datain_l·(·datain_l_sig·),
    .outclock·(·outclock_sig·),
    .dataout·(·dataout_sig··)
);
```

图 27-26　IP 核实例化文件

讲到这里，读者可能会心存疑虑，模块输入的是位宽为 10bit 的并行数据 par_data，clk_1x 时钟信号同步下的 par_data 数据是如何转换为 clk_5x 时钟信号下的 datain_h、datain_l 数据信号的呢？下面详细说明。

我们参照图 27-27 讲解并行数据转串行数据的实现方法。

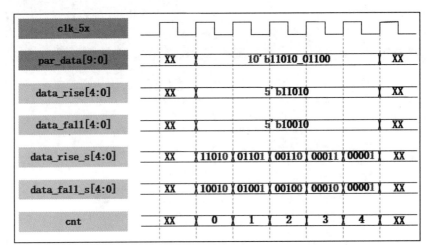

图 27-27　并行转串行波形图

第一步，将输入的 10bit 并行数据 par_data 拆分为两个位宽为 5bit 的数据信号。拆分规则为：将会在时钟上升沿输出的 par_data[8]、par_data[6]、par_data[4]、par_data[2]、par_data[0] 赋值给变量 data_rise[4:0]；将会在时钟下降沿输出的 par_data[9]、par_data[7]、par_data[5]、par_data[3]、par_data[1] 赋值给变量 data_fall[4:0]。

第二步，声明计数器 cnt，以 clk_5x 为计数时钟进行循环计数，计数范围为 0~4，每个时钟周期自加 1。当 cnt 计数值为最大值 4 时，将拆分得到的变量 data_rise、data_fall 分别赋值给 data_rise_s、data_fall_s。

第三步，将 data_rise_s[0]、data_fall_s[0] 分别写入 ALTDDIO_OUT IP 核的 datain_h、datain_l 接口，同时，每个时钟周期将 data_rise_s、data_fall_s 右移一位。

经过上述三步操作后，位宽为 10bit 的并行数据 par_data 转换为两路串行数据，传入 ALTDDIO_OUT IP 核的 datain_h、datain_l 接口，经过 IP 核处理后，输出以 clk_5x 为同步时钟的串行双沿采样信号。

同时，再次调用 ALTDDIO_OUT IP 核，将 ~data_rise_s[0]、~data_fall_s[0] 分别写入 ALTDDIO_OUT IP 核的 datain_h、datain_l 接口，输出的串行双沿采样信号与之前生成的串行双沿采样信号构成差分信号对。

到了这里，本模块已完成并行数据 par_data 向串行差分信号对 ser_data_p、der_data_n 的转化。

（3）代码编写

并行转串行模块参考代码具体参见代码清单 27-3。

代码清单 27-3　并行转串行模块参考代码 (par_to_ser.v)

```verilog
1  module par_to_ser
2  (
3      input    wire              clk_5x      ,    // 输入系统时钟
4      input    wire    [9:0]     par_data    ,    // 输入并行数据
5
6      output   wire              ser_data_p  ,    // 输出串行差分数据
7      output   wire              ser_data_n       // 输出串行差分数据
8  );
9
10 //********************************************************************//
11 //****************** Parameter and Internal Signal *******************//
12 //********************************************************************//
13 //wire   define
14 wire    [4:0]    data_rise = {par_data[8],par_data[6],
15                               par_data[4],par_data[2],par_data[0]};
16 wire    [4:0]    data_fall = {par_data[9],par_data[7],
17                               par_data[5],par_data[3],par_data[1]};
18
19 //reg    define
20 reg     [4:0]    data_rise_s = 0;
21 reg     [4:0]    data_fall_s = 0;
22 reg     [2:0]    cnt = 0;
23
24
25 always @ (posedge clk_5x)
26     begin
27         cnt <= (cnt[2]) ? 3'd0 : cnt + 3'd1;
28         data_rise_s  <= cnt[2] ? data_rise : data_rise_s[4:1];
29         data_fall_s  <= cnt[2] ? data_fall : data_fall_s[4:1];
30
31     end
32
33 //********************************************************************//
34 //************************* Instantiate ******************************//
35 //********************************************************************//
36 //------------- ddio_out_inst0 -------------
37 ddio_out     ddio_out_inst0
38 (
39     .datain_h   (data_rise_s[0] ),
40     .datain_l   (data_fall_s[0] ),
41     .outclock   (~clk_5x        ),
42     .dataout    (ser_data_p     )
43 );
44
45 //------------- ddio_out_inst1 -------------
46 ddio_out     ddio_out_inst1
47 (
48     .datain_h   (~data_rise_s[0]),
49     .datain_l   (~data_fall_s[0]),
50     .outclock   (~clk_5x        ),
51     .dataout    (ser_data_n     )
52 );
```

```
53
54 endmodule
```

6. 顶层模块

（1）代码编写

实验工程的各个功能模块均已讲解完毕，下面实现顶层模块。hdmi_colorbar 顶层模块主要是对各个子功能模块进行实例化，以及对应信号进行连接。代码编写较为容易，无须绘制波形图的。顶层模块的参考代码具体参见代码清单 27-4。

代码清单 27-4　顶层模块参考代码（hdmi_colorbar.v）

```
 1 module  hdmi_colorbar
 2 (
 3    input    wire            sys_clk     ,    // 输入工作时钟，频率为 50MHz
 4    input    wire            sys_rst_n   ,    // 输入复位信号，低电平有效
 5
 6    output   wire            ddc_scl     ,
 7    output   wire            ddc_sda     ,
 8    output   wire            tmds_clk_p  ,
 9    output   wire            tmds_clk_n  ,    //HDMI 时钟差分信号
10    output   wire    [2:0]   tmds_data_p ,
11    output   wire    [2:0]   tmds_data_n      //HDMI 图像差分信号
12 );
13
14 //****************************************************************//
15 //***************** Parameter and Internal Signal ***************//
16 //****************************************************************//
17 //wire define
18 wire            vga_clk ;    //VGA 工作时钟，频率为 25MHz
19 wire            clk_5x  ;
20 wire            locked  ;    //PLL locked 信号
21 wire            rst_n   ;    //VGA 模块复位信号
22 wire    [11:0]  pix_x   ;    //VGA 有效显示区域 X 轴坐标
23 wire    [11:0]  pix_y   ;    //VGA 有效显示区域 Y 轴坐标
24 wire    [15:0]  pix_data;    //VGA 像素点色彩信息
25 wire            hsync   ;    // 输出行同步信号
26 wire            vsync   ;    // 输出场同步信号
27 wire    [15:0]  rgb     ;    // 输出像素信息
28 wire            rgb_valid;
29
30 //rst_n: VGA 模块复位信号
31 assign  rst_n   = (sys_rst_n & locked);
32 assign  ddc_scl = 1'b1;
33 assign  ddc_sda = 1'b1;
34
35 //****************************************************************//
36 //************************ Instantiation ************************//
37 //****************************************************************//
38
39 //------------- clk_gen_inst -------------
40 clk_gen clk_gen_inst
41 (
```

```
42      .areset    (~sys_rst_n ),   // 输入复位信号，高电平有效，1bit
43      .inclk0    (sys_clk   ),    // 输入 50MHz 晶振时钟，1bit
44
45      .c0        (vga_clk   ),    // 输出 VGA 工作时钟，频率为 25MHz，1bit
46      .c1        (clk_5x    ),
47      .locked    (locked    )     // 输出 PLL locked 信号，1bit
48 );
49
50 //------------ vga_ctrl_inst ------------
51 vga_ctrl  vga_ctrl_inst
52 (
53      .vga_clk   (vga_clk   ),    // 输入工作时钟，频率为 25MHz，1bit
54      .sys_rst_n (rst_n     ),    // 输入复位信号，低电平有效，1bit
55      .pix_data  (pix_data  ),    // 输入像素点色彩信息，16bit
56
57      .pix_x     (pix_x     ),    // 输出 VGA 有效显示区域像素点 X 轴坐标，10bit
58      .pix_y     (pix_y     ),    // 输出 VGA 有效显示区域像素点 Y 轴坐标，10bit
59      .hsync     (hsync     ),    // 输出行同步信号，1bit
60      .vsync     (vsync     ),    // 输出场同步信号，1bit
61      .rgb_valid (rgb_valid ),
62      .rgb       (rgb       )     // 输出像素点色彩信息，16bit
63 );
64
65 //------------ vga_pic_inst ------------
66 vga_pic vga_pic_inst
67 (
68      .vga_clk   (vga_clk   ),    // 输入工作时钟，频率为 25MHz，1bit
69      .sys_rst_n (rst_n     ),    // 输入复位信号，低电平有效，1bit
70      .pix_x     (pix_x     ),    // 输入 VGA 有效显示区域像素点 X 轴坐标，10bit
71      .pix_y     (pix_y     ),    // 输入 VGA 有效显示区域像素点 Y 轴坐标，10bit
72
73      .pix_data  (pix_data  )     // 输出像素点色彩信息，16bit
74
75 );
76
77 //------------ hdmi_ctrl_inst ------------
78 hdmi_ctrl   hdmi_ctrl_inst
79 (
80      .clk_1x     (vga_clk          ),   // 输入系统时钟
81      .clk_5x     (clk_5x           ),   // 输入 5 倍系统时钟
82      .sys_rst_n  (rst_n            ),   // 复位信号，低电平有效
83      .rgb_blue   ({rgb[4:0],3'b0}  ),   // 蓝色分量
84      .rgb_green  ({rgb[10:5],2'b0} ),   // 绿色分量
85      .rgb_red    ({rgb[15:11],3'b0}),   // 红色分量
86      .hsync      (hsync            ),   // 行同步信号
87      .vsync      (vsync            ),   // 场同步信号
88      .de         (rgb_valid        ),   // 使能信号
89      .hdmi_clk_p (tmds_clk_p       ),
90      .hdmi_clk_n (tmds_clk_n       ),   // 时钟差分信号
91      .hdmi_r_p   (tmds_data_p[2]   ),
92      .hdmi_r_n   (tmds_data_n[2]   ),   // 红色分量差分信号
93      .hdmi_g_p   (tmds_data_p[1]   ),
94      .hdmi_g_n   (tmds_data_n[1]   ),   // 绿色分量差分信号
95      .hdmi_b_p   (tmds_data_p[0]   ),
```

```
96     .hdmi_b_n     (tmds_data_n[0]    )    // 蓝色分量差分信号
97 );
98
99 endmodule
```

顶层模块参考代码理解起来较为简单，在此不再过多叙述。

（2）RTL 视图

实验工程通过仿真验证后，使用 Quartus 软件对实验工程进行编译，编译完成后查看一下 RTL 视图。RTL 视图展示的信息与顶层模块框图一致，各信号正确连接，具体如图 27-28 和图 27-29 所示。

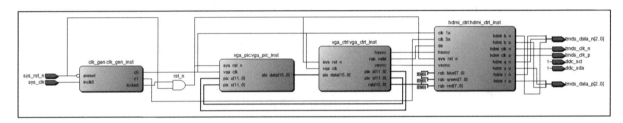

图 27-28　RTL 视图（一）

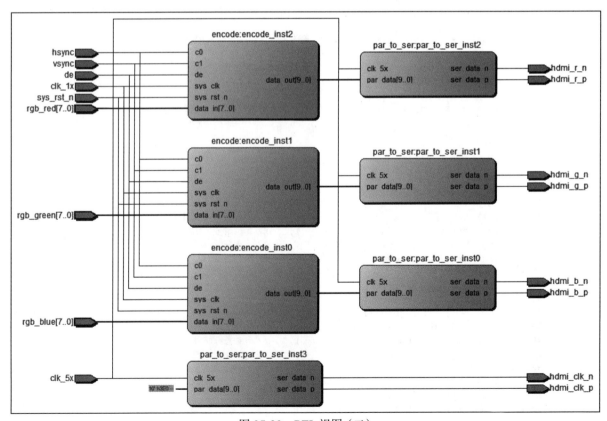

图 27-29　RTL 视图（二）

7. 仿真验证

（1）仿真代码编写

顶层模块参考代码介绍完毕，下面开始对顶层模块进行仿真。对顶层模块的仿真就是对实验工程的整体仿真。顶层模块仿真参考代码具体参见代码清单 27-5。

代码清单 27-5　顶层模块仿真参考代码（tb_hdmi_colorbar.v）

```verilog
 1 module  tb_hdmi_colorbar();
 2 //*********************************************************************//
 3 //***************** Parameter and Internal Signal ******************//
 4 //*********************************************************************//
 5 //wire   define
 6 wire           ddc_scl      ;
 7 wire           ddc_sda      ;
 8 wire           tmds_clk_p   ;
 9 wire           tmds_clk_n   ;
10 wire    [2:0]  tmds_data_p  ;
11 wire    [2:0]  tmds_data_n  ;
12
13 //reg    define
14 reg            sys_clk      ;
15 reg            sys_rst_n    ;
16
17 //*********************************************************************//
18 //*********************** Clk And Rst ***********************//
19 //*********************************************************************//
20
21 //sys_clk, sys_rst_n 初始赋值
22 initial
23     begin
24         sys_clk      =   1'b1;
25         sys_rst_n    <=  1'b0;
26         #200
27         sys_rst_n    <=  1'b1;
28     end
29
30 //sys_clk: 产生时钟
31 always  #10 sys_clk = ~sys_clk  ;
32
33 //*********************************************************************//
34 //*********************** Instantiation ***********************//
35 //*********************************************************************//
36
37 //------------- hdmi_colorbar_inst -------------
38 hdmi_colorbar  hdmi_colorbar_inst
39 (
40     .sys_clk     (sys_clk     ),    // 输入工作时钟, 频率为 50MHz
41     .sys_rst_n   (sys_rst_n   ),    // 输入复位信号, 低电平有效
42
43     .ddc_scl     (ddc_scl     ),
```

```
44        .ddc_sda        (ddc_sda       ),
45        .tmds_clk_p    (tmds_clk_p    ),
46        .tmds_clk_n    (tmds_clk_n    ),    //HDMI 时钟差分信号
47        .tmds_data_p   (tmds_data_p),
48        .tmds_data_n   (tmds_data_n)         //HDMI 图像差分信号
49  );
50
51  endmodule
```

顶层模块仿真参考代码内部实例化各子功能模块，连接各子功能模块对应的信号，模拟产生 50MHz 的时钟信号和复位信号，较容易理解，不再讲解。

（2）仿真波形分析

使用 ModelSim 软件对代码进行仿真，VGA 部分相关模块在前面已经验证通过，clk_gen 为调用 IP 核，无须仿真，在顶层模块的仿真波形分析中，我们只查看 encode 模块、par_to_ser 模块的相关信号。由图 27-30～图 27-32 所示的仿真波形图可知，各模块波形正常，仿真通过。

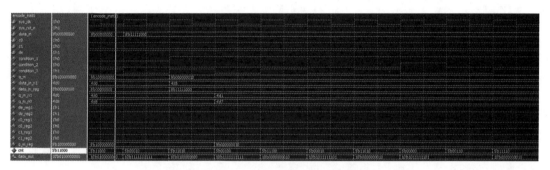

图 27-30　encode 模块仿真波形图

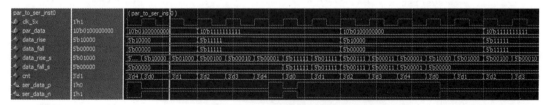

图 27-31　par_to_ser 模块仿真波形图

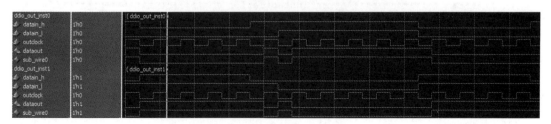

图 27-32　DDIO_OUT 仿真波形

8. 上板验证

仿真验证通过后，绑定引脚，对工程进行重新编译。如图 27-33 所示，将开发板连接至 12V 直流电源、USB-Blaster 下载器 JTAG 端口以及 HDMI 显示器。线路连接正确后，打开开关为板卡上电，随后为开发板下载程序。

图 27-33　程序下载连线图

程序下载完成后，如图 27-34 所示，HDMI 显示器显示出十色彩条，和预期的实验效果一致。

图 27-34　HDMI 彩条实验效果图

27.3　章末总结

至此，本章节讲解完毕，通过实验，相信读者已经理解和掌握了 HDMI 显示的基本知识和概念以及 TMDS 传输原理，但要勤加练习，做到学以致用。

第 28 章
TFT-LCD 液晶屏驱动设计与验证

通过前面的章节我们了解了 VGA 的特性，但如果要在一些便携设备上显示相关数据或图片，VGA 因体积庞大而不能满足要求，这时我们可以使用更为小巧的 TFT-LCD（Thin Film Transistor-Liquid Crystal Display，薄膜晶体管液晶显示器）显示屏来取代 VGA 显示器。

本章我们将带领读者学习 TFT-LCD 显示屏的基本知识和相关概念，掌握 TFT-LCD 显示屏的显示时序，并根据所学知识设计一个 TFT-LCD 液晶显示屏的显示控制器，在 TFT-LCD 液晶显示屏上显示多色彩条。

28.1　理论学习

28.1.1　TFT-LCD 简介

在介绍 TFT-LCD 之前，先来说明一下 LCD（Liquid Crystal Display，液晶显示器）。相对于上一代 CRT 显示器（阴极射线管显示器），LCD 具有功耗低、体积小、承载的信息量大及不伤眼的优点，因此成为现在主流电子显示设备，如电视屏幕、计算机显示器、手机屏幕及各种嵌入式设备的显示器。图 28-1 所示是液晶电视与 CRT 电视的外观对比，很明显，液晶电视更薄，"时尚"是液晶电视给人的第一印象，而 CRT 电视则让人感觉很"笨重"。

液晶电视　　　　　　　CRT 电视

图 28-1　液晶电视和 CRT 电视

液晶是一种介于固体和液体之间的特殊物质，它是一种有机化合物，常态下呈液态，但是它的分子排列却和固体晶体一样非常规则，因此取名"液晶"。如果给液晶施加电场，则会改变它的分子排列，从而改变光线的传播方向，配合偏振光片，它就具有控制光线透过率的作用，再配合彩色滤光片，改变加给液晶的电压大小，就能改变某一颜色的透光量，图 28-2 所示就是绿色显示结构。利用这种原理，做出可控红、绿、蓝光输出强度的显示结构，把三种显示结构组成一个显示单位，通过控制红绿蓝的强度，可以使该单位混合输出不同的色彩，这样的一个显示单位就是我们所说的像素。

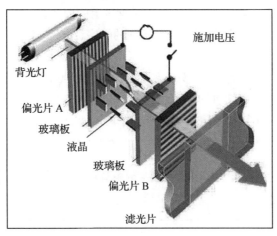

图 28-2　液晶屏的绿色显示结构

注意，液晶本身是不发光的，所以需要有一个背光灯提供光源，光线经过一系列处理过程才能输出，所以输出的光线强度是比光源的强度低很多的，比较浪费能源（当然，比CRT 显示器节能），而且这些处理过程会导致显示方向比较窄，也就是它的视角较小，从侧面看屏幕会看不清所显示的内容。另外，输出的色彩变换时，液晶分子转动也需要消耗一定时间，导致屏幕的响应速度低。

常见的 LCD 按物理结构分为四种：扭曲向列型（Twisted NemaTIc，TN）、超扭曲向列型（Super TN，STN）、双层超扭曲向列型（Dual Scan Tortuosity Nomograph，DSTN）、薄膜晶体管型（Thin Film Transistor，TFT），我们将要介绍的 TFT-LCD 就是其中的一种。TN-LCD、STN-LCD 和 DSYN-LCD 的基本显示原理相同，只是液晶分子的扭曲角度不同而已。而 TFT-LCD 则采用与 TN 系列 LCD 截然不同的显示方式。

TFT-LCD 中的 TFT 可以"主动地"对屏幕上各个独立的像素进行控制，这也就是所谓的主动矩阵 TFT（Active Matrix TFT）的来历。产生图像的基本原理很简单：显示屏由许多可以发出任意颜色的光线的像素组成，只要控制各个像素显示相应的颜色就能达到目的了。在 TFT-LCD 中一般采用背光技术，为了能精确地控制每一个像素的颜色和亮度，需要在每一个像素之后安装一个类似百叶窗的半导体开关，以此做到完全地、单独地控制一个像素点。液晶材料被夹在 TFT 玻璃层和颜色过滤层之间，通过改变刺激液晶的电压值就可以控制最后出现的光线强度与色彩。

TFT-LCD 技术是微电子技术与液晶显示器技术的巧妙结合。人们将在硅片上进行微电子精细加工的技术移植到在大面积玻璃上以进行 TFT 阵列的加工，再利用已成熟的 LCD 技术将该阵列基板与另一片带彩色滤色膜的基板形成一个液晶盒，让两种技术相结合，再经过其他工序，如偏光片贴覆等，最后形成液晶显示器。

28.1.2 RGB 接口 TFT-LCD 时序

对于 RGB 接口的 TFT-LCD 显示屏，其图像显示的同步模式有两种，分别为 HV 同步模式和 DE 同步模式。不同的同步模式对应不同的时序。

1. HV 同步模式

在 HV 同步模式下，图像的显示只需要行同步信号（hsync）和场同步信号（vsync）来确定显示时序。此时，RGB 接口的 TFT-LCD 液晶显示屏的显示时序和 VGA 时序标准类似。

1）RGB 接口 TFT-LCD 显示屏的行同步时序具体如图 28-3 所示。

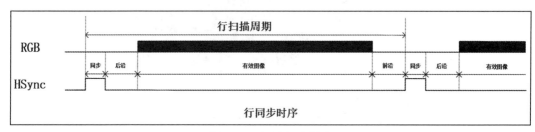

图 28-3　行同步时序图

其中，RGB 表示图像信息，HSync 表示行同步信号。HSync 自上一个上升沿起到下一个上升沿止为一个完整周期，我们称之为"行扫描周期"。一个完整的行扫描周期包含 4 部分：同步、后沿、有效图像、前沿，基本单位为 pixel，即一个像素时钟周期。

在一个完整的行扫描周期中，RGB 图像信息在 HSync 行同步信号的同步下完成一行图像的显示的，在有效图像阶段，RGB 图像信息有效，其他阶段的图像信息无效。HSync 行同步信号在同步阶段维持高电平，其他阶段均保持低电平，在下一个行扫描周期的同步阶段，HSync 行扫描信号拉高，其他阶段拉低，周而复始。

2）RGB 接口 TFT-LCD 显示屏场同步时序具体如图 28-4 所示。

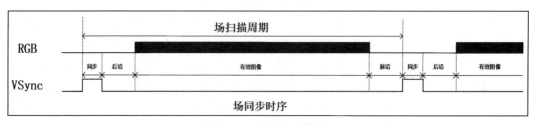

图 28-4　场同步时序图

其中，RGB 表示图像信息，VSync 表示场同步信号。VSync 自上一个上升沿起到下一个上升沿止为一个完整周期，我们称之为"场扫描周期"。一个完整的行扫描周期包含 4 部分：同步、后沿、有效图像、前沿，基本单位为一个完整的行扫描周期。

在一个完整的场扫描周期中，RGB 图像信息在 VSync 场同步信号的同步下完成一帧图像的显示，在有效图像阶段，RGB 图像信息有效，其他阶段图像信息无效；VSync 场同步信号在同步阶段维持高电平，其他阶段均保持低电平，在下一个行扫描周期的同步阶段，VSync 场扫描信号拉高，其他阶段拉低，周而复始。

将行同步时序、场同步时序相结合，构成 RGB 接口的 TFT-LCD 时序图，具体如图 28-5 所示。

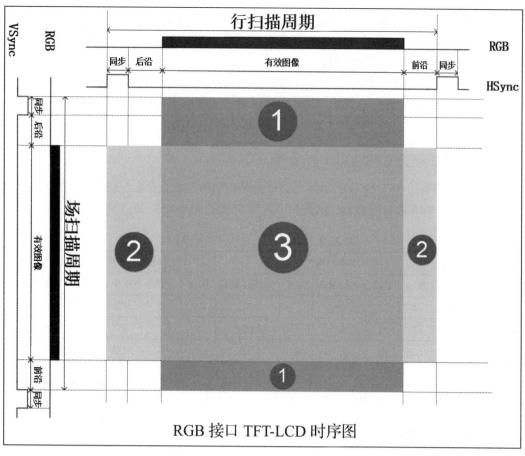

图 28-5　RGB 接口 TFT-LCD 时序图

图 28-5 中的标注①+标注③区域表示在一个完整的行扫描周期中，RGB 图像信息只在此区域有效；标注②+标注③区域表示在一个完整的场扫描周期中，RGB 图像信息只在此区域有效，两者相交的标注③区域，就是 RGB 接口 TFT-LCD 显示屏的图像显示区域。

2. DE 同步模式

DE 同步模式下，图像的显示只需要通过数据使能信号确定显示时序，不需要行场同步信号。DE 同步模式下的 TFT 图像显示时序图如图 28-6 所示。

图 28-6　DE 同步模式下 TFT 图像显示时序

由图 28-6 可知，当数据使能信号为高电平时，表示 TFT 显示屏扫描到了有效显示区域，此时输入 TFT 显示屏的图像信息能够显示出来；当数据使能信号为低电平时，表示 TFT 显示屏未扫描到有效显示区域。

对于两种不同的同步模式，DE 同步模式一般用于大尺寸屏幕，小尺寸屏幕多使用 HV 同步模式。HV 同步模式的出现早于 DE 同步模式，当今的大部分显示屏均支持 HV 和 DE 两种同步模式。

28.1.3　RGB 接口 TFT-LCD 分辨率

不同的分辨率的 TFT-LCD 显示屏在时序上是相似的，只是存在一些参数上的差异，下面列举了部分分辨率的时序参数，刷新频率均为 60Hz，具体如表 28-1 所示。

表 28-1　TFT-LCD 显示屏时序参数

分辨率	时钟（MHz）	行同步信号时序（像素）					场同步信号时序（行数）				
		同步	后沿	有效图像	前沿	行扫描周期	同步	后沿	有效图像	前沿	场扫描周期
480×272	9	41	2	480	2	525	10	2	272	2	286
800×480	33.3	128	88	800	40	1 056	2	33	480	10	525
800×600	40	128	88	800	40	1 056	4	23	600	1	628

表 28-1 中相关参数的含义与时钟频率的计算方法可参考 26.1.5 节，在此不再赘述。

28.2　实战演练

28.2.1　实验目标

设计编写 RGB 接口 TFT-LCD 液晶显示屏驱动，在 4.3 寸（480×272）TFT-LCD 显示屏上横向依次显示等宽多色彩条，显示颜色自左向右依次为红、橙、黄、绿、青、蓝、紫、黑、白、灰，图像像素格式为 RGB565，帧率为 60Hz。

注意：本章后文中涉及的相关参数均与 4.3 寸（480×272）TFT-LCD 显示屏的相关
参数相对应，后续不再声明。

28.2.2　硬件资源

征途 Pro 开发板 TFT_LCD 接口部分的原理图如图 28-7 所示。

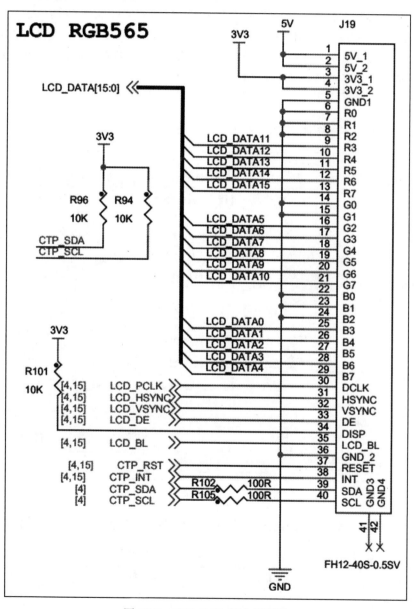

图 28-7　TFT_LCD 部分原理图

由图 28-7 可知，TFT_LCD 液晶屏与 VGA 相同，均使用 RGB565 的图像格式，位宽为 16bit，输出信号还包括行同步信号 hsync 和场同步信号 vsync。与 VGA 不同的是，输出信号还有时钟信号、使能信号和背光控制信号，此外，还有用于触摸控制的 4 路信号，本实验中并未涉及，不再介绍。

28.2.3 程序设计

> **注意：** 在本实验工程中，输出信号中包含 HV 同步模式下需要的行、场同步信号和 DE 同步模式下的 tft_de 信号，各信号正确输出。读者若想使用 HV 同步模式进行图像显示，可在代码中注释掉 tft_de 信号；若想使用 DE 同步模式进行图像显示，可在代码中注释掉行、场同步信号。

1. 整体设计

本实验工程的整体框图如图 28-8 所示。

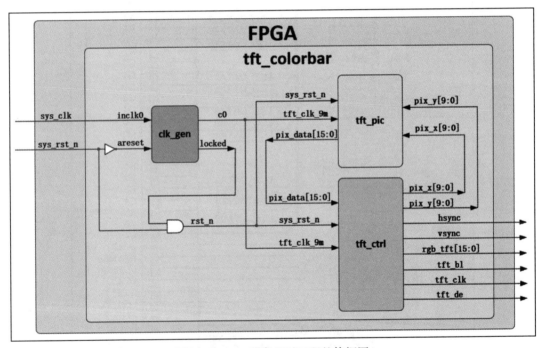

图 28-8　TFT 彩条显示工程整体框图

由图 28-8 可知，本实验工程包括 4 个模块，各模块的功能描述具体如表 28-2 所示。

表 28-2　TFT 彩条显示工程模块简介

模块名称	功能描述	模块名称	功能描述
tft_colorbar	顶层模块	tft_ctrl	TFT 显示时序控制模块
clk_gen	时钟生成模块	tft_pic	图像数据生成模块

结合图 28-8 和表 28-2，我们来介绍一下 TFT 彩条显示工程的工作流程。

1）系统上电后，板卡传入系统时钟信号（sys_clk）和复位信号（sys_rst_n）到顶层模块。

2）系统时钟直接传入时钟生成模块（clk_gen），分频产生 TFT 显示屏工作时钟（tft_clk_9m），作为图像数据生成模块（tft_pic）和 VGA 时序控制模块（tft_ctrl）的工作时钟。

3）图像数据生成模块以 TFT 显示时序控制模块传入的像素点坐标（pix_x, pix_y）为约束条件，生成待显示彩条图像的色彩信息（pix_data）。

4）图像数据生成模块生成的彩条图像色彩信息传入 TFT 时序控制模块，在模块内部使用使能信号滤除非图像显示有效区域的图像数据，产生 RGB 色彩信息（rgb_tft），在行、场同步信号（hsync、vsync）或数据使能信号（tft_de）的同步作用下，将 RGB 色彩信息扫描显示到 TFT 显示屏，显示出彩条图像。

此处我们以全局视角对整个实验工程进行了概括，也对各子功能模块做了简单介绍，说明了实验工程的工作流程，相信读者对实验工程已经有了整体了解。下面我们将采取分述的方式，从设计、实现、仿真验证等方面对各子功能模块进行详细介绍。

2. 时钟生成模块

由上文可知，本次实验工程中，TFT 显示屏为 4.3 寸，分辨率为 480×272，帧率为 60，时钟频率为 9MHz，而板卡晶振传入时钟频率为 50MHz。时钟生成模块的作用就是将 50MHz 晶振时钟分频为 9MHz 的 TFT 显示屏工作时钟。

本模块调用 IP 核实现时钟分频。时钟生成模块框图具体如图 28-9 所示。

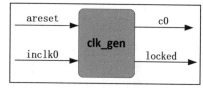

图 28-9　时钟生成模块框图

由图 28-9 可知，本模块包括 2 路输入信号和 2 路输出信号。对模块输入输出信号的功能描述具体参见表 28-3。

表 28-3　时钟生成模块输入输出信号功能描述

信号	位宽	类型	功能描述	信号	位宽	类型	功能描述
areset	1bit	Input	复位信号，高电平有效	c0	1bit	Output	输出分频后 9MHzTFT 显示屏工作时钟
inclk0	1bit	Input	50MHz 晶振时钟输入	locked	1bit	Output	输出稳定时钟信号的指示信号

因为本模块是调用内部 IP 核生成的，所以无须进行波形图绘制和仿真验证。

3. TFT 显示时序控制模块

下面我们会通过模块框图、波形图绘制、代码编写、仿真分析这几个部分对 TFT 显示时序控制模块（tft_ctrl）的设计、实现、仿真验证过程做一下详细介绍。

（1）模块框图

TFT-LCD 显示时序控制模块的作用是驱动 TFT-LCD 显示屏，将输入模块的彩条图形像素点信息按照 TFT-LCD 显示时序扫描显示到 TFT-LCD 显示屏上。模块框图如图 28-10 所示。

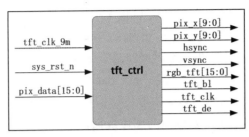

图 28-10　TFT-LCD 显示时序控制模块框图

由图 28-10 可知，TFT-LCD 显示时序控制模块包含 3 路输入、8 路输出，共 11 路信号，输入输出信号的功能描述具体参见表 28-4。

表 28-4　TFT-LCD 显示时序控制模块输入输出信号功能描述

信　号	位宽	类型	功能描述	信　号	位宽	类型	功能描述
tft_clk_9m	1bit	Input	工作时钟，频率为 9MHz	vsync	1bit	Output	场同步信号
sys_rst_n	1bit	Input	复位信号，低电平有效	rgb_tft	16bit	Output	RGB 图像色彩信息
pix_data	16bit	Input	彩条图像像素点色彩信息	tft_bl	1bit	Output	TFT 显示屏背光信号
pix_x	10bit	Output	TFT 显示有效显示区域像素点 X 轴坐标	tft_clk	1bit	Output	TFT 显示屏时钟信号
pix_y	10bit	Output	TFT 显示有效显示区域像素点 Y 轴坐标	tft_de	1bit	Output	TFT 显示屏使能信号
hsync	1bit	Output	行同步信号				

输入信号中，时钟信号 tft_clk_9m 由分频模块产生并输入；复位信号 sys_rst_n 为顶层模块的 rst_n 信号输入，低电平有效；pix_data 由图像数据生成模块产生并传入，在 TFT-LCD 显示器有效图像显示区域赋值给 RGB 图像色彩信息（rgb_tft）信号。

输出信号（pix_x, pix_y）为 TFT-LCD 有效显示区域像素点坐标，由 TFT-LCD 时序控制模块生成并传入图像数据生成模块；hsync、vsync 为 TFT-LCD 行、场同步信号，通过 TFT-LCD 接口传输给 TFT-LCD 显示屏；rgb_tft 为显示器要显示的图像色彩信息，传输给 TFT-LCD 显示器；tft_bl 为 TFT 显示屏背光信号；tft_clk 为 TFT 显示屏工作时钟；tft_de 为 TFT 显示使能信号。

（2）波形图绘制

在模块框图部分，我们对 TFT-LCD 显示时序控制模块的具体功能做了说明，对输入输出信号做了简单介绍，那么如何利用模块输入信号实现模块功能，输出我们想要得到的数据信号呢？下面我们会通过绘制波形图对各信号做详细讲解，带领读者学习并掌握模块功能的实现方法。

TFT-LCD 显示时序控制模块参考波形图如图 28-11 所示，下面我们分部分讲解一下绘制波形图的具体思路。

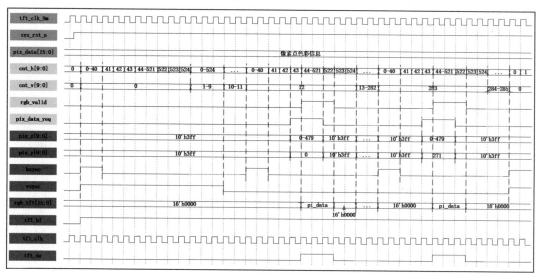

图 28-11　TFT-LCD 显示时序控制模块参考波形图

第一部分：行同步信号（hsync）、场同步信号（vsync）的波形绘制思路

TFT 显示屏想要正确地显示图像，行同步信号和场同步信号必不可少。前面我们对行、场同步信号的时序进行了详细讲解，由时序图可知，行同步信号为周期性信号，信号变化周期为完整的行扫描周期，信号在同步阶段保持高电平，在其他阶段保持低电平，那么如何实现行同步信号的周期性变化呢？

我们想到了计数器，因为一个完整行扫描周期为 525 个像素时钟周期（480×272@60），我们可以利用计数器以像素时钟周期进行计数，每一个像素时钟周期自加 1，计数范围为 0～524，共计数 525 次，与完整行扫描周期数相吻合。只要在行同步阶段（计数范围 0～40）赋值 hsync 信号为高电平，其他阶段为低电平，就可以实现符合时序要求的行同步信号。根据此设计思路，声明并绘制行扫描周期计数器 cnt_h、行同步信号 hsync 信号的波形，如图 28-12 所示。

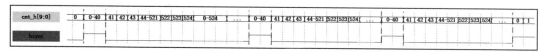

图 28-12　cnt_h、hsync 信号波形图

同理，参考行同步信号波形的绘制思路，我们可以进行场同步信号波形的绘制，注意场扫描周期的单位是完整的行扫描周期，所以要添加场扫描周期计数器对行扫描周期进行计数。声明并绘制场扫描周期计数器 cnt_v、场同步信号 vsync 信号的波形，如图 28-13 所示。

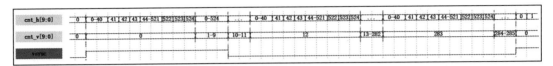

图 28-13　cnt_v、vsync 信号波形图

第二部分：图像显示有效信号（rgb_valid）波形绘制思路

由前面的介绍可知，TFT 显示屏只有在有效的显示区域内送入图像数据，图像才会被正确地显示，那么在什么时候可以送入图像数据呢？

我们可以声明一个有效信号，在图像有效显示区域赋值高电平，在非图像有效显示区域赋值低电平，以此信号为约束条件，控制图像信号的正确输入。定义此信号为图像显示有效信号（rgb_valid）。

信号已经声明，那么问题来了，如何控制其电平变化，实现预期波形呢？

这里可以利用第一部分中声明的 cnt_h、cnt_v 两个计数器，以其为约束条件，当两个计数器计数到图像有效显示区域时，为 rgb_valid 赋值高电平，否则赋值低电平。绘制图像显示有效信号（rgb_valid）的波形，如图 28-14 所示。

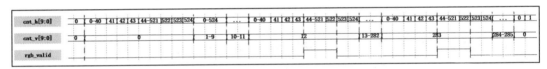

图 28-14　rgb_valid 信号波形图

第三部分：图像信息请求信号（pix_data_req）、TFT 显示屏有效显示区域像素点坐标（pix_x, pix_y）波形绘制思路

为了提高模块的复用性，我们将图像数据生成功能独立出来，设计为图像数据生成模块 tft_pic。虽然模块复用性提高，但这样也产生了一个问题——怎样保证 pix_data 传输的图像数据与 TFT 显示屏时序相吻合呢？

结合之前学习的知识，我们知道只有在 TFT 显示屏有效显示区域，pix_data 传输的图像数据才会传输给 TFT 显示屏，那么可以只在 TFT 显示屏有效显示区域对 pix_data 进行赋值。如何实现这一想法呢？

可以使用 cnt_h、cnt_v 信号来确定 TFT 显示屏有效显示区域，将有效显示区域使用坐标法表示，针对不同坐标点对 pix_data 进行赋值，所以我们声明 TFT 显示屏有效显示区域像素点坐标（pix_x, pix_y）。

上面两个问题解决了，新的问题又出现了：TFT 显示屏有效显示区域尺寸为 480×272，如何使像素点坐标（pix_x, pix_y）实现（0,0）～（480, 272）的坐标计数呢？

读者可能会想到使用已经声明的图像显示有效信号 rgb_valid，但在此处不能使用该信号，因为本次实验是 TFT 显示屏进行多色彩条的显示，图像数据生成模块 tft_pic 需要以坐标（pix_x, pix_y）为约束条件对 pix_data 信号进行赋值，只能使用时序逻辑的赋值方式，那么 pix_data 的赋值时刻会滞后条件满足时刻一个时钟周期，显示图像会出现问题。

为了解决这一问题，需要声明新的图像数据请求信号 pix_data_req，该信号要超前图像显示有效信号（rgb_valid）一个时钟周期，以抵消 pix_data 时序逻辑赋值带来的问题。

综上所述，我们需要声明图像信息请求信号 pix_data_req、TFT 显示屏有效显示区域像素点坐标（pix_x, pix_y）这三路信号来解决之前提到的若干问题。对于 pix_data_req 信号的电平控制，可参考 rgb_valid 信号的控制方式，以 cnt_h、cnt_v 信号为约束条件；坐标（pix_x, pix_y）则以新声明的 pix_data_req 信号为约束条件控制生成，三路信号绘制的波形图如图 28-15 所示。

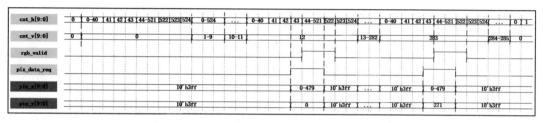

图 28-15　pix_data_req、pix_x、pix_y 信号波形图

第四部分：RGB 色彩信息（rgb_tft）波形绘制思路

这一部分就比较简单了，TFT 显示屏图像显示是在行、场同步信号的作用下将图像色彩信息以扫描的方式显示出来，所以 RGB 色彩信息必不可少，只要在有效显示区域写入正确图像数据即可。信号 rgb_tft 绘制的波形如图 28-16 所示。

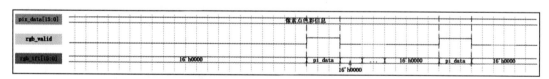

图 28-16　rgb_tft 信号波形图

第五部分：TFT 显示数据使能信号（tft_de）波形绘制思路

数据使能信号为 DE 同步模式下的图像显示同步信号，只在有效图像显示区域为高电平，其他时刻为低电平。tft_de 信号的波形变化和 rgb_valid 信号相同，所以 tft_de 信号可由 rgb_valid 信号使用组合逻辑进行赋值。数据使能信号 tft_de 的波形如图 28-17 所示。

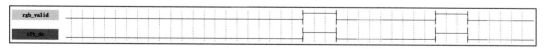

图 28-17　tft_de 信号波形图

第六部分：TFT 显示屏工作时钟（tft_clk）、TFT 显示屏背光信号（tft_bl）波形绘制思路

　　TFT 显示屏与 VGA 显示器不同，TFT 显示屏的正常工作离不开时钟信号，而且输入 TFT 显示屏的时钟信号要与行场信号或数据使能信号的同步时钟相同，否则会出现图像显示的错误。

　　TFT 显示屏的背光信号的作用是控制显示屏背光，为高电平时打开显示器背光，低电平时关闭背光，在本实验工程中使用复位信号 sys_rst_n 为背光信号赋值。

　　上述两信号的波形图如图 28-18 所示。

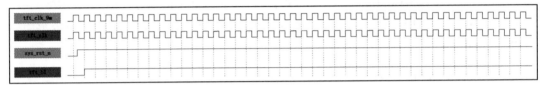

图 28-18　tft_clk、tft_bl 信号波形图

　　各信号波形绘制思路讲解完毕，将所有信号整合后，就能得到图 28-11 所示的模块波形图。

　　本设计思路只作参考，并非唯一方法，读者可利用所学知识，按照自己的思路进行设计。

（3）代码编写

　　参照绘制的波形图编写模块参考代码，具体参见代码清单 28-1。

代码清单 28-1　TFT 时序控制模块参考代码（tft_ctrl.v）

```
 1 module  tft_ctrl
 2 (
 3     input    wire              tft_clk_9m  ,   // 输入时钟，频率为 9MHz
 4     input    wire              sys_rst_n   ,   // 系统复位，低电平有效
 5     input    wire    [15:0]    pix_data    ,   // 待显示数据
 6
 7     output   wire    [9:0]     pix_x       ,   // 输出有效显示区域像素点 X 轴坐标
 8     output   wire    [9:0]     pix_y       ,   // 输出有效显示区域像素点 Y 轴坐标
 9     output   wire    [15:0]    rgb_tft     ,   //TFT 显示数据
10     output   wire              hsync       ,   //TFT 行同步信号
11     output   wire              vsync       ,   //TFT 场同步信号
12     output   wire              tft_clk     ,   //TFT 像素时钟
13     output   wire              tft_de      ,   //TFT 数据使能
14     output   wire              tft_bl          //TFT 背光信号
15
16 );
17
18 //****************************************************************//
19 //****************** Parameter and Internal Signal ******************//
20 //****************************************************************//
21
22 //parameter define
23 parameter H_SYNC    =   10'd41  ,        // 行同步
24           H_BACK    =   10'd2   ,        // 行时序后沿
```

```
25              H_VALID    =    10'd480  ,    // 行有效数据
26              H_FRONT    =    10'd2    ,    // 行时序前沿
27              H_TOTAL    =    10'd525 ;     // 行扫描周期
28 parameter V_SYNC       =    10'd10   ,    // 场同步
29              V_BACK     =    10'd2    ,    // 场时序后沿
30              V_VALID    =    10'd272  ,    // 场有效数据
31              V_FRONT    =    10'd2    ,    // 场时序前沿
32              V_TOTAL    =    10'd286 ;     // 场扫描周期
33
34 //wire  define
35 wire           rgb_valid      ;      //VGA 有效显示区域
36 wire           pix_data_req   ;      // 像素点色彩信息请求信号
37
38 //reg   define
39 reg    [9:0]  cnt_h   ;              // 行扫描计数器
40 reg    [9:0]  cnt_v   ;              // 场扫描计数器
41
42 //********************************************************************//
43 //**************************** Main Code ****************************//
44 //********************************************************************//
45
46 //tft_clk,tft_de,tft_bl: TFT 像素时钟、数据使能、背光信号
47 assign   tft_clk = tft_clk_9m    ;
48 assign   tft_de = rgb_valid      ;
49 assign   tft_bl = sys_rst_n      ;
50
51 //cnt_h: 行同步信号计数器
52 always@(posedge tft_clk_9m or  negedge sys_rst_n)
53     if(sys_rst_n == 1'b0)
54         cnt_h   <=  10'd0   ;
55     else    if(cnt_h == H_TOTAL - 1'd1)
56         cnt_h   <=  10'd0   ;
57     else
58         cnt_h   <=  cnt_h + 1'd1   ;
59
60 //hsync: 行同步信号
61 assign   hsync = (cnt_h  <=  H_SYNC - 1'd1) ? 1'b1 : 1'b0   ;
62
63 //cnt_v: 场同步信号计数器
64 always@(posedge tft_clk_9m or  negedge sys_rst_n)
65     if(sys_rst_n == 1'b0)
66         cnt_v   <=  10'd0 ;
67     else    if((cnt_v == V_TOTAL - 1'd1) &&  (cnt_h == H_TOTAL-1'd1))
68         cnt_v   <=  10'd0 ;
69     else    if(cnt_h == H_TOTAL - 1'd1)
70         cnt_v   <=  cnt_v + 1'd1 ;
71     else
72         cnt_v   <=  cnt_v ;
73
74 //vsync: 场同步信号
```

```
75  assign   vsync = (cnt_v  <=  V_SYNC - 1'd1) ? 1'b1 : 1'b0   ;
76
77  //rgb_valid: VGA 有效显示区域
78  assign   rgb_valid = (((cnt_h >= H_SYNC + H_BACK)
79                         && (cnt_h < H_SYNC + H_BACK + H_VALID))
80                         &&((cnt_v >= V_SYNC + V_BACK)
81                         && (cnt_v < V_SYNC + V_BACK + V_VALID)))
82                         ? 1'b1 : 1'b0;
83
84  //pix_data_req: 像素点色彩信息请求信号，超前 rgb_valid 信号一个时钟周期
85  assign   pix_data_req = (((cnt_h >= H_SYNC + H_BACK - 1'b1)
86                         && (cnt_h < H_SYNC + H_BACK + H_VALID - 1'b1))
87                         &&((cnt_v >= V_SYNC + V_BACK)
88                         && (cnt_v < V_SYNC + V_BACK + V_VALID)))
89                         ? 1'b1 : 1'b0;
90
91  //pix_x, pix_y: VGA 有效显示区域像素点坐标
92  assign   pix_x = (pix_data_req == 1'b1)
93                  ? (cnt_h - (H_SYNC + H_BACK - 1'b1)) : 10'h3ff;
94  assign   pix_y = (pix_data_req == 1'b1)
95                  ? (cnt_v - (V_SYNC + V_BACK )) : 10'h3ff;
96
97  //rgb_tft: 输出像素点色彩信息
98  assign   rgb_tft = (rgb_valid == 1'b1) ? pix_data : 16'b0 ;
99
100 endmodule
```

（4）仿真代码编写

编写仿真代码，对参考代码进行仿真验证。仿真参考代码具体参见代码清单 28-2。

代码清单 28-2 TFT 显示时序控制模块仿真参考代码（tb_tft_ctrl.v）

```
1  `timescale  1ns/1ns
2  module  tb_tft_ctrl();
3  //***************************************************************//
4  //***************** Parameter and Internal Signal ******************//
5  //***************************************************************//
6  //wire   define
7  wire          locked      ;
8  wire          rst_n       ;
9  wire          tft_clk_9m  ;
10
11 //reg    define
12 reg           sys_clk     ;
13 reg           sys_rst_n   ;
14 reg    [15:0] pix_data    ;
15
16 //***************************************************************//
17 //********************* Clk And Rst ************************//
18 //***************************************************************//
19
```

```verilog
20 //sys_clk,sys_rst_n 初始赋值
21 initial
22     begin
23         sys_clk      =   1'b1;
24         sys_rst_n    <=  1'b0;
25         #200
26         sys_rst_n    <=  1'b1;
27     end
28
29 //sys_clk: 产生时钟
30 always  #10 sys_clk = ~sys_clk;
31
32 //rst_n: VGA 模块复位信号
33 assign  rst_n = (sys_rst_n & locked);
34
35 //pix_data: 输入像素点色彩信息
36 always@(posedge tft_clk_9m or negedge rst_n)
37     if(rst_n == 1'b0)
38         pix_data     <=  16'h0;
39     else
40         pix_data     <=  16'hffff;
41
42 //*********************************************************************//
43 //*********************** Instantiation **************************//
44 //*********************************************************************//
45
46 //------------- clk_gen_inst -------------
47 clk_gen clk_gen_inst
48 (
49     .areset       (~sys_rst_n ),   // 输入复位信号, 高电平有效, 1bit
50     .inclk0       (sys_clk    ),   // 输入 50MHz 晶振时钟, 1bit
51     .c0           (tft_clk_9m ),   // 输出 TFT 工作时钟, 频率为 9MHz, 1bit
52     .locked       (locked     )    // 输出 PLL locked 信号, 1bit
53 );
54
55 //------------- tft_ctrl_inst -------------
56 tft_ctrl    tft_ctrl_inst
57 (
58     .tft_clk_9m  (tft_clk_9m),   // 输入时钟, 频率为 9MHz
59     .sys_rst_n   (rst_n     ),   // 系统复位, 低电平有效
60     .pix_data    (pix_data  ),   // 待显示数据
61
62     .pix_x       (pix_x     ),   // 输出 TFT 有效显示区域像素点 X 轴坐标
63     .pix_y       (pix_y     ),   // 输出 TFT 有效显示区域像素点 Y 轴坐标
64     .rgb_tft     (rgb_tft   ),   //TFT 显示数据
65     .hsync       (hsync     ),   //TFT 行同步信号
66     .vsync       (vsync     ),   //TFT 场同步信号
67     .tft_clk     (tft_clk   ),   //TFT 像素时钟
68     .tft_de      (tft_de    ),   //TFT 数据使能
69     .tft_bl      (tft_bl    )    //TFT 背光信号
```

```
70
71 );
72
73 endmodule
```

（5）仿真波形分析

配置好仿真文件，使用 ModelSim 对参考代码进行仿真，仿真结果如下。

图 28-19 所示为模块传输 1 帧图像的仿真波形图，因为信号线过于密集，不便讲解说明，我们将列出各信号局部截图进行讲解。

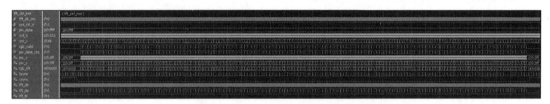

图 28-19　TFT 时序控制模块整体仿真波形图

由图 28-20～图 28-22 可知，行扫描周期计数器 cnt_h 在计数范围 0～524 内循环计数，计数周期为像素时钟周期；场扫描周期计数器在计数范围 0～285 内循环计数，计数周期为完整的行扫描周期。

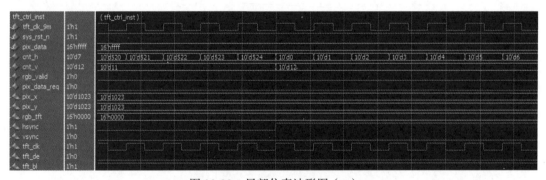

图 28-20　局部仿真波形图（一）

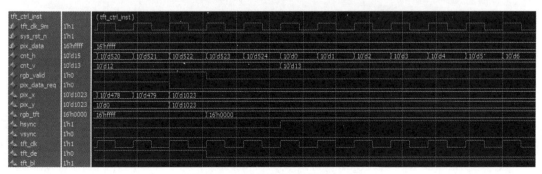

图 28-21　局部仿真波形图（二）

图 28-22　局部仿真波形图（三）

由图 28-23～图 28-25 可知，rgb_valid 信号只有在图像显示有效区域保持高电平，其他区域为低电平；pix_data_req 信号超前 rgb_valid 信号一个时钟周期；pix_x 信号在图像显示有效区域循环计数，计数周期为像素时钟周期，计数范围为 0～479，计数 480 次，与图像行显示有效区域参数一致；rgb 信号在 rgb_valid 信号有效时，被赋值为 pix_data，rgb_valid 信号无效时，赋值为 0；输出 TFT 数据使能信号 tft_de，与 rgb_valid 波形保持一致。

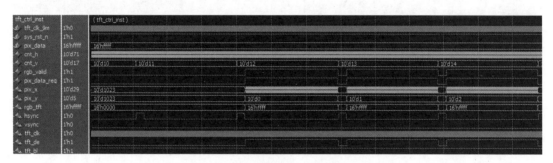

图 28-23　局部仿真波形图（四）

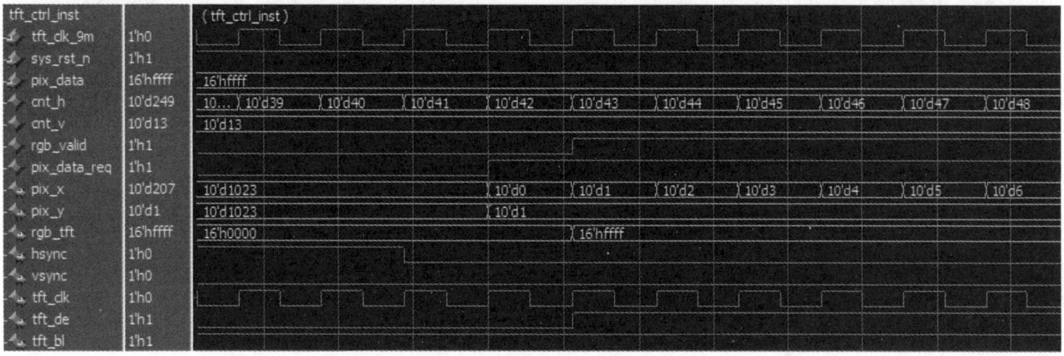

图 28-24　局部仿真波形图（五）

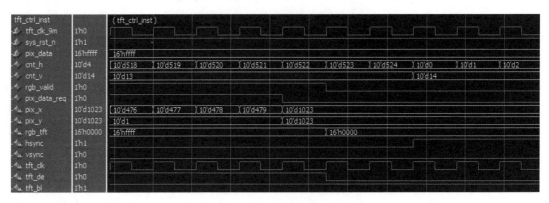

图 28-25　局部仿真波形图（六）

由图 28-26 和图 28-27 可知，pix_y 信号在图像显示有效区域循环计数，计数周期为完整的 pix_x 计数周期，计数范围为 0～271，计数 272 次。与图像显示场有效区域参数一致。

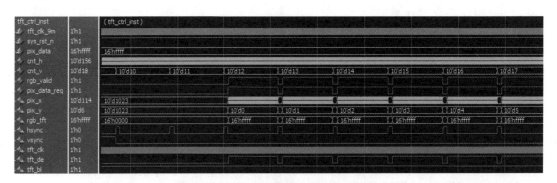

图 28-26　局部仿真波形图（七）

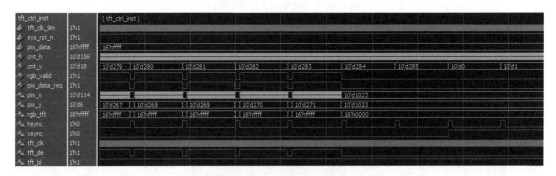

图 28-27　局部仿真波形图（八）

由图 28-28～图 28-31 可知，行同步信号只有在行同步阶段保持高电平，其他阶段均保持低电平；场同步信号只有在场同步阶段保持高电平，其他阶段均保持低电平。

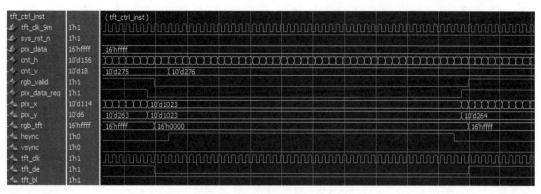

图 28-28　局部仿真波形图（九）

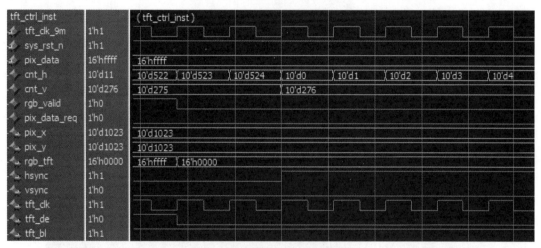

图 28-29　局部仿真波形图（十）

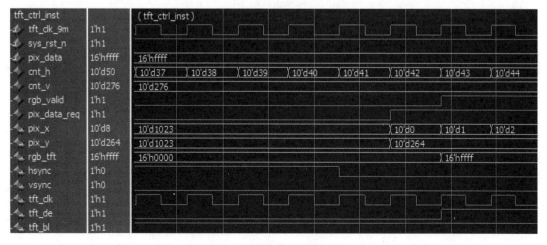

图 28-30　局部仿真波形图（十一）

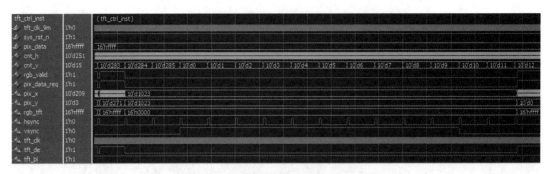

图 28-31　局部仿真波形图（十二）

由图 28-32 可以看出，TFT 显示屏工作时钟 tft_clk 与模块系统时钟 tft_clk_9m 保持一致；TFT 显示屏背光信号 tft_bl 与复位信号 sys_rst_n 保持一致。

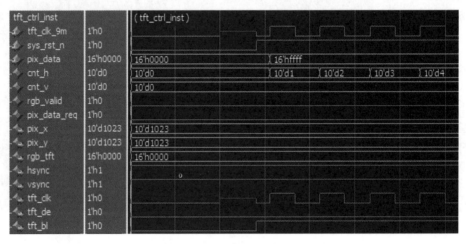

图 28-32　局部仿真波形图（十三）

由仿真波形图可知，各信号仿真波形与绘制的波形一致，模块通过仿真验证。

4. 图像数据生成模块

下面我们会通过模块框图、波形图绘制、代码编写、仿真分析这几个部分对图像数据生成模块（tft_pic）的设计、实现、仿真验证过程做详细介绍。

（1）模块框图

图像数据生成模块的模块框图具体如图 28-33 所示。

由图 28-33 可知，图像数据生成模块包含 4 路输入、1 路输出，共 5 路信号，输入输出信号的功能描述可参见表 28-5。

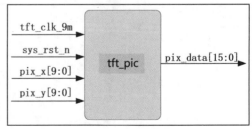

图 28-33　图像数据生成模块框图

表 28-5　图像数据生成模块输入输出端口功能描述

信　号	位　宽	类　型	功能描述
tft_clk_9m	1bit	Input	工作时钟，频率为 9MHz
sys_rst_n	1bit	Input	复位信号，低电平有效
pix_x	10bit	Input	有效显示区域像素点 X 轴坐标
pix_y	10bit	Input	有效显示区域像素点 Y 轴坐标
pix_data	16bit	Output	彩条图像像素点色彩信息

输入信号中，时钟信号 tft_clk_9m 为 TFT 显示屏工作时钟，由分频模块产生并输入；复位信号 sys_rst_n 为顶层模块的 rst_n 信号输入，低电平有效；（pix_x, pix_y）为 TFT 显示屏有效显示区域像素点坐标，由 TFT 时序控制模块生并输入。

输出信号 pix_data 为彩条图像像素点色彩信息，在 TFT 显示屏有效显示区域像素点坐标（pix_x, pix_y）约束下生成，传输到 TFT 时序控制模块。

（2）波形图绘制

图像数据生成模块的波形图如图 28-34 所示。

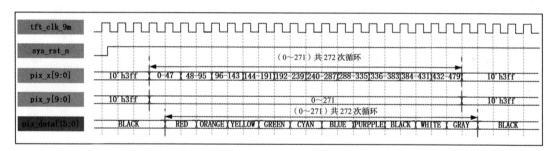

图 28-34　图像数据生成模块波形图

本模块的设计较为简单，在有效显示区域，根据输入像素点坐标（pix_x, pix_y）将 pix_x 计数范围分为十等份，在不同的计数部分给 pix_data 赋值对应的色彩信息，因为采用时序逻辑的赋值方式，pix_data 滞后 pix_x、pix_y 信号一个时钟周期。

（3）代码编写

模块波形图绘制完毕，参照绘制的波形图进行参考代码的编写。模块参考代码具体参见代码清单 28-3。

代码清单 28-3　图像数据生成模块参考代码（tft_pic.v）

```
1 module  tft_pic
2 (
3     input   wire            tft_clk_9m  ,   // 输入工作时钟，频率为 9MHz
4     input   wire            sys_rst_n   ,   // 输入复位信号，低电平有效
5     input   wire    [9:0]   pix_x       ,   // 输入有效显示区域像素点 X 轴坐标
```

```
 6      input    wire    [9:0]   pix_y           ,    // 输入有效显示区域像素点 Y 轴坐标
 7
 8      output   reg     [15:0]  pix_data             // 输出像素点色彩信息
 9
10  );
11
12  //***********************************************************//
13  //***************** Parameter and Internal Signal *****************//
14  //***********************************************************//
15
16  parameter   H_VALID =    10'd480 ,    // 行有效数据
17              V_VALID =    10'd272 ;    // 场有效数据
18
19  parameter   RED     =    16'hF800,    // 红色
20              ORANGE  =    16'hFC00,    // 橙色
21              YELLOW  =    16'hFFE0,    // 黄色
22              GREEN   =    16'h07E0,    // 绿色
23              CYAN    =    16'h07FF,    // 青色
24              BLUE    =    16'h001F,    // 蓝色
25              PURPPLE =    16'hF81F,    // 紫色
26              BLACK   =    16'h0000,    // 黑色
27              WHITE   =    16'hFFFF,    // 白色
28              GRAY    =    16'hD69A;    // 灰色
29
30  //***********************************************************//
31  //************************ Main Code ************************//
32  //***********************************************************//
33
34  //pix_data: 输出像素点色彩信息，根据当前像素点坐标指定当前像素点颜色数据
35  always@(posedge tft_clk_9m or negedge sys_rst_n)
36      if(sys_rst_n == 1'b0)
37          pix_data    <= 16'd0;
38      else    if((pix_x >= 0) && (pix_x < (H_VALID/10)*1))
39          pix_data    <= RED;
40      else    if((pix_x >= (H_VALID/10)*1) && (pix_x < (H_VALID/10)*2))
41          pix_data    <= ORANGE;
42      else    if((pix_x >= (H_VALID/10)*2) && (pix_x < (H_VALID/10)*3))
43          pix_data    <= YELLOW;
44      else    if((pix_x >= (H_VALID/10)*3) && (pix_x < (H_VALID/10)*4))
45          pix_data    <= GREEN;
46      else    if((pix_x >= (H_VALID/10)*4) && (pix_x < (H_VALID/10)*5))
47          pix_data    <= CYAN;
48      else    if((pix_x >= (H_VALID/10)*5) && (pix_x < (H_VALID/10)*6))
49          pix_data    <= BLUE;
50      else    if((pix_x >= (H_VALID/10)*6) && (pix_x < (H_VALID/10)*7))
51          pix_data    <= PURPPLE;
52      else    if((pix_x >= (H_VALID/10)*7) && (pix_x < (H_VALID/10)*8))
53          pix_data    <= BLACK;
54      else    if((pix_x >= (H_VALID/10)*8) && (pix_x < (H_VALID/10)*9))
55          pix_data    <= WHITE;
56      else    if((pix_x >= (H_VALID/10)*9) && (pix_x < H_VALID))
```

```
57          pix_data      <=   GRAY;
58     else
59          pix_data      <=   BLACK;
60
61 endmodule
```

本模块不再单独仿真，在后文中直接对实验工程整体进行仿真，届时再对本模块信号波形进行分析。

5. 顶层模块

（1）代码编写

实验工程的各子功能模块均已讲解完毕，下面对顶层模块做一下介绍。顶层模块 tft_colorbar 主要用于对各个子功能模块进行实例化，以及连接对应信号。代码编写较为容易，无须绘制波形图。顶层模块的参考代码具体参见代码清单 28-4。

代码清单 28-4 顶层模块参考代码（tft_colorbar.v）

```
 1 module   tft_colorbar
 2 (
 3     input     wire            sys_clk      ,    // 输入工作时钟，频率为 50MHz
 4     input     wire            sys_rst_n    ,    // 输入复位信号，低电平有效
 5
 6     output    wire   [15:0]   rgb_tft      ,    // 输出像素信息
 7     output    wire            hsync        ,    // 输出行同步信号
 8     output    wire            vsync        ,    // 输出场同步信号
 9     output    wire            tft_clk      ,    // 输出 TFT 时钟信号
10     output    wire            tft_de       ,    // 输出 TFT 使能信号
11     output    wire            tft_bl            // 输出背光信号
12
13 );
14
15 //******************************************************************//
16 //***************** Parameter and Internal Signal *****************//
17 //******************************************************************//
18
19 //wire   define
20 wire            tft_clk_9m  ;              //TFT 工作时钟，频率为 9MHz
21 wire            locked      ;              //PLL locked 信号
22 wire            rst_n       ;              //TFT 模块复位信号
23 wire    [9:0]   pix_x       ;              //TFT 有效显示区域 X 轴坐标
24 wire    [9:0]   pix_y       ;              //TFT 有效显示区域 Y 轴坐标
25 wire    [15:0]  pix_data    ;              //TFT 像素点色彩信息
26
27 //rst_n: TFT 模块复位信号
28 assign   rst_n = (sys_rst_n & locked);
29
30 //******************************************************************//
31 //************************* Instantiation **************************//
32 //******************************************************************//
```

```
33
34 //------------ clk_gen_inst ------------
35 clk_gen clk_gen_inst
36 (
37     .areset    (~sys_rst_n ),    // 输入复位信号，高电平有效，1bit
38     .inclk0    (sys_clk    ),    // 输入 50MHz 晶振时钟，1bit
39     .c0        (tft_clk_9m ),    // 输出 TFT 工作时钟，频率为 9MHz，1bit
40
41     .locked    (locked     )     // 输出 pll locked 信号，1bit
42 );
43
44 //------------ tft_ctrl_inst ------------
45 tft_ctrl    tft_ctrl_inst
46 (
47     .tft_clk_9m (tft_clk_9m),    // 输入时钟，频率为 9MHz
48     .sys_rst_n  (rst_n     ),    // 系统复位，低电平有效
49     .pix_data   (pix_data  ),    // 待显示数据
50
51     .pix_x      (pix_x     ),    // 输出 TFT 有效显示区域像素点 X 轴坐标
52     .pix_y      (pix_y     ),    // 输出 TFT 有效显示区域像素点 Y 轴坐标
53     .rgb_tft    (rgb_tft   ),    //TFT 显示数据
54     .hsync      (hsync     ),    //TFT 行同步信号
55     .vsync      (vsync     ),    //TFT 场同步信号
56     .tft_clk    (tft_clk   ),    //TFT 像素时钟
57     .tft_de     (tft_de    ),    //TFT 数据使能
58     .tft_bl     (tft_bl    )     //TFT 背光信号
59
60 );
61
62 //------------ tft_pic_inst ------------
63
64 tft_pic tft_pic_inst
65 (
66     .tft_clk_9m (tft_clk_9m),    // 输入工作时钟，频率为 9MHz
67     .sys_rst_n  (rst_n     ),    // 输入复位信号，低电平有效
68     .pix_x      (pix_x     ),    // 输入 TFT 有效显示区域像素点 X 轴坐标
69     .pix_y      (pix_y     ),    // 输入 TFT 有效显示区域像素点 Y 轴坐标
70
71     .pix_data   (pix_data  )     // 输出像素点色彩信息
72
73 );
74
75 endmodule
```

顶层模块的参考代码理解起来较为简单，在此不再过多介绍。

（2）RTL 视图

实验工程通过仿真验证后，使用 Quartus 软件对实验工程进行编译，编译完成后，我们查看一下 RTL 视图，发现 RTL 视图展示的信息与顶层模块框图一致，各信号正确连接，具体如图 28-35 所示。

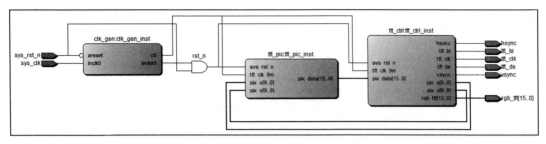

图 28-35　RTL 视图

6. 仿真验证

（1）仿真代码编写

顶层模块仿真参考代码介绍完毕，下面开始对顶层模块进行仿真，仿真参考代码具体参见代码清单 28-5。

代码清单 28-5　顶层模块仿真参考代码（tb_tft_colorbar.v）

```
 1  `timescale 1ns/1ns
 2  module  tb_tft_colorbar();
 3  //*****************************************************************//
 4  //****************** Parameter and Internal Signal ****************//
 5  //*****************************************************************//
 6  //wire   define
 7  wire             hsync    ;
 8  wire     [15:0]  rgb_tft ;
 9  wire             vsync    ;
10  wire             tft_clk ;
11  wire             tft_de  ;
12  wire             tft_bl  ;
13
14  //reg    define
15  reg              sys_clk      ;
16  reg              sys_rst_n    ;
17
18  //*****************************************************************//
19  //************************ Clk And Rst **************************//
20  //*****************************************************************//
21
22  //sys_clk, rst_n初始赋值
23  initial
24      begin
25          sys_clk     =    1'b1;
26          sys_rst_n   <=   1'b0;
27          #200
28          sys_rst_n   <=   1'b1;
29      end
30
```

```
31 //clk: 产生时钟
32 always  #10 sys_clk = ~sys_clk  ;
33
34 //****************************************************************//
35 //************************ Instantiation ************************//
36 //****************************************************************//
37
38 //------------- tft_colorbar_inst -------------
39 tft_colorbar    tft_colorbar_inst
40 (
41     .sys_clk    (sys_clk   ),    // 输入工作时钟，频率为 50MHz
42     .sys_rst_n  (sys_rst_n ),    // 输入复位信号，低电平有效
43
44     .rgb_tft    (rgb_tft   ),    // 输出像素信息
45     .hsync      (hsync     ),    // 输出行同步信号
46     .vsync      (vsync     ),    // 输出场同步信号
47     .tft_clk    (tft_clk   ),    // 输出 TFT 时钟信号
48     .tft_de     (tft_de    ),    // 输出 TFT 使能信号
49     .tft_bl     (tft_bl    )     // 输出背光信号
50
51 );
52
53 endmodule
```

顶层模块仿真参考代码内部实例化各子功能模块，连接各子功能模块的对应信号，模拟产生 50MHz 时钟信号和复位信号，较容易理解，不再讲解。

（2）仿真波形分析

使用 ModelSim 软件对代码进行仿真，tft_ctrl 模块已经通过赋值验证，clk_gen 为调用 IP 核，无须仿真，在顶层模块的仿真波形分析中，我们只查看 tft_pic 模块的相关信号，仿真结果如图 28-36 所示。

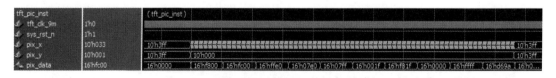

图 28-36　tft_pic 模块仿真波形图

由图 28-36 可知，pix_x 信号在图像有效显示区域的完整计数周期被分为十等份，pix_data 在 pix_x 不同的计数范围内赋值不同的颜色信息。

7. 上板验证

仿真验证通过后，绑定引脚，对工程进行重新编译。如图 28-37 所示，开发板连接 12V 直流电源、USB-Blaster 下载器 JTAG 端口以及 TFT_LCD 液晶屏，线路正确连接后，打开开关为板卡上电，随后为开发板下载程序。

图 28-37　程序下载连线图

　　程序下载完成后，如图 28-38 所示，TFT-LCD 液晶屏正确显示彩条，和预期的实验效果一致。

图 28-38　TFT-LCD 液晶屏彩条显示效果图

28.3　章末总结

　　至此，本章讲解完毕，通过实验，相信读者对于 TFT-LCD 液晶屏显示的基本知识和显示时序已经深刻理解，希望读者多加练习，掌握 TFT-LCD 显示的相关知识。

第 29 章
FIFO 求和实验

本章将介绍 FIFO 求和的原理和方法，为后面学习 Sobel 算法做铺垫，读者要熟练掌握本章内容，并能根据所学知识，使用双 FIFO 实现三行模拟数据的求和实验，并上板验证。

29.1 理论学习

本节将介绍 FIFO 求和的具体方法。要实现 FIFO 求和，FIFO IP 核必不可少，需要用它用来做求和数据缓存。FIFO 是存储器的一种，满足先进先出原则，前面的章节中已经对此进行了详细介绍，如有遗忘，可自行翻阅相关内容，在此不再赘述。

要完成 3 行数据的 FIFO 求和，需要调用 2 个 FIFO IP 核，当数据开始输入时，将数据的第 0 行数据存储到 fifo1 中，将第 1 行数据存储到 fifo2 中；当数据第 2 行的第 0 个数据输入时，读取写入 fifo1 中的第 0 个数据和写入 fifo2 中的第 0 个数据，将 3 个数据求和，并将求和结果实时输出，在完成求和的同时，将读取的 fifo2 中的第 0 个数据写入 fifo1 中，fifo1 读出的数据弃之不用，将输入的第 2 行数据写入 fifo2 中，当第 2 行的最后一个数据输入后，完成前三行的最后一个求和运算后，第 0 行的数据已读取完成，第 1 行的数据重新写入 fifo1，第 2 行的数据写入 fifo2，当第 3 行的数据开始传入时，开始进行第 1 行、第 2 行和第 3 行的数据求和运算，如此循环，直到最后一个数据输入，完成求和运算。流程示意图具体参见图 29-1。

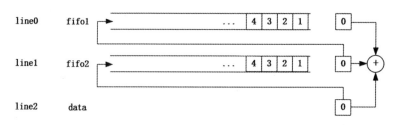

图 29-1　FIFO 求和示意图

29.2　实战演练

在 29.1 节中，我们学习了 FIFO 求和的实现方法，下面通过实验来具体实现 3 行数据的 FIFO 求和。

29.2.1　实验目标

使用 MATLAB 生成一个 *.txt 文件，文件中包含模拟求和的数据，PC 通过串口 RS-232 将数据传给 FPGA，使用双 FIFO 实现 3 行数据的 FIFO 求和，通过串口 RS-232 将求和后的数据回传给 PC，并通过串口助手打印出求和数据。

此实验中要求 *.txt 文件包含 2500 个数据，为 0~49 的 50 次循环，模拟 50×50 数组。

29.2.2　程序设计

学习了 SUM 求和的具体方法并了解了实验的具体步骤后，我们根据实验目标和具体要求进行模块设计。

1. 整体说明

下面我们先介绍一下实验工程的整体架构，让读者对实验工程有一个整体认识。FIFO 求和实验工程的整体框图如图 29-2 所示。

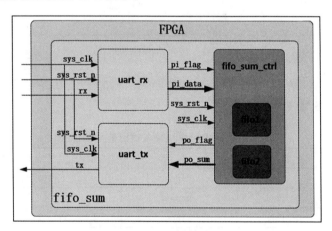

图 29-2　整体框图

由整体框图可知，本实验过程包括 4 个模块，各模块的功能描述具体参见表 29-1。

表 29-1　FIFO 求和工程模块简介

模块名称	功能描述
fifo_sum	顶层模块
uart_rx	串口数据接收模块
uart_tx	串口数据发送模块
fifo_sum	数据求和模块

系统上电后，使用 PC 通过串口助手发送待求和数据给 FPGA，FPGA 通过串口接收模块接收待求和数据，数据拼接完成后传入数据求和模块，经过求和运算后的数据结果通过串口数据发送模块回传给 PC，使用串口助手查看求和结果。

2. 数据求和模块

串口收发模块的相关内容在前面详细介绍过，在此不再赘述。后面我们只介绍顶层模块和数据求和模块。先来看一下数据求和模块的相关内容。

（1）模块设计

数据求和模块的作用是接收串口数据接收模块传来的待求和数据，计算出求和结果并输出给串口数据发送模块。数据求和模块框图如图 29-3 所示。

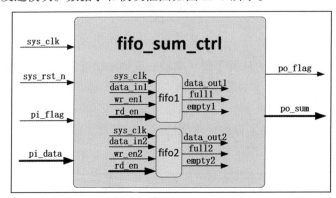

图 29-3　数据求和模块框图

由模块框图可知，数据求和模块包含 4 路输入、2 路输出，共 6 路信号。输入输出信号的功能描述，具体参见表 29-2。

表 29-2　数据求和模块输入输出信号功能描述

信　　号	位　宽	类　　型	功能描述
sys_clk	1bit	Input	工作时钟，频率为 50MHz
sys_rst_n	1bit	Input	复位信号，低电平有效
pi_flag	1bit	Input	输入数据标志信号
pi_data	8bit	Input	输入待求和数据
po_flag	1bit	Output	输出数据标志信号
po_sum	8bit	Output	输出求和后数据

输入时钟为系统时钟 sys_clk，频率为 50MHz，输入复位信号 sys_rst_n 低电平有效，输入数据信号 pi_data 和数据标志信号 pi_flag 由串口数据接收模块传入，传入数据按照时序写入 2 个 FIFO 中，完成求和运算后，将求和后的数据信号 po_sum 和标志信号 po_flag 传出。

数据求和模块内部还例化了 2 个 FIFO，目的是缓存待求和数据。

（2）波形图绘制

数据求和模块的参考波形图如图 29-4 所示，接下来我们会分步讲解波形的绘制思路。

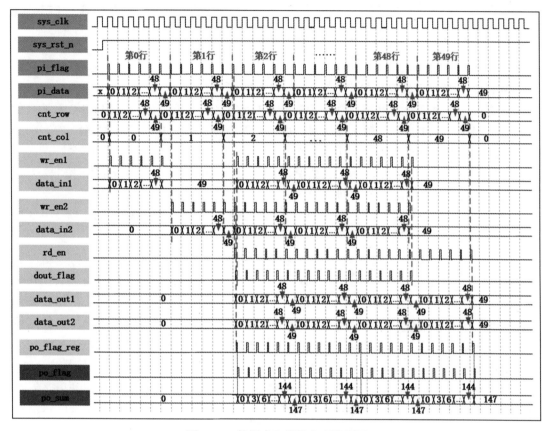

图 29-4　数据求和模块参考波形图

第一部分：行计数器 cnt_row、列计数器 cnt_col 信号波形的设计与实现

本实验是要实现 3 行数据的求和，那么需要对参与求和运算的每行数据的个数进行计数，同样也需要对参与求和运算的各行进行计数，所以需要声明 2 个计数器：行计数器 cnt_row 和列计数器 cnt_col。

cnt_row 计数每行数据的个数，可以以输入数据标志信号 pi_flag 为约束条件进行计数。cnt_row 计数器的初值为 0，pi_flag 信号每拉高 1 次，计数器加 1，当 cnt_row 计数器计到最大值（1 行数据个数减 1，本实验中 1 行有 50 个数据，计数器计数最大值为 50-1=49），行计数器归零，开始下一行计数。

cnt_col 对输入的数据进行列计数（计数行个数），初值为 0，行计数器计数到最大值且 pi_flag 信号有效时，列计数器加 1，列计数器计到最大值（行个数减 1，本实验数据共有 50 行，计数器计数最大值为 50-1=49），列计数器归零。两个计数器的信号波形如图 29-5 所示。

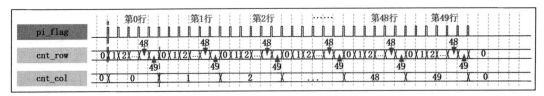

图 29-5　cnt_row、cnt_col 信号波形图

第二部分：FIFO 缓存相关信号波形的设计与实现

因为串口每次只输入单字节数据，要想实现多行数据求和，必须使用 FIFO 对输入的数据进行缓存。本实验要实现 3 行数据的求和，需要使用两个 FIFO 进行数据缓存。那么 FIFO 的相关信号的波形就需要设计一下了。

我们在模块中实例化两个 FIFO，分别为 fifo_data_inst1 和 fifo_data_inst2，接下来对这两个 FIFO 的相关信号进行详细说明。

两个 FIFO 的输入输出信号端口相同，输入端口有 4 路，输出端口有 1 路，共 5 路信号。

在 fifo_data_inst1 中，输入时钟信号与串口接收模块的工作时钟相同，为系统时钟信号 sys_clk；数据写使能信号为 wr_en1，写入数据信号为 data_in1，当串口接收模块传入第 0 行数据时，即 cnt_col=0 且 pi_flag=1 时，wr_en1 信号赋值为高电平，在相同条件下，pi_data 赋值给 data_in1，将第 0 行的数据暂存到 fifo_data_inst1 中；当第 1 行数据输入，wr_en1 信号赋值为低电平时，data_in1 无数据输入，因为第 1 行的数据要暂存到 fifo_data_inst2 中；自第 2 行数据开始传入到倒数第二行数据传输完成，wr_en1 信号由 dout_flag 信号赋值，当 rd_en 和 wr_en2 信号均为高电平时，dout_flag 信号赋值为高电平，其他时刻均为低电平。当 dout_flag 有效时，将 fifo_data_inst2 的读出数据 data_out2 赋值给 data_in1。

在 fifo_data_inst2 中，输入时钟信号与串口接收模块的工作时钟相同，为系统时钟信号 sys_clk；wr_en2 为数据写使能信号，data_in2 为写入数据，自第 1 行数据开始输入到倒数第 2 行数据输入完成，wr_en2 写使能信号由 pi_flag 信号赋值，时序上滞后 pi_flag 信号 1 个时钟周期，wr_en2 赋值为高电平，fifo_data_inst2 写使能有效，其他时刻写使能无效，写使能信号 wr_en2 有效时，将传入的数据 pi_data 赋值给 data_in2。

rd_en 是两个 FIFO 共用的读使能信号，自第 2 行数据开始传入到最后一行数据传输完成，pi_flag 信号赋值给读使能 rd_en，时序上 rd_en 滞后 pi_flag 信号 1 个时钟周期，其他时刻 rd_en 信号始终保持低电平；data_out1 数据输出受控于 rd_en 读使能信号，读使能有效，data_out1 数据输出，否则保持之前的状态，时序上 data_out1 滞后于 rd_en 读使能信号 1 个时钟周期。data_out2 数据输出同样受控于 rd_en 读使能信号，读使能有效，data_out2 数据输出，否则保持之前的状态，时序上 data_out2 滞后于 rd_en 读使能信号 1 个时钟周期。

图 29-6 中显示了 FIFO 缓存相关信号的波形图。

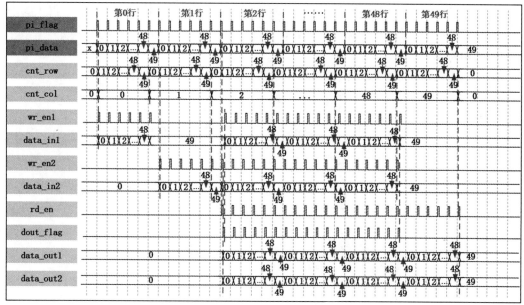

图 29-6　FIFO 缓存相关信号波形图

第三部分：数据输出相关信号波形的设计与实现

两个 FIFO 共用的读使能信号 rd_en 有效时，从 FIFO 中分别读取两个待相加数据，两数据与此时输入的数据 pi_data 做求和运算，这里需要声明一个新的标志信号做这三个数据求和运算的标志信号。

以读使能信号 rd_en 滞后一个时钟信号，生成求和运算标志信号 po_flag_reg。当 po_flag_reg 信号为高电平时，将读出两个 FIFO 的数据 data_out1、data_out2，将 data_out1、data_out2 与此时输入的 pi_data 做求和运算，得出求和结果 po_sum 并输出，同时要输出与 po_sum 信号匹配的数据标志信号 po_flag，利用 po_flag_reg 信号滞后一个时钟周期生成 po_flag 信号并输出，生成的 po_flag 与 op_sum 信号同步。上述各信号的波形如图 29-7 所示。

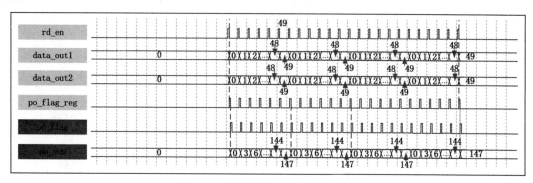

图 29-7　数据输出相关信号波形图

将上述各信号的波形整合后，得到本模块整体波形图，但本模块设计思路仅供参考，并非唯一实现方式，读者可根据所学知识，自行设计模块。

3. 代码编写

参照上述设计的模块波形图编写模块参考代码。fifo_sum_ctrl 模块参考代码具体参见代码清单 29-1。

代码清单 29-1　FIFO 求和模块参考代码（fifo_sum_ctrl.v）

```
 1 module  fifo_sum_ctrl
 2 (
 3     input   wire         sys_clk     ,   // 频率为 50MHz
 4     input   wire         sys_rst_n   ,   // 复位信号，低电平有效
 5     input   wire   [7:0] pi_data     ,   //rx 传入的数据信号
 6     input   wire         pi_flag     ,   //rx 传入的标志信号
 7
 8     output  reg    [7:0] po_sum      ,   // 求和运算后的信号
 9     output  reg          po_flag         // 输出数据标志信号
10 );
11
12 //********************************************************************//
13 //***************** Parameter and Internal Signal *****************//
14 //********************************************************************//
15
16 //parameter define
17 parameter   CNT_ROW_MAX = 7'd49 ,   // 行计数最大值
18             CNT_COL_MAX = 7'd49 ;   // 列计数最大值
19
20 //wire   define
21 wire   [7:0]   data_out1  ;   //fifo1 数据输出
22 wire   [7:0]   data_out2  ;   //fifo2 数据输出
23
24 //reg    define
25 reg   [6:0]   cnt_row    ;   // 行计数
26 reg   [6:0]   cnt_col    ;   // 场计数
27 reg           wr_en1     ;   //fifo1 写使能
28 reg           wr_en2     ;   //fifo2 写使能
29 reg   [7:0]   data_in1   ;   //fifo1 写数据输入
30 reg   [7:0]   data_in2   ;   //fifo2 写数据输入
31 reg           rd_en      ;   //fifo1、fifo2 共用的读使能
32 reg           dout_flag  ;   // 控制 fifo1, 2~84 行的写使能
33 reg           po_flag_reg ;   // 输出标志位缓存，rd_en 延后一拍得到，控制计算 po_sum
34
35 //********************************************************************//
36 //*********************** Main Code *******************************//
37 //********************************************************************//
38
39 //cnt_row: 行计数器，计数一行中的数据个数
40 always@(posedge sys_clk or  negedge sys_rst_n)
41 begin
```

```
42      if(sys_rst_n == 1'b0)
43          cnt_row <=  7'd0;
44      else    if((cnt_row == CNT_ROW_MAX) && (pi_flag == 1'b1))
45          cnt_row <=  7'd0;
46      else    if(pi_flag == 1'b1)
47          cnt_row <=  cnt_row + 1'b1;
48  end
49
50  //cnt_col: 列计数器，计数数据行数
51  always@(posedge sys_clk or  negedge sys_rst_n)
52  begin
53      if(sys_rst_n == 1'b0)
54          cnt_col <=  7'd0;
55      else if((cnt_col == CNT_COL_MAX) && (pi_flag == 1'b1) && (cnt_row == CNT_ROW_MAX))
56          cnt_col <=  7'd0;
57      else    if((cnt_row == CNT_ROW_MAX) && (pi_flag == 1'b1))
58          cnt_col <=  cnt_col + 1'b1;
59  end
60
61  //wr_en1: fifo1 写使能信号，高电平有效
62  always@(posedge sys_clk or  negedge sys_rst_n)
63  begin
64      if(sys_rst_n == 1'b0)
65          wr_en1  <=  1'b0;
66      else    if((cnt_col == 7'd0) && (pi_flag == 1'b1))
67          wr_en1  <=  1'b1;            // 第 0 行写入 fifo1
68      else
69          wr_en1  <=  dout_flag;       // 2~84 行写入 fifo1
70  end
71
72  //wr_en2: fifo2 写使能信号，高电平有效
73  always@(posedge sys_clk or  negedge sys_rst_n)
74  begin
75      if(sys_rst_n == 1'b0)
76          wr_en2  <=  1'b0;
77      else if((cnt_col >= 7'd1) && (cnt_col <= CNT_COL_MAX - 1'b1) && (pi_flag == 1'b1))
78          wr_en2  <=  1'b1;               //2-CNT_COL_MAX 行写入 fifo2
79      else
80          wr_en2  <=  1'b0;
81  end
82
83  //data_in1: fifo1 数据输入
84  always@(posedge sys_clk or  negedge sys_rst_n)
85  begin
86      if(sys_rst_n == 1'b0)
87          data_in1  <=  8'b0;
88      else    if((pi_flag == 1'b1) && (cnt_col == 7'd0))
89          data_in1  <=  pi_data;  // 第 0 行数据暂存 fifo1 中
90      else    if(dout_flag == 1'b1)
91          data_in1  <=  data_out2; // 为第 2~CNT_COL_MAX-1 行时，fifo2 读出数据并存入 fifo1
```

```
92         else
93             data_in1   <=   data_in1;
94 end
95
96 //data_in2: fifo2 数据输入
97 always@(posedge sys_clk or  negedge sys_rst_n)
98 begin
99     if(sys_rst_n == 1'b0)
100         data_in2   <=   8'b0;
101     elseif((pi_flag== 1'b1)&&(cnt_col >= 7'd1)&&(cnt_col <= (CNT_COL_MAX - 1'b1)))
102         data_in2   <=   pi_data;
103     else
104         data_in2   <=   data_in2;
105 end
106
107 //rd_en: fifo1 和 fifo2 的共用读使能信号
108 always@(posedge sys_clk or  negedge sys_rst_n)
109 begin
110     if(sys_rst_n == 1'b0)
111         rd_en <=   1'b0;
112     else if((pi_flag == 1'b1)&&(cnt_col >= 7'd2)&&(cnt_col <= CNT_COL_MAX))
113         rd_en <=   1'b1;
114     else
115         rd_en <=   1'b0;
116 end
117
118 //dout_flag: 控制 2~CNT_COL_MAX-1 行 wr_en1 信号
119 always@(posedge sys_clk or  negedge sys_rst_n)
120 begin
121     if(sys_rst_n == 1'b0)
122         dout_flag <=   0;
123     else    if((wr_en2 == 1'b1) && (rd_en == 1'b1))
124         dout_flag <=   1'b1;
125     else
126         dout_flag <=   1'b0;
127 end
128
129 //po_flag_reg: 输出标志位缓存, 延后 rd_en 一拍, 控制 po_sum 信号
130 always@(posedge sys_clk or  negedge sys_rst_n)
131 begin
132     if(sys_rst_n == 1'b0)
133         po_flag_reg <=   1'b0;
134     else    if(rd_en == 1'b1)
135         po_flag_reg <=   1'b1;
136     else
137         po_flag_reg <=   1'b0;
138 end
139
140 //po_flag: 输出标志信号, 延后输出标志位缓存一拍, 与 po_sum 同步输出
141 always@(posedge sys_clk or  negedge sys_rst_n)
142 begin
```

```
143      if(sys_rst_n == 1'b0)
144          po_flag <=  1'b0;
145      else
146          po_flag <=  po_flag_reg;
147 end
148
149 //po_sum: 求和数据输出
150 always@(posedge sys_clk or  negedge sys_rst_n)
151 begin
152      if(sys_rst_n == 1'b0)
153          po_sum  <=  8'b0;
154      else    if(po_flag_reg == 1'b1)
155          po_sum  <=  data_out1 + data_out2 + pi_data;
156      else
157          po_sum  <=  po_sum;
158 end
159
160 //*************************************************************//
161 //************************ Instantiation ********************//
162 //*************************************************************//
163
164 //------------- fifo_data_inst1 --------------
165 fifo_data    fifo_data_inst1
166 (
167     .clock  (sys_clk    ),  //input clock
168     .data   (data_in1   ),  //input [7:0] data
169     .wrreq  (wr_en1     ),  //input wrreq
170     .rdreq  (rd_en      ),  //input rdreq
171
172     .q      (data_out1  )   //output [7:0] q
173 );
174
175 //------------- fifo_data_inst2 --------------
176 fifo_data    fifo_data_inst2
177 (
178     .clock  (sys_clk    ),  //input clock
179     .data   (data_in2   ),  //input [7:0] data
180     .wrreq  (wr_en2     ),  //input wrreq
181     .rdreq  (rd_en      ),  //input rdreq
182
183     .q      (data_out2  )   //output [7:0] q
184 );
185
186 endmodule
```

　　在此不再对数据求和模块单独进行仿真，我们在介绍完顶层模块之后，对实验工程进行整体仿真，届时再对本模块进行仿真波形分析。

4. 顶层模块

（1）代码编写

顶层模块将众多模块实例化，对应信号相互连接，较容易理解，在此只列出代码，不再讲解，具体参见代码清单 29-2。

代码清单 29-2　顶层模块 fifo_sum 参考代码（fifo_sum.v）

```verilog
 1 module  fifo_sum
 2 (
 3     input     wire    sys_clk      ,      // 输入系统时钟，50MHz
 4     input     wire    sys_rst_n    ,      // 复位信号，低电平有效
 5     input     wire    rx           ,      // 串口数据接收
 6
 7     output    wire    tx                  // 串口数据发送
 8 );
 9
10 //*************************************************************//
11 //***************** Parameter and Internal Signal *****************//
12 //*************************************************************//
13
14 //wire define
15 wire    [7:0]   pi_data ;    // 输入待求和数据
16 wire            pi_flag ;    // 输入数据标志信号
17 wire    [7:0]   po_sum  ;    // 输出求和后数据
18 wire            po_flag ;    // 输出数据标志信号
19
20 //*************************************************************//
21 //********************** Instantiation **********************//
22 //*************************************************************//
23
24 //------------- uart_rx_inst --------------
25 uart_rx uart_rx_inst
26 (
27     .sys_clk     (sys_clk    ),   // 系统时钟，频率为 50MHz
28     .sys_rst_n   (sys_rst_n  ),   // 全局复位
29     .rx          (rx         ),   // 串口接收数据
30
31     .po_data     (pi_data    ),   // 串转并后的数据
32     .po_flag     (pi_flag    )    // 串转并后的数据有效标志信号
33 );
34
35 //------------- fifo_sum_ctrl_inst --------------
36 fifo_sum_ctrl  fifo_sum_ctrl_inst
37 (
38     .sys_clk     (sys_clk    ),   // 频率为 50MHz
39     .sys_rst_n   (sys_rst_n  ),   // 复位信号，低电平有效
40     .pi_data     (pi_data    ),   //rx 传入的数据信号
41     .pi_flag     (pi_flag    ),   //rx 传入的标志信号
42
43     .po_sum      (po_sum     ),   // 求和运算后的信号
44     .po_flag     (po_flag    )    // 输出数据标志信号
45 );
46
47 //------------- uart_tx_inst --------------
```

```
48 uart_tx uart_tx_inst
49 (
50     .sys_clk    (sys_clk    ),    // 系统时钟，频率为 50MHz
51     .sys_rst_n  (sys_rst_n  ),    // 全局复位
52     .pi_data    (po_sum     ),    // 并行数据
53     .pi_flag    (po_flag    ),    // 并行数据有效标志信号
54
55     .tx         (tx         )     // 串口发送数据
56 );
57
58 endmodule
```

（2）RTL 视图

实验工程通过仿真验证后，使用 Quartus 软件对实验工程进行编译，编译完成后，我们查看一下 RTL 视图，可以发现 RTL 视图所展示的信息与顶层模块框图一致，各信号正确连接，具体如图 29-8 所示。

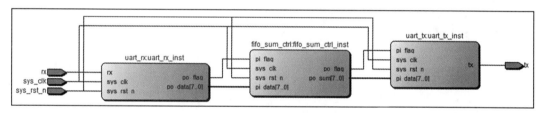

图 29-8　RTL 视图

5. 仿真验证

（1）仿真代码编写

顶层模块参考代码介绍完毕，下面开始对顶层模块进行仿真，仿真参考代码具体参见代码清单 29-3。

代码清单 29-3　顶层模块仿真参考代码（tb_fifo_sum.v）

```
1  `timescale  1ns/1ns
2  module   tb_fifo_sum();
3  //*************************************************************//
4  //***************** Parameter and Internal Signal ******************//
5  //*************************************************************//
6  //wire   define
7  wire      tx     ;
8
9  //reg   define
10 reg          clk     ;
11 reg          rst_n   ;
12 reg          rx      ;
13 reg    [7:0]  data_men[2499:0]  ;
14
15 //*************************************************************//
16 //************************* Main Code ***************************//
```

```
17 //*******************************************************************//
18 // 读取数据
19 initial
20     $readmemh("E:/sources/fifo_sum/matlab/fifo_data.txt",data_men);
21
22 // 生成时钟和复位信号
23 initial
24     begin
25         clk = 1'b1;
26         rst_n <=  1'b0;
27         #30
28         rst_n <=  1'b1;
29     end
30
31 always  #10 clk = ~clk;
32
33 //rx 赋初值，调用 rx_byte
34 initial
35     begin
36         rx   <=  1'b1;
37         #200
38         rx_byte();
39     end
40
41 //rx_byte
42 task   rx_byte();
43     integer j;
44         for(j=0;j<2500;j=j+1)
45             rx_bit(data_men[j]);
46     endtask
47
48 //rx_bit
49 task   rx_bit(input[7:0] data);//data 是 data_men[j] 的值
50     integer i;
51         for(i=0;i<10;i=i+1)
52             begin
53                 case(i)
54                     0: rx  <=  1'b0;        // 起始位
55                     1: rx  <=  data[0];
56                     2: rx  <=  data[1];
57                     3: rx  <=  data[2];
58                     4: rx  <=  data[3];
59                     5: rx  <=  data[4];
60                     6: rx  <=  data[5];
61                     7: rx  <=  data[6];
62                     8: rx  <=  data[7];    // 上面 8 个发送的是数据位
63                     9: rx  <=  1'b1;        // 停止位
64                 endcase
65                 #1040;
66             end
67 endtask
```

```
68
69  // 重定义 defparam，用于修改参数
70  defparam fifo_sum_inst.uart_rx_inst.BAUD_CNT_END      = 52  ;
71  defparam fifo_sum_inst.uart_rx_inst.BAUD_CNT_END_HALF = 26  ;
72  defparam fifo_sum_inst.uart_tx_inst.BAUD_CNT_END      = 52  ;
73
74  //*******************************************************************//
75  //************************ Instantiation ****************************//
76  //*******************************************************************//
77  //------------- fifo_sum_inst --------------
78  fifo_sum      fifo_sum_inst
79  (
80      .sys_clk      (clk    ),
81      .sys_rst_n    (rst_n  ),
82      .rx           (rx     ),
83
84      .tx           (tx     )
85  );
86
87  endmodule
```

（2）仿真波形分析

此处我们只分析 fifo_sum_ctrl 模块的仿真波形图，uart_rx、uart_tx 模块的波形分析可参阅第 21 章。

fifo_sum_ctrl 模块的整体仿真波形图如图 29-9 所示。

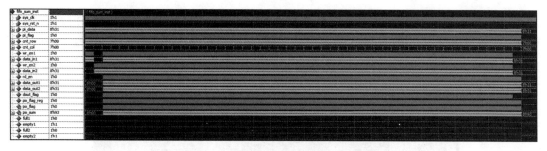

图 29-9　fifo_sum 模块仿真波形图

行计数器 cnt_row 初值均为 0，pi_flag 拉高一个时钟周期，cnt_row 自加 1，当 cnt_row 计数到最大值，下一个 pi_flag 信号拉高时，cnt_row 归零，重新开始计数，列计数器 cnt_col 自加 1，当 cnt_row 和 cnt_col 均计数到最大值，pi_flag 信号最后一次拉高，即传输最后一个数据时，cnt_row 和 cnt_col 均归零，且保持为 0，具体如图 29-10 所示。

fifo1 写使能信号 wr_en1 在第 0 行数据传入，即 cnt_row 等于 0 且 pi_flag 等于 1 时，wr_en1 赋值为高电平，此时写使能有效，将 pi_data 传入的数据写入 fifo1 数据写入端口 data_in1；自第 1 行开始，fifo1 写使能信号 wr_en1 由 dout_flag 赋值，fifo2 读出数据 data_out2 并传给 fifo1 数据输入端口 data_in1，具体如图 29-11 所示。

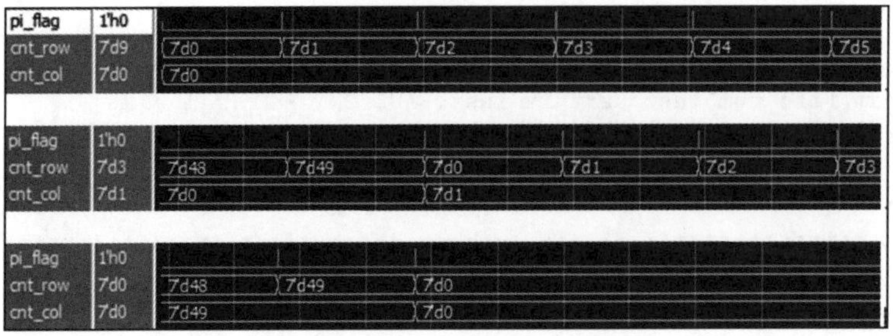

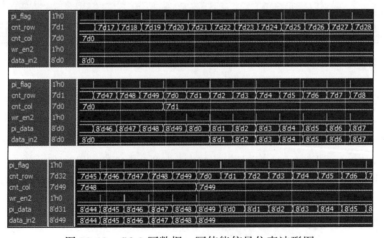

图 29-10　行、列计数器波形图

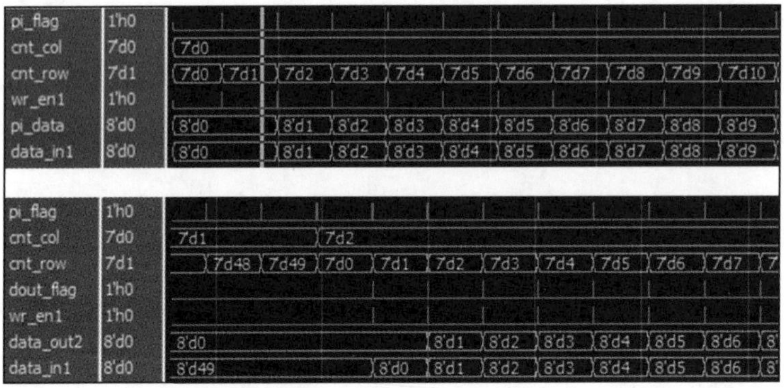

图 29-11　fifo1 写数据、写使能信号仿真波形图

　　fifo2 写使能信号 wr_en2 在第 0 行数据传入，即 cnt_row 等于 0 时，始终保持低电平，data_in2 无数据输入，保持初值 0；当第 2～48 行数据写入时，fifo2 写使能信号 wr_en2 由 pi_flag 赋值，pi_flag 传入的数据写入 data_in2，当最后一行数据传入时，fifo2 写使能信号 wr_en2 保持低电平，写使能无效，数据写入无效，具体如图 29-12 所示。

图 29-12　fifo2 写数据、写使能信号仿真波形图

　　fifo1、fifo2 共用读使能信号 rd_en，在第 2 行数据输入之前，即 cnt_col = 0 或 1 时，rd_en 保持低电平，读使能无效；自第 2 行数据输入至所有数据传输完成，rd_en 由 pi_flag 信号赋值，rd_en 为高电平时，同时读取 fifo1、fifo2 中暂存的数据，具体如图 29-13 所示。

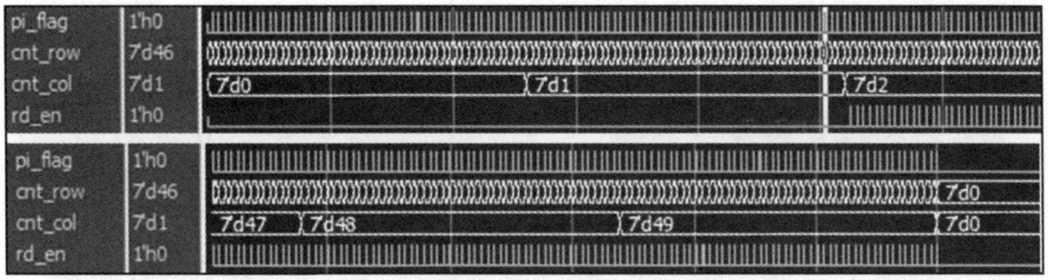

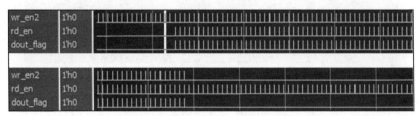

图 29-13　读使能信号 rd_en 仿真波形图

　　自第 1 行数据开始传入时，fifo1 的写使能信号 wr_en1 由 dout_flag 信号赋值，当 fifo2 写使能信号 wr_en2 与读使能信号 rd_en 同时有效时，dout_flag 信号有效，赋值高电平；否则，dout_flag 信号无效，保持低电平，具体如图 29-14 所示。

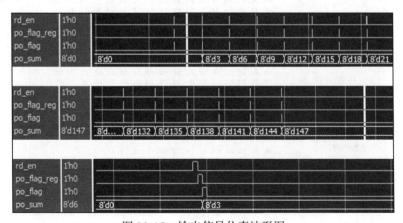

图 29-14　信号 dout_flag 仿真波形图

　　po_flag_reg 信号滞后 rd_en 读使能信号 1 个时钟周期，当 po_flag_reg 信号有效时，将 fifo1、fifo2 读出的数据与此时传入的数据 pi_data 进行求和运算，将求和结果赋值给 po_sum；po_flag_reg 信号无效时，求和结果 po_sum 保持不变。输出结果标志信号 po_flag 滞后 po_flag_reg 信号 1 个时钟周期，目的是与输出结果 po_sum 同步，具体如图 29-15 所示。

图 29-15　输出信号仿真波形图

6. 上板验证

仿真验证通过后，绑定引脚，对工程进行重新编译。如图 29-16 所示，将开发板连接 12V 直流电源、USB-Blaster 下载器 JTAG 端口、USB 数据线和短路帽，线路连接正确后，打开开关为板卡上电，随后为开发板下载程序。

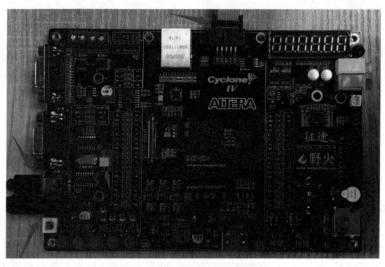

图 29-16　程序下载连线图

程序下载完成后，使用串口助手向板卡发送待求和数据，随后串口助手接收到求和后的数据，如图 29-17 所示，求和数据正确，上板验证成功。

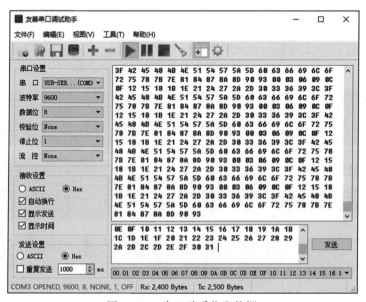

图 29-17　串口助手收发数据

29.3　章末总结

经过本章的学习，读者应该已经掌握使用双 FIFO 实现 3 行数据求和的具体方法了，这不仅是为学习 Sobel 算法做铺垫，在以后的学习中也会涉及，同样，读者也要学会举一反三，能够推理出 n 行或 n 列数据的求和方法。

第 30 章

基于 Sobel 算法的边缘检测设计与实现

在第 29 章中，我们通过实验学习了使用 FIFO 实现 3 行数据求和的具体方法，本章中我们会以此为基础学习基于 Sobel 算法的边缘检测。边缘检测在计算机视觉、图像分析和图像处理等应用中起着重要作用，Sobel 算法又是其中比较重要的一个方法，读者务必理解并掌握。

30.1 理论学习

30.1.1 边缘检测

边缘是图像的基本特征，包含了用于图像识别的有用信息，在计算机视觉、图像分析和图像处理等应用中起着重要作用。

边缘检测针对的是灰度图像，顾名思义，检测图像的边缘是针对图像像素点的一种计算，目的是标识数字图像中灰度变化明显的点，图像的边缘检测在保留了图像的重要结构信息的同时，剔除了不相关的信息，大大减少了数据量，便于图像的传输和处理。

边缘检查的方法大致可以分为两类：基于查找的一类，通过寻找图像一阶导数中最大值和最小值来检测边界，包括 Sobel 算法、Roberts Cross 算法等；基于零穿越的一类，通过寻找图像二阶导数零穿越来寻找边界，包括 Canny 算法、Laplacian 算法等。读者读到此处，如不理解也暂时无须深究，若感兴趣，可自行查阅相关资料。

30.1.2 Sobel 算法简介

在本实验中，我们用到的是第一类方法中的 Sobel 算法。Sobel 边缘检测算法比较简单，虽然准确度较低，但在实际应用中效率较高，在很多实际应用场合，Sobel 算法都是首选，尤其适合对效率要求较高，而对纹理不太关注的情况。

Soble 算法的核心就是 Sobel 算子，该算子包含两组 3 × 3 的矩阵，具体如图 30-1 所示。

−1	0	1
−2	0	2
−1	0	1

Gx

1	2	1
0	0	0
−1	−2	−1

Gy

图 30-1　卷积因子

对于图像而言，取 3 行 3 列的图像数据，将图像数据与对应位置的算子的值相乘再相加，得到 x 方向的 Gx 和 y 方向的 Gy，将得到的 Gx 和 Gy 求平方后相加，再取算术平方根，得到 Gxy，近似值为 Gx 和 Gy 的绝对值之和，将计算得到的 Gxy 与设定的阈值相比较，Gxy 如果大于阈值，则表示该点为边界点，此点显示黑点，否则显示白点。具体如图 30-2 所示。

a1	a2	a3
b1	b2	b3
c1	c2	c3

$Gx = (a3-a1)+(b3-b1)*2+(c3-c1)$

$Gy = (a1-c1)+(a2-c2)*2+(a3-c3)$

$Gxy = \sqrt{(Gx)^2+(Gy)^2} \approx (|Gx|+|Gy|)$

图 30-2　Gxy 计算公式

30.2　实战演练

30.2.1　Sobel 算法实现

在第 29 章中我们通过双 FIFO 的 3 行数据求和实验对 FIFO 求和的方法进行了详细讲解，在本章的理论学习中，我们将对边缘检测和 Sobel 算法进行简单介绍，了解 Sobel 算法在图像的边缘检测中的用法以及相关计算公式。结合这两个部分的内容，实现 Sobel 算法就比较简单了。

我们将 Sobel 算法在图像边缘检测中的实现分为 4 步：第 1 步，通过 Gx、Gy 的计算公式，结合 FIFO 求和算法求 Gx、Gy 的值；第 2 步，求得 Gx、Gy 的绝对值；第 3 步，将 Gx、Gy 代入 Gxy 的计算公式，求得 Gxy 的值；第 4 步，将求得的 Gxy 与设定的阈值相比较，当 Gxy 大于等于阈值时，赋值 rgb 为黑色，否则，将 rgb 赋值为白色。

需要注意的是，图片正在经过 Sobel 算法之后，输出图片的数据相比输入时的图片会少 2 行 2 列，这是因为在求取 Gx、Gy 时，要使用 FIFO 求和算法，该算法只有在第 2 行或第 2 列数据输入时才开始执行，第 0、1 行或第 0、1 列不会进行求和运算，更无数据输出，所以会缺失 2 行 2 列。

30.2.2　实验目标

30.2.1 节中我们简单介绍了 Sobel 算法在图像边缘检测中实现的具体步骤，下面通过实验来实现图像边缘检测中的 Sobel 算法。

实验目标：使用 MATLAB 软件将图片转换为灰度图像，并且将灰度图像的高 3 位取出，存为 txt 文本，PC 通过串口 RS-232 传输图片数据给 FPGA，FPGA 通过 Sobel 算法检测出图片的边缘轮廓，将处理后的图片在 VGA 显示器上显示出来。

实验要求：VGA 显示模式为 640×480@60；传入图片的分辨率大小为 100×100。

30.2.3　硬件资源

本实验所用到的硬件资源可参见 26.2.2 节。

30.2.4　程序设计

1. 图片预处理

在实现 Sobel 算法之前，先要将图片进行一下预处理，将彩色图片转换成灰度图像，并且将灰度图像的高 3 位取出，另存为 txt 文本，如图 30-3 所示，预处理代码可参考代码清单 30-1。

图 30-3　预处理图解

代码清单 30-1　图片预处理代码（sobel.m）

```
 1 clc;                                   % 清理命令行窗口
 2 clearall;                              % 清理工作区
 3 image = imread('logo.png');            % 使用 imread 函数读取图片数据
 4 figure;
 5 imshow(image);                         % 窗口显示图片
 6 R = image(:,:,1);                      % 提取图片中的红色层生成灰度图像
 7 figure;
 8 imshow(R);                             % 窗口显示灰色图像
 9 [ROW,COL] = size(R);                   % 灰色图像的大小参数
10 data = zeros(1,ROW*COL);               % 定义一个初值为 0 的数组，存储转换后的图片数据
11 for r = 1:ROW
12     for c = 1 : COL
13         data((r-1)*COL+c) = bitshift(R(r,c),-5);     % 红色层数据右移 5 位
14     end
15 end
16 fid = fopen('logo.txt', 'w+');         % 打开或新建一个 txt 文件
17 for i = 1:ROW*COL;
18     fprintf(fid,'%02x', data(i));      % 写入图片数据
19 end
20 fclose(fid);
```

2. 整体说明

下面对实验工程的整体框图进行讲解。整体框图如图 30-4 所示。

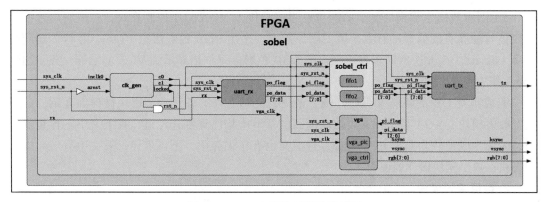

图 30-4　Sobel 算法工程整体框图

由整体框图可知，本实验工程包括 8 个子模块，各模块的功能描述具体参见表 30-1。

表 30-1　Sobel 算法工程模块功能描述

模块名称	功能描述
sobel	顶层模块
clk_gen	时钟生成模块
uart_rx	串口数据接收模块
uart_tx	串口数据发送模块
sobel_ctrl	数据求和模块
vga	vga 显示顶层模块
vga_pic	图像数据生成模块
vga_ctrl	vga 显示驱动模块

结合图表，我们来介绍一下 Sobel 算法工程的具体工作流程。

1）系统上电后，板卡传入系统时钟（sys_clk）和复位信号（sys_rst_n）到顶层模块。

2）系统时钟由顶层模块传入时钟生成模块（clk_gen），分频产生 25MHz、50MHz 时钟。其中 50MHz 时钟作为串口数据收发模块（uart_rx、uart_tx）和数据求和模块（sobel_ctrl）的工作时钟，同时也作为图像数据生成模块（vga_pic）内部实例化 RAM 的数据写入时钟；25MHz 时钟作为图像数据生成模块（vga_pic）和 VGA 时序控制模块（vga_ctrl）的工作时钟。

3）PC 将图片数据通过串口 RS-232 传输给 FPGA，数据在 uart_rx 模块中完成拼接，传给 sobel_ctrl 模块进行 Sobel 运算，输出结果同时传给 vga 模块和 uart_tx 模块；vga 模块将接收到的经 Sobel 算法处理的图像数据存入图像数据生成模块中的 RAM 中；uart_tx 模块将输出结果回传给 PC 以验证数据的完整性。

4）图像数据生成模块以 VGA 时序控制模块传入的像素点坐标（pix_x,pix_y）为约束条件，生成待显示图像的色彩信息（pix_data），图像色彩信息包括彩条背景和经 Sobel 算法处理后的图片信息。

5）图像数据生成模块生成的图像色彩信息传入 VGA 时序控制模块，在模块内部使用使能信号滤除非图像显示有效区域的图像数据，产生 RGB 色彩信息（rgb)，在行、场同步信号（hsync、vsync）的同步作用下，将 RGB 色彩信息扫描显示到 VGA 显示器，显示出经 Sobel 算法处理过的图像。

完成实验工程的整体说明后，接下来我们会对工程的各子功能模块做详细介绍。串口数据收发模块、VGA 显示相关模块在前面的章节中均已详细介绍过，在下文中不再重复说明；时钟生成模块为调用 IP 核生成，且前文也有相关介绍，不再赘述；后文中只对数据求和模块、顶层模块做详细说明。

3. 数据求和模块

（1）模块框图

数据求和模块 sobel_ctrl 是本实验工程的核心模块，负责 Sobel 算法的实现，该模块包含 4 路输入信号和 2 路输出信号，内部还调用了 2 个 FIFO 参与 Sobel 运算。

输入信号中除了输入系统时钟信号 sys_clk 和系统复位信号 sys_rst_n 外，还有自 uart_rx 模块输入的数据信号 pi_data 和与之对应的数据标志信号 pi_flag，数据输入后通过 Sobel 运算后得出 Gx、Gy，进而求出 Gxy，将求出的结果与阈值进行比较，根据比较结果给输出信号 po_data 赋值，输出信号除了 po_data 之外还有与之同步的数据标志信号 po_flag。sobel_ctrl 模块的框图如图 30-5 所示，输入输出信号的功能描述具体参见表 30-2。

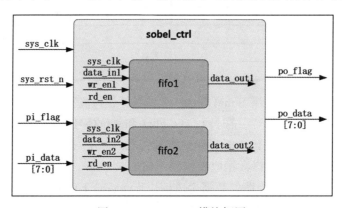

图 30-5   sobel_ctrl 模块框图

表 30-2   sobel_ctrl 模块输入输出信号功能描述

·	位　　宽	类　　型	功能描述
sys_clk	1bit	Input	工作时钟，频率为 50MHz
sys_rst_n	1bit	Input	复位信号，低电平有效
pi_flag	1bit	Input	输入数据标志信号
pi_data	8bit	Input	输入拼接后的图像数据
po_flag	1bit	Output	输出数据标志信号
po_data	8bit	Output	输出经 Sobel 算法处理后的图像数据

（2）波形图绘制

sobel_ctrl 模块的波形图如图 30-6 和图 30-7 所示。

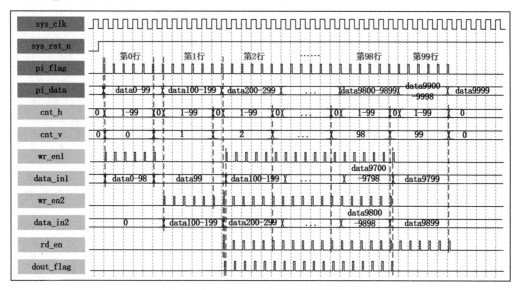

图 30-6　sobel_ctrl 模块波形图（一）

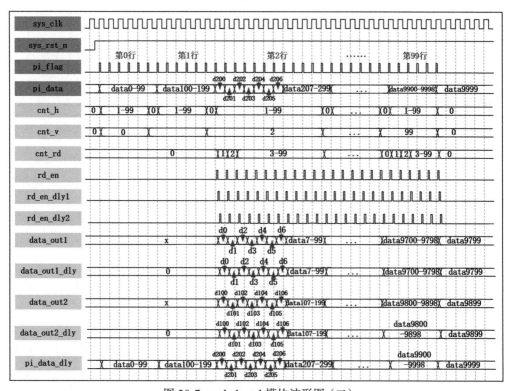

图 30-7　sobel_ctrl 模块波形图（二）

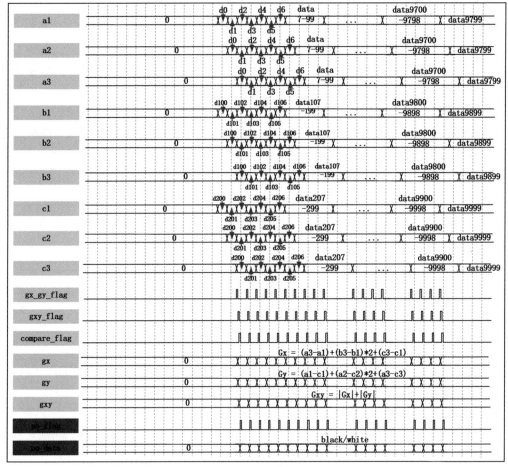

图 30-7 （续）

由于波形图篇幅较大，因此我们将其分为两部分，图 30-6 所示为图片数据自输入模块到数据写入 FIFO 这一过程的波形图，图 30-7 所示为数据从 FIFO 读出经过 Sobel 运算到将结果输出的过程的波形图。虽然 sobel_ctrl 模块整体波形图看起来较为复杂，但读者不必担心，我们将对其分部分进行详细讲解，方便读者理解。

第一部分：输入信号

由前文可知，本模块有 4 路输入信号，包括系统时钟 sys_clk（频率为 50MHz）、复位信号 sys_rst_n（低电平有效）、由 uart_rx 模块输入的 8 位宽的数据信号 pi_data，以及和它相匹配的 pi_flag 输入数据有效标志信号。输入信号波形图如图 30-8 所示。

第二部分：图像行列计数器 cnt_h、cnt_v 信号波形图的设计与实现

本模块的作用是对传入的图像进行 Sobel 算法处理。为了对图像进行 Sobel 算法处理，模块内部调用两个 FIFO 进行数据缓存，我们需要将不同行的图片信息按照要求缓存到不同的 FIFO 之中，图像数据是由串口接收模块传入的，且每次传入一个像素点的图像信息。为了满足 Sobel 算法的要求,我们可以利用计数器对传入的图像像素点个数进行计数,计满一行数据后,按要求缓存到对应 FIFO。

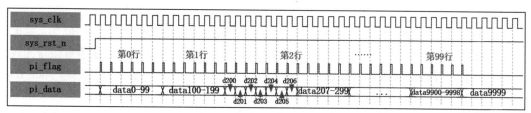

图 30-8 输入信号波形图

所以我们在模块内部声明两个计数器:行计数器 cnt_h 和列计数器 cnt_v。

串口传入的图片大小为 100×100,串口每传入一个像素点数据,与之同步出入的数据标志信号 pi_flag 将拉高一个时钟周期。可以将 pi_flag 信号作为行计数器 cnt_h 信号的约束条件,将行计数器 cnt_h 赋初值为 0,计数范围为 0~99,pi_flag 信号每拉高 1 次自加 1,计数一行数据的个数,计数到最大值时归零,重新计数,一个计数周期计数 100 次,与图片一行像素点的个数对应。

同理,将行计数器 cnt_h 和 pi_flag 作为列计数器 cnt_v 的约束条件,列计数器 cnt_v 赋初值为 0,计数范围为 0~99,cnt_h 行计数器每计满 1 个周期且 pi_flag 信号拉高时,列计数器 cnt_v 自加 1,计数一帧图片数据的行个数,计数到最大值时归零。

行计数器 cnt_h 和列计数器 cnt_v 的信号波形图如图 30-9 所示。

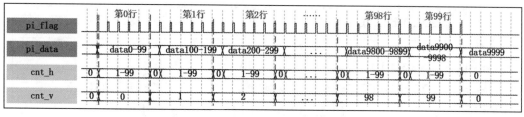

图 30-9 cnt_h、cnt_v 信号波形图

第三部分:FIFO 相关信号波形图的设计与实现

本功能模块的作用是对输入的图片进行 Sobel 算法处理并输出处理后的数据,由前文可知,要实现 Sobel 算法的求解,需要使用 Sobel 算子求出 Gx、Gy,进而求出 Gxy,将求解后的 Gxy 与设定阈值比较,确定图像边界,完成 Sobel 算法的处理。

Gx、Gy 的求解分别是对图形 3 行、3 列图形数据的处理,可以参考第 29 章中 FIFO 求和实验对 3 行数据的处理方式实现 Gx、Gy 数据的求解。

与 FIFO 求和实验类似,sobel_ctrl 模块内部同样调用两个 FIFO 用作数据缓存。使用同样的方式将串口接收模块传入的图片数据按要求暂存到两个 FIFO 中。

两个 FIFO 的时钟信号为系统时钟 sys_clk,与串口接收模块的时钟相同。我们需要在模块内部声明 FIFO 写使能信号：声明 fifo1 写使能信号为 wr_en1，数据输入信号为 data_in1；声明 fifo2 写使能信号为 wr_en2，数据输入信号为 data_in2；声明两个 FIFO 共用读使能信号 rd_en。

- ❑ wr_en1：当第 0 行数据输入时，wr_en1 写使能信号由数据标志信号 pi_flag 赋值，滞后 pi_flag 信号 1 个时钟周期，第 1 行数据输入时，wr_en1 写使能信号保持无效，自第 2 行数据输入到数据输入结束，wr_en1 写使能信号由数据标志信号 dout_flag 赋值，滞后 dout_flag 信号 1 个时钟周期。

- ❑ data_in1：当第 0 行数据输入且写使能有效时，将第 0 行数据写入 fifo1；当第 2～98 行数据写入且写使能有效时，将 fifo2 读出的 1～97 行数据写入 fifo1。

- ❑ wr_en2：当第 1～98 行数据输入时，wr_en2 写使能信号由数据标志信号 pi_flag 赋值，滞后 pi_flag 信号 1 个时钟周期，其他时刻写使能信号 wr_en2 均无效。

- ❑ data_in2：当 fifo2 的写使能信号 wr_en2 有效时，将传入的 pi_data 赋值给 data_in2，数据写入 fifo2，写使能无效时，data_in2 保持原有状态。

- ❑ rd_en：fifo1 和 fifo2 共用读使能信号，该使能信号在第 0 行和第 1 行数据输入时始终保持无效状态，自第 2 行数据开始输入到数据输入完成，读使能信号 rd_en 由 pi_flag 赋值，滞后 pi_flag 信号 1 个时钟周期。

- ❑ dout_flag：只有在 wr_en2 信号和 rd_en 信号均有效时才有效，其他时刻均无效，目的是赋值给在第 2 行数据输入后的 wr_en1 使能信号。

上述各信号的波形图如图 30-10 所示。

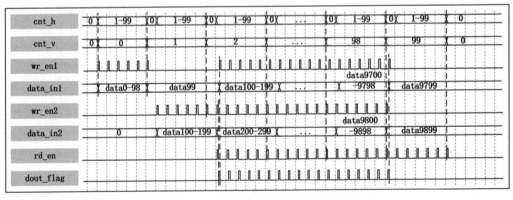

图 30-10　FIFO 相关信号波形图

第四部分：Sobel 算法相关信号波形图的设计与实现

前文提到，实现 Sobel 算法就要求出 Gxy，Gxy 由 Gx、Gy 运算得到，Gx、Gy 由 Sobel 算子与图像数据运算得到。参与运算的图像数据要包含图像 3 行 3 列的像素信息。

这就表示只有在图像的第 2 行的第 2 个数据传入模块时，才能开始 Gx、Gy 的运算。要准确定位运算开始的时刻，我们需要声明计数器，用来计数读出的数据个数，判断 Gx、

Gy 的运算时刻。

声明读出数据计数器 cnt_rd，初值为 0，计数范围为 0～99，共计数 100 次，rd_en 读使能信号有效时，cnt_rd 自加 1，计数到最大值归零，重新计数，用来判断何时求解 gx、gy。信号波形图如图 30-11 所示。

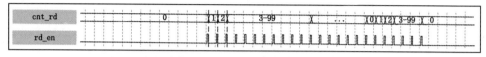

图 30-11　cnt_rd 信号波形图

同时，为了保证之前传入的数据和自 FIFO 读取的数据不会丢失，我们需要声明若干数据寄存器，用以寄存输入和读出的图片数据。声明输入数据寄存器 pi_data_dly、fifo1 读出数据寄存 data_out1_dly、fifo2 读出数据寄存 data_out2_dly、数据寄存标志信号 rd_en_dly1。

data_out1 和 data_out2 分别是 fifo1 和 fifo2 数据输出信号；data_out1_dly 和 data_out2_dly 分别是 data_out1 和 data_out2 的数据寄存，延后 1 个时钟周期；pi_data_dly 是输入数据 pi_data 的数据寄存，延后 1 个时钟周期；信号 rd_en_dly1 滞后 rd_en 读使能信号 1 个时钟周期，作用是作为缓存 fifo 读出数据和 pi_data 输入数据的使能信号。各信号波形如图 30-12 所示。

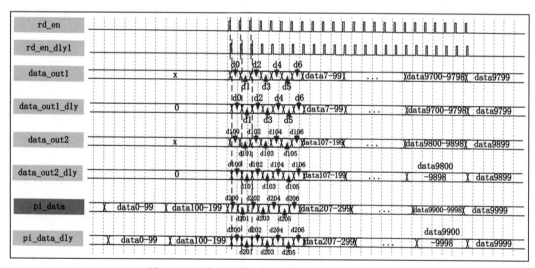

图 30-12　输入数据、读取数据寄存信号波形图

求解 Gx、Gy，需要使用 Sobel 算子与 3 行 3 列图片数据进行相关运算。所以我们需要 9 个变量来寄存 3 行 3 列图片数据参与运算。声明 a1、a2、a3、b1、b2、b3、c1、c2、c3 寄存 3 行 3 列图片数据，声明 rd_en_dly2 信号作为图像数据寄存标志信号。

a1～c3 这 9 个变量初值为 0，当 rd_en_dly2 信号有效时，将 data_out1_dly、data_out2_ dly、pi_data_dly 分别赋值给 a1、b1、c1，将 a1、b1、c1 赋值给 a2、b2、c2，将 a2、b2、c2 赋值给 a3、b3、c3；信号 rd_en_dly2 滞后 rd_en_dly1 信号 1 个时钟周期，作为 a1～c3 的赋值条件。各信号波形如图 30-13 所示。

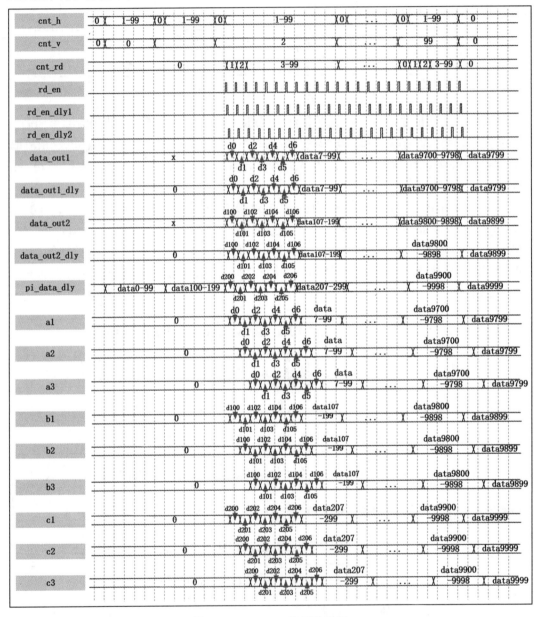

图 30-13　a1～c3 信号波形图

下面开始 Gx、Gy 的求解。声明 Gx、Gy 计算标志信号 gx_gy_flag，当 gx_gy_flag 有效时，计算 Gx、Gy，当 rd_en_dly2 信号有效且 cnt_rd 不等于 1 或 2 时，标志信号 gx_gy_ flag 有效，其他时刻 gx_gy_flag 无效。当 gx_gy_flag 信号有效时，结合 a1～c3 按照公式求解出 Gx、Gy。

声明 Gxy 计算标志信号 gxy_flag，求解 Gxy。gxy_flag 有效时，按照计算公式求解 Gxy，gxy_flag 由 gx_gy_flag 赋值，滞后其 1 个时钟周期。

声明阈值比较信号 compare_flag。compare_flag 信号由 gxy_flag 信号赋值，滞后 gxy_flag 信号 1 个时钟周期；compare_flag 信号有效时，将求解出的 Gxy 与设定阈值相比较，当 Gxy 大于等于设定阈值时，po_data 输出数据赋值为黑色，否则赋值为白色；输出数据标志信号 po_flag 延后 compare_flag 信号 1 个时钟周期，与 po_data 信号同步输出。上述各信号波形图如图 30-14 所示。

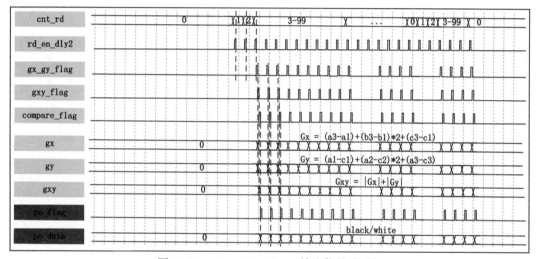

图 30-14　Gx、Gy、Gxy、输出信号波形图

（3）代码编写

波形图绘制完毕，可参照波形图进行代码编写。sobel_ctrl 模块的参考代码具体参见代码清单 30-2。

代码清单 30-2　sobel_ctrl 模块参考代码（sobel_ctrl.v）

```
 1 module   sobel_ctrl
 2 (
 3     input    wire              sys_clk      ,    //输入系统时钟，频率为 50MHz
 4     input    wire              sys_rst_n    ,    //复位信号，低电平有效
 5     input    wire    [7:0]     pi_data      ,    //rx 传入的数据信号
 6     input    wire              pi_flag      ,    //rx 传入的标志信号
 7
 8     output   reg     [7:0]     po_data      ,    //fifo 加法运算后的信号
 9     output   reg               po_flag           //输出标志信号
10 );
11
```

```verilog
12  //***************************************************************//
13  //***************** Parameter and Internal Signal *****************//
14  //***************************************************************//
15  //parameter define
16  parameter   LENGTH_P   =   10'd100          ,   // 图片长度
17              WIDE_P     =   10'd100          ;   // 图片宽度
18  parameter   THRESHOLD  =   8'b000_011_00    ;   // 比较阈值
19  parameter   BLACK      =   8'b0000_0000     ,   // 黑色
20              WHITE      =   8'b1111_1111     ;   // 白色
21
22  //wire   define
23  wire    [7:0]   data_out1          ;   //fifo1 数据输出
24  wire    [7:0]   data_out2          ;   //fifo2 数据输出
25
26  //reg    define
27  reg     [7:0]   cnt_h              ;   // 行计数
28  reg     [7:0]   cnt_v              ;   // 场计数
29  reg     [7:0]   pi_data_dly        ;   //pi_data 数据寄存
30  reg             wr_en1             ;   //fifo1 写使能
31  reg             wr_en2             ;   //fifo2 写使能
32  reg     [7:0]   data_in1           ;   //fifo1 写数据
33  reg     [7:0]   data_in2           ;   //fifo2 写数据
34  reg             rd_en              ;   //fifo1, fifo2 共用读使能
35  reg     [7:0]   data_out1_dly      ;   //fifo1 数据输出寄存
36  reg     [7:0]   data_out2_dly      ;   //fifo2 数据输出寄存
37  reg             dout_flag          ;   // 使能信号
38  reg             rd_en_dly1         ;   // 输出数据标志信号, 延后 rd_en 一拍
39  reg             rd_en_dly2         ;   //a, b, c 赋值标志信号
40  reg             gx_gy_flag         ;   //gx, gy 计算标志信号
41  reg             gxy_flag           ;   //gxy 计算标志信号
42  reg             compare_flag       ;   // 阈值比较标志信号
43  reg     [7:0]   cnt_rd             ;   // 读出数据计数器
44  reg     [7:0]   a1                 ;
45  reg     [7:0]   a2                 ;
46  reg     [7:0]   a3                 ;
47  reg     [7:0]   b1                 ;
48  reg     [7:0]   b2                 ;
49  reg     [7:0]   b3                 ;
50  reg     [7:0]   c1                 ;
51  reg     [7:0]   c2                 ;
52  reg     [7:0]   c3                 ;   // 图像数据
53  reg     [8:0]   gx                 ;
54  reg     [8:0]   gy                 ;   //gx, gy
55  reg     [7:0]   gxy                ;   //gxy
56
57  //***************************************************************//
58  //************************** Main Code **************************//
59  //***************************************************************//
60  //cnt_h: 行数据个数计数器
61  always@(posedge sys_clk or  negedge sys_rst_n)
62      if(sys_rst_n == 1'b0)
```

```
63              cnt_h    <=   8'd0;
64      else     if((cnt_h == (LENGTH_P - 1'b1)) && (pi_flag == 1'b1))
65              cnt_h    <=   8'd0;
66      else     if(pi_flag == 1'b1)
67              cnt_h    <=   cnt_h + 1'b1;
68
69  //cnt_v: 场计数器
70  always@(posedge sys_clk or  negedge sys_rst_n)
71      if(sys_rst_n == 1'b0)
72              cnt_v    <=   8'd0;
73      else     if((cnt_v == (WIDE_P - 1'b1)) && (pi_flag == 1'b1)
74               && (cnt_h == (LENGTH_P - 1'b1)))
75              cnt_v    <=   8'd0;
76      else     if((cnt_h == (LENGTH_P - 1'b1)) && (pi_flag == 1'b1))
77              cnt_v    <=   cnt_v + 1'b1;
78
79  //cnt_rd: fifo 数据读出个数计数，用来判断何时对 gx、gy 进行运算
80  always@(posedge sys_clk or  negedge sys_rst_n)
81      if(sys_rst_n == 1'b0)
82              cnt_rd   <=   8'd0;
83      else     if((cnt_rd == (LENGTH_P - 1'b1)) && (rd_en == 1'b1))
84              cnt_rd   <=   8'd0;
85      else     if(rd_en == 1'b1)
86              cnt_rd   <=   cnt_rd + 1'b1;
87
88  //wr_en1: fifo1 写使能，高电平有效
89  always@(posedge sys_clk or  negedge sys_rst_n)
90      if(sys_rst_n == 1'b0)
91              wr_en1   <=   1'b0;
92      else     if((cnt_v == 8'd0) && (pi_flag == 1'b1))
93              wr_en1   <=   1'b1;         // 第 0 行写入 fifo1
94      else
95              wr_en1   <=   dout_flag;  // 第 2~198 行写入 fifo1
96
97  //wr_en2, fifo2 的写使能，高电平有效
98  always@(posedge sys_clk or  negedge sys_rst_n)
99      if(sys_rst_n == 1'b0)
100             wr_en2   <=   1'b0;
101     else     if((cnt_v >= 8'd1)&&(cnt_v <= ((WIDE_P - 1'b1) - 1'b1))
102              && (pi_flag == 1'b1))
103             wr_en2   <=   1'b1;         // 第 2~199 行写入 fifo2
104     else
105             wr_en2   <=   1'b0;
106
107 //data_in1: fifo1 的数据写入
108 always@(posedge sys_clk or  negedge sys_rst_n)
109     if(sys_rst_n == 1'b0)
110             data_in1   <=   8'b0;
111     else     if((pi_flag == 1'b1) && (cnt_v == 8'b0))
112             data_in1   <=   pi_data;
```

```verilog
113     else     if(dout_flag == 1'b1)
114         data_in1    <=  data_out2;
115     else
116         data_in1    <=  data_in1;
117
118 //data_in2: fifo2 的数据写入
119 always@(posedge sys_clk or  negedge sys_rst_n)
120     if(sys_rst_n == 1'b0)
121         data_in2    <=  8'b0;
122     else     if((pi_flag == 1'b1) && (cnt_v >= 8'd1)
123              && (cnt_v <= ((WIDE_P - 1'b1) - 1'b1)))
124         data_in2    <=  pi_data;
125     else
126         data_in2    <=  data_in2;
127
128 //rd_en: fifo1 和 fifo2 的共用读使能，高电平有效
129 always@(posedge sys_clk or  negedge sys_rst_n)
130     if(sys_rst_n == 1'b0)
131         rd_en   <=  1'b0;
132     else     if((pi_flag == 1'b1) && (cnt_v >= 8'd2)
133              && (cnt_v <= (WIDE_P - 1'b1)))
134         rd_en   <=  1'b1;
135     else
136         rd_en   <=  1'b0;
137
138
139 //dout_flag: 控制 fifo1 写使能 wr_en1
140 always@(posedge sys_clk or  negedge sys_rst_n)
141     if(sys_rst_n == 1'b0)
142         dout_flag   <=  1'b0;
143     else     if((wr_en2 == 1'b1) && (rd_en == 1'b1))
144         dout_flag   <=  1'b1;
145     else
146         dout_flag   <=  1'b0;
147
148 //rd_en_dly1: 输出数据标志信号
149 always@(posedge sys_clk or  negedge sys_rst_n)
150     if(sys_rst_n == 1'b0)
151         rd_en_dly1  <=  1'b0;
152     else     if(rd_en == 1'b1)
153         rd_en_dly1  <=  1'b1;
154     else
155         rd_en_dly1  <=  1'b0;
156
157 //data_out1_dly: data_out1 数据寄存
158 always@(posedge sys_clk or  negedge sys_rst_n)
159     if(sys_rst_n == 1'b0)
160         data_out1_dly   <=  8'b0;
161     else     if(rd_en_dly1 == 1'b1)
162         data_out1_dly   <=  data_out1;
```

```verilog
163
164  //data_out2_dly: data_out2 数据寄存
165  always@(posedge sys_clk or  negedge sys_rst_n)
166      if(sys_rst_n == 1'b0)
167          data_out2_dly   <=   8'b0;
168      else    if(rd_en_dly1 == 1'b1)
169          data_out2_dly   <=   data_out2;
170
171  //pi_data_dly: 输入数据 pi_data 寄存
172  always@(posedge sys_clk or  negedge sys_rst_n)
173      if(sys_rst_n == 1'b0)
174          pi_data_dly <=  8'b0;
175      else    if(rd_en_dly1 == 1'b1)
176          pi_data_dly <=  pi_data;
177
178  //rd_en_dly2: a, b, c 赋值标志信号
179  always@(posedge sys_clk or  negedge sys_rst_n)
180      if(sys_rst_n == 1'b0)
181          rd_en_dly2   <=   1'b0;
182      else    if(rd_en_dly1 == 1'b1)
183          rd_en_dly2   <=   1'b1;
184      else
185          rd_en_dly2   <=   1'b0;
186
187  //gx_gy_flag: gx, gy 计算标志信号
188  always@(posedge sys_clk or  negedge sys_rst_n)
189      if(sys_rst_n == 1'b0)
190          gx_gy_flag   <=   1'b0;
191      else  if((rd_en_dly2 == 1'b1)&&((cnt_rd >= 8'd3)||(cnt_rd == 8'd0)))
192          gx_gy_flag   <=   1'b1;
193      else
194          gx_gy_flag   <=   1'b0;
195
196  //gxy_flag: gxy 计算标志信号
197  always@(posedge sys_clk or  negedge sys_rst_n)
198      if(sys_rst_n == 1'b0)
199          gxy_flag    <=   1'b0;
200      else    if(gx_gy_flag == 1'b1)
201          gxy_flag    <=   1'b1;
202      else
203          gxy_flag    <=   1'b0;
204
205  //compare_flag, 阈值比较标志信号
206  always@(posedge sys_clk or  negedge sys_rst_n)
207      if(sys_rst_n == 1'b0)
208          compare_flag   <=   1'b0;
209      else    if(gxy_flag == 1'b1)
210          compare_flag   <=   1'b1;
211      else
212          compare_flag   <=   1'b0;
213
```

```
214 //a, b, c 赋值
215 always@(posedge sys_clk or  negedge sys_rst_n)
216     if(sys_rst_n == 1'b0)
217     begin
218         a1  <=  8'd0;
219         a2  <=  8'd0;
220         a3  <=  8'd0;
221         b1  <=  8'd0;
222         b2  <=  8'd0;
223         b3  <=  8'd0;
224         c1  <=  8'd0;
225         c2  <=  8'd0;
226         c3  <=  8'd0;
227     end
228     else      if(rd_en_dly2==1)
229     begin
230         a1  <=  data_out1_dly;
231         b1  <=  data_out2_dly;
232         c1  <=  pi_data_dly;
233         a2  <=  a1;
234         b2  <=  b1;
235         c2  <=  c1;
236         a3  <=  a2;
237         b3  <=  b2;
238         c3  <=  c2;
239     end
240
241 //gx: 计算 gx
242 always@(posedge sys_clk or  negedge sys_rst_n)
243     if(sys_rst_n == 1'b0)
244         gx  <=  9'd0;
245     else      if(gx_gy_flag == 1'b1)
246         gx  <=  a3 - a1 + ((b3 - b1) << 1) + c3 - c1;
247     else
248         gx  <=  gx;
249
250 //gy: 计算 gy
251 always@(posedge sys_clk or  negedge sys_rst_n)
252     if(sys_rst_n == 1'b0)
253         gy  <=  9'd0;
254     else      if(gx_gy_flag == 1'b1)
255         gy  <=  a1 - c1 + ((a2 - c2) << 1) + a3 - c3;
256     else
257         gy  <=  gy;
258
259 //gxy: 计算 gxy
260 always@(posedge sys_clk or  negedge sys_rst_n)
261     if(sys_rst_n == 1'b0)
262         gxy <=  0;
263     else      if((gx[8] == 1'b1) && (gy[8] == 1'b1) && (gxy_flag == 1'b1))
264         gxy <=  (~gx[7:0] + 1'b1) + (~gy[7:0] + 1'b1);
```

```
265     else    if((gx[8] == 1'b1) && (gy[8] == 1'b0) && (gxy_flag == 1'b1))
266         gxy <=  (~gx[7:0] + 1'b1) + (gy[7:0]);
267     else    if((gx[8] == 1'b0) && (gy[8] == 1'b1) && (gxy_flag == 1'b1))
268         gxy <=  (gx[7:0]) + (~gy[7:0] + 1'b1);
269     else    if((gx[8] == 1'b0) && (gy[8] == 1'b0) && (gxy_flag == 1'b1))
270         gxy <=  (gx[7:0]) + (gy[7:0]);
271
272 //po_data: 通过 gxy 与阈值比较，赋值 po_data
273 always@(posedge sys_clk or  negedge sys_rst_n)
274     if(sys_rst_n == 1'b0)
275         po_data <=  8'b0;
276     else    if((gxy >= THRESHOLD) && (compare_flag == 1'b1))
277         po_data <=  BLACK;
278     else    if(compare_flag == 1'b1)
279         po_data <=  WHITE;
280
281 //po_flag: 输出标志位
282 always@(posedge sys_clk or  negedge sys_rst_n)
283     if(sys_rst_n == 1'b0)
284         po_flag <=  1'b0;
285     else    if(compare_flag == 1'b1)
286         po_flag <=  1'b1;
287     else
288         po_flag <=  1'b0;
289
290 //********************************************************************//
291 //************************* Instantiation *************************//
292 //********************************************************************//
293 //------------fifo_pic_inst1--------------
294 fifo_pic    fifo_pic_inst1
295 (
296     .clock  (sys_clk    ),  // input sys_clk
297     .data   (data_in1   ),  // input [7 : 0] din
298     .wrreq  (wr_en1     ),  // input wr_en
299     .rdreq  (rd_en      ),  // input rd_en
300
301     .q      (data_out1  )   // output [7 : 0] dout
302 );
303
304 //------------fifo_pic_inst2--------------
305 fifo_pic    fifo_pic_inst2
306 (
307     .clock  (sys_clk    ),  // input sys_clk
308     .data   (data_in2   ),  // input [7 : 0] din
309     .wrreq  (wr_en2     ),  // input wr_en
310     .rdreq  (rd_en      ),  // input rd_en
311
312     .q      (data_out2  )   // output [7 : 0] dout
313 );
314
315 endmodule
```

对于本模块的仿真验证不再单独进行，待顶层模块介绍完毕，直接对实验进行整体仿真，届时再对本模块进行仿真波形分析。

4. 顶层模块

（1）代码编写

顶层模块 sobel 的代码包含各子模块的实例化，连接各模块对应的信号，较容易理解，在此只列出代码，不再讲解，具体参见代码清单 30-3。

代码清单 30-3　顶层模块 sobel 代码（sobel.v）

```
1 module   sobel
2 (
3     input    wire              sys_clk     ,   // 系统时钟，频率为 50MHz
4     input    wire              sys_rst_n   ,   // 系统复位
5     input    wire              rx          ,   // 串口接收数据
6
7     output   wire             tx           ,   // 串口发送数据
8     output   wire             hsync        ,   // 输出行同步信号
9     output   wire             vsync        ,   // 输出场同步信号
10    output   wire    [7:0]    rgb              // 输出像素信息
11 );
12
13 //**********************************************************************//
14 //***************** Parameter and Internal Signal ********************//
15 //**********************************************************************//
16 //wire   define
17 wire            vga_clk ;
18 wire    [7:0]   pi_data ;
19 wire            pi_flag ;
20 wire    [7:0]   po_data ;
21 wire            po_flag ;
22 wire            locked  ;
23 wire            rst_n   ;
24 wire            clk_50m ;
25
26 //rst_n: VGA 模块复位信号
27 assign  rst_n = (sys_rst_n & locked);
28
29 //**********************************************************************//
30 //*********************** Instantiation *****************************//
31 //**********************************************************************//
32 //------------- clk_gen_inst -------------
33 clk_gen      clk_gen_inst
34 (
35    .areset    (~sys_rst_n ),   // 输入复位信号，高电平有效，1bit
36    .inclk0    (sys_clk    ),   // 输入 50MHz 晶振时钟，1bit
37
38    .c0        (vga_clk    ),   // 输出 VGA 工作时钟，频率 25MHz，1bit
39    .c1        (clk_50m    ),   // 输出串口工作时钟，频率 50MHz，1bit
40    .locked    (locked     )    // 输出 pll locked 信号，1bit
```

```verilog
41 );
42
43 //------------- uart_rx_inst --------------
44 uart_rx      uart_rx_inst
45 (
46     .sys_clk    (clk_50m    ),    // 系统时钟, 频率为 50MHz
47     .sys_rst_n  (rst_n      ),    // 全局复位
48     .rx         (rx         ),    // 串口接收数据
49
50     .po_data    (pi_data    ),    // 串转并后的数据
51     .po_flag    (pi_flag    )     // 串转并后的数据有效标志信号
52 );
53
54 //------------- sobel_ctrl_inst --------------
55 sobel_ctrl   sobel_ctrl_inst
56 (
57     .sys_clk    (clk_50m    ),    // 输入系统时钟, 频率为 50MHz
58     .sys_rst_n  (rst_n      ),    // 复位信号, 低电平有效
59     .pi_data    (pi_data    ),    //rx 传入的数据信号
60     .pi_flag    (pi_flag    ),    //rx 传入的标志信号
61
62     .po_data    (po_data    ),    //fifo 加法运算后的信号
63     .po_flag    (po_flag    )     // 输出标志信号
64 );
65
66 //------------- vga_ctrl_inst -------------
67 vga      vga_inst
68 (
69     .vga_clk    (vga_clk    ),    // 输入工作时钟, 频率为 50MHz
70     .sys_clk    (clk_50m    ),    // 输入工作时钟, 频率为 25MHz
71     .sys_rst_n  (rst_n      ),    // 输入复位信号, 低电平有效
72     .pi_data    (po_data    ),    // 输入数据
73     .pi_flag    (po_flag    ),    // 输入数据标志信号
74
75     .hsync      (hsync      ),    // 输出行同步信号
76     .vsync      (vsync      ),    // 输出场同步信号
77     .rgb        (rgb        )     // 输出像素信息
78 );
79
80 //------------- uart_tx_inst --------------
81 uart_tx uart_tx_inst
82 (
83     .sys_clk    (clk_50m    ),    // 系统时钟, 频率为 50MHz
84     .sys_rst_n  (rst_n      ),    // 全局复位
85     .pi_data    (po_data    ),    // 并行数据
86     .pi_flag    (po_flag    ),    // 并行数据有效标志信号
87
88     .tx         (tx         )     // 串口发送数据
89 );
90
91 endmodule
```

（2）RTL 视图

实验工程通过仿真验证后，使用 Quartus 软件对实验工程进行编译，编译完成后，我们查看一下 RTL 视图，发现 RTL 视图展示的信息与顶层模块框图一致，各信号连接正确，具体如图 30-15 所示。

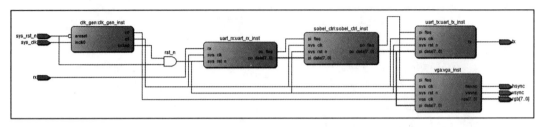

图 30-15　RTL 视图

5. 仿真验证

（1）仿真代码编写

顶层模块参考代码介绍完毕，下面开始对顶层模块进行仿真。对顶层模块的仿真就是对实验工程的整体仿真。顶层模块仿真参考代码，具体参见代码清单 30-4。

代码清单 30-4　顶层模块仿真参考代码（tb_sobel.v）

```
 1 `timescale  1ns/1ns
 2 module  tb_sobel();
 3 //wire define
 4 wire         tx    ;
 5 wire         hsync ;
 6 wire         vsync ;
 7 wire  [7:0]  rgb;
 8
 9 //reg define
10 reg          clk   ;
11 reg          rst_n ;
12 reg          rx    ;
13 reg   [7:0]  data_mem [9999:0] ;   //data_mem 是一个存储器，相当于一个 RAM
14
15 // 读取 sim 文件夹下面的 data.txt 文件，并把读出的数据定义为 data_mem
16 initial
17 $readmemh
18    ("E:/GitLib/Altera/EP4CE10/base_code/9_sobel/matlab/data_logo.txt",data_mem);
19
20 // 时钟、复位信号
21 initial
22    begin
23        clk     =   1'b1  ;
24        rst_n   <=  1'b0  ;
25        #200
26        rst_n   <=  1'b1  ;
```

```
27        end
28
29  always#10 clk = ~clk;
30
31
32  initial
33      begin
34          rx    <=   1'b1;
35          #200
36          rx_byte();
37      end
38
39  task   rx_byte();
40      integer j;
41      for(j=0;j<10000;j=j+1)
42          rx_bit(data_mem[j]);
43  endtask
44
45  task   rx_bit(input[7:0] data);   //data 是 data_mem[j] 的值
46      integer i;
47          for(i=0;i<10;i=i+1)
48          begin
49              case(i)
50                  0:  rx   <=   1'b0    ;   // 起始位
51                  1:  rx   <=   data[0];
52                  2:  rx   <=   data[1];
53                  3:  rx   <=   data[2];
54                  4:  rx   <=   data[3];
55                  5:  rx   <=   data[4];
56                  6:  rx   <=   data[5];
57                  7:  rx   <=   data[6];
58                  8:  rx   <=   data[7];   // 上面 8 个发送的是数据位
59                  9:  rx   <=   1'b1    ;   // 停止位
60              endcase
61              #1040;                       // 一个波特时间 =sclk 周期 × 波特计数器
62          end
63  endtask
64
65  // 重定义 defparam, 用于修改参数, 缩短仿真时间
66  defparam sobel_inst.uart_rx_inst.BAUD_CNT_END        =   52;
67  defparam sobel_inst.uart_rx_inst.BAUD_CNT_END_HALF   =   26;
68  defparam sobel_inst.uart_tx_inst.BAUD_CNT_END        =   52;
69
70  //-------------sobel_inst-------------
71  sobel    sobel_inst(
72      .sys_clk    (clk     ),  //input          sys_clk
73      .sys_rst_n  (rst_n   ),  //input          sys_rst_n
74      .rx         (rx      ),  //input          rx
75
76      .hsync      (hsync   ),  //output         hsync
77      .vsync      (vsync   ),  //output         vsync
```

```
78    .rgb      (rgb    ), //output  [7:0]   rgb
79    .tx       (tx     )  //output          tx
80 );
81
82 endmodule
```

（2）仿真波形分析

仿真代码编写完成后，通过 Quartus 软件联合 ModelSim 进行仿真，串口数据收发模块、VGA 显示模块和顶层模块的仿真波形我们不再讲解，在此重点介绍 sobel_ctrl 模块的各信号仿真波形。

对于 sobel_ctrl 模块的波形，我们参照波形图部分将其分为两部分讲解。第一部分为图片数据自输入模块到数据写入 fifo 这一过程，包括 4 路输入信号和 8 个寄存器变量，输入信号不必再讲，我们重点分析一下这 8 个寄存器变量。

1）由波形图可知，行计数器 cnt_h 初值为 0，pi_flag 信号每拉高 1 次，行计数器 cnt_h 自加，计数到最大值 99 时，计数器归零，重新计数，仿真波形与绘制的波形图信号一致，具体如图 30-16 所示。

图 30-16　cnt_h 信号波形图

2）列计数器 cnt_v 初值为 0，行计数器 cnt_h 计满 1 个时钟周期且 pi_flag 信号拉高，cnt_v 自加 1，计数最大值为 99，计满归零，具体如图 30-17 所示。

图 30-17　cnt_v 信号波形图

3）当数据第 0 行输入，即 cnt_v 为 0 时，fifo1 写使能信号 wr_en1 由 pi_data 信号赋值，滞后其 1 个时钟周期，fifo1 数据写入 data_in1 的数据由 pi_data 传入；当数据第 0 行传入后，即 cnt_v 为 1～99 时，wr_en1 信号由 dout_flag 信号赋值，dout_flag 信号有效时，fifo2 读出数据 data_out2 写入 fifo1 的 data_in1，具体如图 30-18 所示。

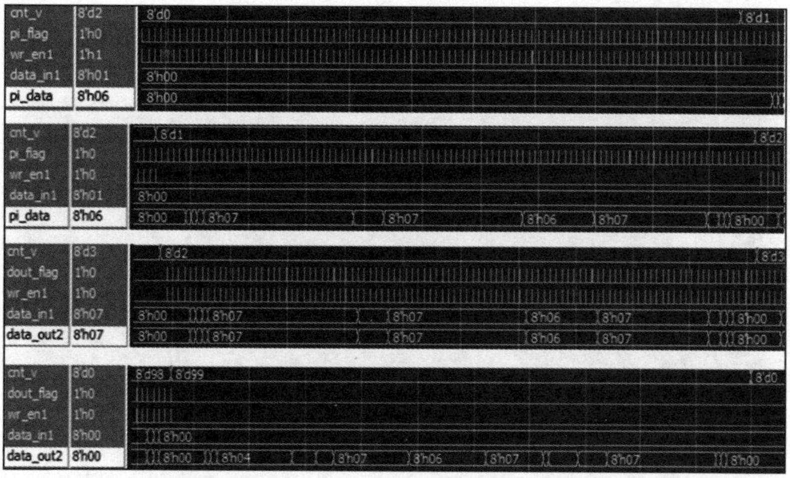

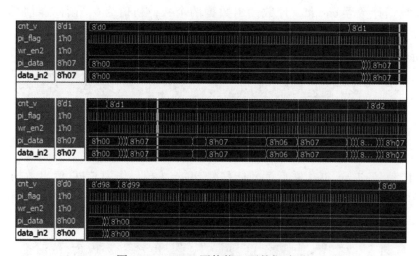

图 30-18　fifo1 写使能、写数据波形

4）fifo2 写使能信号 wr_en2，只在 cnt_v 计数在 1～98 区域内且 pi_flag 信号为高电平时，写使能有效，其他时刻均无效。写使能信号有效时，将传入数据 pi_data 写入 fifo1 写数据端口 data_in1，写使能 wr_en 无效时无数据写入，具体如图 30-19 所示。

图 30-19　fifo2 写使能、写数据波形

5）FIFO 共用读使能信号 rd_en，列计数器 cnt_v 计数在 2～99 范围内且 pi_flag 信号为高电平时，读使能信号 rd_en 有效，其他时刻无效，具体如图 30-20 所示。

6）fifo1 读使能信号 wr_en1 在 cnt_v 计数器大于 0 时，受控于信号 dout_flag，dout_flag 信号只有在 fifo2 写使能信号 wr_en2 和读使能信号 rd_en 均有效时才有效，在其他时刻 dout_flag 信号无效，具体如图 30-21 所示。

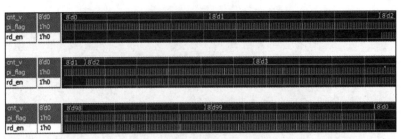

图 30-20　FIFO 共用读使能信号波形图

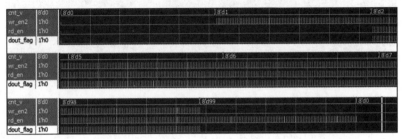

图 30-21　dout_flag 信号仿真波形图

第一部分信号仿真波形分析完毕，接下来进入第二部分的信号波形分析。

1）读数据计数器 cnt_rd，计数读出数据的个数，初值为 0，读使能信号拉高 1 次，cnt_rd 自加 1，计数到最大值，即一行数据个数为 99 时，计数器归零，重新计数，具体如图 30-22 所示。

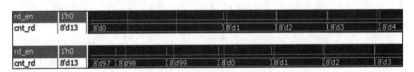

图 30-22　读数据计数器波形

2）使能信号 rd_en_dly1 滞后读使能信号 rd_en 1 拍，作为 FIFO 读出数据 data_out1、data_out2 和输入数据 pi_data 的数据寄存使能信号；使能信号 rd_en_dly2 滞后读使能信号 rd_en 2 拍，作为 gx_gy_flag 信号的约束条件之一，具体如图 30-23 所示。

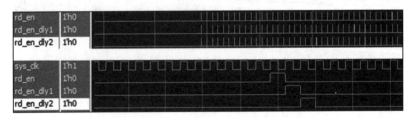

图 30-23　读使能延迟信号波形

3）读使能信号 rd_en 有效时，两个 FIFO 有数据读出，具体如图 30-24 所示。

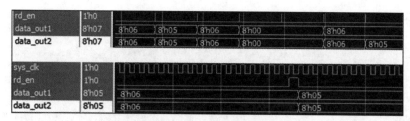

图 30-24　FIFO 读出数据波形

4）以信号 rd_en_dly1 为使能信号，将 FIFO 的读出数据 data_out1、data_out2 分别赋值给 data_out_dly1、data_out2_dly2，寄存数据，用于进行 Sobel 运算，具体如图 30-25 所示。

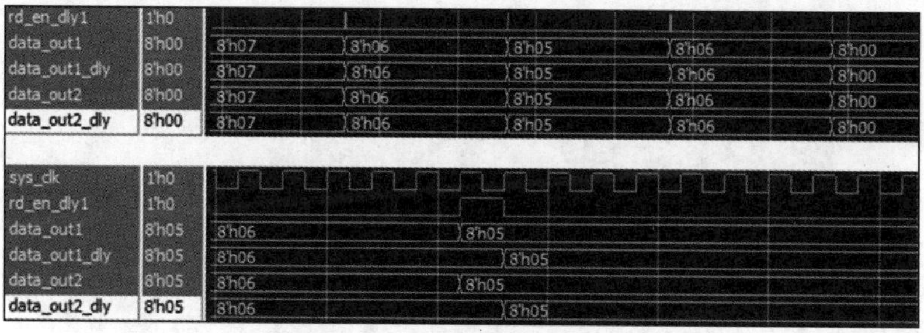

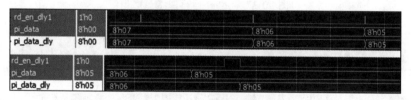

图 30-25　FIFO 读出数据寄存波形

5）以信号 rd_en_dly1 为使能信号，将输入数据 pi_data 赋值给 pi_data_dly，寄存数据，用于进行 Sobel 运算，具体如图 30-26 所示。

图 30-26　输入数据基础波形

6）a1～c3 是要进行 Sobel 运算的像素点，初值为 0，当使能信号 rd_en_dly2 有效时，将 data_out1_dly、data_out2_dly、pi_data_dly 分别赋值给 a1、b1、c1，a1、b1、c1 赋值给 a2、b2、c2，a2、b2、c2 赋值给 a3、b3、c3，具体如图 30-27 所示。

7）信号 gx_gy_flag 是计算 gx、gy 的使能信号，当信号 gx_gy_flag 有效时，根据 gx、gy 计算公式求出 gx、gy，该信号滞后 rd_en_dly2 信号 1 个时钟周期；信号 gxy_flag 是计算 gy 的使能信号，当信号 gxy_flag 有效时，根据 gxy 计算公式求出 gxy，该信号滞后 gx_gy_flag 信号 1 个时钟周期；compare_flag 是阈值比较信号，此信号滞后 gxy_flag 信号 1 个时钟周期，信号有效时，将求得的 gxy 与设定阈值相比较，根据比较结果给 po_data 赋值，具体如图 30-28 及图 30-29 所示。

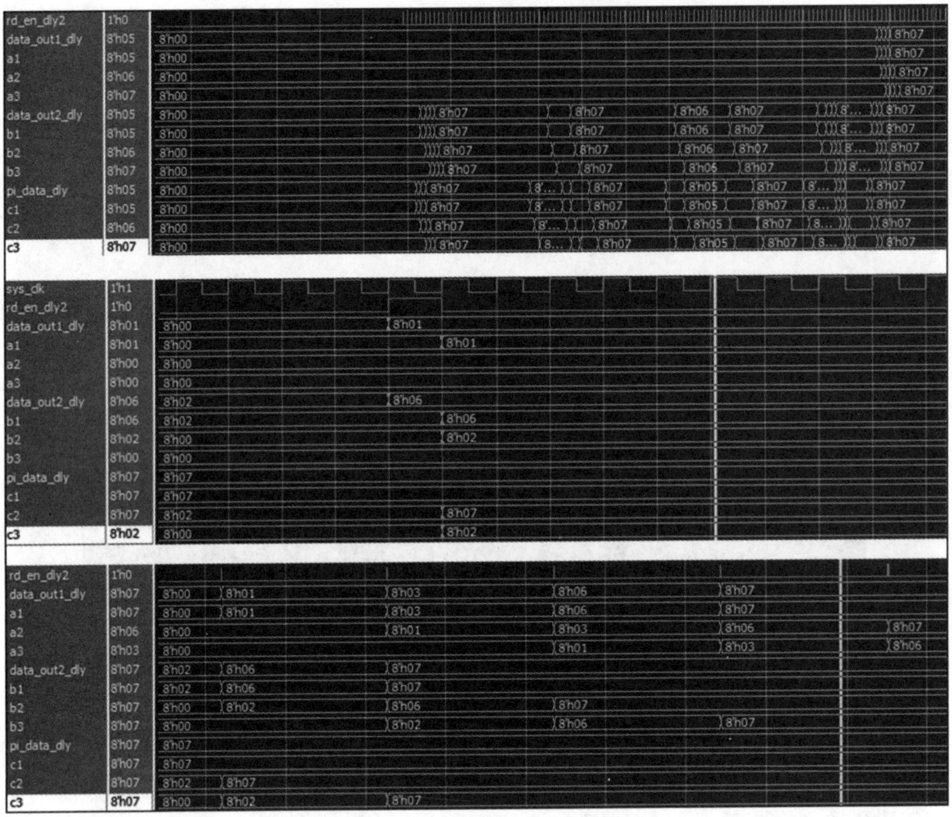

图 30-27 Sobel 运算像素点赋值

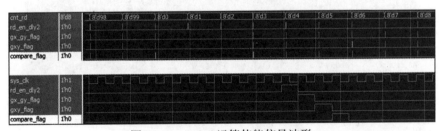

图 30-28 Sobel 运算使能信号波形

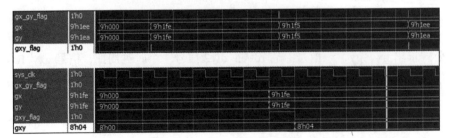

图 30-29 gx、gy、gxy 运算

8）compare_flag 信号有效时，将求得的 gxy 与设定的阈值比较，若 gxy 大于等于设定的阈值，则给输出数据 po_data 赋值黑色指令，否则赋值白色指令；输出数据标志信号 po_flag 滞后 compare_flag 信号 1 个时钟周期，目的是与输出数据 po_data 保持同步，具体如图 30-30 所示。

图 30-30　输出数据、输出标志信号

6. 上板验证

仿真验证通过后，绑定引脚，对工程进行重新编译。如图 30-31 所示，将开发板连接 12V 直流电源、USB-Blaster 下载器 JTAG 端口、USB 数据线以及 VGA 显示器，线路连接正确后，打开开关为板卡上电，随后为开发板下载程序。

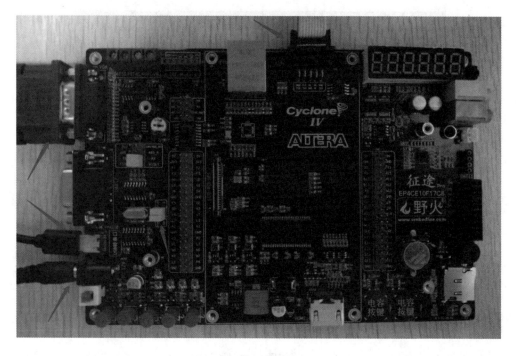

图 30-31　程序下载连线图

程序下载完成后，使用串口助手向板卡发送转换后的图像数据，如图 30-32 所示，随后 VGA 显示器显示出彩条背景，并在中央扫描打印出 Sobel 算法处理后的图片，如图 30-33 所示。实际效果和预期效果一致，上板验证成功。

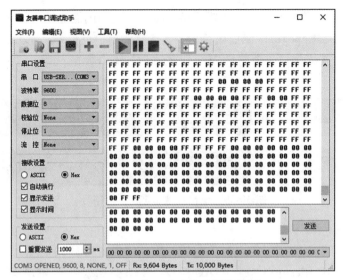

图 30-32　串口助手发送图片数据

图 30-33　VGA 显示实验效果图

30.3　章末总结

　　边缘检测在计算机视觉、图像分析和图像处理等应用中起着重要作用，Sobel 算法又是边缘检测的重要算法之一，通过本章节的学习，读者要了解 Sobel 算法的具体流程，掌握 Sobel 算法的实现方法，如果对边缘检测的其他算法感兴趣，也可自行查找相关资料加以学习。

第 31 章
基于 SPI 协议的 Flash 驱动控制

本章中读者将要学习 SPI（Serial Peripheral Interface，串行外围设备接口）通信协议的基本知识和概念，理解并掌握基于 SPI 总线的 Flash 驱动控制的相关内容，熟悉 FPGA 与 SPI 器件之间的数据通信流程。根据所学知识设计一个基于 SPI 总线的 Flash 驱动控制器，实现 FPGA 对 Flash 存储器的数据写入、数据读取以及扇区擦除和全擦除操作，并上板验证。

31.1 理论学习

在进行控制器的设计之前，我们先对所涉及的理论知识做一下讲解。既然是要设计基于 SPI 总线的 Flash 驱动控制器，首先要讲解的就是重要的通信协议之一——SPI 通信协议。

SPI 通信协议是 Motorola 公司提出的一种同步串行接口技术，也可以看作一种高速、全双工、同步通信总线，在芯片中只占用四个引脚用来控制及传输数据，广泛应用于 EEPROM、Flash、RTC（实时时钟）、ADC（数模转换器）、DSP（数字信号处理器）以及数字信号解码器上，是常用的也是较为重要的通信协议之一。

SPI 通信协议的优点是支持全双工通信，通信方式较为简单，且相对数据传输速率较快；缺点是没有指定的流控制，没有应答机制确认数据是否接收，与 I²C 总线通信协议相比，在数据可靠性上有一定缺陷。I²C 总线通信协议的相关内容会在第 32 章进行讲解。

对于 SPI 通信协议的相关内容，我们分为物理层、协议层两部分进行讲解，具体内容如下。

31.1.1 SPI 物理层

对于 SPI 协议的物理层，需要讲解的就是 SPI 通信设备的连接方式和设备引脚的功能描述。

SPI 通信设备采用的是主从通信模式，通信双方有主从之分，根据从机设备的个数，SPI 通信设备之间的连接方式可分为一主一从和一主多从，具体如图 31-1 和图 31-2 所示。

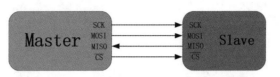

图 31-1　一主一从 SPI 通信设备连接图

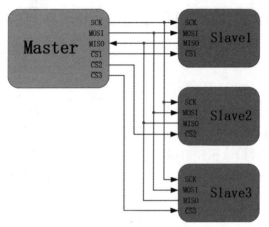

图 31-2　一主多从 SPI 通信设备连接图

SPI 通信协议包含 1 条时钟信号线、2 条数据总线和 1 条片选信号线，时钟信号线为 SCK，2 条数据总线分别为 MOSI（主输出从输入）和 MISO（主输入从输出），片选信号线为 $\overline{CS}$，它们的作用介绍如下：

- □ SCK（Serial Clock）：时钟信号线，用于同步通信数据。由通信主机产生，决定了通信的速率，不同的设备支持的最高时钟频率不同，两个设备之间通信时，通信速率受限于低速设备。

- □ MOSI（Master Output，Slave Input）：主设备输出 / 从设备输入引脚。主机的数据从这条信号线输出，从机由这条信号线读入主机发送的数据，数据方向由主机到从机。

- □ MISO（Master Input，Slave Output）：主设备输入 / 从设备输出引脚。主机从这条信号线读入数据，从机的数据由这条信号线输出到主机，数据方向由从机到主机。

- □ $\overline{CS}$（Chip Select）：片选信号线，也称为 CS_N，以下用 CS_N 表示。当有多个 SPI 从设备与 SPI 主机相连时，设备的其他信号线 SCK、MOSI 及 MISO 同时并联到相同的 SPI 总线上，即无论有多少个从设备，都共同使用这 3 条总线。每个从设备都有独立的这一条 CS_N 信号线，本信号线独占主机的一个引脚，即有多少个从设备，就有多少条片选信号线。I^2C 协议中通过设备地址来寻址、选中总线上的某个设备并与其进行通信；而 SPI 协议中没有设备地址，它使用 CS_N 信号线来寻址，当主机要选择从设备时，把该从设备的 CS_N 信号线设置为低电平，该从设备即被选中，即片选有效，接着主机开始与被选中的从设备进行 SPI 通信。所以 SPI 通信以 CS_N 线置低电平为开始信号，以 CS_N 线被拉高作为结束信号。

31.1.2　SPI 协议层

下面我们主要介绍 SPI 通信协议的通信过程，在此之前先来介绍一下 SPI 通信协议的通信模式。

1. CPOL/CPHA 及通信模式

SPI 通信协议一共有 4 种通信模式：模式 0、模式 1、模式 2 以及模式 3。这 4 种模式分别由时钟极性（CPOL，Clock Polarity）和时钟相位（CPHA，Clock Phase）来定义，其中 CPOL 参数规定了空闲状态（CS_N 为高电平，设备未被选中）时 SCK 时钟信号的电平状态，CPHA 规定了数据采样是在 SCK 时钟的奇数边沿还是偶数边沿。

SPI 通信协议 4 种模式的具体介绍如下，通信模式时序图如图 31-3 所示。

❑ 模式 0：CPOL=0，CPHA=0。空闲状态时 SCK 串行时钟为低电平；数据采样在 SCK 时钟的奇数边沿，本模式中，奇数边沿为上升沿；数据更新在 SCK 时钟的偶数边沿，本模式中，偶数边沿为下降沿。

❑ 模式 1：CPOL=0，CPHA=1。空闲状态时 SCK 串行时钟为低电平；数据采样在 SCK 时钟的偶数边沿，本模式中，偶数边沿为下降沿；数据更新在 SCK 时钟的奇数边沿，本模式中，偶数边沿为上升沿。

❑ 模式 2：CPOL=1，CPHA=0。空闲状态时 SCK 串行时钟为高电平；数据采样在 SCK 时钟的奇数边沿，本模式中，奇数边沿为下降沿；数据更新在 SCK 时钟的偶数边沿，本模式中，偶数边沿为上升沿。

❑ 模式 3：CPOL=1，CPHA=1。空闲状态时 SCK 串行时钟为高电平；数据采样在 SCK 时钟的偶数边沿，本模式中，偶数边沿为上升沿；数据更新在 SCK 时钟的奇数边沿，本模式中，偶数边沿为下降沿。

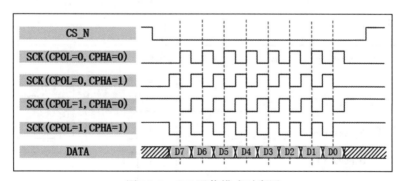

图 31-3　SPI 通信模式时序图

对于 4 种通信模式，CPOL 比较好理解，表示设备处于未被选中的空闲状态时，串行时钟 SCK 的电平状态。CPOL = 0，空闲状态时 SCK 为低电平，CPOL = 1，空闲状态时 SCK 为高电平。CPHA 的不同参数则规定了数据采样是在 SCK 时钟的奇数边沿还是偶数边沿，CPHA = 0，数据采样是在 SCK 时钟的奇数边沿，CPHA = 1，数据采样是在 SCK 时钟的偶数边沿，这里不使用上升沿或下降沿表示，是因为在不同模式下，奇数边沿或偶数边沿与上升沿或下降沿的对应不是固定的，为了便于读者理解，此处结合图 31-4 做一下说明。

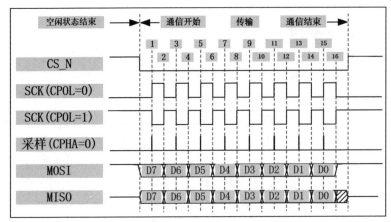

图 31-4　CPHA=0 时的 SPI 通信模式

首先，根据 SCK 在空闲状态时的电平可分为两种情况：CPOL=0，SCK 信号线在空闲状态为低电平；CPOL=1，SCK 信号线在空闲状态为高电平。

无论 CPOL=0 还是 1，我们配置的时钟相位 CPHA=0，在图 31-4 中可以看到，采样时刻都是在 SCK 的奇数边沿。注意，当 CPOL=0 的时候，时钟的奇数边沿是上升沿，而当 CPOL=1 时，时钟的奇数边沿是下降沿。所以 SPI 的采样时刻不是由上升 / 下降沿决定的。MOSI 和 MISO 数据线的有效信号在 SCK 的奇数边沿保持不变，数据信号将在 SCK 奇数边沿时被采样，在非采样时刻，MOSI 和 MISO 的有效信号才发生切换。

类似地，当 CPHA=1 时，不受 CPOL 的影响，数据信号在 SCK 的偶数边沿被采样，具体如图 31-5 所示。

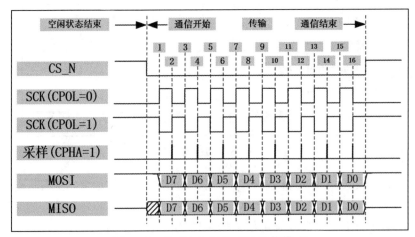

图 31-5　CPHA=1 时的 SPI 通信模式

2. SPI 基本通信过程

前面我们详细介绍了 SPI 通信协议的 4 种通信模式，其中模式 0 和模式 3 比较常用。下面我们以模式 0 为例，为大家讲解一下 SPI 基本的通信过程。SPI 模式 0 的通信时序图如图 31-6 所示。

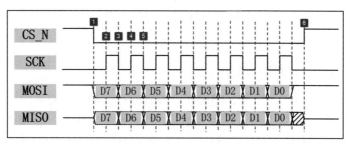

图 31-6　SPI 模式 0 通信时序图

此图表示的是主机视角的通信时序。SCK、MOSI、CS_N 信号均由主机控制产生，SCK 是时钟信号，用以同步数据，MOSI 是主机输出从机输入信号，主机通过此信号线传输数据给从机，CS_N 为片选信号，用以选定从机设备，低电平有效，MISO 的信号由从机产生，主机通过该信号线读取从机的数据。MOSI 与 MISO 的信号只在 CS_N 为低电平时有效，在 SCK 的每个时钟周期，MOSI 和 MISO 传输一位数据。

3. 通信的起始和停止信号

在图 31-6 中的标号①处，CS_N 信号线由高变低，是 SPI 通信的起始信号。CS_N 是每个从机各自独占的信号线，当从机在自己的 CS_N 线检测到起始信号后，就知道自己被主机选中了，开始准备与主机通信。在图 31-6 中的标号⑥处，CS_N 信号由低变高，是 SPI 通信的停止信号，表示本次通信结束，从机的选中状态被取消。

4. 数据有效性

SPI 使用 MOSI 及 MISO 信号线来传输数据，使用 SCK 信号线进行数据同步。MOSI 及 MISO 数据线在 SCK 的每个时钟周期传输一位数据，且数据输入输出是同时进行的。传输数据时，对于 MSB 先行还是 LSB 先行并没有硬性规定，但要保证两个 SPI 通信设备之间使用同样的协定，一般都会采用图 31-6 中的 MSB 先行模式。

观察图 31-6 中的标号②～⑤，MOSI 及 MISO 的数据在 SCK 的下降沿期间变化输出，在 SCK 的上升沿时被采样。即在 SCK 的上升沿时刻，MOSI 及 MISO 的数据有效，高电平时表示数据 "1"，低电平时表示数据 "0"。在其他时刻数据无效，MOSI 及 MISO 为下一次表示数据做准备。

SPI 的每次数据传输可以 8 位或 16 位为单位，每次传输的单位数不受限制。

31.2　实战演练

对于 Flash 芯片，相信大家都不陌生，它是一种非易失性存储芯片，在进行单片机、STM32

等 MCU 的学习时应该都用到过。在学习 FPGA 时我们也会用到它，因为它在掉电后，数据不会丢失。在 FPGA 工程的设计中，Flash 主要用作外接芯片来存储 FPGA 程序，使 FPGA 在上电后可以立即执行我们想要执行的程序。SPI-Flash 芯片就是支持 SPI 通信协议的 Flash 芯片。

在 31.1 节中，我们讲解了 SPI 通信协议的相关知识，为了让读者更好地掌握 SPI 通信协议，为加深对 SPI 通信协议的理解，在后文中我们会加入几个有关 SPI-Flash 芯片读写操作的实验。

31.2.1　SPI-Flash 全擦除实验

我们在平时对工程进行上板验证的时候，可以通过两种方式烧录程序：一种是将程序下载到 FPGA 内部的 SRAM 之中，这种方式的烧录过程耗时较短，但缺点是掉电后程序会丢失，再次上电后要重新烧录程序；另外一种就是将程序固化到 FPGA 外部挂载的 Flash 芯片中，Flash 芯片是非易失性存储器，程序掉电后不会丢失，重新上电后会执行掉电前烧录到 Flash 中的程序，但是烧录程序耗时较长。

如果我们验证完程序后，想要将固化到 Flash 中的程序删除，则可以通过两种方式——全擦除和扇区擦除来实现。

下面我们将带领读者分别编写全擦除工程和扇区擦除工程，使读者对这两种擦除方式有清晰的认识，掌握这两种擦除方式的实现方法。

Flash 的全擦除，顾名思义就是将 Flash 所有的存储空间都进行擦除操作，使各存储空间内存储的数据恢复到初始值。FPGA 要实现 Flash 的全擦除也有两种方式。

❏ 方式一：利用 FPGA 编译软件，通过 Quartus 软件的"Programmer"窗口，将烧录到 Flash 的 *.jic 文件擦除，如图 31-7 所示。

❏ 方式二：编写全擦除程序，实现 Flash 芯片的全擦除，这就是我们下面要进行的实验。

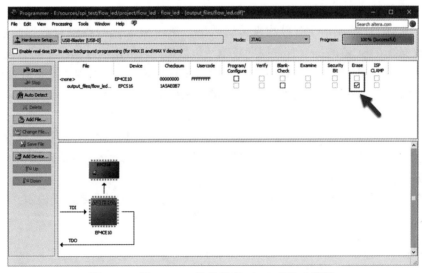

图 31-7　用 Quartus 软件实现 Flash 芯片全擦除

1. 实验目标

事先向 Flash 芯片中烧录流水灯程序，FPGA 上电执行流水灯程序，下载 Flash 芯片全擦除程序到 FPGA 内部 SRAM 并执行，擦除 Flash 芯片中烧录的流水灯程序，FPGA 重新上电后，无程序执行。

2. 硬件资源

征途 Pro 开发板使用的 Flash 型号为 W25Q16，存储容量为 16Mbit（2MB）。Flash 的实物图与原理图分别如图 31-8 和图 31-9 所示。

图 31-8　板载 Flash 实物图

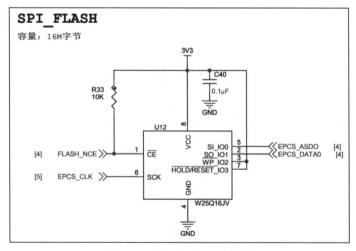

图 31-9　板载 Flash 原理图

3. 操作时序

下面我们结合数据手册来详细说明 SPI-Flash 芯片全擦除操作的相关内容。

全擦除（Bulk Erase，BE）操作的操作指令为 8'b1100_0111（C7h），具体如图 31-10 所示。

BE	Bulk Erase	1100 0111	C7h	0	0	0

图 31-10　全擦除操作指令

由数据手册中全擦除介绍部分可知，全擦除指令是将 Flash 芯片中的所有存储单元全部设置为 1，在 Flash 芯片写入全擦出指令之前，需要先写入写使能（Write Enable，WREN）指令，将芯片设置为写使能锁存（WEL）状态，随后要拉低片选信号，写入全擦除指令，在指令写入过程中，片选信号始终保持低电平，待指令被芯片锁存后，将片选信号拉高；全擦除指令被锁存并执行后，需要等待一个完整的全擦除周期（t_{BE}），才能完成 Flash 芯片的全擦除操作。全擦除操作的详细介绍及时序图如图 31-11 所示。

Bulk Erase (BE)

The Bulk Erase (BE) instruction sets all bits to 1 (FFh). Before it can be accepted, a Write Enable (WREN) instruction must previously have been executed. After the Write Enable (WREN) instruction has been decoded, the device sets the Write Enable Latch (WEL).

The Bulk Erase (BE) instruction is entered by driving Chip Select ($\overline{S}$) Low, followed by the instruction code on Serial Data Input (D). Chip Select ($\overline{S}$) must be driven Low for the entire duration of the sequence.

The instruction sequence is shown in Figure 18..

Chip Select ($\overline{S}$) must be driven High after the eighth bit of the instruction code has been latched in, otherwise the Bulk Erase instruction is not executed. As soon as Chip Select ($\overline{S}$) is driven High, the self-timed Bulk Erase cycle (whose duration is t_{BE}) is initiated. While the Bulk Erase cycle is in progress, the Status Register may be read to check the value of the Write In Progress (WIP) bit. The Write In Progress (WIP) bit is 1 during the self-timed Bulk Erase cycle, and is 0 when it is completed. At some unspecified time before the cycle is completed, the Write Enable Latch (WEL) bit is reset.

The Bulk Erase (BE) instruction is executed only if all Block Protect (BP2, BP1, BP0) bits are 0. The Bulk Erase (BE) instruction is ignored if one, or more, sectors are protected.

Figure 18. Bulk Erase (BE) Instruction Sequence

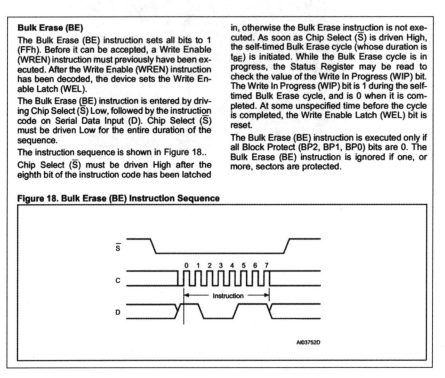

图 31-11　全擦除操作详细介绍及操作时序

当芯片处于写使能锁存状态时，写入全擦除指令才会被 Flash 芯片响应，否则全擦除指令无效。所以，接下来我们要详细介绍写使能指令的相关内容。

写使能（WREN）指令的操作指令为 8’b0000_0110（06h），具体如图 31-12 所示。

WREN	Write Enable	0000 0110	06h	0	0	0

图 31-12　写使能指令

由数据手册中写使能介绍部分可知，写使能指令可将 Flash 芯片设置为写使能锁存（WEL）状态；在进行每一次页写操作（PP）、扇区擦除（SE）、全擦除（BE）和写状态寄存器（WRSR）操作之前，都需要先进行写使能指令写入操作。操作时序为先拉低片选信号，写入写使能指令，在指令写入过程中，片选信号始终保持低电平，指令写入完成后，将片选信号拉高。写使能指令的详细介绍及时序图具体如图 31-13 所示。

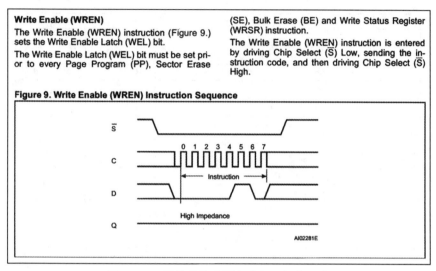

图 31-13　写使能指令详细介绍及操作时序

虽然全擦除操作和写使能操作的相关内容介绍完毕，但我们还不能开始实验工程的设计，因为我们还有十分重要的知识点需要详细说明，那就是 Flash 芯片的串行输入时序。

写使能指令、全擦除指令以及其他操作指令在写入 Flash 芯片时要严格遵循芯片的串行输入时序。串行输入时序图如图 31-14 所示。

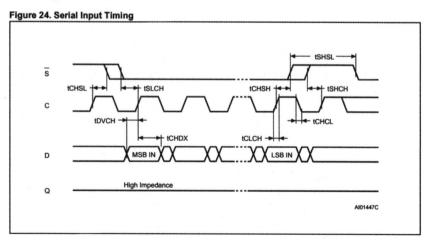

图 31-14　串行输入时序图

相关操作指令在写入芯片之前需要先拉低片选信号，在片选信号保持低电平时将指令写入数据输入端口，指令写入完毕，拉高片选信号，数据输出端口在指令写入过程中始终保持高阻态。

图中定义了许多时间参数，其中有三个需要格外注意，分别是 t_{SLCH}、t_{CHSH} 和 t_{SHSL}。时间参数的参考数值具体参见图 31-15。

Symbol	Alt.	Parameter	Min.	Typ.	Max.	Unit
f_C	f_C	Clock Frequency[1] for the following instructions: FAST_READ, PP, SE, BE, DP, RES, WREN, WRDI, RDID, RDSR, WRSR	D.C.		50	MHz
f_R		Clock Frequency for READ instructions	D.C.		20	MHz
t_{CH} [1]	t_{CLH}	Clock High Time	9			ns
t_{CL} [1]	t_{CLL}	Clock Low Time	9			ns
t_{CLCH} [2]		Clock Rise Time[3] (peak to peak)	0.1			V/ns
t_{CHCL} [2]		Clock Fall Time[3] (peak to peak)	0.1			V/ns
t_{SLCH}	t_{CSS}	$\overline{S}$ Active Setup Time (relative to C)	5			ns
t_{CHSL}		$\overline{S}$ Not Active Hold Time (relative to C)	5			ns
t_{DVCH}	t_{DSU}	Data In Setup Time	2			ns
t_{CHDX}	t_{DH}	Data In Hold Time	5			ns
t_{CHSH}		$\overline{S}$ Active Hold Time (relative to C)	5			ns
t_{SHCH}		$\overline{S}$ Not Active Setup Time (relative to C)	5			ns
t_{SHSL}	t_{CSH}	$\overline{S}$ Deselect Time	100			ns

图 31-15　时间参数参照表

由图 31-14 可知，片选信号自下降沿始到第一个有效数据写入时停止，这一段等待时间定义为片选信号有效建立时间 t_{SLCH}，由图 31-15 可知，这一时间段必须大于等于 5ns；片选信号自最后一个有效数据写入时始到片选信号上升沿为止，这一段等待时间定义为片选信号有效保持时间 t_{CHSH}，由图 31-15 可知，这一时间段必须大于等于 5ns；片选信号自上一个上升沿始到下一个下降沿为止，这一段等待时间定义为片选信号高电平等待时间 t_{SHSL}，由图 31-15 可知，这一时间段必须大于等于 100ns。

至此，我们已经讲解了写使能指令、全擦除指令的相关内容和操作时序，对 Flash 芯片的串行输入时序也做了说明。综上所述，绘制完整全擦除操作时序图如图 31-16 所示。

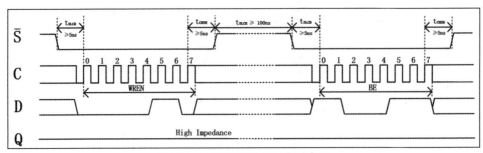

图 31-16　完整全擦除操作时序图

4. 程序设计

在操作时序部分，我们对全擦除的相关知识和操作时序做了详细讲解，接下来我们开始实验工程的程序设计。

（1）整体说明

整个全擦除工程调用 3 个模块：按键消抖模块（key_filter），Flash 全擦除模块（flash_be_ctrl）和顶层模块（spi_flash_be）。模块框图如图 31-17 所示，模块功能描述如表 31-1 所示。

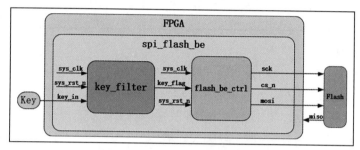

图 31-17　全擦除工程整体框图

表 31-1　全擦除工程模块简介

模块名称	功能描述
spi_flash_be	全擦除工程顶层模块
key_filter	按键消抖模块
flash_be_ctrl	全擦除模块

在整个系统工程中，外部按键负责产生全擦除触发信号，信号由外部进入 FPGA，经顶层模块 spi_flash_be 进入按键消抖模块 key_filter，触发信号经消抖处理后输出，进入 Flash 全擦除模块 spi_flash_be，触发信号有效，Flash 全擦除模块工作，生成并输出串行时钟信号 sck、片选信号 cs_n 和主输出从输入信号 mosi，3 路信号输入外部挂载的 Flash 芯片，Flash 芯片接收到全擦除指令，实现 Flash 芯片全擦除。

整个系统工程包含 3 个模块，对于按键消抖模块 key_filter 的相关知识在之前的章节中已经做过详细介绍，此处不再赘述；顶层模块 spi_flash_be 在后文中会略做说明；对于实验工程的核心 Flash 全擦除模块 flash_be_ctrl，我们将进行详细说明，方便读者理解。

（2）全擦除模块

1）模块框图

Flash 全擦除模块是本实验工程的核心模块，其生成并输出时钟、片选和数据信号，向 Flash 芯片发送全擦除指令，控制 Flash 芯片实现全擦除，本模块的模块框图如图 31-18 所示；模块端口的相关描述具体参见表 31-2。

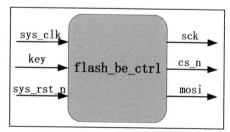

图 31-18　全擦除模块框图

表 31-2　模块输入输出端口功能描述

信　号	位　宽	类　型	功能描述
sys_clk	1bit	Input	系统时钟，频率为 50MHz
sys_rst_n	1bit	Input	复位信号，低电平有效
key	1bit	Input	全擦除触发信号
sck	1bit	Output	Flash 串行时钟
cs_n	1bit	Output	Flash 片选信号
mosi	1bit	Output	Flash 主输出从输入信号

2）波形图绘制

模块框图部分已经对模块功能和输入输出端口功能做了简要说明，如何利用输入信号实现模块功能，得到正确的输出信号是此处将要讲解的内容。下面我们通过绘制波形图，对各信号波形进行详细讲解，带领读者掌握模块功能的实现方法。

Flash 全擦除波形图如图 31-19～图 31-21 所示。

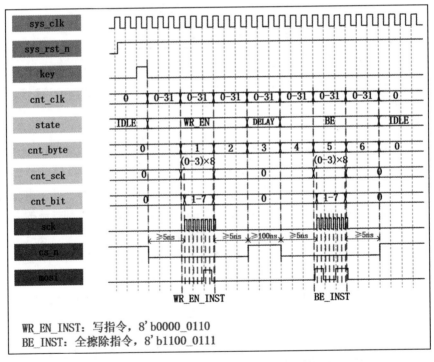

图 31-19　Flash 全擦除整体波形图

对于模块波形图的设计与绘制，我们针对各信号进行分部分讲解。

第一部分：输入信号波形的绘制

系统上电之后，全擦除模块一直处于初始状态，只有当输入的全擦除触发信号 key 有效时，模块才会开始执行全擦除的相关操作，触发信号是由外部物理按键生成的，经由按键消抖模块做消抖处理后传入。除此之外，输入信号还包含时钟信号 sys_clk（50MHz）、复位信号 sys_rst_n（低电平有效），输入信号的波形图如图 31-22 所示。

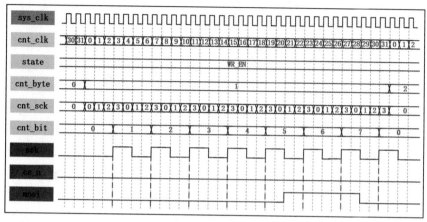

图 31-20　Flash 全擦除局部波形（一）

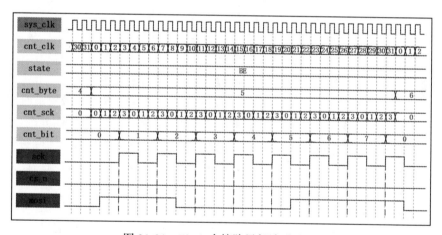

图 31-21　Flash 全擦除局部波形（二）

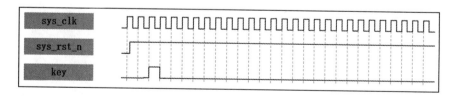

图 31-22　输入信号波形图

第二部分：状态机相关信号的波形设计与实现

由前文可知，一个完整的全擦除操作需要对 Flash 芯片执行两次指令的写入，这两个指令分别为写使能指令和全擦除指令，而且在片选信号拉低后指令写入前、指令写入完成后片选信号拉高前，以及两指令写入之间，都需要做规定时间的等待。

对于这一操作流程，我们可以使用状态机来实现。在模块内部声明状态机的状态变量 state，定义状态机各状态分别为初始状态（IDLE）、写使能状态（WR_EN）、两指令间等待状态（DELAY）、全擦除状态（BE）。

状态机状态跳转流程如下：系统上电后，状态机状态变量 state 一直处于初始状态（IDLE）；当传入的全擦除触发信号 key 有效时，表示实验工程开始执行对 Flash 芯片的全擦除操作，状态机跳转到写使能状态（WR_EN），同时片选信号拉低，选中要进行全擦除操作的 Flash 芯片；状态跳转到写使能状态且片选信号拉低后，要进行 $t_{SLCH}≥5ns$ 的等待，等待时间过后对主输出从输入信号写入写使能指令，指令写入完成后需要进行 $t_{CHSH}≥5ns$ 的等待，等待时间过后拉高片选信号，取消对 Flash 芯片的选择，同时状态机跳转到两指令间等待状态（DELAY）；在此状态等待时间 $t_{SHSL}≥100ns$ 后，状态机跳转到全擦除状态（BE），同时片选信号拉低，选中已写入写使能指令的 Flash 芯片；状态机跳转到全擦除状态且片选信号拉低后，要进行 $t_{SLCH}≥5ns$ 的等待，等待时间过后对主输出从输入信号写入全擦除指令，指令写入完成后需要进行 $t_{CHSH}≥5ns$ 的等待，等待时间过后拉高片选信号，取消对 Flash 芯片的选择，同时状态机跳回初始状态（IDLE），一次完整的全擦除操作完成。

状态机的状态跳转流程确定了，模块功能实现的整体思路也就确定了。接下来要做的就是状态机的实现，这一过程中要解决诸多问题。

第一个问题：片选信号的等待时间 t_{SHSL}、t_{CHSH}、t_{SHSL} 的参数确定。

在状态机的状态跳转过程中我们提到，片选信号在某些位置需要做规定时间的等待，但在各状态的等待时间参数是不同的，如果声明多个计数器对各等待时间分别计数或者使用一个计数器、多个等待结束标志的话，虽然能够实现，但较为麻烦，且声明信号较多。不如声明一个通用计数器，以最长等待时间为下限进行等待时间的计数，且各等待时间没有上限约束，更容易实现。

那么这个等待时间设置为多长最为合适呢？我们想到了指令写入过程所需时间。

由 Flash 芯片数据手册可知，Flash 芯片数据读操作的时钟频率 SCK 上限为 20MHz，除数据读操作之外的其他操作频率上限为 50MHz，为了后续数据读操作不再进行时钟的更改，本实验工程的所有实验的时钟均使用 12.5MHz，因为晶振传入时钟为 50MHz，通过四分频生成 12.5MHz 较为方便，且满足 Flash 芯片时钟要求。

Flash 芯片的指令为串行传输，每个时钟周期只能写入 1bit 数据，要写入一个完整的单字节指令需要 8 个完整的 SCK 时钟周期，即 32 个完整的系统时钟，系统时钟频率为 50MHz，完整指令的写入需要 640ns。

这个时间大于片选信号最长等待时间的下限 100ns，所以将片选信号的各等待时间的时间参数统一设置为 640ns，即 32 个系统时钟周期。这样声明的计数器不仅可以用作片选信号等待时间计数，也可以用作指令信号写入时间计数，可节省寄存器资源。

所以声明计数器 cnt_clk，初值为 0，在 0～31 计数范围内循环计数，在状态机处于初始状态时，始终保持为 0；在状态机处于初始状态之外的其他状态时，每个系统时钟周期自加 1，计到最大值时清零，重新计数。

第二个问题：状态机状态跳转约束条件的确定。

状态机在系统上电之后处于初始状态（IDLE），待输入的全擦除触发信号有效时，状态机由初始状态跳转到写使能状态（WR_EN），但写使能状态后的各状态跳转应该如何进行？跳转条件又是什么？

可以使用刚刚声明的计数器 cnt_clk 作为状态跳转的约束条件，但条件并不充分，因为计数器 cnt_clk 为 0～31 循环计数，使用其单独作为约束条件的话，状态机在每个 cnt_clk 的计数周期都会存在满足跳转条件的计数值，所以我们需要声明一个新的计数器来对计数器 cnt_clk 的计数周期进行计数，使用两个计数器作为约束条件可以实现状态机的状态跳转。

声明计数器 cnt_byte 对计数器 cnt_clk 的计数周期进行计数。对 cnt_byte 赋初值为 0，当状态机处于初始状态时，计数器 cnt_byte 始终保持初值 0；当状态机处于除初始状态外的其他状态时，计数器 cnt_byte 开始对计数器 cnt_clk 的计数周期进行计数，cnt_clk 每完成一个完整的循环计数，即 cnt_clk = 31 时，计数器 cnt_byte 自加 1，其他时刻保持当前值不变。

使用这两个计数器作为约束条件就可以实现状态机的状态跳转，当状态机跳转到写使能状态时，同时片选信号拉低，当 cnt_byte = 0，处于计数器 cnt_clk 的第 1 个计数周期时，是对片选信号等待时间 t_{SLCH} = 640ns 的计数；当 cnt_byte = 1，处于计数器 cnt_clk 的第 2 个计数周期时，是对写使能指令写入时间进行计数；当 cnt_byte = 2，处于计数器 cnt_clk 的第 3 个计数周期时，是对片选信号等待时间 t_{CHSH} = 640ns 的计数；第 3 个周期的计数完成后，状态机跳转到两指令间等待状态（DELAY），同时片选信号拉高，计数器开始进行第 4 个计数周期的计数；此时 cnt_byte = 3，这一计数周期是对片选信号两指令之间的等待时间 t_{SHSL} = 640ns 的计数，计数完成后，状态机跳转到全擦除状态（BE），片选信号再次拉低；当 cnt_byte = 4，处于计数器 cnt_clk 的第 5 个计数周期时，是对片选信号等待时间 t_{SLCH} = 640ns 的计数；当 cnt_byte = 5，处于计数器 cnt_clk 的第 6 个计数周期时，是对全擦除指令写入时间进行计数；当 cnt_byte = 6，处于计数器 cnt_clk 的第 7 个计数周期时，是对片选信号等待时间 t_{CHSH} = 640ns 的计数，第 7 个周期的计数完成后状态机跳回到初始状态，Flash 芯片的全擦除操作完成。

综上所述，绘制上述各信号波形图，如图 31-23 所示。

第三部分：输出相关信号的波形设计与实现

本模块输出信号有 3 路，分别为片选信号 cs_n、串行时钟信号 sck 和主输出从输入信号 mosi。对于片选信号的波形设计与实现，在第二部分已经做了详细说明，本部分重点讲解串行时钟信号 sck、主输出从输入信号 mosi 以及与其相关信号的波形设计与实现。

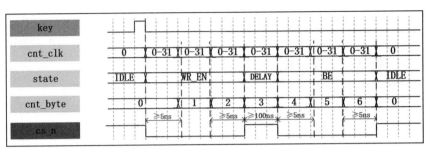

图 31-23　状态机相关信号波形图

在前文中我们提到模块输出的串行时钟为 12.5MHz，为系统时钟 50MHz 通过四分频得到。所以在这里需要声明一个四分频计数器，对系统时钟进行四分频，产生串行时钟信号 sck。

本实验使用的 Flash 芯片使用的是 SPI 通信协议的模式 0，即 CPOL= 0，CPHA=0。空闲状态时 SCK 串行时钟为低电平；数据采样在 SCK 时钟的奇数边沿，本模式中，奇数边沿为上升沿；数据更新在 SCK 时钟的偶数边沿，本模式中，偶数边沿为下降沿，模式 0 时序图如图 31-24 所示。

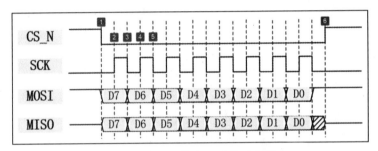

图 31-24　SPI 模式 0 通信时序图

由于 Flash 芯片使用的通信模式为模式 0，所以串行时钟信号 sck 在空闲状态保持低电平，在数据传输过程输出 12.5MHz 频率的时钟信号。在这里我们声明四分频计数器 cnt_sck，赋初值为 0，只有在 cnt_byte 计算值为 1 或 5 时，即输出写使能指令或全擦除指令时，计数器 cnt_sck 在 0~3 范围内循环计数，计数周期为系统时钟周期，每个时钟周期自加 1；使用四分频计数器 cnt_sck 作为约束条件，生成串行时钟 sck，频率为 12.5MHz。

四分频计数器 cnt_sck、串行时钟信号 sck 的波形图如图 31-25 和图 31-26 所示。

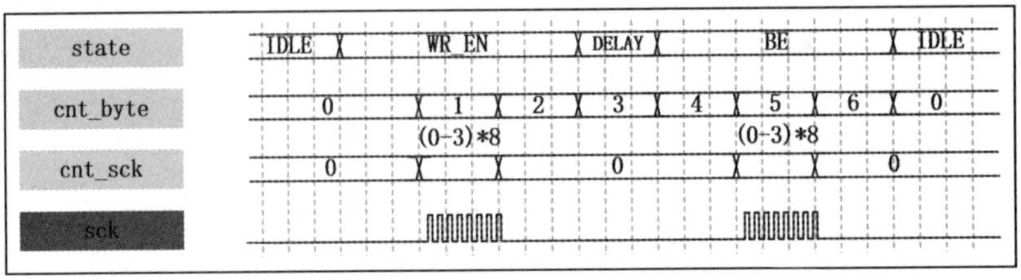

图 31-25　cnt_sck、sck 信号波形图（一）

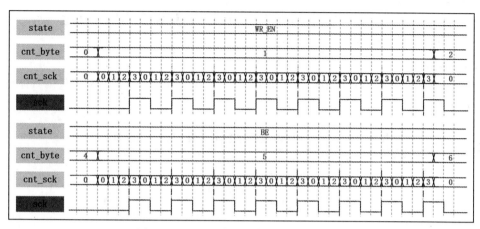

图 31-26　cnt_sck、sck 信号波形图（二）

　　串行时钟信号 sck 生成后，根据 SPI 模式 0 通信时序图，本实验中 Flash 芯片在串行时钟 sck 的上升沿进行数据采样，我们需要在 sck 的下降沿进行传输数据的更新，在 sck 的下降沿对 mosi 信号写入写使能指令和全擦除指令。

　　有一点读者需要注意，Flash 芯片的指令或数据的写入要满足高位在前的要求，我们声明一个计数器 cnt_bit，作用是实现指令或数据的高低位对调，计数器初值为 0，在 0～7 范围内循环计数，计数时钟为串行时钟 sck，每个时钟周期自加 1，其他时刻恒为 0。

　　绘制 miso、cnt_sck 信号波形图，如图 31-27 和图 31-28 所示。

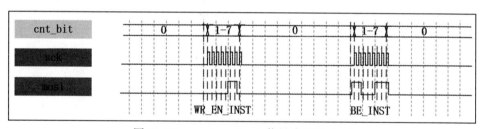

图 31-27　mosi、cnt_sck 信号波形图（一）

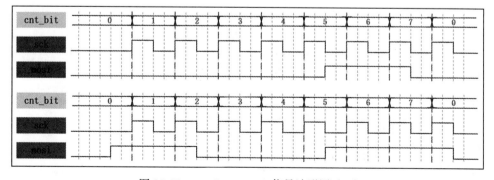

图 31-28　mosi、cnt_sck 信号波形图（二）

讲到这里，模块涉及的所有信号都已经讲解完毕，将各信号波形进行整合后，就得到了图 31-18 所示的模块整体波形图。

2）代码编写

绘制完波形图后，根据绘制的波形图开始编写代码，Flash 全擦除参考代码具体参见代码清单 31-1。

代码清单 31-1　Flash 全擦除参考代码（flash_be_ctrl.v）

```
 1 module  flash_be_ctrl
 2 (
 3 input    wire          sys_clk    ,    // 系统时钟，频率为 50MHz
 4 input    wire          sys_rst_n  ,    // 复位信号，低电平有效
 5 input    wire          key        ,    // 按键输入信号
 6
 7 output   reg           cs_n       ,    // 片选信号
 8 output   reg           sck        ,    // 串行时钟
 9 output   reg           mosi            // 主输出从输入数据
10 );
11
12 //********************************************************************//
13 //****************** Parameter and Internal Signal *******************//
14 //********************************************************************//
15
16 //parameter define
17 parameter   IDLE     =  4'b0001 ,   // 初始状态
18             WR_EN    =  4'b0010 ,   // 写状态
19             DELAY    =  4'b0100 ,   // 等待状态
20             BE       =  4'b1000 ;   // 全擦除状态
21 parameter   WR_EN_INST =  8'b0000_0110,   // 写使能指令
22             BE_INST    =  8'b1100_0111;   // 全擦除指令
23
24 //reg   define
25 reg    [2:0]    cnt_byte;   // 字节计数器
26 reg    [3:0]    state  ;    // 状态机状态
27 reg    [4:0]    cnt_clk ;   // 系统时钟计数器
28 reg    [1:0]    cnt_sck ;   // 串行时钟计数器
29 reg    [2:0]    cnt_bit ;   // 比特计数器
30
31 //********************************************************************//
32 //************************* Main Code ********************************//
33 //********************************************************************//
34
35 //cnt_clk:系统时钟计数器，用以记录单个字节
36 always@(posedge sys_clk or  negedge sys_rst_n)
37    if(sys_rst_n == 1'b0)
38       cnt_clk  <=  5'd0;
39    else    if(state != IDLE)
40       cnt_clk  <=  cnt_clk + 1'b1;
41
```

```
42 //cnt_byte:记录输出的字节个数和等待时间
43 always@(posedge sys_clk or  negedge sys_rst_n)
44     if(sys_rst_n == 1'b0)
45         cnt_byte    <=  3'd0;
46     else    if((cnt_clk == 5'd31) && (cnt_byte == 3'd6))
47         cnt_byte    <=  3'd0;
48     else    if(cnt_clk == 31)
49         cnt_byte    <=  cnt_byte + 1'b1;
50
51 //cnt_sck:串行时钟计数器,用以生成串行时钟
52 always@(posedge sys_clk or  negedge sys_rst_n)
53     if(sys_rst_n == 1'b0)
54         cnt_sck <=  2'd0;
55     else    if((state == WR_EN) && (cnt_byte == 1'b1))
56         cnt_sck <=  cnt_sck + 1'b1;
57     else    if((state == BE) && (cnt_byte == 3'd5))
58         cnt_sck <=  cnt_sck + 1'b1;
59
60 //cs_n:片选信号
61 always@(posedge sys_clk or  negedge sys_rst_n)
62     if(sys_rst_n == 1'b0)
63         cs_n    <=  1'b1;
64     else    if(key == 1'b1)
65         cs_n    <=  1'b0;
66     else    if((cnt_byte == 3'd2)&&(cnt_clk == 5'd31)&&(state == WR_EN))
67         cs_n    <=  1'b1;
68     else    if((cnt_byte == 3'd3)&&(cnt_clk == 5'd31)&&(state == DELAY))
69         cs_n    <=  1'b0;
70     else    if((cnt_byte == 3'd6)&&(cnt_clk == 5'd31)&&(state == BE))
71         cs_n    <=  1'b1;
72
73 //sck:输出串行时钟
74 always@(posedge sys_clk or  negedge sys_rst_n)
75     if(sys_rst_n == 1'b0)
76         sck <=  1'b0;
77     else    if(cnt_sck == 2'd0)
78         sck <=  1'b0;
79     else    if(cnt_sck == 2'd2)
80         sck <=  1'b1;
81
82 //cnt_bit:高低位对调,控制 mosi 输出
83 always@(posedge sys_clk or  negedge sys_rst_n)
84     if(sys_rst_n == 1'b0)
85         cnt_bit <=  3'd0;
86     else    if(cnt_sck == 2'd2)
87         cnt_bit <=  cnt_bit + 1'b1;
88
89 //state:两段式状态机第一段,状态跳转
90 always@(posedge sys_clk or  negedge sys_rst_n)
91     if(sys_rst_n == 1'b0)
```

```
92              state    <=   IDLE;
93        else
94        case(state)
95            IDLE:     if(key == 1'b1)
96                      state    <=  WR_EN;
97            WR_EN:    if((cnt_byte == 3'd2) && (cnt_clk == 5'd31))
98                      state    <=  DELAY;
99            DELAY:    if((cnt_byte == 3'd3) && (cnt_clk == 5'd31))
100                        state    <=  BE;
101            BE:       if((cnt_byte == 3'd6) && (cnt_clk == 5'd31))
102                        state    <=  IDLE;
103            default:    state    <=  IDLE;
104        endcase
105
106  //mosi：两段式状态机第二段，逻辑输出
107  always@(posedge sys_clk or  negedge sys_rst_n)
108      if(sys_rst_n == 1'b0)
109          mosi     <=   1'b0;
110      else    if((state == WR_EN) && (cnt_byte == 3'd2))
111          mosi     <=   1'b0;
112      else    if((state == BE) && (cnt_byte == 3'd6))
113          mosi     <=   1'b0;
114      else    if((state == WR_EN)&&(cnt_byte == 3'd1)&&(cnt_sck == 5'd0))
115          mosi     <=   WR_EN_INST[7 - cnt_bit];    // 写使能指令
116      else    if((state == BE) && (cnt_byte == 3'd5) && (cnt_sck == 5'd0))
117          mosi     <=   BE_INST[7 - cnt_bit];        // 全擦除指令
118
119  endmodule
```

模块参考代码是参照绘制波形图进行编写的，在波形图绘制部分已经对模块各信号进行了详细说明，此处不再过多叙述。

3）仿真代码编写

参考代码编写完成后，为检验代码是否够实现预期功能，我们要对代码进行仿真，观察各信号波形是否按照预期规律变化。

在仿真参考代码中，我们模拟生成了频率为 50MHz 的系统时钟信号、低有效的复位信号和全擦除触发信号，将全擦除模块中 3 路输出信号连接到 Flash 仿真模型上，将仿真模型的保持信号 hold_n 和写保护信号 we_n 强制置为高电平，主输入从输出信号 miso 悬空不接。仿真参考代码具体参见代码清单 31-2。

代码清单 31-2　全擦除模块仿真参考代码（tb_flash_be_ctrl.v）

```
1  `timescale  1ns/1ns
2  module  tb_flash_be_ctrl();
3
4  //wire  define
5  wire          cs_n    ;    //Flash 片选信号
6  wire          sck     ;    //Flash 串行时钟
```

```
 7 wire              mosi    ;       //Flash 主输出从输入信号
 8
 9 //reg   define
10 reg     sys_clk       ;     // 模拟时钟信号
11 reg     sys_rst_n  ;     // 模拟复位信号
12 reg     key           ;     // 模拟全擦除触发信号
13
14 // 时钟、复位信号、模拟按键信号
15 initial
16    begin
17         sys_clk     =    1'b1;
18         sys_rst_n   <=   1'b0;
19         key <=  1'b0;
20         #100
21         sys_rst_n   <=   1'b1;
22         #1000
23         key <=  1'b1;
24         #20
25         key <=  1'b0;
26    end
27
28 always#10 sys_clk <=   ~sys_clk;    // 模拟时钟, 频率为 50MHz
29
30 // 写入 Flash 仿真模型初始值 (全 F)
31 defparam memory.mem_access.initfile = "initmemory.txt";
32
33 //------------- flash_be_ctrl_inst -------------
34 flash_be_ctrl   flash_be_ctrl_inst
35 (
36    .sys_clk    (sys_clk    ),   // 输入系统时钟, 频率为 50MHz, 1bit
37    .sys_rst_n  (sys_rst_n  ),   // 输入复位信号, 低电平有效, 1bit
38    .key        (key        ),   // 按键输入信号, 1bit
39
40    .sck        (sck        ),   // 输出串行时钟, 1bit
41    .cs_n       (cs_n       ),   // 输出片选信号, 1bit
42    .mosi       (mosi       )    // 输出主输出从输入数据, 1bit
43 );
44
45 //------------- memory -------------
46 m25p16   memory
47 (
48    .c          (sck    ),   // 输入串行时钟, 频率为 12.5MHz, 1bit
49    .data_in    (mosi   ),   // 输入串行指令或数据, 1bit
50    .s          (cs_n   ),   // 输入片选信号, 1bit
51    .w          (1'b1   ),   // 输入写保护信号, 低电平有效, 1bit
52    .hold       (1'b1   ),   // 输入 hold 信号, 低电平有效, 1bit
53
54    .data_out   (       )    // 输出串行数据
55 );
56
57 endmodule
```

4）仿真波形分析

仿真参考代码编写完毕后，我们使用 ModelSim 进行代码仿真，仿真过后查看仿真波形图，可知输入输出信号以及内部变量的仿真波形图与绘制的波形图时序相同，具体如图 31-29～图 31-31 所示。

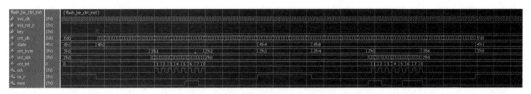

图 31-29　全擦除整体仿真波形图

图 31-30　全擦除局部仿真波形图（一）

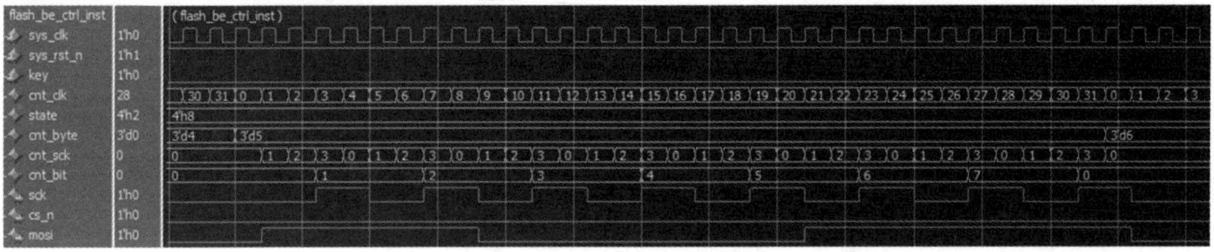

图 31-31　全擦除局部仿真波形图（二）

仿真结果显示，接收到擦除指令的仿真模型进行了一个完整的全擦除循环，标志着 Flash 的全擦除成功，具体如图 31-32 所示。

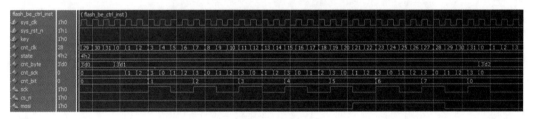

```
#                0ns : NOTE : Load memory with Initial content
#                0ns : NOTE : Initial Load End
VSIM 2> run 40100ms
#             5590ns:  NOTE : Bulk erase cycle has begun
#     40000005590ns:  NOTE : Bulk erase cycle is finished
```

图 31-32　全擦除循环结束

在此要注意的是，芯片数据手册表明，Flash 芯片完成一个完整的全擦除周期最少需要 40s，且仿真模型中定义的全擦除周期参数也为 40s，ModelSim 若完成 40s 仿真，耗费时间较长，为缩短仿真时间，可更改仿真文件夹（M25P16_VG_V12）中的参数定义文件（parameter.v）中的全擦除周期参数（TBE），具体如图 31-33 和图 31-34 所示。

t_{BE}	Bulk Erase Cycle Time		17	40	s

图 31-33　芯片数据手册中全擦除周期参数

```
`define TBE    40      // bulk erase cycle time (40s)
```

图 31-34　仿真模型中定义的全擦除周期参数

（3）顶层模块

1）模块框图

顶层模块的功能是实例化各子模块，对外引入工程输入信号、引出工程输出信号，对内将各子模块对应的信号相互连接。顶层模块框图如图 31-35 所示，端口功能描述具体参见表 31-3。

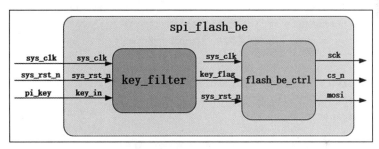

图 31-35　顶层模块框图

表 31-3　顶层模块输入输出端口功能描述

信　号	位　宽	类　型	功能描述
sys_clk	1bit	Input	系统时钟，频率为 50MHz
sys_rst_n	1bit	Input	复位信号，低电平有效
pi_key	1bit	Input	全擦除触发信号
sck	1bit	Output	Flash 串行时钟
cs_n	1bit	Output	Flash 片选信号
mosi	1bit	Output	Flash 主输出从输入信号

2）代码编写

顶层模块的代码比较简单，不再做相应讲解和功能仿真，具体代码参见代码清单 31-3。

代码清单 31-3　顶层模块代码（spi_flash_be.v）

```
1 module  spi_flash_be
2 (
3 input   wire    sys_clk    ,   // 系统时钟，频率为 50MHz
4 input   wire    sys_rst_n  ,   // 复位信号，低电平有效
5 input   wire    pi_key     ,   // 按键输入信号
6
```

```
 7 output  wire     cs_n          ,     // 片选信号
 8 output  wire     sck           ,     // 串行时钟
 9 output  wire     mosi                // 主输出从输入数据
10 );
11
12 //*************************************************************//
13 //***************** Parameter and Internal Signal ****************//
14 //*************************************************************//
15 //parameter define
16 parameter   CNT_MAX =   20'd999_999;     // 计数器计数最大值
17
18 //wire  define
19 wire    po_key ;
20
21 //*************************************************************//
22 //*********************** Instantiation ***********************//
23 //*************************************************************//
24 //------------- key_filter_inst -------------
25 key_filter
26 #(
27     .CNT_MAX    (CNT_MAX    )     // 计数器计数最大值
28 )
29 key_filter_inst
30 (
31     .sys_clk    (sys_clk    ),    // 系统时钟，频率为 50MHz
32     .sys_rst_n  (sys_rst_n  ),    // 复位信号，低电平有效
33     .key_in     (pi_key     ),    // 按键输入信号
34
35     .key_flag   (po_key     )     // 消抖后信号
36 );
37
38 //------------- flash_be_ctrl_inst -------------
39 flash_be_ctrl   flash_be_ctrl_inst
40 (
41
42     .sys_clk    (sys_clk    ),    // 系统时钟，频率为 50MHz
43     .sys_rst_n  (sys_rst_n  ),    // 复位信号，低电平有效
44     .key        (po_key     ),    // 按键输入信号
45
46     .sck        (sck        ),    // 片选信号
47     .cs_n       (cs_n       ),    // 串行时钟
48     .mosi       (mosi       )     // 主输出从输入数据
49 );
50
51 endmodule
```

3）RTL 视图

至此，全擦除工程基本完成，在 Quartus 中对代码进行编译，编译若有错误，请根据错

误提示信息进行更正，直至编译通过。编译通过后查看 RTL 视图，如图 31-36 所示，与顶层模块框图对比，两者一致，各信号连接正确。

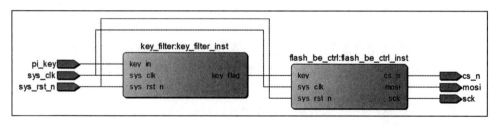

图 31-36　RTL 视图

（4）上板验证

仿真验证通过后，绑定引脚，对工程进行重新编译。将开发板连接至 12V 直流电源和 USB-Blaster 下载器 JTAG 端口，线路连接正确后，打开开关为板卡上电，随后为开发板下载程序。

程序下载完成后，流水灯程序不再执行。按下按键 KEY1，对板卡重新上电，无程序执行，全擦除成功，上板验证通过。

31.2.2　SPI-Flash 页写实验

31.2.1 节中我们学习了 SPI-Flash 的两种擦除方式，接下来，我们依然通过实验的方式为大家讲解如何写入 SPI-Flash 的数据页。

1. 实验目标

使用页写（Page Program，PP）指令，向 Flash 中写入 N 字节数据，N 为整数，且 $0<N\leqslant256$。在本实验中我们向 Flash 芯片中写入 0~99，共 100 字节数据，数据初始地址为 24'h00_04_25。

注意：在向 Flash 芯片写入数据之前，先要对芯片执行全擦除操作。

---

2. 硬件资源

参照 SPI-Flash 全擦除实验中的硬件资源部分。

3. 操作时序

在本实验中，我们结合数据手册来详细说明一下 SPI-Flash 芯片页写操作的相关内容。

页写操作的操作指令为 8'b0000_0010(02h)，具体如图 31-37 所示。

PP	Page Program		0000 0010	02h	3	0	1 to 256

图 31-37　页写操作指令

由数据手册中页写操作介绍部分可知，页写指令是根据写入数据将存储单元中的"1"置为"0"，实现数据的写入。在写入页写指令之前，需要先写入写使能（WREN）指令，将芯片设置为写使能锁存（WEL）状态；随后要拉低片选信号，写入页写指令、扇区地址、页地址、字节地址，紧跟地址写入要存储在 Flash 中的字节数据，在指令、地址以及数据写入过程中，片选信号始终保持低电平，待指令、地址、数据被芯片锁存后，将片选信号拉高；片选信号拉高后，等待一个完整的页写周期（t_{PP}），才能完成 Flash 芯片的页写操作。

读者还要注意的是，Flash 芯片中一页最多可以存储 256 字节数据，这也表示页写操作一次最多向 Flash 芯片写入 256 字节数据。页写指令写入后，随即写入 3 字节数据至首地址，首地址由扇区地址、页地址、字节地址组成，扇区地址与页地址是确定数据写入 Flash 的特定扇区的特定页，字节地址为在该页数据写入的字节首地址。

当数据写入的字节首地址为该页的首地址，并且字节首地址为 8'b0000_0000 时，数据写入个数为 0～256 字节，数据可以被正确写入 Flash 芯片。

当数据写入的字节首地址不是该页的首地址，并且字节首地址不是 8'b0000_0000 时，数据写入个数为 0～256 字节。若数据写入个数少于字节首地址到末地址之间的存储单元个数，数据可以被正确写入 Flash 芯片；若数据写入个数多于字节首地址到末地址之间的存储单元个数，等于字节首地址地址到末地址之间的存储单元个数的数据可以被正确写入 Flash 芯片，超出的那部分数据会以 8'b0000_0000 为字节首地址顺序写入本页，覆盖该地址之前存储的数据。

例如，字节首地址为 8'0000_1111，字节首地址到末地址之间的存储单元个数为 241 个，即本页最多可写入 241 字节数据，若写入数据为 200 个字节，数据可以被正确写入；若写入数据为 256 个字节，前 241 个字节的数据可以正确写入 Flash 芯片，而超出的 15 个字节就以本页的首地址 8'b0000_0000 为数据顺序写入首地址，覆盖本页原有的前 15 个字节的数据。

当数据写入的字节首地址为该页的首地址时，字节首地址为 8'b0000_0000，数据写入个数超出 256 个字节，前 256 个字节会按照时序顺序写入 256 个存储单元，超出部分以本页的首地址 8'b0000_0000 为数据顺序写入首地址，覆盖本页已写入的新数据。

例如，写入字节首地址为 8'b0000_0000，写入字节数为 300 个，前 256 个字节数据按照时序写入存储单元，超出的 44 个数据会覆盖刚刚写入的前 44 个数据。

页写操作的详细介绍及时序图如图 31-38 所示。

对于写使能指令和串行输入时序的相关内容，在全擦除实验的操作时序小节已经做了详细介绍，在此不再赘述。

结合写使能指令、页写指令的相关内容和操作时序，绘制完整页写操作时序图，如图 31-39 所示。

Page Program (PP)

The Page Program (PP) instruction allows bytes to be programmed in the memory (changing bits from 1 to 0). Before it can be accepted, a Write Enable (WREN) instruction must previously have been executed. After the Write Enable (WREN) instruction has been decoded, the device sets the Write Enable Latch (WEL).

The Page Program (PP) instruction is entered by driving Chip Select ($\overline{S}$) Low, followed by the instruction code, three address bytes and at least one data byte on Serial Data Input (D). If the 8 least significant address bits (A7-A0) are not all zero, all transmitted data that goes beyond the end of the current page are programmed from the start address of the same page (from the address whose 8 least significant bits (A7-A0) are all zero). Chip Select ($\overline{S}$) must be driven Low for the entire duration of the sequence.

The instruction sequence is shown in Figure 16..

If more than 256 bytes are sent to the device, previously latched data are discarded and the last 256 data bytes are guaranteed to be programmed cor-rectly within the same page. If less than 256 Data bytes are sent to device, they are correctly programmed at the requested addresses without having any effects on the other bytes of the same page.

Chip Select ($\overline{S}$) must be driven High after the eighth bit of the last data byte has been latched in, otherwise the Page Program (PP) instruction is not executed.

As soon as Chip Select ($\overline{S}$) is driven High, the self-timed Page Program cycle (whose duration is tpp) is initiated. While the Page Program cycle is in progress, the Status Register may be read to check the value of the Write In Progress (WIP) bit. The Write In Progress (WIP) bit is 1 during the self-timed Page Program cycle, and is 0 when it is completed. At some unspecified time before the cycle is completed, the Write Enable Latch (WEL) bit is reset.

A Page Program (PP) instruction applied to a page which is protected by the Block Protect (BP2, BP1, BP0) bits (see Table 2. and Table 3.) is not executed.

Figure 16. Page Program (PP) Instruction Sequence

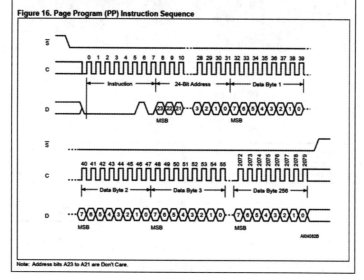

图 31-38 页写操作详细介绍及操作时序

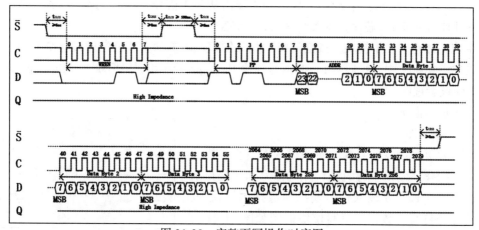

图 31-39 完整页写操作时序图

4. 程序设计

（1）整体说明

与全擦除工程类似，整个页写工程也分为 3 个模块：按键消抖模块（key_filter）、页写模块（flash_pp_ctrl）和包含各模块实例化的顶层模块（spi_flash_pp），模块框图如图 31-40 所示，模块功能描述具体见表 31-4。

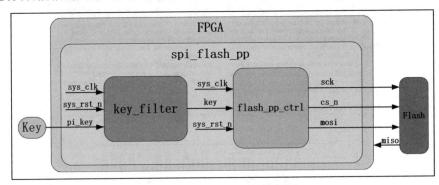

图 31-40 页写工程整体框图

表 31-4 页写工程模块简介

模块名称	功能描述
spi_flash_pp	页写工程顶层模块
key_filter	按键消抖模块
flash_pp_ctrl	页写模块

在整个系统工程中，外部按键负责产生页写信号，信号由外部进入 FPGA，经顶层模块 spi_flash_pp 进入按键消抖模块 key_unshake，触发信号经消抖处理后输出，进入工程核心模块页写模块 flash_pp_ctrl，此信号作为触发条件触发 Flash 页写模块工作后，页写模块输出串行时钟信号 sck、片选信号 cs_n 和主输出从输入信号 mosi，3 路信号通过顶层模块输入外部挂载的 Flash 芯片，将数据写入 Flash 芯片。

系统整体包含 3 个模块，按键消抖的相关知识在之前的章节已经做过详细介绍，此处不再赘述；在下文中，我们对 Flash 页写模块 flash_pp_ctrl 和顶层模块 spi_flash_pp 进行说明，方便读者理解。

（2）页写模块

1）模块框图

当有效页写触发信号输入页写模块时，页写模块执行页写操作，输出串行时钟、片选信号和主输出从输入信号。主输出从输入信号输出的数据包括指令、数据地址和待写入数据。页写模块框图如图 31-41 所示，输入输出端口描述具体参见表 31-5。

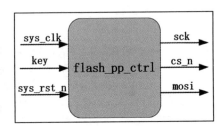

图 31-41 Flash 页写模块框图

表 31-5　模块输入输出端口功能描述

信　号	位　宽	类　型	功能描述
sys_clk	1bit	Input	系统时钟，频率为 50MHz
sys_rst_n	1bit	Input	复位信号，低电平有效
key	1bit	Input	页写触发信号
sck	1bit	Output	Flash 串行时钟
cs_n	1bit	Output	Flash 片选信号
mosi	1bit	Output	Flash 主输出从输入信号

2）波形图绘制

模块框图部分已经对模块功能和输入输出端口功能做了简要说明，下面我们开始绘制波形图，并通过波形图对各信号波形进行详细讲解，带领读者掌握模块功能的实现方法。

Flash 页写模块波形图如图 31-42 和图 31-43 所示。

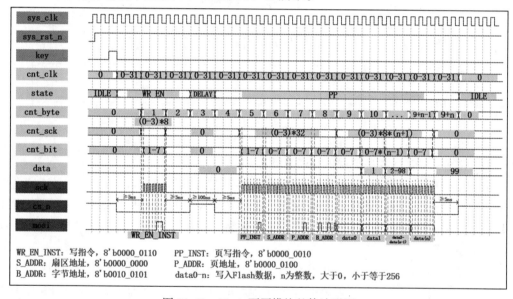

图 31-42　Flash 页写模块整体波形图

对比页写模块波形图与扇区擦除模块波形图可以看出，两波形图中各信号波形变化类似，存在的区别就是，相对扇区擦除而言，页写操作在写入页写指令和数据写入首地址后还需要写入 n（n 为整数，$0 < n \leq 256$）字节的待写入数据。对于模块波形图的设计与绘制，我们针对各信号进行分部分讲解。

第一部分：输入信号波形绘制

系统上电之后，页写模块一直处于初始状态，只有当输入的页写触发信号 key 有效时，模块才会开始执行页写相关操作。触发信号是由外部物理按键生成的，经由按键消抖模块做消抖处理后传入。除此之外，输入信号还包含时钟信号 sys_clk（50MHz）、复位信号 sys_ rst_n（低电平有效），输入信号的波形图如图 31-44 所示。

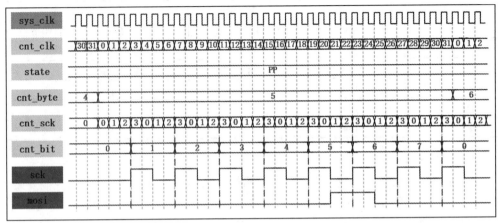

图 31-43　Flash 页写模块局部波形图

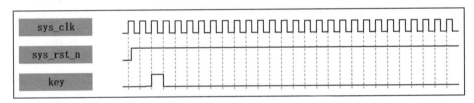

图 31-44　输入信号波形图

第二部分：状态机相关信号的波形设计与实现

由前文可知，一个完整的页写操作需要对 Flash 芯片执行两次指令的写入，分别为写使能指令和页写指令，扇区擦除指令写入后，还需要写入数据首地址以及待写入数据，而且在片选信号拉低后指令写入前、指令或数据写入完成后片选信号拉高前，以及两指令写入之间做规定时间的等待。

对于这一操作，我们参照全擦除模块，使用状态机来实现。在模块内部声明状态机状态变量 state，定义状态机各状态分别为：初始状态（IDLE）、写使能状态（WR_EN）、两指令间等待状态（DELAY）、页写状态（PP）。

状态机状态跳转流程如下：系统上电后，状态机状态变量 state 一直处于初始状态（IDLE）；当传入的扇区擦除触发信号 key 有效时，表示实验工程开始执行对 Flash 芯片的扇区擦除操作，状态机跳转到写使能状态（WR_EN），同时片选信号拉低，选中要进行扇区擦除操作的 Flash 芯片；状态跳转到写使能状态且片选信号拉低后，要进行 $t_{\text{SLCH}} \geqslant 5\text{ns}$ 的等待，等待时间过后对主输出从输入信号写入写使能指令，指令写入完成后需要进行 $t_{\text{CHSH}} \geqslant 5\text{ns}$ 的等待，等待时间过后拉高片选信号，取消对 Flash 芯片的选择，同时状态机跳转到两指令间等待状态（DELAY）；在此状态等待时间 $t_{\text{SHSL}} \geqslant 100\text{ns}$ 后，状态机跳转到页写状态（PP），同时片选信号拉低，选中已写入写使能指令的 Flash 芯片；状态机跳转到扇区擦除状态且片选信号拉低后，要进行 $t_{SLCH} \geqslant 5ns$ 的等待，等待时间过后对主输出从输入信号写入页写指令、3 字节的写数据首地址和待写入数据，数据写入完成后需要进行 $t_{CHSH} \geqslant 5ns$ 的等待，等待时间过后拉高片选信号，取消对 Flash 芯片的选择，同时状态机跳回初始状态（IDLE），一次完整的页写操作完成。

对于片选信号等待时间 t_{SHSL}、t_{CHSH}、t_{SHSL} 的参数确定，我们参照全擦除模块的方法，将片选信号各等待时间的时间参数统一设置为 640ns，即 32 个系统时钟周期。这样声明的计数器不仅可以用作片选信号等待时间计数，也可以用作指令信号写入时间计数，可节省寄存器资源。声明计数器 cnt_clk，初值为 0，在 0～31 计数范围内循环计数，在状态机处于初始状态时，始终保持为 0；在状态机处于初始状态之外的其他状态时，每个系统时钟周期自加 1，计到最大值时清零，重新计数。

对于状态机状态跳转约束条件的确定，我们同样参照全擦除模块的处理方法。声明计数器 cnt_byte 对计数器 cnt_clk 的计数周期进行计数。对 cnt_byte 赋初值为 0，当状态机处于初始状态（IDLE）时，计数器 cnt_byte 始终保持初值 0；当状态机处于除初始状态外的其他状态时，计数器 cnt_byte 开始对计数器 cnt_clk 的计数周期进行计数，cnt_clk 每完成一个完整的循环计数，即 cnt_clk = 31 时，计数器 cnt_byte 自加 1，其他时刻保持当前值不变。

使用这两个计数器作为约束条件就可以实现状态机的状态跳转，当状态机跳转到写使能状态时，同时片选信号拉低，在 cnt_byte = 0、计数器 cnt_clk 的第 1 个计数周期，是对片选信号等待时间 $t_{SLCH} = 640ns$ 的计数；在 cnt_byte = 1、计数器 cnt_clk 的第 2 个计数周期，是对写使能指令写入时间进行计数；在 cnt_byte = 2、计数器 cnt_clk 的第 3 个计数周期，是对片选信号等待时间 $t_{CHSH} = 640ns$ 的计数，第 3 个周期的计数完成后，状态机跳转到两指令间等待状态（DELAY），同时片选信号拉高，计数器开始进行第 4 个计数周期的计数；此时 cnt_byte = 3，这一计数周期是对片选信号两指令之间的等待时间 $t_{SHSL} = 640ns$ 的计数，计数完成后，状态机跳转到全擦除状态（BE），片选信号再次拉低；在 cnt_byte = 4、计数器 cnt_clk 的第 5 个计数周期，是对片选信号等待时间 $t_{SLCH} = 640ns$ 的计数；在 cnt_byte = 5、计数器 cnt_clk 的第 6 个计数周期，是对页写指令写入时间进行计数；在 cnt_byte = 6、7、8，计数器 cnt_clk 的第 7、8、9 个计数周期，是对数据写入首地址写入时间进行计数；在 cnt_byte = 9-(n+9-1)、计数器 cnt_clk 的第 10-(n+10-1) 个计数周期，是对写入数据的时间计数；在 cnt_byte = (n+9)、计数器 cnt_clk 的第 n+10 个计数周期，是对片选信号等待时间 $t_{CHSH} = 640ns$ 的计数；第 n+10 个周期的计数完成后，状态机跳回初始状态，Flash 芯片的页写操作完成。

综上所述，绘制上述各信号的波形图，如图 31-45 所示。

第三部分：输出相关信号的波形设计与实现

本模块输出信号有 3 路，分别为片选信号 cs_n、串行时钟信号 sck 和主输出从输入信号 mosi。对于片选信号的波形设计与实现，在第二部分已经做了详细说明，本部分重点讲解一下串行时钟信号 sck、主输出从输入信号 mosi 以及与其相关信号的波形设计与实现。

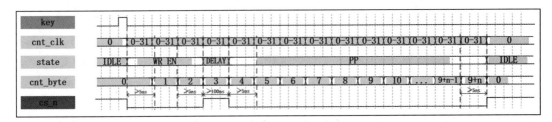

图 31-45　状态机相关信号波形图

模块输出的串行时钟为 12.5MHz，为系统时钟 50MHz 通过四分频得到。所以在这里需要声明一个四分频计数器，对系统时钟进行四分频，产生串行时钟信号 sck。

本实验使用的 Flash 芯片使用的是 SPI 通信协议的模式 0，即 CPOL= 0，CPHA=0。空闲状态时 SCK 串行时钟为低电平；数据采样在 SCK 时钟的奇数边沿，本模式中，奇数边沿为上升沿；数据更新在 SCK 时钟的偶数边沿，本模式中，偶数边沿为下降沿，模式 0 时序图如图 31-46 所示。

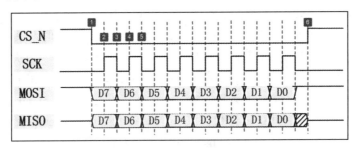

图 31-46　SPI 模式 0 通信时序图

由于 Flash 芯片使用的通信模式为模式 0，所以串行时钟信号 sck 在空闲状态保持低电平，在数据传输过程输出 12.5MHz 频率的时钟信号。在这里我们声明四分频计数器 cnt_sck，赋初值为 0，只有在 cnt_byte 计数值为 1、5、6、7、8、9-(n+9-1) 时，即输出写使能指令、页写指令、数据写入首地址以及写入数据时，计数器 cnt_sck 在 0~3 范围内循环计数，计数周期为系统时钟周期，每个时钟周期自加 1；使用四分频计数器 cnt_sck 作为约束条件，生成串行时钟 sck，频率为 12.5MHz。

四分频计数器 cnt_sck、串行时钟信号 sck 的波形图如图 31-47 和图 31-48 所示。

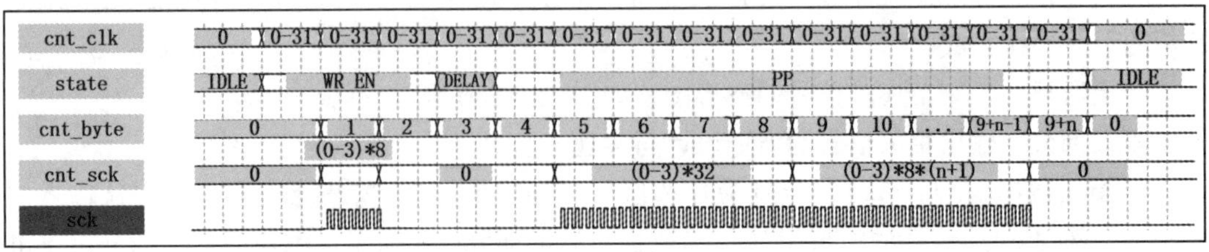

cnt_clk	0	0-31 0-31 0-31 0-31 0-31 0-31 0-31 0-31 0-31 0-31 0-31	0
state	IDLE	WR EN	DELAY	PP	IDLE
cnt_byte	0	1 2 3 4 5 6 7 8 9 10 ... 9+n-1 9+n	0
cnt_sck	0	(0-3)*8	0	(0-3)*32	(0-3)*8*(n+1)	0
sck						

图 31-47　cnt_sck、sck 信号波形图（一）

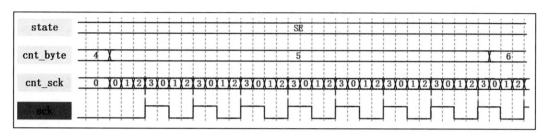

图 31-48 cnt_sck、sck 信号波形图（二）

串行时钟信号 sck 生成后，根据 SPI 模式 0 通信时序图，本实验中 Flash 芯片在串行时钟 sck 的上升沿进行数据采样，我们需要在 sck 的下降沿进行传输数据的更新，以及对 mosi 信号写入写使能指令和全擦除指令。

有一点读者还需要注意，Flash 芯片的指令或数据的写入要满足高位在前的要求，我们声明一个计数器 cnt_bit，左右时实现指令或数据的高低位对调，计数器初值为 0，在 0～7 范围内循环计数，计数时钟为串行时钟 sck，每个时钟周期自加 1，其他时刻恒为 0。

绘制 miso、cnt_sck 信号，波形图如图 31-49 和图 31-50 所示。

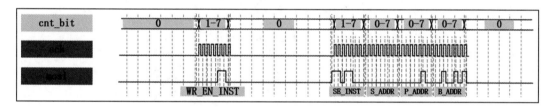

图 31-49 mosi、cnt_sck 信号波形图（一）

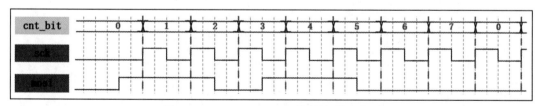

图 31-50 mosi、cnt_sck 信号波形图（二）

至此，模块涉及的所有信号都已将讲解完毕，将各信号波形进行整合后，就得到了本小节开头处的模块整体波形图。

页写模块波形图与扇区擦除波形图类似，对于各信号的波形设计与实现，读者可参阅全擦除实验的波形图绘制部分，在此不再对页写波形图各信号进行讲解。

3）代码编写

参照页写模块波形图编写模块参考代码，具体代码参见代码清单 31-4。

代码清单 31-4　页写模块参考代码（flash_pp_ctrl.v）

```verilog
1  module  flash_pp_ctrl(
2
3  input    wire         sys_clk    ,     // 系统时钟，频率为 50MHz
4  input    wire         sys_rst_n  ,     // 复位信号，低电平有效
5  input    wire         key        ,     // 按键输入信号
6
7  output   reg          cs_n       ,     // 片选信号
8  output   reg          sck        ,     // 串行时钟
9  output   reg          mosi             // 主输出从输入数据
10
11 );
12
13 //**********************************************************************//
14 //***************** Parameter and Internal Signal ******************//
15 //**********************************************************************//
16
17 //parameter define
18 parameter    IDLE    =   4'b0001 ,    // 初始状态
19              WR_EN   =   4'b0010 ,    // 写状态
20              DELAY   =   4'b0100 ,    // 等待状态
21              PP      =   4'b1000 ;    // 页写状态
22 parameter    WR_EN_INST    =   8'b0000_0110,    // 写使能指令
23              PP_INST       =   8'b0000_0010;    // 页写指令
24 parameter    SECTOR_ADDR   =   8'b0000_0000,    // 扇区地址
25              PAGE_ADDR     =   8'b0000_0100,    // 页地址
26              BYTE_ADDR     =   8'b0010_0101;    // 字节地址
27 parameter    NUM_DATA      =   8'd100      ;    // 页写数据个数（1~256）
28
29 //reg   define
30 reg    [7:0]   cnt_byte      ;    // 字节计数器
31 reg    [3:0]   state         ;    // 状态机状态
32 reg    [4:0]   cnt_clk       ;    // 系统时钟计数器
33 reg    [1:0]   cnt_sck       ;    // 串行时钟计数器
34 reg    [2:0]   cnt_bit       ;    // 比特计数器
35 reg    [7:0]   data          ;    // 页写入数据
36
37 //**********************************************************************//
38 //************************** Main Code ***************************//
39 //**********************************************************************//
40
41 //cnt_clk: 系统时钟计数器，用以记录单个字节
42 always@(posedge sys_clk or  negedge sys_rst_n)
43     if(sys_rst_n == 1'b0)
44         cnt_clk  <=  5'd0;
45     else    if(state != IDLE)
46         cnt_clk  <=  cnt_clk + 1'b1;
47
48 //cnt_byte: 记录输出字节个数和等待时间
49 always@(posedge sys_clk or  negedge sys_rst_n)
```

```
50      if(sys_rst_n == 1'b0)
51          cnt_byte    <=  8'd0;
52      else    if((cnt_clk == 5'd31) && (cnt_byte == NUM_DATA + 8'd9))
53          cnt_byte    <=  8'd0;
54      else    if(cnt_clk == 5'd31)
55          cnt_byte    <=  cnt_byte + 1'b1;
56
57  //cnt_sck: 串行时钟计数器，用以生成串行时钟
58  always@(posedge sys_clk or  negedge sys_rst_n)
59      if(sys_rst_n == 1'b0)
60          cnt_sck <=  2'd0;
61      else    if((state == WR_EN) && (cnt_byte == 8'd1))
62          cnt_sck <=  cnt_sck + 1'b1;
63      else    if((state == PP) && (cnt_byte >= 8'd5)
64                  && (cnt_byte <= NUM_DATA + 8'd9 - 1'b1))
65          cnt_sck <=  cnt_sck + 1'b1;
66
67  //cs_n: 片选信号
68  always@(posedge sys_clk or  negedge sys_rst_n)
69      if(sys_rst_n == 1'b0)
70          cs_n    <=  1'b1;
71      else    if(key == 1'b1)
72          cs_n    <=  1'b0;
73      else    if((cnt_byte == 8'd2)&&(cnt_clk == 5'd31)&&(state == WR_EN))
74          cs_n    <=  1'b1;
75      else    if((cnt_byte == 8'd3)&&(cnt_clk == 5'd31)&&(state == DELAY))
76          cs_n    <=  1'b0;
77      else    if((cnt_byte == NUM_DATA + 8'd9)&&(cnt_clk == 5'd31)&&(state == PP))
78          cs_n    <=  1'b1;
79
80  //sck: 输出串行时钟
81  always@(posedge sys_clk or  negedge sys_rst_n)
82      if(sys_rst_n == 1'b0)
83          sck <=  1'b0;
84      else    if(cnt_sck == 2'd0)
85          sck <=  1'b0;
86      else    if(cnt_sck == 2'd2)
87          sck <=  1'b1;
88
89  //cnt_bit: 高低位对调，控制 mosi 输出
90  always@(posedge sys_clk or  negedge sys_rst_n)
91      if(sys_rst_n == 1'b0)
92          cnt_bit <=  3'd0;
93      else    if(cnt_sck == 2'd2)
94          cnt_bit <=  cnt_bit + 1'b1;
95
96  //data: 页写入数据
97  always@(posedge sys_clk or  negedge sys_rst_n)
98      if(sys_rst_n == 1'b0)
99          data <=  8'd0;
100     else    if((cnt_clk == 5'd31) && ((cnt_byte >= 8'd9)
```

```
101                 && (cnt_byte < NUM_DATA + 8'd9 - 1'b1)))
102          data <=  data + 1'b1;
103
104 //state: 两段式状态机第一段，状态跳转
105 always@(posedge sys_clk or  negedge sys_rst_n)
106     if(sys_rst_n == 1'b0)
107         state  <=  IDLE;
108     else
109     case(state)
110         IDLE:    if(key == 1'b1)
111                  state   <=  WR_EN;
112         WR_EN:   if((cnt_byte == 8'd2) && (cnt_clk == 5'd31))
113                  state   <=  DELAY;
114         DELAY:   if((cnt_byte == 8'd3) && (cnt_clk == 5'd31))
115                  state   <=  PP;
116         PP:      if((cnt_byte == NUM_DATA + 8'd9) && (cnt_clk == 5'd31))
117                  state   <=  IDLE;
118         default:    state   <=  IDLE;
119     endcase
120
121 //mosi：两段式状态机第二段，逻辑输出
122 always@(posedge sys_clk or  negedge sys_rst_n)
123     if(sys_rst_n == 1'b0)
124         mosi    <=  1'b0;
125     else    if((state == WR_EN) && (cnt_byte== 8'd2))
126         mosi    <=  1'b0;
127     else    if((state == PP) && (cnt_byte == NUM_DATA + 8'd9))
128         mosi    <=  1'b0;
129     else    if((state == WR_EN)&&(cnt_byte == 8'd1)&&(cnt_sck == 5'd0))
130         mosi    <=  WR_EN_INST[7 - cnt_bit];  // 写使能指令
131     else    if((state == PP) && (cnt_byte == 8'd5) && (cnt_sck == 5'd0))
132         mosi    <=  PP_INST[7 - cnt_bit];     // 页写指令
133     else    if((state == PP) && (cnt_byte == 8'd6) && (cnt_sck == 5'd0))
134         mosi    <=  SECTOR_ADDR[7 - cnt_bit];  // 扇区地址
135     else    if((state == PP) && (cnt_byte == 8'd7) && (cnt_sck == 5'd0))
136         mosi    <=  PAGE_ADDR[7 - cnt_bit];    // 页地址
137     else    if((state == PP) && (cnt_byte == 8'd8) && (cnt_sck == 5'd0))
138         mosi    <=  BYTE_ADDR[7 - cnt_bit];    // 字节地址
139     else    if((state == PP) && ((cnt_byte >= 8'd9)
140                 &&(cnt_byte <= NUM_DATA + 8'd9 - 1'b1))&&(cnt_sck == 5'd0))
141         mosi    <=  data[7 - cnt_bit];  // 页写入数据
142
143 endmodule
```

4）仿真代码编写

　　参考代码编写完成后，为检验代码是否够实现预期功能，我们要对代码进行仿真，观察各信号波形是否按照预期规律变化。仿真参考代码具体参见代码清单 31-5。

代码清单 31-5　页写模块仿真参考代码（tb_flash_pp_ctrl.v）

```
 1  `timescale  1ns/1ns
 2  module  tb_flash_pp_ctrl();
 3
 4  //wire   define
 5  wire            cs_n;
 6  wire            sck ;
 7  wire            mosi;
 8
 9  //reg    define
10  reg     sys_clk     ;
11  reg     sys_rst_n   ;
12  reg     key         ;
13
14  // 时钟、复位信号、模拟按键信号
15  initial
16  begin
17          sys_clk     =   0;
18          sys_rst_n   <=  0;
19          key <=  0;
20  #100
21          sys_rst_n   <=  1;
22  #1000
23          key <=  1;
24  #20
25          key <=  0;
26  end
27
28  always#10 sys_clk <=  ~sys_clk;
29
30  // 写入 Flash 仿真模型初始值（全 F）
31  defparam memory.mem_access.initfile = "initmemory.txt";
32
33  //------------ flash_pp_ctrl_inst -------------
34  flash_pp_ctrl  flash_pp_ctrl_inst
35  (
36      .sys_clk    (sys_clk    ),  // 系统时钟，频率为 50MHz
37      .sys_rst_n  (sys_rst_n  ),  // 复位信号，低电平有效
38      .key        (key        ),  // 按键输入信号
39
40      .sck        (sck        ),  // 串行时钟
41      .cs_n       (cs_n       ),  // 片选信号
42      .mosi       (mosi       )   // 主输出从输入数据
43  );
44
45  //------------ memory -------------
46  m25p16  memory
47  (
48      .c          (sck    ),  // 输入串行时钟，频率为 12.5MHz，1bit
49      .data_in    (mosi   ),  // 输入串行指令或数据，1bit
```

```
50      .s              (cs_n   ),   // 输入片选信号，1bit
51      .w              (1'b1   ),   // 输入写保护信号，低电平有效，1bit
52      .hold           (1'b1   ),   // 输入 hold 信号，低电平有效，1bit
53
54      .data_out       (       )    // 输出串行数据
55  );
56
57  endmodule
```

5）仿真波形分析

仿真代码编写完成，使用 Quartus 软件和 ModelSim 可联合仿真，自有效页写触发信号传入，页写模块开始进入页写操作；到数据写入完成，片选信号拉高，页写操作完成，仿真波形与绘制波形图，各信号变化波形一致。仿真波形图具体如图 31-51～图 31-56 所示。

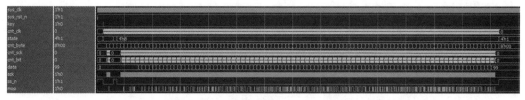

图 31-51　页写模块整体仿真波形图

图 31-52　页写模块局部仿真波形图（一）

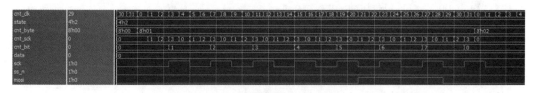

图 31-53　页写模块局部仿真波形图（二）

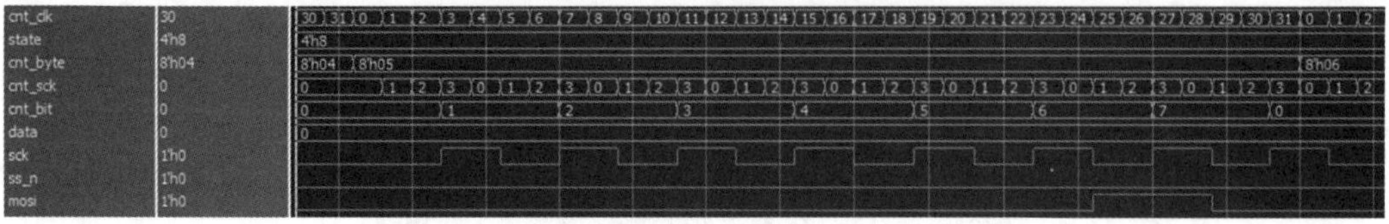

图 31-54　页写模块局部仿真波形图（三）

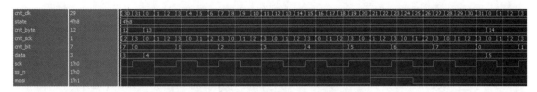

图 31-55　页写模块局部仿真波形图（四）

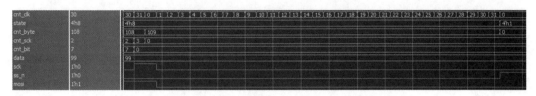

图 31-56　页写模块局部仿真波形图（五）

在前文中我们提到，在片选信号二次拉高后，Flash 芯片会进入页写循环周期，循环周期完毕后，数据才算真正写入 Flash 芯片，此时页写才算真正完成。页写模块的仿真文件中加入了仿真模型，可以通过仿真模型的波形和输出信息查看 Flash 芯片的页写循环周期，片选信号二次拉高后，完成一个页写循环周期，周期为 5ms，具体如图 31-57 和图 31-58 所示。在数据手册中，标注页写循环周期最大参数为 5ms，在仿真模型中，声明的页写循环周期为最大参数 5ms，与仿真波形一致，具体如图 31-59 和图 31-60 所示。

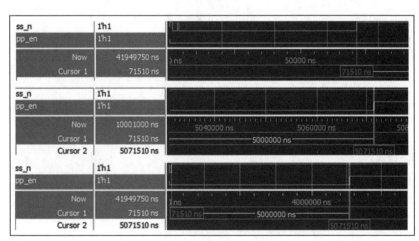

图 31-57　Flash 芯片的页写循环仿真波形

```
#              0ns : NOTE : Load memory with Initial content
#              0ns : NOTE : Initial Load End
VSIM(paused)> run 10ms
#          71510ns:  NOTE : Page program cycle is started
#        5071510ns:  NOTE : Page program cycle is finished
```

图 31-58　Flash 芯片的页写循环

t$_{PP}$		Page Program Cycle Time		1.4	5	ms

图 31-59   数据手册标注页写循环周期参数

```
`define·TPP····5000000·····//·page·program·cycle·time·(5ms)
```

图 31-60   页写循环周期参数

（3）顶层模块

1）代码编写

扇区擦除工程与全擦除工程只在擦除功能模块上存在差异，其他部分相同，顶层模块的整体框架也相同，在此我们不再对扇区擦除工程的顶层模块做讲解，只列出参考代码，读者可参阅全擦除工程顶层模块部分的介绍。顶层模块参考代码具体参见代码清单 31-6。

代码清单 31-6   顶层模块参考代码（spi_falsh_pp.v）

```
 1 module  spi_flash_pp
 2 (
 3 input    wire    sys_clk    ,    // 系统时钟，频率为 50MHz
 4 input    wire    sys_rst_n  ,    // 复位信号，低电平有效
 5 input    wire    pi_key     ,    // 按键输入信号
 6
 7 output   wire    cs_n       ,    // 片选信号
 8 output   wire    sck        ,    // 串行时钟
 9 output   wire    mosi            // 主输出从输入数据
10 );
11
12 //***********************************************************//
13 //***************** Parameter and Internal Signal *****************//
14 //***********************************************************//
15 //parameter define
16 parameter   CNT_MAX =   20'd999_999;     // 计数器计数最大值
17
18 //wire  define
19 wire    po_key  ;
20
21 //***********************************************************//
22 //************************ Instantiation ************************//
23 //***********************************************************//
24 //------------- key_filter_inst -------------
25 key_filter
26 #(
27     .CNT_MAX    (CNT_MAX    )    // 计数器计数最大值
28 )
29 key_filter_inst
30 (
31     .sys_clk    (sys_clk    ),   // 系统时钟，频率为 50MHz
32     .sys_rst_n  (sys_rst_n  ),   // 复位信号，低电平有效
33     .key_in     (pi_key     ),   // 按键输入信号
```

```
34
35      .key_flag   (po_key     )    // 消抖后信号
36 );
37
38 //------------- flash_pp_ctrl_inst -------------
39 flash_pp_ctrl  flash_pp_ctrl_inst
40 (
41      .sys_clk    (sys_clk    ),    // 系统时钟，频率为 50MHz
42      .sys_rst_n  (sys_rst_n  ),    // 复位信号，低电平有效
43      .key        (po_key     ),    // 按键输入信号
44
45      .sck        (sck        ),    // 片选信号
46      .cs_n       (cs_n       ),    // 串行时钟
47      .mosi       (mosi       )     // 主输出从输入数据
48 );
49
50 endmodule
```

2）RTL 视图

顶层代码编写完成。工程进行到这里已基本完成，在 Quartus 软件中进行工程编译，编译通过后，查看 RTL 视图，如图 31-61 所示，发现与顶层模块一致，各信号连接正确。

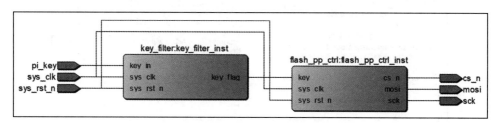

图 31-61　RTL 视图

31.2.3　SPI_Flash 读数据实验

在前面的实验中，我们使用页写的方式向 Flash 芯片写入数据，在本小节的实验中我们将进行 Flash 芯片的数据读取操作，将之前使用页写操作写入 Flash 的数据读出来。

1. 实验目标

使用页写操作向 Flash 芯片写入数据，再使用数据读操作读取之前写入的数据，将读取的数据使用串口传回 PC，使用串口助手传回数据并与之前写入的数据比较，判断正误。

> **注意**：在向 Flash 芯片写入数据之前，先要对芯片执行全擦除操作。

2. 硬件资源

本实验中所用到的硬件资源可参照 SPI-Flash 全擦除实验中的硬件资源部分。

3. 操作时序

下面我们结合数据手册来详细说明 SPI-Flash 芯片数据读操作的相关内容。数据读操作的操作指令为 8'b0000_0011（03h），具体如图 31-62 所示。

READ	Read Data Bytes		0000 0011	03h	3	0	1 to ∞

图 31-62　数据读操作指令

要执行数据读指令，首先拉低片选信号，选中 Flash 芯片，随后写入数据读（READ）指令，紧跟指令写入 3 字节的数据读取首地址，指令和地址会在串行时钟上升沿被芯片锁存。随后存储地址对应存储单元中的数据在串行时钟下降沿通过串行数据总线输出。

数据读取首地址可以为芯片中的任何一个有效地址，使用数据读（READ）指令可以对芯片内的数据连续读取，当首地址数据读取完成后，会自动对首地址的下一个地址进行数据读取。若最高位地址内数据读取完成，会自动跳转到芯片首地址继续进行数据读取，只有再次拉高片选信号，才能停止数据读操作，否则会对芯片执行无线循环读操作。

数据读操作的详细介绍及时序图如图 31-63 所示。

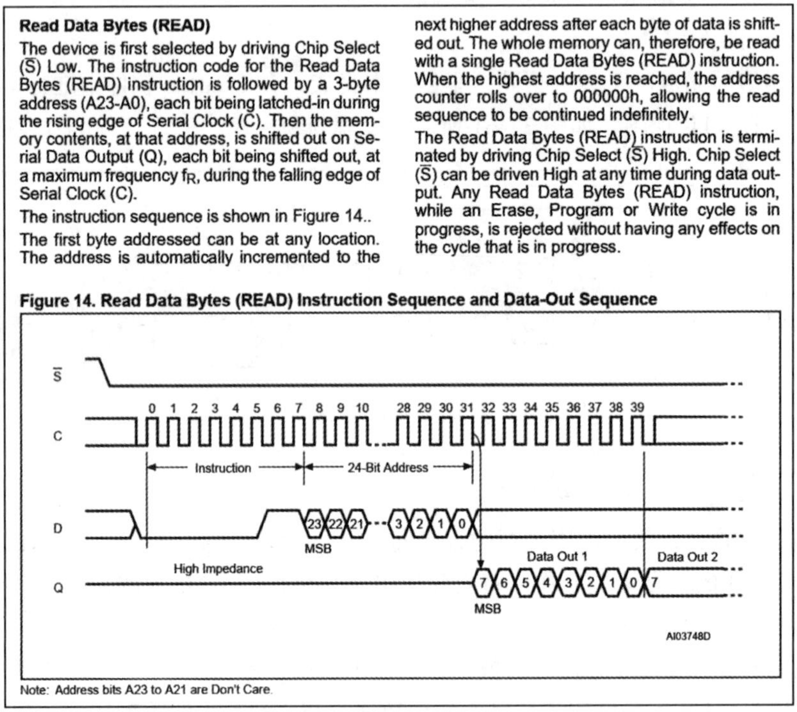

Read Data Bytes (READ)

The device is first selected by driving Chip Select (S̄) Low. The instruction code for the Read Data Bytes (READ) instruction is followed by a 3-byte address (A23-A0), each bit being latched-in during the rising edge of Serial Clock (C). Then the memory contents, at that address, is shifted out on Serial Data Output (Q), each bit being shifted out, at a maximum frequency f_R, during the falling edge of Serial Clock (C).

The instruction sequence is shown in Figure 14..
The first byte addressed can be at any location. The address is automatically incremented to the next higher address after each byte of data is shifted out. The whole memory can, therefore, be read with a single Read Data Bytes (READ) instruction. When the highest address is reached, the address counter rolls over to 000000h, allowing the read sequence to be continued indefinitely.

The Read Data Bytes (READ) instruction is terminated by driving Chip Select (S̄) High. Chip Select (S̄) can be driven High at any time during data output. Any Read Data Bytes (READ) instruction, while an Erase, Program or Write cycle is in progress, is rejected without having any effects on the cycle that is in progress.

Figure 14. Read Data Bytes (READ) Instruction Sequence and Data-Out Sequence

Note: Address bits A23 to A21 are Don't Care.

图 31-63　数据读操作详细介绍及操作时序

数据读操作指令写入之前无须先写入写使能指令，且在执行数据读操作的过程中，片选信号拉低后和拉高前无须做规定时间的等待。图 31-63 中的时序图就是完整的数据读操作时序。

4. 程序设计

（1）整体说明

在整个数据读操作实验工程中共包括 4 个模块：

按键消抖模块（key_filter）、数据读模块（flash_read_ctrl）、串口数据发送模块（uart_tx）和包含各模块实例化的顶层模块（spi_flash_read），模块框图如图 31-64 所示，模块功能描述具体参见表 31-6。

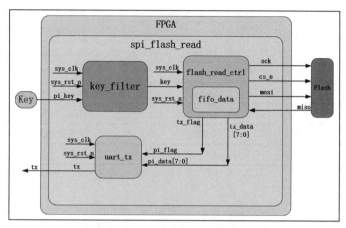

图 31-64　数据读工程整体框图

表 31-6　数据读工程模块功能描述

模块名称	功能描述
spi_flash_read	数据读工程顶层模块
key_filter	按键消抖模块
flash_read_ctrl	数据读模块
uart_tx	串口数据发送模块

在整个系统工程中，外部按键负责产生数据读触发信号，信号由外部进入 FPGA，经顶层模块 spi_flash_read 进入按键消抖模块 key_filter，触发信号经消抖处理后输出进入工程核心模块——数据读模块 flash_read_ctrl，此信号作为触发条件触发数据读模块工作后，模块输出串行时钟信号 sck、片选信号 cs_n 和主输出从输入信号 mosi，3 路信号通过顶层模块输入外部挂载的 Flash 芯片，写入数据读指令和读数据首地址；Flash 芯片通过主输入从输出信号 mosi 传回读取的数据，数据暂存在数据读模块内部实例化的 FIFO 中，待数据读取完成后，通过串口数据发送模块将数据回传给 PC 端。

在下文中，我们会对数据读模块 flash_read_ctrl 和顶层模块 spi_flash_read 进行进一步说明，以方便读者理解。

（2）数据读模块

1）模块框图

数据读模块框图如图 31-65 所示，数据读模块输入输出端口描述具体参见表 31-7。

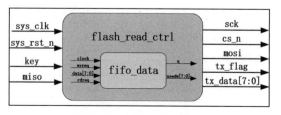

图 31-65　数据读模块框图

表 31-7 模块输入输出端口功能描述

信　号	位　宽	类　型	功能描述
sys_clk	1bit	Input	系统时钟（50MHz）
sys_rst_n	1bit	Input	复位信号，低电平有效
key	1bit	Input	页写触发信号
miso	1bit	Input	Flash 主输入从输出信号
sck	1bit	Output	Flash 串行时钟
cs_n	1bit	Output	Flash 片选信号
mosi	1bit	Output	Flash 主输出从输入信号
tx_flag	1bit	Output	读出数据标志信号
tx_data	8bit	Output	读出 Flash 的字节数据

2）波形图绘制

模块框图部分已经对模块功能和输入输出端口功能做了简要说明，下面我们开始绘制波形图，并通过波形图对各信号波形进行详细讲解，带领读者掌握模块功能的实现方法。

数据读模块的波形图如图 31-66～图 31-70 所示。

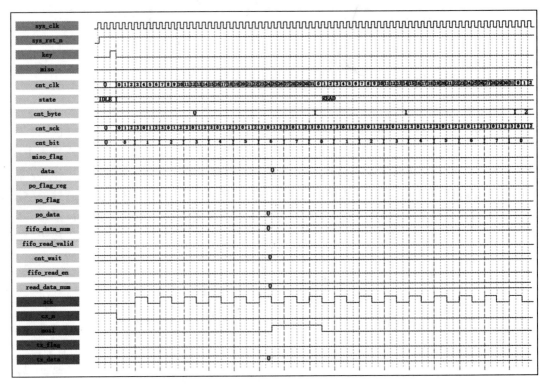

图 31-66　数据读模块整体波形图（一）

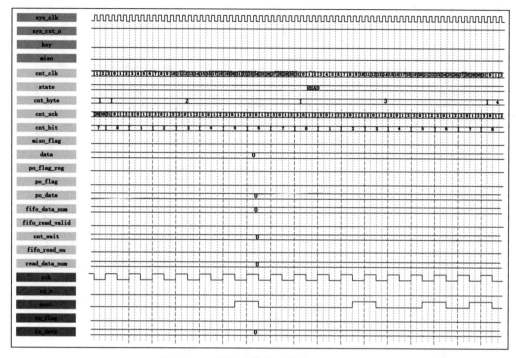

图 31-67　数据读模块整体波形图（二）

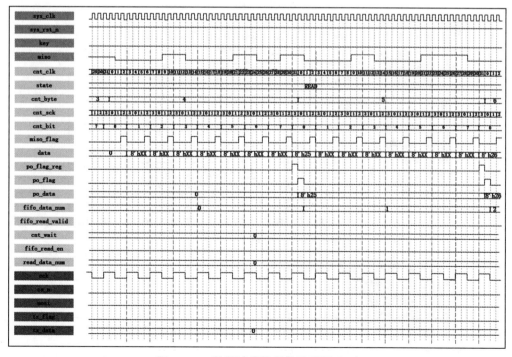

图 31-68　数据读模块整体波形图（三）

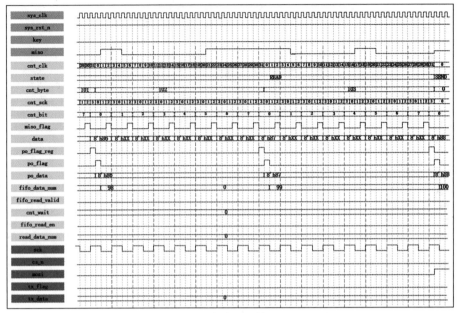

图 31-69　数据读模块整体波形图（四）

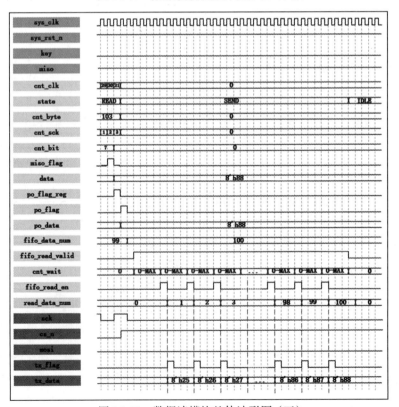

图 31-70　数据读模块整体波形图（五）

　　限于篇幅，我们将模块整体波形图分为了 5 个部分，图 31-66 和图 31-67 绘制的是数据读指令和数据读取首地址时写入过程的各信号波形图；图 31-68、图 31-69 绘制的是 100 字节数据读出过程中各信号的波形图；图 31-70 则是绘制的数据读取完成后字节数据发送至串口数据收发模块工程的各信号波形变化。对于模块波形图的设计与绘制，我们针对各信号进行详细讲解。

第一部分：输入信号波形绘制

　　模块的输入信号共有 4 路，除去必不可少的时钟和复位信号，还有经消抖处理后的数据读触发信号 key 和 Flash 存储芯片传入的主输入从输出信号 miso。

　　系统上电之后，数据读模块一直处于初始状态，只有当输入的数据读触发信号 key 有效时，模块才会开始执行数据读相关操作，输出有效串行时钟和片选信号，通过 mosi 写入数据读指令和数据读取首地址到 Flash 芯片，在这一过程中，miso 始终保持高阻态，待指令和地址写入完成，Flash 芯片通过 miso 回传地址对应的存储单元数据，待数据读取完成，miso 信号继续保持高阻态。相关信号波形如图 31-71～图 31-73 所示。

图 31-71　指令、地址写入过程各输入信号波形图

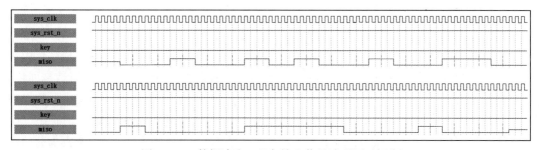

图 31-72　数据读取工程各输入信号波形图（部分）

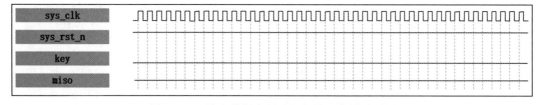

图 31-73　读出数据发送过程各输入信号波形图

第二部分：状态机相关信号的波形设计与实现

沿用之前几个实验工程的设计方法，数据读模块也使用状态机的设计思路，不过本模块状态机只有三个状态：初始状态（IDLE）、数据读状态（READ）和数据发送状态（SEND）。

系统上电后，状态机一直处于初始状态，当传入的数据读触发信号有效时，表示实验工程开始对 Flash 芯片执行数据读取操作，状态机跳转到数据读状态，同时片选信号拉低，选中要进行扇区擦除操作的 Flash 芯片；在数据读状态，模块向 Flash 芯片写入数据读指令和 3 字节数据读取首地址，随后接收 Flash 芯片传回的读出数据，将串行数据拼接为字节数据后，暂存到 FIFO 中；待数据读取完成后，拉高片选信号结束数据读操作，状态机跳转到数据发送状态，将 FIFO 数据读出并发送到串行数据发送模块；读出数据均发送完成后，状态机跳回初始状态，等待下一次有效读触发信号。

对于状态机状态跳转约束条件的确定，我们同样参照全擦除模块的处理方法。声明计数器 cnt_byte 对计数器 cnt_clk 的计数周期进行计数。对 cnt_byte 赋初值为 0，当状态机处于初始状态时，计数器 cnt_byte 始终保持初值 0；当状态机处于数据读状态时，计数器 cnt_byte 开始对计数器 cnt_clk 的计数周期进行计数，cnt_clk 每完成一个完整的循环计数，即 cnt_clk = 31 时，计数器 cnt_byte 自加 1，其他时刻保持当前值不变。

使用这两个计数器作为约束条件就可以实现状态机的状态跳转，当状态机跳转到写使能状态时，同时片选信号拉低。当 cnt_byte = 0、处于计数器 cnt_clk 的第 1 个计数周期时，是对数据读指令写入时间进行计数；当 cnt_byte = 1、2、3，处于计数器 cnt_clk 的第 2、3、4 个计数周期时，是对数据读取首地址写入时间进行计数；当 cnt_byte = 4 –103、处于计数器 cnt_clk 的第 5～104 个计数周期时，是对 100 字节数据的读取时间计数；将读取的 100 字节数据暂存到 FIFO 中，100 字节数据读取完成后，即 cnt_byte = 103、计数器 cnt_clk = 31 时，状态机跳转到数据发送状态，拉高片选信号。

对于状态机如何由数据发送状态跳转回到初始状态，我们需要声明信号变量作为约束条件。

在数据发送状态，我们需要将 FIFO 中暂存的 100 字节数据发送到串口发送模块，由其将数据传回 PC。串口发送模块需要将接收到的字节数据转换为单比特数据进行数据回传，转换过程需要时间，所以我们向其发送字节数据时，要考虑到数据转换时间要求，传入串口发送模块的字节数据之间要有一定的时间间隔。由第 21 章可知，在 50MHz 时钟下、串口波特率为 9600 时，串口接收或发送单比特数据需要 5208 个时钟周期，8 位数据加起始位和结束位，共计需要 52 080 个时钟周期。我们声明计数器 cnt_wait 对数据读模块发送阶段的数据发送时间间隔进行循环计数，计数范围为 0～59 999，计数周期为 50MHz 系统时钟。计数器 cnt_wait 每计数到最大值，FIFO 读使能信号 fifo_read_en 拉高一个时钟周期，读取并输出读出的字节数据。

因为要实现 100 字节的数据读取，所以需要声明一个读出数据计数器 read_data_num 对读出 FIFO 的数据个数进行计数，初值为 0，FIFO 读使能信号每拉高一个时钟周期，计数器 read_data_num 自加 1。

同时，还需要一个读有效信号 fifo_read_valid 来约束上述 3 个信号的有效范围，信号赋初值为低电平，当 FIFO 内写入数据为 100 字节时，拉高读有效信号，只有信号为高电平时，计数器 cnt_wait、读出字节计数器 read_data_num 进行计数，读使能信号 fifo_read_en 有效，待 100 字节数据读取完成，即 cnt_wait 和 read_data_num 计数到最大值时，读有效信号拉低，同样，以此信号为条件，实现状态机由数据发送状态向初始状态跳转。

综上所述，绘制上述各信号波形图，如图 31-74～图 31-76 所示。

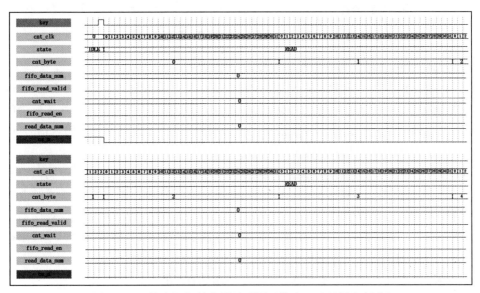

图 31-74　状态机相关信号波形图（指令、地址写入部分）

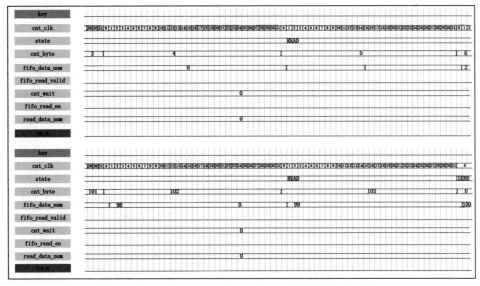

图 31-75　状态机相关信号波形图（数据读出部分）

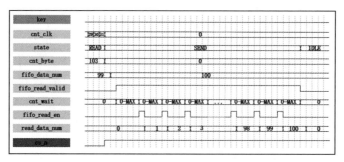

图 31-76 状态机相关信号波形图（数据发送部分）

第三部分：Flash 芯片相关信号的波形设计与实现

要想将数据读指令和读数据首地址写入 Flash 芯片，需要输出 3 路信号到 Flash 芯片，分别为片选信号 cs_n、串行时钟信号 sck 和主输出从输入信号 mosi。对于片选信号的波形设计与实现在第二部分已经做了详细说明，串行时钟信号 sck、主输出从输入信号 mosi 以及与其相关信号的波形设计及实现与页写模块相似。

Flash 芯片使用的是 SPI 通信协议的模式 0，即 CPOL= 0，CPHA=0。声明四分频计数器 cnt_sck，赋初值为 0，只有在 cnt_byte 计数值为 0～103 时，即输出数据读指令、数据读取首地址和输入读取数据时，计数器 cnt_sck 在 0～3 范围内循环计数，计数周期为系统时钟周期，每个时钟周期自加 1。使用四分频计数器 cnt_sck 作为约束条件，生成串行时钟 sck，频率为 12.5MHz。

四分频计数器 cnt_sck、串行时钟信号 sck 的波形图如图 31-77 所示。

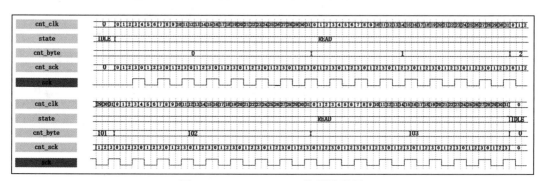

图 31-77 cnt_sck、sck 信号波形图

串行时钟信号 sck 生成后，根据 SPI 模式 0 通信时序图，本实验中 Flash 芯片在串行时钟 sck 的上升沿进行数据采样，我们需要在 sck 的下降沿进行传输数据的更新，当 cnt_byte 计数范围为 0-3 时，在 sck 的下降沿对 mosi 信号写入数据读指令和数据读取首地址。

Flash 芯片的指令或数据的写入要满足高位在前的要求，声明一个计数器 cnt_bit，实现指令或数据的高低位对调，计数器初值为 0，在 0～7 范围内循环计数，计数时钟为串行时钟 sck，每个时钟周期自加 1，其他时刻恒为 0。

绘制 mosi、cnt_sck 信号的波形图，如图 31-78 所示。

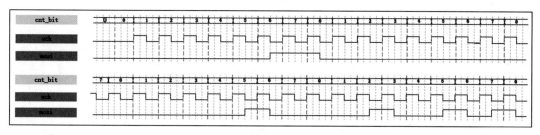

图 31-78　mosi、cnt_sck 信号波形图

数据读指令和数据读取首地址均写入 Flash 芯片后，Flash 芯片通过 miso 信号发送地址对应数据给 FPGA，FPGA 在时钟 sck 的上升沿采集 miso 信号线上的数据。由于 miso 为串行数据线，每次只能传输单比特数据，而我们需要将单比特数据拼接为字节数据存储到 FIFO 中。

声明标志信号 miso_flag 和数据变量 data，使用之前声明的计数器 cnt_byte 和 cnt_sck 作为约束条件控制 miso_flag 信号的电平变化。当 cnt_byte 计数在 4～103 范围内、cnt_sck 为 1 时，赋值 miso_flag 信号为有效的高电平，miso_flag 有效时，读取 miso 中数据信号赋值给数据变量 data 的最低位；当计数器 cnt_bit 计数到 7 且 miso_flag 信号有效时，完成一个字节数据的拼接。

声明信号 po_flag_reg 和数据变量 po_data。在计数器 cnt_bit 计数到 7 且 miso_flag 信号有效时，信号 po_flag_reg 赋值为有效高电平；po_flag_reg 信号有效时，将 data 赋值给 po_data。此时数据变量 po_data 为一个完整的单字节数据。

为了将字节数据 po_data 写入 FIFO，需要写使能信号，声明标志信号 po_flag，信号滞后 po_flag_reg 信号一个时钟周期，信号 po_flag 与字节数据 po_data 同步，将 po_data 写入 FIFO。上述各信号的波形图如图 31-79 和图 31-80 所示。

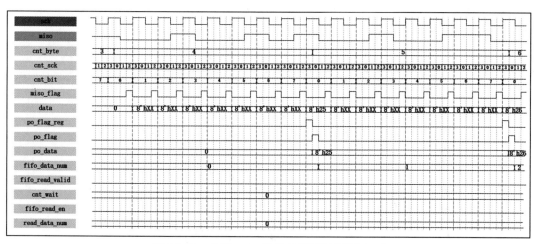

图 31-79　信号 miso 及相关信号波形图（一）

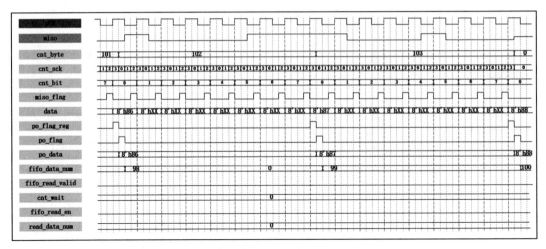

图 31-80 信号 miso 及相关信号波形图（二）

第四部分：发送数据信号 tx_data、发送数据标志信号 tx_flag 的信号波形设计与实现

将 100 字节数据均写入 FIFO 后，开始向串口发送模块发送字节数据，使用 fifo_read_en 信号作 FIFO 读使能，将读出的字节数据赋值给 tx_data ；将 fifo_read_en 信号延迟一拍，生成与 tx_data 同步的数据标志信号 tx_flag，两信号输出至串口发送模块，波形图如图 31-81 所示。

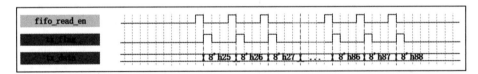

图 31-81 tx_data、tx_flag 信号波形图

3）代码编写

参照数据读模块波形图编写模块参考代码，具体参见代码清单 31-7。

代码清单 31-7 数据读模块参考代码（flash_read_ctrl.v）

```
 1 module   flash_read_ctrl(
 2
 3     input   wire            sys_clk     ,    // 系统时钟，频率为 50MHz
 4     input   wire            sys_rst_n   ,    // 复位信号，低电平有效
 5     input   wire            key         ,    // 按键输入信号
 6     input   wire            miso        ,    // 读出 Flash 数据
 7
 8     output  reg             sck         ,    // 串行时钟
 9     output  reg             cs_n        ,    // 片选信号
10     output  reg             mosi        ,    // 主输出从输入数据
11     output  reg             tx_flag     ,    // 输出数据标志信号
12     output  wire    [7:0]   tx_data          // 输出数据
```

```
13
14 );
15
16 //*********************************************************************//
17 //****************** Parameter and Internal Signal ******************//
18 //*********************************************************************//
19
20 //parameter define
21 parameter    IDLE      =    3'b001   ,    // 初始状态
22             READ      =    3'b010   ,    // 数据读状态
23             SEND      =    3'b100   ;    // 数据发送状态
24
25 parameter    READ_INST  =    8'b0000_0011;    //读指令
26 parameter    NUM_DATA   =    16'd100      ;    // 读出数据个数
27 parameter    SECTOR_ADDR =    8'b0000_0000,    // 扇区地址
28             PAGE_ADDR   =    8'b0000_0100,    // 页地址
29             BYTE_ADDR   =    8'b0010_0101;    // 字节地址
30 parameter    CNT_WAIT_MAX=    16'd6_00_00 ;
31
32 //wire   define
33 wire    [7:0]   fifo_data_num   ;    //fifo 内数据个数
34 //reg    define
35 reg    [4:0]   cnt_clk        ;    // 系统时钟计数器
36 reg    [2:0]   state          ;    // 状态机状态
37 reg    [15:0]  cnt_byte       ;    // 字节计数器
38 reg    [1:0]   cnt_sck        ;    // 串行时钟计数器
39 reg    [2:0]   cnt_bit        ;    // 比特计数器
40 reg            miso_flag      ;    // miso 提取标志信号
41 reg    [7:0]   data           ;    // 拼接数据
42 reg            po_flag_reg    ;    // 输出数据标志信号
43 reg            po_flag        ;    // 输出数据
44 reg    [7:0]   po_data        ;    // 输出数据
45 reg            fifo_read_valid ;    // fifo 读有效信号
46 reg    [15:0]  cnt_wait       ;    // 等待计数器
47 reg            fifo_read_en   ;    // fifo 读使能
48 reg    [7:0]   read_data_num  ;    // 读出 fifo 数据个数
49
50 //*********************************************************************//
51 //************************* Main Code ***************************//
52 //*********************************************************************//
53 //cnt_clk: 系统时钟计数器, 用以记录单个字节
54 always@(posedge sys_clk or  negedge sys_rst_n)
55     if(sys_rst_n == 1'b0)
56         cnt_clk  <=  5'd0;
57     else    if(state == READ)
58         cnt_clk  <=  cnt_clk + 1'b1;
59
60 //cnt_byte: 记录输出字节个数和等待时间
61 always@(posedge sys_clk or  negedge sys_rst_n)
62     if(sys_rst_n == 1'b0)
63         cnt_byte     <=  16'd0;
```

```verilog
64       else    if((cnt_clk == 5'd31) && (cnt_byte == NUM_DATA + 16'd3))
65          cnt_byte     <=   16'd0;
66       else    if(cnt_clk == 5'd31)
67          cnt_byte     <=   cnt_byte + 1'b1;
68
69 //cnt_sck: 串行时钟计数器，用以生成串行时钟
70 always@(posedge sys_clk or  negedge sys_rst_n)
71    if(sys_rst_n == 1'b0)
72       cnt_sck <=  2'd0;
73    else    if(state == READ)
74       cnt_sck <=  cnt_sck + 1'b1;
75
76 //cs_n: 片选信号
77 always@(posedge sys_clk or  negedge sys_rst_n)
78    if(sys_rst_n == 1'b0)
79       cs_n     <=   1'b1;
80    else    if(key == 1'b1)
81       cs_n     <=   1'b0;
82    else    if((cnt_byte == NUM_DATA + 16'd3) && (cnt_clk == 5'd31) && (state == READ))
83       cs_n     <=   1'b1;
84
85 //sck: 输出串行时钟
86 always@(posedge sys_clk or  negedge sys_rst_n)
87    if(sys_rst_n == 1'b0)
88       sck <=  1'b0;
89    else    if(cnt_sck == 2'd0)
90       sck <=  1'b0;
91    else    if(cnt_sck == 2'd2)
92       sck <=  1'b1;
93
94 //cnt_bit: 高低位对调，控制 mosi 输出
95 always@(posedge sys_clk or  negedge sys_rst_n)
96    if(sys_rst_n == 1'b0)
97       cnt_bit <=  3'd0;
98    else    if(cnt_sck == 2'd2)
99       cnt_bit <=  cnt_bit + 1'b1;
100
101 //state: 两段式状态机第一段，状态跳转
102 always@(posedge sys_clk or  negedge sys_rst_n)
103    if(sys_rst_n == 1'b0)
104       state     <=   IDLE;
105    else
106    case(state)
107       IDLE:    if(key == 1'b1)
108             state     <=   READ;
109       READ:    if((cnt_byte == NUM_DATA + 16'd3) && (cnt_clk == 5'd31))
110             state     <=   SEND;
111       SEND:    if((read_data_num == NUM_DATA)
112             && ((cnt_wait == (CNT_WAIT_MAX - 1'b1))))
113             state     <=   IDLE;
```

```
114            default:    state   <=   IDLE;
115        endcase
116
117 //mosi: 两段式状态机第二段, 逻辑输出
118 always@(posedge sys_clk or  negedge sys_rst_n)
119    if(sys_rst_n == 1'b0)
120        mosi    <=  1'b0;
121    else    if((state == READ)&&(cnt_byte>= 16'd4))
122        mosi    <=  1'b0;
123    else    if((state == READ)&&(cnt_byte == 16'd0)&&(cnt_sck == 2'd0))
124        mosi    <=  READ_INST[7 - cnt_bit];    //读指令
125    else    if((state == READ)&&(cnt_byte == 16'd1)&&(cnt_sck == 2'd0)).
126        mosi    <=  SECTOR_ADDR[7 - cnt_bit];  // 扇区地址
127    else    if((state == READ)&&(cnt_byte == 16'd2)&&(cnt_sck == 2'd0))
128        mosi    <=  PAGE_ADDR[7 - cnt_bit];    // 页地址
129    else    if((state == READ)&&(cnt_byte == 16'd3)&&(cnt_sck == 2'd0))
130        mosi    <=  BYTE_ADDR[7 - cnt_bit];    // 字节地址
131
132 //miso_flag: miso 提取标志信号
133 always@(posedge sys_clk or  negedge sys_rst_n)
134    if(sys_rst_n == 1'b0)
135        miso_flag   <=  1'b0;
136    else    if((cnt_byte >= 16'd4) && (cnt_sck == 2'd1))
137        miso_flag   <=  1'b1;
138    else
139        miso_flag   <=  1'b0;
140
141 //data: 拼接数据
142 always@(posedge sys_clk or  negedge sys_rst_n)
143    if(sys_rst_n == 1'b0)
144        data    <=  8'd0;
145    else    if(miso_flag == 1'b1)
146        data    <=  {data[6:0],miso};
147
148 //po_flag_reg: 输出数据标志信号
149 always@(posedge sys_clk or  negedge sys_rst_n)
150    if(sys_rst_n == 1'b0)
151        po_flag_reg <=  1'b0;
152    else    if((cnt_bit == 3'd7) && (miso_flag == 1'b1))
153        po_flag_reg <=  1'b1;
154    else
155        po_flag_reg <=  1'b0;
156
157 //po_flag: 输出数据标志信号
158 always@(posedge sys_clk or  negedge sys_rst_n)
159    if(sys_rst_n == 1'b0)
160        po_flag <=  1'b0;
161    else
162        po_flag <=  po_flag_reg;
163
```

```verilog
164 //po_data: 输出数据
165 always@(posedge sys_clk or  negedge sys_rst_n)
166     if(sys_rst_n == 1'b0)
167         po_data <=  8'd0;
168     else   if(po_flag_reg == 1'b1)
169         po_data <=  data;
170     else
171         po_data <=  po_data;
172
173 //fifo_read_valid: fifo 读有效信号
174 always@(posedge sys_clk or  negedge sys_rst_n)
175     if(sys_rst_n == 1'b0)
176         fifo_read_valid <=  1'b0;
177     else   if((read_data_num == NUM_DATA)
178             && ((cnt_wait == (CNT_WAIT_MAX - 1'b1))))
179         fifo_read_valid <=  1'b0;
180     else   if(fifo_data_num == NUM_DATA)
181         fifo_read_valid <=  1'b1;
182
183 //cnt_wait: 两数据读取时间间隔
184 always@(posedge sys_clk or  negedge sys_rst_n)
185     if(sys_rst_n == 1'b0)
186         cnt_wait    <=  16'd0;
187     else   if(fifo_read_valid == 1'b0)
188         cnt_wait    <=  16'd0;
189     else   if(cnt_wait == (CNT_WAIT_MAX - 1'b1))
190         cnt_wait    <=  16'd0;
191     else   if(fifo_read_valid == 1'b1)
192         cnt_wait    <=  cnt_wait + 1'b1;
193
194 //fifo_read_en: fifo 读使能信号
195 always@(posedge sys_clk or negedge sys_rst_n)
196     if(sys_rst_n == 1'b0)
197         fifo_read_en <=  1'b0;
198     else   if((cnt_wait == (CNT_WAIT_MAX - 1'b1))
199             && (read_data_num < NUM_DATA))
200         fifo_read_en <=  1'b1;
201     else
202         fifo_read_en <=  1'b0;
203
204 //read_data_num: 自 fifo 中读出的数据个数计数
205 always@(posedge sys_clk or negedge sys_rst_n)
206     if(sys_rst_n == 1'b0)
207         read_data_num <=  8'd0;
208     else   if(fifo_read_valid == 1'b0)
209         read_data_num <=  8'd0;
210     else   if(fifo_read_en == 1'b1)
211         read_data_num <=  read_data_num + 1'b1;
212
213 //tx_flag
```

```
214 always@(posedge sys_clk or negedge sys_rst_n)
215     if(sys_rst_n == 1'b0)
216         tx_flag <=  1'b0;
217     else
218         tx_flag <=  fifo_read_en;
219
220 //**********************************************************//
221 //*********************** Instantiation ********************//
222 //**********************************************************//
223 //-------------fifo_data_inst--------------
224 fifo_data fifo_data_inst(
225     .clock   (sys_clk       ),    // 时钟信号
226     .data    (po_data       ),    // 写数据，8bit
227     .wrreq   (po_flag       ),    // 写请求
228     .rdreq   (fifo_read_en  ),    // 读请求
229
230     .q       (tx_data       ),    // 数据读出，8bit
231     .usedw   (fifo_data_num)      //fifo 内数据个数
232 );
233
234 endmodule
```

代码中的各信号在波形图绘制部分已经做了详细讲解，此处不再赘述。对于参考代码的仿真验证不再单独进行，待顶层模块介绍完毕，对工程进行整体仿真，届时再查看本模块仿真波形。

（3）顶层模块

1）模块设计

顶层模块框图如图 31-82 所示，输入时钟复位信号，通过端口 miso 输入自 Flash 读取的串行数据，接收数据读操作触发信号 pi_key；输出 sck、cs_n、mosi 将数据写入 Flash 芯片，通过串口 tx 将读出的 Flash 数据发送到 PC。顶层模块内部实例化了各子功能模块，连接各自对应的信号。

图 31-82　顶层模块框图

2）代码编写

顶层模块参考代码具体参见代码清单 31-8。

代码清单 31-8　顶层模块参考代码（spi_flash_read.v）

```verilog
1 module  spi_flash_read(
2
3     input    wire    sys_clk      ,    // 系统时钟，频率为 50MHz
4     input    wire    sys_rst_n    ,    // 复位信号，低电平有效
5     input    wire    pi_key       ,    // 按键输入信号
6     input    wire    miso         ,    // 读出 Flash 数据
7
8     output   wire    cs_n         ,    // 片选信号
9     output   wire    sck          ,    // 串行时钟
10    output   wire    mosi         ,    // 主输出从输入数据
11    output   wire    tx
12
13 );
14
15 //***************************************************************//
16 //***************** Parameter and Internal Signal *******************//
17 //***************************************************************//
18 //parameter define
19 parameter   CNT_MAX    =    20'd999_999      ;    // 计数器计数最大值
20 parameter   UART_BPS   =    14'd9600         ,    // 波特率
21             CLK_FREQ   =    26'd50_000_000   ;    // 时钟频率
22
23
24 //wire   define
25 wire          po_key  ;    // 消抖处理后的按键信号
26 wire          tx_flag ;    // 输入串口发送模块数据标志信号
27 wire   [7:0]  tx_data ;    // 输入串口发送模块数据
28
29 //***************************************************************//
30 //************************* Instantiation **************************//
31 //***************************************************************//
32 //------------- key_filter_inst -------------
33 key_filter
34 #(
35     .CNT_MAX    (CNT_MAX  )    // 计数器计数最大值
36 )
37 key_filter_inst
38 (
39     .sys_clk    (sys_clk    ),    // 系统时钟，频率为 50MHz
40     .sys_rst_n  (sys_rst_n  ),    // 复位信号，低电平有效
41     .key_in     (pi_key     ),    // 按键输入信号
42
43     .key_flag   (po_key     )     // 消抖后信号
44 );
45
46 //-------------flash_read_ctrl_inst-------------
47 flash_read_ctrl  flash_read_ctrl_inst(
48
49     .sys_clk    (sys_clk    ),    // 系统时钟，频率为 50MHz
```

```
50          .sys_rst_n   (sys_rst_n   ),    // 复位信号，低电平有效
51          .key         (po_key      ),    // 按键输入信号
52          .miso        (miso        ),    // 读出 Flash 数据
53
54          .sck         (sck         ),    // 片选信号
55          .cs_n        (cs_n        ),    // 串行时钟
56          .mosi        (mosi        ),    // 主输出从输入数据
57          .tx_flag     (tx_flag     ),    // 输出数据标志信号
58          .tx_data     (tx_data     )     // 输出数据
59
60  );
61
62  //-------------uart_tx_inst-------------
63  uart_tx
64  #(
65          .UART_BPS    (UART_BPS    ),         // 串口波特率
66          .CLK_FREQ    (CLK_FREQ    )          // 时钟频率
67  )
68  uart_tx_inst(
69          .sys_clk     (sys_clk     ),    // 系统时钟，频率为 50MHz
70          .sys_rst_n   (sys_rst_n   ),    // 全局复位
71          .pi_data     (tx_data     ),    // 并行数据
72          .pi_flag     (tx_flag     ),    // 并行数据有效标志信号
73
74          .tx          (tx          )     // 串口发送数据
75  );
76
77  endmodule
```

3）RTL 视图

顶层代码编写完成。工程进行到这里已基本完成，在 Quartus 软件中进行工程编译，编译通过后，查看 RTL 视图，如图 31-83 所示，各信号连接正确。

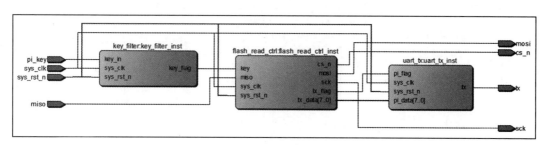

图 31-83　RTL 视图

4）仿真代码编写

仿真顶层模块，实现对实验工程的整体仿真。顶层模块仿真参考代码具体参见代码清单 31-9。

代码清单 31-9　数据读实验顶层模块仿真参考代码（tb_flash_read_ctrl.v）

```verilog
 1 `timescale  1ns/1ns
 2 module  tb_spi_flash_read();
 3
 4 //wire   define
 5 wire    cs_n;
 6 wire    sck ;
 7 wire    mosi;
 8 wire    miso;
 9 wire    tx  ;
10
11 //reg    define
12 reg     clk     ;
13 reg     rst_n   ;
14 reg     key     ;
15
16 // 时钟、复位信号、模拟按键信号
17 initial
18     begin
19         clk =   0;
20         rst_n   <=  0;
21         key <=  0;
22         #100
23         rst_n   <=  1;
24         #1000
25         key <=  1;
26         #20
27         key <=  0;
28     end
29
30 always  #10 clk <=   ~clk;
31
32 defparam memory.mem_access.initfile = "initM25P16_test.txt";
33 defparam spi_flash_read_inst.flash_read_ctrl_inst.CNT_WAIT_MAX = 1000;
34 defparam spi_flash_read_inst.uart_tx_inst.BAUD_CNT_END = 10;
35 //------------- spi_flash_read -------------
36 spi_flash_read     spi_flash_read_inst(
37     .sys_clk    (clk    ),  //input     sys_clk
38     .sys_rst_n  (rst_n  ),  //input     sys_rst
39     .pi_key     (key    ),  //input     key
40     .miso       (miso   ),
41
42     .sck        (sck    ),  //output    sck
43     .cs_n       (cs_n   ),  //output    cs_n
44     .mosi       (mosi   ),  //output    mosi
45     .tx         (tx     )
46
47 );
48
49 //------------- memory -------------
```

```
50 m25p16  memory (
51     .c          (sck     ),
52     .data_in    (mosi    ),
53     .s          (cs_n    ),
54     .w          (1'b1    ),
55     .hold       (1'b1    ),
56     .data_out   (miso    )
57 );
58
59 endmodule
```

5）仿真波形分析

仿真代码编写完成后，使用 Quartus 软件和 ModelSim 实现联合仿真，具体的波形图如图 31-84～图 31-89 所示。

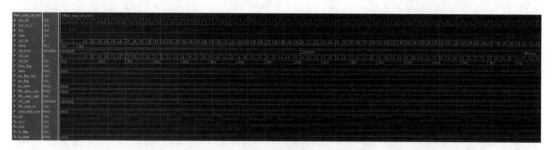

图 31-84　指令、地址写入过程仿真波形图（一）

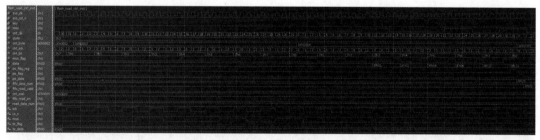

图 31-85　指令、地址写入过程仿真波形图（二）

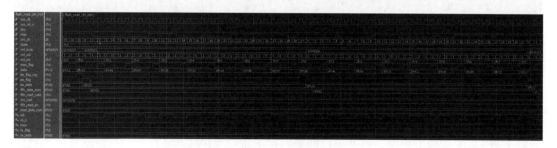

图 31-86　数据读取过程仿真波形图（一）

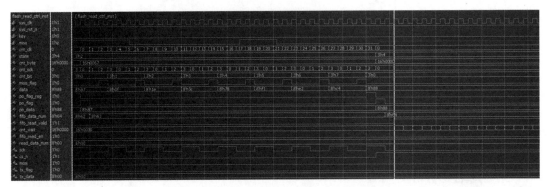

图 31-87　数据读取过程仿真波形图（二）

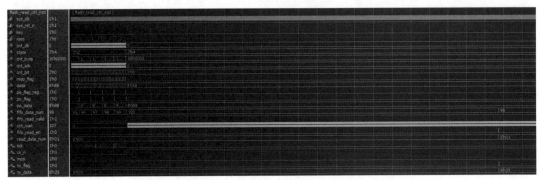

图 31-88　数据发送过程仿真波形图（一）

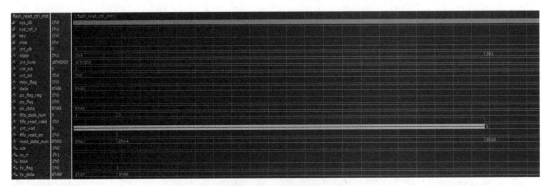

图 31-89　数据发送过程仿真波形图（二）

6）上板验证

仿真验证通过后，绑定引脚，对工程进行重新编译。将开发板连接至 12V 直流电源和 USB-Blaster 下载器的 JTAG 端口，线路正确连接后，打开开关为板卡上电。

为开发板下载 Flash 全擦除程序，按下按键 KEY1 对 Flash 芯片进行全擦除；随后向开发板下载 Flash 读数据程序，打开串口助手，按下按键 KEY1，串口助手会连续接收并打印自 Flash 读取的 100 字节数据，如图 31-90 所示。由于对 Flash 芯片进行过全擦除，因此读取的 100 字节数据均为 FF。

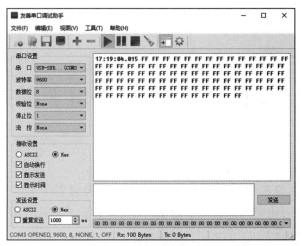

图 31-90   读数据验证

接着向开发板下载 Flash 页写程序，按下按键 KEY1 对 Flash 芯片写入 0～99 共 100 字节数据；再次向开发板下载 Flash 读数据程序，按下按键 KEY1，读取页写程序写入 Flash 的 100 字节数据，并通过串口助手打印出来，如图 31-91 所示。写入数据与读取数据相同，页写程序与读程序验证通过。

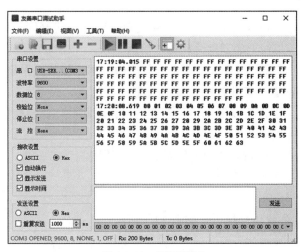

图 31-91   页写验证

31.3   章末总结

至此，本章节的内容讲解完毕，对于 SPI 通信协议和 SPI-Flash 芯片的擦除和数据读写，读者务必理解、掌握。

第 32 章
基于 I²C 协议的 EEPROM 驱动控制

在第 31 章我们学习了 SPI 通信协议的基础知识，通过若干个实验编写了工程，运用 SPI 通信协议实现了 Flash 芯片的擦除、数据读写等操作，本章将介绍一个较为重要的通信协议——I²C（Inter-Integrated Circuit）通信协议。

通过对本章的学习，读者要掌握二线制 I²C 通信协议的基本知识和概念，熟悉 FPGA 与 I²C 器件之间的数据通信流程，运用所学知识设计一个可进行读写操作的 I²C 控制器，实现 FPGA 对 EEPROM 存储器的数据写入和数据读取操作，并上板验证。

32.1 理论学习

I²C 通信协议是由 Philips 公司开发的一种简单、双向二线制同步串行总线协议，只需要两条线即可在连接于总线上的器件之间传送信息。

I²C 通信协议和通信接口在很多工程中有广泛的应用，如数据采集领域的串行 AD，图像处理领域的摄像头配置，工业控制领域的 X 射线管配置，等等。除此之外，由于 I²C 协议占用的引脚特别少，硬件实现简单，可扩展性强，因此被广泛地使用在系统内多个集成电路（IC）间的通信中。

下面我们分别对 I²C 协议的物理层及协议层进行讲解。

32.1.1 I²C 物理层

I²C 通信设备之间的常用连接方式如图 32-1 所示。

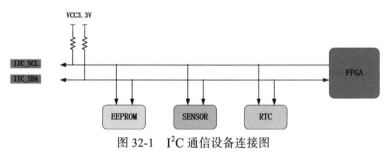

图 32-1 I²C 通信设备连接图

其物理层有如下特点：

1）它是一个支持多设备的总线。"总线"指多个设备共用的信号线。在一个 I²C 通信总线中，可连接多个 I²C 通信设备，支持多个通信主机及多个通信从机。

2）一个 I²C 总线只使用两条总线线路，一条是双向串行数据线（SDA），另一条是串行时钟线（SCL）。数据线用于表示数据，时钟线用于实现数据收发同步。

3）每个连接到总线的设备都有一个独立的地址，主机可以利用这个地址进行不同设备之间的访问。

4）总线通过上拉电阻接到电源。当 I²C 设备空闲时，会输出高阻态，而当所有设备都空闲，都输出高阻态时，将由上拉电阻把总线拉成高电平。

5）多个主机同时使用总线时，为了防止数据冲突，会利用仲裁的方式决定由哪个设备占用总线。

6）具有三种传输模式：标准模式的传输速率为 100kbit/s，快速模式下为 400kbit/s，高速模式下可达 3.4Mbit/s，但目前大多数 I²C 设备尚不支持高速模式。

7）连接到相同总线的集成电路数量受到总线的最大电容 400pF 的限制。

32.1.2 I²C 协议层

在本节中，我们将对 I²C 协议的整体时序图、读写时序以及 I²C 设备的器件地址和存储地址做详细介绍。

1. I²C 整体时序图

I²C 协议的整体时序图如图 32-2 所示。

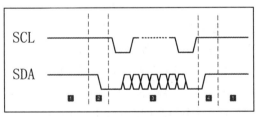

图 32-2 I²C 协议整体时序图

由图 32-2 可知，I²C 协议整体时序图分为 4 个部分，图中标注的①②③④表示 I²C 协议的 4 个状态，分别为"总线空闲状态""起始信号""数据读 / 写状态""停止信号"，详细介绍如下。

❑ 总线空闲状态：在此状态下，串口时钟信号 SCL 和串行数据信号 SDA 均保持高电平，此时无 I²C 设备工作。

❑ 起始信号：在 I²C 总线处于空闲状态，且 SCL 依旧保持高电平时，SDA 出现由高电平转为低电平的下降沿，产生一个起始信号，此时与总线相连的所有 I²C 设备在检测到起始信号后，均跳出空闲状态，等待控制字节的输入。

❑ 数据读 / 写状态：其时序图如图 32-3 所示。

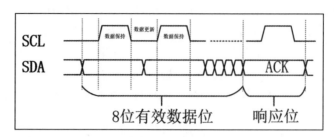

图 32-3 数据读 / 写状态时序图

I²C 通信设备的通信模式是主从通信模式，通信双方有主从之分。

当主机向从机进行指令或数据的写入时，串行数据线 SDA 上的数据在串行时钟 SCL 为高电平时写入从机设备，每次只写入一位数据；串行数据线 SDA 中的数据在串行时钟 SCL 为低电平时进行数据更新，以保证在 SCL 为高电平时采集到 SDA 数据的稳定状态。

当一个完整字节的指令或数据传输完成，从机设备正确接收到指令或数据后，会通过拉低 SDA 为低电平，向主机设备发送单比特的应答信号，表示数据或指令写入成功。若从机正确应答，则可以结束或开始下一字节数据或指令的传输，否则表明数据或指令写入失败，主机就可以决定是否放弃写入或者重新发起写入。

❑ 停止信号：完成数据读写后，串口时钟 SCL 保持高电平，当串口数据信号 SDA 产生一个由低电平转为高电平的上升沿时，将产生一个停止信号，I²C 总线跳转回总线空闲状态。

2. I²C 设备器件地址与存储地址

每个 I²C 设备在出厂前都被设置了器件地址，用户不可自主更改。器件地址一般位宽为 7 位，有的 I²C 设备的器件地址设置了全部位宽，例如《FPGA Verilog 开发实战指南：基于 Intel Cyclone IV（进阶篇）》中要讲解的 OV7725、OV5640 摄像头。有的 I²C 设备的器件地址设置了部分位宽，例如本章中要使用的 EEPROM 存储芯片，它的器件地址只设置了高 4 位，剩下的低 3 位由用户在设计硬件时自主设置。

FPGA 开发板使用的是 ATMEL 公司生产的 AT24C 系列中型号为 AT24C64 的 EEPROM 存储芯片。AT24C64 的存储容量为 64Kbit，内部分成 256 页，每页有 32 字节，共有 8192 个字节，且其读写操作都是以字节为基本单位的。AT24C64 EEPROM 存储芯片的器件地址包括厂商设置的高 4 位 1010 和用户需自主设置的低 3 位 A0、A1、A2。在设计硬件时，通过将芯片的 A0、A1、A2 这 3 个引脚分别连接到 V_{CC} 或 GND 来实现器件地址低 3 位的设置：若 3 个引脚均连接到 V_{CC}，则设置后的器件地址为 1010_111；若 3 个引脚均连接到 GND，则设置后的器件地址为 1010_000。由于 A0、A1、A2 这 3 位只能组合出 8 种情况，所以一个主机最多只能连接 8 个 AT24C64 存储芯片。

当 I²C 主从设备通信时，主机在发送了起始信号后，接着会向从机发送控制命令。控制命令长度为 1 个字节，它的高 7 位为上文讲解的 I²C 设备的器件地址，最低位为读写控制位。读写控制位为 0 时，表示主机要对从机进行数据写入操作；读写控制位为 1 时，表示主机要对从机进行数据读出操作。

EEPROM 芯片控制命令格式示意图如图 32-4 所示。

图 32-4　控制命令格式示意图

通常情况下，主机在与从机建立通信时，并不是直接向想要通信的从机发送控制命令（器件地址 + 读 / 写控制位）以建立通信，而是会将控制命令直接发送到串行数据线 SDA 上，与主机硬件相连的从机设备都会接收到主机发送的控制命令。所有从机设备在接收到主机发送的控制命令后，会与自身器件地址进行对比，若两者的地址相同，那么该从机设备会回应一个应答信号给主机设备，主机设备接收到应答信号后，主从设备建立通信连接，两者可进行数据通信。

至此，I²C 设备器件地址的相关内容已讲解完毕，我们开始介绍 I²C 设备存储地址的相关内容。

每一个支持 I²C 通信协议的设备器件，内部都会包含一些可进行读 / 写操作的寄存器或存储器，例如 OV7725、OV5640 摄像头（它们使用的是与 I²C 协议极为相似的 SCCB 协议），其内部包含一些需要进行读 / 写配置的寄存器，只有向对应寄存器写入正确的参数时，摄像头才能被正确使用。同样，本章要使用的 EEPROM 存储芯片内部也包含许多存储单元，要存储的数据将按照地址被写入对应的存储单元。

由于 I²C 设备要配置的寄存器的数量或存储容量的大小不同，因此存储地址根据位宽分为单字节和 2 字节两种，例如 OV7725、OV5640 摄像头，两者的寄存器数量不同，OV7725 摄像头需要配置的寄存器较少，单个字节能够实现所有寄存器的寻址，所以其存储地址位宽为 8 位；而 OV5640 摄像头需要配置的寄存器较多，单个字节不能实现所有寄存器的寻址，所以其存储地址位宽为 16 位，2 字节。

以 EEPROM 存储芯片为例，在 ATMEL 公司生产的 AT24C 系列 EEPROM 存储芯片中选取两款存储芯片 AT24C04 和 AT24C64。AT24C04 的存储容量为 1Kbit（128B），7 位存储地址即可满足所有存储单元的寻址，存储地址为单字节即可；而 AT24C64 的存储空间为 64Kbit（8KB），需要 13 位存储地址才可以满足所有存储单元的寻址，存储地址为 2 字节。

AT24C04、AT24C64 存储地址的示意图，具体如图 32-5 所示。

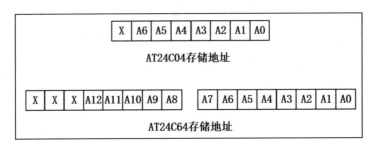

图 32-5　AT24C04、AT24C64 存储地址

3. I²C 读 / 写操作

对传入从机的控制命令，最低位读写控制位写入不同数据值，主机可实现对从机的读 / 写操作，读写控制位为 0 时，表示主机要对从机进行数据写入操作；读写控制位为 1 时，表示主机要对从机进行数据读出操作。对于 I²C 协议的读 / 写操作，我们将其分为读操作和写操作两部分进行讲解。

首先讲解 I²C 写操作，由于一次写入的数据量不同，I²C 的写操作可分为单字节写操作和页写操作，详细讲解如下。

（1）I²C 单字节写操作

I²C 设备单字节写操作时序图如图 32-6 和图 32-7 所示。

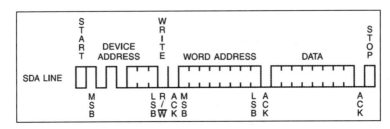

图 32-6　单字节写操作时序图（单字节存储地址）

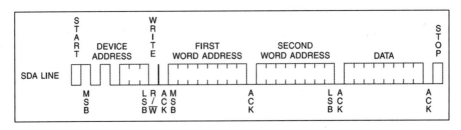

图 32-7　单字节写操作时序图（2 字节存储地址）

参照时序图，列出单字节写操作流程，如下所示：

1）主机产生并发送起始信号到从机，将控制命令写入从机设备，读写控制位设置为低电平，表示对从机进行数据写操作，控制命令的写入高位在前，低位在后。

2）从机接收到控制指令后，回传应答信号，主机接收到应答信号后开始存储写入的地址。若为 2 字节地址，则顺序执行操作；若为单字节地址，则跳转到步骤 5。

3）先向从机写入高 8 位地址，且高位在前，低位在后。

4）待接收到从机回传的应答信号，再写入低 8 位地址，且高位在前，低位在后。若为 2 字节地址，则跳转到步骤 6。

5）按高位在前低位在后的顺序写入单字节存储地址。

6）地址写入完成，主机接收到从机回传的应答信号后，开始单字节数据的写入。

7）单字节数据写入完成，主机接收到应答信号后，向从机发送停止信号，单字节数据写入完成。

（2）I²C 页写操作

单字节写操作中，主机一次向从机中写入单字节数据；页写操作中，主机一次可向从机写入多字节数据。连续写时序图如图 32-8 和图 32-9 所示。

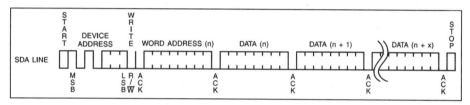

图 32-8　页写操作时序图（单字节存储地址）

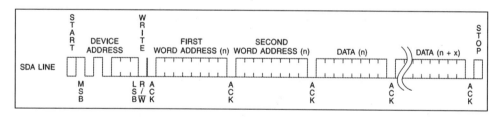

图 32-9　页写操作时序图（2 字节存储地址）

参照时序图，列出页写操作流程，如下所示。

1）主机产生并发送起始信号到从机，将控制命令写入从机设备，将读写控制位设置为低电平，表示对从机进行数据写操作，控制命令的写入高位在前，低位在后。

2）从机接收到控制指令后，回传应答信号，主机接收到应答信号后开始存储写入的地址。若为 2 字节地址，则顺序执行操作；若为单字节地址，则跳转到步骤 5。

3）先向从机写入高 8 位地址，且高位在前，低位在后。

4）待接收到从机回传的应答信号，再写入低 8 位地址，且高位在前，低位在后。若为 2 字节地址，则跳转到步骤 6。

5）按高位在前低位在后的顺序写入单字节存储地址。

6）地址写入完成，主机接收到从机回传的应答信号后，开始第一个单字节数据的写入。

7）数据写入完成，主机接收到应答信号后，开始下一个单字节数据的写入。

8）数据写入完成，主机接收到应答信号。若所有数据均写入完成，则顺序执行操作流程；若数据尚未完成写入，则跳回到步骤 7。

9）主机向从机发送停止信号，页写操作完成。

讲到这里，I²C 设备的单字节数据写入和页写操作的流程已经讲解完毕，读者需要注意的是，所有 I²C 设备均支持单字节数据写入操作，但只有部分 I²C 设备支持页写操作，且支持页写操作的设备，进行一次页写操作所写入的字节数不能超过设备单页包含的存储单元数。本章使用的 EEPROM 存储芯片的单页存储单元个数为 32 个，一次页写操作只能写入 32 字节数据。

I²C 写时序介绍完毕后，接下来开始介绍 I²C 读时序部分。根据一次读操作读取数据量的多少，读操作可分为随机读操作和顺序读操作，详细讲解如下。

（3）I²C 随机读操作

I²C 随机读操作可以理解为单字节数据的读取，操作时序图如图 32-10 和图 32-11 所示。

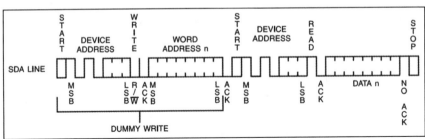

图 32-10　随机读操作时序图（单字节存储地址）

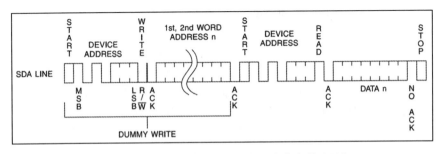

图 32-11　随机读操作时序图（2 字节存储地址）

参照时序图，列出页写时序操作流程，如下所示。

1）主机产生并发送起始信号到从机，将控制命令写入从机设备，读写控制位设置为低电平，表示对从机进行数据写操作，控制命令的写入高位在前，低位在后。

2）从机接收到控制指令后，回传应答信号，主机接收到应答信号后开始存储写入的地址。若为 2 字节地址，则顺序执行操作；若为单字节地址，则跳转到步骤 5。

3）先向从机写入高 8 位地址，且高位在前，低位在后。

4）待接收到从机回传的应答信号后，再写入低 8 位地址，且高位在前，低位在后。若为 2 字节地址，则跳转到步骤 6。

5）按高位在前低位在后的顺序写入单字节存储地址。

6）地址写入完成，主机接收到从机回传的应答信号后，再次向从机发送一个起始信号。

7）主机向从机发送控制命令，读写控制位设置为高电平，表示对从机进行数据读操作。

8）主机接收到从机回传的应答信号后，开始接收从机传回的单字节数据。

9）数据接收完成后，主机产生一个时钟的高电平无应答信号。

10）主机向从机发送停止信号，单字节读操作完成。

（4）I²C 顺序读操作

I²C 顺序读操作就是对寄存器或存储单元数据的顺序读取。假如要读取 n 字节连续数据，只需写入要读取第一个字节数据的存储地址，就可以实现连续 n 字节数据的顺序读取。操作时序如图 32-12 和图 32-13 所示。

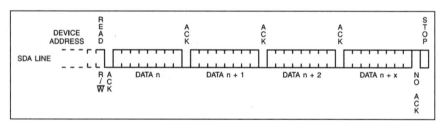

图 32-12　顺序读操作时序图（单字节存储地址）

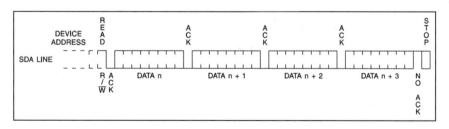

图 32-13　顺序读操作时序图（2 字节存储地址）

参照时序图，列出页写时序操作流程，如下所示。

1）主机产生并发送起始信号到从机，将控制命令写入从机设备，读写控制位设置为低电平，表示对从机进行数据写操作，控制命令的写入高位在前，低位在后。

2）从机接收到控制指令后，回传应答信号，主机接收到应答信号后开始存储地址的写入。若为 2 字节地址，则顺序执行操作；若为单字节地址，则跳转到步骤 5。

3）先向从机写入高 8 位地址，且高位在前，低位在后。

4）待接收到从机回传的应答信号，再写入低 8 位地址，且高位在前，低位在后。若为 2 字节地址，跳转到步骤 6。

5）按高位在前低位在后的顺序写入单字节存储地址。

6）地址写入完成，主机接收到从机回传的应答信号后，再次向从机发送一个起始信号。

7）主机向从机发送控制命令，将读写控制位设置为高电平，表示对从机进行数据读操作。

8）主机接收到从机回传的应答信号后，开始接收从机传回的第一个单字节数据。

9）数据接收完成后，主机产生应答信号并回传给从机，从机接收到应答信号后开始下一字节数据的传输。若数据接收完成，则执行下一操作步骤；若数据接收未完成，则再次执行本步骤。

10）主机产生一个时钟的高电平，无应答信号。

11）主机向从机发送停止信号，顺序读操作完成。

32.2　实战演练

在 32.1 节，我们对 I²C 通信协议的相关理论知识做了系统性的讲解。为了帮助读者更好地理解 I²C 的理论知识，我们设计一个使用 I²C 通信协议的 EEPROM 读写控制器，使用按键控制 EEPROM 数据的读写。

32.2.1　实验目标

运用所学理论知识设计一个使用 I²C 通信协议的 EEPROM 读写控制器，使用按键控制数据写入或读出 EEPROM。使用写控制按键向 EEPROM 中写入数据 1~10，共 10 字节数据，使用读控制按键读出之前写入 EEPROM 的数据，并将读出的数据在数码管上显示出来。

32.2.2　硬件资源

征途 Pro 开发板使用的 EEPROM 型号为 24C64，存储容量为 64Kbit（8KB），需要 13 位存储地址才可以满足所有存储单元的寻址，存储地址为 2 字节。EEPROM 的实物图与原理图分别如图 32-14 和图 32-15 所示。

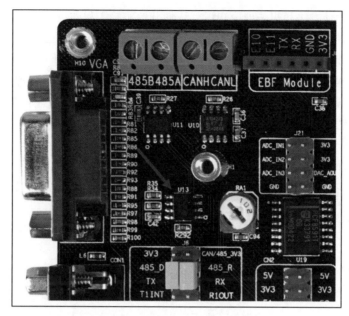

图 32-14　板载 EEPROM 实物图

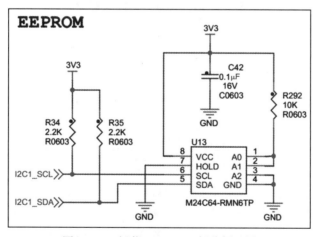

图 32-15　板载 EEPROM 部分原理图

由原理图可知，征途 Pro 板载 EEPROM 地址位 A0、A1 接高电平，A2 接地；EEPROM 地址为 7'b1010_011。

32.2.3　程序设计

1. 整体说明

由 32.2.1 节我们知道，实验工程是要设计一个使用 I²C 通信协议的 EEPROM 读写控制器，使用按键控制数据的写入或读出，并将读出的数据显示在数码管上。结合实验目标，运用前面学到的设计方法和相关理论知识，我们开始实验工程的设计。

首先，要求使用 I²C 通信协议，那么工程中就要包含一个 I²C 驱动控制模块；其次，使用按键控制数据读 / 写，并要求将读出的数据显示到数码管上，我们可以直接调用前面的按键消抖模块和数码管动态显示模块；再次，需要设计一个数据收发模块来控制数据的收发；最后，需要顶层模块将各子功能模块实例化，连接各功能模块的对应信号。综上所述，实验工程的整体框图如图 32-16 所示，模块功能描述具体参见表 32-1。

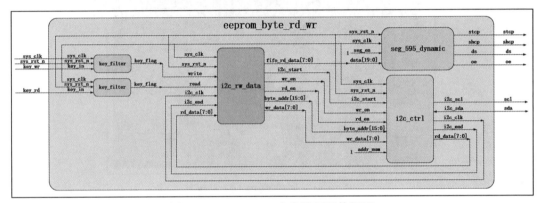

图 32-16　EEPROM 字节读写整体框图

表 32-1　模块功能描述

模块名称	功能描述
key_filter	按键消抖模块，将物理按键传入的读 / 写触发信号做消抖处理
i2c_rw_data	数据收发模块，生成 eeprom 待写入数据，暂存 eeprom 读出数据
i2c_ctrl	I²C 驱动模块，按照 I²C 协议对 I²C 设备进行数据读写操作
seg_595_dynamic	数码管动态显示模块，显示读出的 eeprom 数据
eeprom_byte_rd_wr	顶层模块，实例化各子功能模块，连接各模块对应信号

下面结合图表，简述一下本实验工程的具体流程。

按下数据写操作按键，写触发信号传入按键消抖模块（key_filter），经消抖处理后的写触发信号传入数据收发模块（i2c_rw_data），模块接收到有效的写触发信号后，生成写使能信号、待写入数据、数据地址传入 I²C 驱动模块（i2c_ctrl），I²C 驱动模块按照 I²C 协议将数据写入 EEPROM 存储芯片。

数据写入完成后，按下数据读操作按键，读触发信号传入按键消抖模块 key_filter，经消抖处理后的读触发信号传入数据收发模块 i2c_rw_data，模块接收到有效的读触发信号后，生成读使能信号、数据地址传入 I²C 驱动模块（i2c_ctrl），I²C 驱动模块自 EEPROM 存储芯片读取数据，将读取到的数据回传给数据收发模块（i2c_rw_data），数据收发模块将数据暂存，待所有数据均读取完成后，将数据传至数码管动态显示模块（seg_595_dynamic），自 EEPROM 中读取的数据将在数码管中显示出来。

经过前面的讲解，相信读者对本实验工程的整体框架有了简单了解，接下来我们对实验工程的各子功能模块分别进行详细介绍，以帮助读者更加深入地理解实验工程。

2. I²C 驱动模块

（1）模块框图

I²C 驱动模块的主要功能是按照 I²C 协议对 EEPROM 存储芯片执行数据读写操作。I²C 驱动模块框图和输入输出端口功能描述分别如图 32-17 和表 32-2 所示。

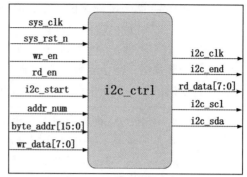

图 32-17　I²C 驱动模块框图

表 32-2　I²C 驱动模块输入输出信号功能描述

信　号	位宽	类　型	功能描述
sys_clk	1bit	Input	系统时钟，频率为 50MHz
sys_rst_n	1bit	Input	复位信号，低电平有效
wr_en	1bit	Input	写使能信号
rd_en	1bit	Input	读使能信号
i2c_start	1bit	Input	单字节数据读 / 写开始信号
addr_num	1bit	Input	数据存储地址字节数标志信号
byte_addr	16bit	Input	数据存储地址
wr_data	8bit	Input	待写入 EEPROM 字节数据
i2c_clk	1bit	Output	工作时钟
i2c_end	1bit	Output	单字节数据读 / 写结束信号
rd_data	8bit	Output	自 EEPROM 中读出的单字节数据
i2c_scl	1bit	Output	I²C 串行时钟信号 SCL
i2c_sda	1bit	Output	I²C 串行数据信号 SDA

由图 32-17 和表 32-2 可知，I²C 驱动模块包括 13 路输入输出信号，其中输入信号 8 路、输出信号 5 路。在输入信号中，sys_clk、sys_rst_n 是必不可少的系统时钟和复位信号；rd_en、wr_en 为读 / 写使能信号，由数据收发模块生成并传入，高电平有效；i2c_start 信号为单字节数据读 / 写开始信号；与 i2c_start 信号同时传入的还有数据存储地址 byte_addr 和待写入字节数据 wr_data；当写使能 wr_en 和 i2c_start 信号同时有效时，模块执行单字节数据写操作，按照数据存储地址 byte_addr，向 EEPROM 对应地址写入数据 wr_data；当读使能信号 rd_en 和 i2c_start 信号同时有效时，模块执行单字节数据读操作，按照数据存储地址 byte_addr 读取 EEPROM 对应地址中的数据；前文中我们提到，I²C 设备存储地址有单字节和 2 字节两种，为了应对这一情况，我们向模块输入 addr_num 信号，当信号为低电平时，表示 I²C 设备存储地址为单字节，在进行数据读写操作时，只写入数据存储地址 byte_addr 的低 8 位；当信号为高电平时，表示 I²C 设备存储地址为 2 字节，在进行数据读写操作时要写入数据存储地址 byte_addr 的全部 16 位。

输出信号中，i2c_clk 是本模块的工作时钟，由系统时钟 sys_clk 分频而来，它的时钟频率为串行时钟 i2c_scl 频率的 4 倍，时钟信号 i2c_clk 要传入数据收发模块（i2c_rw_data）作为模块的工作时钟；输出给数据收发模块（i2c_rw_data）的单字节数据读 / 写结束信号 i2c_end，高电平有效，表示一次单字节数据读 / 写操作完成；rd_data 信号表示自 EEPROM 读出的单字节数据，输出至数据收发模块 i2c_rw_data；i2c_scl、i2c_sda 分别是串行时钟信号和串行数据信号，由模块产生，传入 EEPROM 存储芯片。

> 注意：对 EEPROM 的数据读写操作均使用单字节读 / 写操作，即每次操作只读 / 写单字节数据；若想要实现数据的连续读 / 写，可持续拉高读 / 写使能信号 rd_en/wr_en，并输入有效的单字节数据读 / 写开始信号 i2c_start 即可。

（2）波形图绘制

在"模块框图"部分，我们结合图 32-17 和表 32-2 对 I²C 驱动模块的具体功能和输入输出端口做了说明。那么如何利用输入信号实现模块功能，并输出正确信号呢？下面我们会通过绘制模块波形图，对模块功能以及各信号波形的设计与实现进行详细讲解。

在绘制波形图之前，先回想一下前面讲到的 I²C 设备单字节写操作和随机读操作的操作流程，结合前面学到的知识，我们发现使用状态机来实现 I²C 设备的读 / 写操作是十分方便的。参照 I²C 设备单字节写操作和随机读操作的操作流程，我们绘制的 I²C 读 / 写操作状态转移图如图 32-18 所示。

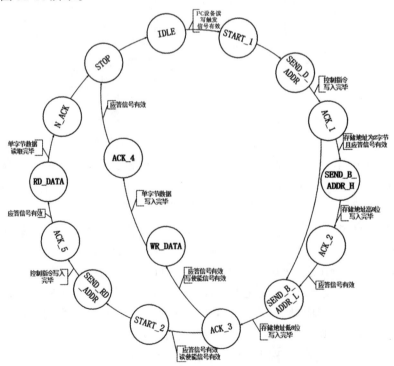

图 32-18　I²C 读 / 写操作状态转移图

由图 32-18 可知，状态机中共包含 16 个状态，将单字节写操作和随机读操作相结合，可以实现 I²C 设备单字节写操作和随机读操作的状态跳转。

系统上电后，状态机处于 IDLE（初始状态）；接收到有效的单字节数据读 / 写开始信号 i2c_start 后，状态机跳转到 START_1（起始状态）；FPGA 向 EEPROM 存储芯片发送起始信号；随后状态机跳转到 SEND_D_ADDR（发送器件地址状态），在此状态下向 EEPROM 存储芯片写入控制指令，控制指令高 7 位为器件地址，最低位为读写控制字，写入 "0"，表示执行写操作；控制指令写入完毕后，状态机跳转到 ACK_1（应答状态）。

在 ACK_1 状态下，要根据存储地址字节数进行不同状态的跳转。当 FPGA 接收到 EEPROM 回传的应答信号且存储地址字节为 2 字节时，状态机跳转到 SEND_B_ADDR_H（发送高字节地址状态），将存储地址的高 8 位写入 EEPROM，写入完成后，状态机跳转到 ACK_2（应答状态）；FPGA 接收到应答信号后，状态机跳转到 SEND_B_ADDR_L（发送低字节地址状态）；当 FPGA 接收到 EEPROM 回传的应答信号且存储地址字节为单字节时，状态机直接跳转到 SEND_B_ADDR_L（发送低字节地址状态）；在此状态低 8 位存储地址或单字节存储地址写入完成后，状态机跳转到 ACK_3（应答状态）。

在 ACK_3 状态下，要根据读 / 写使能信号做不同的状态跳转。当 FPGA 接收到应答信号且写使能信号有效时，状态机跳转到 WR_DATA（写数据状态）；在写数据状态，向 EEPROM 写入单字节数据后，状态机跳转到 ACK_4（应答状态）；待 FPGA 接收到有效应答信号后，状态机跳转到 STOP（停止状态）；当 FPGA 接收到应答信号且读使能信号有效时，状态机跳转到 START_2（起始状态）；再次向 EEPROM 写入起始信号，状态跳转到 SEND_RD_ADDR（发送读控制状态）；再次向 EEPROM 写入控制字节，高 7 位器件地址不变，读写控制位写入 "1"，表示进行读操作，控制字节写入完毕后，状态机跳转到 ACK_5（应答状态）；待 FPGA 接收到有效应答信号后，状态机跳转到 RD_DATA（读数据状态）；在 RD_DATA（读数据状态）状态下，EEPROM 向 FPGA 发送存储地址对应的存储单元下的单字节数据，待数据读取完成后，状态机跳转到 N_ACK（无应答状态），在此状态下向 EEPROM 写入一个时钟的高电平，表示数据读取完成，随后状态机跳转到 STOP（停止状态）。

在 STOP 状态下，FPGA 向 EEPROM 发送停止信号，一次单字节数据读 / 写操作完成，随后状态机跳回 IDLE（初始状态），等待下一次单字节数据读 / 写开始信号 i2c_start。

使用状态机实现 I²C 驱动模块功能是此处的大体思路，结合前面讲解的 I²C 通信协议的相关知识和设计方法，我们开始绘制模块波形图。I²C 驱动模块整体波形图如图 32-19～图 32-23 所示。

限于篇幅，我们将波形图分开展示。为了便于理解，我们将单字节写操作和随机读操作分开讲解，对于各信号波形的设计与实现进行详细说明。

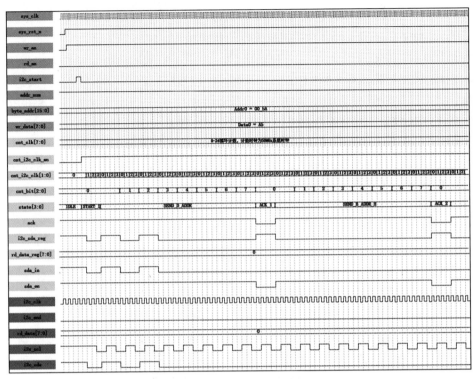

图 32-19　单字节写操作局部波形图（一）

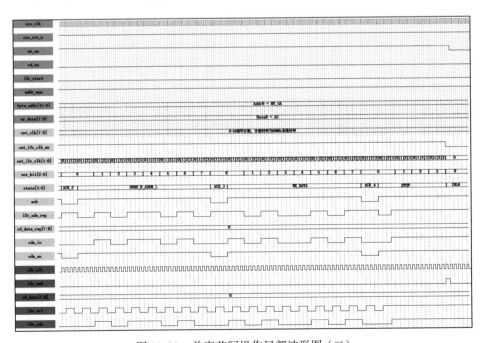

图 32-20　单字节写操作局部波形图（二）

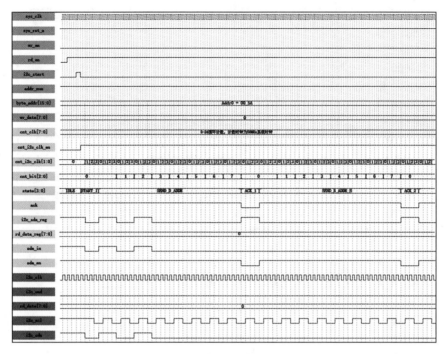

图 32-21　随机读操作局部波形图（一）

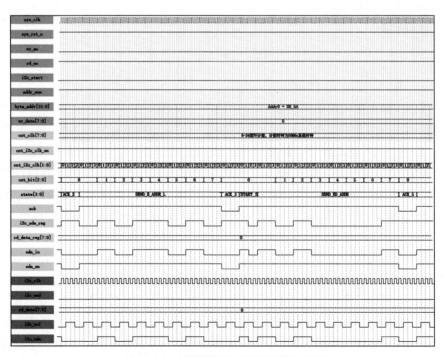

图 32-22　随机读操作局部波形图（二）

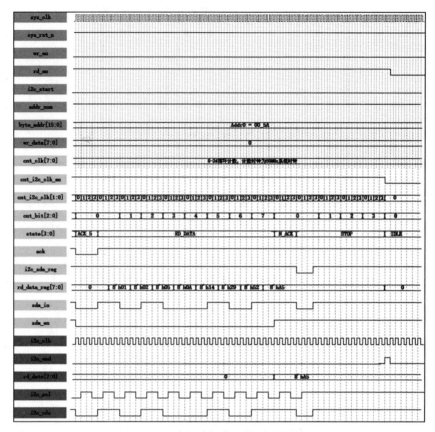

图 32-23 随机读操作局部波形图（三）

首先，来看一下单字节写操作。

第一部分：输入信号说明

本模块的输入信号有 8 路，其中 7 路信号与单字节写操作有关。系统时钟信号 sys_clk 和复位信号 sys_rst_n 不必多讲，这是让模块正常工作所必不可少的；写使能信号 wr_en、单字节数据读 / 写开始信号 i2c_start，只有在两信号同时有效时，模块才会执行单字节数据写操作，若 wr_en 有效，i2c_start 信号的 n 次有效输入可以实现 n 个字节的连续写操作；addr_num 信号为存储地址字节数标志信号，赋值为 0 时，表示 I²C 设备存储地址为单字节；赋值为 1 时，表示 I²C 设备存储地址为 2 字节，本实验使用的 EEPROM 存储芯片的存储地址为 2 字节，此信号恒为高电平；信号 byte_addr 为存储地址；wr_data 表示要写入该地址的单字节数据。

第二部分：时钟信号计数器 cnt_clk 和输出信号 i2c_clk 的设计与实现

本实验对 EEPROM 进行读写操作的串行时钟 scl 的频率为 250kHz，且只在数据读写操作时时钟信号才有效，其他时刻 scl 始终保持高电平。若直接使用系统时钟生成串行时钟 scl，计数器则要设置为较大的位宽，比较麻烦，这里先将系统时钟分频为频率较小的时钟，再使用新分频的时钟来生成串行时钟 scl。

所以，在这里声明一个新的计数器 cnt_clk 对系统时钟 sys_clk 进行计数，利用计数器 cnt_clk 生成新的时钟 i2c_clk。

我们要生成的新时钟 i2c_clk 的频率是 scl 的 4 倍，这样做是为了后面能更好地生成 scl 和 sda，所以 i2c_clk 的时钟频率为 1MHz。经计算，cnt_clk 要在 0～24 内循环计数，每个系统时钟周期自加 1；cnt_clk 每计完一个周期，i2c_clk 进行一次取反，最后得到 i2c_clk 的频率为 1MHz。本模块中其他信号的生成都以此信号为同步时钟，两信号的波形图如图 32-24 所示。

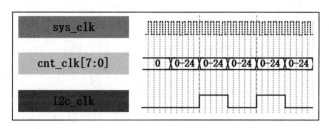

图 32-24　cnt_clk、i2c_clk 信号波形图

注意：系统时钟 sys_clk 与时钟 i2c_clk 的时钟频率相差较大，sys_clk 信号用虚线表示。

第三部分：状态机相关信号波形的设计与实现

前文理论部分提到，输出至 EEPROM 的串行时钟 scl 与串行数据 sda 只有在进行数据读写操作时有效，其他时刻始终保持高电平。由前文状态机相关讲解可知，除 IDLE 状态之外的其他状态均属于数据读写操作的有效部分，所以声明一个使能信号 cnt_i2c_clk_en，在除 IDLE 状态之外的其他状态保持有效高电平，作为 I²C 数据读写操作使能信号。

我们使用 50MHz 系统时钟生成了 1MHz 的时钟 i2c_clk，但输出至 EEPROM 的串行时钟 scl 的时钟频率为 250kHz。我们声明时钟信号计数器 cnt_i2c_clk 作为分频计数器，对 i2c_clk 时钟信号进行计数，初值为 0，计数范围为 0～3，计数时钟为 i2c_clk 时钟，每个时钟周期自加 1，实现时钟 i2c_clk 信号的 4 分频，生成串行时钟 scl。同时计数器 cnt_i2c_clk 也可作为生成串行数据 sda 的约束条件以及状态机跳转条件。

计数器 cnt_i2c_clk 循环计数一个周期，对应串行时钟 scl 的 1 个时钟周期以及串行数据 sda 的 1 位数据保持时间。进行数据读写操作时，传输的指令、地址以及数据，位宽为固定的 8 位数据，我们声明一个比特计数器 cnt_bit，对计数器 cnt_i2c_clk 的计数周期进行计数，可以辅助串行数据 sda 的生成，同时作为状态机状态跳转的约束条件。

输出的串行数据 sda 作为一个双向端口，主机通过它向从机发送控制指令、地址以及数据，接收从机回传的应答信号和读取数据。回传给主机的应答信号是实现状态机跳转的条件之一。声明信号 sda_in 作为串行数据 sda 缓存，声明 ack 信号作为应答信号，ack 信号只在状态机处于各应答状态时由 sda_in 信号赋值，此时为从机回传的应答信号，其他状态时钟保持高电平。

状态机状态跳转的各约束条件均已介绍完毕，声明状态变量 state，结合各约束信号，单字节写操作状态机跳转流程如下：

系统上电后，状态机处于 IDLE 状态，接收到有效的单字节数据读 / 写开始信号 i2c_start 后，状态机跳转到 START_1 状态，同时使能信号 cnt_i2c_clk_en 拉高、计数器 cnt_i2c_clk、cnt_bit 开始计数，开始数据读写操作。

在 START_1 状态保持一个串行时钟周期，期间 FPGA 向 EEPROM 存储芯片发送起始信号，一个时钟周期过后，计数器 cnt_i2c_clk 完成一个周期计数，计数器 cnt_i2c_clk 计数到最大值 3，状态机跳转到 SEND_D_ADDR 状态。

计数器 cnt_i2c_clk、cnt_bit 同时归零，重新计数，计数器 cnt_i2c_clk 每计完一个周期，cnt_bit 自加 1，当计数器 cnt_i2c_clk 完成 8 个计数周期后，cnt_bit 计数到 7，实现 8 位计数，器件 FPGA 按照时序向 EEPROM 存储芯片写入控制指令，控制指令高 7 位为器件地址，最低位为读写控制字，写入 "0"，表示执行写操作。当计数器 cnt_i2c_clk 计数到最大值 3、cnt_bit 计数到 7 时，两计数器同时归零，状态机跳转到 ACK_1 状态。

在 ACK_1 状态下，计数器 cnt_i2c_clk、cnt_bit 重新计数，当计数器 cnt_i2c_clk 计数到最大值 3，且应答信号 ack 为有效的低电平时，状态机跳转到 SEND_B_ADDR_H，两计数器清零。

此状态下，FPGA 将存储地址的高 8 位按时序写入 EEPROM，当计数器 cnt_i2c_clk 计数到 3、cnt_bit 计数到 7 时，状态机跳转到 ACK_2，两计数器清零。

在 ACK_2 状态下，当计数器 cnt_i2c_clk 计数到 3，且应答信号 ack 为有效的低电平时，状态机跳转到 SEND_B_ADDR_L，两计数器清零。

在此状态下，低 8 位存储地址按时序写入 EEPROM，计数器 cnt_i2c_clk 计数到 3、cnt_bit 计数到 7 时，状态机跳转到 ACK_3。

在 ACK_3 状态下，当 cnt_i2c_clk 计数到 3、应答信号 ack 有效，且写使能信号 wr_en 有效时，状态机跳转到 WR_DATA。

在写数据状态，按时序向 EEPROM 写入单字节数据，计数器 cnt_i2c_clk 计数到 3、cnt_bit 计数到 7 时，状态机跳转到 ACK_4。

在 ACK_4 状态下，当 cnt_i2c_clk 计数到 3、应答信号 ack 有效时，状态机跳转到 STOP 状态。

在 STOP 状态，FPGA 向 EEPROM 发送停止信号，一次单字节数据读 / 写操作完成，随后状态机跳回 IDLE 状态，等待下一次单字节数据读 / 写开始信号 i2c_start。

状态机相关信号波形如图 32-25 和图 32-26 所示。

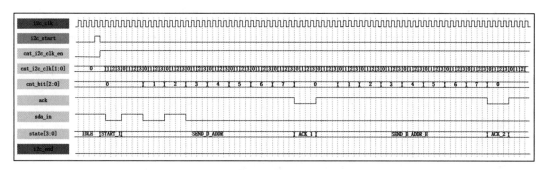

图 32-25　状态机相关信号波形图（一）

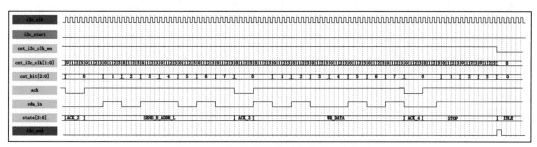

图 32-26　状态机相关信号波形图（二）

第四部分：输出串行时钟 i2c_scl、串行数据信号 i2c_sda 及相关信号的波形设计与实现

串口数据 sda 端口作为一个双向端口，在单字节读取操作中，主机只在除应答状态之外的其他状态拥有控制权，在应答状态下主机只能接收由从机通过 sda 传入的应答信号。声明使能信号 sda_en，只在除应答状态之外的其他状态赋值为有效的高电平，sda_en 有效时，主机拥有对 sda 的控制权。

声明 i2c_sda_reg 作为输出 i2c_sda 信号的数据缓存，在 sda_en 有效时，将 i2c_sda_reg 的值赋给输出串口数据 i2c_sda，sda_en 无效时，输出串口数据 i2c_sda 为高阻态，主机放弃其控制权，接收其传入的应答信号。

i2c_sda_reg 在使能信号 sda_en 无效时始终保持高电平，当使能 sda_en 有效时，在状态机对应状态下，以计数器 cnt_i2c_clk、cnt_bit 为约束条件，对应写入起始信号、控制指令、存储地址、写入数据、停止信号。

对于输出的串行时钟 i2c_clk，由 I²C 通信协议可知，I²C 设备只在串行时钟为高电平时进行数据采集，在串行时钟为低电平时实现串行数据更新。我们使用计数器 cnt_i2c_clk、cnt_bit 以及状态变量 state 为约束条件，结合 I²C 通信协议，生成满足时序要求的输出串行时钟 i2c_clk。

输出串行时钟 i2c_scl、串行数据信号 i2c_sda 及相关信号的波形图如图 32-27 和图 32-28 所示。

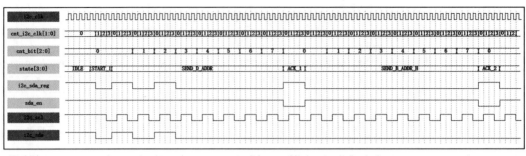

图 32-27　i2c_scl、i2c_sda 及相关信号波形图（一）

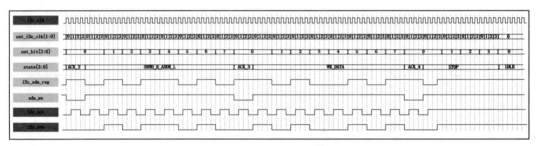

图 32-28　i2c_scl、i2c_sda 及相关信号波形图（二）

单字节写操作部分涉及的各信号波形的设计与实现讲解完毕，下面开始随机读操作部分的讲解。单字节写操作和随机读操作所涉及的各信号大致相同，在随机读操作中，我们只讲解差别较大之处，两个操作的相同或相似之处不再说明，读者可回顾单字节写操作部分的介绍。

第一部分：输入信号说明

本模块的输入信号有 8 路，其中 6 路信号与随机读操作有关。系统时钟信号 sys_clk 和复位信号 sys_rst_n 不必过多讲解，这是模块正常工作时必不可少的；只有在读使能信号 rd_en 和单字节数据读 / 写开始信号 i2c_start 同时有效时，模块才会执行随机读操作，若 rd_en 有效时，i2c_start 信号 n 次有效输入，可以实现 n 个字节的连续读操作；addr_num 信号为存储地址字节数标志信号，赋值为 0 时，表示 I²C 设备存储地址为单字节，赋值为 1 时，表示 I²C 设备存储地址为 2 字节，本实验使用的 EEPROM 存储芯片的存储地址位 2 字节，此信号恒为高电平；信号 byte_addr 为存储地址。

第二部分：状态机相关信号波形的设计与实现

状态机状态跳转的各约束条件，读者可回顾单字节写操作部分的介绍。声明状态变量 state，结合各约束信号，单字节写操作状态机跳转流程如下：

系统上电后，状态机处于 IDLE 状态，接收到有效的单字节数据读 / 写开始信号 i2c_start 后，状态机跳转到 START_1 状态，同时使能信号 cnt_i2c_clk_en 拉高，计数器 cnt_i2c_clk、cnt_bit 开始计数，开始数据读写操作。

在 START_1 状态保持一个串行时钟周期，在此期间 FPGA 向 EEPROM 存储芯片发送起始信号，一个时钟周期过后，计数器 cnt_i2c_clk 完成一个周期计数，计数器 cnt_i2c_clk

计数到最大值 3，状态机跳转到 SEND_D_ADDR。

计数器 cnt_i2c_clk、cnt_bit 同时归零，重新计数，计数器 cnt_i2c_clk 每计完一个周期，cnt_bit 自加 1，当计数器 cnt_i2c_clk 完成 8 个计数周期后，cnt_bit 计数到 7，实现 8 位计数，器件 FPGA 按照时序向 EEPROM 存储芯片写入控制指令，控制指令高 7 位为器件地址，最低位为读写控制字，写入 "0"，表示执行写操作。当计数器 cnt_i2c_clk 计数到最大值 3、cnt_bit 计数到 7 时，两计数器同时归零，状态机跳转到 ACK_1。

在 ACK_1 状态下，计数器 cnt_i2c_clk、cnt_bit 重新计数，当计数器 cnt_i2c_clk 计数到最大值 3，且应答信号 ack 为有效的低电平时，状态机跳转到 SEND_B_ADDR_H，两计数器清零。

此状态下，FPGA 将存储地址的高 8 位按时序写入 EEPROM，当计数器 cnt_i2c_clk 计数到 3、cnt_bit 计数到 7 时，状态机跳转到 ACK_2，两计数器清零。

ACK_2 状态下，当计数器 cnt_i2c_clk 计数到 3，且应答信号 ack 为有效的低电平时，状态机跳转到 SEND_B_ADDR_L，两计数器清零。

在此状态下，低 8 位存储地址按时序写入 EEPROM，计数器 cnt_i2c_clk 计数到 3、cnt_bit 计数到 7 时，状态机跳转到 ACK_3。

在 ACK_3 状态下，当 cnt_i2c_clk 计数 3、应答信号 ack 有效，且读使能信号 rd_en 有效时，状态机跳转到 START_2。

在 START_2 状态保持一个串行时钟周期，在此期间 FPGA 再次向 EEPROM 存储芯片发送起始信号，一个时钟周期过后，计数器 cnt_i2c_clk 完成一个周期计数，计数器 cnt_i2c_clk 计数到 3，状态机跳转到 SEND_RD_ADDR。

在此状态下，按时序向 EEPROM 写入控制指令，控制指令高 7 位为器件地址，最低位为读写控制字，写入 "1"，表示执行读操作。当计数器 cnt_i2c_clk 计数到 3、cnt_bit 计数到 7 时，两计数器同时归零，状态机跳转到 ACK_5。

在 ACK_5 状态下，当 cnt_i2c_clk 计数到 3、应答信号 ack 有效时，状态机跳转到 RD_DATA；RD-DATA 状态下，主机读取从机发送的单字节数据，当计数器 cnt_i2c_clk 计数到 3、cnt_bit 计数到 7 时，数据读取完成，计数器清零，状态机跳转到 N_ACK 状态；在 N-ACK 状态下，向 EEPROM 写入一个时钟的高电平，当 cnt_i2c_clk 计数到 3 时，状态机跳转到 STOP 状态。

在 STOP 状态，FPGA 向 EEPROM 发送停止信号，一次随机数据读操作完成，随后状态机跳回 IDLE，等待下一次单字节数据读 / 写开始信号 i2c_start。

状态机相关信号的波形如图 32-29～图 32-31 所示。

第三部分：输出串行时钟 i2c_scl、串行数据信号 i2c_sda、读出数据 rd_data 及相关信号的波形的设计与实现

串口数据 sda 端口作为一个双向端口，在随机读操作中，主机只在除应答状态、读数据状态之外的其他状态拥有控制权。在应答状态下，主机接收由从机通过 sda 传入的应答信号，在读数据状态下，主机接收由从机传入的单字节数据。声明使能信号 sda_en，只在除应答状态、读数据状态之外的其他状态赋值为有效的高电平，sda_en 有效时，主机拥有对 sda 的控制权。

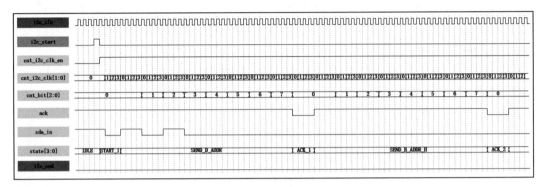

图 32-29　状态机相关信号波形图（一）

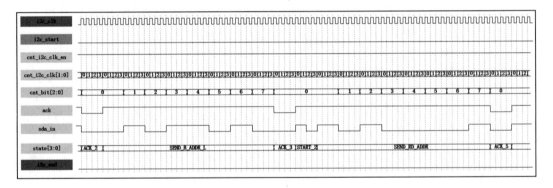

图 32-30　状态机相关信号波形图（二）

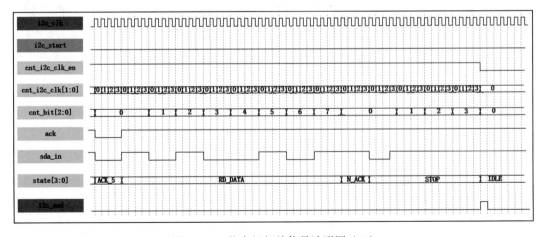

图 32-31　状态机相关信号波形图（三）

　　声明 i2c_sda_reg 作为输出 i2c_sda 信号的数据缓存；声明 rd_data_reg 作为 EEPROM 读出的数据缓存。

　　i2c_sda_reg 在使能信号 sda_en 无效时始终保持高电平，在使能信号 sda_en 有效时，在状态机对应状态下，以计数器 cnt_i2c_clk、cnt_bit 为约束条件，对应写入起始信号、控制指令、存储地址、写入数据、停止信号；在状态机处于读数据状态时，变量 rd_data_reg 由输入信号 sda_in 赋值，暂存 EEPROM 读取数据。

　　当 sda_en 有效时，将 i2c_sda_reg 赋值给 i2c_sda；当 sda_en 无效时，i2c_sda 保持高阻态。主机放弃对 sda 端口的控制；在状态机处于读数据状态时，变量 rd_data_reg 暂存 EEPROM 读取数据，读数据状态结束后，将暂存数据赋值给输出信号 rd_data。

　　对于输出的串行时钟 i2c_clk，由 I²C 通信协议可知，I²C 设备只在串行时钟为高电平时进行数据采集，在串行时钟为低电平时实现串行数据更新。我们使用计数器 cnt_i2c_clk、cnt_bit 以及状态变量 state 为约束条件，结合 I²C 通信协议，生成满足时序要求的输出串行时钟 i2c_clk。

　　输出串行时钟 i2c_scl、串行数据信号 i2c_sda、读出数据 rd_data 及相关信号的波形图如图 32-32～图 32-34 所示。

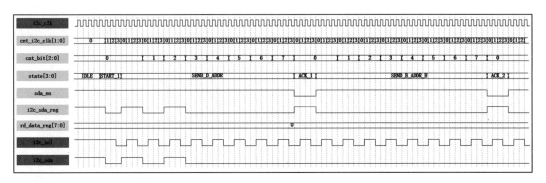

图 32-32　i2c_scl、i2c_sda、rd_data 及相关信号波形图（一）

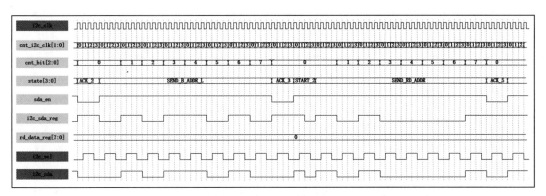

图 32-33　i2c_scl、i2c_sda、rd_data 及相关信号波形图（二）

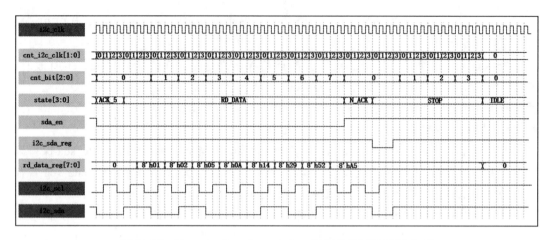

图 32-34　i2c_scl、i2c_sda、rd_data 及相关信号波形图（三）

（3）代码编写

参考波形图绘制完毕，参照参考波形图进行代码编写，I²C 驱动模块参考代码具体参见代码清单 32-1。

代码清单 32-1　I²C 驱动模块参考代码（i2c_ctrl.v）

```
1 module  i2c_ctrl
2 #(
3     parameter    DEVICE_ADDR    =    7'b1010_000       , //i2c 设备地址
4     parameter    SYS_CLK_FREQ   =    26'd50_000_000    , // 输入系统时钟频率
5     parameter    SCL_FREQ       =    18'd250_000       //i2c 设备 scl 时钟频率
6 )
7 (
8     input   wire           sys_clk      ,    // 输入系统时钟，频率为 50MHz
9     input   wire           sys_rst_n    ,    // 输入复位信号，低电平有效
10    input   wire           wr_en        ,    // 输入写使能信号
11    input   wire           rd_en        ,    // 输入读使能信号
12    input   wire           i2c_start    ,    // 输入 i2c 触发信号
13    input   wire           addr_num     ,    // 输入 i2c 字节地址字节数
14    input   wire    [15:0] byte_addr    ,    // 输入 i2c 字节地址
15    input   wire    [7:0]  wr_data      ,    // 输入 i2c 设备数据
16
17    output  reg            i2c_clk      ,    //i2c 驱动时钟
18    output  reg            i2c_end      ,    //i2c 一次读 / 写操作完成
19    output  reg     [7:0]  rd_data      ,    // 输出 i2c 设备读取数据
20    output  reg            i2c_scl      ,    // 输出至 i2c 设备的串行时钟信号 scl
21    inout   wire           i2c_sda           // 输出至 i2c 设备的串行数据信号 sda
22 );
23
24 //*************************************************************//
25 //****************** Parameter and Internal Signal ******************//
```

```
26 //**************************************************************//
27 // parameter define
28 parameter    CNT_CLK_MAX      =    (SYS_CLK_FREQ/SCL_FREQ) >> 2'd3    ;
29                                              //cnt_clk 计数器计数最大值
30 parameter    CNT_START_MAX    =    8'd100; //cnt_start 计数器计数最大值
31
32 parameter    IDLE             =    4'd00,   // 初始状态
33              START_1          =    4'd01,   // 开始状态 1
34              SEND_D_ADDR      =    4'd02,   // 设备地址写入状态 + 控制写
35              ACK_1            =    4'd03,   // 应答状态 1
36              SEND_B_ADDR_H    =    4'd04,   // 字节地址高 8 位写入状态
37              ACK_2            =    4'd05,   // 应答状态 2
38              SEND_B_ADDR_L    =    4'd06,   // 字节地址低 8 位写入状态
39              ACK_3            =    4'd07,   // 应答状态 3
40              WR_DATA          =    4'd08,   // 写数据状态
41              ACK_4            =    4'd09,   // 应答状态 4
42              START_2          =    4'd10,   // 开始状态 2
43              SEND_RD_ADDR     =    4'd11,   // 设备地址写入状态 + 控制读
44              ACK_5            =    4'd12,   // 应答状态 5
45              RD_DATA          =    4'd13,   // 读数据状态
46              N_ACK            =    4'd14,   // 非应答状态
47              STOP             =    4'd15;   // 结束状态
48
49 // wire   define
50 wire          sda_in            ;    //sda 输入数据寄存
51 wire          sda_en            ;    //sda 数据写入使能信号
52
53 // reg    define
54 reg    [7:0]  cnt_clk           ;    // 系统时钟计数器, 控制生成 clk_i2c 时钟信号
55 reg    [3:0]  state             ;    // 状态机状态
56 reg          cnt_i2c_clk_en    ;    //cnt_i2c_clk 计数器使能信号
57 reg    [1:0]  cnt_i2c_clk       ;    //clk_i2c 时钟计数器, 控制生成 cnt_bit 信号
58 reg    [2:0]  cnt_bit           ;    //sda 比特计数器
59 reg          ack               ;    // 应答信号
60 reg          i2c_sda_reg       ;    //sda 数据缓存
61 reg    [7:0]  rd_data_reg       ;    // 自 i2c 设备读出数据
62
63 //**************************************************************//
64 //*********************** Main Code ****************************//
65 //**************************************************************//
66 // cnt_clk: 系统时钟计数器, 控制生成 clk_i2c 时钟信号
67 always@(posedge sys_clk or negedge sys_rst_n)
68     if(sys_rst_n == 1'b0)
69         cnt_clk <=  8'd0;
70     else    if(cnt_clk == CNT_CLK_MAX - 1'b1)
71         cnt_clk <=  8'd0;
72     else
73         cnt_clk <=  cnt_clk + 1'b1;
74
```

```verilog
75  // i2c_clk: i2c 驱动时钟
76  always@(posedge sys_clk or negedge sys_rst_n)
77      if(sys_rst_n == 1'b0)
78          i2c_clk <= 1'b1;
79      else   if(cnt_clk == CNT_CLK_MAX - 1'b1)
80          i2c_clk <= ~i2c_clk;
81
82  // cnt_i2c_clk_en: cnt_i2c_clk 计数器使能信号
83  always@(posedge i2c_clk or negedge sys_rst_n)
84      if(sys_rst_n == 1'b0)
85          cnt_i2c_clk_en <= 1'b0;
86      else   if((state == STOP) && (cnt_bit == 3'd3) &&(cnt_i2c_clk == 3))
87          cnt_i2c_clk_en <= 1'b0;
88      else   if(i2c_start == 1'b1)
89          cnt_i2c_clk_en <= 1'b1;
90
91  // cnt_i2c_clk: i2c_clk 时钟计数器，控制生成 cnt_bit 信号
92  always@(posedge i2c_clk or negedge sys_rst_n)
93      if(sys_rst_n == 1'b0)
94          cnt_i2c_clk <= 2'd0;
95      else   if(cnt_i2c_clk_en == 1'b1)
96          cnt_i2c_clk <= cnt_i2c_clk + 1'b1;
97
98  // cnt_bit: sda 比特计数器
99  always@(posedge i2c_clk or negedge sys_rst_n)
100     if(sys_rst_n == 1'b0)
101         cnt_bit <= 3'd0;
102     else   if((state == IDLE) || (state == START_1) || (state == START_2)
103         || (state == ACK_1) || (state == ACK_2) || (state == ACK_3)
104         || (state == ACK_4) || (state == ACK_5) || (state == N_ACK))
105         cnt_bit <= 3'd0;
106     else   if((cnt_bit == 3'd7) && (cnt_i2c_clk == 2'd3))
107         cnt_bit <= 3'd0;
108     else   if((cnt_i2c_clk == 2'd3) && (state != IDLE))
109         cnt_bit <= cnt_bit + 1'b1;
110
111 // state: 状态机状态跳转
112 always@(posedge i2c_clk or negedge sys_rst_n)
113     if(sys_rst_n == 1'b0)
114         state <= IDLE;
115     else   case(state)
116         IDLE:
117             if(i2c_start == 1'b1)
118                 state <= START_1;
119             else
120                 state <= state;
121         START_1:
122             if(cnt_i2c_clk == 3)
123                 state <= SEND_D_ADDR;
```

```
124              else
125                  state    <=  state;
126          SEND_D_ADDR:
127              if((cnt_bit == 3'd7) &&(cnt_i2c_clk == 3))
128                  state    <=  ACK_1;
129              else
130                  state    <=  state;
131          ACK_1:
132              if((cnt_i2c_clk == 3) && (ack == 1'b0))
133                  begin
134                      if(addr_num == 1'b1)
135                          state    <=  SEND_B_ADDR_H;
136                      else
137                          state    <=  SEND_B_ADDR_L;
138                  end
139              else
140                  state    <=  state;
141          SEND_B_ADDR_H:
142              if((cnt_bit == 3'd7) &&(cnt_i2c_clk == 3))
143                  state    <=  ACK_2;
144              else
145                  state    <=  state;
146          ACK_2:
147              if((cnt_i2c_clk == 3) && (ack == 1'b0))
148                  state    <=  SEND_B_ADDR_L;
149              else
150                  state    <=  state;
151          SEND_B_ADDR_L:
152              if((cnt_bit == 3'd7) && (cnt_i2c_clk == 3))
153                  state    <=  ACK_3;
154              else
155                  state    <=  state;
156          ACK_3:
157              if((cnt_i2c_clk == 3) && (ack == 1'b0))
158                  begin
159                      if(wr_en == 1'b1)
160                          state    <=  WR_DATA;
161                      else    if(rd_en == 1'b1)
162                          state    <=  START_2;
163                      else
164                          state    <=  state;
165                  end
166              else
167                  state    <=  state;
168          WR_DATA:
169              if((cnt_bit == 3'd7) &&(cnt_i2c_clk == 3))
170                  state    <=  ACK_4;
171              else
172                  state    <=  state;
```

```
173          ACK_4:
174              if((cnt_i2c_clk == 3) && (ack == 1'b0))
175                  state   <=   STOP;
176              else
177                  state   <=   state;
178          START_2:
179              if(cnt_i2c_clk == 3)
180                  state   <=   SEND_RD_ADDR;
181              else
182                  state   <=   state;
183          SEND_RD_ADDR:
184              if((cnt_bit == 3'd7) &&(cnt_i2c_clk == 3))
185                  state   <=   ACK_5;
186              else
187                  state   <=   state;
188          ACK_5:
189              if((cnt_i2c_clk == 3) && (ack == 1'b0))
190                  state   <=   RD_DATA;
191              else
192                  state   <=   state;
193          RD_DATA:
194              if((cnt_bit == 3'd7) &&(cnt_i2c_clk == 3))
195                  state   <=   N_ACK;
196              else
197                  state   <=   state;
198          N_ACK:
199              if(cnt_i2c_clk == 3)
200                  state   <=   STOP;
201              else
202                  state   <=   state;
203          STOP:
204              if((cnt_bit == 3'd3) &&(cnt_i2c_clk == 3))
205                  state   <=   IDLE;
206              else
207                  state   <=   state;
208          default:   state   <=   IDLE;
209      endcase
210
211  // ack:应答信号
212  always@(*)
213      case   (state)
214          IDLE,START_1,SEND_D_ADDR,SEND_B_ADDR_H,SEND_B_ADDR_L,
215          WR_DATA,START_2,SEND_RD_ADDR,RD_DATA,N_ACK:
216              ack <=  1'b1;
217          ACK_1,ACK_2,ACK_3,ACK_4,ACK_5:
218              if(cnt_i2c_clk == 2'd0)
219                  ack <=  sda_in;
220              else
221                  ack <=  ack;
```

```
222            default:     ack <=  1'b1;
223        endcase
224
225 // i2c_scl: 输出至 i2c 设备的串行时钟信号 scl
226 always@(*)
227     case    (state)
228        IDLE:
229                i2c_scl <=  1'b1;
230        START_1:
231            if(cnt_i2c_clk == 2'd3)
232                i2c_scl <=  1'b0;
233            else
234                i2c_scl <=  1'b1;
235        SEND_D_ADDR,ACK_1,SEND_B_ADDR_H,ACK_2,SEND_B_ADDR_L,
236        ACK_3,WR_DATA,ACK_4,START_2,SEND_RD_ADDR,ACK_5,RD_DATA,N_ACK:
237            if((cnt_i2c_clk == 2'd1) || (cnt_i2c_clk == 2'd2))
238                i2c_scl <=  1'b1;
239            else
240                i2c_scl <=  1'b0;
241        STOP:
242            if((cnt_bit == 3'd0) &&(cnt_i2c_clk == 2'd0))
243                i2c_scl <=  1'b0;
244            else
245                i2c_scl <=  1'b1;
246        default:    i2c_scl <=  1'b1;
247    endcase
248
249 // i2c_sda_reg: sda 数据缓存
250 always@(*)
251     case    (state)
252        IDLE:
253            begin
254                i2c_sda_reg <=  1'b1;
255                rd_data_reg <=  8'd0;
256            end
257        START_1:
258            if(cnt_i2c_clk <= 2'd0)
259                i2c_sda_reg <=  1'b1;
260            else
261                i2c_sda_reg <=  1'b0;
262        SEND_D_ADDR:
263            if(cnt_bit <= 3'd6)
264                i2c_sda_reg <=  DEVICE_ADDR[6 - cnt_bit];
265            else
266                i2c_sda_reg <=  1'b0;
267        ACK_1:
268                i2c_sda_reg <=  1'b1;
269        SEND_B_ADDR_H:
270                i2c_sda_reg <=  byte_addr[15 - cnt_bit];
```

```
271          ACK_2:
272              i2c_sda_reg  <=  1'b1;
273          SEND_B_ADDR_L:
274              i2c_sda_reg  <=  byte_addr[7 - cnt_bit];
275          ACK_3:
276              i2c_sda_reg  <=  1'b1;
277          WR_DATA:
278              i2c_sda_reg  <=  wr_data[7 - cnt_bit];
279          ACK_4:
280              i2c_sda_reg  <=  1'b1;
281          START_2:
282              if(cnt_i2c_clk <= 2'd1)
283                  i2c_sda_reg  <=  1'b1;
284              else
285                  i2c_sda_reg  <=  1'b0;
286          SEND_RD_ADDR:
287              if(cnt_bit <= 3'd6)
288                  i2c_sda_reg  <=  DEVICE_ADDR[6 - cnt_bit];
289              else
290                  i2c_sda_reg  <=  1'b1;
291          ACK_5:
292              i2c_sda_reg  <=  1'b1;
293          RD_DATA:
294              if(cnt_i2c_clk  == 2'd2)
295                  rd_data_reg[7 - cnt_bit]   <=  sda_in;
296              else
297                  rd_data_reg <=  rd_data_reg;
298          N_ACK:
299              i2c_sda_reg  <=  1'b1;
300          STOP:
301              if((cnt_bit == 3'd0) && (cnt_i2c_clk < 2'd3))
302                  i2c_sda_reg  <=  1'b0;
303              else
304                  i2c_sda_reg  <=  1'b1;
305          default:
306              begin
307                  i2c_sda_reg  <=  1'b1;
308                  rd_data_reg <=  rd_data_reg;
309              end
310      endcase
311
312 // rd_data: 自 i2c 设备读出数据
313 always@(posedge i2c_clk or negedge sys_rst_n)
314     if(sys_rst_n == 1'b0)
315         rd_data <=  8'd0;
316     else if((state == RD_DATA)&&(cnt_bit == 3'd7)&&(cnt_i2c_clk == 2'd3))
317         rd_data <=  rd_data_reg;
318
319 // i2c_end: 一次读 / 写结束信号
```

```
320 always@(posedge i2c_clk or negedge sys_rst_n)
321     if(sys_rst_n == 1'b0)
322         i2c_end <= 1'b0;
323     else    if((state == STOP) && (cnt_bit == 3'd3) &&(cnt_i2c_clk == 3))
324         i2c_end <= 1'b1;
325     else
326         i2c_end <= 1'b0;
327
328 // sda_in: sda 输入数据寄存
329 assign  sda_in = i2c_sda;
330 // sda_en: sda 数据写入使能信号
331 assign  sda_en = ((state == RD_DATA)||(state == ACK_1)||(state == ACK_2)
332                   || (state == ACK_3)||(state == ACK_4)||(state == ACK_5))
333                       ? 1'b0 : 1'b1;
334 // i2c_sda: 输出至 i2c 设备的串行数据信号 sda
335 assign  i2c_sda = (sda_en == 1'b1) ? i2c_sda_reg : 1'bz;
336
337 endmodule
```

参考代码编写完成，其中各信号已在波形图绘制部分做了详细说明，此处不再赘述。

代码中有一处需要注意，也就是代码的第 28 行。由前文可知，我们要使用 50MHz 的系统时钟生成 1MHz 的 i2c_clk 时钟信号，输出的串行时钟 i2c_scl 的时钟频率为 250kHz，为了便于生成串行时钟 i2c_scl 和写入串行数据 i2c_sda，生成的 i2c_clk 时钟信号要与串行时钟 i2c_scl 时钟频率保持 4 倍关系。经计算，生成 i2c_clk 时钟信号的计数器 cnt_clk 一个循环周期计数 25 次，满足要求，但此处计数器 cnt_clk 计数最大值 CNT_CLK_MAX 并未直接赋值，而是使用公式赋值。

```
28 parameter   CNT_CLK_MAX   =   (SYS_CLK_FREQ/SCL_FREQ) >> 2'd3   ;
```

这是为了提高 I²C 驱动模块的复用性，参数 SYS_CLK_FREQ 表示系统时钟 sys_clk 的时钟频率，参数 SCL_FREQ 表示输出串行时钟 i2c_scl 的时钟频率；两参数做除法运算，结果右移一位，表示除 2，得到的结果用于分频计数器计数最大值，可直接由系统时钟分频产生串行时钟 i2c_scl 的时钟信号；结果继续右移两位表示除 4，作为分频计数器计数最大值，可产生时钟信号 i2c_clk，时钟频率为串行时钟 i2c_scl 的时钟频率的 4 倍。

这样一来，只要设置好系统时钟与串行时钟的时钟频率，本模块即可在多种时钟频率下使用，复用性大大提高。

绘制完成波形图，代码编写完毕，等到其他模块介绍完毕后，对整个实验工程进行整体仿真时，再对模块仿真波形进行具体分析。

3. 数据收发模块

（1）模块框图

I²C 驱动模块介绍完毕，我们开始讲解数据收发模块。

数据收发模块的主要功能是：为 I²C 驱动模块提供读 / 写数据存储地址、待写入数据以及作为 EEPROM 读出数据缓存，待数据读取完成后，将读出的数据发送给数码管显示模块进行数据显示。数据收发模块框图及模块输入输出端口描述如图 32-35 和表 32-3 所示。

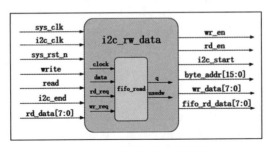

图 32-35　数据收发模块框图

表 32-3　I²C 数据收发模块输入输出信号功能描述

信号	位宽	类型	功能描述
sys_clk	1bit	Input	系统时钟，频率为 50MHz
i2c_clk	1bit	Input	模块工作时钟，频率为 1MHz
sys_rst_n	1bit	Input	复位信号，低电平有效
write	1bit	Input	写触发信号
read	1bit	Input	读触发信号
i2c_end	1bit	Input	单字节数据读 / 写结束信号
rd_data	8bit	Input	EEPROM 读出数据
wr_en	1bit	Output	写使能信号
rd_en	1bit	Output	读使能信号
i2c_start	1bit	Output	单字节数据读 / 写开始信号
byte_addr	16bit	Output	读 / 写数据存储地址
wr_data	8bit	Output	待写入 EEPROM 数据
fifo_rd_data	8bit	Output	数码管待显示数据

　　由此可知，I²C 驱动模块包括 13 路输入输出信号，其中输入信号有 7 路，输出信号有 6 路。

　　输入信号中，有 2 路时钟信号和 1 路复位信号，sys_clk 为系统时钟信号，在数据收发模块中用于采集读 / 写触发信号 read 和 write，2 路触发信号均由外部按键输出，经消抖处理后传入本模块，消抖模块使用的时钟信号为与 sys_clk 相同的系统时钟，所以读 / 写触发信号的采集要使用系统时钟；i2c_clk 为模块工作时钟，由 I²C 驱动模块生成并传入，是存储地址、读 / 写数据以及使能信号的同步时钟，因为 I²C 模块的工作时钟为 i2c_clk 时钟信号，两个模块的工作时钟相同，不会出现时钟不同引起的时序问题；复位信号 sys_rst_n 低电平时有效，不必赘述；i2c_end 为单字节数据读 / 写结束信号，由 I²C 驱动模块产生并传入，告知数据生成模块单字节数据读 / 写操作完成。若连续读 / 写多字节数据，此信号可作为存储地址、写数据的更新标志；rd_data 为 I²C 驱动模块传入的数据信号，表示由 EEPROM 读出的字节数据。

输出信号中，rd_en、wr_en 分别为读 / 写使能信号，生成后传入 I²C 驱动模块，作为 I²C 驱动模块读 / 写操作的判断标志；i2c_start 是单字节数据读 / 写开始信号，作为 I²C 驱动模块单字节读 / 写操作开始的标志信号；byte_addr 为读写数据存储地址；wr_data 为待写入 EEPROM 的字节数据；fifo_rd_data 为自 EEPROM 读出的字节数据，需要发送到数码管显示模块，通过数码管显示数据。

注意： 数据收发模块内部实例化一个 FIFO，将读出 EEPROM 的字节数据做暂存，待所有数据读取完成后，开始向数码管发送数据。例如，本实验向 EEPROM 连续写入 10 个字节数据，随后将写入的数据读出并在数码管中显示，数据收发模块只有接收到读出的 10 个字节数据后，才会开始向数码管显示模块发送的数据。

（2）波形图绘制

在模块框图部分，我们对模块框图以及各输入输出信号做了简单介绍，接下来将通过绘制波形图对模块各信号波形的设计与实现做详细说明。使用已知输入信号实现模块功能，并输出有效信号。数据收发模块整体波形图如图 32-36～图 32-38 所示。

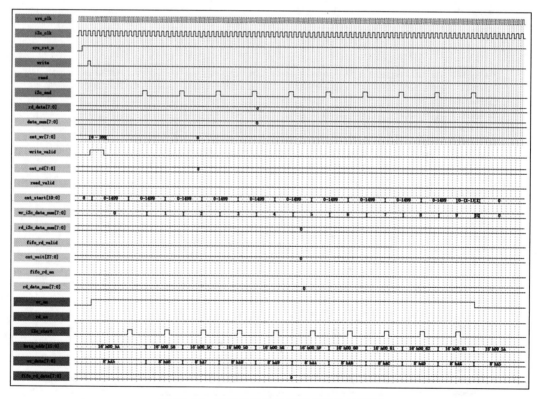

图 32-36　数据收发模块写数据操作波形图

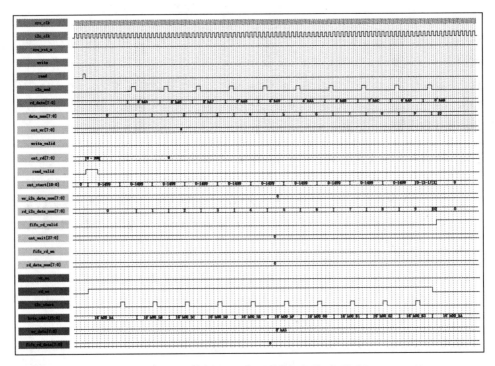

图 32-37　数据收发模块读数据操作波形图

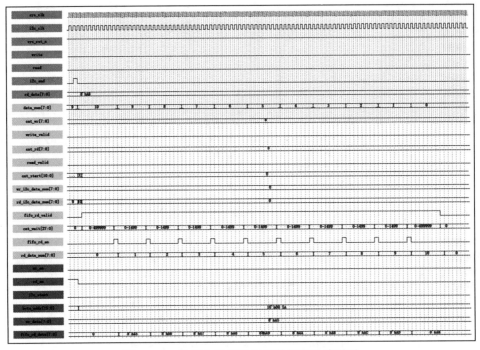

图 32-38　数据收发模块显示数据发送波形图

　　限于篇幅，我们将数据收发模块波形图分为 3 部分展示，分别为写数据操作部分、读数据操作部分和显示数据发送部分。接下来我们分部分对各信号的设计与实现进行详细讲解。

　　首先，看一下写数据操作部分。对于模块的输入信号，在模块框图部分已经做了详细说明，此处不再赘述。

第一部分：输出写使能信号 wr_en 及其相关信号波形的设计与实现

　　外部按键传入的写触发信号经消抖处理后传入本模块，该信号只保持一个有效时钟，且同步时钟为系统时钟 sys_clk，模块工作时钟 i2c_clk 很难采集到该触发信号。我们需要延长该写使能触发信号的有效时间，使模块工作时钟 i2c_clk 可以采集到该触发信号。

　　声明计数器 cnt_wr 和写有效信号 write_valid 的两个信号的同步时钟均为系统时钟 sys_clk，当外部传入有效的写触发信号 write 时，写有效信号 write_valid 被拉高，计数器 cnt_wr 来时计数，计数器计数到设定值（200）后归零，写有效信号拉低。计数器 cnt_wr 的计数设定值可自主设定，只要能使 write_valid 信号保持一个工作时钟周期高电平即可。计数器 cnt_wr 和写有效信号 write_valid 的波形图如图 32-39 所示。

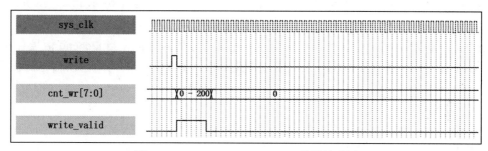

图 32-39　cnt_wr、write_valid 信号波形图

　　写有效信号 write_valid 拉高后，工作时钟 i2c_clk 上升沿采集到 write_valid 高电平，拉高写使能信号 wr_en，告知 I²C 驱动模块接下来要进行数据写操作。在此次实验中我们要连续写入 10 字节数据，所以写使能信号 wr_en 要保持 10 次数据写操作的有效时间，在这一时间段我们要输出 10 次有效的 i2c_start 信号，在接收到第 10 次 i2c_end 信号后，表示 10 字节数据均已写入完成，将写使能信号 rw_en 拉低，完成 10 字节数据的连续写入。

　　要实现这一操作，我们需要声明 2 个变量，声明字节计数器 wr_i2c_data_num 对已写入字节进行计数；由数据手册可知，两次相邻的读/写操作之间需要一定的时间间隔，以保证上一次读/写操作完成，所以声明计数器 cnt_start，对相邻读/写操作时间间隔进行计数。

　　采集到写有效信号 write_valid 为高电平，拉高写使能信号 wr_en，计数器 cnt_wait、wr_i2c_data_num 均由 0 开始计数，每一个工作时钟周期 cnt_wait 自加 1，计数到最大值 1499，i2c_start 保持一个工作时钟的高电平，同时 cnt_wait 归零，重新开始计数；I²C 驱动模块接收到有效的 i2c_start 信号后，向 EEPROM 写入单字节数据，传回 i2c_end 信号，表示一次单字节写操作完毕，计数器 wr_i2c_data_num 加 1；计数器 cnt_start 完成 10 次循环计数，i2c_start 拉高 10 次，在接收到第 10 次有效的 i2c_end 信号后，表示连续 10 字节数据写入完毕，将写使能信号 wr_en 拉低，写操作完毕。相关信号波形如图 32-40 所示。

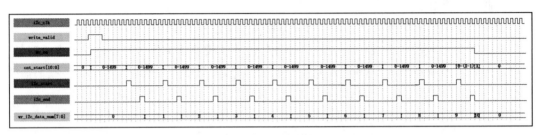

图 32-40　wr_en 及相关信号波形图

第二部分：输出存储地址 byte_addr、写数据 wr_data 信号波形的设计与实现

既然是对 EEPROM 进行写数据操作，存储地址和写数据必不可少，在本实验中，向 EEPROM 中 10 个连续存储单元写入 10 字节数据。对输出存储地址 byte_addr，赋值初始存储地址，当 i2c_end 信号有效时，地址加 1，待 10 字节数据均写入完毕，再次赋值初始从地址；对于写数据 wr_data 的处理方式相同，先赋值写数据初值，当 i2c_end 信号有效时，写数据加 1，待 10 字节数据均写入完毕，在此赋值写数据初值。两个输出信号的波形如图 32-41 所示。

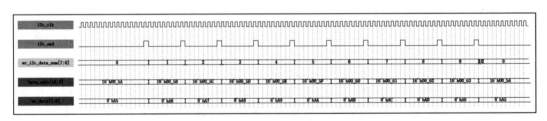

图 32-41　byte_addr、wr_data 信号波形图

数据收发模块写操作部分介绍完毕，接下来介绍读操作部分各信号的波形。

与写操作部分相同，外部按键传入的读触发信号经消抖处理后传入本模块，该信号只保持一个有效时钟，且同步时钟为系统时钟 sys_clk，模块工作时钟 i2c_clk 很难采集到该触发信号。我们需要延长该读使能触发信号的有效时间，使模块工作时钟 i2c_clk 可以采集到该触发信号。处理方式和写操作方式相同，声明计数器 cnt_rd 和读有效信号 read_valid，延长读触发信号 read 有效时间，使 i2c_clk 时钟能采集到该读触发信号。具体方法参照写操作部分相关介绍，计数器 cnt_rd 和读有效信号 read_valid 的波形图如图 32-42 所示。

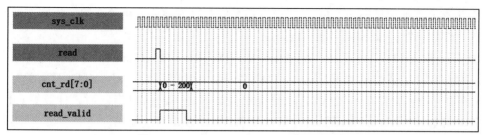

图 32-42　cnt_rd、read_valid 信号波形图

对于读使能信号的处理方式也与写操作方式相同，工作时钟 i2c_clk 上升沿采集到有效 read_valid 信号，拉高读使能信号 rd_en，告知 I²C 驱动模块接下来要进行数据读操作。

声明字节计数器 rd_i2c_data_num 对已读出字节进行计数；使用之前声明的计数器 cnt_start 对相邻读/写操作时间间隔进行计数。

采集到读有效信号 read_valid 为高电平，拉高读使能信号 rd_en，计数器 cnt_wait、rd_i2c_data_num 均由 0 开始计数，每一个工作时钟周期 cnt_wait 自加 1，计数到最大值 1499，i2c_start 保持一个工作时钟的高电平，同时 cnt_wait 归零，重新开始计数；I²C 驱动模块接收到有效的 i2c_start 信号后，自 EEPROM 读出单字节数据，传回 i2c_end 信号，表示一次单字节写操作完毕，计数器 rd_i2c_data_num 加 1；计数器 cnt_start 完成 10 次循环计数，i2c_start 拉高 10 次，在接收到第 10 次有效的 i2c_end 信号后，表示连续 10 字节数据写入完毕，将读使能信号 rd_en 拉低，读操作完毕。相关信号波形如图 32-43 所示。

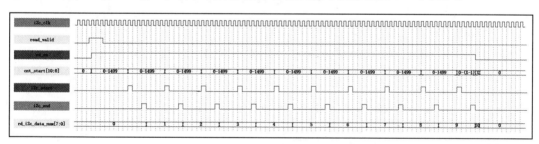

图 32-43　rd_en 及相关信号波形图

既然是数据读操作，自然有读出数据传入本模块，一次读操作连续读出 10 字节数据，先将读取的 10 字节数据暂存到内部例化的 FIFO 中，以传回的 i2c_end 结束信号为写使能信号，在 i2c_clk 时钟同步下将读出的数据写入 FIFO 中。同时我们将 FIFO 的数据计数器引出，方便进行后续数据发送阶段的操作。相关信号波形图如图 32-44 所示。

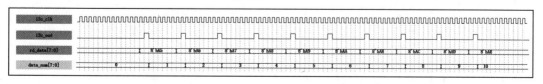

图 32-44　FIFO 数据写入相关信号波形

对于存储地址信号 byte_addr 的讲解，请参阅写操作部分的相关介绍，此处不再赘述，接下来介绍数据发送部分各信号的波形。

等到读取的 10 字节均写入 FIFO 中时，FIFO 数据计数器 data_num 显示为 10，表示 FIFO 中存有 10 字节读出数据。此时拉高 FIFO 读有效信号 fifo_rd_valid，只有信号 fifo_rd_valid 为有效高电平，对 FIFO 的读操作才有效；fifo_rd_valid 有效时，计数器 cnt_wait 开始循环计数，声明此计数器的目的是计数字节数据读出时间间隔，间隔越长，每字节数据在数码管中显示的时间越长，方便观察现象；当计数器 cnt_wait 计数到最大值时，归零重新计数，FIFO 读使能信号 fifo_rd_en 拉高一个时钟周期，自 FIFO 读出一个字节数据，由 fifo_rd_data 将数据传给数码管显示模块，读出字节计数器 rd_data_num 加 1；等到 10 字节数据均读取并传出后，fifo_rd_valid 信号拉低，数据发送操作完成。相关信号的波形图如图 32-45 所示。

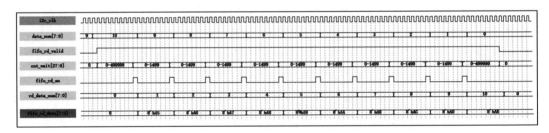

图 32-45　数据发送操作相关信号波形图

（3）代码编写

数据收发模块各信号波形介绍完毕，波形图绘制完成，参照波形图开始编写参考代码，具体代码参见代码清单 32-2。

代码清单 32-2　数据收发模块参考代码（i2c_rd_data.v）

```
 1 module  i2c_rw_data
 2 (
 3     input    wire           sys_clk     ,   // 输入系统时钟，频率为 50MHz
 4     input    wire           i2c_clk     ,   // 输入 i2c 驱动时钟，频率为 1MHz
 5     input    wire           sys_rst_n   ,   // 输入复位信号，低电平有效
 6     input    wire           write       ,   // 输入写触发信号
 7     input    wire           read        ,   // 输入读触发信号
 8     input    wire           i2c_end     ,   // 一次 i2c 读 / 写结束信号
 9     input    wire    [7:0]  rd_data     ,   // 输入自 i2c 设备读出的数据
10
11     output   reg            wr_en       ,   // 输出写使能信号
12     output   reg            rd_en       ,   // 输出读使能信号
13     output   reg            i2c_start   ,   // 输出 i2c 读 / 写触发信号
14     output   reg    [15:0]  byte_addr   ,   // 输出 i2c 设备读 / 写地址
15     output   reg    [7:0]   wr_data     ,   // 输出写入 i2c 设备的数据
```

```
16      output  wire     [7:0]    fifo_rd_data      // 输出自 FIFO 中读出的数据
17 );
18
19 //***********************************************************************//
20 //****************** Parameter and Internal Signal ******************//
21 //***********************************************************************//
22 // parameter  define
23 parameter    DATA_NUM        =    8'd10          ,// 读 / 写操作读出或写入的数据个数
24              CNT_START_MAX   =    11'd1500       ,//cnt_start 计数器计数最大值
25              CNT_WR_RD_MAX   =    8'd200         ,//cnt_wr/cnt_rd 计数器计数最大值
26              CNT_WAIT_MAX    =    28'd500_000 ;//cnt_wait 计数器计数最大值
27 // wire  define
28 wire     [7:0]    data_num    ;    // FIFO 中的数据个数
29
30 // reg    define
31 reg     [7:0]    cnt_wr          ;    // 写触发有效信号保持时间计数器
32 reg             write_valid     ;    // 写触发有效信号
33 reg     [7:0]    cnt_rd          ;    // 读触发有效信号保持时间计数器
34 reg             read_valid      ;    // 读触发有效信号
35 reg     [10:0]   cnt_start       ;    // 单字节数据读 / 写时间间隔计数
36 reg     [7:0]    wr_i2c_data_num ;    // 写入 i2c 设备的数据个数
37 reg     [7:0]    rd_i2c_data_num ;    // 读出 i2c 设备的数据个数
38 reg             fifo_rd_valid   ;    //FIFO 读有效信号
39 reg     [27:0]   cnt_wait        ;    //FIFO 读使能信号间时间间隔计数
40 reg             fifo_rd_en      ;    //FIFO 读使能信号
41 reg     [7:0]    rd_data_num     ;    // 读出 FIFO 数据个数
42
43 //***********************************************************************//
44 //*************************** Main Code ***************************//
45 //***********************************************************************//
46 //cnt_wr: 写触发有效信号保持时间计数器, 计数写触发有效信号保持时钟周期数
47 always@(posedge sys_clk or negedge sys_rst_n)
48     if(sys_rst_n == 1'b0)
49         cnt_wr     <=  8'd0;
50     else    if(write_valid == 1'b0)
51         cnt_wr     <=  8'd0;
52     else    if(write_valid == 1'b1)
53         cnt_wr     <=  cnt_wr + 1'b1;
54
55 // write_valid: 写触发有效信号
56 // 由于写触发信号保持时间为一个系统时钟周期 (20ns),
57 // 不能被 i2c 驱动时钟 i2c_scl 正确采集, 延长写触发信号生成写触发有效信号
58 always@(posedge sys_clk or negedge sys_rst_n)
59     if(sys_rst_n == 1'b0)
60         write_valid     <=  1'b0;
61     else    if(cnt_wr == (CNT_WR_RD_MAX - 1'b1))
62         write_valid     <=  1'b0;
63     else    if(write == 1'b1)
64         write_valid     <=  1'b1;
```

```
65
66  //cnt_rd: 读触发有效信号保持时间计数器, 计数读触发有效信号保持时钟周期数
67  always@(posedge sys_clk or negedge sys_rst_n)
68      if(sys_rst_n == 1'b0)
69          cnt_rd      <=  8'd0;
70      else    if(read_valid == 1'b0)
71          cnt_rd      <=  8'd0;
72      else    if(read_valid == 1'b1)
73          cnt_rd      <=  cnt_rd + 1'b1;
74
75  //read_valid: 读触发有效信号
76  // 由于读触发信号保持时间为一个系统时钟周期（20ns）,
77  // 不能被i2c驱动时钟i2c_scl正确采集, 延长读触发信号生成读触发有效信号
78  always@(posedge sys_clk or negedge sys_rst_n)
79      if(sys_rst_n == 1'b0)
80          read_valid  <=  1'b0;
81      else    if(cnt_rd == (CNT_WR_RD_MAX - 1'b1))
82          read_valid  <=  1'b0;
83      else    if(read == 1'b1)
84          read_valid  <=  1'b1;
85
86  //cnt_start: 单字节数据读/写操作时间间隔计数
87  always@(posedge i2c_clk or negedge sys_rst_n)
88      if(sys_rst_n == 1'b0)
89          cnt_start   <=  11'd0;
90      else    if((wr_en == 1'b0) && (rd_en == 1'b0))
91          cnt_start   <=  11'd0;
92      else    if(cnt_start == (CNT_START_MAX - 1'b1))
93          cnt_start   <=  11'd0;
94      else    if((wr_en == 1'b1) || (rd_en == 1'b1))
95          cnt_start   <=  cnt_start + 1'b1;
96
97  //i2c_start: i2c读/写触发信号
98  always@(posedge i2c_clk or negedge sys_rst_n)
99      if(sys_rst_n == 1'b0)
100         i2c_start   <=  1'b0;
101     else    if((cnt_start == (CNT_START_MAX - 1'b1)))
102         i2c_start   <=  1'b1;
103     else
104         i2c_start   <=  1'b0;
105
106 //wr_en: 输出写使能信号
107 always@(posedge i2c_clk or negedge sys_rst_n)
108     if(sys_rst_n == 1'b0)
109         wr_en   <=  1'b0;
110     else    if((wr_i2c_data_num == DATA_NUM - 1)
111                 && (i2c_end == 1'b1) && (wr_en == 1'b1))
112         wr_en   <=  1'b0;
113     else    if(write_valid == 1'b1)
```

```
114          wr_en     <=   1'b1;
115
116 //wr_i2c_data_num: 写入 i2c 设备的数据个数
117 always@(posedge i2c_clk or negedge sys_rst_n)
118     if(sys_rst_n == 1'b0)
119         wr_i2c_data_num <=  8'd0;
120     else    if(wr_en == 1'b0)
121         wr_i2c_data_num <=  8'd0;
122     else    if((wr_en == 1'b1) && (i2c_end == 1'b1))
123         wr_i2c_data_num <=  wr_i2c_data_num + 1'b1;
124
125 //rd_en: 输出读使能信号
126 always@(posedge i2c_clk or negedge sys_rst_n)
127     if(sys_rst_n == 1'b0)
128         rd_en     <=   1'b0;
129     else    if((rd_i2c_data_num == DATA_NUM - 1)
130                 && (i2c_end == 1'b1) && (rd_en == 1'b1))
131         rd_en     <=   1'b0;
132     else    if(read_valid == 1'b1)
133         rd_en     <=   1'b1;
134
135 //rd_i2c_data_num: 写入 i2c 设备的数据个数
136 always@(posedge i2c_clk or negedge sys_rst_n)
137     if(sys_rst_n == 1'b0)
138         rd_i2c_data_num <=  8'd0;
139     else    if(rd_en == 1'b0)
140         rd_i2c_data_num <=  8'd0;
141     else    if((rd_en == 1'b1) && (i2c_end == 1'b1))
142         rd_i2c_data_num <=  rd_i2c_data_num + 1'b1;
143
144 //byte_addr: 输出读/写地址
145 always@(posedge i2c_clk or negedge sys_rst_n)
146     if(sys_rst_n == 1'b0)
147         byte_addr    <=   16'h00_5A;
148     else    if((wr_en == 1'b0) && (rd_en == 1'b0))
149         byte_addr    <=   16'h00_5A;
150     else    if(((wr_en == 1'b1) || (rd_en == 1'b1)) && (i2c_end == 1'b1))
151         byte_addr    <=   byte_addr + 1'b1;
152
153 //wr_data: 输出待写入 i2c 设备的数据
154 always@(posedge i2c_clk or negedge sys_rst_n)
155     if(sys_rst_n == 1'b0)
156         wr_data <=  8'hA5;
157     else    if(wr_en == 1'b0)
158         wr_data <=  8'hA5;
159     else    if((wr_en == 1'b1) && (i2c_end == 1'b1))
160         wr_data <=  wr_data + 1'b1;
161
162 //fifo_rd_valid: FIFO 读有效信号
```

```
163 always@(posedge i2c_clk or negedge sys_rst_n)
164     if(sys_rst_n == 1'b0)
165         fifo_rd_valid  <=  1'b0;
166     else    if((rd_data_num == DATA_NUM)
167                 && (cnt_wait == (CNT_WAIT_MAX - 1'b1)))
168         fifo_rd_valid  <=  1'b0;
169     else    if(data_num == DATA_NUM)
170         fifo_rd_valid  <=  1'b1;
171
172 //cnt_wait: FIFO 读使能信号间时间间隔计数，计数两 FIFO 读使能间的时间间隔
173 always@(posedge i2c_clk or negedge sys_rst_n)
174     if(sys_rst_n == 1'b0)
175         cnt_wait    <=  28'd0;
176     else    if(fifo_rd_valid == 1'b0)
177         cnt_wait    <=  28'd0;
178     else    if(cnt_wait == (CNT_WAIT_MAX - 1'b1))
179         cnt_wait    <=  28'd0;
180     else    if(fifo_rd_valid == 1'b1)
181         cnt_wait    <=  cnt_wait + 1'b1;
182
183 //fifo_rd_en: FIFO 读使能信号
184 always@(posedge i2c_clk or negedge sys_rst_n)
185     if(sys_rst_n == 1'b0)
186         fifo_rd_en <=  1'b0;
187     else    if((cnt_wait == (CNT_WAIT_MAX - 1'b1))
188         && (rd_data_num < DATA_NUM))
189         fifo_rd_en <=  1'b1;
190     else
191         fifo_rd_en <=  1'b0;
192
193 //rd_data_num: 自 FIFO 中读出数据个数计数
194 always@(posedge i2c_clk or negedge sys_rst_n)
195     if(sys_rst_n == 1'b0)
196         rd_data_num <=  8'd0;
197     else    if(fifo_rd_valid == 1'b0)
198         rd_data_num <=  8'd0;
199     else    if(fifo_rd_en == 1'b1)
200         rd_data_num <=  rd_data_num + 1'b1;
201
202 //****************************************************************//
203 //********************** Instantiation ********************//
204 //****************************************************************//
205 //------------- fifo_read_inst -------------
206 fifo_data    fifo_read_inst
207 (
208     .clock  (i2c_clk            ),   // 输入时钟信号，频率为1MHz，1bit
209     .data   (rd_data            ),   // 输入写入数据，1bit
210     .rdreq  (fifo_rd_en         ),   // 输入数据读请求，1bit
211     .wrreq  (i2c_end && rd_en   ),   // 输入数据写请求，1bit
```

```
212
213     .q      (fifo_rd_data     ),  // 输出读出数据, 1bit
214     .usedw  (data_num         )   // 输出 FIFO 内数据个数, 1bit
215 );
216
217 endmodule
```

　　参考代码编写完毕，对于模块的仿真验证，我们等到其他模块介绍完毕后，对整个实验工程进行整体仿真，届时再对模块仿真波形进行具体分析。

4. 顶层模块

　　I²C 驱动模块、数据收发模块的相关内容介绍完毕，对于其他消抖模块、数码管显示模块等子功能模块的介绍在前面的章节中有详细说明，此处不再赘述。

　　顶层模块内部实例化实验工程的各子功能模块，连接各模块对应的信号；对外接收外部传入的时钟、复位信号以及读/写操作触发信号，发送串行时钟 scl 和串行数据 sda 给 EEPROM 存储芯片，发送片选和段选信号给数码管。顶层模块框图如图 32-46 所示。

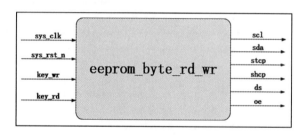

图 32-46　顶层模块框图

　　顶层模块的内容并不复杂，无须过多解释，也无须绘制波形图，直接编写参考代码即可。

（1）模块代码

　　顶层模块的参考代码如代码清单 32-3 所示。

代码清单 32-3　顶层模块参考代码（eeprom_byte_rd_wr.v）

```
 1 module  eeprom_byte_rd_wr
 2 (
 3 input   wire        sys_clk    ,   // 输入工作时钟, 频率为 50MHz
 4 input   wire        sys_rst_n  ,   // 输入复位信号, 低电平有效
 5 input   wire        key_wr     ,   // 按键写
 6 input   wire        key_rd     ,   // 按键读
 7
 8 inout   wire        sda        ,   // 串行数据
 9 output  wire        scl        ,   // 串行时钟
10 output  wire        stcp       ,   // 输出数据存储寄存器时钟
11 output  wire        shcp       ,   // 移位寄存器的时钟输入
12 output  wire        ds         ,   // 串行数据输入
13 output  wire        oe             // 使能信号
```

```
14 );
15
16 //****************************************************************//
17 //***************** Parameter and Internal Signal ******************//
18 //****************************************************************//
19 //wire   define
20 wire           read        ;      // 读数据
21 wire           write       ;      // 写数据
22 wire    [7:0]  po_data     ;     //FIFO 输出数据
23 wire    [7:0]  rd_data     ;     //EEPROM 读出数据
24 wire           wr_en       ;
25 wire           rd_en       ;
26 wire           i2c_end     ;
27 wire           i2c_start   ;
28 wire    [7:0]  wr_data     ;
29 wire    [15:0] byte_addr   ;
30 wire           i2c_clk     ;
31
32 //****************************************************************//
33 //************************ Instantiation ***********************//
34 //****************************************************************//
35 //------------- key_wr_inst -------------
36 key_filter   key_wr_inst
37 (
38     .sys_clk    (sys_clk    ),  // 系统时钟，频率为 50MHz
39     .sys_rst_n  (sys_rst_n  ),  // 全局复位
40     .key_in     (key_wr     ),  // 按键输入信号
41
42     .key_flag   (write      )   //key_flag 为 1 时表示按键有效，为 0 时表示按键无效
43 );
44
45 //------------- key_rd_inst -------------
46 key_filter   key_rd_inst
47 (
48     .sys_clk    (sys_clk    ),  // 系统时钟，频率为 50MHz
49     .sys_rst_n  (sys_rst_n  ),  // 全局复位
50     .key_in     (key_rd     ),  // 按键输入信号
51
52     .key_flag   (read       )   //key_flag 为 1 时表示按键有效，为 0 时表示按键无效
53 );
54
55 //------------- i2c_rw_data_inst -------------
56 i2c_rw_data i2c_rw_data_inst
57 (
58     .sys_clk    (sys_clk    ),  // 输入系统时钟，频率为 50MHz
59     .i2c_clk    (i2c_clk    ),  // 输入 i2c 驱动时钟，频率为 1MHz
60     .sys_rst_n  (sys_rst_n  ),  // 输入复位信号，低电平有效
61     .write      (write      ),  // 输入写触发信号
62     .read       (read       ),  // 输入读触发信号
```

```verilog
63      .i2c_end      (i2c_end    ),   // 一次 i2c 读 / 写结束信号
64      .rd_data      (rd_data    ),   // 输入自 i2c 设备读出的数据
65
66      .wr_en        (wr_en      ),   // 输出写使能信号
67      .rd_en        (rd_en      ),   // 输出读使能信号
68      .i2c_start    (i2c_start  ),   // 输出 i2c 读 / 写触发信号
69      .byte_addr    (byte_addr  ),   // 输出 i2c 设备读 / 写地址
70      .wr_data      (wr_data    ),   // 输出写入 i2c 设备的数据
71      .fifo_rd_data (po_data    )    // 输出自 FIFO 中读出的数据
72
73 );
74
75 //------------ i2c_ctrl_inst -------------
76 i2c_ctrl
77 #(
78      .DEVICE_ADDR    (7'b1010_011       ),  //i2c 设备器件地址
79      .SYS_CLK_FREQ   (26'd50_000_000    ),  //i2c_ctrl 模块系统时钟频率
80      .SCL_FREQ       (18'd250_000       )   //i2c 的 SCL 时钟频率
81 )
82 i2c_ctrl_inst
83 (
84      .sys_clk      (sys_clk    ),   // 输入系统时钟, 频率为 50MHz
85      .sys_rst_n    (sys_rst_n  ),   // 输入复位信号, 低电平有效
86      .wr_en        (wr_en      ),   // 输入写使能信号
87      .rd_en        (rd_en      ),   // 输入读使能信号
88      .i2c_start    (i2c_start  ),   // 输入 i2c 触发信号
89      .addr_num     (1'b1       ),   // 输入 i2c 字节地址的字节数
90      .byte_addr    (byte_addr  ),   // 输入 i2c 字节地址
91      .wr_data      (wr_data    ),   // 输入 i2c 设备数据
92
93      .rd_data      (rd_data    ),   // 输出 i2c 设备读取数据
94      .i2c_end      (i2c_end    ),   //i2c 一次读 / 写操作完成
95      .i2c_clk      (i2c_clk    ),   //i2c 驱动时钟
96      .i2c_scl      (scl        ),   // 输出至 i2c 设备的串行时钟信号 scl
97      .i2c_sda      (sda        )    // 输出至 i2c 设备的串行数据信号 sda
98 );
99
100 //------------ seg7_dynamic_inst -------------
101 seg_595_dynamic seg_595_dynamic_inst
102 (
103      .sys_clk      (sys_clk    ),   // 系统时钟, 频率为 50MHz
104      .sys_rst_n    (sys_rst_n  ),   // 复位信号, 低电平有效
105      .data         (po_data    ),   // 数码管要显示的值
106      .point        (           ),   // 小数点显示, 高电平有效
107      .seg_en       (1'b1       ),   // 数码管使能信号, 高电平有效
108      .sign         (           ),   // 符号位, 高电平显示负号
109
110      .stcp         (stcp       ),   // 数据存储器时钟
111      .shcp         (shcp       ),   // 移位寄存器时钟
```

```
112      .ds          (ds           ), // 串行数据输入
113      .oe          (oe           )  // 使能信号
114  );
115
116  endmodule
```

（2）RTL 视图

至此，实验工程基本完成，在 Quartus 中对代码进行编译，编译若有错误，请根据错误提示信息进行更改，直至编译通过。编译通过后查看 RTL 视图，如图 32-47 所示，与顶层模块框图对比，两者一致，各信号连接正确。

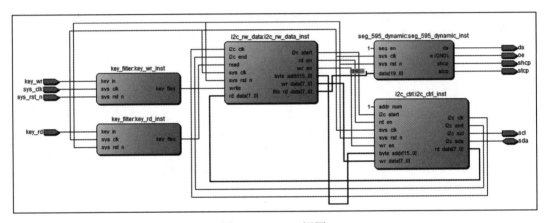

图 32-47　RTL 视图

5. 仿真验证

（1）仿真代码编写

至此实验工程各模块均已讲解完毕，对本工程进行整体仿真，编写仿真参考代码，如代码清单 32-4 所示。

代码清单 32-4　仿真参考代码（tb_eeprom_byte_rd_wr.v）

```
 1  module   tb_eeprom_byte_rd_wr();
 2  //wire define
 3  wire         scl ;
 4  wire         sda ;
 5  wire         stcp;
 6  wire         shcp;
 7  wire         ds  ;
 8  wire         oe  ;
 9
10  //reg define
11  reg          clk  ;
12  reg          rst_n ;
13  reg          key_wr;
14  reg          key_rd;
```

```
15
16 // 时钟、复位信号
17 initial
18 begin
19     clk     =    1'b1  ;
20     rst_n  <=    1'b0  ;
21     key_wr <=    1'b1  ;
22     key_rd <=    1'b1  ;
23     #200
24     rst_n  <=    1'b1  ;
25     #1000
26     key_wr <=    1'b0  ;
27     key_rd <=    1'b1  ;
28     #400
29     key_wr <=    1'b1  ;
30     key_rd <=    1'b1  ;
31     #20000000
32     key_wr <=    1'b1  ;
33     key_rd <=    1'b0  ;
34     #400
35     key_wr <=    1'b1  ;
36     key_rd <=    1'b1  ;
37     #40000000
38     $stop;
39 end
40
41 always#10 clk = ~clk;
42
43 defparam eeprom_byte_rd_wr_inst.key_wr_inst.MAX_20MS = 5;
44 defparam eeprom_byte_rd_wr_inst.key_rd_inst.MAX_20MS = 5;
45 defparam eeprom_byte_rd_wr_inst.i2c_rw_data_inst.CNT_WAIT_MAX = 1000;
46
47 //-------------eeprom_byte_rd_wr_inst-------------
48 eeprom_byte_rd_wr    eeprom_byte_rd_wr_inst
49 (
50     .sys_clk       (clk    ),      // 输入工作时钟，频率为 50MHz
51     .sys_rst_n     (rst_n  ),      // 输入复位信号，低电平有效
52     .key_wr        (key_wr ),      // 按键写
53     .key_rd        (key_rd ),      // 按键读
54
55     .sda           (sda    ),      // 串行数据
56     .scl           (scl    ),      // 串行时钟
57     .stcp          (stcp   ),      // 输出数据存储寄存器时钟
58     .shcp          (shcp   ),      // 移位寄存器的时钟输入
59     .ds            (ds     ),      // 串行数据输入
60     .oe            (oe     )
61
62 );
63
```

```
64 //-------------eeprom_inst-------------
65 M24LC64  M24lc64_inst
66 (
67     .A0     (1'b0      ),  // 器件地址
68     .A1     (1'b0      ),  // 器件地址
69     .A2     (1'b0      ),  // 器件地址
70     .WP     (1'b0      ),  // 写保护信号，高电平有效
71     .RESET  (~rst_n    ),  // 复位信号，高电平有效
72
73     .SDA    (sda       ),  // 串行数据
74     .SCL    (scl       )   // 串行时钟
75 );
76
77 endmodule
```

（2）仿真波形分析

使用 ModelSim 对工程进行整体仿真，此处我们只查看 I²C 驱动模块和数据收发模块的仿真波形，如图 32-48～图 32-53 所示。

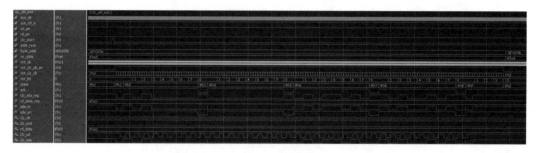

图 32-48　I²C 驱动模块写操作部分仿真波形图

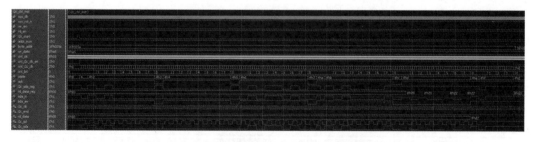

图 32-49　I²C 驱动模块读操作部分仿真波形图

图 32-50　I²C 驱动模块局部波形图

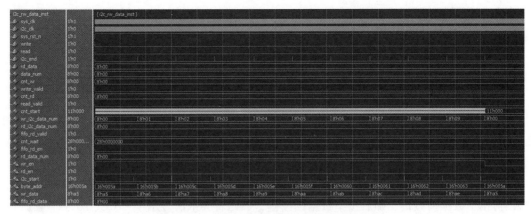

图 32-51　数据收发模块写数据部分波形图

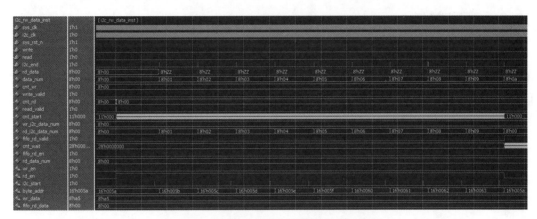

图 32-52　数据收发模块读数据部分波形图

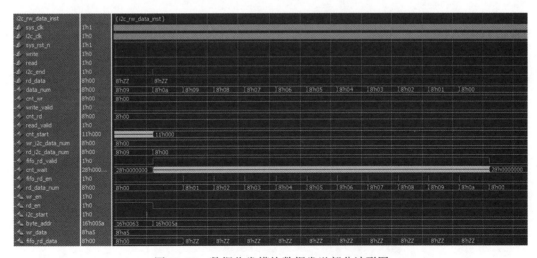

图 32-53　数据收发模块数据发送部分波形图

注意：图 32-48～图 32-53 中高阻态部分视为高电平即可。

上述仿真波形图只展示了整体部分，读者可自行对工程进行仿真，查看各信号波形的变化情况。

6. 上板验证

仿真验证通过后，绑定引脚，对工程进行重新编译。将开发板连接至 12V 直流电源和 USB-Blaster 下载器的 JTAG 端口，线路连接正确后，打开开关为板卡上电，随后为开发板下载程序。

程序下载完成后，按下数据读按键，数码管会显示出 EEPROM 事先写入的 10 字节数据，再按下数据写按键，随后按下数据读按键，数码管会依次显示 1～10 共 10 字节数据。

32.3　章末总结

本章我们通过 EEPROM 的数据读 / 写实验为读者详细讲解了 I²C 协议的相关内容，在电子设计领域，使用 I²C 通信协议的芯片或设备还有很多，请读者务必理解并掌握 I²C 通信协议的相关知识。

后　　记

　　笔者想向读者介绍的 FPGA 知识点较多，限于篇幅，本书主要讲解了相关理论知识，并辅以实战，再加上独创的"波形图"教学法，由浅入深，为你学习 FPGA 保驾护航。

　　当你完成对本书内容的学习后，若想进一步提高能力，可购买《FPGA Verilog 开发实战指南：基于 Intel Cyclone IV（进阶篇）》继续 FPGA 的学习，该书内容如下所示。

- ❑ WM8978 音频回环实验
- ❑ 乒乓操作
- ❑ SDRAM 读写控制器的设计与验证
- ❑ WM8978 录音与回放
- ❑ OV7725 摄像头 VGA 图像显示
- ❑ 快速批量绑定或删除引脚配置
- ❑ SD 卡数据读写控制
- ❑ SD 卡音乐播放
- ❑ 以太网数据回环实验
- ❑ 基于以太网传输的 VGA 图片显示
- ❑ 基于 OV7725 的以太网视频传输
- ❑ 时序分析理论基础

推荐阅读

LwIP应用开发实战指南:基于STM32

作者:刘火良 杨森 编著 ISBN:978-7-111-63582 定价:119.00元

深入剖析LwIP中的各种协议和应用。

以LwIP源码为核心,结合经典的云-管-端物联网应用实例,由浅入深,讲解LwIP技术和应用开发。
配套野火STM32 M4/M7系列开发板,提供完整源代码,极具操作性。

密码技术与物联网安全:mbedtls开发实战

作者:徐凯 崔红鹏 编著 ISBN:978-7-111-62001 定价:79.00元

理论结合工程样例,详解密码技术和TLS/DTLS/CoAPs协议,书中配有丰富的图表和示例代码,简便易读。
紧扣物联网安全发展趋势,全面分析认证加密算法和椭圆曲线算法,确保设备更安全地连接网络。

FPGA Verilog开发实战指南:基于Intel Cyclone IV(进阶篇)

作者:刘火良 杨森 张硕 编著 ISBN:978-7-111-67410 定价:待定

以Verilog HDL语言为基础,详细讲解FPGA逻辑开发实战 理论学习与实战演练相结合,
并辅以特色波形图,授人以渔,真正实现以硬件思维进行FPGA逻辑开发 结合野火征途系列FPGA开发板,
并提供完整源代码,极具可操作性。

推荐阅读

STM32库开发实战指南

作者：刘火良 杨森 编著 ISBN：978-7-111-42637 定价：69.00元

STM32库开发实战指南：基于STM32F4

作者：刘火良 杨森 编著 ISBN：978-7-111-55745 定价：129.00元

STM32库开发实战指南：基于STM32F103（第2版）

作者：刘火良 杨森 编著 ISBN：978-7-111-56531 定价：99.00元

推荐阅读

FreeRTOS内核实现与应用开发实战指南：基于STM32

作者：刘火良 杨森 编著 ISBN：978-7-111-61825 定价：99.00元

深入剖析FreeRTOS内核实现，详解各个组件如何使用。
由浅入深，配套野火STM32全系列开发板，提供完整源代码，极具可操作性。

RT-Thread内核实现与应用开发实战指南：基于STM32

作者：刘火良 杨森 编著 ISBN：978-7-111-61366 定价：99.00元

深入剖析RT-Thread内核实现，详解各个组件如何使用。
由浅入深，配套野火STM32全系列开发板，提供完整源代码，极具可操作性。

μC/OS-III内核实现与应用开发实战指南：基于STM32

作者：刘火良 杨森 编著 ISBN：978-7-111-62824 定价：129.00元

从0到1教你实现μC/OS-III内核，详解各个组件如何使用。
由浅入深，结合野火STM32全系列开发板，提供完整源代码，极具可操作性。